通訊系統

Communication Systems, 5/E

A. Bruce Carlson
Paul B. Crilly
原著

郝敏忠
譯

US Boston Burr Ridge, IL Dubuque, IA Madison, WI New York, San Francisco, St. Louis

International Bangkok, Bogotá Caracas, Kuala Lumpur, Lisbon, London, Madrid, Mexico City, Milan, Montreal, New Delhi, Santiago, Seoul, Singapore, Sydney, Taipei, Toronto

臺灣東華書局股份有限公司 印行

國家圖書館出版品預行編目(CIP)資料

通訊系統 ／ A. Bruce Carlson, Paul B. Crilly 原著；
郝敏忠譯.-- 初版.-- 臺北市：麥格羅希爾，臺灣東華，
2011.01
　　　面；　公分
譯自：Communication systems, 5th ed.
ISBN 978-986-157-755-5（平裝附光碟片）

1. 通訊工程

448.72　　　　　　　　　　　　　99022278

通訊系統

繁體中文版© 2011 年，美商麥格羅・希爾國際股份有限公司台灣分公司版權所有。
本書所有內容，未經本公司事前書面授權，不得以任何方式（包括儲存於資料庫或
任何存取系統內）作全部或局部之翻印、仿製或轉載。

Original: Communication Systems, 5/e
By A. Bruce Carlson, Paul B. Crilly
ISBN: 978-0-07-338040-7
Copyright © 2009 by The McGraw-Hill Companies, Inc.
All rights reserved.

1 2 3 4 5 6 7 8 9 0   P H W   2 0 1 1

作　者	A. Bruce Carlson, Paul B. Crilly
譯　者	郝敏忠
合作出版暨發行所	美商麥格羅・希爾國際股份有限公司 台灣分公司 台北市中正區博愛路 53 號 7 樓 TEL：(02) 2311-3000　　FAX：(02) 2388-8822 http://www.mcgraw-hill.com.tw 臺灣東華書局股份有限公司 台北市重慶南路一段 147 號 3 樓 TEL：(02) 2311-4027 FAX：(02) 2311-6615　　郵撥帳號：00064813
總 代 理	臺灣東華書局股份有限公司
出版日期	西元 2011 年 1 月　初版一刷
印　刷	普賢王印刷有限公司

ISBN：978-986-157-755-5

序 言

本書如同前面第四版一樣，主要是針對主修電機或是計算機工程的大學部高年級或是研究所第一年的學生程度所寫的介紹通訊系統的教科書。

本書先從訊號傳輸的初步研究與物理系統先天限制的討論來建立通訊的整體觀點。類比通訊系統、隨機訊號與雜訊數位及資訊理論則接著被討論。然而，如目錄表所標示的，教師可以選擇其主題或跳過在其他科目有相同主題的內容。

數學技巧與模組，在整本書中扮演著重要角色。但總是以工程內容定義做為結束。數值應用因它們在實務上之意義以及可以說明觀念及設計策略而被整合進來。一些硬體考量也被包括，以便印證各種不同的通訊方法、激發興趣及指出與其他領域分支的關聯性。

背景的預先要求

假設背景是相當於前兩年或前三年的電子或電腦工程的課程，必要的預先要求就是微分方程、穩態與暫態電路分析及電子學第一階段的課程。學生也應該熟悉運算放大器、數位邏輯、矩陣表示法。線性系統分析、傅立葉轉換及機率理論是有幫助的，但並不強制要求。

內容與組織

此版本之不同特點是機率、隨機訊號及雜訊的位置與處理方法。這些主題在討論類比無雜訊系統之後才會被提到。特定主題被列於內容表，並在 1.4 節做更進一步的討論。

隨著修訂過的概論章節之後，此書有兩章關於基本工具的討論。這些工具將被應用於接下來的四章，以介紹類比通訊系統(包括了取樣與脈波調變)。機

率、隨機訊號及雜訊則將在接下來的三個章予以介紹，且應用在類比系統。其餘的六章則把重點放在數位通訊及資訊理論，其中需要一些隨機訊號的知識並了解編碼調變。

所有的十六個章節可作為大學一年中需最少預修課程的課程。若要一個學期的大學課程中的類比通訊系統，則可由前七章的材料所組成。若線性系統與機率理論在預修課程已被重複，則最後八章大約可涵蓋一個學期的大四生／研究生之課程中的數位通訊課程。

模組式的章節架構允許我們可自行安排教學內容，為了方便各主題的選擇，內容表指出了每一章所需之最少預修課程，而每一章可選擇教或不教的主題，以記號 ＊ 標記出，希望能提供指導式的幫助。

指導式的幫助

在每一章的開始，我們列出了學習目標，以方便學生研讀。在各章也包含了許多範例及練習。練習被設計成幫助學生熟悉書中的新材料，而在各章的最後則包含了練習的解答。範例被選用來說明學生常遇到困難的觀念及技術。

每一章結束後的問題以各節順序做排列。它們涵蓋了從基本操作及運算到更進階的分析與設計工作。

好幾種方式被採用來幫助學生了解，尤其是：
- 當技術名詞第一次出現時，它們被印成粗體字。
- 重要的觀念與定理但不包含方程式，被印在方塊內。
- 在問題之後的星號 (*) 指示出本書最後面有提供答案。
- 記號 ‡ 視為更困難之問題。

書後光碟中的表包括了轉換對、數學相關及機率函數以作為參考。

誌　謝

我非常感謝很多人對之前幾個版本的貢獻。我要感謝 Marshall Pace 教授、Seddick Djouadi 與 Aly Fathy 的建議，以及他們圖書館的採用；感謝田納西大學電機工程暨計算機科學系的支持；謝謝 Judy Evans 女士、Dana Bryson 女士、Robert Armistead、Jerry Davis、Matthew Smith、Tobias Mueller 先生女士們在草稿的準備件與幫忙。

我也要感謝我們校閱者所提供非常好的意見，包括：紐澤西理工學院的 Ali Abdi，柏克萊加州大學的 Venkatachalam Anantharam，加州州立大學北嶺分校的 Negwa Bekir，新墨西哥州立大學的 Deva K. Borah，羅徹斯特理工學院的 Sohail Dianat，北達科達州立大學的 Davis C. Farden，西密西根大學的 Raghvendra Gejji，伊利諾大學的 Christoforos Hadjicostis，加州工藝大學波莫納分校的 James Kang 博士，德州立大學阿靈頓分校的 K.R. Rao，奧本大學的 Jitendra K. Tugnait。

    我要感謝我的朋友 Anissa Davis 女士、Alice Lafoy 女士與 Stephen Debry、Samir ElGhazaly、Walter Green、Melissa Meyer 與 John Sahr 博士們，感謝你們的鼓勵。對我的兄弟 Peter Grilly，我要謝謝他的鼓勵。對我的小孩們 Margaret、Meredith、Benjamin 與 Nathan Grilly，我謝謝他們的支持與幽默感。我特別要對橡樹嶺國家實驗室的 Stephan Smith 博士致謝，感謝他花了許多時間校閱稿件，我也要謝謝 Lonnie Ludeman 博士，他以身作則對我示範了身為一個教授應有的典範。最後我要對我已故的恩師 A Bruce Carlson 表達感謝，他激勵了我繼續接受教育並在通訊系統領域攻讀研究所學位的渴望與熱情。

保羅・葛勒立 (*Paul B. Crilly*)

目 次

序言 iii

第1章 概 論　　1-1

1.1 通訊系統的基本單元及限制　1-3
　資訊、訊息及訊號　1-3
　通訊系統的組成單元　1-4
　基本的限制　1-6

1.2 調變及編碼　1-7
　調變的方法　1-8
　調變的好處及其應用　1-9
　編碼的方法及好處　1-12

1.3 無線通道上的電磁波傳播　1-13
　射頻波的轉向　1-15
　天波傳播　1-16

1.4 新興的發展　1-18

1.5 社會的衝擊與歷史回顧　1-20
　歷史回顧　1-22

1.6 章節架構　1-24

第2章 訊號及頻譜　　2-1

2.1 線頻譜與傅立葉級數　2-4
　相量及線頻譜　2-4
　週期訊號及平均功率　2-8

傅立葉級數 (傅氏級數)　2-10
收斂條件及吉伯斯現象　2-15
Parseval 的功率定理　2-17

2.2 傅立葉轉換 (傅氏轉換) 及連續頻譜　2-18
傅立葉轉換 (傅氏轉換)　2-18
對稱與因果訊號　2-22
瑞利能量定理　2-25
對偶定理　2-27
轉換計算　2-29

2.3 時間及頻率關係　2-30
疊加性　2-30
時間延遲及尺度改變　2-31
頻率遷移及調變　2-33
微分及積分　2-35

2.4 迴　旋　2-38
迴旋積分　2-38
迴旋定理　2-40

2.5 極限中的脈衝及轉換式　2-44
單位脈衝之性質　2-44
頻域上的脈衝　2-46
步階及符號函數　2-49
時域上的脈衝　2-52

2.6 離散時間訊號與離散傅立葉轉換　2-55
使用 DFT 進行迴旋運算　2-59

第 3 章　訊號傳輸與濾波　3-1

3.1 LTI 系統的響應　3-4
脈衝響應與疊加積分　3-4
轉換函數與頻率響應　3-7
方塊圖分析　3-13

3.2 傳輸的訊號失真　3-16
無失真傳輸　3-16
線性失真　3-18

　　　　　等　化　3-22
　　　　　非線性失真及壓展作用　3-25
　　3.3　**傳輸耗損及分貝**　**3-28**
　　　　　功率增益　3-28
　　　　　傳輸損失及中繼器　3-29
　　　　　光　纖　3-31
　　　　　無線電傳輸　3-34
　　3.4　**濾波器與濾波作用**　**3-38**
　　　　　理想濾波器　3-38
　　　　　頻帶限制及時間限制　3-40
　　　　　真實濾波器　3-41
　　　　　脈波響應與上升時間　3-46
　　3.5　**正交濾波器與 Hilbert 轉換**　**3-50**
　　3.6　**相關與頻譜密度**　**3-54**
　　　　　功率訊號的相關　3-54
　　　　　能量訊號的相關　3-58
　　　　　頻譜密度的函數　3-61

第 4 章　線性連續波（CW）調變　　4-1

　　4.1　**帶通訊號及系統**　**4-3**
　　　　　類比訊息慣例　4-4
　　　　　帶通訊號　4-5
　　　　　帶通傳輸　4-9
　　　　　頻　寬　4-13
　　4.2　**雙旁波帶振幅調變**　**4-14**
　　　　　AM 訊號及頻譜　4-15
　　　　　DBS 訊號及頻譜　4-17
　　　　　單音調變及相量分析　4-19
　　4.3　**調變器及發射機**　**4-21**
　　　　　乘積調變器　4-21
　　　　　平方定律及平衡式調變器　4-23
　　　　　交換式調變器　4-25
　　4.4　**抑制旁波帶振幅調變**　**4-26**

SSB 訊號及頻譜　4-27
SSB 生成　4-30
VSB 訊號及頻譜　4-32

4.5　頻率變換及解調　4-35
頻率變換　4-35
同步檢波　4-36
波封檢波　4-39

第 5 章　角度連續波調變　5-1

5.1　相位與頻率調變　5-3
PM 與 FM 訊號　5-4
窄頻帶相位調變 (PM) 與頻率調變 (FM)　5-7
單音調變　5-9
複音與週期調變　5-15

5.2　傳輸頻寬與失真　5-17
傳輸頻寬的估測　5-17
線性失真　5-21
非線性失真與限制器　5-24

5.3　FM 與 PM 之產生與檢波　5-26
直接式 FM 與電壓控制振盪器 (VCO)　5-27
相位調變器與間接式 FM　5-29
三角波 FM　5-31
頻率檢波　5-33

5.4　干　擾　5-37
干擾弦波　5-37
解強調與預強調濾波　5-39
FM 的抓取效應　5-41

第 6 章　取樣與脈波調變　6-1

6.1　取樣定理與實務　6-2
截波器取樣　6-3
理想的取樣與重建　6-7

實際的取樣與頻譜交疊現象　6-10

6.2　脈波振幅調變　6-15

平頂取樣與脈波振幅調變　6-16

6.3　脈波時間調變　6-18

脈波延續和脈波位置調變　6-19

脈波位置調變頻譜分析　6-22

第 7 章　類比通訊系統　7-1

7.1　CW 調變接收機　7-3

超外差接收機　7-3

直接轉換接收機　7-7

特別用途接收機　7-8

接收機規格　7-9

掃描頻譜分析儀　7-10

7.2　多工系統　7-12

分頻多工　7-12

正交載波多工　7-17

分時多工　7-18

串訊和護衛時間　7-22

TDM 和 FDM 的比較　7-23

7.3　鎖相迴路　7-25

PLL 的操作和鎖住　7-25

同步偵測和頻率合成器　7-29

線性化 PLL 模型和 FM 偵測　7-32

7.4　電視系統　7-33

視訊訊號、解析度和頻寬　7-34

黑白發射機和接收機　7-38

彩色電視　7-40

HDTV　7-45

第 8 章　機率與隨機變數 　8-1

8.1　機率與樣本空間　8-3

機率與事件　8-4
樣本空間與機率理論　8-5
條件機率與統計的獨立　8-9

8.2 隨機變數與機率函數　8-12
離散的隨機變數與累積分佈函數　8-13
連續的隨機變數與機率密度函數　8-16
隨機變數的轉換　8-19
共同的與條件的機率密度函數　8-21

8.3 統計的平均　8-23
平均值、動差與期望值　8-23
標準偏差與柴比雪夫不等式　8-25
多變量的期望值　8-26
特徵函數　8-29

8.4 機率模型　8-30
二項式分佈　8-30
卜瓦松分佈　8-32
高斯機率密度函數　8-32
瑞利機率密度函數　8-35
雙變量高斯分佈　8-36
中央極限定理　8-37

第 9 章 隨機訊號及雜訊　9-1

9.1 隨機過程　9-3
整體平均值及相關函數　9-4
耳高迪及靜態程序　9-8
高斯程序　9-13

9.2 隨機訊號　9-14
功率頻譜　9-15
重疊性及調變　9-19
濾波隨機訊號　9-20

9.3 雜　訊　9-24
熱雜訊與可用功率　9-24

白雜訊與濾波雜訊　9-27
雜訊等效頻寬　9-30
使用白雜訊系統測試　9-31
9.4 **加雜訊的基頻訊號傳輸**　**9-33**
外加雜訊與訊雜比　9-33
類比訊號傳輸　9-35
9.5 **加雜訊的基頻脈波傳輸**　**9-37**
雜訊中脈波測試　9-38
脈波檢波及匹配濾波器　9-39

第 10 章　有雜訊的類比調變系統　10-1

10.1 **帶通雜訊**　**10-3**
系統模式　10-4
正交分量　10-6
波封及相位　10-7
相關函數　10-9
10.2 **有雜訊的線性連續波 (CW) 調變**　**10-11**
同步檢波　10-12
波封檢波及臨界值效應　10-14
10.3 **有雜訊的角度連續波 (CW) 調變**　**10-17**
後端檢波雜訊　10-17
輸出端訊雜比　10-20
FM 臨界效應　10-23
以 FM 回授做為臨界值的延續應用　10-26
10.4 **連續波 (CW) 調變系統的比較**　**10-27**
10.5 **鎖相迴路 (PLL) 的雜訊效能**　**10-29**
10.6 **有雜訊的類比脈波調變**　**10-30**
訊雜比　10-30
假像－脈波臨界值效應　10-33

第 11 章　基頻帶數位傳輸　11-1

11.1 **數位訊號與系統**　**11-4**

　　　　數位 PAM 訊號　11-4
　　　　傳輸極限　11-7
　　　　數位 PAM 的功率頻譜　11-10
　　　　預碼的頻譜整形　11-13
　11.2 雜訊與誤差　11-14
　　　　二進位誤差概率　11-15
　　　　再生中繼器　11-19
　　　　匹配濾波器　11-21
　　　　相關性偵測器　11-24
　　　　M-次元誤差概率　11-25
　11.3 帶寬限制的數位 PAM 系統　11-29
　　　　奈奎斯脈波整形　11-29
　　　　最佳終端濾波器　11-32
　　　　等化器　11-35
　　　　相關性的編碼　11-41
　11.4 同步技術　11-46
　　　　位元同步　11-46
　　　　亂碼器與 PN 碼產生器　11-49
　　　　碼框同步　11-53

第 12 章　類比訊息的數位化技術與計算機網路 　12-1

　12.1 脈碼調變　12-4
　　　　PCM 的產生與重建　12-4
　　　　量化雜訊　12-8
　　　　非均勻量化與壓縮／解壓縮　12-10
　12.2 帶雜訊的 PCM　12-14
　　　　解碼雜訊　12-14
　　　　錯誤臨界值　12-16
　　　　PCM 與類比調變　12-17
　12.3 三角調變與預測編碼　12-19
　　　　三角調變　12-20
　　　　三角-σ 調變　12-25

可適性三角調變　12-26
微差 PCM　12-27
LPC 語音合成　12-29
12.4　數位式聲音錄製　12-31
CD 錄製　12-32
CD 播放　12-34
12.5　數位多工　12-35
多工機與階層架構　12-35
數位用戶線　12-39
同步光網路　12-40
數據多工機　12-42

第 13 章　通道編碼 　13-1

13.1　錯誤偵測與更正　13-3
重複與同位檢查碼　13-4
交　錯　13-5
碼向量與漢明距離　13-7
FEC 系統　13-8
ARQ 系統　13-11
13.2　線性方塊碼　13-15
方塊碼的矩陣表示式　13-15
徵狀解碼　13-19
循環碼　13-22
M-次元碼　13-28
13.3　迴旋碼　13-28
迴旋編碼　13-29
自由距離與編碼增益　13-34
解碼的方法　13-40
渦輪碼　13-46

第 14 章　帶通數位傳訊　14-1

14.1　數位連續波調變　14-3

　　　帶通數位訊號的頻譜分析　14-4
　　　振幅調變方法　14-5
　　　相位調變方法　14-8
　　　頻率調變方法　14-10
　　　最小鍵移與高斯濾波 MSK　14-13
　14.2　**同調二元系統**　**14-17**
　　　最佳二元偵測　14-18
　　　同調 OOK、BPSK 及 FSK　14-22
　　　時序與同步　14-24
　　　干　擾　14-26
　14.3　**非同調二元系統**　**14-27**
　　　正弦波加上帶通雜訊的波封　14-28
　　　非同調 OOK　14-29
　　　非同調 FSK　14-32
　　　微差同調 PSK　14-34
　14.4　**正交–載波與 *M*-次元系統**　**14-37**
　　　正交–載波系統　14-37
　　　M-次元 PSK 系統　14-40
　　　M-次元 QAM 系統　14-44
　　　M-次元 FSK 系統　14-46
　　　數位調變系統的比較　14-47
　14.5　**正交分頻多工**　**14-50**
　　　使用反離散傅立葉轉換產生 OFDM　14-52
　　　通道響應與循環延伸　14-55
　14.6　**格狀碼調變**　**14-58**
　　　TCM 基礎　14-58
　　　硬式與軟式決策　14-66
　　　數據機　14-66

第 15 章　展頻系統　　　　　　　　15-1

　15.1　**直接序列展頻**　**15-4**
　　　DSSS 訊號　15-4
　　　具有干擾的 DSSS 效能　15-8

　　　　多重接取　15-9
　　　　多重路徑與耙式接收機　15-11
　15.2　**跳頻展頻**　**15-14**
　　　　FHSS 訊號　15-15
　　　　干擾出現時 FHSS 的效能　15-17
　　　　其他的 SS 系統　15-19
　15.3　**編　碼**　**15-19**
　15.4　**同　步**　**15-24**
　　　　探　測　15-24
　　　　追　蹤　15-26
　15.5　**無線系統**　**15-27**
　　　　電話系統　15-27
　　　　無線網路　15-32
　15.6　**超寬頻帶系統**　**15-35**
　　　　UWB 訊號　15-35
　　　　編碼技術　15-37
　　　　傳送－參考系統　15-38
　　　　多重接取　15-40
　　　　和直接序列展頻的比較　15-41

第 16 章　資訊與偵測理論 　16-1

　16.1　**資訊量測與訊號源編碼**　**16-4**
　　　　資訊量測　16-4
　　　　熵與資訊率　16-6
　　　　對離散無記憶通道之編碼　16-9
　　　　有記憶資訊源之預測編碼　16-14
　16.2　**離散通道上的資訊傳輸**　**16-17**
　　　　共同資訊　16-17
　　　　離散通道容量　16-21
　　　　二元對稱通道編碼　16-23
　16.3　**連續通道與系統比較**　**16-26**
　　　　連續資訊　16-26

　　　　　　連續通道容量　16-29
　　　　　　理想通訊系統　16-31
　　　　　　系統比較　16-35
　　16.4　訊號空間　16-39
　　　　　　訊號以向量表示　16-39
　　　　　　格蘭姆−史密特程序　16-42
　　16.5　最佳數值偵測　16-44
　　　　　　最佳偵測與 MAP 接收機　16-44
　　　　　　錯誤機率　16-51
　　　　　　訊號選擇與正交訊號　16-54

■　索　引　　　　　　　　　　　　　　　　　　　I-1～I-17

■　附錄表 ◉　　　　　　　　　　　　　　　　　T-1～T-14

■　練習題解答 ◉　　　　　　　　　　　　　　　E-1～E-44

■　部份習題解答 ◉　　　　　　　　　　　　　　A-1～A-7

1 chapter
CS *Communication Systems*

概　論

I. 摘　要

1.1 通訊系統的基本單元及限制　Elements and Limitations of Communication Systems
- 資訊、訊息及訊號 (Information, Messages, and Signals)
- 通訊系統的組成單元 (Elements of a Communication System)
- 基本的限制 (Fundamental Limitations)

1.2 調變及編碼　Modulation and Coding
- 調變的方法 (Modulation Methods)
- 調變的好處及其應用 (Modulation Benefits and Applications)
- 編碼的方法及好處 (Coding Methods and Benefits)

1.3 無線通道上的電磁波傳播　Electromagnetic Wave Propagation Over Wireless Channels
- 射頻波的轉向 (RF Wave Deflection)
- 天波傳播 (Skywave Propagation)

1.4 新興的發展　Emerging Developments

1.5 社會的衝擊與歷史回顧　Societal Impact and Historical Perspective
- 歷史回顧 (Historical Perspective)

1.6 章節架構　Prospectus

自從 1838 年，Samuel F. B. Morse 經由 16 公里長的線路，傳送第一句的電報訊息後，電子通訊的新世紀就誕生了。經過一個半世紀的努力。

現在，電話、無線電波以及電視已經是生活的一部份。已覆蓋了許多地球表面的長距離線路，無時無刻傳送著文字、數據、視訊及影像。藉由跨州的網路連接，計算機可以彼此溝通。無線個人行動系統可以讓我們在任何地點、任何時間與想聯絡的人溝通。

本書將介紹電子通訊系統之分析方法、設計理論以及硬體上的考量。在第 1 章，我們首先進行概念性介紹，以便為後面幾個章節做較深入洞察之準備。

1.1 通訊系統的基本單元及限制

一個通訊系統將來源端的資訊傳送到某個距離外的目的端。目前已經有許多不同通訊系統在應用，我們在本書裡無法一一描述；我們也不會針對某一個特殊系統的個別部份做深入的討論。一個基本的系統包含了許多個單元，涵蓋了電子工程的各個領域，包括電路、電子、電磁、訊號處理、微處理機及通訊網路，以及一些其他相關的領域。而且，一個部份一個部份地來討論這些技術將無法看到一個通訊系統的全貌。

因此我們採用比較一般化的觀點，把所有的通訊系統看成是完成**資訊轉移** (information transfer) 的功能，那我們就可以從電子形式如何承載資訊來探討一些原理及問題，我們會用足夠的深度來加以討論並探討分析設計的方法，而這些分析及設計方法適用在很廣的一個應用範圍。簡單的說，這本書把通訊系統就看成是系統 (systems)。

■ 資訊、訊息及訊號

很明顯的，**資訊** (information) 的概念對於通訊來說是很重要的，但是資訊這個字因為有它語義以及邏輯上面的意義，所以要明確定義它，並不是很容易。為了避免混淆，我們用**訊息** (message) 一詞。先不論訊息如何形成，一個通訊系統的目的是為了能在目的端把這個來自於來源端的訊息做重製。

我們知道有很多不同種類的訊息來源，包括機器所產生的以及人為的，而且訊息有很多不同的表現方式。然而我們可以把訊息分成兩個主要的類別，**類比的** (analog) 與**數位的** (digital)，此種差異在某種程度上，決定了成功通訊的一些準則。

一個**類比** (analog) 訊息是一個會隨著時間呈平順及連續改變的物理量，類比訊息的例子最常見到的是聲音，例如當我們說話的時候所產生的。其他訊息如直升機螺

圖 1.1-1　具有輸入及輸出轉換器的通訊系統。

旋槳的角度及位置，還有光在電視影像上面某一點上的亮度。因為訊息是藏在時變的波形裡頭，一個類比的通訊系統應該要能把這個波形以某一種程度的**傳真度** (fidelity) 傳送到目的端。

一個**數位** (digital) 訊息是一個從有限的離散元素中所挑選出來的有序符號序列。數位訊息的例子，我們最常看到的就是在文件上所印出來的字母，每個小時溫度的讀取，還有我們在電腦上面鍵入的鍵值。因為訊息是放在離散的符號內，一個數位的通訊系統應該要能把這些符號以某種程度的**正確率** (accuracy)，在一個特定的時間內送到目的端。

不管是類比的或數位的，訊息來源在本質上就是電子式的情況並不多見。結果大部份的通訊系統就必須要有輸入與輸出的**轉換器** (transducer)，就如同圖 1.1-1 所表示的。輸入轉換器會把訊息轉換成電子**訊號** (signal)，例如電壓或電流，而在目的端的轉換器會把輸出訊號轉成我們所要的訊息格式，例如在語音的通訊系統裡，輸入轉換器麥克風把聲音轉成電子訊號，而輸出轉換器喇叭則用來播出聲音。自此之後，我們假設有適當的轉換器存在，那麼我們就把重點放在**訊號的傳輸** (signal transmission) 上面。在這本教科書裡，**訊號** (signal) 及**訊息** (message) 這兩個名詞會交互地使用，因為訊號就像是訊息，也是一個資訊的物理表示。

■ 通訊系統的組成單元

圖 1.1-2 描繪了一個通訊系統的基本單元，在圖中轉換器已經被忽略了，但是我們另外加了一個單元，就是汙染訊號源。任何的通訊系統都有三個主要部份：傳輸機、傳輸的通道以及接收機，每一個部份都扮演了某種程度的訊號傳輸功能，以下即

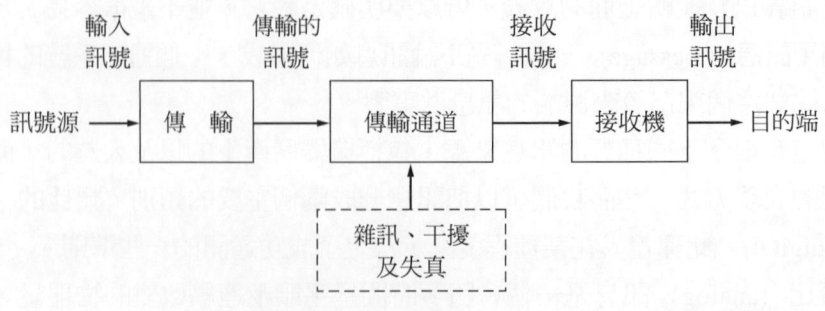

圖 1.1-2　一個通訊系統的元件。

一一敘述。

發射機（transmitter）把輸入訊號處理成適合在傳輸通道裡面傳送的訊號，因為它考慮了傳輸通道的特性。訊號處理在傳輸上一直扮演重要的角色，包括**調變**（modulation）以及**編碼**（coding）。

傳輸通道（transmission channel）是一個電子媒介，可以看成是在來源端跟目的端之間架起一個橋樑，它可以是一對線、一條同軸電纜、無線電波或者是雷射光。每一種通道都會引進某種程度的**傳輸耗損**（loss）或者**衰減**（attenuation），所以訊號的功率會隨著距離的增加而一直減少。

接收機（receiver）處理從通道來的輸出訊號，它會把處理過的訊號送到輸出的轉換器來做真正的輸出。接收機的動作包括**放大**（amplification）以補償在傳輸中的耗損，以及**解調變**（demodulation）跟**解碼**（decoding）來把在傳輸機所運用的訊號處理進行反向的操作；過濾是接收機的另一個重要功能，使用它的理由稍後我們會加以詳述。

有一些效應在訊號傳輸裡頭我們必須要加以克服的，例如衰減，它會降低接收機所收到的訊號**強度**（strength），另外像失真、干擾以及雜訊也都會改變整個訊號的外型，這些污染訊號有可能在任何一處發生，標準的處理方式是把它們歸納成通道效應，而把傳輸機與接收機看成是在理想的狀態，圖 1.1-2 就反映了這樣的慣例。圖 1.1-3a 是一個理想的 1101001 二元序列離開發射機的圖示。注意：銳利的邊緣界定出訊號之值。圖 1.1-3b 到 d 分別展示失真、干擾與雜訊所造成的污染影響。

失真（distortion）是系統的不完美響應對於訊號本身所造成的波形改變。與雜訊及干擾不同，失真會在訊號被關掉的時候就消失了，如果系統是線性的，但有失真響應，那麼這個失真就可能被更正，至少可以被降低，方法是透過一些特殊濾波器的作

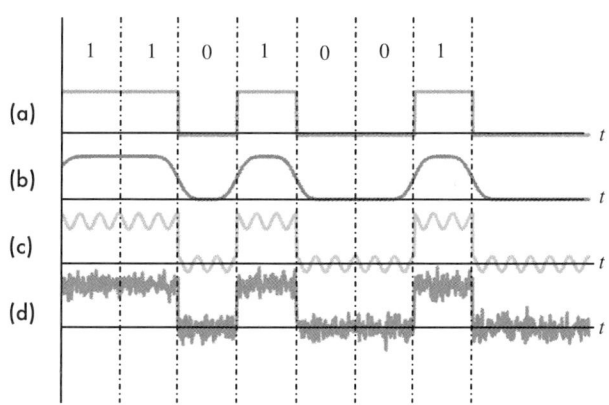

圖 1.1-3 傳送 1101001 序列訊號受到污染：(a) 離開發射機的原始訊號；(b) 失真的影響；(c) 干擾的影響；(d) 雜訊的影響。

用,例如**等化器** (equalizers)。

　　干擾 (interference) 則是人為的外加訊號所引起的,例如其他的發射機、電力線及機械或者交換電路等等。干擾通常在無線電通訊系統裡較常發生,因為接收天線常常會在同一個時間收到不同地方所傳送過來的訊號。如果這個傳輸用的纜線或是接收電路會接收到從臨近的無線電波源所發射的電波,無線電波干擾 (RFI) 也會出現在銅線的系統。除了利用分碼多重接取的系統以外,適當的濾波適當的過濾可以把這些干擾降到某一個程度,尤其當干擾訊號的頻帶是跟我們所要的訊號所佔據的是不同的情況。

　　雜訊 (noise) 通常被當作是隨機而且不能預測的電子訊號,一般是由自然的過程所產生的,有可能是從系統的內部或是外部而來。當這些隨機的擾動被加到含有資訊的訊號上面,那麼這個訊息就可能部份被汙染了,也有可能全部淹沒在雜訊裡面。過濾可以降低雜訊,但是有一些雜訊是無法被消除的,在這個意義上,雜訊可以說決定了系統的基本限制。

　　圖 1.1-2 代表一個**單工** (simplex, SX) 的傳輸,也就是單向的。雙向傳輸必須來源端跟目的端都有發射機跟接收機。一個**雙工** (full-duplex, FDX) 的系統可以允許我們同時進行兩個方向的傳送,單工的系統在同一時間只允許做任一單向的傳輸。**半雙工** (half-duplex, HDX) 系統允許兩個方向的傳送,但不能同時傳送。

■ 基本的限制

　　在設計一個通訊系統時,一個工程師會面臨到兩個一般性的限制。一個是**技術問題** (technological problem),他必須考慮到很多不同的面向,例如硬體是否做得到、是否經濟、政府的規定等等,這些問題我們可以把它歸類為技術性的問題,在理論上是可以被解決的,即使完美的方案並不是實際可用的。另外一個問題是來自於自然的法則,也就是**基本的物理限制** (fundamental physical limitations),這些限制決定了哪些問題可以被解決,而哪些是無法被解決的。以電子的方式傳輸訊息的基本限制,最主要是指**頻寬** (bandwidth) 跟**雜訊** (noise)。

　　頻寬的概念可以同時運用到系統跟訊號上,它可以看作是**速度** (speed) 的一種衡量。當一個訊號隨著時間變化得非常快的時候,它的頻率內容或者是**頻譜** (spectrum) 會涵蓋一個較廣的範圍,那麼我們就說這個訊號具有較大的頻寬。同樣地,一個系統跟隨訊號變化的速度,就反映了系統的頻率響應或者**通道傳輸頻寬** (transmission bandwidth)。目前全部的電子系統都包含能儲存能量的元件,而所儲存的能量無法瞬間變化,結果全部的通訊系統就會有一個有限的頻寬 B,它會限制訊號的改變速率。

　　在即時條件下,通訊要求充份的傳輸頻寬以適應訊號的頻譜寬度,不然就會發生嚴重的失真。舉例來講，一個電視的訊號需要的頻寬是幾百萬赫茲 (Hz)，聲音訊號的變化比較慢，大概只需要 $B \approx 3$ kHz。對於一個每秒鐘有 r 個符號的數位訊號，所需的頻寬必須是 $B \geq r/2$。如果一個資訊傳輸沒有即時 (real-time) 的要求，那麼我們可以使用的頻寬就決定了最大的訊號變化速率。傳送一個固定量的資訊所需要的時間剛好與 B 成反比。

雜訊是另一個在資訊傳輸上的限制，為什麼雜訊是無法避免的呢？這個問題可以從熱力學的原理來回答，在任何高於絕對零度 (-273°C) 的溫度下，熱能會引起微小粒子的擾動，也就是會產生隨機的移動。那麼這個充電粒子的隨機運動就如同電子在移動，因此會引起隨機的電流跟電壓，這些就被稱為**熱雜訊** (thermal noise)。當然還有其他型態的雜訊，但是熱雜訊在任何的通訊系統裡面都會出現。

我們量測雜訊的方式是拿它來跟訊號的功率來作比較，我們稱做**訊號雜訊比** (signal-to-noise power ratio) S/N，熱雜訊的功率一般都很小，因此 S/N 的值可以大到雜訊根本就可以被忽略的地步。但是在 S/N 值很小的時候，在類比通訊上，雜訊會使得我們所傳送訊號之傳真度在傳輸的過程裡面降低了，而在數位的通訊環境裡則會造成**誤差** (error)。這些問題會隨著傳輸距離的增加而變得更加嚴重，因為訊號功率會隨著傳送的距離而降低，等送到接收端的時候，有可能就跟雜訊的準位差不多了。想在接收端放大訊號是沒有用的，因為雜訊也會一起被放大。

把前面所考慮的這兩種限制列入考慮，Shannon (1948)[†] 導出了一個資訊傳送率的公式，資訊傳送率不能超過**通道容量** (channel capacity)。

通道容量定義如下：

$$C = B \log_2 (1 + S/N) = 3.32 \, B \log_{10} (1 + S/N)$$

這個關係就被稱為**哈特雷－雪農法則** (Hartley-Shannon law)。它等於是為一個通訊系統在給定了頻寬跟訊號雜訊比的情況之下，設定了資訊傳送率的上限。注意：這個法則假設雜訊是隨機的，且具有高斯分佈，而資訊是隨機編碼而成。

1.2 調變及編碼

調變及編碼是在發射機端所進行的動作，它們是為了達成有效且可靠的資訊傳輸。因為它們很重要，所以值得在這裡進一步討論。本書中用了好幾章的篇幅來探討

[†] 此種方式的參考文獻遍佈於章節中。完整的參考文獻由作者在 www.mhhe.com/carlsoncrilly 中以字母順序方式列出來引用。

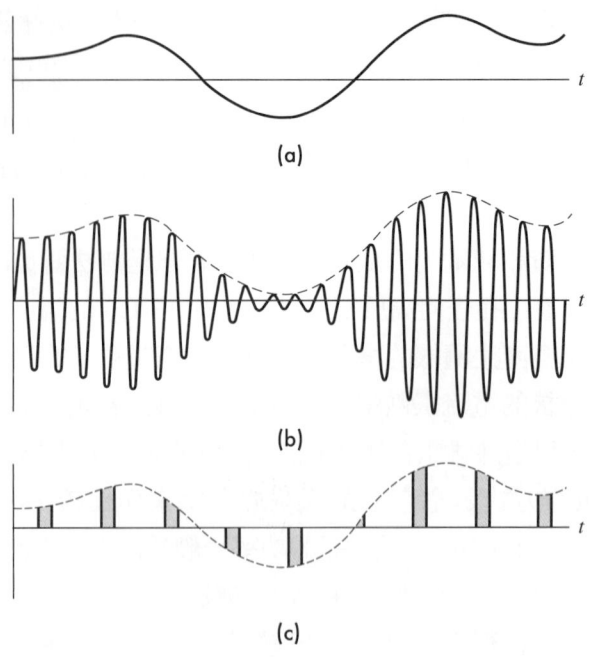

圖 1.2-1 (a) 調變訊號；(b) 振幅調變之弦式載波；(c) 振幅調變之脈波串列。

調變及編解碼的技術。

調變的方法

調變牽涉到兩個波形，一個是**調變訊號** (modulating signal) 代表訊息本身，另外一個是**載波** (carrier wave) 適合特殊應用。一個調變器依調變訊號的變化改變載波波形，這個被調變過的波形，承載了訊息資訊。通常我們要求調變是一種可逆的過程，所以訊息可以透過**解調變** (demodulation) 的反向動作被回復回來。

圖 1.2-1 描繪了一個類比調變訊號 (圖 a)，以及被調變過的**正弦** (sinusoidal) 載波的波形 (圖 b)。這有點像振幅調變 (AM)，振幅調變被使用在無線電廣播及其他應用上。一個訊息承載在一個正弦載波上面的方式，除了 AM 也可以利用**頻率調變** (FM) 或相位調變 (PM)。它們都被歸為**連續波** (continuous-wave) 調變 (CW)。

當我們在說話的時候，其實就是一種 CW 調變的過程。聲音的產生過程是肺部空氣通過我們的聲帶，產生了載波音，然後這些載波音經由口腔肌肉的調變動作來發出不同聲音。因此我們耳朵所聽到的其實是一個調變過的聲波，跟 AM 的訊號是很接近的。

大部份長距離傳輸系統，其被調變用的載波頻率都非常高，而且比調變訊號的頻率高很多。調變過的訊號頻譜主要表現在載波頻率附近，也就是所要訊號的頻率成份就分佈在載波頻率的兩邊，因此我們可以把 CW 調變的動作就當作是**頻率位移** (frequency translation)。在 AM 的廣播裡，訊息的頻率可以從 100 Hz 到 5 kHz，如果載波的頻率是 600 kHz，那麼被調變過的載波頻譜所涵蓋的範圍就從 595 到 605 kHz。

另外一種調變的方法稱為**脈波調變** (pulse modulation)，它是用調變訊號改變脈波的振幅，形成一個週期性的脈波串列，如圖 1.2-1c 所示即為脈波振幅調變 (PAM) 的波形。這個 PAM 波形包含了一些取樣值，這些取樣值是從類比調變訊號的波形在某一時間的振幅大小。**取樣** (sampling) 是一個很重要的訊號處理技巧，在某些條件下，它讓我們可以把整個波形從這些取樣值**重建** (reconstruct) 回來。

脈波調變在本質上並不產生頻率的遷移，有一些傳輸機會把脈波調變跟 CW 調變整合在一起。另外也有一些其他調變的技巧是與**編碼** (coding) 整合在一起。

調變的好處及其應用

在一個通訊系統裡，調變的主要目的是為了產生一個被調變過的訊號，以適合某些傳輸通道的特性。實際的好處及一些應用，我們簡單說明如下。

調變是為了有效的傳輸　訊號傳輸在一個可感知的距離內，通常會透過電磁波傳送。任何傳輸方法的有效性是決定於被傳送訊號的頻率。考慮 CW 調變頻率位移的特性，訊息資訊必須被承載在載波上面，這個載波的頻率必須被謹慎地選擇以適合所欲採用的傳輸方法。

這裡舉一個例子，有效的可視線電磁波傳送，對於天線的實際尺寸要求至少必須是訊號波長的十分之一。因此，對含有頻率成份低到 100 Hz 的聲音訊號進行未經調變的傳送，其所需要的天線長度大約是 300 公里。如果我們把它調變到 100 MHz 就像是在 FM 廣播所採用的，那我們所需要的天線尺寸大約只要一公尺。在頻率低於 100 MHz 的情況，有其他傳輸的模式可藉由使用適當的天線尺寸來獲致比較好的效率。

為了參考的目的，圖 1.2-2 詳列了各頻段電磁波的應用場合。在圖上包含了波長、頻段的識別符號，傳輸介質跟傳播模式。我們也列出美國聯邦通訊委員會 (FCC) 授權的代表性應用。請參閱 http:www.ntia.doc.gov/osmhome/chapo4chart.pdf 所提供完整的美國頻率分配說明。讀者也應該注意到，整個頻譜中 FCC 有授權工業，科學以及醫療 (ISM) 使用的頻帶。[†] 這些頻帶允許各種無線電業、醫療業以及實驗性傳輸設

---

† ISM 頻帶的中心頻率有 6.789 MHz, 13.560 MHz, 27.120 MHz, 40.68 MHz, 915 MHz, 2.45 MHz, 5.8 GHz, 24.125 GHz, 61.25 GHz, 122.5 GHz 以及 245 GHz。

1-10 通訊系統

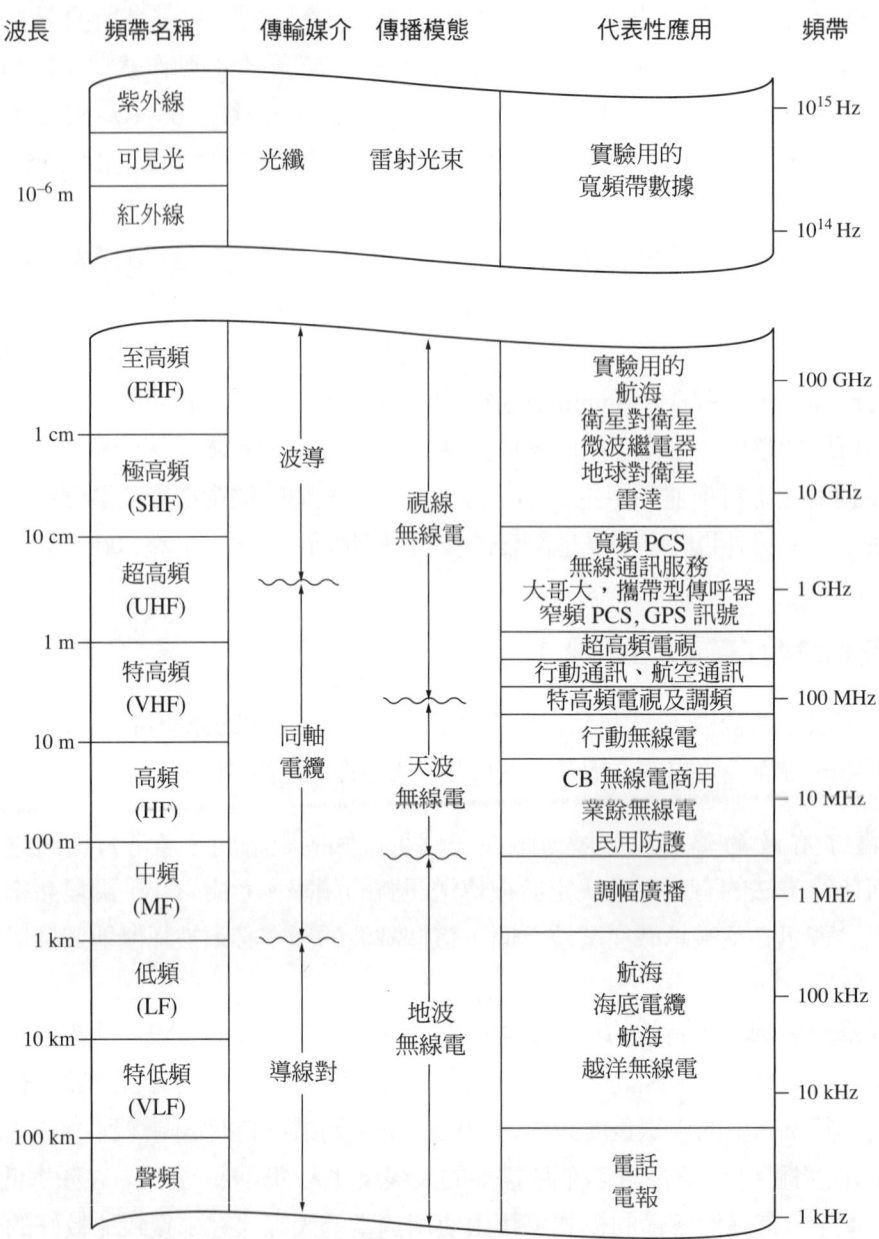

圖 1.2-2 電磁頻譜*。

*美國政府的國立標準與技術研究院 (National Institute of Standard and Technology, NIST) 所發佈的時間與頻率標準是在 60 Hz，以及 2.5、5、10、15 與 20 MHz。

備，還有像微波爐等不受注意的輻射裝置來進行限制性功率的傳輸。由此可知，在這些頻帶的 ISM 使用者必須能夠容忍其他 ISM 輻射裝置的干擾。

調變是為了克服硬體上面的限制　一個通訊系統的設計會被成本跟硬體的可用性 (availability) 所限制，硬體的效能通常決定於所用的頻率。調變允許設計者把一個訊號從某一個頻率範圍移到某一個頻率範圍，來避免硬體上面的限制。有一個名詞，叫做比例頻寬 (fractional bandwidth)，它的定義是絕對頻寬除以中心頻率。硬體的成本跟複雜度會是最低的，如果比例頻寬被保持在 1% 到 10% 之內的話。比例頻寬考慮到一個事實，就是調變不僅要考慮到傳輸機，也要考慮到接收機。

訊號頻寬愈大者，我們會把它調變到更高的頻率。因為資訊率是正比於頻寬，按照哈特雷雪農定律，我們就得到一個結論，一個高的資訊率需要一個高的載波頻率。例如一個 5 GHz 的微波系統的資訊率，在一定的時間間隔內，是 500 kHz 無線電通道的 10,000 倍。在電磁波頻譜的更高範圍，例如雷射光，它的頻寬大概是一個電視通道的千萬倍。

調變是為了降低雜訊及干擾　一種克服雜訊及干擾的方法是一直提高訊號功率，直到可克服外加汙染源為止。但如此一來會增加許多成本，而且也有可能損壞硬體設備 (早期橫渡大西洋的其中一條電纜線盡力來獲得可以使用之接收訊號而明顯地被損毀)。很幸運地，FM 及某種特定的調變方式有抑制雜訊與干擾的特性。

這個特性叫做寬頻雜訊抑制 (wideband noise reduction)，因為它所需的傳輸頻寬遠高於調變訊號的頻寬，寬頻調變允許設計者以增加頻寬的方式換得訊號功率的降低，也就是訊號功率不需要太大就可以減低雜訊跟干擾的影響。這種結果其實從哈特雷雪農定律就可以看得出來了。值得注意的是，較高頻的的載波在寬頻調變裡是必要的。

調變是為了頻譜的分配　當你把一個收音機或是電視機調諧到某一個電台的時候，你是從許多個接收機能夠接收到的訊號裡選擇一個，那是因為每一個電台都有一個不同的載波頻率，我們所要的訊號就可以藉由濾波器的濾除方式來得到。如果我們沒有調變技術，那麼在一個範圍內只能允許一個電台的廣播，因為如果還有其他的廣播電台，一定會造成嚴重的干擾。

調變是為了多工　所謂的多工是一種把許多個訊號結合在一起，然後在一個通道內同時傳送的過程。分頻多工 (frequency-division multiplexing, FDM) 使用了 CW 調變的方法，把每一個訊號都調變到不同的載波頻率上，在接收端再使用濾波器組來把這些訊號個別過濾出來。分時多工 (time-division multiplexing, TDM) 使用脈波調變來把不同訊號的取樣值擺在不重疊的時間槽上面。請回到圖 1.2-1c，在圖上兩個脈波之間的縫隙，我們可以再插入其他訊號的取樣值脈波，在接收端我們有一個開關電路可以把不同時槽的訊號取出來。多工的運用包括 FM 立體廣播、有線電視及長距離電話系統等。

多工的一個變形是**多重存取** (multiple access, MA)，多工是針對共享的通訊資源進行分配，這種分享是局部 (local) 的層次，而 MA 是通訊資源的遠端分享，例如分碼多工存取 (CDMA)，它指派了一個唯一碼給每一個數位蜂巢式系統的使用者，那麼不同的傳輸就可以根據這些碼在傳送跟接收的個體之間進行。CDMA 允許不同的使用者來分享同樣的頻率及頻寬，而在時間上又是同時的，是一種增加通訊效率的巧妙方法。

編碼的方法及好處

我們已經描述了調變它是為了達到有效傳輸的一種訊號處理動作。而**編碼** (coding) 是一種為了改進通訊的一種符號處理動作，尤其當訊息是數位的或者可以被表示成離散符號的形式時。編碼跟調變這兩者對於可靠的長距離數位傳輸是很必要的。

編碼 (encoding) 的運算是把一個數位的訊息轉換一個新的符號串列，**解碼** (decoding) 則是把編碼過的訊息轉換回到原來的訊息，傳輸汙染源會產生一些錯誤。考慮一個有 $M \gg 2$ 個符號的計算機或者其他數位的來源，未經編碼的傳輸需要 M 個不同的波形，每一個代表一個符號。如果每一個符號被表示成 K 個 2 進位的數字，也就是**二元字碼** (binary codeword)，因為會有 2^K 種可能的碼字，所以我們需要的 $K \geq \log_2 M$，也就是每一個碼字需要 $\log_2 M$ 位元，如果這個訊號源每秒產生 r 個符號，那麼我們就需要每秒傳送 Kr 個位元，傳輸所需的頻寬是未編碼訊號頻寬的 K 倍。

雖然增加了頻寬，M 個次元的訊號源符號的二進制編碼，提供了兩個好處。第一，不需要複雜的硬體就可以用來處理只包含兩種不同波形的二進制編碼。第二，外加的雜訊對於二進制訊號有比較小的影響，比原先加到 M 個不同波形的雜訊來的少，因此會有比較少的錯誤發生。所以編碼的方法可以說是一種寬頻雜訊抑制的技巧。如果不同的 M 個波形在不同頻率、空間或是互相正交情況下傳送，那麼以上的法則不適用。

通道編碼 (channel coding) 是一種使用來增進雜訊通道可靠度的一種方法，雖然此方法也引進了一些控制用的多餘位元。**錯誤控制編碼** (error-control coding) 則進一步在寬頻雜訊消除技術上發揚光大，藉由將多餘的**檢查位元** (check digits) 加到每一個二進位碼字上面，我們可以偵測甚至更正大部份的錯誤，錯誤控制碼增加頻寬跟硬體複雜度，但是卻獲致了幾乎是沒有錯誤的數位通訊環境，即使是在低訊號雜訊比的情況。

現在讓我們來檢視另一個基本的系統限制：頻寬。很多通訊系統都依靠電話網路來傳輸。因為此種系統的頻寬被十幾年前所定的規格限制住了。為了增加資料率，訊號的頻寬必須被降低。高速的數據機 (資料的調變解調變) 是一種需要資料減量的應用。**訊號源編碼** (source-coding) 技術大部份是應用了訊號源的統計特性來達到有效的編碼，因此，訊號源編碼被看成是跟通道編碼成對的。因為它是去掉多餘的資訊達到效率。

數位編碼的好處可以被整合到類比通訊裡頭，但必須藉由類比到數位的轉換方法，例如脈碼調變 (PCM)。一個 PCM 的訊號可以藉由取樣類比訊息而產生，取樣之後再加以量化使取樣值變成數位形式，然後再針對這些數位值進行編碼。從可靠度、彈性及效率上來看，PCM 已經成為在類比通訊上一個重要方法，而且當與高速的微處理機整合在一起，PCM 可以說是類比運算的**數位訊號處理** (digital signal processing)。

1.3 無線通道上的電磁波傳播

100 年前馬可尼 (Marconi) 建立了第一條北美與歐洲之間的無線通訊。今日無線通訊則是較狹隘地定義在目前非常普及的行動電話、無線電腦網路、其他個人通訊裝置及無線感測器。

無線電訊號像光波一樣自然地行走直線，因此，對視線 (LOS) 外的傳播需要靠偏移電波的方法。我們已知道地球是球形狀的，視線通訊的實際距離大約是 48 公里或是 30 英里，這要看地形和天線的高度而定，如圖 1.3-1 所示。因此為了要讓覆蓋範圍最大，電視廣播天線與行動電話基地台天線一般都架設在丘陵地、高塔，以及 (或是) 山丘上。

然而有幾個因素讓光線與電磁波 (EM) 可以繞過障礙物或是越過地球的水平線傳播。這些因素是：折射、繞射、反射及散射。這些作用對無線電工程師而言有時是很

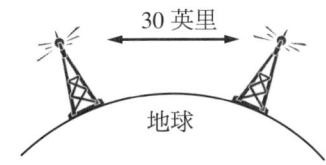

圖 1.3-1 可視線通訊與地球的曲線。

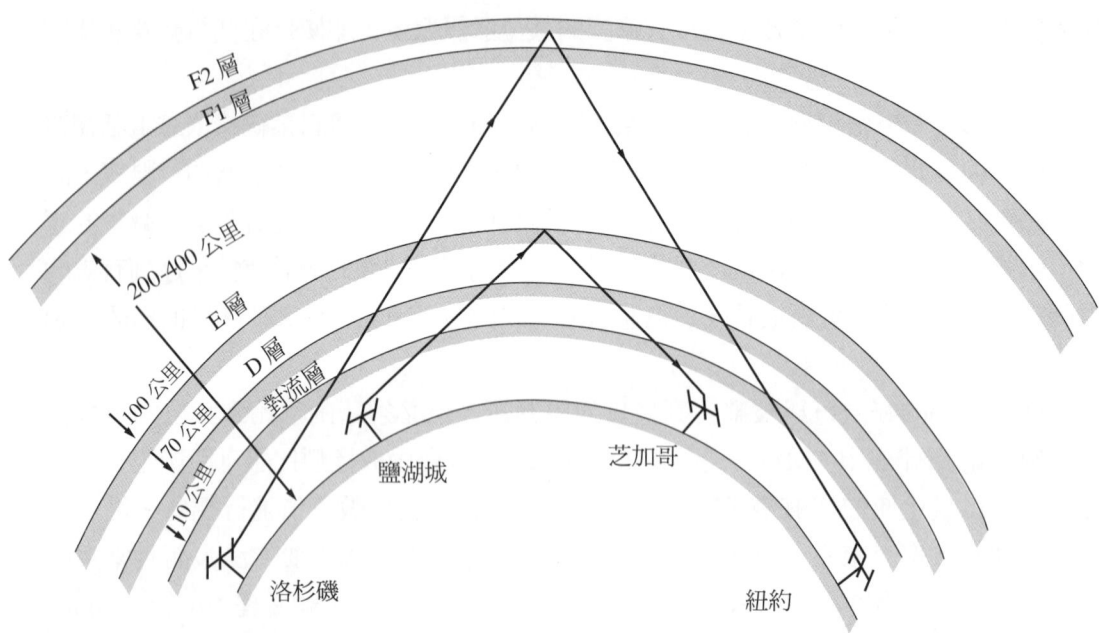

圖 1.3-2 地球大氣層區域與透過電離層的 E 與 F 層的天波傳播。距離是近似的,而且為了清楚,圖不標示比例。

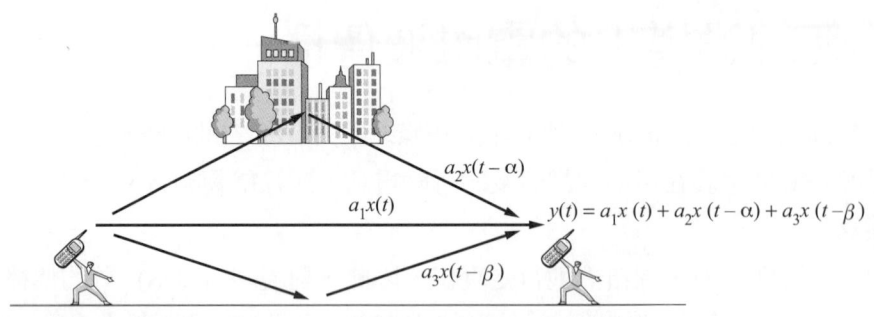

圖 1.3-3 訊號由地面以及建築物反射所造成的多重路徑干擾。

有用,有時也很麻煩。例如衛星技術被採用之前,國際廣播與軍事通訊都是利用電離層的 F 層來反射短波無線電訊號,如圖 1.3-2 所示。這裡訊號由洛杉磯 (LA) 旅行 3,900 公里到達紐約市 (NY)。然而這種使用電離層的反射而抵達一個特定目的地的能力和頻率、天線型態、太陽的作用以及其他影響電離層的現象有關。我們也觀察到當我們的訊號從洛杉磯傳播到紐約的時候,它會越過鹽湖城和芝加哥。因此電離層傳播是一種非常不可靠的射頻 (RF) 通訊方法。但是如果我們利用頻率分集 (frequency diversity) 則可靠度可以改善,那就是說將相同的訊號用數個不同的頻率傳送出去以增加它們之一能夠達到目的地的機率。另一方面,如圖 1.3-3 所示,無線電訊號的反射會引起多重路徑 (multipath) 干擾,使得訊號和延遲訊號在目的地互相干擾。訊號破壞性的相加會引起訊號的衰減 (fading)。如果你觀察圖 1.3-3 就會看到接收訊號是三個分量組成：一個是直接到達加上兩個多重路徑，或簡單地說是 $y(t)=a_1x(t)+a_2x(t-\alpha)+a_3x(t-\beta)$。根據 α 和 β 值，我們可能有建構性或是破壞性的干擾，因此 $y(t)$ 的大小可能會驟減或是驟增。

訊號的衰減也可能是由傳播介質的損失所造成。讓我們來研究一下射頻訊號可以反射的各種方法，並簡短的描述一下一般無線電的傳播。我們引用的材料是 E. Jordan 和 K. Balmain (1971) 的書以及 ARRL 手冊上有關無線電傳播的章節。

■ 射頻波的轉向

除了從建築物反射波外，它們也能夠從山丘、汽車，甚至飛機反射。例如兩個相隔 900 公里的電台可以經由高度 12 公里的飛機來進行反射而互相通訊。當然這只是適合做實驗的系統。

電波藉由折射轉向，是因為它們通過一個係數的介質到另一個不同折射係數的介質。這就說明了為什麼一個水中的物體並不是位在它所看到的位置上。

繞射發生在波的前端碰到的尖銳邊緣而且被延遲，然後反射到另一邊，使得射線改變方向或是轉彎，如圖 1.3-4a 所示。在某些情況下，如圖 1.3-4b 和 c 所示，邊緣不一定是尖銳的，而訊號也能從建築物或是山丘繞射。我們注意到，圖 1.3-4b 所示是另一種由繞射與反射所造成的多重路徑。對超過 300 公尺 (即低於 1 MHz) 以上的波長，地球的作用就像是一個繞射器，使得地面波傳播可以發揮作用。如果傳播

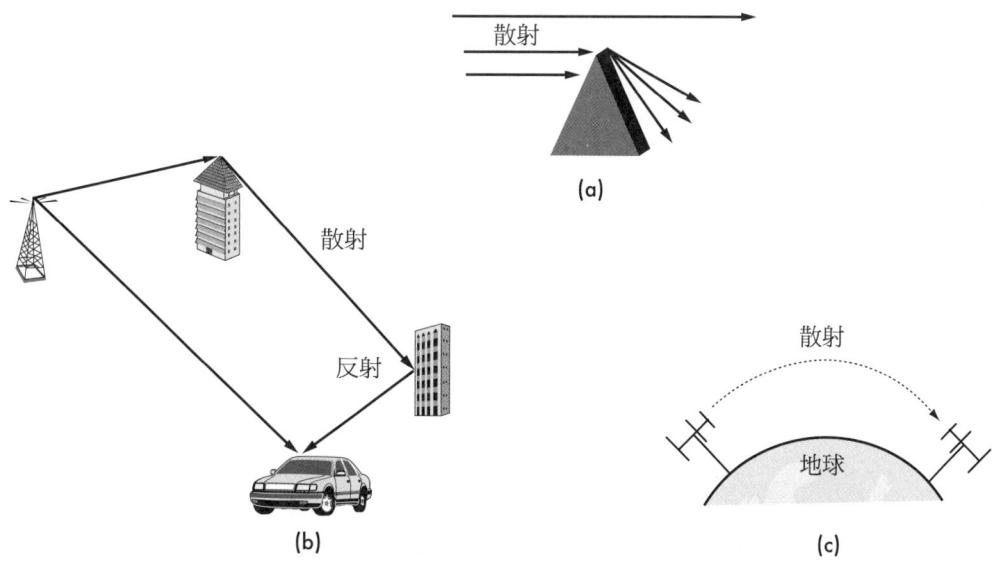

圖 1.3-4 波的折射：(a) 光波；(b) 從建築物頂端；(c) 從山丘或是地球。

介質含有反射粒子，光線與無線波可以被散射而轉向。常見的一個例子就是霧會引起汽車頭燈光束的散射。類似的情形如：流星雨會在地球的大氣中留下離子化的尾巴，這會讓無線電波散射並允許 28 到 432 MHz 的訊號進行非視線的傳播。這個和其他的傳播作用過程一樣，可能只是一個極端的暫態現象。

▄ 天波傳播

天波傳播 (skywave propagation) 是無線電波在對流層或是電離層中被轉移方向，使得通訊距離超過光的可視線距離。圖 1.3-2 展示了地球大氣層的區域，包括對流層以及電離層的 D、E 和 F 層，同時也展示它們離地球表面的近似對應距離。對流層含有 78% 的氮氣，21% 的氧氣以及 1% 其他氣體，是最靠近地球地面的一層，而且是有雲層和氣候的一層。因此它的密度會隨著大氣溫度與溼度內涵而改變。電離層約從 70 公里開始，它所包含的主要是氫氣與氦氣。這些大氣層行為隨著太陽的作用而變化，被太陽的紫外線光離子化，使得電子密度隨著高度而增加。D 層 (70 到 80 公里) 只有在白天出現，根據傳輸角度，這一層會很強烈地吸收 5 到 10 MHz 以下的無線電訊號。因此低於這些頻率的訊號越過可視線的傳播主要是經由地面波。這就是為什麼你只能在白天聽到當地的 AM 廣播。E 層 (大約 100 公里) 也是主要在白天出現，F1 和 F2 在白天出現，但是一到晚上它們就合起來形成一個單一 F 層。E 層和 F 層以及一小部份的對流層是電離層傳播的基礎。

雖然看起來讓在 E 和 F 層的無線電波轉向的主要作用是反射，但實際上是折射，如圖 1.3-5 所示。這個特別層有著隨著高度增加的折射係數，這會使入射的無線電波以向下曲度方式折射。大氣層的厚度與電子密度梯度可以讓曲度足夠將電波折射回到地球上。

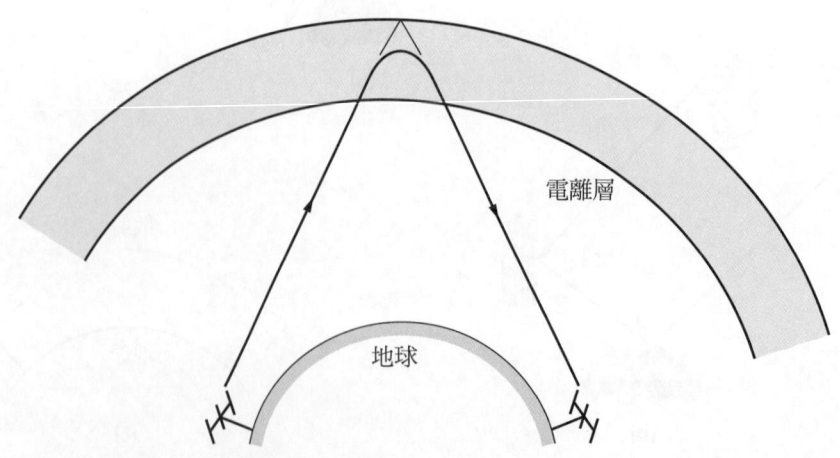

圖 1.3-5 無線電波從電離層的折射。

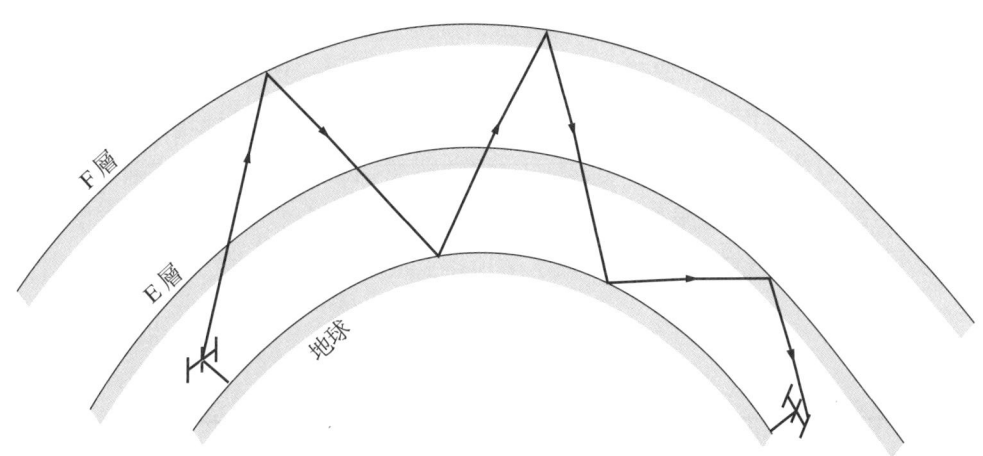

圖 1.3-6　訊號經由多重跳躍路徑的傳播。

　　E 層和 F 層的幾何形狀與高度使得這兩個大氣層的最大中繼距離分別是 2,500 和 4,000 公里。在觀看圖 1.3-2 時，注意洛杉磯到紐約的距離是 3,900 公里，而鹽湖城到芝加哥的距離是 2,000 公里 (E 層)。如圖 1.3-6 所示，多重中繼站可以在地球與 E 和 F 層之間，以及 (或是) 在 F 與 E 層之間。多重中繼可以讓訊號繞行半個地球傳播變得可能，當然，這在每個中繼站都有會一些訊號強度的損失。

　　在白天的時候而且依照太陽的作用，在 E 層能夠轉向的訊號達到 20 MHz。在其他時間裡，北極光 (或南極光) 會引起高能量粒子在 E 層形成離子化氣體，使得能夠傳播的訊號達到 900 MHz。也有存在偶發性的 E 層跳躍，使得可傳播的頻率達到 220 MHz 左右。F 層能夠轉向的訊號大約是 20 MHz，但是在太陽黑子的作用期間，50 MHz 以上訊號可以經由 F 層傳播數千英里。

　　電離層能夠折射垂直訊號回到地球上的最大頻率被稱之為最大可用頻率 (maximum usable frequency, MUF)，然而這種訊號的路徑實際上並不是垂直於電離層，而且因為較低的入射角會碰到較厚的大氣層，因此電離層可以折射甚至更高的頻率。雖然 MUF 會隨著太陽的活動而改變，儘管每天只有幾個小時的時間，其頻率通常至少為 14 MHz。

　　同樣地，像溫度逆增、溼度以及在對流層的氣候條件都會使無線電波折射或是散射。甚至在正常情況下，由於大氣層有不均勻的折射係數，水平波會有一個下凹的曲度讓它能夠越過視線而傳送。不論如何，對流層轉向或是對流層散射主要的影響是 30 MHz 以上的訊號。雖然這只是短暫的效應，但是已有 200 和 432 MHz 的訊號傳播超過 2,500 英里的案例。

　　我們用以下經由大氣層傳播的說明來做總結：(a) 電離層能夠讓低於 MUF 的訊號傳播遠超過可視線 (LOS) 的距離，但是也許會跳過想要抵達的目的地。因此我們必須利用頻率分集與不同的天線角度來增加訊號到達目的地的機率。(b) 隨著太陽的活動，MUF 可能會有很大的變化。(c) 對 14 到 30 MHz 以上的頻率，訊號越過可視線的傳播是暫時的，而且是不可靠的。這就是為什麼我們現在對超過 30 MHz 以上的訊號是採用衛星來進行可靠通訊的原因。(d) 雖然利用大氣層進行越過可視線的傳播和利用其他物體進行傳播沒有什麼相關性，但它確實會引發不同使用者之間的干擾以及多重路徑干擾。無線電工程師必須了解所提到的所有傳播模式，以做為設計系統的依據。

1.4 新興的發展

如圖 1.4-1a 所示，傳統的電話通訊是經由**電路交換** (circuit switching) 來進行。過程中會分配一條專線（或是虛擬線路）來連接訊號源與目的端。網際網路原始的規劃設計是用來進行有效且快速的文書與資料傳輸，它使用的是**分封交換** (packet switching)，將資料串流拆開，分成許多封包，然後再經由一組可用的通道將封包引導至目的地再重構還原。圖 1.4-1b 展示電話與文書資訊如何可經由分封交換來傳送。

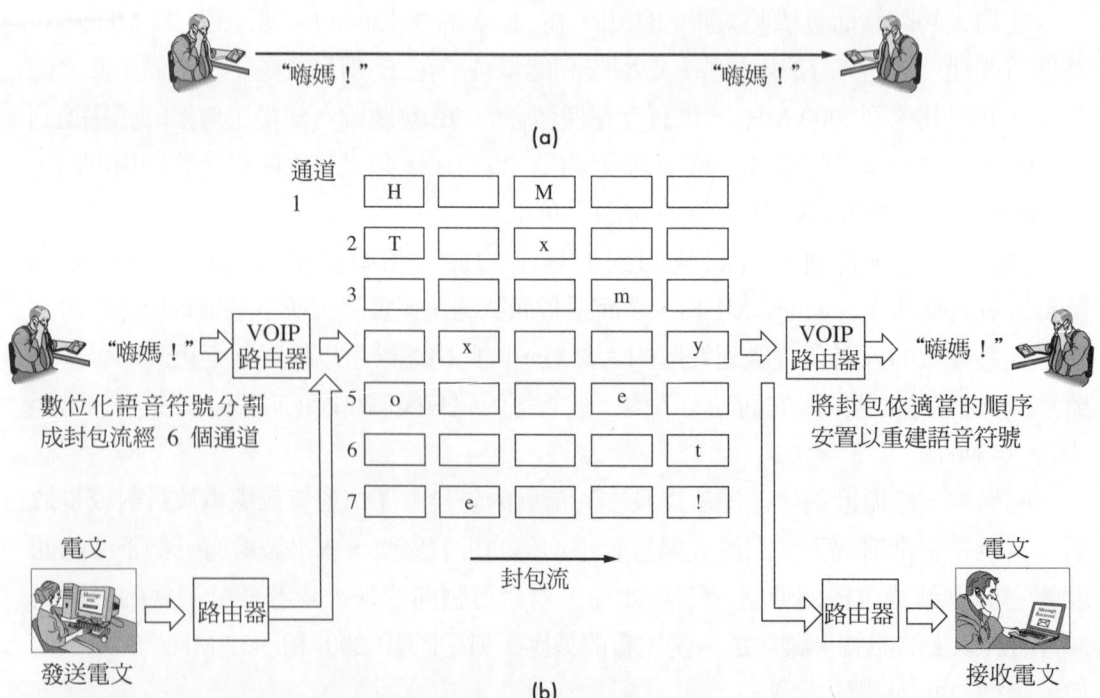

圖 1.4-1 (a) 使用電路交換的一般電話線，(b) 網際網路電話 (VoIP) 使用分封交換以及人們正透過網際網路進行通訊。

如果是猝發性的或是間歇性的資料，那麼分封交換會比電路交換更有效率，例如文書資料的例子，但是語音電話就無法容忍此種情形。隨著高速資料路由器的持續發展以及既有的有線電視骨幹架構，網路電話或是**網際網路語音通訊協定** (Voice-over-Internet Protocol, VoIP) 正在形成一般電話電路交換的另一種可行的選擇。事實上，第三代 (3G) 無線電話主要是使用分封交換。

3G 無線系統或是全球行動系統 (UMTS) 是最初第一代與第二代 (1G 和 2G) 語音行動電話系統的接替系統。3G 現在是無線電話網路的全球標準，並有以下的特色：(a) 語音與資料；(b) 僅有分封交換 (某些系統可以和電路交換相容)；(c) 分碼多接取 (CDMA)；(d) 完全全球漫遊；(e) 從現存的 2G 系統基礎上發展整合。例如 2.5G 行動電話系統就是一種語音與資料的整合。有關 3G 標準的更多資訊，請參考 Goodman 和 Myers (2005) 以及 Ames 和 Gabor (2000) 的著作。

除了分封交換外，更好的多重接取方法正在繼續發展，以更有效率地利用既有的通道。在無線或是行動電話的情況，這將會有更低的服務成本，而且在不需降低服務品質 (QoS) 的條件下增加每單位細胞的使用者數量。傳統的方法有頻率、時間及分碼多接取 (FDMA、TDMA 及 CDMA)。FDMA 和 TDMA 在第 7 章中討論，使用直接序列展頻的 CDMA 則在第 15 章中討論。FDMA 和 TDMA 分別藉由頻率分配或是時間槽分配來共享一個通道。這兩個方法中，一個通道中有太多的使用者，會引起串音，使得使用者會在背景聲中聽到另一個使用者的聲音。因此使用 FDMA 和 TDMA 在干擾與成本之間有個眾所周知的取捨條件。特別是在行動電話上，我們必須對單位細胞使用者的數目設定強制性限制。儘管某些現有的用戶將要掛上電話而釋出頻率或是時間槽，這個強制性限制仍然不允許額外的使用者撥打電話。另一方面，使用 CDMA，沒有經過認證的使用者僅能夠聽到雜音。因此當某個人想在一個已經很忙碌的細胞區域內撥打電話，這個額外的 CDMA 使用者，會暫時地提高背景雜訊的準位，因為他人可能立刻會掛上電話。因此我們對單位細胞 CDMA 使用者的數目可以設定一個非強制性的限制，這是 3G 系統使用 CDMA 的重要原因之一。因為 CDMA 處裡多重路徑分量方式是把它當作是另外一個使用者，所以也能降低多重路徑的問題。

正交分頻多工 (orthogonal frequency division multiplexing, OFDM) 是多頻分工 (FDM) 的一種變種，其中我們可以藉由選擇一組彼此互相正交的載波頻率來降低使用者之間的干擾。OFDM 的另一個應用是：不在一個單一通道上以高速率傳送訊息，我們改用在多個通道上以較低的速率傳送相同的訊息，這可以降低多重路徑的問題。OFDM 在 14 章中討論，它已經被廣泛地應用在像 Wi-Fi 和 WiMax 的無線電腦網路上。

超寬頻系統 (ultra-wideband, UWB) 能夠在平均功率低於現有 RF 干擾周圍準位的情況下運作。換句話說，UWB 的功率輸出準位會比不受注意的輻射體還低，像是電腦的基板以及其他數位邏輯硬體等。最近聯邦通訊委員會 (FCC) 的準則允許 3.1 到 10.6 GHz 的無執照 UWB 運作，其功率準位不超過 -41 dBm。這種與 UWB 技術持續發展的結合將可以更大地利用 RF 頻譜，而且在 RF 頻譜上允許更多的使用者與服務。

　　電腦網路 (computer networks) Wi-Fi (或是 IEEE 802.11) 與 WiMax (或是 802.16) 是兩個已經大量擴張的無線電腦網路。這是由於 FCC 允許 915 MHz、2.45 GHz 及 5.8 GHz ISM 的使用，以及其他 UHF 與微波頻帶被用在通訊上的緣故。Wi-Fi 技術應用在區域網路 (LANs) 中，例如像在咖啡店中看到的筆記型電腦所使用的網路就是 Wi-Fi 技術。因此它有個常用的名詞叫做「熱點」。它的範圍大概是 100 公尺。WiMax 是一個行動無線系統，而且常常利用現有的行動電話塔台基礎架構，並有一個和行動電話差不多的範圍。WiMax 已經被視為無線電話資料服務的另一種選擇，而且已被當作是能夠在建築物內進行網際網路接取的另一種選擇。要注意的是：WiMax、Wi-Fi 及行動電話全在不同的頻率上操作，因此是不同的系統。

　　軟體無線電 (software radio) 或是**軟體定義無線電** (software-defined radio, SDR) 如圖 1.4-2a 所示，是另一個最近發展的通訊技術，它被期望能比標準類比電路方法有更大的可撓性。在天線的訊號被射頻 (RF) 放大器放大，然後用類比－數位轉換器 (ADC) 數位化。ADC 的輸出被送到數位訊號處裡器 (DSP)，進行適當的解調等等運算，接著再送到數位－類比轉換器 (DAC) 將它轉回到使用者可以聽到的形式。軟體無線電發射機則進行相反的操作。可撓性包括：改變基地台頻率、濾波器特性、調變型態、增益等參數。全皆由軟體控制。要注意的是，在許多情況下，由於硬體技術上的限制，特別是在 GHz 頻率範圍，設備常常是一種類比與軟體無線電的混合體。軟體無線電通常是經由場域可程式邏輯閘陣列 (FPGAs) 來實現，其中發射機或接收機的設計首先是用高階軟體語言如 Simulink 來發展，再轉換成 VHSIC (極高速積體電路) 硬體描述語言 (VHDL) 以供編譯，接著再下載到 FPGA 中，如圖 1.4-2b 所示。

1.5　社會的衝擊與歷史回顧

　　通訊系統技術的巨大進步再一次確認了「工程師是改變社會的推手」[†] 這句話。同時，不管是對個人、商業、或是智慧財產，它也是公共政策重大改變的幕後驅動力

[†] Daitch, P. B.<學院工程介紹> (Reading, MA: Addison Wesley 公司，1973), p. 106 頁。

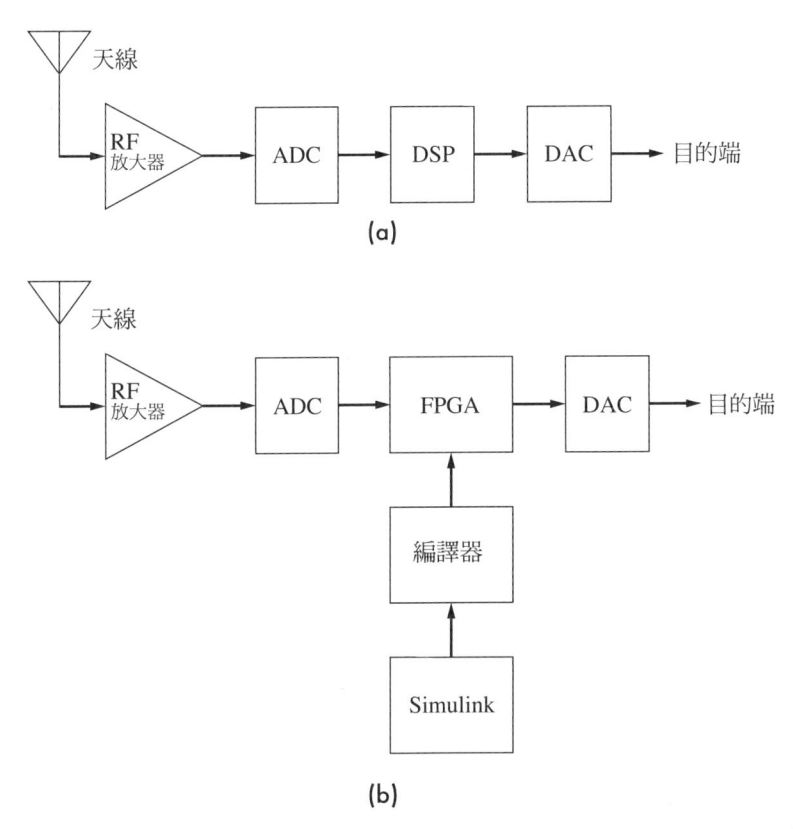

圖 1.4-2 (a) 軟體無線電接收機；(b) 經由 FPGA 實現的軟體無線電接收機。

量。這些模式的改變都是拜工程師與發明家的智慧所賜，因為他們創立與發展出下一代的通訊技術。讓我們引用一些例子說明：以前的電話服務只能靠地面的佈線，而且是受到政府管制性的壟斷，長途電話要另外加價，採每分鐘計費。現在的消費者可以有透過網際網路電話服務的其他選擇，即網際網路語音通訊協定 (VOIP) 與行動電話。這些新技術已經將市內電話與長途電話的區隔拿掉了。而且，不管用掉多少服務時間，這兩種都適用於相同固定的低費率，減少了政府公用事業手續費。同樣地，藉由數位用戶迴路程 (DSLs)，電話公司也能夠提供一般電話與視訊服務。WiMax 以及較小範圍的 Wi-Fi 技術正在減少有線接取網路的需求。例如：現在的纜線可以提供住家或是商店在視訊、資料及語音的服務，而 WiMax 預計也可以提供相同的服務。比較有趣的是，不像許多行動電話服務業者是本地電話公司的一部份，WiMax 公司經常是小而獨立的新創業者。WiMax 新創業者的動機之一就是在獨佔的當地電話或是纜線公司以外提供消費者另外的選舉 (Andrewset al., 2007)。最後，經由衛星廣播的電視用的是直徑不超過一公尺的碟形天線，這使得不受到區域的限制來接收衛星電視可以實現。在大學校園中你可以看到大部份的學生都有無線電話可以打到全國各地區，而其品質與費用可以和有線電話匹敵。電話可以發送與接收語音、簡訊與視訊資訊。透過網際網路進行的電子商務銷售已迫使州政府重新考量他們的稅務政策，然而 VOIP 與行動電話也同時提供州政府另外的稅收來源。普及的行動電話與網際網路讓我們 1 天 24 小時、1 周 7 天都可以連絡的到。員工想丟下一切到遠方休假也許必須禮貌地告訴他 (她) 的上司，他 (她) 不想受到行動電話的打擾，而且所在地也沒有熱點供他 (她) 查看電子郵件。網際網路與錄製技術讓下載音樂與視訊變得很容易，這也讓製片者重新考量他們的經營方式，以及尋找新方法來保護他們的智慧財產權。

另一方面，因通訊科學與技術的進步所形成公共政策與社會規範的變動已經是一種常態。19 世紀中期後，隨著越洋電報電纜的佈放，外交動態起了劇烈的改變，在這之前，國際外交受到船運與路運速度的限制，變動要花幾個月的時間。在有電報之前，高速通訊是靠快速的通訊員與烽煙訊號。無線通訊的進步讓軍事通訊更為快速，但也使得敵對國家可以進行截聽、破譯密碼，以及干擾來影響戰爭與外交的結果。我們已經知道，許多國家內發生暴動與革命，人民很能容易透過網際網路與傳真快速地與外界通訊。不管是行動電話在戲院中關機所造成的騷擾，或是影響了主要政治衝突的結果，通訊工程師已經是、而且會繼續對社會造成很大的衝擊。

歷史回顧

本書的架構是以一種教學法的觀點來撰寫，而不是為了反映整個通訊系統的發展過程。為了提供至少有一個簡單的歷史回顧，我們以編年史的方式將通訊簡史整理在表 1.5-1。在這個表裡面列出了重要的科學發現、重要的論文，還有這些事件相關的姓名。

表 1.5-1 電子通訊編年史

年 代	事 件
1800～1837	初期的發展 伏特發明原電池；傅立葉、柯西、拉普拉斯等之數學理論述；奧斯特、安培、法拉第及亨利等於電學及磁學上之實驗；歐姆定律 (1826)；高斯、韋伯及惠斯頓等之早期電報系統。
1838～1866	電報技術 摩爾斯完成其系統；斯坦希爾發現地球可以使用來當作電流通路；商用服務開始 (1844)；發展多工技術；威廉‧湯姆遜 (凱爾文爵士) 計算出電報線路之脈波響應 (1855)；西魯士‧菲爾德及其助手裝設了越洋電纜。
1845	克希荷夫電路定律被提出。
1684	斯馬克威爾方程式預測了電磁輻射。
1876～1899	電話學 經萊斯早期之嘗試以後，亞歷山大‧格拉漢‧貝爾建立了聲音響轉換器；在鈕赫芬，誕生了有八條線路的第一部電話交換機 (1878)；愛迪生的碳按鈕轉換器；導入電纜電路；史杜格發明自動逐步交換技術 (1887)；赫維

年 代	事 件
	塞、普平及坎培爾等人發表電纜負載理論。
1887～1907	無線電報　漢因雷區·赫芝驗證馬克思威爾理論；馬可尼及波波夫的實際展示；馬可尼建立了完整的無線電報系統專利 (1897)；奧立佛·洛茲爵士發表調諧電路理論；商用服務開始，包含了船至岸邊及越洋系統。
1892～1899	奧立佛·赫維塞於運算微積分、電路學及電磁學上的著作發表。
1904～1920	通訊電子　Lee De 弗里斯特以弗萊明之二極體為基礎發明了三極管 (Audion 或 triode)；G. A. 坎培爾及其他人提出了基本的濾波器形式；AM 無線電廣播的實驗；由貝爾系統完成了具有電子轉發器橫貫大陸的電話線路 (1915)；引進多工載波電話術；E. H. 阿姆斯壯完成了超外差無線電接收機 (1918)；第一個商用廣播電台，KDKA，匹次堡。
1920～1928	傳輸理論　由 J. R. 卡遜、H. 尼奎士、J. B. 約翰笙及 R. V. L. 哈特利有關於訊號傳輸及雜訊之理論的劃時代論文。
1923～1938	電視　貝德及傑金斯證明了機械式影像格式系統；頻寬要求之理論分析；法恩沃子及茲瓦利提出電子系統；杜孟德及其他的人完成了真空管陰極射線管；實際試驗及實驗廣播開始。
1927	成立美國聯邦通訊委員會。
1931	電傳打字服務開始。
1934	H. S. 倍立克發明負回饋放大器。
1936	阿姆斯壯論文說明調頻 (FM) 無線電之情形。
1937	艾力克·雷弗斯構思脈波調變。
1938～1945	第二次大戰　發明雷達及微波系統；FM 廣泛地使用於軍事通訊；改進了所有領域之電子學、硬體及理論。
1944～1947	統計通訊理論　萊斯發明雜訊之數學表示；韋納、柯莫哥洛夫及柯托尼可夫應用統計方法於訊號檢波。
1948～1950	資訊理論及編碼　C. E. 雪農公佈資訊理論之基礎論文；漢明及哥萊發明誤差更正碼。
1948～1951	巴汀、巴騰及蕭克利發明電晶體裝置。
1950	分時多工制應用於電話學。
1953	美國建立了彩色電視標準。
1955	J. R. 派爾斯提出衛星通訊系統。
1956	第一條越洋電話線 (36 個聲音頻道)。
1958	開發軍事用途之長途數據傳輸系統。
1960	梅門展示第一代雷射。
1961	積體電路進入商用生產立體 FM 廣播在美國正式展開。
1962	電星一號 (Telstar I) 開始衛星通訊。
1962～1966	高速數位通訊　數據通訊提供商用服務；按鍵式電話服務開始數位訊號的寬頻波道設計；脈波碼調變證明聲音及電視傳輸之可行性；數位傳輸的理論及實行之主要突破，包括由維特比及其他的人之誤差控制編碼，以及勒奇與其助手之適應性等位化學的發現。
1963	剛恩完成固態微波震盪器。

年 代	事 件
1964	全電話交換系統 (No. 1 ESS) 進入服務。
1965	水手四號自火星傳送圖片至地球。
1966～1975	寬頻通訊系統　電纜電視系統；商用衛星轉播服務變成事實；使用雷射及纖維光學之光學路。
1969	ARPANET 被建立 (Internet 的前身)。
1971	Intel 發展第一顆單晶片微處理器。
1972	Motorola 發展蜂巢式行動電話；第一次實況電視廣播經由衛星。
1980	Philips 及 Sony 發展 CD。
1981	FCC 建立商用蜂巢行動電話公司之規劃；IBM PC 被列入 (2 年後硬碟出現)。
1982	AT&T 同意分割成 22 個本地電話服務公司；7 個區域 Bell 系統營運公司成立。
1985	傳真機被廣泛應用在辦公室。
1985	FCC 開放 900 MHz、2.4 GHz 與 5.8 GHZ 頻帶給不須執照的運轉使用。這些漸漸地被應用在短距離、寬頻無線網路的 Wi-Fi 技術/標準。
1988～1989	跨太平洋跟跨大西洋的光纖電纜，使用光波通訊的媒介正式被安裝。
1990～2000	數位通訊系統大放異彩　數位通訊系統 2G 數位行動電話；數位用戶迴路 (DSLs)；無線區域網路的 Wi-Fi；發展數位電視 (DTV) 標準；數位呼叫器。
1994～1995	FCC 在頻寬上面賣出 7.7 億美元的價錢給寬頻個人行動服務。
1997～2000	Wi-Fi (IEEE 802.11) 標準發佈；Wi-Fi 產品開始被使用。
1998	數位電視的服務在美國正式開始。
2000～現在	導入第三代 (3G) 行動電話系統；WiMax (IEEE 802.16) 提供行動及更遠的廣域網路。
2002	FCC 同意包含超寬頻技術產品的操作以及市場行銷。
2009	所有的無線電視訊號都是數位可程式化；類比電視不能再使用。

在編年史表上面有一些專有名詞已經在前面提到過，有一些在後面的章節會陸續提到，當我們討論這些特定事件跟他們之間的互相影響，你會發現隨時查看這個表是很有用的。

1.6　章節架構

本書提供了一個廣泛介紹類比與數位通訊。每一個主題之前我們會複習相關的背景材料。每一章皆從主題瀏覽以及列出學習的目的開始。整本書中，我們主要藉由數學的模式來了解複雜問題的核心。讀者請記得這些模型必須和適當的物理意義以及工程上的判斷相結合。

　　第 2 章和第 3 章討論確定式訊號,強調在時域與頻域上對訊號傳輸、失真以及濾波的分析。第 2 章也簡單地討論離散傅立葉轉換 (DFT)。DFT 不僅是訊號處理的重要部份,它與反 DFT 的實現使我們能夠有效地執行正交分頻多工 (OFDM)。OFDM 會在第 14 章中討論。第 4 章與第 5 章討論不同型態的 CW 調變。特定的主題包括:被調變的波形、發射機與傳輸頻寬。取樣與脈波調變在第 6 章討論。第 7 章討論的課題是類比調變系統,包括接收機、多工系統與電視。準備在第 10 章中討論雜訊對 CW 調變系統的影響之前,我們在第 8 章和第 9 章中應用了機率理論與統計來表示隨機訊號與雜訊。

　　數位通訊的討論從第 11 章由基頻帶 (無調變) 傳輸開始,這樣,我們可以專注在數位訊號、頻譜、雜訊、錯誤以及同步的重要觀念上。第 12 章則以前面章節為基礎來探討脈碼調變,包括 PCM 與數位多工系統。錯誤控制編碼在第 13 章中討論。第 14 章描述與分析使用 CW 調變的數位傳輸系統,以比較不同方法的效能來結束。第 15 章討論兩種展頻系統,其他無線系統,以及新增一節超寬頻帶系統。最後,第 16 章介紹資訊理論,以提供對數位通訊一種回顧的觀點,並且回饋我們基本哈特萊–雪農法則。因為電腦網路已經變成一個個別但卻相關的領域,本書的網站 (www.mhhe.com/Carlson) 提供一節電腦網路以便於將傳統的通訊與區域網路連結在一起 (即實體層,以及上面的資料傳輸協定等各層等)。這個網站也簡短地討論加密技術。

　　每一章都包含了練習題,設計這些練習題的目的是讓讀者澄清與加強觀念與分析技巧。讀者應該自行練習這些習題,再和書後附錄的解答比對。此外,在本書的附錄,讀者可以找到重要課文材料的歸納列表,以及和每章練習題與習題相關的數學式。除了每章練習題外,我們加入了許多的問答題,這些問答題是用來幫助學生應用理論的見解,以及提供這些公式的實際意義。讀者回答這些問題也許需要用到前面數章甚至以前課程的資訊。計算機習題已放到本書的網站上 (www.mhhe.com/Carlson) 供加強理論與增加學生解題的技巧。最後我們列出了關鍵符號與縮寫。

　　通常我們把通訊系統當做是具有特殊性質的黑盒子來描述,但是,偶爾我們會打開蓋子來看看執行某些特別功能的電子電路。這些偏離主題的枝節只是想要舉例說明而已,並不是要像通訊電子學那樣當成全面性的討論。除了討論電子學外,某些選擇性或是更高級的課題會在許多章節中解說外,也會用 ＊ 號標示出來。這些課題可以省略而不會喪失課文的連續性。其他具有補充性質的選擇性教材則放在附錄中。

　　兩種參考資料都包含在本書內,各章節內所引用的書籍或是論文提供了更進一步的資訊給特定的項目。補充閱讀清單更搜集了額外的參考資料給希望對某些主題進行

1.7　問答題

1. 在 2005 年 7 月 7 日倫敦炸彈攻擊事件中,靠近炸彈爆炸地點的人們不能用他們的無線電話與他人通話,但是能夠傳送與接收簡訊,為什麼?
2. 為什麼晚間比白天可以收聽到更多的 AM 廣播電台,且為什麼晚間有較多的干擾?
3. 為什麼電話用的數據機上限位元速率是 56 k 位元／每秒,而 DSL 與纜線數據機的速率可達到百萬位元／每秒?
4. 為什麼頻寬很重要?
5. 列出多個使用者分享同一通道的方法?
6. 為什麼短波無線電能夠通行全世界,而 AM、FM 和 TV 廣播訊號只是區域性的?
7. 什麼是 FM、AM、UHF 和 VHF、PCS、CDMA、TDMA 及 FDMA?
8. 說明網際網路以及傳統的電話線路是如何傳遞資料。
9. 類比與數位通訊主要的量度是什麼?
10. 為什麼只有相當低頻寬的無線電話可以收到圖片,而一般的電視卻需要相當大的頻寬?
11. 為什麼某些 AM 廣播電台在日落後關機,或是降低它們的功率?
12. 給至少兩個理由說明為什麼衛星中繼器的操作是在短波頻帶以上。
13. 在大氣層上方的什麼物體已被用來反射無線電訊號 (注意:衛星是再傳送訊號)?
14. 給一個非無線電波多重路徑通訊的例子。
15. 為什麼高速路由器對網際網路電話是很重要的?
16. 為什麼 TV 訊號用高頻率而語音訊號用低頻率?
17. 為什麼天線有不同的形狀與大小?
18. 為什麼某些 FM 廣播電台要求 FCC 分配給它們較低頻帶部份的載波頻率 (即 $f_c < 92$ MHz 與 $f_c > 100$ MHz)?
19. 已知一個有限頻寬的無線通道,我們如何在不增加頻寬或者是訊號-雜訊比,而且不違反哈特萊-雪農法則情況下增加通道的容量?
20. 我們如何撥打火警電話?
21. 用非專業人員也能了解的方式定義微秒、奈秒及微微秒。

3

訊號傳輸與濾波

摘 要

3.1 LTI 系統的響應　Response of LTI Systems
- 脈衝響應與疊加積分 (Impulse Response and the Superposition Integral)
- 轉換函數與頻率響應 (Transfer Funcitons and Frequency Response)
- 方塊圖分析 (Block-Diagram Analysis)

3.2 傳輸的訊號失真　Signal Distortion in Transmission
- 無失真傳輸 (Distortionless Transmission)
- 線性失真 (Linear Distortion)
- 等化 (Equalization)
- 非線性失真及壓展作用 (Nonlinear Distortion and Companding)

3.3 傳輸耗損及分貝　Transmission Loss and Decibels
- 功率增益 (Power Gain)
- 傳輸損失及中繼器 (Transmission Loss and Repeaters)
- 光纖 (Fiber Optics)
- 無線電傳輸 (Radio Transmission)

3.4 濾波器與濾波作用 Filters and Filtering
- 理想濾波器 (Ideal Filters)
- 頻帶限制及時間限制 (Bandlimiting and Timelimiting)
- 真實濾波器 (Real Filters)
- 脈波響應與上升時間 (Pulse Response and Risetime)

3.5 正交濾波器與 Hilbert 轉換 Quadrature Filters and Hilbert Transforms

3.6 相關與頻譜密度 Correlation and Spectral Density
- 功率訊號的相關 (Correlation of Power Signals)
- 能量訊號的相關 (Correlation of Energy Signals)
- 頻譜密度的函數 (Spectral Density Functions)

訊號傳輸是電氣波形從一處至另一處傳送的過程,在理想的情況下是沒有失真的。相反地,訊號濾波作用則是改變其頻譜內容而故意使波形失真。然而,大部份的傳輸系統及濾波器都具有線性及非時變等共同特性。這些特性使得我們在時域上可藉由脈衝響應來模型化訊號的傳輸與濾波,而在頻域中藉由頻率響應來模型化。

本章將以時域與頻域的系統響應的一般性考慮開始討論。然後我們將把結果應用到訊號的傳輸及失真的分析上,這些分析適用於一些不同的媒介與系統,例如光纖及衛星。我們也將探討一些不同形式的濾波器於通訊系統上的應用。一些相關的主題——不可不注意的傳輸耗損、希伯特 (Hilbert) 轉換及相關性 (correlation)——也被包括在本章中,以作為往後討論的基礎。

■ 本章目標

經研讀本章及做完練習之後,您應該會得到如下的收穫:

1. 對於一個 LTI 系統,藉由脈衝響應 $h(t)$、步階響應 $g(t)$ 或者轉換函數 $H(f)$ 描述輸入跟輸出的關係。(3.1 節)
2. 使用頻域分析來得到一個確定或近似的系統的輸出表示方式。(3.1 節)
3. 從一個簡單系統的方塊圖找出 $H(f)$。(3.1 節)
4. 分辨振幅失真、延遲失真、線性失真及非線性失真。(3.2 節)
5. 給定一個通道,了解可產生非失真傳輸之頻率範圍,並且找出一個特定的頻率範圍達成非失真的傳輸的等化作用需求。(3.2 節)
6. 使用 dB 計算來求得一個具有放大器之纜線傳輸系統的訊號功率。(3.3 節)
7. 討論在光纖跟衛星系統上傳輸的特性跟要求。(3.3 節)。
8. 對於理想的 LPF、BPF 或 HPF 了解它們的特性以及畫出 $H(f)$ 跟 $h(t)$。(3.4 節)
9. 在給定 $H(h)$ 的情況下得到一個實際 LPF 的 3dB 頻寬。(3.4 節)
10. 對於脈波傳輸描述並且應用頻寬的要求。(3.4 節)
11. Hilbert 轉換的性質之描述跟應用。(3.5 節)
12. 對於功率或能量訊號,定義交互相關係跟自我相關函數,並且描述它們的特性。(3.6 節)
13. 描述 Wiener-Kinchine 定理跟頻譜密度函數的特性。(3.6 節)
14. 給定 $H(f)$ 跟輸入相關或頻譜密度函數,求得輸入相關或頻譜密度。(3.6 節)

3.1 LTI 系統的響應

圖 3.1-1 所示為一個具有外部輸入訊號 $x(t)$ (input signal $x(t)$) 及輸出訊號 $y(t)$ (output signal $y(t)$) 的"黑盒子"之內部構造。就電子通訊之內容而言，此種系統通常是一個雙埠的網路，在輸入埠有著驅動用之電壓或電流，而在輸出埠則產生一個電壓或電流。儲能元件及其他內部效應可能使得輸出波形迥異於輸入波形。不管黑盒子內的細節，系統是藉由輸入與輸出之間的**激勵與響應** (excitation-and-response) 之間的關係來描述的。

這裡我們所關心的是特別但非常重要的**線性非時變** (linear time-invariant) 系統──或簡記為 LTI 系統。我們將使用重疊積分及系統的脈衝響應在時域上的輸入－輸出關係。然後再回到頻域上以系統轉移函數來表示。

■ 脈衝響應與疊加積分

圖 3.1-1 是一個沒有內部儲存的 LTI 系統，在時間 t 時其輸入為 $x(t)$。於是輸出 $y(t)$ 完全由於 $x(t)$ 而產生之**強迫響應** (forced response)，於是，$y(t)$ 可表示為：

$$y(t) = F[x(t)] \tag{1}$$

上式的 $F[x(t)]$ 表示輸入與輸出間的功能關係。**線性** (linear) 特性的意思是式 (1) 遵守**疊加原理** (principle of superposition)。也就是，如果：

$$x(t) = \sum_k a_k x_k(t) \tag{2a}$$

其中的 a_k 是常數，則

$$y(t) = \sum_k a_k F[x_k(t)] \tag{2b}$$

非時變 (time-invariance) 特性意義是說系統特徵維持不變，縱然隨時有變化，於是，一個時間位移輸入 $x(t-t_d)$，則產生

$$F[x(t-t_d)] = y(t-t_d) \tag{3}$$

圖 3.1-1 顯示外部輸入與輸出的系統。

所以輸出也是為時間位移的,而其他部份都不會有變化。

大多數的 LTI 系統包含全部的**集總參數** (lumped-parameter) 元件 (例如電阻、電容及電感),而不同於具空間分佈性現象的元件 (例如傳輸線)。藉由元件方程式開始的集總參數系統之直接分析,可以導出輸入／輸出的關係式即如下式為一個線性微分方程式,形式如下:

$$a_n\frac{d^n y(t)}{dt^n} + \cdots + a_1\frac{dy(t)}{dt} + a_0 y(t) = b_m\frac{d^m x(t)}{dt^m} + \cdots + b_1\frac{dx(t)}{dt} + b_0 x(t) \tag{4}$$

式中的每個 a 及 b 都是描述元件值的常數係數。獨立儲能元件的數目決定了 n,n 就是系統的階數 (order)。不幸地是,式 (4) 並沒有提供我們一個 $y(t)$ 的直接表示式。

為了求得一個外顯的輸入-輸出方程式,我們首先必須定義系統的**脈衝響應** (impulse response)

$$h(t) \triangleq F[\delta(t)] \tag{5}$$

上式代表了當 $x(t)=\delta(t)$ 時的強迫響應。但是任何連續性的輸入訊號都可以被寫成迴旋積分式 $x(t)=x(t)*\delta(t)$,所以

$$\begin{aligned} y(t) &= F\left[\int_{-\infty}^{\infty} x(\lambda)\delta(t-\lambda)\,d\lambda\right] \\ &= \int_{-\infty}^{\infty} x(\lambda)F[\delta(t-\lambda)]\,d\lambda \end{aligned}$$

式中由於系統的線性本質使得運算順序互換。現在,從非時變特性,$F[\delta(t-\lambda)] = h(t-\lambda)$,我們有

$$y(t) = \int_{-\infty}^{\infty} x(\lambda)h(t-\lambda)\,d\lambda \tag{6a}$$

$$= \int_{-\infty}^{\infty} h(\lambda)x(t-\lambda)\,d\lambda \tag{6b}$$

這裡我們運用了迴旋的交換性。

式 (6) 的兩種形式都被叫做**疊加積分** (superposition integral)。它把強迫響應表示成輸入 $x(t)$ 與脈衝響應 $h(t)$ 兩者的迴旋積分。因此,時域上的系統分析要求了脈衝響應的知識及完成迴旋積分運算的能力。

微分方程式或一些其他系統模型存在著多種不同的技巧可以決定 $h(t)$。但是你讓 $x(t)=u(t)$ 並且運算系統的**步階響應** (step response) 可能會較容易些,如下式:

$$g(t) \triangleq F[u(t)] \tag{7a}$$

由上式可得到

$$h(t) = \frac{dg(t)}{dt} \tag{7b}$$

脈衝響應與步階響應間的微分關係式是從通用的迴旋特性而來，如下式：

$$\frac{d}{dt}[v(t) * w(t)] = v(t) * \left[\frac{dw(t)}{dt}\right]$$

也就是說，因為由定義 $g(t)=h(t)*u(t)$ 可知 $dg(t)/dt=h(t)*[du(t)/dt]=h(t)*\delta(t)=h(t)$。

範例 3.1-1　一階系統的時間響應

　　圖 3.1-2 中的簡單 RC 電路，已被安排成有輸入電壓 $x(t)$ 及輸出電壓 $y(t)$ 的雙埠網路。參考電壓極性由 +/− 符號來識別，假設較高的電位以符號 + 標示。這個電路是一個一階系統可由下述的微分方程式來描述：

$$RC\frac{dy(t)}{dt} + y(t) = x(t)$$

類似的表示也可描述某些傳輸線及電纜，因此我們特別感興趣的是系統響應。

　　由微分方程式或電路圖，步階響應即可輕易求得，如下式所示：

$$g(t) = (1 - e^{-t/RC})u(t) \tag{8a}$$

物理上的解釋是：當 $x(t)=u(t)$ 時，電容器開始於零初始電壓，並以時間常數 RC 充電至 $y(\infty)=1$。圖 3.1-3a 畫出了這個行為，而圖 3.1-3b 畫出了相對應的脈衝響應

$$h(t) = \frac{1}{RC}e^{-t/RC}u(t) \tag{8b}$$

此脈衝響應可由對 $g(t)$ 微分而得到。注意 $g(t)$ 及 $h(t)$ 是因果 (causal) 波形，因為 $t<0$ 時輸入等於零。

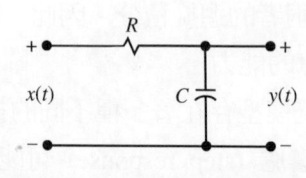

圖 3.1-2　RC 低通濾波器。

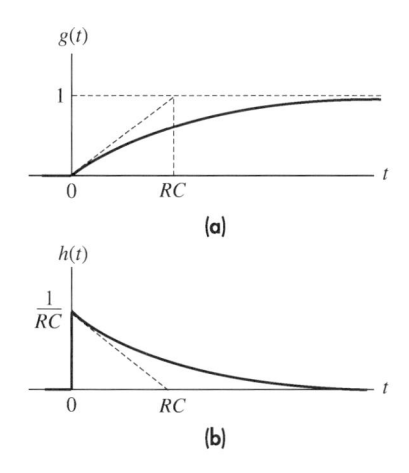

圖 3.1-3　RC 低通濾波器之輸出：
(a) 步階響應；(b) 脈衝響應。

任意輸入 $x(t)$ 的響應，可將式 (8b) 代入疊加積分而求得。例如，在 $t=0$ 時輸入一矩形脈波，也就是當 $0 < t < \tau$ 時 $x(t)=A$。迴旋積分 $y(t)=h(t)*x(t)$ 可分為三個部份，像以前在圖 2.4-1 中的例題一樣，有底下的結果：

$$y(t) = \begin{cases} 0 & t < 0 \\ A(1 - e^{-t/RC}) & 0 < t < \tau \\ A(1 - e^{-\tau/RC})e^{-(t-\tau)/RC} & t > \tau \end{cases} \qquad (9)$$

圖 3.1-4 中畫出了三個不同 τ/RC 值的對應圖形。

練習題 3.1-1

將圖 3.1-2 中的電阻器與電容器互相交換。求出其步階和脈衝響應。

轉換函數與頻率響應

對於高階系統而言，時域分析變得非常困難，而且數學上的複雜性常常會掩蓋了重點。我們轉到頻域進行分析可以得到不同但卻是更清楚的系統響應。此方法的第一個步驟就是定義系統**轉換函數** (transfer function) 為脈衝響應的傅氏轉換，就是說：

$$H(f) \triangleq \mathcal{F}[h(t)] = \int_{-\infty}^{\infty} h(t)e^{-j2\pi ft}\,dt \qquad (10)$$

這個定義要求 $H(f)$ 至少在極限意義中必須存在。在**不穩定** (unstable) 系統的情況

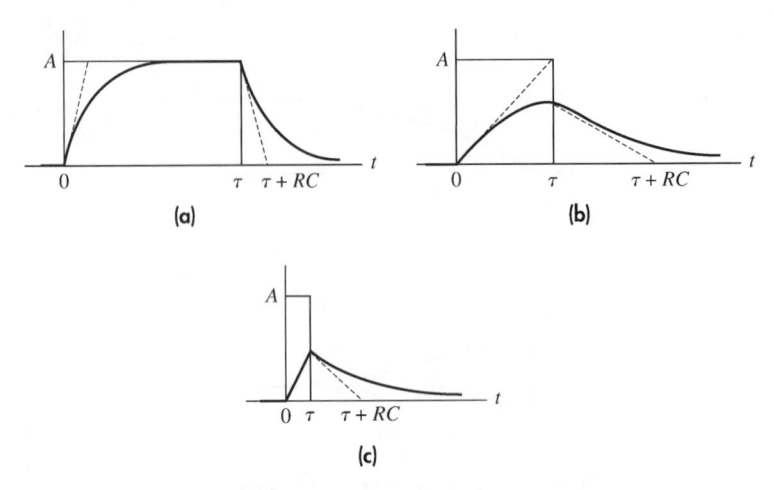

圖 3.1-4 RC 低通濾波之矩形脈波響應：(a) $\tau \gg RC$；(b) $\tau \approx RC$；(c) $\tau \ll RC$。

下，$h(t)$ 隨著時間變大 (grows with time) 且 $H(f)$ 並不存在。

當 $h(t)$ 是一個實數時間函數時，$H(f)$ 會有厄米特 (hermitian) 對稱，如下：

$$H(-f) = H^*(f) \tag{11a}$$

所以

$$|H(-f)| = |H(f)| \qquad \arg H(-f) = -\arg H(f) \tag{11b}$$

除非有其他的說明，我們假設此一特性存在。

轉換函數的頻域解釋是來自於 $y(t) = h * x(t)$ 具有一個相量輸入 (phasor-input)，也就是說：

$$x(t) = A_x e^{j\phi_x} e^{j2\pi f_0 t} \qquad -\infty < t < \infty \tag{12a}$$

$x(t)$ 延續於整個時間的規定，意思是我們以穩態 (steady-state) 條件來處理前述情況，就像多人所熟悉的 ac 穩態電路分析一樣。穩態的強迫響應是：

$$\begin{aligned} y(t) &= \int_{-\infty}^{\infty} h(\lambda) A_x e^{j\phi_x} e^{j2\pi f_0(t-\lambda)} d\lambda \\ &= \left[\int_{-\infty}^{\infty} h(\lambda) e^{-j2\pi f_0 \lambda} d\lambda \right] A_x e^{j\phi_x} e^{j2\pi f_0 t} \\ &= H(f_0) A_x e^{j\phi_x} e^{j2\pi f_0 t} \end{aligned}$$

上式中，由式 (10)，在 $f = f_0$ 時，$H(f_0)$ 等於 $H(f)$。$H(f_0)$ 轉換為極座標形式，得到了

$$y(t) = A_y e^{j\phi_y} e^{j2\pi f_0 t} \qquad -\infty < t < \infty \tag{12b}$$

該式中我們可推出輸出相量的振幅及相角：

$$A_y = |H(f_0)|A_x \qquad \phi_y = \arg H(f_0) + \phi_x \tag{13}$$

使用共軛相量及疊加原理，你可同樣地證明，如果

$$x(t) = A_x \cos(2\pi f_0 t + \phi_x)$$

那麼

$$y(t) = A_y \cos(2\pi f_0 t + \phi_y)$$

其中的 A_y 及 ϕ_y 就與式 (13) 是一樣的。

因為在任何頻率 f_0 時 $Ay/Ax=|H(f_0)|$，我們結論如下：$|H(f)|$ 代表系統的**振幅比** (amplitude ratio)，它是頻率的函數 [有時候被稱為**振幅響應** (amplitude response) 或增益 (gain)]。同樣地，$\arg H(f)$ 代表相位位移 (phase shift)，因為 $\phi_y - \phi_x = \arg H(f_0)$。$|H(f)|$ 及 $\arg H(f)$ 對頻率的圖形給了我們系統的頻域表示方法，或者，等同於系統之**頻率響應** (frequency response)。自此之後，我們將視 $H(f)$ 為轉換函數或頻率響應函數。

現在，讓 $x(t)$ 是任何具有頻譜 $X(f)$ 的任何訊號。依照迴旋定理，我們取 $y(t)=h(t)*x(t)$ 的轉換而可得到

$$Y(f) = H(f)X(f) \tag{14}$$

這一個相當簡單的結果構成了頻域系統分析的基礎。它是說：

> 輸出頻譜 $Y(f)$ 等於輸入頻譜 $X(f)$ 乘上轉移函數 $H(f)$。

而其相對應的振幅及相位頻譜是：

$$|Y(f)| = |H(f)||X(f)|$$
$$\arg Y(f) = \arg H(f) + \arg X(f)$$

不妨將上兩式跟式 (13) 中的單頻表示式比較。如果 $x(t)$ 是一個能量訊號，那麼 $y(t)$ 也必是一個能量訊號，且其頻譜密度及總能量分別如下所表示：

$$|Y(f)|^2 = |H(f)|^2|X(f)|^2 \tag{15a}$$

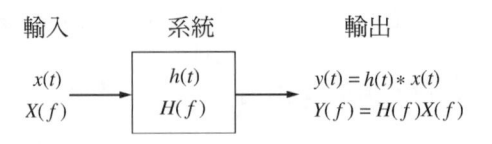

```
輸入        系統        輸出
x(t)   →  ┌────────┐  →  y(t) = h(t) * x(t)
X(f)      │  h(t)  │      Y(f) = H(f)X(f)
          │  H(f)  │
          └────────┘
```

圖 3.1-5 LTI 系統之輸入−輸出關係。

$$E_y = \int_{-\infty}^{\infty} |H(f)|^2 |X(f)|^2 \, df \tag{15b}$$

就像是瑞利能量定理所得到的結果。

  式 (14) 說明了系統轉移函數及轉換對 $h(t) \leftrightarrow H(f)$ 的新意義。如果我們讓 $x(t)$ 是一個為單位脈衝函數，那麼 $X(f)=1$ 且 $Y(f)=H(f)$──與 $x(t)=\delta(t)$ 時，$y(t)=h(t)$ 之定義相符。從頻域觀點來看，"平坦"的輸入頻譜 $X(f)=1$ 其含全部頻率的值皆相等，結果輸出頻譜就是轉換函數 $H(f)$ 的外形。

  圖 3.1-5 總結了兩個領域的輸入−輸出關係。很明顯地，給定了 $H(f)$ 及 $X(f)$ 時，輸出頻譜 $Y(f)$ 會比輸出訊號 $y(t)$ 簡單多了。理論上，我們可從反轉換求出 $y(t)$，如下：

$$y(t) = \mathcal{F}^{-1}[H(f)X(f)] = \int_{-\infty}^{\infty} H(f)X(f)e^{j2\pi ft} \, df$$

但是此一積分式不一定會比在時域迴旋積分提供更多好處。事實上，頻域系統分析的效果取決於在該域的表示式，以及我們對於輸出訊號是否可由頻譜特性推論得到之知識的應用。

  最後，我們指出兩種不必包含 $h(t)$ 就可決定 $H(f)$ 之方法。如果你已知一個集總參數系統之微分方程 (differential equation) 式時，你可以立即寫出具多項式比值的轉換函數，如下：

$$H(f) = \frac{b_m(j2\pi f)^m + \cdots + b_1(j2\pi f) + b_0}{a_n(j2\pi f)^n + \cdots + a_1(j2\pi f) + a_0} \tag{16}$$

上式的係數與式 (4) 中的相同；且此式 (16) 是式 (4) 的傅氏轉換。

  另一種情況是，如果你能計算系統的**穩態相量響應** (steady state phasor response)，則從式 (12) 及 (13) 可證明：

$$H(f) = \frac{y(t)}{x(t)} \quad 當 \quad x(t) = e^{j2\pi ft} \tag{17}$$

這個方法對應到電路的阻抗分析，但卻是對任何 LTI 系統都有著相等的效力。甚至,式 (17) 可以被看成使用於拉氏轉換中 s 域轉換函數 $H(s)$ 的特例。由於在一般情形下,令 $s=\sigma+j\omega$、$s=j2\pi f$ 就可簡單地自 $H(s)$ 中求得 $H(f)$。當然,這些方法都假設系統是穩定的。

範例 3.1-2 一階系統的頻率響應

範例 3.1-1 中之 RC 電路已重畫於圖 3.1-6a 中,並以阻抗 $Z_R=R$ 及 $Z_C=1/j\omega C$ 取代了原來的元件。因為,當 $x(t)=e^{j\omega t}$ 時,$y(t)/x(t)=Z_C/(Z_C+Z_R)$,所以由式 (17) 可得到:

$$H(f) = \frac{(1/j2\pi fC)}{(1/j2\pi fC) + R} = \frac{1}{1 + j2\pi fRC}$$

$$= \frac{1}{1 + j(f/B)} \tag{18a}$$

其中我們已引進了系統參數

$$B \triangleq \frac{1}{2\pi RC} \tag{18b}$$

從式 (16) 或由 $H(f)=\mathcal{F}[h(t)]$ 也可求得相同的結果。(事實上,系統的脈衝響應有著與範例 2.2-2 所討論的因果指數脈波具有相同的形式。) 振幅比及相位位移分別為:

$$|H(f)| = \frac{1}{\sqrt{1+(f/B)^2}} \qquad \arg H(f) = -\arctan\frac{f}{B} \tag{18c}$$

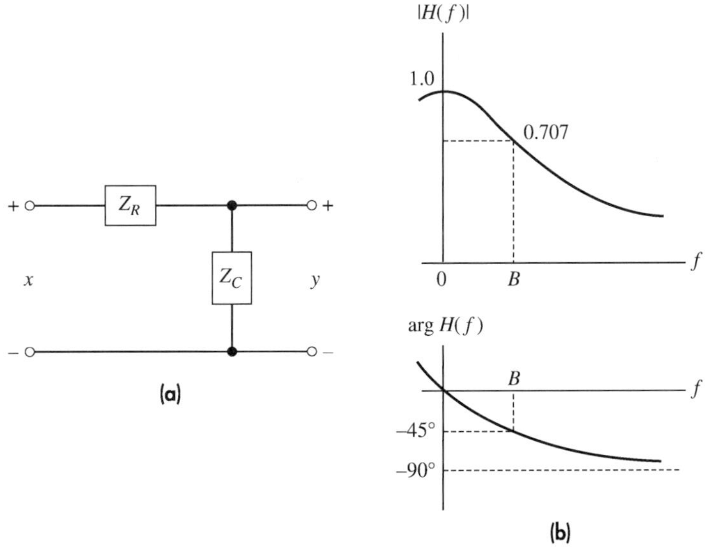

圖 3.1-6 RC 低通濾波器。(a) 電路;(b) 轉移函數。

對應於 $f \geq 0$ 的部份被繪於圖 3.1-6b 中。厄米特 (hermitian) 對稱允許我們省略 $f < 0$ 的部份，而不會漏失任何資訊。

振幅比 $|H(f)|$ 對系統的任何頻率選擇 (frequency-selective) 特性有著特別的意義。我們叫這個特殊的系統為**低通濾波器** (lowpass filter)，因為它對 $|f| \ll B$ 之低頻成份的振幅幾乎沒有影響；然而它對 $|f| \gg B$ 之高頻成份則會嚴重地減弱其振幅。此處所使用的參數 B 是濾波器之**通帶** (passband) 或**頻寬** (bandwidth) 的一種衡量。

為了闡明頻域分析的好處，讓輸入 $x(t)$ 為一任意訊號，其頻譜於 $|f| > W$ 部份的分量是可忽略的。有三種可能的情況要加以考慮，完全取決於 B 與 W 的相對值。

1. 如果 $W \ll B$ 時，如圖 3.1-7a 所繪，在訊號頻率範圍 $|f| < W$ 內之 $|H(f)| \approx 1$ 且 $\arg H(f) \approx 0$。因此 $Y(f) = H(f)X(f) \approx X(f)$ 及 $y(t) \approx x(t)$，所以通過此濾波器是**無失真的傳輸** (undistorted transmission)。

2. 如果 $W \approx B$ 時，如圖 3.1-7b 所示，那麼 $Y(f)$ 決定於 $H(f)$ 和 $X(f)$。我們可以說輸出是**失真** (distorted)，因為 $y(t)$ 與 $x(t)$ 有顯著的差異，但要求得真正的波形時，時域的計算將是必要的。

3. 如果 $W \gg B$ 時，如圖 3.1-7c 所示，則在 $|f| < B$ 範圍之輸入頻譜有近乎常數

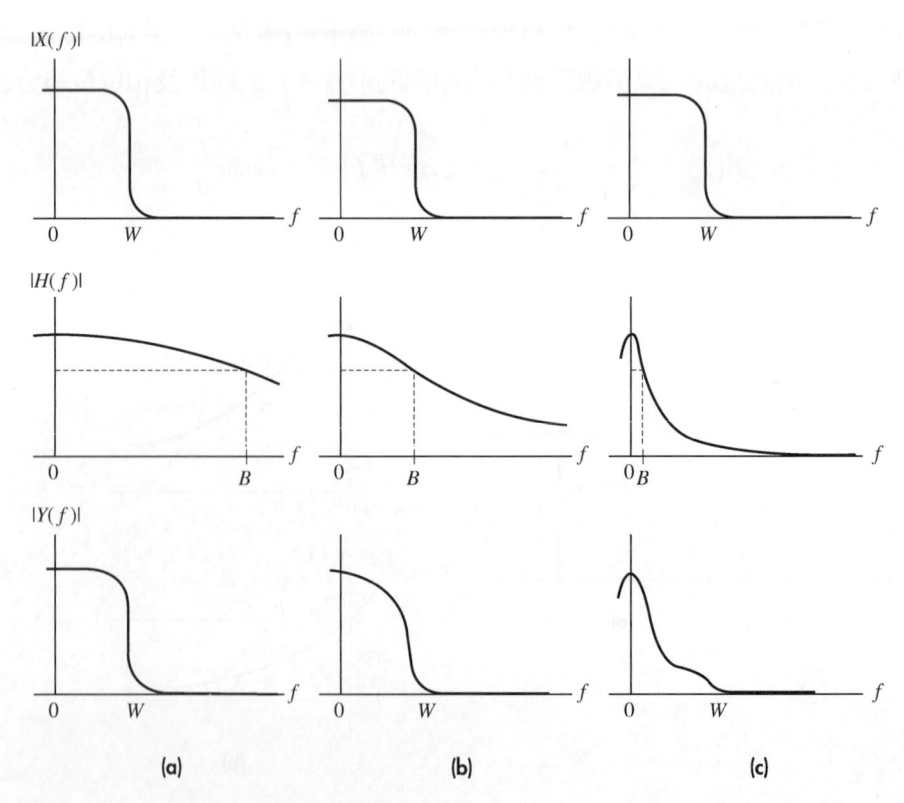

圖 3.1-7 一階低通濾波器的頻域分析。(a) $B \gg W$；(b) $B \approx W$；(c) $B \ll W$。

$X(0)$ 的值,所以 $Y(f) \approx X(0)H(f)$。也就是 $y(t) \approx X(0)h(t)$,輸出訊號看起來就像濾波器之脈衝響應。在這種情況下,我們可以很合理地將輸入訊號模擬成脈衝模型。

前述矩形輸入脈波的時域分析,印證了這些結論,因為要脈波頻譜寬度為 $W = 1/\tau$。因此,$W \ll B$ 的情況就對應於 $1/\tau \ll 1/2\pi RC$ 或 $\tau/RC \gg 1$,而且由圖 3.1-4a 中我們也看到 $y(t) \approx x(t)$。相反地,$W \gg B$ 對應於 $\tau/RC \ll 1$,如圖 3.1-4c 所示,此時 $y(t)$ 看起來更像 $h(t)$。

練習題 3.1-2

以 $Z_L = j\omega L$ 代替圖 3.1-6a 的 Z_C 並求出 $H(f)$。藉由系統參數 $f_\ell = R/2\pi L$ 表示你的結果。且以畫出 $|H(f)|$ 對於 f 之圖形的方式證明其為"高通濾波器"。

■ 方塊圖分析

通常通訊系統包含了許多互相連接的方塊圖或次系統。有些方塊可能是已知轉換函數的雙埠網路,但是其他的方塊可能只以時域運算的方式來表示。當然,任何 LTI 運算都有一個等效的轉換函數。為了參考的目的,表 3.1-1 列出了應用轉換定理的四種基本時域運算的轉換函數。

以個別的轉換函數來描述問題中的次系統時,則有可能也是多人所希望的。將它們集總在一起,並談論整個系統的轉換函數。接下來討論有關兩個方塊並聯、串聯及回授的相對關係。更複雜的結構可連續應用這些基本關係而加以分析。但是,必須先做個重要的假設,那就是,任何相互作用或負載 (loading) 效應都已在個別方塊的轉換函數中被考慮過了,所以它們可代表整個系統之次系統的實際響應。(一個簡單的運算放大電壓隨耦器可以被使用提供方塊間的隔離並避免負載的產生。)

表 3.1-1

時域運算		轉換函數
純量乘法	$y(t) = \pm Kx(t)$	$H(f) = \pm K$
微分	$y(t) = \dfrac{dx(t)}{dt}$	$H(f) = j2\pi f$
積分	$y(t) = \displaystyle\int_{-\infty}^{t} x(\lambda)\, d\lambda$	$H(f) = \dfrac{1}{j2\pi f}$
時間延遲	$y(t) = x(t - t_d)$	$H(f) = e^{-j2\pi f t_d}$

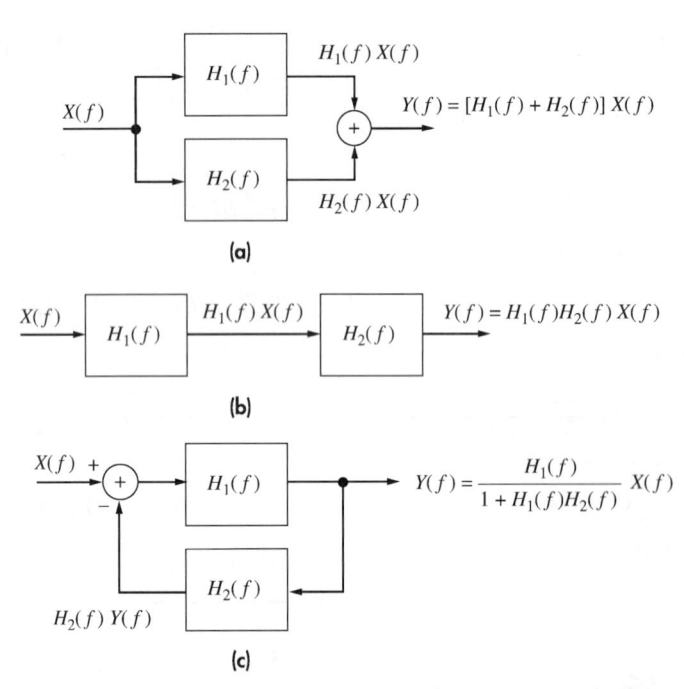

圖 3.1-8 (a) 並聯連接；(b) 串聯連接；(c) 回授連接。

圖 3.1-8a 中的兩個方塊是**並聯** (parallel) 的情形：兩個單元體的輸入是相同的，而兩者的輸出總和是系統輸出。依疊加原理，可得 $Y(f)=[H_1(f)+H_2(f)]X(f)$，所以整個系統的轉移函數為

$$H(f) = H_1(f) + H_2(f) \quad \text{並聯連接} \tag{19a}$$

圖 3.1-8b 是**串聯** (cascade) 連接，第一個單元的輸出是第二單元的輸入，所以 $Y(f)=H_2(f)[H_1(f)X(f)]$，所以

$$H(f) = H_1(f)H_2(f) \quad \text{串聯連接} \tag{19b}$$

圖 3.1-8c 是**回授** (feedback) 連接，與前面兩個不同的地方是輸出通過 $H_2(f)$ 後被回授自輸入中減去。於是：

$$Y(f) = H_1(f)[X(f) - H_2(f)Y(f)]$$

重新排列後，可得 $Y(f)=\{H_1(f)/[1+H_1(f)H_2(f)]\}X(f)$，所以

$$H(f) = \frac{H_1(f)}{1 + H_1(f)H_2(f)} \quad \text{回授連接} \tag{19c}$$

這種情況更適合的名稱是**負回授** (negative feedback) 連接，以便能與正回授有所區別，正回授系統中被回授的訊號是被加到輸入上而非減掉。

範例 3.1-3　零階保持

圖 3.1-9a 的零階保持系統在電子通信中有一些應用，這裡我們把它拿來做並聯與串聯關係的學習範例。但是，首先需要有個別的轉換函數，決定方式如下：並聯部份的上半部分支為一個直通路徑，所以其 $H_1(f)=1$；下半部分支產生 T 秒的時間延遲且連接一個反向符號，將它們合併後寫成 $H_2(f)=-e^{-j2\pi fT}$；最後方塊的積分器之 $H_3(f)=1/j2\pi f$，圖 3.1-9b 是表示這些轉換函數的等效方塊圖。

說明到這裡，其餘的工作就容易多了。將並聯分支合併成 $H_{12}(f)=H_1(f)+H_2(f)$，並使用串聯規則後可得到：

$$H(f) = H_{12}(f)H_3(f) = [H_1(f)+H_2(f)]H_3(f)$$

$$= [1-e^{-j2\pi fT}]\frac{1}{j2\pi f}$$

$$= \frac{e^{j\pi fT}-e^{-j\pi fT}}{j2\pi f}e^{-j\pi fT} = \frac{\sin \pi fT}{\pi f}e^{-j\pi fT}$$

$$= T\,\text{sinc}\,fT\,e^{-j\pi fT}$$

因此我們有了一個異常的結果，這個系統的振幅比為頻率上的弦抽樣函數（sinc function）。

由另外一種方式來確認此一結果，讓我們依定義 $x(t)=\delta(t)$ 時 $y(t)=h(t)$，來計算脈衝響應 $h(t)$。觀察圖 3.1-9a 所示之積分器的輸入式 $x(t)-x(t-T)=\delta(t)-\delta(t-T)$，所以

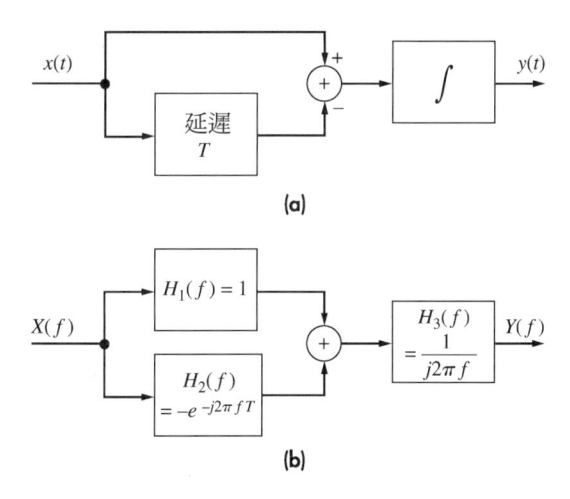

圖 3.1-9　零階保持系統之方塊圖。(a) 時域；(b) 頻域。

$$h(t) = \int_{-\infty}^{t} [\delta(\lambda) - \delta(\lambda - T)] \, d\lambda = u(t) - u(t - T)$$

上式表示一個開始於 $t=0$ 的矩形脈波。重寫脈衝響應為 $h(t)=\prod[(t-T/2)/T]$ 有助於釐清轉換式 $h(t) \leftrightarrow H(f)$ 的關係。

練習題 3.1-3

使 $x(t)=A\prod(t/\tau)$ 作用於零階保持系統。使用頻域分析法分別求出當 $\tau \ll T$，$\tau = T$ 及 $\tau \gg T$ 時之 $y(t)$。

如果我們有一個由離散取樣點構成的訊號，我們可以用零階保持技術在點與點之間進行內插，如圖 6.1-8a 所示。這裡零階代表的是用零階函數來連接各點。同樣地，如圖 6.1-8b 所示，我們能利用一階保持函數，或是一階函數來執行線性內插。

3.2 傳輸的訊號失真

訊號傳輸系統是資訊源與目的端間的電子通道。這類系統的型態非常多樣，從一對簡單的電線到複雜的雷射光鏈路。但所有的傳輸系統都有兩個在通訊時需特別關心的物理特性：會減少輸出訊號大小的內部功率耗損以及會改變輸出波形的能量儲存。

我們此處的目的是要建立無失真訊號傳輸的要件，假定討論 LTI 系統的情況，因此我們可以用轉換函數來工作。然後我們將定義各種不同型態的失真，並提出將這些效應最小化的可能技巧。

■ 無失真傳輸

無失真傳輸的意思是說輸出訊號與輸入訊號有相同的"形狀"。說得更清楚些，給定一個輸入訊號 $x(t)$，我們就說此

> 如果輸出與輸入的差異只是乘上一個常數及有限的時間延遲，輸出沒有失真。

分析上來說，如果

$$y(t) = Kx(t - t_d) \tag{1}$$

而 K 及 t_d 皆為常數,我們就得了一個無失真傳輸。

無失真系統的特性可很容易地由檢視其輸出頻譜而被發現,輸出頻譜如下:

$$Y(f) = \mathcal{F}[y(t)] = Ke^{-j\omega t_d}X(f)$$

現在藉由轉換函數的定義,$Y(f)=H(f)X(f)$,所以

$$H(f) = Ke^{-j\omega t_d} \tag{2a}$$

換句話說,系統要能夠有無失真傳輸,必須有常數振幅響應 (constant amplitude response) 及負的線性相位位移 (linear phase shift),也就是

$$|H(f)| = |K| \qquad \arg H(f) = -2\pi t_d f \pm m180° \tag{2b}$$

注意,上式的 $\arg H(f)$ 必須通過原點或與 $\pm 180°$ 之整數倍相交。我們正在相位上加了 $\pm m180°$ 這一項,主要是考慮 K 值可為正或負。在零時間延遲的情況,相位在 0 或 $\pm 180°$ 時是常數。

一個重要且相當明顯的式 (2) 要求應立即予以說明。加諸於 $H(f)$ 的條件只在那些使得輸入訊號有顯著頻譜內容的頻率才需要。為了說明這點,圖 3.2-1 畫出了一個由實驗室量測而得的平均聲音訊號的能量頻譜密度。對於 $f < 200$ Hz 及 $f > 3200$ Hz 時,其頻譜密度非常小,所以我們可推論出:在 $200 \leq |f| \leq 3200$ Hz 間滿足式 (2) 的系統,將可以產生近似無失真的聲音傳輸。類似地,人耳只能處理介於 20 Hz 至 20,000 Hz 的聲音,所以聲音系統只要在前述的頻率範圍是無失真的,就已經很充份了。

然而,無失真傳輸的嚴格要求,實際上只能近似地被滿足,所以傳輸系統總是會產生某種程度的訊號失真。為了研究在各種不同訊號上的失真效應,我們先定義三種

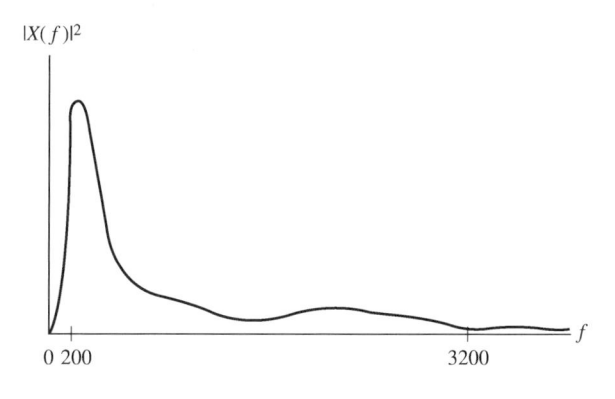

圖 3.2-1 平均聲音訊號的能量頻譜密度。

主要型態的失真:

1. 振幅失真，它發生當

$$|H(f)| \neq |K|$$

2. 延遲失真，它發生當

$$\arg H(f) \neq -2\pi t_d f \pm m180°$$

3. 非線性失真，當系統包含有非線性元件時，這種失真就會發生。

前兩種形式可以被歸類於一般線性 (linear) 失真的範疇下，並且可以藉由一個線性系統的轉換函數來描述。然而就第三種型態而言，非線性排除了一個轉換函數的存在。

範例 3.2-1　振幅與相位失真

假設有一個傳輸系統的頻率響應如圖 3.2-2 所繪。此系統在 $20 \leq |f| \leq 30$ kHz 時滿足式 (2)，而當 $|f| < 20$ kHz 及 $|f| > 50$ kHz 時則有振幅失真，同時在 $|f| > 30$ kHz 時有延遲失真。

■ 線性失真

線性失真包括任何與線性傳輸系統有關的振幅或延遲失真。振幅失真在頻域中可以很容易地被描述；其意義簡單地說是輸出頻率分量不是正確的比例。這是由於 $|H(f)|$ 對各頻率而言並非常數，所以振幅失真有時也被稱為**頻率失真** (frequency distortion)。

振幅失真常見的形式是過渡衰減或增加訊號頻譜中極高或極低頻的部份。較不普

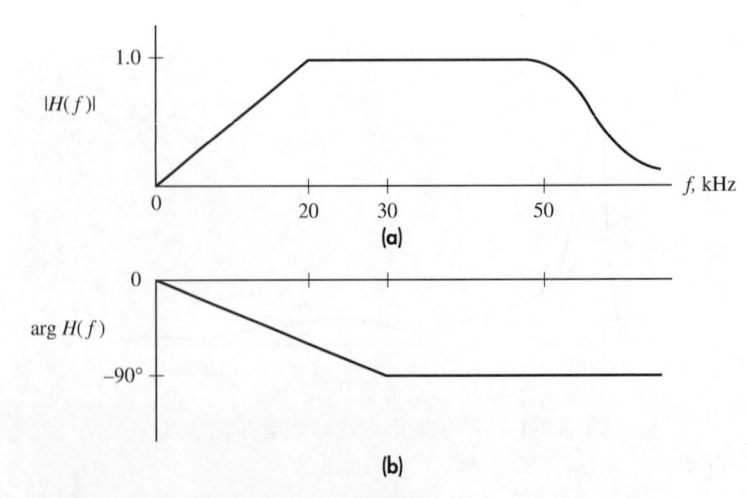

圖 3.2-2　範例 3.2-1 的轉換函數。(a) 振幅；(b) 相位。

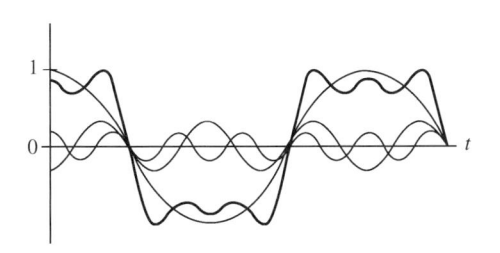

圖 3.2-3 測試訊號 $x(f) = \cos \omega_0 t - 1/3 \cos 3\omega_0 t + 1/5 \cos 5\omega_0 t$。

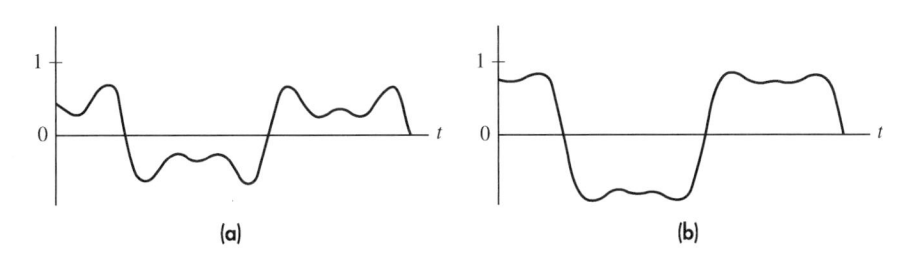

圖 3.2-4 振幅失真的測試訊號。(a) 低頻衰減；(b) 高頻衰減。

遍，但也一樣麻煩的是頻譜內各頻帶之不成比例響應。雖然頻域描述很容易，但是，除了非常簡單的訊號，時域上的效應卻非常不明顯。為了說明起見，繪於圖 3.2-3 中近似於方波的訊號，是一個適合之簡易測試訊號；此訊號為 $x(t) = \cos \omega_0 t - 1/3 \cos 3\omega_0 t + 1/5 \cos 5\omega_0 t$。如果低頻或高頻分量被衰減一半，最後的輸出被繪於圖 3.2-4 中。如所預期地，高頻項的衰減降低了波形的"尖銳"(sharpness)。

除了定性的觀察之外，針對一些特定訊號，縱然沒有實驗研究也可設振幅失真。這類研究通常都是藉由所需的"平直"頻率響應來敘述──也就是 $|H(f)|$ 在要求的頻率範圍內必須大略為常數，使得振幅失真變得相當小。

現在我們將注意轉到相位位移及時間延遲上。如果相位位移是非線性的，則各個不同頻率分量將會有不同的時間延遲量，如此造成的失真就被叫做**相位** (phase) 或**延遲失真** (delay distortion)。就任何一個相位位移而言，時間延遲是頻率的函數，而且可以藉由寫出 $\arg H(f) = -2\pi f t_d(f)$ 的方式而求得，這裡的所有的角度是以弧度來表示的。如下式：

$$t_d(f) = -\frac{\arg H(f)}{2\pi f} \tag{3}$$

只有在 $\arg H(f)$ 與頻率成線性關係時，上式頻率無關。

一個常造成混淆的地方是**常數時間延遲** (constant time delay) 及**常數相位位移** (constant phase shift)。對於無失真的傳輸而言，前者是多人所期望而且也是必須

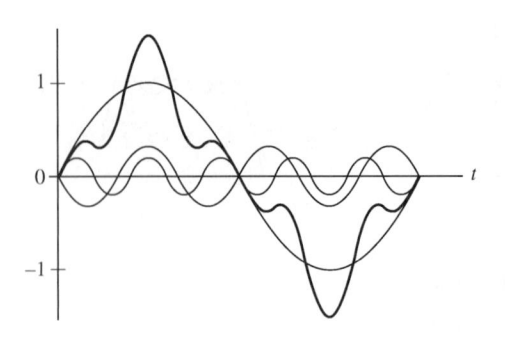

图 3.2-5　具有定值相位位移 $\theta=-90°$ 的測試訊號。

的。在一般情況下，後者會造成失真。假設系統有常數相位位移 θ，但不等於 $0°$ 或 $\pm m180°$。那麼每個訊號頻率分量將會被延遲它自己頻率的 $\theta/2\pi$ 週；這就是所謂的常數相位位移。但是時間延遲則不同，頻率分量在時間順序上會引起混亂因而產生失真。

常數相位位移所造成的失真可簡單地藉圖 3.2-3 中的測試訊號進一步加以說明，其中每一分量都被位移了四分之一週，也就是 $\theta=-90°$。當輸入大致是方波時，輸出看起來就像圖 3.2-5 的三角波。當有一個任意的非線性相位位移時，則波形狀的惡化將更嚴重。

從圖 3.2-5 你應該也注意到，已相位位移訊號的峰值超越量比起輸入訊號大得很多 (大約 50%)。這不是振幅響應所造成，因為三個頻率分量的輸出振幅事實上並未變化；相反的，它是因為失真訊號的分量在同一時都達到最大或最小值，而且這些並不是輸入的真正情況值。相反的，如果我們以圖 3.2-5 當做測試訊號，則 $+90°$ 的常數相位位移將導致圖 3.2-3 中的輸出波形。因此我們看到單獨的延遲失真會造成峰值的增加或減少，就像其他波形變動的情形。

很明顯地，延遲失真在脈波傳輸中是很關鍵的，同時要花費很多的心力於數位數據系統及其類似系統傳輸延遲之等化處理 (equalizing)。在另一方面，人類的耳朵對延遲失真特別遲鈍；用圖 3.2-3 及 3.2-5 中的波形來驅動揚聲器後，聽起來的聲音大致是相同的。因此，延遲失真幾乎從不在語言及音樂傳輸上被討論。

讓我們更詳細地檢視相位延遲在被調變訊號上的影響，對於任何一個通道的轉換函數可以被表示成

$$H(f) = Ae^{j(-2\pi f t_g + \phi_0)} = (Ae^{j\phi_0})e^{-j2\pi f t_g}$$

(4)

其中由式 (3) 中的 $\arg H(f) = -2\pi f t_g + \phi_0$，可以推導到 $t_d(f) = t_g - \phi_0/2\pi f$，如果輸入到這個帶通通道的訊號是

$$x(t) = x_1(t) \cos \omega_c t - x_2(t) \sin \omega_c t \tag{5}$$

那麼藉由傅氏轉換的時間延遲特性，輸出也會被延遲 t_g 因為 $e^{j\phi_0}$ 可以被吸收到正弦及餘弦項，這個通道的輸出就是

$$y(t) = Ax_1(t - t_g) \cos [\omega_c(t - t_g) + \phi_0] - Ax_2(t - t_g) \sin [\omega_c(t - t_g) + \phi_0]$$

我們觀察到 $\arg H(f_c) = -\omega_c t_g + \phi_0 = -\omega_c t_d$，所以

$$y(t) = Ax_1(t - t_g) \cos [\omega_c(t - t_d)] - Ax_2(t - t_g) \sin [\omega_c(t - t_d)] \tag{6}$$

從式 (6) 我們看到載波已經被延遲了 t_d 的時間，而且用來調變載波 x_1 跟 x_2 的訊號也被延遲了 t_g 的時間，時間延遲 t_d 對應到載波上的相位位移，這就叫做通道的**相位延遲** (phase delay)，這個延遲有時候也被稱為**載波** (carrier) 延遲，輸入訊號波跡與接收訊號之間的延遲 t_g 就被叫做通道上的**波跡** (envelope) 或**群延遲** (group delay)，通常 $t_d \neq t_g$。

這就推導出一組條件，在這個條件下，一個線性帶通通道是不失真的。如同前述一般不失真傳輸的情況，振幅響應必定是常數。在式 (4) 的通道隱含了 $|H(f)| = |A|$。為了回復原始訊號 x_1 跟 x_2，群延遲必須是常數。所以式 (4) 隱含了 t_g 可以直接從 $\arg H(f) = \theta(f)$ 的導函數得到。如同下式

$$t_g = -\frac{1}{2\pi} \frac{d\theta(f)}{df} \tag{7}$$

請注意，在 $\arg H(f)$ 上的條件比一個我們前面所提過的通用情況來得較不嚴謹，如果 $\phi_0 = 0$，那麼非失真傳輸的一般條件就符合了，而且 $t_d = t_g$。

雖然式 (4) 確實描述了一些通道，許多通道 (如果不是大部份) 是頻率選擇性的，即 $A \leftrightarrow A(f)$ 且 $\arg H(f)$ 並不是頻率的線性函數。前面問題就是為什麼我們在無線系統中要利用頻率分集來增強可靠度的理由。

練習題 3.2-1

使用式 (3) 從圖 3.2-2 的 $\arg H(f)$ 畫出 $t_d(f)$。

練習題 3.2-2

利用式 (4) 和 (5) 的關係推導式 (6)。

■ 等　化

線性失真——包括振幅及延遲——理論上藉由等化 (equalization) 網路就可加以修正。圖 3.2-6 畫出一個等化器 $H_{eq}(f)$ 與一個失真的傳輸頻道 $H_C(f)$ 相串聯之情形。由於整體的轉換函數為 $H(f)=H_C(f)H_{eq}(f)$，所以如果 $H_C(f)H_{eq}(f)=Ke^{-j\omega t_d}$ 且 K 及 t_d 是任意常數時，則最後的輸出將是沒有失真的。因此，我們要求：

$$H_{eq}(f) = \frac{Ke^{-j\omega t_d}}{H_C(f)} \tag{8}$$

式中的 $X(f) \neq 0$。

當一個等化器被設計得準確地滿足式 (8) 時的情況是少有的——這就是為什麼我們說等化僅是理論上的說法。但是優越的近似通常是可能的，所以線性失真可降低至一可接受的程度。或許最老舊的等化技術要算是在雙絞的電話線上使用負載線圈。這些線圈是約每一千公尺就跨接一個的集總電感器，觀察圖 3.2-7 可看出振幅比的改善。另有其他種類的集總元件電路是被設計來完成特定的等化工作。

最近，接頭延遲線等化器 (tapped-delay-line equalizer) 或橫向濾波器 (transversal filter) 已是方便且彈性的裝置。為了說明其原理，圖 3.2-8 繪出一個總時間延遲為

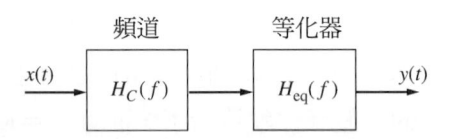

圖 3.2-6　具有線性失真的等化器之頻道。

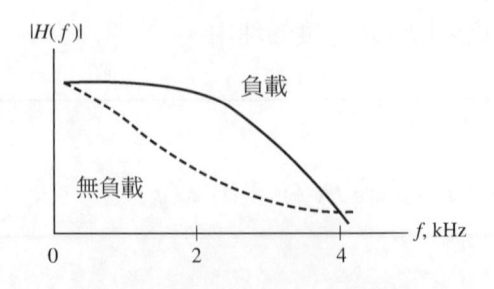

圖 3.2-7　附有等化負載線圈及未加等化負載線圈典型電話線之振幅比。

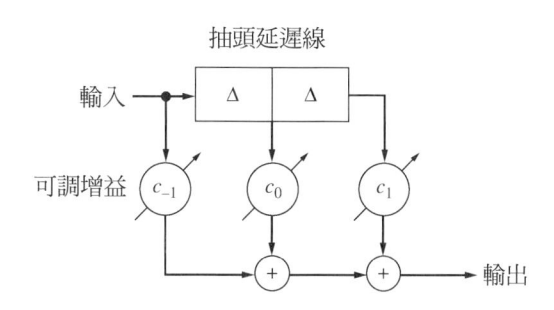

圖 3.2-8 有三個接頭的橫向濾波器。

2Δ 且在每一端點及中點上均有接頭的延遲線。接頭輸出通過可調整的增益 c_{-1}、c_0 及 c_1 之後，被加在一起形成了最後的輸出。也就是

$$y(t) = c_{-1}x(t) + c_0 x(t-\Delta) + c_1 x(t-2\Delta) \qquad \text{(9a)}$$

以及

$$\begin{aligned}H_{eq}(f) &= c_{-1} + c_0 e^{-j\omega\Delta} + c_1 e^{-j\omega 2\Delta} \\ &= (c_{-1}e^{+j\omega\Delta} + c_0 + c_1 e^{-j\omega\Delta})e^{-j\omega\Delta}\end{aligned} \qquad \text{(9b)}$$

將式 (9b) 擴大到 $2M+1$ 個接頭之 $2M\Delta$ 延遲線的情況，得到了

$$H_{eq}(f) = \left(\sum_{m=-M}^{M} c_m e^{-j\omega m\Delta}\right) e^{-j\omega M\Delta} \qquad \text{(10)}$$

這是為一個指數傅氏級數 (exponential Fourier series) 的形式且其頻率為 $1/\Delta$。因此，給定一個通道 $H_C(f)$，欲使其在範圍 $|f|<W$ 內等化時，你可藉由一個頻率為 $1/2\Delta \geq W$ (因此也決定了 Δ) 的傅氏級數來近似式 (8) 之右側，以便估計較有意義項之數目 (可決定 M)，並使接頭增益與級數係數相匹配。

連接延遲線的自然延伸就是數位濾波器，它們的差別是：數位濾波器的輸入是一序列的符號，而橫向濾波器的輸入是連續時間輸入。

在許多應用上，接頭增益必須針對通道特性之變化進行補償而需重新調整。就像電話系統，在交換通訊網路，可適性等化作用是特別地重要，因為在傳輸端與目的端間的路徑是無法事先決定的。因此，提供可自動重新調整的**適應等化器** (adaptive equalizers) 就被設計出來了。

通常可適性等化作用是由數位電路及微控制器來實現的，在這種情況下，延遲線可以用移位暫存器或充電耦合裝置 (CCD) 來取代。對於一個固定 (非可調) 的等化器而言，橫向濾波器可使用表面音頻波 (surface-acoustic-wave, SAW) 裝置而被製造在積體電路中。

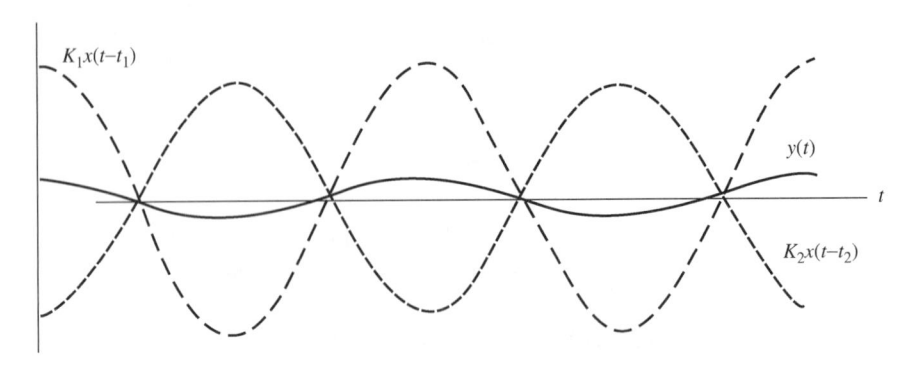

圖 3.2-9 影響通道輸出的多重路徑破壞性干擾。

讀者應該記得，在 1.3 節中談到多重路徑會造成訊號強度在通道輸出端的損失。如圖 3.2-9 所示假設通道中有兩個訊號 $K_1 x(t-t_1)$ 與 $K_2 x(t-t_2)$。我們很容易看到這兩個訊號間的破壞性干擾造成了通道輸出振幅的衰減，如 $y(t) = K_1 x(t-t_1) + K_2 x(t-t_2)$ 所表示。

傳送數位符號，具有多重路徑的無線電通道也會導入**延遲延展** (delay spread)，而造成接收符號或脈波的損壞 (smearing)。如果延遲延展相當一致，連續的符號會重疊引起符號間**交互干擾** (intersymbol interference, ISI)。延遲延展的定義是多重路徑通道脈衝響應函數期間 $h_C(t)$ 的標準偏移值，也就是第一個和最後一個反射抵達的時間差值 (請參考 Andrews, Ghosh, & Muhamed, 2007; Nekoogar, 2006)。回顧 3.1 節所說：系統的脈衝響應越狹窄，那麼輸入波形受到的影響就越小；因此我們想要有一個低的延遲延展對符號期間的比值。一般經驗法則是：延遲延展小於符號寬度的五到十分之一就不會影響 ISI。抑制延遲延展的效果是降低符號速率以及 (或是) 在符號之間加入足夠的護衛時間。

範例 3.2-2　多路由失真

無線電系統有時會遭受因為發射機與接收機之間兩個 (或更多) 傳播路徑所引起的多路徑失真。由於在電纜系統不匹配阻抗的反射會產生相同的效應。一個簡明的例子敘述如下，假設通道輸出是

$$y(t) = K_1 x(t - t_1) + K_2 x(t - t_2)$$

如果 $t_2 > t_1$，上式的第二項對應到第一項的回音，因此

$$\begin{aligned} H_C(f) &= K_1 e^{-j\omega t_1} + K_2 e^{-j\omega t_2} \\ &= K_1 e^{-j\omega t_1}(1 + k e^{-j\omega t_0}) \end{aligned}$$

(11)

式中的 $k=K_2/K_1$ 及 $t_0=t_2-t_1$。

如果我們為了簡化式 (8) 而取代 $K=K_1$ 及 $t_d=t_1$ 時，則所要求的等化器特性變成

$$H_{eq}(f) = \frac{1}{1+ke^{-j\omega t_0}} = 1 - ke^{-j\omega t_0} + k^2 e^{-j2\omega t_0} + \cdots$$

此處使用了二項式展開，因為它可導出式 (10) 的形式而不必使用到任何傅氏級數的運算。假設有一個小回音存在，所以 $k^2 \ll 1$，我們可丟棄較高的冪次項並且將 $H_{eq}(f)$ 重新寫為

$$H_{eq}(f) \approx (e^{+j\omega t_0} - k + k^2 e^{-j\omega t_0})e^{-j\omega t_0}$$

與式 (9b) 或式 (10) 相比較，可知如果 $c_{-1}=1$、$c_0=-k$、$c_1=k^2$ 及 $\Delta=t_0$ 時，三個接頭的橫向濾波器就是這個樣子。

練習題 3.2-3

繪出圖 3.2-2 中，$5 \leq |f| \leq 50$ kHz 範圍內為了等化頻率響應所需的 $|H_{eq}(f)|$ 及 $\arg H_{eq}(f)$。式 (8) 中的 $K=1/4$ 而 $t_d=1/120$ ms。

■ 非線性失真及壓展作用

具有非線性元件的系統不能用轉換函數來描述。相對地，輸入與輸出的瞬間值是呈一種曲線或函數 $y(t)=T[x(t)]$ 的關係，我們通常叫它們為**轉移特性** (transfer characteristic)。圖 3.2-10 是一個代表性的轉移特性；對於大輸入訊號的輸出之平坦化現象與電晶體放大器之飽和與截止效應是相似的。我們將只考慮非記憶 (memoryless) 元件，因其轉移特性是完全可以被描述的。

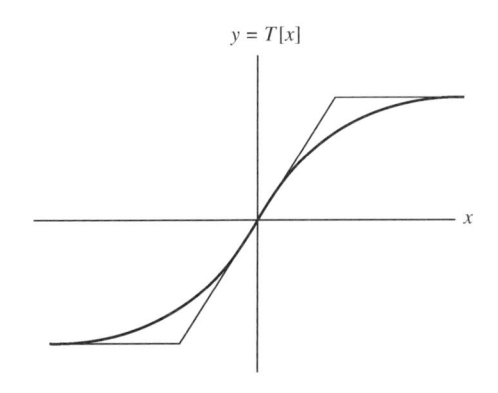

圖 3.2-10 非線性裝置的轉移特性曲線。

在小訊號輸入的情況下，利用片段模式可使轉換特性線性化，就像圖上的細線所示的。較為普遍的方法是利用一個多項式來近似這個曲線，其形式為

$$y(t) = a_1 x(t) + a_2 x^2(t) + a_3 x^3(t) + \cdots \tag{12a}$$

式中 $x(t)$ 較高次方項是非線性失真的主因。

即使沒有轉換函數，藉由轉換式 (12a)，至少以正規的方式，我們也可求得輸出頻譜。特別地，引用迴旋定理，我們得

$$Y(f) = a_1 X(f) + a_2 X * X(f) + a_3 X * X * X(f) + \cdots \tag{12b}$$

現在如果 $x(t)$ 之頻帶限制於 W 之內，一個線性網路的輸出將不包括 $|f| < W$ 以外的頻率分量。但是在非線性的情況下，我們發現輸出包括 $X * X(f)$ 項；其頻寬限制在 $2W$ 之內；而 $X * X * X(f)$ 項的頻寬限制在 $3W$ 之內，依此類推。因此非線性特性產生了許多不在輸入範圍內的輸出。此外，由於 $X * X(f)$ 可能包含有 $|f| < W$ 的分量，這部份的頻譜就會與 $X(f)$ 之頻譜重疊。使用濾波技術，$|f| > W$ 的多餘部份可被移除，但是卻沒有方便的方法可以將 $|f| < W$ 內多餘的部份去除。事實上，這些就構成了非線性失真。

一種非線性失真的定量量測是取一個簡單的弦波訊號，$x(t) = \cos \omega_0 t$ 當做輸入。將 $x(t)$ 帶入式 (12a) 中並加以展開可得

$$y(t) = \left(\frac{a_2}{2} + \frac{3a_4}{8} + \cdots \right) + \left(a_1 + \frac{3a_3}{4} + \cdots \right) \cos \omega_0 t$$
$$+ \left(\frac{a_2}{2} + \frac{a_4}{4} + \cdots \right) \cos 2\omega_0 t + \cdots$$

因此，非線性失真就以輸入波的諧波出現。二次諧波失真量是該項振幅與基頻振幅的比，或者是百分比

$$二次諧波失真 = \left| \frac{a_2/2 + a_4/4 + \cdots}{a_1 + 3a_3/4 + \cdots} \right| \times 100\%$$

較高階的諧波失真也可被類似地處理。然而，它們的影響程度通常小多了，而且部份都可以用濾波方式加以完全消除。

如果輸入為兩個餘弦波之總和時，例如 $\cos \omega_1 t + \cos \omega_2 t$，輸出將包括所有 f_1 及 f_2 的諧波，加上互積項會產生 $f_2 - f_1$、$f_2 + f_1$、$f_2 - 2f_1$ 等等。這些和與差頻率被稱為**內部調變失真** (intermodulation distortion)。將這些內部調變效應推廣，如果 $x(t) = x_1(t) + x_2(t)$，那麼 $y(t)$ 包括了**交互乘積** (cross-product) $x_1(t)x_2(t)$ 項 (以及更高階乘積，我們

將之省略)。在頻域 $x_1(t)x_2(t)$ 變為 $X_1*X_2(f)$；而且即使 $X_1(f)$ 與 $X_2(f)$ 可以在頻率上分開，但 $X_1*X_2(f)$ 可能還會與它們重疊，而形成**串音** (crosstalk)。這一種的非線性失真在電話傳輸系統中特別受到注意。另一方面，當非線性元件是為了使用於調變的目的上時，則此交互乘積項卻是吾人所期待的結果。

注意到串音跟其他形式的干擾之間的差異是很重要的。串音是當一個訊號與另外一個訊號在頻帶上有交叉，主要是由於通道的非線性失真所引起的。以傳統的無線話機或嬰兒監視器為例，因為被分配到這些設備的頻譜範圍，實在太擁擠了，以至於無法在不同頻率載波上容納太多的使用者，因此一些"分享"機制就必須以時間分配為基礎，即使串音是由於非線性失真所引起，但在目前的電話傳輸系統已經很少見，主因是技術的進步，然而它曾經是一個主要的問題。

交互乘積項是我們所要的結果，如果非線性元件是要被使用來完成調變的作用，在 4.3 節我們將探討非線性元件如何被使用來達成振幅調變。在第 5 章，小心控制的非線性失真，又將出現在 FM 訊號調變及偵測上。

雖然非線性失真無法完全被克服，經由精心的設計，它可以被最小化，基本的想法是確保訊號不超出頻道轉移特性的線性操作範圍。諷刺的是，依此想法的策略之一是使用兩個非線性的訊號處理器，如圖 3.2-11 所示的，在輸入處有一個壓縮器而在輸出處有一個擴展器。

一個壓縮器在低訊號位準時比在高訊號位準時有較大的放大作用，如圖 3.2-10 所示，因而壓縮了輸入訊號的範圍。如果所壓縮的訊號落入頻道的線性範圍內時，則頻道的輸出訊號就正比於 $T_{comp}[x(t)]$，此失真是由壓縮器所造成而非頻道。理想情況是希望擴展器有可以完全互補於壓縮器的特性，使得輸出正比於 $T_{exp}\{T_{comp}[x(t)]\} = x(t)$。

壓縮與擴展 (compressing and expanding) 合稱為**壓展作用** (companding)，在電話系統中有特別的價值。除了降低非線性失真之外，壓展亦可用於補償談話者音量大小所引起之訊號位準差異。的確，後者是壓展技術與簡單的訊號輸入之線性衰減及輸出線性放大相比較時的關鍵優點。Boyd、Tang 與 Leon (1983) 以及 Wiener 與 Spina (1980) 利用準線性技巧分析非線性系統，以方便進行諧波分析。

輸入 → 壓縮器 → 頻道 → 擴展器 → 輸出

圖 3.2-11 壓展系統。

3.3 傳輸耗損及分貝

除了訊號失真之外,傳輸系統也會減弱輸出訊號的功率位準或"強度"。此種訊號強度的降低可以藉由傳輸功率耗損來表示。雖然傳輸耗損可以由功率放大來補償,但是現存的電子雜訊再遭遇大的傳輸損失時,可能會阻礙了訊號的回復。

本節要敘述在電纜及無線電通訊系統中所遭遇到的傳輸損失。我將先回顧吾人所熟悉的功率增益觀念,以及介紹通訊工程師所使用的功率比之方便測量單位:分貝。

■ 功率增益

設圖 3.3-1 表示一個 LTI 系統,它的輸入訊號的平均為 P_{in}。如果系統沒有失真,則輸出的平均訊號功率將正比於 P_{in}。於是,系統的**功率增益** (power gain) 是

$$g \triangleq P_{out}/P_{in} \tag{1}$$

它是一個常數的參數,不可與步階響應記號 $g(t)$ 混淆。系統包含放大作用時,可能有大的 g 值,所以我們發現以**分貝** (decibels, dB) 來表示功率增益是很方便的,其定義為:

$$g_{dB} \triangleq 10 \log_{10} g \tag{2}$$

dB 中的 "B" 要大寫,是為了紀念第一個使用對數功率測量的 Alexander Graham Bell。

因為分貝是一個對數單位,所以它轉換 10 的次方為 10 的乘積。例如,$g = 10^m$ 時,$g_{dB} = m \times 10$ dB。當然功率增益總是正的,但是當 $g \leq 1.0 = 10^0$ 時會有個負的 dB 值產生,也就是 $g_{dB} \leq 0$ dB。注意,0 dB 對應到單位增益 ($g = 1$)。若已知分貝值大小時,其比值為:

$$g = 10^{(g_{dB}/10)} \tag{3}$$

上式是由式 (2) 的反向計算而得。

分貝是用來表示功率比,如果以 1 瓦或 1 毫瓦分別除 P 時,訊號功率本身也可以用 dB 來表示。如下所述:

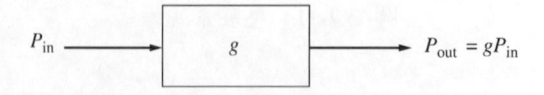

$$P_{in} \longrightarrow \boxed{g} \longrightarrow P_{out} = gP_{in}$$

圖 3.3-1 功率增益 g 的 LTI 系統。

$$P_{\text{dBW}} = 10 \log_{10} \frac{P}{1 \text{ W}} \qquad P_{\text{dBm}} = 10 \log_{10} \frac{P}{1 \text{ mW}} \tag{4}$$

將式 (1) 重寫成 $(P_{\text{out}}/1 \text{ mW}) = g(P_{\text{in}}/1 \text{ mW})$，同時兩邊均取對應，就導出了 dB 的方程式

$$P_{\text{out}_{\text{dBm}}} = g_{\text{dB}} + P_{\text{in}_{\text{dBm}}}$$

此種處理對於後面所遇到的較複雜關係式而言，具有特殊優點，其中的乘法及除法將分別變成 dB 量的加法及減法。通常通訊工程師使用 dBm (毫分貝)，因為一個傳輸系統的輸出訊號功率大都相當小。

現在考慮一個由其轉換函數 $H(f)$ 所描述的系統。一個振幅為 A_x 的弦波輸入可產生之輸出振幅為 $A_y = |H(f)|A_x$，而**正規化** (normalized) 訊號功率則是 $P_x = A_x^2/2$ 及 $P_y = A_y^2/2 = |H(f)|^2 P_x$。這些正規化功率並不需要等於式 (1) 中的實際功率。但是，若系統的輸入及輸出阻抗準位相等時，P_y/P_x 比例會與 $P_{\text{out}}/P_{\text{in}}$ 相同。因此，若 $H(f) = Ke^{-j\omega t_d}$，那麼

$$g = |H(f)|^2 = K^2 \tag{5}$$

在此種情況下，功率增益亦可應用在能量 (energy) 訊號，也就是 $E_y = gE_x$。當系統的輸入與輸出阻抗不同時，其功率 (及能量) 增益都正比於 K^2。

如果系統是頻率選擇性的，式 (5) 並不成立，但是 $|H(f)|^2$ 仍然告訴我們增益是如何隨著頻率變化。就一個與頻率相依之訊號功率的有用量測而言，我們取

$$|H(f)|_{\text{dB}} \triangleq 10 \log_{10} |H(f)|^2 \tag{6}$$

上式代表了以 dB 為單位的**相對增益** (relative gain)。

練習題 3.3-1

(a) 證明 $P_{\text{dBm}} = P_{\text{dBW}} + 30 \text{ dB}$。(b) 證明若 $|H(f)|_{\text{dB}} = -3 \text{ dB}$ 時，那麼 $|H(f)| \approx 1/\sqrt{2}$ 以及 $|H(f)|^2 \approx 1/2$。這個結果將在理想濾波器那一節討論。

■ 傳輸損失及中繼器

任何被動傳輸介質均有功率損失而非增益，因為 $P_{\text{out}} < P_{\text{in}}$。因此我們較喜歡處理傳輸**損失** (loss) 或**衰減** (attenuation)。

$$L \triangleq 1/g = P_{\text{in}}/P_{\text{out}}$$
$$L_{\text{dB}} = -g_{\text{dB}} = 10 \log_{10} P_{\text{in}}/P_{\text{out}} \tag{7}$$

表 3.3-1　傳輸損失之典型值

傳輸介質	頻　率	損失 dB/km
平行線對 (直徑 0.3 公分)	1 kHz	0.05
絞線對 (規則 #16)	10 kHz	2
	100 kHz	3
	300 kHz	6
同軸電纜 (直徑 1 公分)	100 kHz	1
	1 MHz	2
	3 MHz	4
同軸電纜 (直徑 15 公分)	100 MHz	1.5
矩形波導 (5×2.5 公分)	10 GHz	5
螺形波導 (直徑 5 公分)	100 GHz	1.5
光纖電纜	3.6×10^{14} Hz	2.5
	2.4×10^{14} Hz	0.5
	1.8×10^{14} Hz	0.2

因此，$P_{out}=P_{in}/L$ 及 $P_{out\,dBm}=P_{in\,dBm}-L_{dB}$。

在傳輸線的情況，例如同軸電纜、光纖及導波管，輸出功率隨著距離以指數 (exponentially) 方式衰減，我們將此關係式寫成以下形式：

$$P_{out} = 10^{-(\alpha \ell /10)} P_{in}$$

此處的 ℓ 為訊號源端與目的地端間的**線路長度** (path length)，而 α 是每一單位長度以 dB 計算的**衰減係數** (attenuation coefficient)。式 (7) 因此變成：

$$L = 10^{(\alpha \ell /10)} \qquad L_{dB} = \alpha \ell \tag{8}$$

此式說明了 dB 損失與長度成正比。表 3.3-1 中列出了一些不同傳輸介質及訊號頻率的典型 α 值。

以 dB 表示的衰減值多多少少會掩蓋了訊號功率隨距離而急遽減少的事實。為使式 (8) 的含意更明顯些，假設在 $\alpha=3$ dB/km 的 30 公里之電纜上傳送一個訊號，那麼 $L_{dB}=3 \times 30 = 90$ dB，$L=10^9$ 及 $P_{out}=10^{-9}P_{in}$。長度加倍時會使衰減增加到 180 dB，所以 $L=10^{18}$ 且 $P_{out}=10^{-18}P_{in}$。此種損失如此之大，所以必須有一個 10^6 瓦的輸入功率以得到一個 10^{-12} 瓦的輸出功率。

大的衰減確實需要放大來提升其輸出訊號。例如，在圖 3.3-2 是一個具有輸出放大器及**中繼放大器** (repeater amplifier) 並插在路徑中央附近的電纜傳輸系統。(任何在輸入上的前置放大器將被吸收在 P_{in} 值。) 因為串聯的功率增益是相乘的，就如

$$P_{out} = (g_1 g_2 g_3 g_4) P_{in} = \frac{g_2 g_4}{L_1 L_3} P_{in} \tag{9a}$$

上式可變為 dB 方程式

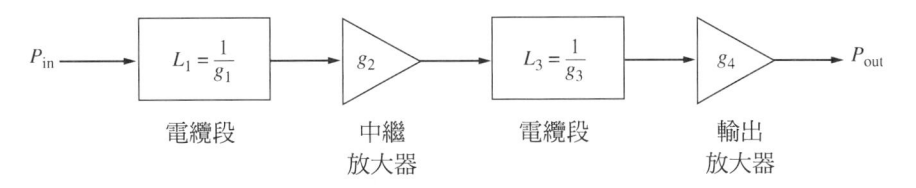

```
P_in → [L₁ = 1/g₁] → ▷ g₂ → [L₃ = 1/g₃] → ▷ g₄ → P_out
        電纜段        中繼         電纜段        輸出
                     放大器                    放大器
```

圖 3.3-2 具有中繼放大器的電纜傳輸系統。

$$P_{\text{out}} = (g_2 + g_4) - (L_1 + L_3) + P_{\text{in}} \tag{9b}$$

上式中為了簡化起見，已將 dB 註腳省略，但是式 (9b) 中的加法及減法明確地說明它是一個 dB 方程式。當然，P_{out} (dBW 或 dBm) 的單位將會與 P_{in} 的相同。

在圖 3.3-2 中的中繼器被置放在路徑中途附近以防止訊號功率降到放大器的雜訊位準。長途電纜系統於每數公里即設有一個中繼器，一個橫越整個美洲大陸的電話鏈路可能包括有 2,000 個中繼器。這種系統的訊號功率分析仍是依式 (9) 相同的法則，雜訊的分析則描述於附錄中。

■ 光　纖

光纖通訊系統在過去 20 年來越來越受歡迎，主要是因為雷射跟光纖技術的進步。因為光纖系統使用的載波頻率是在 2×10^{14} Hz 的範圍，被傳送的訊號比起在雙絞線跟銅軸電纜的情況可以有非常大的頻寬。在下一章我們將看到對於載波頻率在 2×10^{13} Hz 的情況理論上的最大頻寬是多少，也許我們從來就不需要這麼大的頻寬，但是如果我們需要的時候能夠隨時拿到，那將是非常有用的。如果我們加入其他的光波長，我們就可以得到額外的通道容量。12.5 節簡要地描述了 SONET，它是一種傳遞多重寬頻訊號的光纖標準。

在 1960 年代，光纖電纜是非常耗損功率的，大約是 1,000 dB/km，所以在商用上非常的不實用。現在的耗損是在 0.2～2 dB/km 的程度，取決於光纖的型態以及訊號的波長，這個值遠低於大部份的雙絞線跟銅軸系統。使用光纖通道，除了大頻寬跟低耗損之外，還有很多好處。介質波導的特性使它比較不容易受到外界訊號的干擾，因為被傳送的訊號是光而不是電流，所以就沒有電磁場來產生串音，而且光纖本身也不會輻射 RF 能量來干擾其他的通訊系統。而因為移動的光子並不會互相作用，所以也沒有雜訊產生。光纖通道在安裝跟維護的時候是很安全的，因為沒有大電流跟電壓需要擔心。另外，它們也不可能在中間被擷取，一個光纖通道在中途被擷取的時候，使用者一定可以察覺到，所以它們在軍事用途上是很安全的。它們也深具彈性可以適應在一個大的溫度變化範圍內，比起銅線電纜大得多了，光纖的尺寸大約是人類頭髮的直徑跟重量，意味著它們不需要很大的儲存空間，而且在鋪設時會比較便宜。最後，它們是從沙裡面提煉出來的，而沙是在地球上很常見到的資源。前置安裝的成本會稍高些，我們預期長期的價錢將會比金屬為基礎的纜線便宜許多。

　　大部份的光纖系統是數位的，因為系統的限制使得類比的振幅調變是很不實際的，整個系統是由電子跟光學元件混合起來，訊號來源跟最後的接收機都是電子式的。光纖發射機可以使用 LED 或固態雷射來產生光脈波，兩者的選擇主要是設計上面的考量，LED 可以產生非同調也就是多波長的光，其特性為具彈性、不貴，但是輸出功率低 (~ 0.5 mW)。雷射在價格上比較高而且有比較短的生命週期，然而它們可產生同調也就是單波長的光，功率輸出大約是 5 mW。依照傳送訊號的波長，接收機通常使用 PIN 二極體或突崩二極體 (APD)。典型使用的是波幅檢波器，因為它不需要同調光源 (見 4.5 節)。在以下的討論，我們將集中重點在光纖通道本身。

　　光纖有一個**核心** (core) 是由一個純矽玻璃圍繞著**覆衣** (cladding)，覆衣層也是由矽玻璃所製造成，但有時候也會用塑膠來製造。另外有一個外包是一個很薄的保護膜，它是由塑膠製成。核心是訊號傳送的地方。覆衣層會降低耗損，那是因為它把訊號功率保持在核心裡面。有三種主要的光纖型態：單膜光纖、多膜步階折射率光纖、多膜漸變折射率光纖。圖 3.3-3a 繪出了三條光線在單膜光纖上傳送的情形，因為核心的直徑非常小，約 8 μm 左右，對每一條光線僅有單一的路徑可以來遵循傳播。在核心跟覆衣層之間的折射率的差別使得光會反射回通道，也就是光線依照一個直線路徑在光纖中行進，結果每一個光線在一個給定的時間區間內都走了相同的距離。因此一個脈波輸入在輸出的地方將保留同樣的形狀，所以單膜光纖滿足大的傳輸頻寬所需之容量要求，這也就是它們受歡迎的主因，尤其是在商業的用途上。然而小的核心直徑使得要對齊光纖電纜的剖面是很困難的，另外要把光線耦合到光纖內也很不容易，因此就造成了耗損。

　　多膜光纖允許在纜線上多路徑的傳送，因為它們有一個較大的核心直徑(~ 50 μm)，所以它們比較容易接合各個光纖片段，而且在比較少的耗損情況下，有更多的光線從不同的角度入射進入光纖也是較容易的，一個多膜步階折射率光纖在核心跟覆衣層之間有一個步階折射率的變化，如單膜光纖的情況，圖 3.3-3b 畫出了三條光線進入一個多膜步階折射率光纖的情形，每條光線的入射角度都不一樣；很清楚地，光線的路徑差異很大，光線 1 是走直線的，如同在單膜光纖的例子一樣，光線 2 在核心跟覆衣層的邊界來回反射了好幾次，所以它的行進路徑比較長；光線 3 的反射次數更多，所以路徑更長。如圖 3.3-3b 所表示的，入射角會影響到達接收端的時間，我們可以定義兩個名詞來形容這種通道的延遲，不同光線到達的平均時間差就叫做**平均時間延遲** (mean-time delay)，而其標準差就叫做**延遲擴展** (delay spread)。它對一個窄脈波的影響是使得脈波變寬了，當訊號在通道傳送的時候。如果擴展的程度超過兩

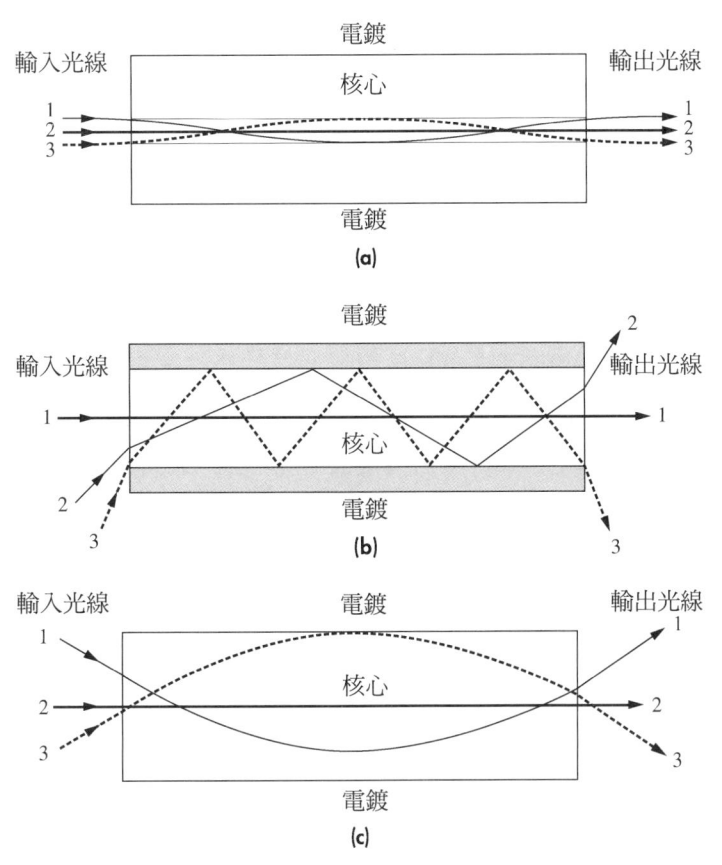

圖 3.3-3 (a) 單膜步階索引光纖的光線傳播；(b) 多膜步階索引光纖的光線傳播；(c) 多膜漸變步階索引光纖的光線傳播。

個脈波之間的間隙，那麼重疊就會發生，如此一來，在輸出的地方就無法清楚地辨別是兩個脈波了，因此最大的傳輸訊號頻寬在多膜步階折射率通道上，會比單膜時來得低。

多膜漸變式折射率光纖給了我們兩者在效能上的好處。較大的中央核心之折射率分佈是不均勻的，在最中心的折射率是最大然後向邊緣遞減。參考圖 3.3-3c，各光線又是以多重路徑來傳播；然而因為核心的折射率改變是漸變式的，所以光線的彎曲也是漸變的，光波的速度反比於折射率，所以那些離中心比較遠的光波會走得比較快，折射率的剖面圖可以被設計到當它們到達輸出的時候，全部的光波都大約有相同的延遲，因此它有較低的色散，可以允許較高的傳輸頻寬，雖然一個多膜漸變折射率光纖的傳輸頻寬比單膜的低，但較大的核心直徑所帶來的好處，使得它很適合用來做為長距離通訊使用。

對於前面所講的所有的光纖型態，有很多地方會有耗損發生，包括光纖跟傳送機或接收機接合處，以及光纖剖面互相連接的地方，以及光纖本身。光纖本身的衰減主要是來自於**吸收** (absorption) 耗損，主因是矽玻璃內的雜質，以及**散射** (scattering) 耗損，主因是導波的不完美，耗損會隨距離成指數增加，也跟波長有關。有三個波長範圍在衰減曲線上有相當小的值，如表 3.3-1 所示的。最小的耗損發生在 1,300 跟 1,500 nm，因此這些頻率大部份被使用於長距離通信系統。

現在商業上的應用大約每隔 40 公里就會設一個中繼器，然而每年技術的進步使得這個距離持續地增加，傳統中繼放大器會把光波變成電子訊號，放大後再轉回到光訊號重新傳送，光波放大器目前已被發展出來，而且很快就可以達實用地步。

光纖通訊系統也將很快就可以成為長距離通信的標準。家庭或企業在進行內部跟外部佈線時，目前大都已使用光纖，長距離電話公司使用光纖會有許多好處，尤其在克服迴音上面。海底下的光纖纜線已經覆蓋了地球的 2/3，在同一個時間內可以處理超過 10 萬個電話對話，跟第一代跨洋電纜來比較，雖然在 1956 年有技術上的突破，但也僅僅能夠送 36 個語音通道。現在的系統可以處理每秒 90 Mbits 到每秒 2.5 Gbits，甚至有實驗上的數據可以高到每秒 1,000 Gbits。以目前傳輸率 64 kbits 來看，它代表了 1,500 萬通電話對話在一個單獨的光纖內傳送，容量不斷的擴增。不用懷疑，我們一定會有新的內容來填補它。

■ 無線電傳輸

由於無線電波的訊號傳輸可降低所需的中繼器數目，同時也有免用長電纜的額外優點。雖然無線電系統包含後面將討論到的調變過程，但是在此處討論**有視線傳播** (line-of-sight propagation) 情況之傳輸損失是很適當的。這種傳播的架構如圖 3.3-4 所示，無線電波自發射天線到接收天線是經直接路徑而到達的。此種傳播模式通常被使用在頻率高於 100 MHz 以上的長途通訊中。

在直接路徑上的**自由空間損失** (free-space loss) 是由於無線電波的球形色射。此種損失可由下式表示：

$$L = \left(\frac{4\pi\ell}{\lambda}\right)^2 = \left(\frac{4\pi f\ell}{c}\right)^2 \tag{10a}$$

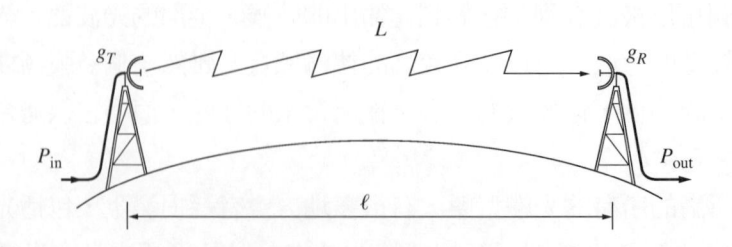

圖 3.3-4 有視線無線電傳輸。

式中 λ 代表波長，f 代表訊號頻率，而 c 則為光速。如果以 ℓ 公里表示，而 f 以 GHz (10^9 Hz) 來表示時，則式 (10a) 變成為：

$$L_{dB} = 92.4 + 20 \log_{10} f_{GHz} + 20 \log_{10} \ell_{km} \tag{10b}$$

我們看到 L_{dB} 值隨著 ℓ 對數而增加，而不是直接與路徑長度成正比。因此，如果路徑長度加倍時，損失也僅僅增加 6 dB 而已。在地面傳播的情況，由於傳播介質 (空氣與溼度) 的吸收與 (或) 散射，訊號也會衰減。嚴酷的氣候會增加損失。例如，在惡劣的氣候期間，有時候會收不到衛星電視訊號。另一方面，由於傳播媒介的不均勻特性，雷達可以偵測到氣流擾動或其他的天氣狀況。

另外，定向天線有個像放大器一樣的聚焦效應，在此意義下，我們有：

$$P_{out} = \frac{g_T \, g_R}{L} P_{in} \tag{11}$$

式中之 g_T 及 g_R 代表在發射機及接收機上的天線增益。具有**有效孔徑面積** (aperture area) A_e 的天線之最大或接收增益為：

$$g = \frac{4\pi A_e}{\lambda^2} = \frac{4\pi A_e f^2}{c^2} \tag{12}$$

式中的 $c \approx 3 \times 10^5$ 公里/秒。號角形或碟形天線的 A_e 值大約等於它們的實際面積，而大型的拋物線碟形天線可提供超過 60 dB 的增益。發射機功率與天線增益可以結合起來提供**有效等向輻射功率** (effective isotropic radiated power, EIRP)，或是 $EIRP = S_T g_T$。

商用無線電電台常常使用壓縮來產生一個被傳輸的訊號，而且功率較高但不超過系統的線性操作範圍。如同 3.2 節所提到的，壓縮提供了低準位訊號比較高的放大作用，使得它們可以超過背景雜訊的準位，然而因為你家的無線電裝置並不具有內建的擴展器來完成壓展器的擴展步驟，因而會有一些聲音上的失真存在。為了克服這個問題，音樂製作公司通常會把素材先經過前置處理之後才送到無線電電台，以確保所聽到的聲音之傳真度。

衛星可以實現直視無線電傳輸，即使距離非常長，它們有一個寬廣的涵蓋面積，包含那些電纜或光纖無法到達的地方，如移動式的平台，像船跟飛機。即使光纖系統可以承載巨量的洲與洲之間的電話話務 (而且有可能使得衛星在很多應用上都被取代了)，衛星中繼仍然適合於處理具有非常長距離的通訊工作，衛星中繼器使得電視訊號跨洋的轉播上成為可能，它們有一個寬的頻寬，大約是 500 MHz，而且可以被切割以適合個別傳送接收的需求。大部份的衛星都是在靜止軌道上，意義是它們跟地球旋轉是同步的，而且直接就位於赤道上方，因而它們在天空上看起來是靜止的。主要的好處是在地球上的天線對準衛星的角度可以固定。

一個典型的 C 頻帶衛星，它的上鏈頻率是 6 GHz，下鏈頻率是 4 GHz，具有 12 個傳送接收單元，每一個頻寬皆為 36 MHz。使用這個頻率範圍的好處是它允許使用相對比較不貴的微波設備，而且對於雨滴的衰減也比較小，雨滴是大氣中造成訊號耗損的主要原因，另外比頻率範圍還有低的天空背景雜訊。然而，有可能會有從其他的微波系統來的嚴重干擾，所以很多衛星現在是使用 Ku 頻帶。Ku 上鏈頻帶的頻率是 14 GHz，下鏈頻率是 12 GHz，此頻帶允許使用比較小，而且比較便宜的天線。C 頻帶天線在商用廣播電視系統上常用到，而 Ku 頻帶主要被使用在視訊會議上，目前有一個新的服務允許直播衛星 DBS 來提供家庭電視的服務，它是使用上鏈頻率 17 GHz，下鏈頻率 12 GHz。

本質上，衛星允許多個使用者在同一個時間從不同的地點進行存取。各種不同**多重存取** (multiple access) 的技巧都已被發展出來，我們在隨後的一章會再詳細討論。個人通訊元件，例如行動電話，就依靠多重存取的技巧，主要有時間分割多重存取 (TDMA) 跟脈碼分割多重存取 (CDMA)。傳送延遲在長距離傳送語音的時候會是一個問題，因此就可能需要在於通道上進行回音消除。

目前的技術允許可攜式衛星上鏈系統來傳送新聞或者一個正發生的事件。事實上，全部的設備都可以放在旅行車，或著一些比較大的卡車上，甚至放在飛機上也可以。欲得到更多衛星通訊資訊，請參閱 Ippolito (2008) 與 Tomasi (1998) 的著作，(1998，第 18 章)。

範例 3.3-1　衛星中繼系統

圖 3.3-5 所示為一個具有衛星站當做中繼器的簡化式越洋無線電系統。衛星是在靜止軌道上，離赤道約 22,300 英里 (36,000 公里)，上鏈頻率為 6 GHz，下鏈頻率為 4 GHz。由式 (10b) 可得上鏈及下鏈的路徑損失，分別為

$$L_u = 92.4 + 20 \log_{10} 6 + 20 \log_{10} 3.6 \times 10^4 = 199.1 \text{ dB}$$

$$L_d = 92.4 + 20 \log_{10} 4 + 20 \log_{10} 3.6 \times 10^4 = 195.6 \text{ dB}$$

因為從發射機及接收機塔台到衛星的距離，都大約是從地球到衛星的距離，因此導出上式。用 dB 大小來表示的天線增益以下標來標示其不同的作用——譬如，g_{RU} 表示自地面到衛星之上鏈的接收天線增益。衛星有一個中繼放大器，可以產生 18 dBW 的基本輸出，假設發射機輸入功率式 35 dBW，那麼在衛星上所接收到的功率是 35 dBW + 55 dB − 199.1 dB + 20 dB = −89.1 dBW。在接收機的功率輸出是 18 dBW + 16 dB − 195.6 dB + 51 dB = −110.6 dBW。將 (4) 式反過來求解可得。

第 3 章　訊號傳輸與濾波　3-37

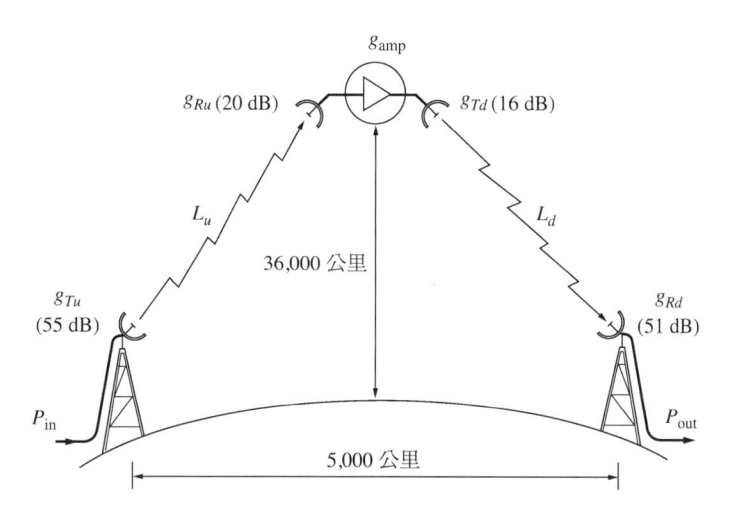

圖 3.3-5　衛星中繼系統。

$$P_{\text{out}} = 10^{(-110.6/10)} \times 1 \text{ W} = 8.7 \times 10^{-12} \text{ W}$$

如此微小的功率位準在衛星系統是很典型的。

練習題 3.3-2

40 公里的電纜系統具有 $P_{\text{in}} = 2$ W 及有一個增益為 64 dB 的中繼器被插在距離輸入處 24 公里的地方。電纜剖面的 $\alpha = 2.5$ dB/km。使用 dB 方程式分別求出：(a) 中斷器輸入；(b) 最後輸出的訊號功率。

範例 3.3-2　都卜勒偏移

讀者也許已注意到，一輛通過汽車的喇叭聲，特別是在高速行駛情況，當它通過你們的時候，音節似乎改變了。這種頻率的改變就是**都卜勒偏移** (Doppler shift)，而且這也會發生在無線電頻率中。如果一個輻射器正在接近接收機，則最大的頻率偏移是：

$$\Delta f = +f_c \frac{v}{c} \tag{12}$$

這裡 Δf、f_c、v、c 分別是都卜勒偏移、正規輻射頻率、物件的速率及光速。如果物件正離開接收機，則式 (12) 的符號是負的。如果所接近的物體也在升高，而有一個逼近角度，那麼式 (12) 變成

$$\Delta f = f_c \frac{v}{c} \cos \phi \tag{13}$$

現在考量一輛正在接近的汽車，它正在發送 825 MHz 的行動電話頻率。當汽車通過時，從開始觀測的時間到它直接通過觀測者，頻率的偏移量是 40 Hz。這輛通過汽車的速度有多快？

$$\Delta f = 40 = \frac{825 \times 10^6}{3 \times 10^8} v \Rightarrow v = 14.5 \text{ m/s} = 52.4 \text{ 公里／小時}$$

3.4 濾波器與濾波作用

每一個通訊系統為了一分開承載資訊的訊號與不想要的汙染，例如干擾、雜訊及失真乘積項等等，都會包含一個或更多的濾波器。本節中，我們將定義理想濾波器，描述實際濾波器與理想濾波器之間的差異，且檢視濾波作用對於脈波訊號的效應。

■ 理想濾波器

依定義，一個理想濾波器具有在一個或更多特定頻帶中有無失真的傳輸，同時在其他頻率則有零響應的特性。特別地，如**理想帶通濾波器** (bandpass filter, BPF) 之轉換函數為

$$H(f) = \begin{cases} Ke^{-j\omega t_d} & f_\ell \leq |f| \leq f_u \\ 0 & \text{其他} \end{cases} \tag{1}$$

如圖 3.4-1 所繪。參數 f_ℓ 及 f_u 分別為下**截止頻率** (cutoff frequency) 及上截止頻

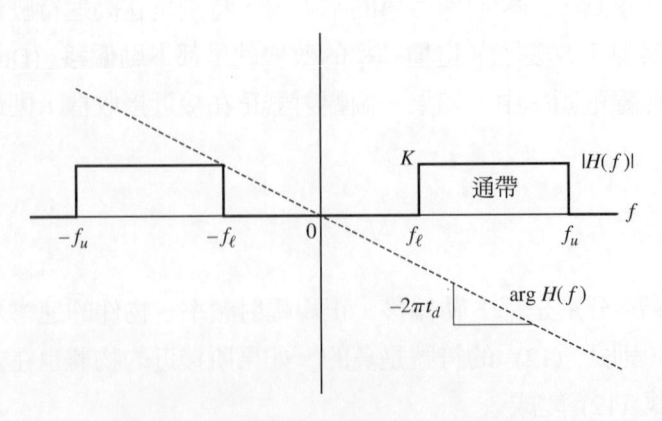

圖 3.4-1 理想帶通濾波器之轉移函數。

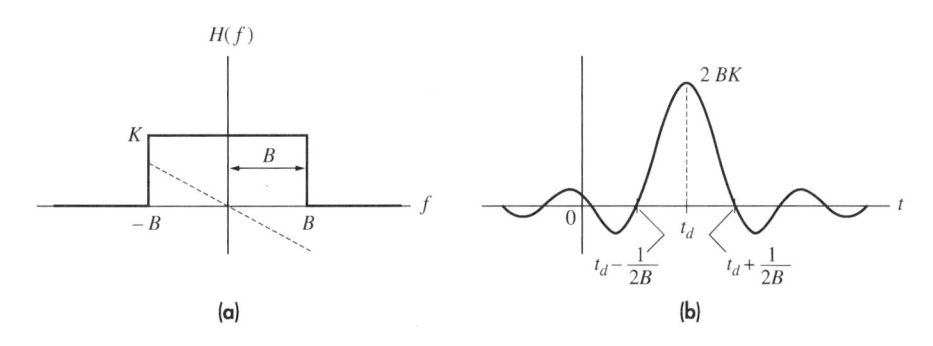

圖 3.4-2 理想低通濾波器：(a) 轉移函數；(b) 脈衝響應。

率，因為它們決定了**通帶** (passband) 的端點。濾波器的**頻寬** (bandwidth) 是：

$$B = f_u - f_\ell$$

在這裡我們是以通常的正頻率部份來衡量的。

依類似的方法，一個理想的**低通** (lowpass) 濾波器 (LPF) 是令式 (1) 中的 $f_\ell = 0$，所以 $B = f_u$；而一個理想的**高通** (highpass) 濾波器 (HPF) 則有 $f_\ell > 0$ 及 $f_u = \infty$。理想的**帶拒** (band-rejection) 濾波器或凹口 (notch) 濾波器除了在某些**停止帶** (stopband) 之外都提供無失真的傳輸，停止帶例如是 $f_\ell \leq |f| \leq f_u$，這時的 $H(f) = 0$。

但是所有這類的濾波器實際上都是**無法實現的** (unrealizable)，也就是說利用有限數目的元件並無法提供這樣的。我們將省略此種說法的一般性證明，我們將以脈衝響應為基礎而發展一些較具教導性的論證。

考慮繪於圖 3.4-2a 的理想 LPF，其轉換函數為：

$$H(f) = Ke^{-j\omega t_d}\Pi\left(\frac{f}{2B}\right) \tag{2a}$$

它的脈衝響應是

$$h(t) = \mathcal{F}^{-1}[H(f)] = 2BK \operatorname{sinc} 2B(t - t_d) \tag{2b}$$

上式之圖形被繪於圖 3.4-2b 中。由於 $h(t)$ 是對於 $\delta(t)$ 之響應，且 $t < 0$ 時 $h(t)$ 有非零的值，所以在輸入有作用之前即有輸出出現。此類濾波器被稱為**預期性** (anticipatory) 或非因果 (noncausal) 關係的，而在輸入未出現之前的輸出部份我們稱它為**前導分量** (precursor)。不容置疑地，這種情形在實際上是不可能的，因此該濾波器必定無法被實現。理想的 BPF 及 HPF 也有類似的結果。

雖然理想濾波器可能是設想的，但是在通訊系統的研究，它可提供了許多觀念上的價值。此外，許多真正的濾波器可以極近似於理想的行為。

練習題 3.4-1

證明理想 BPF 之脈衝響應是：

$$h(t) = 2BK \,\text{sinc}\, B(t - t_d) \cos \omega_c(t - t_d)$$

該式中的 $\omega_c = \pi(f_\ell + f_u)$。

■ 頻帶限制及時間限制

在前面我們曾說到一個訊號 $v(t)$ 是頻寬限制的，如果存在某個常數 W，使得

$$V(f) = 0 \qquad |f| > W$$

因此，這個頻譜在 $|f| > W$ 之外是沒有內容的。類似的情況，一個時間限制的訊號也是藉由此的性質來定義，對於常數 $t_1 < t_2$，

$$v(t) = 0 \qquad t < t_1 \text{ 及 } t > t_2$$

因此，訊號"開始"在 $t \geq t_1$ 而"結束"在 $t \leq t_2$。讓我們藉由實際跟理想濾波器的對照來更進一步檢視這兩個定義。

理想濾波器的觀念跟頻寬限制訊號是很類似的，因為作用一個訊號到一個理想 LPF 會產生一個頻寬限制的訊號於輸出端，我們也看到了一個理想 LPF 的脈衝響應是一個在所有時間都存在的 sinc 脈波。我們現在要來驗證，任何從一個理想 LPF 輸出所得之訊號將會存在於所有的時間；如此一來，一個嚴格的頻帶限制訊號不可能是時間限制的，反過來說，依照對偶性，一個嚴格的時間限制訊號也就不可能是頻寬限制的。到目前我們所遇到的每一個轉換對都支持這樣的說法，一個比較廣泛的證明在文獻 Wozencraft 跟 Jacobs (1965，附錄 B) 可以看到。

> 再強調一次完美的頻寬限制跟時間限制是互相不匹配的。

這個觀察讓我們對於使用於通訊系統上的訊號跟濾波模型不得不加以特別留意。因為一個訊號不可能同時是頻寬及時間限制，我們不是要放棄頻寬限制訊號或者理想濾波器，不然我們就必須接受訊號模型在所有時間都存在。另一方面，我們了解任何實際訊號是有時間限制的，也就是有開始跟結束的時間。但是，頻寬限制式頻譜的觀念跟理想濾波器，實在是太有用了，以致於我們沒辦法完全把它們完全捨棄。

這種兩難困境的解決方法也不那麼困難，我們只需要一些妥協。雖然一個嚴格時間限制的訊號不可能是嚴謹的頻寬限制的，然而它的頻譜在某個高頻率極限 W 之上是可以被忽略的。同樣的，一個嚴謹的頻寬限制訊號在某一個時間區間如 $t_1 \leq t \leq t_2$ 之外是小到可以被忽略的。因此，我們常常假設訊號是頻寬限制又是時間限制的，主要是有實用上的考量。

■ 真實濾波器

趨近於理想行為的實際濾波器之設計是一個進階的主題，超出了這本書的討論的範圍。但至少我們必須了解到實際濾波器與理想濾波器間的主要差異，以便了解由理想濾波器之假設所推演的近似方法。濾波器設計及實作上的進一步資料可以在諸如 Van Valkenburg (1982) 之類的書中找到。

為了開始我們的討論，圖 3.4-3 中畫出一個典型實際帶通濾波器的振幅比。與圖 3.4-1 中的理想 BPF 相比較，我們發現通帶區的 $|H(f)|$ 相當地大 (但非常數)，而停止帶之 $|H(f)|$ 相當小 (但不為零)。通常，通帶的端點被定義為：

$$|H(f)| = \frac{1}{\sqrt{2}}|H(f)|_{max} = \frac{K}{\sqrt{2}} \qquad f = f_\ell, f_u \tag{3}$$

所以在 $f_\ell \leq |f| \leq f_u$ 內，$|H(f)|^2$ 不會小於 $K^2/2$。於是頻寬 $B = f_u - f_\ell$ 就被稱為半功率 (half-power) 頻寬或 3 dB 頻寬。同樣地，在停止帶的端點時 $|H(f)|$ 會降至適當小的值，例如 $K/10$ 或 $K/100$。

通帶與停止帶之間是**過渡區域** (transition regions)，如圖上陰影部份所示，在此區域濾波器既不"通過"也不"拒斥"頻率分量。因此，有效之訊號濾波作用時常決定於濾波器是否有非常狹窄之過渡區域而定。我們將藉由詳細檢視某一特定種類之濾波器的方式來研究這一個議題。然後再敘述其他受歡迎的設計。

最簡單的標準濾波器種類是 n 階的 **Butterworth** LPF，其電路包括了 n 個電抗

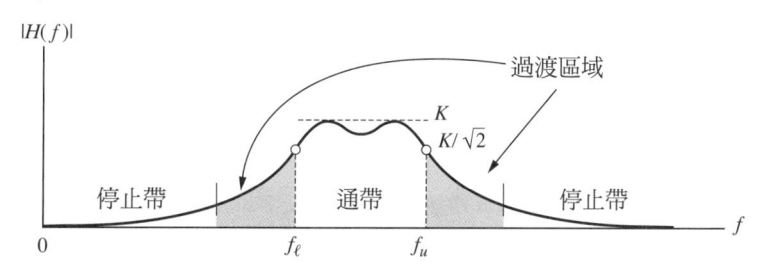

圖 3.4-3 實際通帶濾波器的典型振幅比。

元件 (電容器及電感器)。$K=1$ 時之轉換函數有以下的形式：

$$H(f) = \frac{1}{P_n(jf/B)} \qquad \textbf{(4a)}$$

其中 B 等於 3 dB 頻寬而 $P_n(jf/B)$ 是一個複數多項式。Butterworth 多項式族系有以下的特性定義：

$$|P_n(jf/B)|^2 = 1 + (f/B)^{2n}$$

所以

$$|H(f)| = \frac{1}{\sqrt{1 + (f/B)^{2n}}} \qquad \textbf{(4b)}$$

結果，$|H(f)|$ 的前 n 個導函數在 $f=0$ 時等於零，因此我們說 $|H(f)|$ 具有**最大平坦** (maximally flat)。表 3.4-1 所列為利用正規化變數 $p=jf/B$ 而得之 $n=1$ 到 $n=4$ 的 Butterworth 多項式。

表 3.4-1 Butterworth 多項式

n	$Pn(p)$
1	$1 + p$
2	$1 + \sqrt{2}\,p + p^2$
3	$(1 + p)(1 + p + p^2)$
4	$(1 + 0.765p + p^2)(1 + 1.848p + p^2)$

一個一階 Butterworth 濾波器與一個 RC 低通濾波器具有相同的特性，都不是一個理想 LPF 之良好近似。但是當增加更多的元件到電路上，也就是 n 值加大時可改進近似情形。例如，圖 3.4-4a 中所繪的是一個三階濾波器之脈衝響應與理想的 LPF 有明顯地相似外形——當然沒有前導分量存在。此個濾波器的頻率響應曲線被繪於圖 3.4-4b。注意，相位位移有一個合理的線性斜率出現在通過頻帶，隱含著時間延遲及一些延遲失真。增加 Butterworth 濾波器的階次會增加濾波器脈衝響應的振鈴效應。

在過渡區間振幅比的清楚圖像可由**波德圖** (Bode diagram) 得到，波德圖是以 dB 表示之 $|H(f)|$ 對於對數單位的 f 而畫出的圖形。圖 3.4-5 所示為各種不同 n 值之 Butterworth 低通濾波器的波德圖。如果我們定義停止帶邊界是 $|H(f)|=-20$ dB 處，當 $n=1$ 時的過渡區之寬度為 $10B-B=9B$，但是當 $n=10$ 時，其寬度就會變成了 $1.25B-B=0.25B$。很明顯地，當 $n \to \infty$ 時 $|H(f)|$ 會趨近理想的方形特性。但是，同時相位位移之斜率 (並未繪出) 隨著 n 之增加而增加且延遲失真也會變得很大到無法忍受。

當 ϕ 潛在延遲失真是主要關切的議題時，**Bessel-Thomson** 濾波器是較佳的選

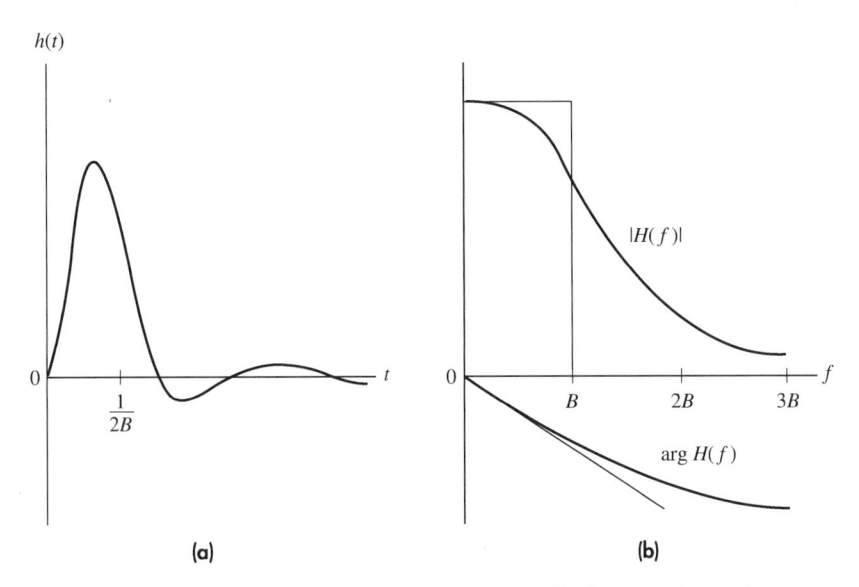

圖 3.4-4 三階 Butterworth LPF：(a) 脈衝響應；(b) 轉移函數。

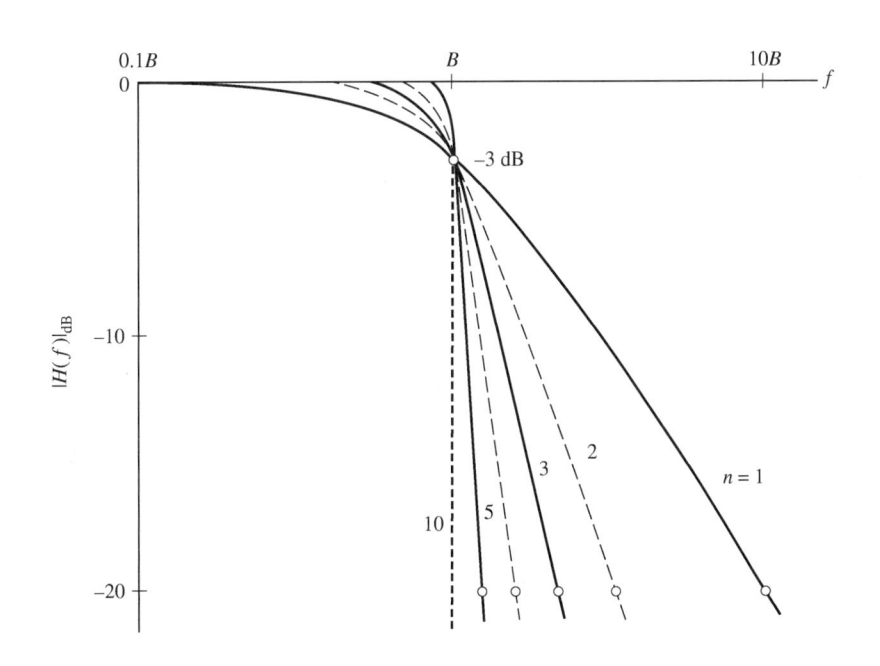

圖 3.4-5 Butterworth LPF 之波德圖。

擇。此種濾波器的特性是可以藉由給定一個 n 值所具有**最大線性相位位移** (maximally linear phase shift) 來描述，它有較寬的過渡區。在其他的特例中，像**等位漣波** (equiripple) 濾波器 (包括 Chebyshev 及 elliptic 濾波器) 在給定一個 n 值時提供最陡峭的過渡區；但是這類濾波器在通帶區有小的振幅漣波，以及想當顯著的非線性相位位移。例如，等位漣波濾波器可以適用於聲音應用上，但是脈波應用可能就需要使

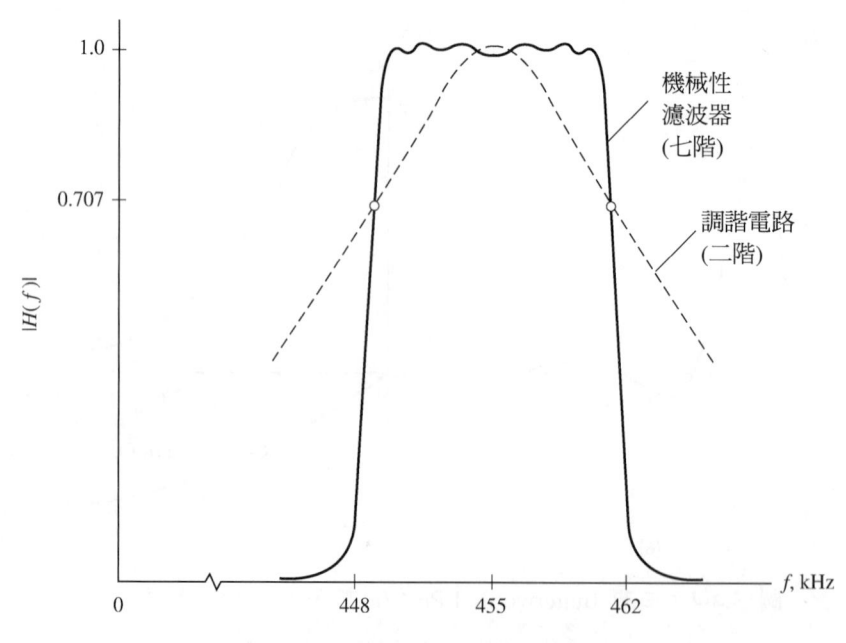

图 3.4-6 機械性濾波器之振幅比。

用 Bessel-Thomson 濾波器，因其過渡區間有優越的性能。有關濾波器設計的更多資訊請參閱 Williams 與 Taylor (2006) 的著作。

此二種濾波器都可用主動元件（像是運算放大器）來實現，主動元件可消除對電感的大量需求。**交換電容器** (switched-capacitor) 濾波器設計更可進一步去除電阻器，因為這些電阻在大型積體電路中將會佔據太多的空間。這三種濾波器可被修改為高通濾波器或帶通濾波器。但是，當你想要一個有狹窄但合理的方形通帶之帶通濾波器時，就會遇到一些實際製作上的問題。採用電子機械現象的一些特殊設計已被發現出來。舉例來說，圖 3.4-6 繪出了一種使用 AM 收音機中的七階單石晶體 BPF 之振幅比。

範例 3.4-1 二階 LPF

圖 3.4-7 的電路是一個二階 Butterworth LPF 的實現，具有：

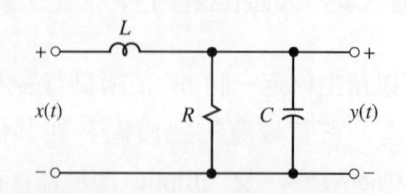

圖 3.4-7 二階 Butterworth LPF。

$$B = \frac{1}{2\pi\sqrt{LC}}$$

我們可以得到轉換函數的表示式如下：

$$H(f) = \frac{Z_{RC}}{Z_{RC} + j\omega L}$$

上式中，

$$Z_{RC} = \frac{R/j\omega C}{R + 1/j\omega C} = \frac{R}{1 + j\omega RC}$$

所以

$$H(f) = \frac{1}{1 + j\omega L/R - \omega^2 LC}$$

$$= \left[1 + j\frac{2\pi L}{R}f - (2\pi\sqrt{LC}f)^2\right]^{-1}$$

從表 3.4-1 以 $p = jf/B$，我們想要

$$H(f) = \left[1 + j\sqrt{2}\frac{f}{B} - \left(\frac{f}{B}\right)^2\right]^{-1}$$

滿足上式的方程式所要求在 R、L 及 C 的關係式藉由設定

$$\frac{2\pi L}{R} = \frac{\sqrt{2}}{B} = \sqrt{2}\,2\pi\sqrt{LC}$$

可以被找到，也就是 $R = \sqrt{\dfrac{L}{2C}}$。

練習題 3.4-2

證明當 $f > B$ 時，Butterworth LPF 之 $|H(f)|_{dB} \approx -20n\log_{10}(f/B)$。接著求出 $f \geq 2B$，使得 $|H(f)| \leq 1/10$ 所需的最小 n 值。

訊號常常被人為的訊號源干擾所汙染。例如因頻訊號會被 60 Hz 的功率源汙染。顯而易見的解決方法是用**帶拒濾波器** (notch 或 band reject) 拒斥 60 Hz 的分量，但讓其他分量通過。然而現實中沒有理想濾波器這樣的東西。實際上，真正的帶拒濾波器除了這 60 Hz 的干擾外，可能也會排拒掉某些想要的頻率分量。讓我們討論圖

$$\hat{x}(t) = y(t) - x_R(t)$$

$$y(t) = x(t) + A_I \cos(2\pi 60 t + \phi_I)$$

$$x_R(t) = A_R \cos(2\pi 60 t + \phi_R)$$

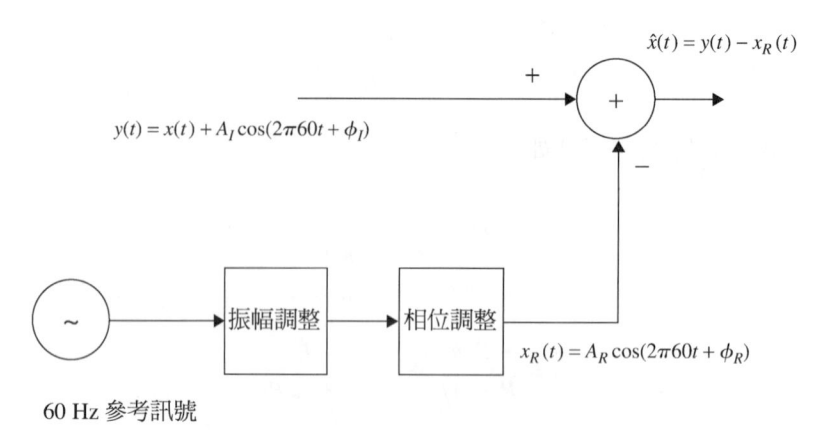

60 Hz 參考訊號

圖 3.4-8 拒斥 60 Hz 干擾的可適性消除濾波器。

3.4-8 所示的可適性消除 (adaptive cancellation) 濾波器。觀測到的訊號包括想要的訊號 $x(t)$ 與一個 60 Hz 的干擾訊號，表示為：

$$y(t) = x(t) + A_I \cos(2\pi 60 t + \phi_I)$$

A_I 與 ϕ_I 分別是干擾訊號的振幅與相位。所以我們就產生一個 60 Hz 的參考訊號。

$$x_R(t) = A_R \cos(2\pi 60 t + \phi_R)$$

A_R 與 ϕ_R 分別是參考訊號的振幅與相位。我們改變 A_R 與 ϕ_R 使得原來受到汙染的訊號 $y(t)$ 減去 $x_R(t)$ 後，60 Hz 的干擾訊號可以被消去而得到 $x(t)$ 的估測值。換句話說，改變我們的參考訊號振幅使得 $A_R \cong A_I$ 與 $\phi_R \cong \phi_I$，而得到

$$\hat{x}(t) = y(t) - x_R(t) \cong x(t)$$

改變參考訊號的振幅與相位以獲得想要訊號的準確估測值是一種遞迴過程，就像執行一個梯度或是某種其他最佳化過程一樣。可適性消除過程理論最早是由 B. Widrow (Widrow and Stearns, 1985) 所發展出來的，也可以用在回聲消除以及其他干擾消除上。在第 15 章中我們會用到類似的理論來處理多重路徑的干擾消除。

■ 脈波響應與上升時間

矩形脈波或任何其他具有陡峭過渡區的訊號，包括了可由一個低通濾波衰減或消除的高頻分量。所以脈波濾波作用產生了一種平滑或塗抹效應，這些效應必須在時域中加以研究。此處所進行的脈波響應研究導出了關於脈波傳輸系統的有用資訊。

由單位步階輸入訊號 $x(t) = u(t)$ 開始，這種訊號代表矩形脈波的前緣。濾波器之脈衝響應以 $h(t)$ 來表示，步階之響應為：

$$g(t) \triangleq \int_{-\infty}^{\infty} h(\lambda)u(t-\lambda)\,d\lambda = \int_{-\infty}^{t} h(\lambda)\,d\lambda \tag{5}$$

對於 $\lambda > t$ 時 $u(t-\lambda)=0$，所以上式被簡化了。例如我們在範例 3.1-1 及 3.1-2 看到，一個一階低通濾波器有

$$g(t) = (1 - e^{-2\pi Bt})u(t)$$

式中的 B 為 3 dB 頻寬。

當然，一階 LPF 並不會嚴格限制高頻傳輸。所以我們來看理想 LPF 之極端情況，為了簡單起見，其單位增益及零時間延遲。由式 (2b)，我們有 $h(t) = 2B\,\text{sinc}\,2Bt$，且式 (5) 變成：

$$\begin{aligned} g(t) &= \int_{-\infty}^{t} 2B\,\text{sinc}\,2B\lambda\,d\lambda \\ &= \int_{-\infty}^{0} \text{sinc}\,\mu\,d\mu + \int_{0}^{2Bt} \text{sinc}\,\mu\,d\mu \end{aligned}$$

式中的 $\mu = 2B\lambda$。第一個積分式已知等於 1/2，但是第二個就需要數值計算。幸運的是，此結果可以用藉由表列的正弦積分函數來表示，如下：

$$\text{Si}(\theta) \triangleq \int_{0}^{\theta} \frac{\sin\alpha}{\alpha}\,d\alpha = \pi\int_{0}^{\theta/\pi} \text{sinc}\,\mu\,d\mu \tag{6}$$

上式被繪於圖 3.4-9 當 $\theta > 0$ 時，且 $\theta \to \infty$ 時值接近 $\pi/2$。利用奇對稱特性 $\text{Si}(-\theta) = -\text{Si}(\theta)$ 可定義 $\theta < 0$ 時的情形。利用式 (6) 我們得到：

$$g(t) = \frac{1}{2} + \frac{1}{\pi}\text{Si}(2\pi Bt) \tag{7}$$

藉由設定 $\theta/\pi = 2Bt$ 即可得到上式。

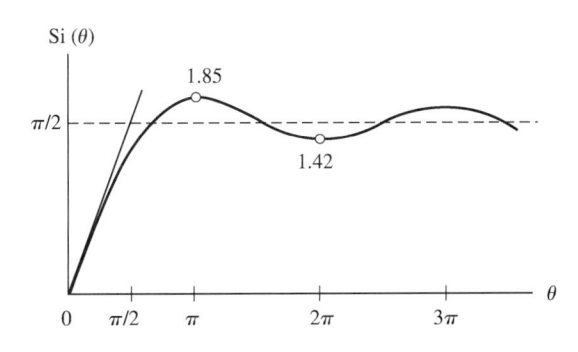

圖 3.4-9 正弦積分函數。

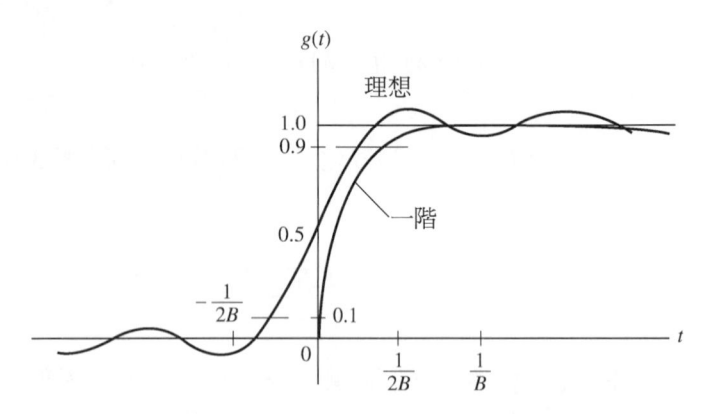

圖 3.4-10 理想及首階 LPF 的步階響應。

　　為了比較的目的，圖 3.4-10 繪出了一個理想 LPF 及一階 LPF 之步階響應。理想 LPF 完全移除 $|f|>B$ 之高頻分量，並在步階響應中產生前導 (precursors)、超載 (overshoot) 及振盪 (oscillations)。(這些行為與圖 2.1-10 及範例 2.4-2 所說明的 Gibbs 現象相同。) 前述這些效應均不會發生在一階 LPF 的響應中，因此種 LPF 會逐漸衰減但不會完全消除高頻部份。更佳選擇的濾波器之步階響應——譬如，三階的 Butterworth LPF——將會更接近於理想 LPF 響應之時間延遲外形。

　　在繼續探討脈波響應之前，不管上升時間 (risetime)，從圖 3.4-10，我們可得到一個重要的結論。上升時間是一個步階響應"速率"的衡量，通常定義為當 $g(t)=0.1$ 與 $g(t)=0.9$ 時之間的時間間隔 t_r，也就是 10 到 90% 上升時間。一個一階低通濾波器的上升時間可以自 $g(t)$ 中算出，$t_r \approx 0.35/B$。而理想的濾波器的 $t_r \approx 0.44/B$。此兩值均合理的接近 $0.5/B$，所以我們將利用以下的近似式

$$t_r \approx \frac{1}{2B} \tag{8}$$

來當做任一具有頻寬 B 之低通濾波器的上升時間。

　　如果我們取輸入訊號為單位高的之矩形脈波其時間寬度為 τ 且開始於 $t=0$，則在脈衝響應的計算中，我們立刻可獲得階波響應的結果。於是我們可寫出：

$$x(t) = u(t) - u(t-\tau)$$

且因此

$$y(t) = g(t) - g(t-\tau)$$

上式是從疊加定理而求得。

　　利用式 (7) 的 $g(t)$，我們可求得到一個理想 LPF 的脈波響應為：

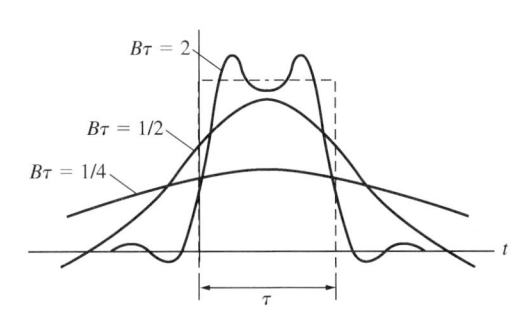

圖 3.4-11　理想 LPF 之脈波響應。

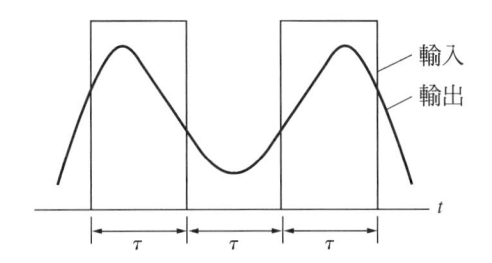

圖 3.4-12　$B=1/2\tau$ 之理想 LPF 之脈波解析。

$$y(t) = \frac{1}{\pi}\{\text{Si}(2\pi Bt) - \text{Si}[2\pi B(t-\tau)]\} \tag{9}$$

對於三個不同 $B\tau$ 乘積之值的圖形被繪於圖 3.4-11 中。當 $B\tau \geq 2$ 這個響應多多少少有矩形的樣子，反之若 $B\tau \leq 1/4$，則其外形會變得異常模糊而且擴展開了。中間情形 $B\tau=1/2$ 可得到可辨識但不是矩形的輸出脈波。自前面圖 3.1-3 所繪之一階 LPF 的脈波響應中也可導出相同的結論，而其他輸入脈波及其他 LPF 特性也會有類似的結果。

現在我們正處理可針對脈波傳輸所需的頻寬做一些通用的敘述。再製一個實際的脈波外形需要一個大頻寬，也就是說：

$$B \gg \frac{1}{\tau_{\min}}$$

式中的 $\tau_{\min}$ 表示最小的輸出脈波區間。但是如果我們只需偵測脈波是否有被送出，或者測量脈波振幅時，我們由較小的頻寬，如下所示：

$$B \geq \frac{1}{2\tau_{\min}} \tag{10}$$

就可得到一個重要且方便的指導原則。

式 (10) 也提供了一個有或更大時間空格的輸出脈波能夠被區分或解析 (resolving) 條件。圖 3.4-12 顯示當 $B=(1/2)\tau$ 之理想低通通道的解析條件。較小的頻寬或較小的空格將產生嚴重的重疊，使得要分離個別脈波時會很困難。

除了脈波檢測及解析以外，我們有時候也會關心相對於某個參考時間的脈波位置。此種量測由於圓滑形的輸出脈波外形及脈波前緣與後緣的非零上升時間而變得模糊不清。就一特定的最小上升時間而言，式 (8) 可得到所需的頻帶寬度要求是：

$$B \geq \frac{1}{2t_{r_{\min}}} \tag{11}$$

這是另一個方便的指導原則。

在前述的討論中，我們不經意地假定傳輸通道有合理的相位位移特性。如果不是，則最後的延遲失真會使得通道對於脈波傳輸是無效的，不論頻寬為何。因此，在式 (10) 及 (11) 中的頻寬要求隱含著在 $|f| \leq B$ 範圍內有近於線性相位位移的額外假設。欲達成此一條件可能需要一個相位等化網路。

練習題 3.4-3

某個訊號所含的脈波區間是從 10 微秒到 25 微秒；脈波是隨機產生的，但是一個給定的脈波總是在前一個脈波開始後至少 30 微秒之後才開始。試求脈波偵測及解析所需要的最小傳輸頻寬，並在輸出處估算所造成的上升時間。

3.5　正交濾波器與 Hilbert 轉換

當傅氏轉換提供我們在進行濾波訊號研究中之大部份所需的同時，有時我們也有興趣以頻率內容為基礎，將訊號分離。然而，有時以相位為基礎將訊號分離會更方便。Hilbert 轉換就為了這個應用而被提出。我們將與正交濾波器關聯在一起介紹。在第 4 章，我們將研究 Hilbert 轉換在兩個重要的應用：單編振幅調變的生成以及帶通訊號的數學表示式。

正交濾波器 (quadrature filter) 是一個全通網路，它只是將正頻分量的相位位移 $-90°$，而負頻分量之相位位移是 $+90°$ 而已。因為一個 $\pm 90°$ 的相位位移等效於乘上 $e^{\pm j90°} = \pm j$，所以轉換函數可以用符號函數來表示，如下：

$$H_Q(f) = -j\,\text{sgn}\,f = \begin{cases} -j & f > 0 \\ +j & f < 0 \end{cases} \tag{1a}$$

上式被繪於圖 3.5-1，其對應的脈衝響應是：

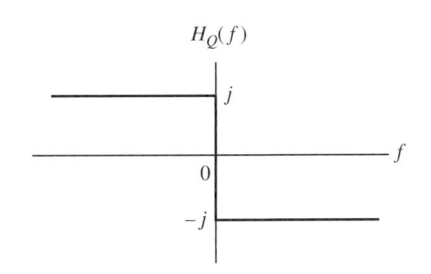

圖 3.5-1　正交相位移器之轉移函數。

$$h_Q(t) = \frac{1}{\pi t} \tag{1b}$$

此結果是應用了 $\mathcal{F}[\operatorname{sgn} t]=1/j\pi f$ 的對偶性而得到的，它有結果如下：$\mathcal{F}[1/j\pi t]=\operatorname{sgn}(-f)=-\operatorname{sgn} f$，所以 $\mathcal{F}^{-1}[-j\operatorname{sgn} f]=j/j\pi t=1/\pi t$。

現在讓正交濾波器的輸入為任一訊號 $x(t)$，則輸出訊號 $y(t)=x(t)*h_Q(t)$ 將可被定義成 $x(t)$ 的 **Hilbert 轉換** (Hilbert transform)，記作 $\hat{x}(t)$，所以

$$\hat{x}(t) \triangleq x(t) * \frac{1}{\pi t} = \frac{1}{\pi}\int_{-\infty}^{\infty}\frac{x(\lambda)}{t-\lambda}d\lambda \tag{2}$$

注意，Hilbert 轉換是一種迴旋運算但不改變操作領域，所以 $x(t)$ 及 $\hat{x}(t)$ 兩者均為時間的函數。即使如此，我們可以很容易地寫出 $\hat{x}(t)$ 的頻譜，如下：

$$\mathcal{F}[\hat{x}(t)] = (-j\operatorname{sgn} f)X(f) \tag{3}$$

因為相位位移產生輸出頻譜 $H_Q(f)X(f)$。

與傅氏轉換表比較，Hilbert 轉換對的確簡潔多了，但是對許多常看到的訊號模型而言，其 Hilbert 轉換並不存在。數學上的麻煩是當 $\lambda=t$ 時，式 (2) 的單一性 (singularity)，使其積分變得無法定義。事實上，由式 (1b) 可看到 $h_Q(t)$ 並非因果性 (noncausal)，意思是正交濾波器是不可實現的——雖然在一有限的頻帶中可利用實際網路來近似其行為。

雖然 Hilbert 轉換只能在時域上操作，它有一些很有用的性質。這些有用的性質，我們將在底下說明，在所有的情況下，我們假設訊號 $x(t)$ 是實數的。

1. 一個訊號 $x(t)$ 跟它的 Hilbert 轉換 $\hat{x}(t)$ 具有相同的振幅頻譜。而且在一個訊號跟它的 Hilbert 轉換的能量跟功率是相等的，這個可以從式 (3) 直接得到，因為對於全部的 f，$|-j\operatorname{sgn} f|=1$。

2. 如果 $\hat{x}(t)$ 是 $x(t)$ 的 Hilbert 轉換，那麼 $-x(t)$ 是 $\hat{x}(t)$ 的 Hilbert 轉換。證明這個性質的細節我們留做習題。然而它可以從兩個連續的 90° 位移最後造成 180°

的位移而得到。

3. 一個訊號 $x(t)$ 跟它的 Hilbert 轉換 $\hat{x}(t)$ 是正交的。在 2.1 節我們將證明這個意義，也就是說：

$$\int_{-\infty}^{\infty} x(t)\hat{x}(t)\,dt = 0 \quad \text{為能量訊號}$$

以及

$$\lim_{T\to\infty} \frac{1}{2T}\int_{-T}^{T} x(t)\hat{x}(t)\,dt = 0 \quad \text{為功率訊號}$$

範例 3.5-1　一個餘弦訊號的 Hilbert 轉換

最簡單及最明顯的 Hilbert 轉換對可以直接從正交濾波器的相位位移特性得到，特別是，如果輸入為：

$$x(t) = A\cos(\omega_0 t + \phi)$$

那麼

$$\hat{X}(f) = -j\,\text{sgn}\,f\,X(f) = \frac{-jA}{2}\left[\delta(f-f_0)e^{j\phi} + \delta(f+f_0)e^{-j\phi}\right]\text{sgn}\,f$$

$$= \frac{A}{2j}\left[\delta(f-f_0)e^{j\phi} - \delta(f+f_0)e^{-j\phi}\right]$$

以及 $\hat{x}(t) = A\sin(\omega_0 t + \phi)$。

這個轉換對可以被使用來找到任何包含了弦式訊號的合成訊號的 Hilbert 轉換。然而，大部份的其他 Hilbert 轉換包含了迴旋運算，如同式 (2)，在下一個範例我們也會看到。

範例 3.5-2　矩形脈波的 Hilbert 轉換

考慮延遲的矩形脈波 $x(t) = A[u(t) - u(t-\tau)]$，它的 Hilbert 轉換式

$$\hat{x}(t) = \frac{A}{\pi}\int_0^{\tau} \frac{1}{t-\lambda}\,d\lambda$$

此式計算需以圖形說明。圖 3.5-2a 所示為 $0 < t < \tau/2$ 時之情況，而且我們發現其在 $\lambda = 0$ 與 $\lambda = 2t$ 之間的面積會互相抵消，而只留下

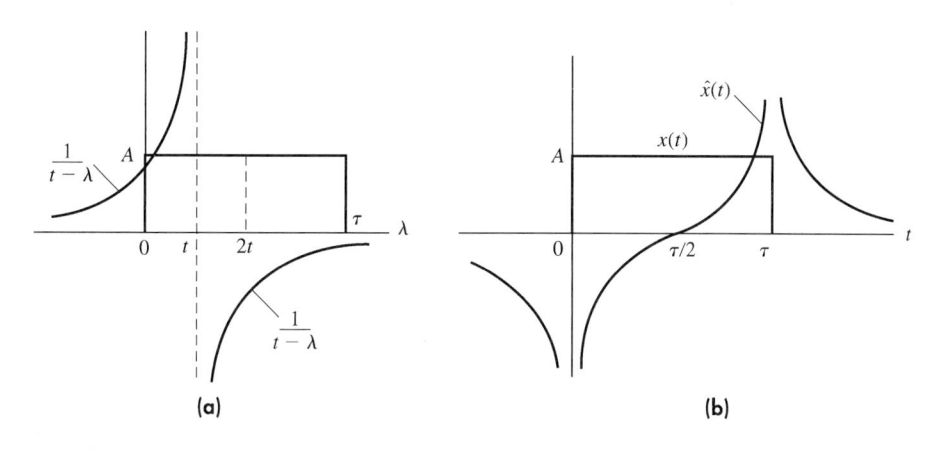

圖 3.5-2 矩形脈波之 Hilbert 轉換。(a) 迴旋；(b) 結果。

$$\hat{x}(t) = \frac{A}{\pi} \int_{2t}^{\tau} \frac{d\lambda}{t-\lambda} = \frac{A}{\pi} \left[\ln(-t) - \ln(t-\tau) \right]$$

$$= \frac{A}{\pi} \ln \left(\frac{-t}{t-\tau} \right) = \frac{A}{\pi} \ln \left(\frac{t}{\tau-t} \right)$$

當 $\lambda = 2t-\tau$ 與 $\lambda = \tau$ 之間的面積也互相抵消時，對於 $\tau/2 < t < \tau$ 也得到相同的結果。在 $t < 0$ 或 $t > \tau$ 時，並無面積抵消的情形，而且

$$\hat{x}(t) = \frac{A}{\pi} \int_{0}^{\tau} \frac{d\lambda}{t-\lambda} = \frac{A}{\pi} \ln \left(\frac{t}{t-\tau} \right)$$

這些個別的情況可被結合成一個表示式：

$$\hat{x}(t) = \frac{A}{\pi} \ln \left| \frac{t}{t-\tau} \right| \tag{4}$$

此式子的結果 $x(t)$ 繪於圖 3.5-2b 中。

$\hat{x}(t)$ 在 $t=0$ 及 $t=\tau$ 上的無限大峰值可以視做是延遲失真的極端特例，可與圖 3.2-5 相互比較。

練習題 3.5-1

反向 Hilbert 轉換可將 $x(t)$ 自 $\hat{x}(t)$ 還原。使用頻譜分析證明其 $\hat{x}(t) * (-1/\pi t) = x(t)$。

3.6 相關與頻譜密度

本節將**相關函數** (correlation functions) 視為是另一種訊號與系統分析的方法來介紹。相關強調在於時間平均及訊號功率或能量。取相關聯函數之傅氏轉換可導出**頻譜密度函數** (spectral density functions) 的頻域表示式,在能量訊號的情況相當於能量頻譜密度。在功率訊號情形,頻譜密度函數告訴我們整個頻率範圍的功率分佈。

但是訊號本身不必是都可傅氏轉換的。因此,頻譜密度允許我們處理訊號更廣範圍的模型,包括隨機訊號這種重要類別。此處我們所發展的相關及頻譜密度是當做非隨機訊號的分析工具。當我們在處理第 9 章的隨機訊號時,你應該會覺得較輕鬆些。

■ 功率訊號的相關

設 $v(t)$ 是一個功率訊號,但並非必須是實數也不一定是週期訊號才行。我們唯一的條件是它必須有完整定義的**平均功率** (average power),如下所表示:

$$P_v \triangleq \langle |v(t)|^2 \rangle = \langle v(t)v^*(t) \rangle \geq 0 \tag{1}$$

這裡的時間平均運算可以下列的一般形式來說明:

$$\langle z(t) \rangle = \lim_{T \to \infty} \frac{1}{T} \int_{-T/2}^{T/2} z(t)\, dt$$

式中的 $z(t)$ 是一個任意時間函數。為了參考的目的,我們注意到這個運算具有下列特性:

$$\langle z^*(t) \rangle = \langle z(t) \rangle^* \tag{2a}$$

$$\langle z(t - t_d) \rangle = \langle z(t) \rangle \quad \text{任一 } t_d \tag{2b}$$

$$\langle a_1 z_1(t) + a_2 z_2(t) \rangle = a_1 \langle z_1(t) \rangle + a_2 \langle z_2(t) \rangle \tag{2c}$$

我們將常常使用這些與相關有密切關係的特性。

如果 $v(t)$ 及 $w(t)$ 是功率訊號,則平均 $\langle v(t)w^*(t) \rangle$ 就被稱為 $v(t)$ 與 $w(t)$ 的**純量乘積** (scalar product)。純量乘積是一個數字,也許是複數,它是兩個訊號間相似程度 (similarity) 的衡量。**Schwarz 不等式** (Schwarz's inequality) 建立了純量乘積與訊號功率 P_v 及 P_w 之間的關係,也就是:

$$|\langle v(t)w^*(t)\rangle|^2 \le P_v P_w \qquad (3)$$

你可以很容易地確認，當 $v(t)=aw(t)$ 且 a 是一個任意常數時，上式之等號成立。因此，當訊號互成比例時，$|\langle v(t)w^*(t)\rangle|$ 是最大值。我們將很快地以純量乘積來定義相關函數。

但是，首先考慮

$$z(t) = v(t) - aw(t) \qquad (4a)$$

接著讓我們進一步說明 $\langle v(t)w^*(t)\rangle$ 及證明 Schwarz 不等式。$z(t)$ 的平均功率是：

$$\begin{aligned} P_z &= \langle z(t)z^*(t)\rangle = \langle [v(t) - aw(t)][v^*(t) - a^*w^*(t)]\rangle \\ &= \langle v(t)v^*(t)\rangle + aa^*\langle w(t)w^*(t)\rangle - a^*\langle v(t)w^*(t)\rangle - a\langle v^*(t)w(t)\rangle \\ &= P_v + aa^*P_w - 2\,\text{Re}\,[a^*\langle v(t)w^*(t)\rangle] \end{aligned} \qquad (4b)$$

上式已經使用式 (2a) 及 (2c) 來展開及合併各項。如果 $a=1$ 則 $z(t)=v(t)-w(t)$ 以及

$$P_z = P_v + P_w - 2\,\text{Re}\,\langle v(t)w^*(t)\rangle$$

大的純量乘積值隱含著兩個訊號是相似的，也就是說，差異訊號 $v(t)-w(t)$ 有小的平均功率。相反地，小的純量乘積值意味著不相似的訊號及 $P_z \approx P_v + P_w$。

為了由式 (4b) 來證明 Schwarz 不等式，令 $a = \langle v(t)w^*(t)\rangle/P_w$，所以其

$$aa^*P_w = a^*\langle v(t)w^*(t)\rangle = |\langle v(t)w^*(t)\rangle|^2/P_w$$

於是 $P_z = P_v - |\langle v(t)w^*(t)\rangle|^2/P_w \ge 0$，此式可簡化為式 (3) 且完成了預備的工作。

現在，我們將兩個功率訊號的**交互相關** (cross-correlation) 定義成：†

$$R_{vw}(\tau) \triangleq \langle v(t)w^*(t-\tau)\rangle = \langle v(t+\tau)w^*(t)\rangle \qquad (5)$$

這是一個將第二個訊號相對於第一個訊號延遲了 τ 後所計算的純量乘積，或者是將第一個訊號提前 τ 時間後再跟第二個訊號算出的純量乘積。相對的位移 τ 在式 (5) 中是一個**獨立變數** (independent variable)，而變數 t 在時間平均中已被消除。$R_{vw}(\tau)$ 的一般性質是：

$$|R_{vw}(\tau)|^2 \le P_v P_w \qquad (6a)$$

$$R_{wv}(\tau) = R_{vw}^*(-\tau) \qquad (6b)$$

---

† 另一個定義也會被一些作者所採用，像是 $\langle v^*(t)w(t+\tau)\rangle$，同等於式 (5) 之 $R_{vw}(\tau)$ 的下標互換。

式 (6a) 簡單地重述了 Schwarz 不等式，然而式 (6b) 則指出了 $R_{wv}(\tau) \neq R_{vw}(\tau)$。

從前述的觀察可推論出，$R_{vw}(\tau)$ 是 $v(t)$ 與 $w(t-\tau)$ 間的相似度量測當作是 τ 的函數。於是交互相關比起正規的純量乘積是一個較有彈性的量度，因為它可偵測出時間位移的相似度或差異度，而這些在 $\langle v(t)w^*(t)\rangle$ 可能會被忽略。

但是假定我們將一訊號與其本身進行相關量測，就產生了成**自相關函數** (autocorrelation function)

$$R_v(\tau) \triangleq R_{vv}(\tau) = \langle v(t)v^*(t-\tau)\rangle = \langle v(t+\tau)v^*(t)\rangle \tag{7}$$

此自相關函數告訴我們一些有關 $v(t)$ 時間變化，至少在平均意義上。如果 $|R_v(\tau)|$ 很大，我們可推論出，某一個特定 τ 值，$v(t-\tau)$ 與 $v(t)$ 非常相似；相反地，如果 $|R_v(\tau)|$ 很小，則 $v(t)$ 與 $v(t-\tau)$ 看起來必定相當不同。

自相關函數的性質包括：

$$R_v(0) = P_v \tag{8a}$$

$$|R_v(\tau)| \leq R_v(0) \tag{8b}$$

$$R_v(-\tau) = R_v^*(\tau) \tag{8c}$$

因此，$R_v(\tau)$ 有荷米頓對稱且在原點有一個最大值等於訊號的功率。如果 $v(t)$ 是實數，則 $R_v(\tau)$ 將是實數及偶對稱。若 $v(t)$ 是週期性的，則 $R_v(\tau)$ 將有相同的週期。

最後，考慮和訊號或差訊號，如下：

$$z(t) = v(t) \pm w(t) \tag{9a}$$

形成自相關後，我們發現：

$$R_z(\tau) = R_v(\tau) + R_w(\tau) \pm [R_{vw}(\tau) + R_{wv}(\tau)] \tag{9b}$$

如果 $v(t)$ 及 $w(t)$ 對所有的 τ 都是**不相關的** (uncorrelated)，那麼

$$R_{vw}(\tau) = R_{wv}(\tau) = 0$$

於是 $R_z(\tau) = R_v(\tau) + R_w(\tau)$，令 $\tau = 0$，可導出：

$$P_z = P_v + P_w$$

所以對非相關訊號而言，平均功率的疊加性是成立的。

範例 3.6-1　相量與弦波的相關

相量與弦波訊號之相關函數的運算可經由 2.1 節的式 (18) 而求得，將式 (18)

改寫成：

$$\langle e^{j\omega_1 t}e^{-j\omega_2 t}\rangle = \lim_{T\to\infty}\frac{1}{T}\int_{-T/2}^{T/2} e^{j(\omega_1-\omega_2)t}\,dt$$
$$= \lim_{T\to\infty}\operatorname{sinc}\frac{(\omega_1-\omega_2)T}{2\pi} = \begin{cases}0 & \omega_2\neq\omega_1\\ 1 & \omega_2=\omega_1\end{cases} \quad\text{(10)}$$

我們將此結果作用到以下的相量訊號

$$v(t)=C_v e^{j\omega_v t}\qquad w(t)=C_w e^{j\omega_w t} \quad\text{(11a)}$$

式中的 C_v 及 C_w 是合併了振幅及相角的複變常數。其交互相關是：

$$R_{vw}(\tau) = \langle [C_v e^{j\omega_v t}][C_w e^{j\omega_w(t-\tau)}]^*\rangle$$
$$= C_v C_w^* e^{j\omega_w \tau}\langle e^{j\omega_v t}e^{-j\omega_w t}\rangle$$
$$= \begin{cases}0 & \omega_w\neq\omega_v\\ C_v C_w^* e^{j\omega_v\tau} & \omega_w=\omega_v\end{cases} \quad\text{(11b)}$$

因此，除非它們有相同的頻率，這些相量是非相關的。自相關函數是：

$$R_v(\tau) = |C_v|^2 e^{j\omega_v\tau} \quad\text{(11c)}$$

當 $w(t)=v(t)$ 時，上式就可自式 (11b) 求得。

現在要證明弦波訊號

$$z(t) = A\cos(\omega_0 t + \phi) \quad\text{(12a)}$$

具有以下自相關式子

$$R_z(\tau) = \frac{A^2}{2}\cos\omega_0\tau \quad\text{(12b)}$$

已變為成一件簡單的工作。

很明顯地，$R_z(\tau)$ 是實數、偶對稱及週期的，並且有個最大值 $R_z(0)=A^2/2=P_z$。最大值也發生在當 $\omega_0\tau$ 等於 2π 強度的倍數時，所以 $z(t\pm\tau)=z(t)$。另一方面，當 $z(t\pm\tau)$ 與 $z(t)$ 是同相正交時，其 $R_z(\tau)=0$。

但是，請注意相位角 ϕ 不出現在 $R_z(\tau)$ 中，這是由於相關的平均效應造成的結果。這就強調了自相關函數並不能唯一定義一個訊號。

練習題 3.6-1

將 $z(t)$ 寫成共軛相量之和的方式，並應用式 (9) 及 (11) 推導出式 (12b)。

能量訊號的相關

全部時域範圍內能量訊號的乘積平均後等於零。但是我們可以有意義地談到總能量 (total energy)

$$E_v \triangleq \int_{-\infty}^{\infty} v(t)v^*(t)\,dt \geq 0 \tag{13}$$

同樣地，能量訊號的相關函數可以定義為：

$$R_{vw}(\tau) \triangleq \int_{-\infty}^{\infty} v(t)w^*(t-\tau)\,dt \tag{14a}$$

$$R_v(\tau) \triangleq R_{vv}(\tau) \tag{14b}$$

由於積分運算 $\int_{-\infty}^{\infty} z(t)dt$ 與時間平均運算 $\langle z(t) \rangle$ 具有相同的數學性質；如果我們將平均功率 P_v 以 E_v 來取代，則前述的相關關係式對於能量訊號而言也都成立。例如，我們會有以下性質：

$$|R_{vw}(\tau)|^2 \leq E_v E_w \tag{15}$$

上式是式 (6a) 於能量訊號情況的版本。

詳細檢視式 (14) 可發現，能量訊號相關是迴旋的一種形式。當 $z(t) = w^*(-t)$ 且 $t = \lambda$ 時，則式 (14a) 的右邊變成

$$\int_{-\infty}^{\infty} v(\lambda)z(\tau - \lambda)\,d\lambda = v(\tau) * z(\tau)$$

因此，

$$R_{vw}(\tau) = v(\tau) * w^*(-\tau) \tag{16}$$

同樣地，$R_v(\tau) = v(\tau) * v^*(-\tau)$。

一些額外的關係可藉由傅氏轉換 $V(f) = \mathcal{F}[v(t)]$ 而得到。特別地，由 2.2 節的式 (16) 及 (17)

$$R_v(0) = E_v = \int_{-\infty}^{\infty} |V(f)|^2\,df$$

$$R_{vw}(0) = \int_{-\infty}^{\infty} v(t)w^*(t)\,dt = \int_{-\infty}^{\infty} V(f)W^*(f)\,df$$

將這些積分與 $|R_{vw}(0)|^2 \leq E_v E_w = R_v(0)R_w(0)$ 結合在一起，可得到：

$$\left| \int_{-\infty}^{\infty} V(f) W^*(f) \, df \right|^2 \leq \int_{-\infty}^{\infty} |V(f)|^2 \, df \int_{-\infty}^{\infty} |W(f)|^2 \, df \tag{17}$$

式 (17) 是一個 Schwarz 不等式於頻域上的敘述。當 $V(f)$ 與 $W(f)$ 成比例時上式的等號成立。

範例 3.6-2　圖形辨認

交互相關可以被使用在圖形辨認的工作上。如果物件 A 跟 B 的交互相關類似於 A 的自我相關，那麼我們就說 B 跟 A 非常匹配；反之，就代表 A 跟 B 不相配，例如 $x(t) = \prod(t)$ 的自相關可以藉由式 (14b) 的圖形相關而被得到為 $R_x(\tau) = \Lambda(\tau)$，如果我們檢視 $y(t) = 2\prod(t)$ 對 $x(t)$ 的相似度，藉由找出交互相關 $R_{xy}(\tau) = 2\Lambda(\tau)$，我們看到 $R_{xy}(\tau)$ 剛好是 $R_x(\tau)$ 於尺度上改變的版本，所以 $y(t)$ 與 $x(t)$ 是匹配的。然而如果我們取 $z(t) = u(t)$ 跟 $x(t)$ 的交互相關，我們得到了

$$R_{xz}(\tau) = \begin{cases} 1 & \text{在 } \tau < -1/2 \\ 1/2 - \tau & \text{在 } -1/2 \leq \tau \leq 1/2 \\ 0 & \text{在 } \tau > 1/2 \end{cases}$$

由上式可以得到 $z(t)$ 跟 $x(t)$ 不匹配的結論。

圖形相關的型態對於一些沒有特別形式解的訊號特別有效。例如自相關可以找到語音訊號的音高，也就是基本頻率。交互相關可以決定兩個語音取樣是否有相同的音高，所以就可以判斷它們是否來自於同一個個體。

練習題 3.6-2

讓 $v(t) = A[u(t) - u(t-D)]$ 及 $w(t) = v(t - t_d)$。使用式 (16) 及 $z(\tau) = w^*(-\tau)$ 繪出 $R_{vw}(\tau)$ 之圖形。由圖中確認 $|R_{vw}(\tau)|^2 \leq E_v E_w$ 及在 $\tau = -t_d$ 時，$|R_{vw}(\tau)|^2_{\max} = E_v E_w$。

我們接下來要探討如圖 3.6-1 表示 "τ 域" 上的系統分析。一個訊號 $x(t)$ 具有已知的自相關 $R_x(\tau)$ 被作用到一個 LTI 系統上，此系統的脈衝響應 $h(t)$，所產生的輸出訊號為：

$$y(t) = h(t) * x(t) = \int_{-\infty}^{\infty} h(\lambda) \, x(t - \lambda) \, d\lambda$$

我們將證明此系統之輸入–輸出的交互相關函數是：

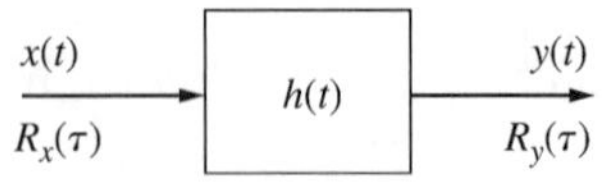

```
        x(t)    ┌──────┐   y(t)
       ──────→  │ h(t) │ ──────→
        R_x(τ)  └──────┘   R_y(τ)
```

圖 3.6-1 LTI 系統。

$$R_{yx}(\tau) = h(\tau) * R_x(\tau) = \int_{-\infty}^{\infty} h(\lambda) R_x(\tau - \lambda) \, d\lambda \tag{18}$$

而所輸出的自相關函數是：

$$R_y(\tau) = h^*(-\tau) * R_{yx}(\tau) = \int_{-\infty}^{\infty} h^*(-\mu) R_{yx}(\tau - \mu) \, d\mu \tag{19a}$$

將式 (18) 代入式 (19a) 就得到了

$$R_y(\tau) = h^*(-\tau) * h(\tau) * R_x(\tau) \tag{19b}$$

注意這些"τ"域的關係式是迴旋的，與時域關係類似。

　　為了推導的目的，讓我們假設 $x(t)$ 及 $y(t)$ 都是功率訊號，所以我們可使用簡潔的時間平均記號。很明顯地，當 $x(t)$ 及 $y(t)$ 都是能量訊號時，也會有相同的結果。穩定系統的假設保證 $y(t)$ 與訊號 $x(t)$ 具相同的型態。

　　由交互關聯 $R_{yx}(\tau) = \langle y(t) x^*(t-\tau) \rangle$ 開始，我們將疊加積分 $h(t) x^*(t)$ 插入 $y(t)$ 中，並且交換運算的順序，可求得

$$R_{yx}(\tau) = \int_{-\infty}^{\infty} h(\lambda) \langle x(t-\lambda) x^*(t-\tau) \rangle \, d\lambda$$

但是對任何 λ 而言，由於 $\langle z(t) \rangle = \langle z(t+\lambda) \rangle$，而且

$$\langle x(t-\lambda) x^*(t-\tau) \rangle = \langle x(t+\lambda-\lambda) x^*(t+\lambda-\tau) \rangle$$
$$= \langle x(t) x^*[t-(\tau-\lambda)] \rangle$$
$$= R_x(\tau - \lambda)$$

因此，

$$R_{yx}(\tau) = \int_{-\infty}^{\infty} h(\lambda) R_x(\tau - \lambda) \, d\lambda$$

以同樣的方式處理 $R_y(\tau) = \langle y(t) y^*(t-\tau) \rangle$，我們可得到

$$R_y(\tau) = \int_{-\infty}^{\infty} h^*(\lambda)\langle y(t)x^*(t-\tau-\lambda)\rangle d\lambda$$

式中 $\langle y(t)x^*(t-\tau-\lambda)\rangle = R_{yx}(\tau+\lambda)$。式 (19a) 是由改變變數 $\mu=-\lambda$ 得到的。

■ 頻譜密度的函數

最後，我們準備來討論頻譜密度函數。給定一個功率或能量訊號 $v(t)$，它的頻譜密度函數 $G_v(f)$ 表示功率或能量在頻域上的分佈並具有兩個重要性質。第一，在 $G_v(f)$ 之下的面積等於平均功率或總能量，所以

$$\int_{-\infty}^{\infty} G_v(f)\,df = R_v(0) \tag{20}$$

第二，如果 $x(t)$ 是一個具有 $H(f)=\mathcal{F}[h(t)]$ 的 LTI 系統的輸入，則其輸入與輸出的頻譜密度函數關係為

$$G_y(f) = |H(f)|^2 G_x(f) \tag{21}$$

因為 $|H(f)|^2$ 為任何頻率 f 時之功率或能量增益。此兩個特性可結合成

$$R_y(0) = \int_{-\infty}^{\infty} |H(f)|^2 G_x(f)\,df \tag{22}$$

上式將輸出功率或能量 $R_y(0)$ 藉由輸入頻譜密度來表示。

藉助於圖 3.6-2，式 (22) 可導引出頻譜密度的物理意義解釋。在這裡 $G_x(f)$ 是任意的且 $|H(f)|^2$ 的作用就像一個有單位增益的窄頻濾波器，所以

$$G_y(f) = \begin{cases} G_x(f) & f_c - \dfrac{\Delta f}{2} < f < f_c + \dfrac{\Delta f}{2} \\ 0 & \text{其他} \end{cases}$$

如果 Δf 夠小，在 $G_x(f)$ 之下的面積將會是 $R_y(0) \approx G_x(f_c)\Delta f$ 而且

$$G_x(f_c) \approx R_y(0)/\Delta f$$

因此我們有一個結論：在任一頻率 $f=f_c$ 時，$G_x(f_c)$ 等於訊號每一單位頻率的功率或能量。我們可更進一步推論：任何頻譜密度函數在所有頻率 f 上都必須為實數且為非負的。

但是如何從 $v(t)$ 來決定 $G_v(f)$ 呢？Wiener-Kinchine 定理描述了：你首先計算自

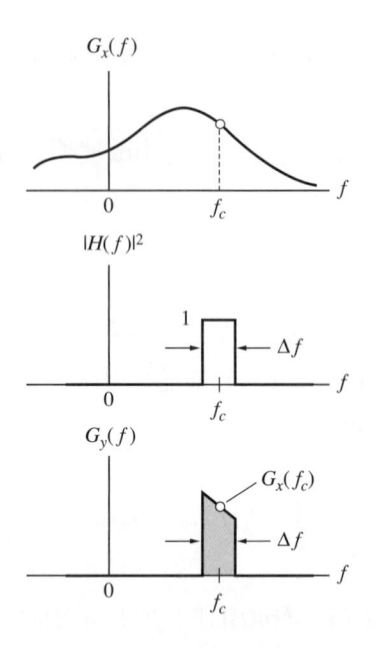

圖 **3.6-2** 頻譜密度函數之解說。

相關函數並取其傅氏轉換。也就是：

$$G_v(f) = \mathcal{F}_\tau[R_v(\tau)] \triangleq \int_{-\infty}^{\infty} R_v(\tau) e^{-j2\pi f\tau} \, d\tau \tag{23a}$$

式中的 $\mathcal{F}_\tau$ 表示以 τ 代替 t 來進行傅氏轉換的運算。而其反向轉換則為：

$$R_v(\tau) = \mathcal{F}_\tau^{-1}[G_v(f)] \triangleq \int_{-\infty}^{\infty} G_v(f) e^{j2\pi f\tau} \, df \tag{23b}$$

所以我們就得到了傅氏轉換對：

$$R_v(\tau) \leftrightarrow G_v(f)$$

我們前述的所有轉換原理均可被引用來求出自相關與頻譜密度之間的關係式。

如果 $v(t)$ 是一個能量訊號，具有 $V(f) = \mathcal{F}[v(t)]$；應用式 (16) 及 (23a) 可證明：

$$G_v(f) = |V(f)|^2 \tag{24}$$

也就是我們求得了**能量頻譜密度** (energy spectral density)。如果 $v(t)$ 為一個週期功率訊號具有傅氏級數展開如下：

$$v(t) = \sum_{n=-\infty}^{\infty} c(nf_0) e^{j2\pi n f_0 t} \tag{25a}$$

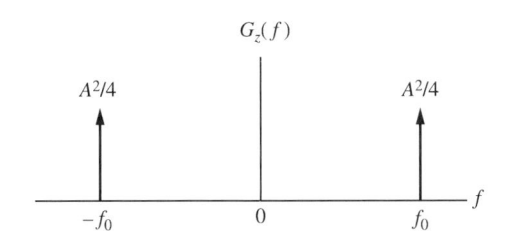

圖 3.6-3 $z(t) = A\cos(\omega_0 t + \phi)$ 的功率頻譜。

由 Wiener-Kinchine 定理可求得功率頻譜密度 (power spectral density)，或功率頻譜 (power spectrum) 如下：

$$G_v(f) = \sum_{n=-\infty}^{\infty} |c(nf_0)|^2 \delta(f - nf_0) \tag{25b}$$

這個功率頻譜包含了許多代表平均相量功率 $|c(nf_0)|^2$ 的脈衝 (impulses)，而這些功率集中在每一諧波頻率 $f = nf_0$。將式 (25b) 代入式 (20) 中可求得 Parseval 功率定理。在弦波訊號的特別情形，

$$z(t) = A\cos(\omega_0 t + \phi)$$

我們使用 $R_z(\tau)$ 自式 (12b) 可得到：

$$G_v(f) = \mathscr{F}_\tau[(A^2/2)\cos 2\pi f_0 \tau]$$
$$= \frac{A^2}{4}\delta(f - f_0) + \frac{A^2}{4}\delta(f + f_0)$$

上式之圖形被繪於圖 3.6-3 中。

　　所有前述的情況均印證了 Wiener-Kinchine 定理，雖然不能構成一般性的證明。為了證明此定理，我們必須確定，取 $G_v(f) = \mathscr{F}_\tau[R_v(\tau)]$ 時可滿足式 (20) 及 (21) 中的性質。前者可由式 (23b) 於 $\tau = 0$ 時進行反轉換求得。現在重新寫一遍輸出自相關表示式

$$R_y(\tau) = h^*(-\tau) * h(\tau) * R_x(\tau)$$

因為

$$\mathscr{F}_\tau[h(\tau)] = H(f) \qquad \mathscr{F}_\tau[h^*(-\tau)] = H^*(f)$$

所以由迴旋定理可得

$$\mathscr{F}_\tau[R_y(\tau)] = H^*(f)H(f)\mathscr{F}_\tau[R_x(\tau)]$$

若我們取 $\mathscr{F}_\tau[R_y(\tau)] = G_y(f)$，那麼 $G_y(f) = |H(f)|^2 G_x(f)$。

範例 3.6-3　LTI 系統的能量頻譜密度輸出

訊號 $x(t) = \text{sinc } 10t$ 是圖 3.6-1 的輸入至系統，具有轉換函數

$$H(f) = 3\Pi\left(\frac{f}{4}\right)e^{-j4\pi f}$$

我們可以從式 (24) 發現 $x(t)$ 的能量頻譜密度為

$$G_x(f) = |X(f)|^2 = \frac{1}{100}\Pi\left(\frac{f}{10}\right)$$

以及相對應的輸出 $y(t)$ 的頻譜密度

$$\begin{aligned}G_y(f) &= |H(f)|^2 G_x(f) \\ &= \left[9\Pi\left(\frac{f}{4}\right)\right]\left[\frac{1}{100}\Pi\left(\frac{f}{10}\right)\right] \\ &= \frac{9}{100}\Pi\left(\frac{f}{4}\right)\end{aligned}$$

因為振幅乘積只存在那些函數互相重疊的區域，有一些方法可以找到總能量 E_x 及 E_y，我們知道

$$\begin{aligned}E_x &= \int_{-\infty}^{\infty}|x(t)|^2\,dt = \int_{-\infty}^{\infty}|X(f)|^2\,df = \int_{-\infty}^{\infty}G_x(f)\,df \\ &= \int_{-5}^{5}\frac{1}{100}\,df = \frac{1}{10}\end{aligned}$$

或者我們可以發現 $R_x(\tau) = \mathcal{F}_\tau^{-1}\{G_x(f)\} = 1/10 \text{ sinc } 10t$，從這裡我們可以得到 $E_x = R_x(0) = 1/10$，同樣的，

$$\begin{aligned}E_y &= \int_{-\infty}^{\infty}|y(t)|^2\,dt = \int_{-\infty}^{\infty}|Y(f)|^2\,df = \int_{-\infty}^{\infty}G_y(f)\,df \\ &= \int_{-2}^{2}\frac{9}{100}\,df = \frac{9}{25}\end{aligned}$$

而其相對應的 $R_y(\tau) = \mathcal{F}_\tau^{-1}\{G_y(f)\} = 9/25 \text{ sinc } 4t$ 會導出相同的結果，也就是 $E_y = R_y(0) = 9/25$，我們可以輸出訊號 $y(t)$，步驟是直接從底下的關係式

$$Y(f) = X(f)H(f) = \frac{3}{10}\Pi\left(\frac{f}{4}\right)e^{-j4\pi f}$$

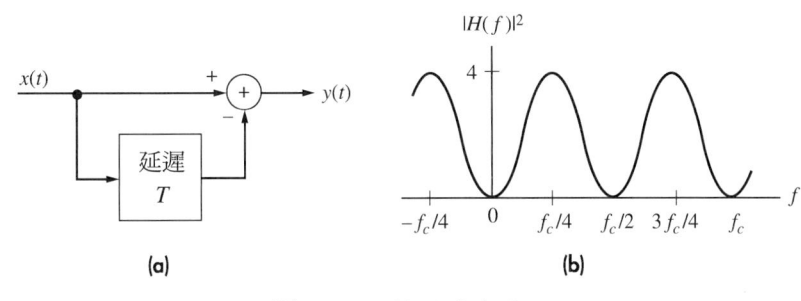

圖 3.6-4 梳形濾波器。

再藉由我們前面所操作過的方形函數求頻譜密度的相同操作,最後使用傅氏轉換理論,可得到 $y(t) = 6/5 \text{ sinc } 4(t-2)$。

範例 3.6-4　梳形濾波器

考慮圖 3.6-4a 的**梳形濾波器** (comb filter)。其脈衝響應為:

$$h(t) = \delta(t) - \delta(t - T)$$

所以

$$H(f) = 1 - e^{-j2\pi fT}$$

而且

$$|H(f)|^2 = 2 - e^{-j2\pi fT} - e^{j2\pi fT}$$
$$= 4 \sin^2 2\pi(f/f_c) \qquad f_c = 2/T$$

$|H(f)|^2$ 的圖形已繪於圖 3.6-4b,看圖就知道它何以被稱為梳形濾波器了。

如果我們知道輸入頻譜密度時,輸出密度及自相關可由下式求得:

$$G_y(f) = 4 \sin^2 2\pi(f/f_c) G_x(f)$$

$$R_y(\tau) = \mathcal{F}_\tau^{-1}[G_y(f)]$$

如果我們也知道輸入自相關時,我們可寫出:

$$R_y(\tau) = \mathcal{F}_\tau^{-1}[|H(f)|^2] * R_x(f)$$

式中使用指數展開式來表示 $|H(f)|^2$,

$$\mathcal{F}_\tau^{-1}[|H(f)|^2] = 2\delta(\tau) - \delta(\tau - T) - \delta(\tau + T)$$

所以,

$$R_y(\tau) = 2R_x(\tau) - R_x(\tau - T) - R_x(\tau + T)$$

而輸出功率或能量則為 $R_y(0)=2R_x(0)-R_x(-T)-R_x(T)$

練習題 3.6-3

讓 $v(t)$ 是一個能量訊號,證明 $\mathcal{F}_\tau[v^*(-\tau)]=V^*(f)$。然後應用式 (23a) 推導 $G_v(f)=|V(f)|^2$ 成式 (16)。

3.7 問答題與習題

問答題

1. 為何光纖比銅線有更多的頻寬?
2. 我們如何增加帶通濾波器的 Q 值,而不必消除電容器或電感器之寄生電阻?
3. 衛星是如何做為通訊使用?
4. 什麼是多重路徑?為何它是一個棘手的問題?
5. 如果有人在 28 MHz 操作訊號且同時在 54 到 60 MHz 運作的第 2 通道內造成電視干擾 (TVI),你要如何決定回應度?
6. 假如傳送使用極化作用,而接收機天線也使用水平和垂直極化作用以確保訊號可以接收到,那麼訊號強度的成本為何?
7. 3.3 節描述了一個衛星是如何經由放大、平移以及再廣播以轉播訊號。請說明其他可以完成相同目標的系統。
8. 為什麼地面電視轉播器有不同的輸入和輸出頻率?
9. 假設放大器有一個線性相位響應,說明一種使用方波計算音頻放大器傳真度的方法。若使用三角波會不會比較好?
10. 制訂使用方波計算一個放大器相位失真的方法。
11. 為什麼一個具有線性中繼器 FDMA 系統的衛星對使用者的有效輻射功率 (ERP) 設有一個限制?
12. 舉一個不是非時變,具有 R、L 及 (或) C 元件的電氣網路實例。
13. 為何某些類比系統似乎隨著時間而老化?
14. 在什麼頻率下集總參數模型不再正確?舉某些特別的例子來說明其緣故。
15. 要怎樣的假設才能使式 (19b) 的串聯關係為正確。
16. 已知輸入訊號的多樣性,至少說明兩種方法,我們可以選擇其中任何一種而不必用到其他的方法。

17. 串接電路和疊接電路的差別在那裡？

習　題

3.1-1　給定一系統具有脈衝響應 $h(t)$ 及轉換函數 $H(f)$。當 $x(t)=A[\delta(t+t_d)-\delta(t-t_d)]$ 時求出 $y(t)$ 與 $Y(f)$ 的表示式。

3.1-2　以 $x(t)=A[\delta(t+t_d)+\delta(t)]$，重做習題 3.1-1。

3.1-3* 以 $x(t)=Ah(t-t_d)$，重做習題 3.1-1。

3.1-4　以 $x(t)=Au(t-t_d)$，重做習題 3.1-1。

3.1-5　若 $x(t)=u(t)$，由式 (14) 確認式 (7b)。

3.1-6　求得並繪出以微分方程式 $dy(t)/dt+4\pi y(t)=dx(t)/dt+16\pi x(t)$ 所描述之系統的 $H(f)$ 及 $\arg H(f)$。

3.1-7　以 $dy(t)/dt+16\pi y(t)=dx(t)/dt+4\pi x(t)$ 時，重做習題 3.1-6。

3.1-8　以 $dy(t)/dt-4\pi y(t)=-dx(t)/dt+4\pi x(t)$ 時，重做習題 3.1-6。

3.1-9* 當 $H(f)=B/(B+jf)$ 且 $x(t)$ 有 $|f|<W$ 及 $W\gg B$ 時 $X(f)\approx 0$，使用頻域分析求得 $y(t)$ 的近似表示式。

3.1-10　當 $H(f)=jf/(B+jf)$ 且 $x(t)$ 有 $|f|>W$ 及 $W\ll B$ 時 $X(f)\approx 0$，使用頻域分析求得 $y(t)$ 的近似表示式。

3.1-11　RC 低通濾波器之輸入為 $x(t)=2\,\text{sinc}\,4Wt$，繪出能量比 E_y/E_x 對 B/W 之變化圖。

3.1-12　當方塊表示零階保持電路具有時間延遲 $T_1>T_2$，試求圖 3.1-8b 中串聯系統之脈衝響應，並繪圖。

3.1-13　圖 3.1-8b 中串聯系統的 $H_1(f)=[1+j(f/B)]^{-1}$，且第二個方塊代表零階維持電路具有時間延遲 $T\gg 1/B$ 時，試求其脈衝響應並繪圖。

3.1-14　證明如何利用一個非理想濾波器將一個訊號對時間求取其導數。

3.1-15　已知有兩個相同的模組串接相連。每一個自己有一個電壓增益 $A_V=5$。兩者都有 100 歐姆的輸入電阻與 50 歐姆的輸出電阻。當接是串接方式時，整個系統的電壓增益是多少？

3.1-16　當一個具有 75 歐姆輸出電阻的發射機連接到 300 歐姆電阻的天線上時，其功率損失 (或增益) 為多少？

3.1-17　當一個具有 8 歐姆輸出的身歷聲放大器和一個 4 歐姆的揚聲器串接起來，其增益 (或損失) 為多少？

3.1-18* 圖 3.1-8c 中之回授系統之 $H_1(f)$ 是一個微分器而 $H_2(f)$ 是一個增益 K，試求其步階及脈衝響應。

3.1-19 圖 3.1-8c 中之回授系統之其 $H_1(f)$ 是一個增益 K 而 $H_2(f)$ 為一微分器時，求其步階及脈衝響應。

3.1-20* 如果 $H(f)$ 為一個物理上可實現系統的轉換函數，那麼 $h(t)$ 必須是實數且有因果關係的。結果對於 $t \geq 0$ 時，證明：

$$h(t) = 4\int_0^\infty H_r(f)\cos\omega t\, df = 4\int_0^\infty H_i(f)\cos\omega t\, df$$

式中的 $H_r(f) = \text{Re}[H(f)]$，且 $H_i(f) = \text{Im}[H(f)]$。

3.2-1 已知輸入為 $x(t) = 10\cos(\pi/2)(t-2) + 10\cos(\pi/4)(t-2)$。如果系統的頻率響應是 $5e^{-j3\omega}$，求穩態輸出值。將你的答案用 $y(t) = Kx(t-t_d)$ 形式表示出來。說明相位項是如何影響輸出的延遲？

3.2-2 用具有頻率響應 $5e^{-j\omega^2}$ 的系統，重做習題 3.2-1。非線性相位失真的影響為何？

3.2-3 如果 $x(t)$ 頻帶限制於 $W \ll B$，證明一階低通系統可得到幾乎無失真的傳輸。

3.2-4 當測試訊號 $x(t) = 4\cos\omega_0 t + 4/9\cos 3\omega_0 t + 4/25\cos 5\omega_0 t$，它近似於一個三角波，被作用到一個具有 $B = 3f_0$ 的一階低通系統，求出 $y(t)$ 並繪其圖。

3.2-5* 當習題 3.2-4 的測試訊號作用到一階高通系統時，此系統之 $H(f) = jf/(B+jf)$ 及 $B = 3f_0$，求出 $y(t)$ 並繪其圖。

3.2-6 訊號 $2\,\text{sinc}\,40t$ 在一個具有轉換函數 $H(f)$ 的通道。輸出 $y(t) = 20\,\text{sinc}(40t-200)$，求出 $H(f)$ 並繪出於 $|f| \leq 30$ 之振幅與相位。

3.2-7 對於 $B = 2$ kHz 的一階低通系統而言，求 $f = 0$、0.5、1 及 2 kHz 時的 $t_d(f)$。

3.2-8 一個通道具有以下的轉換函數：

$$H(f) = \begin{cases} 4\Pi\left(\dfrac{f}{40}\right)e^{-j\pi f/30} & \text{對於 } |f| \leq 15 \text{ Hz} \\ 4\Pi\left(\dfrac{f}{40}\right)e^{-j\pi/2} & \text{對於 } |f| > 15 \text{ Hz} \end{cases}$$

畫出其相位延遲 $t_d(f)$ 及群延遲 $t_g(f)$。那些 f 的值，可使得 $t_d(f) = t_g(f)$？

3.2-9 考慮一個 $H_C(f) = (1 + 2\alpha\cos\omega T)e^{-j\omega T}$ 的傳輸通道，此通道具振幅漣波。(a) 證明其 $y(t) = \alpha x(t) + x(t-T) + \alpha x(t-2T)$，所以輸出包含有一個前導及尾部回音。(b) 讓 $x(t) = \Pi(t/\tau)$ 且 $\alpha = 1/2$，對於 $\tau = 2T/3$ 及 $4T/3$ 時畫出 $y(t)$ 的圖形。

3.2-10* 考慮一個 $H_C(f) = \exp[-j(\omega T - \alpha\sin\omega T)]$ 的傳輸通道，此通道具有相位漣

波。假定 $|\alpha| \ll \pi/2$，使用級數展開式證明輸出包括了前導及尾部回音。

3.2-11 若習題 3.2-10 中的 $H_c(f)$ 之 $\alpha=0.4$ 時，設計一個接頭延遲線等化器。

3.2-12 若習題 3.2-9 中的 $H_c(f)$ 之 $\alpha=0.4$ 時，設計一個接頭延遲線等化器。

3.2-13 假設 $x(t)=A \cos \omega_0 t$ 作用到 $y(t)=2x(t)-3x^3(t)$ 的非線性系統。將 $y(t)$ 寫成餘弦波的和。當 $A=1$ 及 $A=2$ 時，計算二次諧波與三次諧波的失真。

3.2-14 以 $y(t)=5x(t)-2x^2(t)+4x^3(t)$，重做習題 3.2-13。

3.3-1* 若圖 3.3-2 中的中繼系統具有 $P_{in}=0.5$ W、$\alpha=2$ dB/km 及總線路長為 50 公里。求放大器增益及中繼器位置使得 $P_{out}=50$ mW 且在每個放大器的輸入處，訊號功率為 20 μW。

3.3-2 以 $P_{in}=100$ mW 及 $P_{out}=0.1$ W 時，重做習題 3.3-1。

3.3-3 一個 400 公里的中繼系統，包含了有 m 個相同的電纜區段，具有 $\alpha=0.4$ dB/km 及 m 個相同的放大器具有最大增益 30 dB。試求所需的區段數目及每個放大器增益使得當 $P_{in}=2$ W 時，$P_{out}=50$ mW。

3.3-4 一個 3,000 公里的中繼系統包含了 m 個相同的光纖區段，具有 $\alpha=0.5$ dB/km 及 m 個相同的放大器。試求 $P_{out}=P_{in}=5$ mW 時所需的區段數目及每個放大器的增益，同時每個放大器的輸入功率至少是 67 μW。

3.3-5 以 $\alpha=2.5$ dB/km，重做習題 3.3-4。

3.3-6* 假設圖 3.3-4 的無線電鏈路具有 $f=3$ GHz、$\ell=40$ km 及 $P_{in}=5$ W。如果兩個天線都是圓碟形具有半徑 r，試求 r 值使得 $P_{out}=2$ μW。

3.3-7 若 $f=200$ MHz 且 $\ell=10$ km，重做習題 3.3-6。

3.3-8 圖 3.3-4 的無線電鏈路被使用來傳送一個都會區電視訊號到 50 公里遠的郊區電纜公司。假設一個無線電波中繼器具有一個總增益 g_{rpt} (包含天線及放大器) 被插在路徑的中央。求出可以使得 P_{out} 增加 20% 的 g_{rpt} 適當值。

3.3-9 一個直播衛星 (DBS) 系統使用 17 GHz 當做上鏈頻率，12 GHz 當做下鏈頻率。使用範例 3.3-1 的各放大器值，假設 $P_{in}=30$ dBW，求出 P_{out}。

3.3-10 已知一高度為 36,000 公里的對地同步衛星其下傳鏈路的頻率為 4 GHz，且地面接收站使用 1/3 米直徑之碟形天線。為了要讓地面接收機有 1 pW 的輸入，衛星發射機的 EIRP 應該是多少？

3.3-11 要讓訊號由月球反射回來，並在發射機端位置再接收到此訊號，那麼碟形天線的尺寸應為多少？請採用以下假設：地球至月球距離為 385,000 公里，發射機功率為 1,000 W，操作頻率為 432 MHz，以及接收機的輸入需要有 0.25 pW。你可以忽略吸收與多重路徑的損失。

3.3-12* 已知一 LEO 衛星系統有碟形天線增益 20 dB，軌道高度是 789 公里，以及下載頻率為 1,626 MHz。要讓一個 1 pW 的無線電話能夠收到訊號，此衛星發射機所需要的輸出功率為多少？你可以假設電話的天線增益為 1。

3.3-13 已知一個高度為 789 公里的 LEO 衛星，如果 $f=1{,}626$ MHz，當輸出頻率偏移了 1 kHz 時，其最大線性速度是多少？說明你所做的任何假設。

3.3-14 無線蜂巢式電話技術是使用一種系統，該系統將一已知區域分割為許多六角形的細胞。每一個細胞的半徑約等於 r。每個手機可以和基地塔台以 0.5 W 功率通訊。如果半徑減半，那麼功率可以減少多少？

3.4-1 由式 (1) 所定義之理想 HPF 具有 $f_u=\infty$，試求出並繪出其脈衝響應。

3.4-2* 一個理想帶拒濾波器於 $f_c-B/2<|f|<f_c+B/2$ 時，$H(f)=0$，而在其他頻率則為無失真傳輸，求此理想帶拒濾波器的脈衝響應，並繪其圖。

3.4-3 找出最小的 n 值，使得 Butterworth 濾波器在 $|f|<0.7B$ 時 $|H(f)|\geq -1$ dB。接著計算 $|H(3B)|$ 的 dB 值。

3.4-4 找出最小的 n 值，使得 Butterworth 濾波器在 $|f|<0.9B$ 時 $|H(f)|\geq -1$ dB。接著計算 $|H(3B)|$ 的 dB 值。

3.4-5 一個二階 Butterworth LPF 的脈衝響應是 $h(t)=2be^{-bt}\sin bt\, u(t)$ 具有 $b=2\pi B/\sqrt{2}$，取 $p=s/2\pi B$，然後由表 3.4-1 的拉氏轉換導出此結果。

3.4-6 令圖 3.4-7 中的 $R=\sqrt{L/C}$。(a) 證明 $|H(f)|^2=[1-(f/f_0)^2+(f/f_0)^4]^{-1}$ 而 $f_0=1/(2\pi\sqrt{L/C})$。(b) 以 f_0 表示 3 dB 頻寬，接著繪出 $|H(f)|$ 並與二階 Butterworth 的響應互相比較。

3.4-7 證明一階 LPF 的 10 到 90% 上升時間等於 $1/2.87B$。

3.4-8* 使用習題 3.4-5 中的 $h(t)$ 求出一個二階 Butterworth LPF 之步階響應。然後繪出 $g(t)$ 並以 B 表示其上升時間。

3.4-9 令 $x(t)=A\,\mathrm{sinc}\,4Wt$ 被作用到頻寬為 B 的一個理想 LPF 上。取 $\mathrm{sinc}\,at$ 之區間為 $\tau=2/a$，繪出輸出對輸入脈波區間的比值並表示成 B/W 的函數。

3.4-10‡ LPF 之有效頻寬及脈衝響應的**有效區間**以下式定義：

$$B_{\text{eff}} \triangleq \frac{\int_{-\infty}^{\infty}|H(f)|\,df}{2H(0)} \qquad \tau_{\text{eff}} \triangleq \frac{\int_{-\infty}^{\infty}h(t)\,dt}{|h(t)|_{\max}}$$

分別自 $\mathcal{F}[h(t)]$ 與 $\mathcal{F}^{-1}[H(f)]$ 求出 $H(0)$ 及 $|h(t)|$ 之表示式。然後證明 $\tau_{\text{eff}}\geq 1/2B_{\text{eff}}$。

3.4-11‡ 令理想 LPF 的脈衝響應已被截斷到可求得因果函數：

$$h(t) = 2KB\,\mathrm{sinc}\,2B(t-t_d) \qquad 0<t<2t_d$$

而其他 t 值之 $h(t)=0$。(a) 由傅氏轉換證明：

$$H(f) = \frac{K}{\pi} e^{-j\omega t_d}\{\text{Si}\,[2\pi(f+B)t_d] - \text{Si}\,[2\pi(f-B)t_d]\}$$

(b) 分別繪出 $t_d \gg 1/B$ 及 $t_d=1/2B$ 之 $h(t)$ 及 $|H(f)|$。

3.5-1 令 $x(t)=\delta(t)$。(a) 自式 (2) 中求出 $\hat{x}(t)$，並使用所求得的結果證明其 $\mathcal{F}^{-1}[-j\,\text{sgn}\,f]=1/\pi t$。(b) 由 $\hat{x}(t)*(-1/\pi t)=x(t)$ 導出另一個 Hilbert 轉換對。

3.5-2* 使用 3.1 節的式 (3) 以及範例 3.5-2 之結果，求出 $A\prod(t/\tau)$ 的 Hilbert 轉換。現在證明，如果所有時間 $v(t)=A$ 時，則 $\hat{v}(t)=0$。

3.5-3 利用式 (3) 證明：若 $x(t)=\text{sinc}\,2Wt$，則 $\hat{x}(t)=\pi Wt\,\text{sinc}^2\,Wt$。

3.5-4 使用範例 3.5-1 的結果，求出圖 3.2-3 的訊號之 Hilbert 轉換。

3.5-5* 求出下列訊號的 Hilbert 轉換：

$$x(t) = 4\cos\omega_0 t + \tfrac{4}{9}\cos 3\omega_0 t + \tfrac{4}{25}\cos 5\omega_0 t$$

3.5-6 藉由求出每一個傅氏轉換的振幅，證明構成習題 3.5-3 之 Hilbert 轉換對各函數都有相同的振幅頻譜。(提示：將 sinc^2 項表示成兩個 sinc 函數的乘積。)

3.5-7 在 $x(t)=A\cos\omega_0 t$ 時，試證 $\int_{-\infty}^{\infty} x(t)\hat{x}(t)dt=0$。

3.5-8* 令一個濾波器的轉換函數寫成 $H(f)=H_e(f)+jH_o(f)$ 之形式，如同 2.2 節中的式 (10)。假設此濾波器是可實際做到的，且它的脈衝響應在 $t<0$ 時，必須有因果特性即 $h(t)=0$。因此我們能夠寫成 $h(t)=(1+\text{sgn}\,t)h_e(t)$，其中在 $-\infty<t<\infty$ 時，$h_e(t)=1/2\,h(|t|)$。證明 $\mathcal{F}[h_e(t)]=H_e(f)$ 及 $H_o(f)=-\hat{H}_e(f)$ 符合因果特性之需求。

3.6-1 證明式 (6b)。

3.6-2 證明下列關係式 $|x|^2=xx^*$。

3.6-3 令 $v(t)$ 是週期性的具有週期 T_0。自式 (7) 證明 $R_v(\tau)$ 也具有相同的週期。

3.6-4 取式 (3) 之 $w(t)=v(t-\tau)$ 以導出式 (8b)。

3.6-5 使用展示於範例 3.6-2 的圖形辨認方法決定是否 $y(t)=\sin 2\omega_0 t$ 與 $x(t)=\cos 2\omega_0 t$ 兩者是相似的。

3.6-6* 當 $v(t)=A\prod[(t-t_d)/D]$ 時，使用式 (24) 求出頻譜密度，自相關及訊號能量。

3.6-7 若 $v(t)=A\,\text{sinc}\,4W(t+t_d)$，重做習題 3.6-6。

3.6-8 若 $v(t)=Ae^{-bt}u(t)$，重做習題 3.6-7。

3.6-9 以 $v(t)=A_0+A_1\sin(\omega_0 t+\phi)$ 時，使用式 (25) 求出頻譜密度、自相關及訊號功率。

3.6-10 若 $v(t)=A_1\cos(\omega_0 t+\phi_1)+A_2\sin(2\omega_0 t+\phi_1)$，重做習題 3.6-9。

3.6-11* 由式 (7) 求出 $v(t)=Au(t)$ 之自相關。利用所求結果求出訊號功率及頻譜密度。

3.6-12 能量訊號 $x(t)=\prod(10t)$ 是一個具有 $K=3$，$B=20$，以及 $t_d=0.05$ 之理想低通濾波器系統的輸入。此系統產生輸出訊號 $y(t)$。寫出並簡化 $R_y(\tau)$。

3.6-13 已知 $Y(f)=H(f)X(f)$，這裡 $Y(f)$ 和 $X(f)$ 可以是電壓或是電流。證明 $G_y(f)=|H(f)|^2 G_x(f)$。

3.6-14 當 $x(t)=A\cos(\omega t-\theta)$ 時，$R_x(\tau)$ 為何？

3.6-15 當 $x(t)=A\cos(\omega t-\theta)$ 且 $y(t)=A\sin(\omega t-\theta)$ 時，那麼 $R_{xy}(\tau)$ 為何？

3.6-16 令 $v(t)=\delta(t)+\delta(t-1)+\delta(t-2)+\delta(t-4)$ 且 $w(t)=\delta(t)+\delta(t-1)+\delta(t-3)+\delta(t-6)$。計算 $R_{vv}(\tau)$ 與 $R_{vw}(\tau)$。

3.6-17 假設函數為週期函數，且 $v(t)$ 和 $w(t)$ 的長度為 7，重做習題 3.6-16。$R_{vv}(\tau)$ 和 $R_{vw}(\tau)$ 的週期為何？

4

線性連續波 (CW) 調變

摘要

4.1 帶通訊號及系統　Bandpass Signals and Systems
 - 類比訊息慣例 (Analog Message Conventions)
 - 帶通訊號 (Bandpass Signals)
 - 帶通傳輸 (Bandpass Transmission)
 - 頻寬 (Bandwidth)

4.2 雙旁波帶振幅調變　Double-Sideband Amplitude Modulation
 - AM 訊號及頻譜 (AM Signals and Spectra)
 - DSB 訊號及頻譜 (DSB Signals and Spectra)
 - 單音調變及相量分析 (Tone Modulation and Phasor Analysis)

4.3 調變器及發射機　Modulators and Transmitters
 - 乘積調變器 (Product Modulators)
 - 平方定律及平衡式調變器 (Square-Law and Balanced Modulators)
 - 交換式調變器 (Switching Modulators)

4.4 抑制旁波帶振幅調變　Suppressed-Sideband Amplitude Modulation

- SSB 訊號及頻譜 (SSB Signals and Spectra)
- SSB 生成 (SSB Generation)
- VSB 訊號及頻譜 (VSB Signals and Spectra)

4.5 頻率變換及解調　Frequency Conversion and Demodulation
- 頻率變換 (Frequency Conversion)
- 同步檢波 (Synchronous Detection)
- 波封檢波 (Envelope Detection)

在第 1 章中已列舉了幾個調變的目的，並且也定性地描述了一些調變的過程。再重述要點如下：調變是對一個稱為載波的波形做系統化的改變，是依據調變訊號或訊息的另一個波形來變化。基本目的是要產生一種載有資訊的被調變波，使得它的特性適合給定的通訊環境。

現在我們要開始**連續波** (continuous wave, CW) **調變系統** (modulation systems) 的課程。這些系統中之載波是被類比訊號所調變，例如無線電 AM 及 FM，就是常見的例子。如同在無線電報一樣，簡記"CW"也可參考到弦波的開關鍵，但是，這種過程更正確的說法應該是中斷式連續波 (ICW)。

本章主要處理**線性** (linear) CW 調變，它包括了訊息頻譜的直接頻率遷移。雙邊帶調變 (DSB) 正是屬於這一類。遷移頻譜稍加修改就產生了傳統的振幅調變 (AM)、單邊帶調變 (SSB) 或殘邊帶調變 (VSB)。這幾種不同的調變各有其不同的優點及其特別的實際應用。藉由探討波形、頻譜、調變方法、發射機及解調變器，每一個都將被考慮。本章將從與所有 CW 調變都有關的帶通訊號及系統之一般性討論開始。

■ 本章目標

經研讀本章及做完練習之後，您應該會得到如下的收穫：

1. 給定一個帶通訊號，求得它的波封跟相位、同相與正交分量及低通等效訊號與頻譜。(4.1 節)
2. 描述及應用分數頻寬法則到帶通系統。(4.1 節)
3. 畫出一個 AM 或 DSB 訊號的波封及波形，並且了解 AM、DSB、SSB 及 VSB 的頻譜特性。(4.2 節跟 4.4 節)
4. 建立線頻譜跟相量圖，對於結合單音調變之一個 AM、DSB、SSB 或 VSB 訊號，求出它們的旁波帶功率及總功率。(4.2 節跟 4.4 節)
5. 分辨乘法、平方率及平衡調變器，以及分析一個調變系統。(4.3 節)
6. 了解同步外插跟波封偵測的特性。(4.5 節)

4.1 帶通訊號及系統

跨越一般可接受距離的有效通訊通常都需要一個高頻弦式載波。如此一來，大多數長距離的傳輸系統皆有類似於帶通濾波器之帶通頻率響應，此點可藉由將 2.3 節之傅氏轉換的頻率遷移 (或調變) 性質作用到一個帶通 (bandpass) 頻率響應而看出來。

4-4 通訊系統

而且在這樣的系統上傳送的任何訊號都必須具有帶通頻譜。此處我們的目的是要說明出帶通系統及訊號的分析方法及特性。在正式詳細討論之前，讓我們先建立一些有關於訊息及被調變訊號的慣例。

■ 類比訊息慣例

無論何時，研究類比通訊時都意味著，我們要以任意訊息波形 $x(t)$ 來代表從一個訊息源所產生的可能訊息中的一個抽樣函數。附加於 $x(t)$ 上的一個重要條件是 $x(t)$ 必須有個合理而定義完整的**訊息頻寬** W (message bandwidth W)，所以當 $|f| > W$ 時，頻譜分量是可以忽略的。因此，圖 4.1-1 代表一個典型的訊息頻譜 $X(f) = \mathcal{F}[x(t)]$，在這裡我們假定訊息是一個能量訊號。

為了數學上的方便，我們也將把所有的訊息或正規化使其振幅不超出單位長度，也就是：

$$|x(t)| \leq 1 \tag{1}$$

當我們假定 $x(t)$ 是一個確定的功率訊號時，正規化會為平均訊息功率加上一個上限，也就是：

$$S_x = \langle x^2(t) \rangle \leq 1 \tag{2}$$

$x(t)$ 可用來當做能量訊號模型或功率訊號模型，取決於當時之環境何者是最適合的。

有時候，如不是不可能，而以任意 $x(t)$ 來分析反而會是有困難的。當做一個特例，我們討論弦式調變或**單音** (tone) 調變的情況，取

$$x(t) = A_m \cos \omega_m t \qquad A_m \leq 1 \qquad f_m < W \tag{3}$$

單音調變允許我們以單邊線頻譜來工作，同時也可簡化功率的計算。甚至，如果你能求出調變系統在特定頻率 f_m 的響應，你就可以推論出在訊息頻帶範圍內所有頻率之響應——除了任何非線性的情況。為了顯示潛在的非線性，就必須使用**複音** (multitone) 調變，也就是：

$$x(t) = A_1 \cos \omega_1 t + A_2 \cos \omega_2 t + \cdots$$

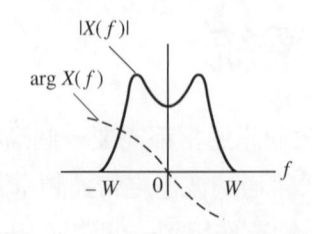

圖 4.1-1 頻寬為 W 的信息頻譜。

這裡 $A_1+A_2+\cdots \leq 1$ 滿足式 (1)。

範例 4.1-1　任意訊號的調變

在我們正式討論帶通訊號與調變之前,讓我們先研究下面的例子。已知圖 4.1-1 的訊息頻譜,利用傅立葉轉換的調變性質,我們在載波頻率 f_c 上調變 $x(t)$ 以建立帶通訊號:

$$x_{bp}(t) = x(t)\cos 2\pi f_c t \leftrightarrow X_{bp}(f) = \frac{1}{2}[X(f-f_c) + X(f+f_c)]$$

訊息與被調變後的頻譜畫在圖 4.1-2 中。在時域中對訊息訊號乘上 $\cos 2\pi f_c t$ 等於平移它的頻譜到 f_c 頻率上。注意看 $X(f)$ 的形狀是如何被保存在 $X_{bp}(f)$ 的圖中。被調變過的訊號佔了 $B_T = 2W$ Hz 的頻譜。

帶通訊號

接下來,我們將探討帶通訊號的獨特性質並建立一些有助於我們討論帶通傳輸的有用分析工具。考慮一個實數能量訊號 $v_{bp}(t)$,它的頻譜 $V_{bp}(f)$ 具有帶通特性如圖 4.1-3a 所繪。此頻譜展現了荷米頓對稱,因為 $v_{bp}(t)$ 是一實數的,但是 $V_{bp}(f)$ 則不必須相對於 $\pm f_c$ 成對稱。我們可以藉由頻域的特性來定義一個**帶通訊號** (bandpass signal):

$$V_{bp}(f) = 0 \quad \begin{array}{l} |f| < f_c - W \\ |f| > f_c + W \end{array} \tag{4}$$

上式只是簡單說明訊號在以 f_c 為中心頻率的 $2W$ 頻寬以外,並無頻譜分量存在。f_c 及 W 值可以是任意的,只要它們在 $W < f_c$ 時滿足式 (4) 即可。

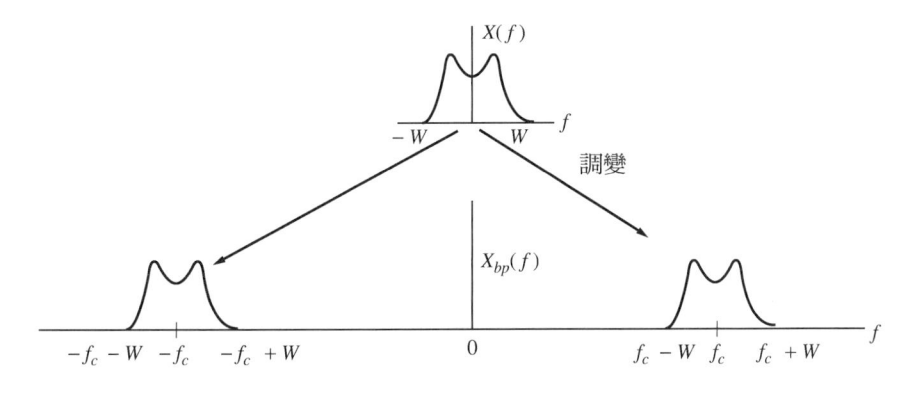

圖 4.1-2　一個訊息以及它被調變後的頻譜。

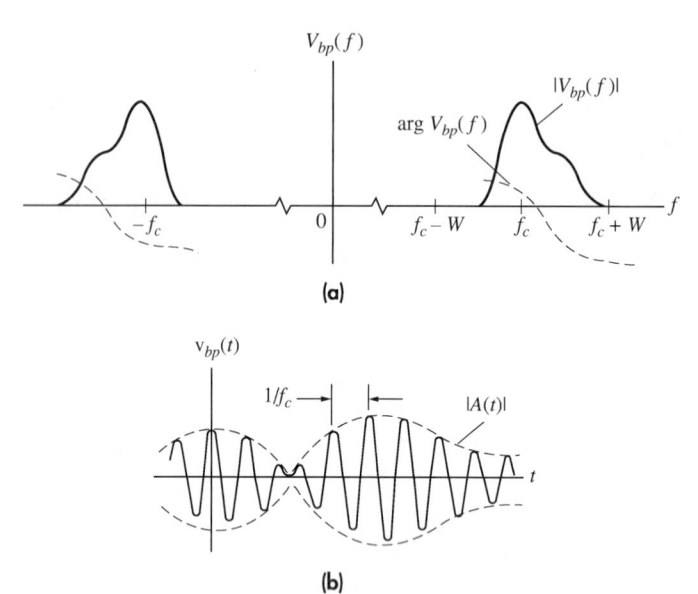

圖 4.1-3 帶通訊號。(a) 頻譜；(b) 波形。

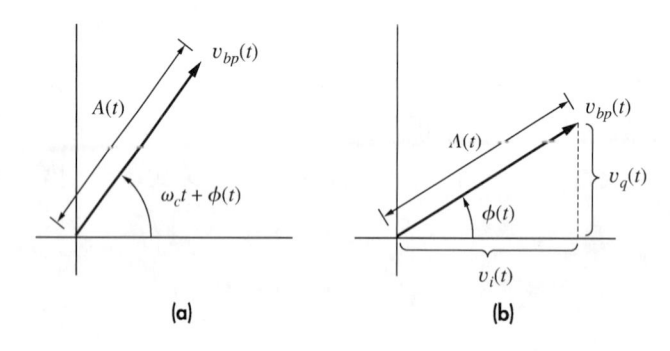

圖 4.1-4 (a) 旋轉向量；(b) 將旋轉棄除的相量圖。

相對應的帶通波形看起來像在頻率 f_c 的弦波,具有緩慢變化的振幅及相位角,如圖 4.1-3b 所示。正規的寫法為:

$$v_{bp}(t) = A(t) \cos [\omega_c t + \phi(t)] \tag{5}$$

式中的 $A(t)$ 是波封 (envelope) 而 $\phi(t)$ 是相位 (phase),兩者都是時間函數。圖中虛線所示的波封被定義成為非負值,所以 $A(t) \geq 0$。當負 "振幅" 產生時,藉由加上 $\pm 180°$ 於相位角的方式給予吸收。

圖 4.1-4a 將 $v_{bp}(t)$ 描述成一個複數平面向量,其長度等於 $A(t)$ 而角度等於 $\omega_c t + \phi(t)$。表示相位角 $\omega_c t$ 的代表一個每秒 f_c 轉的逆時鐘旋轉量,在圖中被移除也可以,如圖 4.1-4b 所示。此種相量表示法自此以後會正式地使用;它與圖 4.1-4a 有以下的相關係,以圖 4.1-4b 的原點為參考,將整個圖形以 f_c 之速率逆時鐘旋轉後,就

可得到圖 4.1-4a。

進一步觀察圖 4.1-4a 後，提示了 $v_{bp}(t)$ 的另一種寫法。如果我們讓

$$v_i(t) \triangleq A(t) \cos \phi(t) \qquad v_q(t) \triangleq A(t) \sin \phi(t) \tag{6}$$

那麼

$$\begin{aligned} v_{bp}(t) &= v_i(t) \cos \omega_c t - v_q(t) \sin \omega_c t \\ &= v_i(t) \cos \omega_c t + v_q(t) \cos (\omega_c t + 90°) \end{aligned} \tag{7}$$

式 (7) 被稱為一個帶通訊號的**正交載波** (quadrature-carrier) 描述，與式 (5) 的**波封與相位角** (envelope-and-phase) 描述是不同的。函數 $v_i(t)$ 及 $v_q(t)$ 分別被稱為**同相** (in-phase) 及**正交分量** (quadrature components)。正交載波名稱是來自於一項事實，也就是式 (7) 可以被看成兩個相量它們相差了 90° 的相位角。

當帶通訊號的兩種描述方式都是有用的，正交載波的方式對頻域解釋較具優點。特別地，式 (7) 的傅氏轉換結果如下：

$$V_{bp}(f) = \frac{1}{2}[V_i(f-f_c) + V_i(f+f_c)] + \frac{j}{2}[V_q(f-f_c) - V_q(f+f_c)] \tag{8}$$

其中

$$V_i(f) = \mathscr{F}[v_i(t)] \qquad V_q(f) = \mathscr{F}[v_q(t)]$$

為得到式 (8)，我們已經使用了 2.3 節式 (7) 的調變定理及 $e^{\pm j90°} = \pm j$ 的事實。波封及相位角描述要轉換到頻域就沒那麼容易了，因為由式 (6) 或圖 4.1-4b，我們有：

$$A(t) = \sqrt{v_i^2(t) + v_q^2(t)} \qquad \phi(t) = \arctan \frac{v_q(t)}{v_i(t)} \tag{9}$$

它們並非是可傅氏轉換的表示式。

式 (8) 的直接含意即是：為了要滿足式 (4) 的帶通條件，同相及正交函數就必須是**低通** (lowpass) 訊號，具有

$$V_i(f) = V_q(f) = 0 \qquad |f| > W$$

換句話說，

> $V_{bp}(f)$ 包括了兩個已經轉換過的低通頻譜，在 $V_q(f)$ 的情況，更是已經有正交相位移過的。

我們在**低通等效頻譜** (lowpass equivalent spectrum) 的定義中，將再強調這特性。

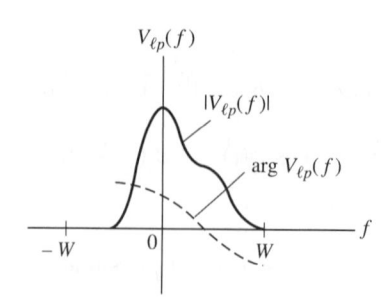

圖 4.1-5 低通等效頻譜。

$$V_{\ell p}(f) \triangleq \tfrac{1}{2}[V_i(f) + jV_q(f)] \tag{10a}$$
$$= V_{bp}(f+f_c)u(f+f_c) \tag{10b}$$

如圖 4.1-5 中所繪，$V_{\ell p}(f)$ 等於 $V_{bp}(f)$ 往下平移至原點的正頻率部份。

從式 (10) 進入時域，我們得到了**低通等效訊號** (lowpass equivalent signal)：

$$v_{\ell p}(t) = \mathcal{F}^{-1}[V_{\ell p}(f)] = \tfrac{1}{2}[v_i(t) + jv_q(t)] \tag{11a}$$

因此，$v_{\ell p}(t)$ 是一個假設的複數訊號，具有實部為 $\tfrac{1}{2}v_i(t)$ 而其虛部則為 $\tfrac{1}{2}v_q(t)$。從另一個角度，直角座標對極座標的轉換後可求得：

$$v_{\ell p}(t) = \tfrac{1}{2}A(t)e^{j\phi(t)} \tag{11b}$$

在上式我們已經以式 (9) 將 $v_{\ell p}(t)$ 寫成波封及相位角的函數。低通等效訊號的複數本質可追溯到它的頻譜 $V_{\ell p}(f)$，它缺少一個實數時間函數的轉換所需的荷米頓對稱。儘管如此，$v_{\ell p}(t)$ 的確代表了一個實數帶通訊號。

$v_{\ell p}(t)$ 和 $v_{bp}(t)$ 之間的關係是由式 (5) 及 (11b) 推導而來，如下所示：

$$\begin{aligned} v_{bp}(t) &= \operatorname{Re}\{A(t)e^{j[\omega_c t + \phi(t)]}\} \\ &= 2\operatorname{Re}[\tfrac{1}{2}A(t)e^{j\omega_c t}e^{j\phi(t)}] \\ &= 2\operatorname{Re}[v_{\ell p}(t)e^{j\omega_c t}] \end{aligned} \tag{12}$$

這個結果說明了時域上**低通至帶通的轉換** (lowpass-to-bandpass transformation) (11b) 關係。相對應的頻域的轉換關係如下：

$$V_{bp}(f) = V_{\ell p}(f - f_c) + V_{\ell p}^*(-f - f_c) \tag{13a}$$

上式的第一項構成 $V_{bp}(f)$ 的正頻率部份，而第二項構成 $V_{bp}(f)$ 的負頻率部份。因為我們只處理實數帶通訊號，我們可以記得 $V_{bp}(f)$ 的荷米頓對稱並使用較簡單的表示式，如下：

$$V_{bp}(f) = V_{\ell p}(f - f_c) \quad f > 0 \tag{13b}$$

此一式子是由圖 4.1-3a 及圖 4.1-5 而來。

練習題 4.1-1

令 $z(t) = v_{\ell p}(t) e^{j\omega_c t}$ 並使用 $2 \operatorname{Re}[z(t)] = z(t) + z^*(t)$ 由式 (12) 推導出式 (13a)。

■ 帶通傳輸

現在我們有了分析如圖 4.1-6a 所代表之帶通傳輸所需的工具，在圖中具有轉換函數 $H_{bp}(f)$ 的帶通系統有一個帶通訊號 $x_{bp}(t)$ 被作用在輸入端，因而產生了帶通輸出為 $y_{bp}(t)$。很明顯地，你可藉由 $Y_{bp}(f) = H_{bp}(f) X_{bp}(f)$ 嘗試進行直接帶通分析。但是使用下式的低通等效頻譜關係，通常會比較容易些。

$$Y_{\ell p}(f) = H_{\ell p}(f) X_{\ell p}(f) \tag{14a}$$

在上式中

$$H_{\ell p}(f) = H_{bp}(f + f_c) u(f + f_c) \tag{14b}$$

此式就是**低通等效轉換函數** (lowpass equivalent transfer function)。

式 (14) 允許我們可以用圖 4.1-6b 的低通等效模型來取代一個帶通系統。除了簡化分析之外，低通模型藉由已知的低通類比關係可提供對帶通現象有價值的觀點。我們可藉由低通及帶通模型之間來回改變。

特別地自式 (14) 得到 $Y_{\ell p}(f)$ 之後，你可以取其反向傅氏轉換如下：

$$y_{\ell p}(t) = \mathscr{F}^{-1}[Y_{\ell p}(f)] = \mathscr{F}^{-1}[H_{\ell p}(f) X_{\ell p}(f)]$$

然後藉由式 (12) 之低通到帶通的轉換，便可求得輸出訊號 $Y_{bp}(t)$。或者你也可以直接由 $y_{\ell p}(t)$ 得到輸出正交分量或包跡及相位，如下：

$$\begin{aligned} y_i(t) &= 2 \operatorname{Re}[y_{\ell p}(t)] & y_q(t) &= 2 \operatorname{Im}[y_{\ell p}(t)] \\ A_y(t) &= 2 |y_{\ell p}(t)| & \phi_y(t) &= \arg[y_{\ell p}(t)] \end{aligned} \tag{15}$$

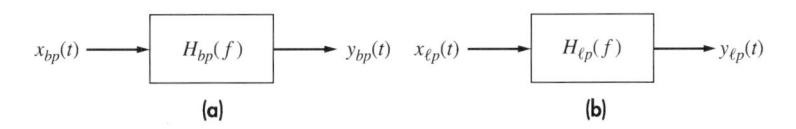

$x_{bp}(t) \longrightarrow \boxed{H_{bp}(f)} \longrightarrow y_{bp}(t) \qquad x_{\ell p}(t) \longrightarrow \boxed{H_{\ell p}(f)} \longrightarrow y_{\ell p}(t)$

(a)   (b)

圖 4.1-6 (a) 帶通系統；(b) 低通模型。

上式是導自式 (10)。以下的範例說明這些技巧的一個重要應用。

範例 4.1-2　載波和波封延遲

考慮一個帶通系統具有常數振幅比例，但在它通帶內之相位位移 $\theta(f)$ 是非線性的；也就是：

$$H_{bp}(f) = Ke^{j\theta(f)} \qquad f_\ell < |f| < f_u$$

及

$$H_{\ell p}(f) = Ke^{j\theta(f+f_c)}u(f+f_c) \qquad f_\ell - f_c < f < f_u - f_c$$

如繪於圖 4.1-7 之圖形。假設相位角的非線性相當地緩和，我們可以寫近似式如下：

$$\theta(f+f_c) \approx -2\pi(t_0 f_c + t_1 f)$$

其中
$$t_0 \triangleq -\frac{\theta(f_c)}{2\pi f_c} \quad t_1 \triangleq -\frac{1}{2\pi}\frac{d\theta(f)}{df}\bigg|_{f=f_c} \tag{16}$$

此一近似式是取 $\theta(f+f_c)$ 的泰勒級數展開式的前兩項而得到的。

為了說明參數 t_0 及 t_1，令輸入訊號有零相位角，所以 $x_{bp}(t) = A_x(t)\cos\omega_c t$ 且 $x_{\ell p}(t) = 1/2\, A_x(t)$。如果輸入頻譜 $X_{bp}(f)$ 全部落在系統的通帶之內，那麼由式 (14) 可得：

$$Y_{\ell p}(f) = Ke^{j\theta(f+f_c)}X_{\ell p}(f) \approx Ke^{-j2\pi(t_0 f_c + t_1 f)}X_{\ell p}(f)$$

$$\approx Ke^{-j\omega_c t_0}[X_{\ell p}(f)e^{-j2\pi f t_1}]$$

回顧時間延遲定理，我們看到第二項相當於 $x_{\ell p}(t)$ 延遲了 t_1。因此：

$$y_{\ell p}(t) \approx Ke^{-j\omega_c t_0}x_{\ell p}(t-t_1) = Ke^{-j\omega_c t_0}\tfrac{1}{2}A_x(t-t_1)$$

同時式 (12) 所得到的帶通輸出是：

$$y_{bp}(t) \approx KA_x(t-t_1)\cos\omega_c(t-t_0)$$

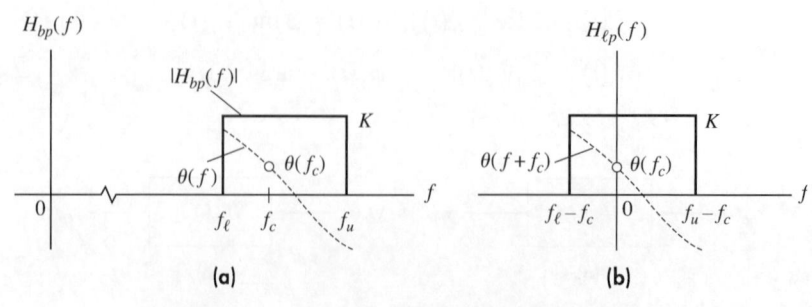

圖 4.1-7　(a) 帶通轉移函數；(b) 低通等效。

基於這個結果，我們有一結論：t_0 是系統的**載波延遲** (carrier delay) 而 t_1 則是為系統之**波封延遲** (envelope delay)。而且由於 t_1 與頻率無關，至少在我們的 $\theta(f+f_c)$ 之近似範圍而言，波封不受延遲失真影響，波封延遲也被稱為**群** (group) 延遲。

後面我們將陸續討論**多工** (multiplexing) 系統，它可在單一通道上傳送一些不同載波頻率的帶通訊號。為了計算通道的延遲特性，可使用 $d\theta/df$ 對頻率 f 所繪出的圖形。如果在事先已知的頻帶中，所繪的曲線並非合理地平坦時，可能就需要使用相位等化作用以防止過多的波封失真。

練習題 4.1-2

假設一帶通系統具有零相位移，但是當 $f_\ell < f < f_u$ 時，$|H_{bp}(f)| = K_0 + (K_1/f_c)(f - f_c)$，其中之 $K_0 > (K_1/f_c)(f_\ell - f_c)$。取 $f_\ell < f_c$ 及 $f_u > f_c$，然後畫出 $H_{\ell p}(f)$ 之圖形。現在證明，若 $x_{bp}(t) = A_x(t)\cos\omega_c t$，則 $y_{bp}(t)$ 之正交分量是：

$$y_i(t) = K_0 A_x(t) \quad y_q(t) = -\frac{K_1}{2\pi f_c}\frac{dA_x(t)}{dt}$$

在這裡，我們假設 $X_{bp}(f)$ 完全落在系統的帶通範圍內。

最簡單的帶通系統是如圖 4.1-8a 所示的並聯諧振電路或調諧電路。它的電壓轉換函數的圖形被繪於圖 4.1-8b 中，轉換式為：

$$H(f) = \frac{1}{1 + jQ\left(\dfrac{f}{f_0} - \dfrac{f_0}{f}\right)} \tag{17a}$$

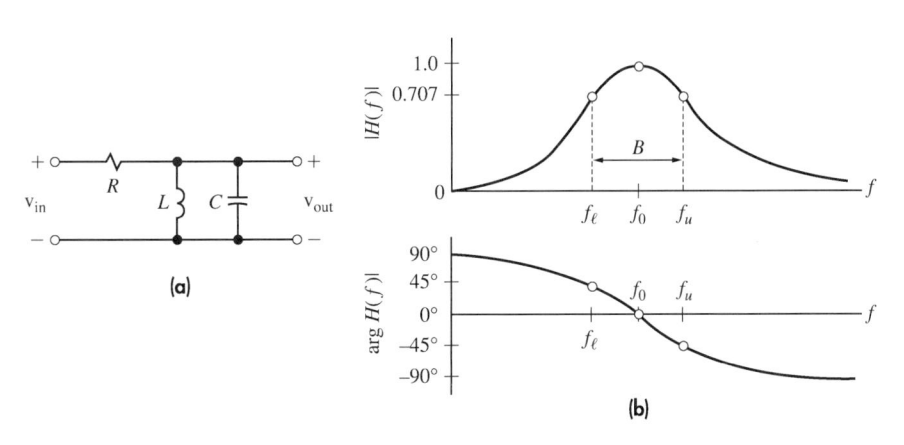

圖 4.1-8 (a) 調諧電路；(b) 轉移函數。

其中的諧振頻率 f_0 及品質因數 Q 與各元件值之間的關係如下：

$$f_0 = \frac{1}{2\pi\sqrt{LC}} \quad Q = R\sqrt{\frac{C}{L}}$$

在高與低截止頻率之間的 3 dB 頻寬為：

$$B = f_u - f_\ell = \frac{f_0}{Q} \tag{17b}$$

由於實用的調諧電路的 Q 值通常是 $10 < Q < 100$，3 dB 頻寬就落在中心頻率值的 1% 與 10% 之間。

一個完整的帶通系統包含了具有調諧放大器的傳輸通道和連接在端點的耦合設備。因此，整個頻率響應比起簡單的調諧電路之頻率響應的形狀複雜多了。儘管如此，各種不同的物理效應造成了系統頻寬及載波頻率 f_c 之間鬆散而有意義的關係——類似於式 (17b)。

例如，除非頻率範圍與 f_c 比起來較小些，否則無線電系統的天線會產生不可忽視的失真。此外，如果 B 值與 f_c 比較為非常大或非常小時，設計一個合理而無失真的帶通放大器就變得非常困難。以下的敘述可當做指導原則，**分數頻寬** (fractional bandwidth) B/f_c 應維持在下述的範圍內：

$$0.01 < \frac{B}{f_c} < 0.1 \tag{18}$$

否則，訊號失真可能會超過實用等化器的範圍。

由式 (18) 我們看出：

> 大頻寬需要高載波頻率。

從表 4.1-1 可看出此點，表中列出了不同頻帶之選用載波頻率及其對應的正規頻寬 $B \approx 0.02 f_c$。當然，較大頻寬是可獲得的，但相對地須付出較高的代價。就式 (18) 更進一步的結果，在訊號傳輸上**帶通** (bandpass) 及**窄頻** (narrowband) 虛擬上是同義的。

表 4.1-1 選用之載波頻率及正規頻寬

頻　寬	載波頻率	頻　寬
長波無線電	100 kHz	2 kHz
短波無線電	5 MHz	10 kHz
VHF	100 MHz	2 MHz
微波	5 GHz	100 MHz
毫米波	100 GHz	2 GHz
光波	5×10^{14} Hz	10^{13} Hz

範例 4.1-3　帶通脈波傳輸

3.4 節中，我們發現傳送一個寬度為 τ 的脈波所需的一低通頻寬 $B \geq 1/2\tau$。在範例 2.3-2，我們也發現，頻率遷移可將一個脈波轉換成一個帶通波形，同時頻譜寬度也會加倍。將這兩種觀察放在一起，我們可得結論帶通脈波傳輸所需之頻寬為：

$$B \geq 1/\tau$$

由於式 (18) 多了額外限制 $0.1 f_c > B$，所以載波頻率必須滿足：

$$f_c > 10/\tau$$

這些關係在雷達設計及相關領域中，長期以來即做為有用的指導原則。為了更清楚說明，如果 $\tau = 1\ \mu s$，那麼帶通傳輸對頻寬及載波頻率之要求是 $B \geq 1$ MHz 及 $f_c > 10$ MHz。

■ 頻　寬

到這裡給帶通訊號頻寬一個更量性與實際的說明是非常有用的，特別是因為頻寬常常在文獻中提到，卻是說明的很鬆散。這樣的情形經常發生在我們指定某個調變型態有個已知的傳輸頻寬 B_T 的時候。然而很不幸地的是，在實際的系統中，頻寬的定義不只一種。在我們處理這個主題之前，讓我們展示一個 FM 廣播無線電工程師經常遭遇到的問題。讀者也許曉得 FCC 會在 88.1 到 107.9 MHz 之間分配一個特別的載波給一個 FM 廣播電台，每個傳輸頻寬為 200 kHz。這就是為什麼你的汽車 FM 收音機刻度中，數位頻率的讀數經常是奇數，並且是以每 200 kHz 的增量頻率方式來顯示 (即 95.3、95.5 等)。FM 廣播電台被要求它的發射訊號必須限制在 200 kHz 帶通之中。然而這是意指廣播電台在 200 kHz 頻寬之外不可以輻射任何能量嗎？當然不是這樣，因為任何時限訊號會有無限的頻寬，而且也沒有理想 BPF 這種東西。而且，在第 5 章中讀者就會看到 FM 頻寬的公式只是近似值。但是 FCC 可以規定輻射功率的 90% 必須限制在 200 kHz 的槽帶內，或是頻寬之外的功率準位至少必須要低於最大的傳輸準位 50 dB。FCC 網站有關頻寬的聯邦規定法規手冊，位址在 http://access.gpo.gov/nara/cfr/waisidx_07/47cfr2_07.html (47 CFR2. 202)。我們現在說明以下的頻寬定義：

1. **絕對頻寬** (absolute bandwidth)。這將能量 100% 限制在 $f_a \to f_b$ 頻率範圍內。如果我們有理想濾波器與非時限訊號，我們可以用絕對頻寬來說明。

2. **3 dB 頻寬** (3 dB bandwidth)。這也稱為半功率頻寬，而且是訊號功率開始下降到 3 dB ($\frac{1}{2}$) 的頻率位置，這個被展示在圖 4.1-8 中。

3. **雜訊等效頻寬** (noise equivalent bandwidth)。這將會在 9.3 節中說明。

4. **零點對零點頻寬** (null-to-null bandwidth)。這是訊號頻譜第一個穿越零點的頻率間距。例如，圖 2.3-4 中的三角脈波其零點對零點頻寬是 $2/\tau$。

5. **佔據頻寬** (occupied bandwidth)。這是 FCC 的定義，它指的是："頻寬是在低於它的較低頻率限制與高於它的較高頻率限制範圍，每邊平均輻射功率等於發射總平均功率的 0.5%"（位於 http://access.gpo.gov/nara/cfr/waisidx-07/47cfr2-07.html 的 47 CFR2. 202)。換句話說，99% 的能量是在訊號的頻寬之內。

6. **相對功率頻譜頻寬**。這是指頻寬限制範圍外的功率準位是被抑制在相對它的最大準位的某個值。例如，考量一個廣播 FM 訊號其最大載波功率為 1,000 瓦而相對功率譜頻寬為 -40 dB（即 1/10,000)。因此我們可以預期廣播電台發射的功率在超出 $f_c \pm 100$ kHz 範圍外的值不會超過 0.1 W。

在本章以及本書的各節中也許有許多公式計算調變訊號的頻寬 B_T，但是要記得的就是：這個值是根據數種假設而且是相對於其他調變型態而得到的。

4.2 雙旁波帶振幅調變

雙旁波帶振幅調變有兩種型態：標準振幅調變 (AM) 以及抑制載波的雙旁波帶調變 (DSB)。我們將探討這個兩個型態並說明在實際應用時，它們之間微小的理論差異就會造成明顯的不同。

AM 訊號及頻譜

AM 訊號的唯一特性是被調變的載波之波封與訊息有相同的波形。假設 A_c 代表未經調變之載波振幅，被 $x(t)$ 調變後所產生的被調變波封是：

$$x_c(t) = A_c[1 + \mu x(t)] \cos \omega_c t \tag{1}$$
$$= A_c \cos \omega_c t + A_c \mu x(t) \cos \omega_c t$$

在這裡 μ 是正的常數，被稱為**調變指數** (modulation index)。完整的 AM 訊號 $x_c(t)$ 表示如下：

$$A(t) = A_c[1 + \mu x(t)] \tag{2}$$

由於 $x_c(t)$ 沒有時變相位角，它的同相及正交分量分別為：

$$x_{ci}(t) = A(t) \qquad x_{cq}(t) = 0$$

上式與 4.1 節式 (5) 及 (6) 當 $\phi(t)=0$ 時，所得的結果一致。實際上，我們應該包含一個常數載波相位位移，以強調載波及訊息是分別來自獨立且非同步的來源。然而，在式 (2) 中加上一個常數相位只會增加在標示上的複雜性，對於增加實際理解並沒有任何幫助。

圖 4.2-1 繪出了一個典型訊息及在其所造成之 AM 訊號兩種不同 μ 值的圖形。則訊號的波封很明顯地會重製 $x(t)$ 之形狀如：

$$f_c \gg W \quad \text{及} \quad \mu \leq 1 \tag{3}$$

當這些條件都滿足時，則訊息 $x(t)$ 藉由使用一個簡單的**波封檢波器** (envelope detector) 很容易地就可自 $x_c(t)$ 中取出，檢波器的電路將在 4.5 節中描述。

條件 $f_c \gg W$ 保證載波振盪比起 $x(t)$ 的時變快速多了；否則，波封將看不出來。條件 $\mu \leq 1$ 是保證 $A_c[1 + \mu x(t)]$ 不會成為負值。當百分之百調變時 ($\mu=1$)，則波封將在 $A_{\min}=0$ 與 $A_{\max}=2A_c$ 之間變動。**過調變** (overmodulation) ($\mu > 1$)，則會造成**相位反轉** (phase reversals) 及**波封失真** (envelope distortion)，如圖 4.2-1c 所示。

進到頻域，式 (2) 之傅氏轉換是：

$$X_c(f) = \frac{1}{2} A_c \delta(f - f_c) + \frac{\mu}{2} A_c X(f - f_c) \quad f > 0 \tag{4}$$

在式中我們僅寫出 $X_c(f)$ 正頻率的部份。而負頻率的部份的是式 (4) 的荷米頓影像，這是因為 $x_c(t)$ 是一個實數帶通訊號之故。$X_c(f)$ 的正負兩部份都已被繪於圖 4.2-2 中，而其形狀是引用自圖 4.1-1 的 $X(f)$。AM 的頻譜包含載波頻率脈衝及以 $\pm f_c$ 為

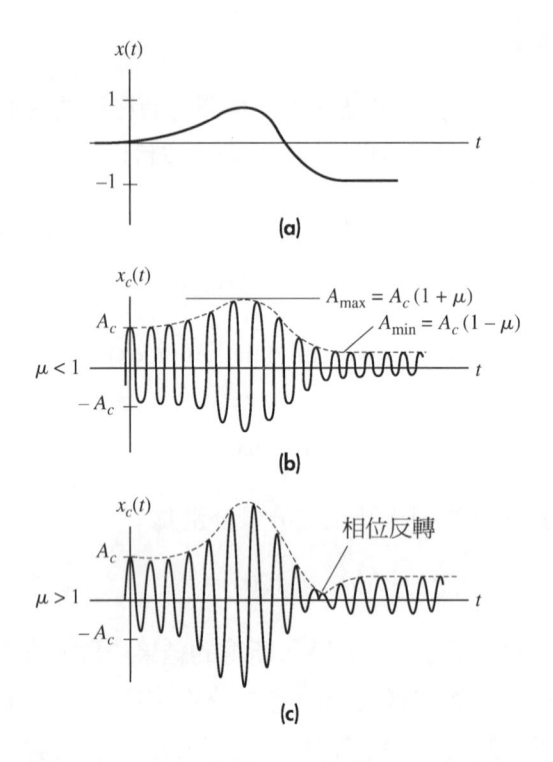

圖 4.2-1　AM 波形：(a) 訊息；(b) 當 $\mu < 1$ 時之波形；(c) 當 $\mu \geq 1$ 時之波形。

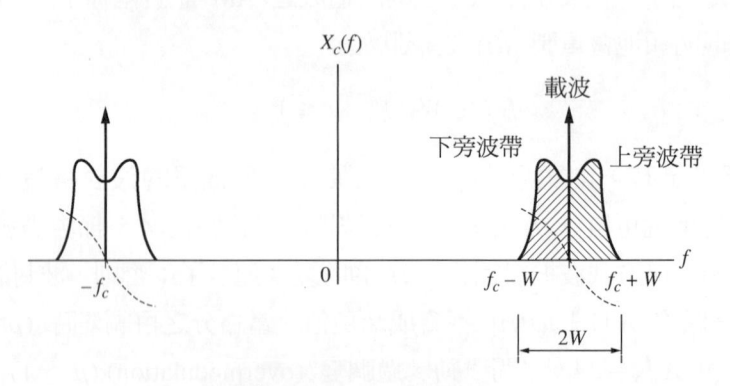

圖 4.2-2　AM 頻譜。

中心的**對稱旁波帶** (symmetrical sidebands)。**上旁波帶** (upper sidebands) 及**下旁波帶** (lower sidebands) 兩者說明了**雙旁波帶** (double-sideband) 振幅調變名稱的由來。同時也說明了 AM **傳輸頻帶寬** (transmission bandwidth) 為：

$$B_T = 2W \tag{5}$$

值得注意的是 AM 所需要的頻寬是未調變之 $x(t)$ 於基頻上傳送時的兩倍。

傳輸頻寬是要比較調變系統時的一個重要考慮因素。另外一項重要的考慮是平均

發射功率 (average transmitted power)：

$$S_T \triangleq \langle x_c^2(t) \rangle$$

由式 (2) 展開 $x_c^2(t)$，我們有：

$$S_T = \tfrac{1}{2}A_c^2\langle 1 + 2\mu x(t) + \mu^2 x^2(t)\rangle + \tfrac{1}{2}A_c^2\langle [1 + \mu x(t)]^2 \cos 2\omega_c t\rangle$$

在 $f_c \gg W$ 的情況，上式第二項之平均為零。因此，若 $\langle x(t)\rangle=0$ 且 $\langle x^2(t)\rangle=S_x$，那麼

$$S_T = \tfrac{1}{2}A_c^2(1 + \mu^2 S_x) \tag{6}$$

訊息平均值為零 (無直流分量) 的假設，從 4.5 節就可得結論如下：若被傳輸的訊號含有顯著的正規的 AM 低頻分量的傳輸訊號是不實際的。

式 (6) 可以下式說明：

$$S_T = P_c + 2P_{sb}$$

其中

$$P_c = \tfrac{1}{2}A_c^2 \quad P_{sb} = \tfrac{1}{4}A_c^2\mu^2 S_x = \tfrac{1}{2}\mu^2 S_x P_c \tag{7}$$

P_c 這一項代表未經調變的載波功率 (unmodulated carrier power)，因為當 $\mu=0$ 時 $S_T = P_c$；而 P_{sb} 這一項表示**每一旁波帶的功率** (power per sideband)，因為 $\mu \neq 0$ 時 S_T 包含了載波再加上兩個對稱旁波帶的功率。調變限制 $|\mu x(t)| \leq 1$，要求 $\mu^2 S_x \leq 1$，使得 $P_{sb} \leq \tfrac{1}{2}P_c$，而且

$$P_c = S_T - 2P_{sb} \geq \tfrac{1}{2}S_T \qquad P_{sb} \leq \tfrac{1}{4}S_T \tag{8}$$

結果，至少有 50% 的總發射功率來自於載波，而此載波項與 $x(t)$ 是無關的且未承載任何的訊息資訊。

■ DSB 訊號及頻譜

在振幅調變中，"浪費" 的載波功率可藉由設定 $\mu=1$ 及抑制未調變載波頻率分量的方式來消除。所造成之被調變波形就變成：

$$x_c(t) = A_c x(t) \cos \omega_c t \tag{9}$$

這就稱為**雙旁波帶抑制載波調變** (double-sideband-suppressed-carrier modulation，或簡記為 DSB) (也可簡寫為 DSB-SC 或 DSSC)。式 (9) 的轉換式如下：

$$X_c(f) = \tfrac{1}{2}A_c X(f - f_c) \quad f > 0$$

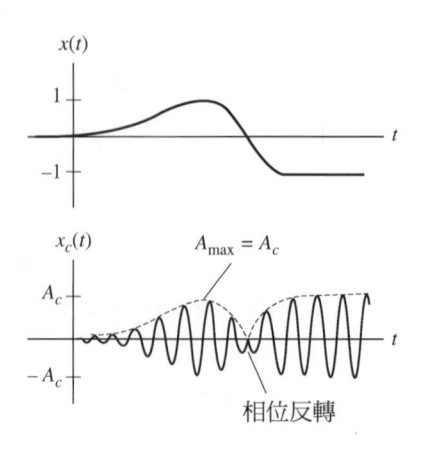

図 4.2-3 DSB 波形。

同時 DSB 頻譜看起來與沒有未調變載波脈衝的 AM 頻譜相同。所以傳輸頻寬保持不變，依然是 $B_T=2W$。

雖然 DSB 及 AM 在頻域上非常相似，但時域圖形則是另一種情況。如圖 4.2-3 所示，DSB 之波封及相位分別為：

$$A(t) = A_c |x(t)| \qquad \phi(t) = \begin{cases} 0 & x(t) > 0 \\ \pm 180° & x(t) < 0 \end{cases} \tag{10}$$

圖中的波封是取 $|x(t)|$ 的形狀，而非的 $x(t)$，同時每當 $x(t)$ 跨越零時，被調變波的相位就經歷一個相位反轉 (phase reversal)。訊息的完整恢復需要知道這些相位反轉的知識，並且不能使用波封檢波器來得到。所以，抑制載波 DSB 如同我們將在 4.5 節所討論的，不僅包含 "振幅調變" 也需要更複雜的解調過程。

然而，載波抑制確實將平均傳輸功率都放在承載訊息的旁波帶中了。也就是：

$$S_T = 2P_{sb} = \tfrac{1}{2}A_c^2 S_x \tag{11}$$

即使 $x(t)$ 包含了直流分量時，上式依然成立。由式 (11) 及 (8)，我們看到，給定一個發射機，DSB 更有效地使用了總平均功率。實際的發射機會在**峰值波封功率** (peak envelope power) A_{max}^2 上加上一個限制。在最大調變條件，藉由檢視 P_{sb}/A_{max}^2 比值的方式，我們將考慮這個峰值功率的限制。對於 DSB 利用式 (11) 並讓 $A_{max}=A_c$，以及對於 AM 利用式 (7) 並讓 $A_{max}=2A_c$，我們發現：

$$P_{sb}/A_{max}^2 = \begin{cases} S_x/4 & \text{DSB} \\ S_x/16 & \text{AM 具有 } \mu = 1 \end{cases} \tag{12}$$

因此，如果 A_{max}^2 被固定且其他因子是相等的，則 DSB 發射機產生之功率是四倍於一個 AM 發射機的旁波帶功率。

DSB 保存了功率但是需要較複雜的解調變電路,另一方面,AM 需要增加功率以允許簡單的波封檢波電路。

範例 4.2-1

考慮一 $S_T \leq 3$ kW 及 $A_{max}^2 \leq 8$ kW 的無線電發射機;令調變訊號是 $A_m = 1$ 的單音,所以 $S_x = A_m^2/2 = 1/2$。如果調變方式是 DSB,則每一個旁波帶的最大可能功率等於是式 (11) 及 (12) 所決定的兩個值中之較小者。也就是:

$$P_{sb} = \tfrac{1}{2}S_T \leq 1.5 \text{ kW} \quad P_{sb} = \tfrac{1}{8}A_{max}^2 \leq 1.0 \text{ kW}$$

上式決定了上限 $P_{sb} = 1.0$ kW。

如果調變是 $\mu = 1$ 的 AM,那麼式 (12) 要求 $P_{sb} = A_{max}^2/32 \leq 0.25$ kW。為了檢查平均功率的限制,我們注意到由式 (7) 中之 $P_{sb} = P_c/4$,所以 $S_T = P_c + 2P_{sb} = 6P_{sb}$ 以及 $P_{sb} = S_T/6 \leq 0.5$ kW。因此,峰值功率極限又再度凸顯,而最大旁波帶功率是 $P_{sb} = 0.25$ kW。因為傳送範圍正比於 P_{sb},所以用相同的發射機,AM 的路徑長度只是 DSB 路徑長度的 25% 而已。

練習題 4.2-1

令調變訊號是一個在 $x(t) = +1$ 及 $x(t) = -1$ 之間進行週期性交換的方波 (square wave)。試當調變分別是 $\mu = 0.5$ 時的 AM,$\mu = 1$ 時的 AM 以及 DSB 時,分別繪出它們的 $x_c(t)$。請以虛線標示波封。

練習題 4.2-2

假設一個語音訊號具有 $|x(t)|_{max} = 1$ 及 $S_x = 1/5$。對於 DSB 調變以及 $\mu = 1$ 之 AM 調變,請分別計算出可以得到 $P_{sb} = 10$ W 所需之 S_T 及 A_{max}^2。

■ 單音調變及相量分析

設定式 (9) 中的 $x(t) = A_m \cos \omega_m t$ 就得到了單音調變之 DSB 波形:

$$x_c(t) = A_c A_m \cos \omega_m t \cos \omega_c t \tag{13a}$$

$$= \frac{A_c A_m}{2} \cos (\omega_c - \omega_m)t + \frac{A_c A_m}{2} \cos (\omega_c + \omega_m)t$$

式中我們使用了餘弦乘積之三角函數展開。同樣地,將式 (2) 展開,可得到單音調變之 AM 波形

$$x_c(t) = A_c \cos \omega_c t + \frac{A_c \mu A_m}{2} \cos (\omega_c - \omega_m)t + \frac{A_c \mu A_m}{2} \cos (\omega_c + \omega_m)t \tag{13b}$$

圖 4.2-4 所示是式 (13a) 及 (13b) 所得之正頻率線頻譜。

　　圖 4.2-4 可看出單音調變式 DSB 或 AM 可看成是各正規相量的加成,而每一個相量會對應到一條頻譜線。此種觀點提示我們使用相量分析來求得波封及相位或正交載波項。相量分析對於研究傳輸失真、干擾等之效應特別的有用,就像下面這個例子所述。

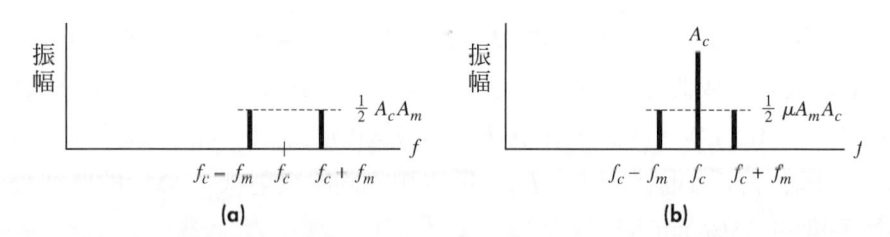

圖 4.2-4 單音調變之線狀頻譜:(a) DSB;(b) AM。

範例 4.2-2　AM 與相量分析

　　為了方便,取一個 $\mu A_m = 2/3$ 的單音調變 AM。相量圖被繪於圖 4.2-5a 中,畫法是將旁波帶相量加在水平載波相量尖端上。由於載波頻率是 f_c,在 $f_c \pm f_m$ 的旁波帶相量各以 $\pm f_m$ 之速率相對於載波相量旋轉。旁波帶相量的合成看起來與載波是重合的,而且相量等於波封 $A_c (1 + 2/3 \cos \omega_m t)$。

　　但是假設一個傳輸通道可完全移除了下旁波帶,所以我們得到如圖 4.2-5b 所示之圖形。現在的波封變成了

$$A(t) = [(A_c + \tfrac{1}{3} A_c \cos \omega_m t)^2 + (\tfrac{1}{3} A_c \sin \omega_m t)^2]^{1/2}$$

$$= A_c \sqrt{\tfrac{10}{9} + \tfrac{2}{3} \cos \omega_m t}$$

從上式就可決定波封失真。同時也要注意到傳輸振幅失真也產生了一個時變相位角 $\phi(t)$。

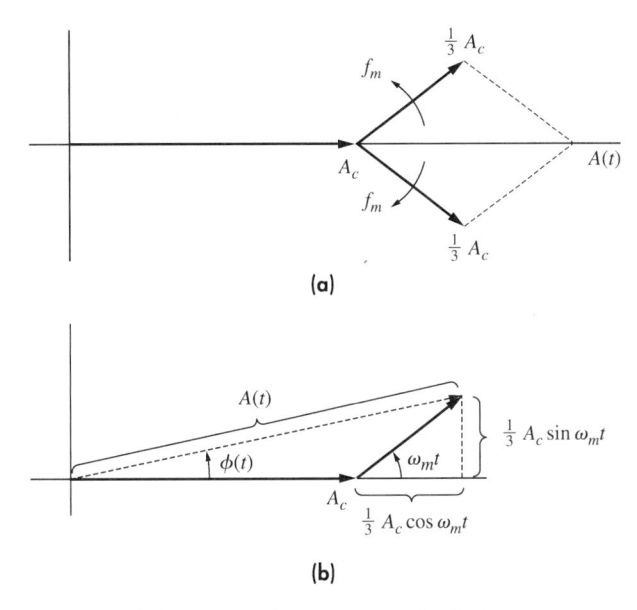

圖 4.2-5 範例 4.2-2 之相量圖。

練習題 4.2-3

繪出 $A_m = 1$ 之單音調變 DSB 的相量圖。然後當下旁波帶被減半時,求出 $A(t)$ 及 $\phi(t)$。

4.3 調變器及發射機

AM 或 DSB 訊號的旁波帶包含了那些未在載波或訊息中存在的新頻率。所以,調變器必須是一個**時變** (time-verying) 或**非線性** (nonlinear) 系統,因為 LTI 系統從不產生新頻率分量。本節描述調變器及發射機的操作原理,它們主要是利用乘法、平方定律或交換裝置來完成。詳細的電路設計在書後補充讀物中所列的參考資料中可找到。

■ 乘積調變器

圖 4.3-1a 是一個基於方程式 $x_c(t) = A_c \cos \omega_c t + \mu x(t) A_c \cos \omega_c t$ 的 AM 所使用之**乘積調變器** (product modulator) 的方塊圖。圖 4.3-1b 所繪之圖是由一個類比乘法器及一個運算放大加法器所實現的乘法調變器。當然,一個 DSB 乘積調變器只需要乘

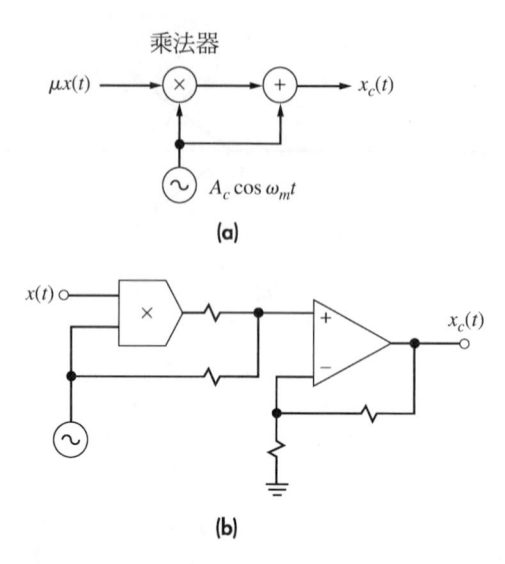

圖 4.3-1 (a) AM 之乘積調變器；(b) 附有類比乘法器之簡圖。

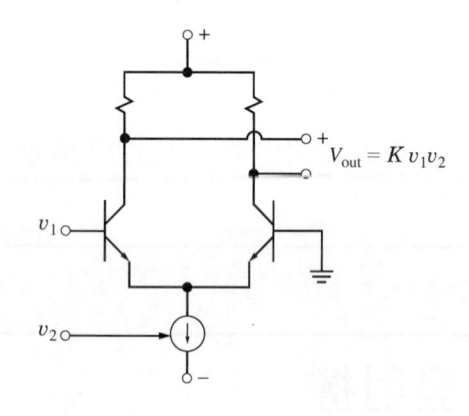

圖 4.3-2 可變互導乘法器之電路。

法器來產生 $x_c(t) = x(t) \, A_c \cos \omega_c t$。在前述的兩種情況中，決定性的運算是兩個類比訊號的乘積。

　　類比式的乘法運算可以使用許多不同的電子方式來完成。一種很普遍的積體電路設計如圖 4.3-2 中所繪的**可變互導乘法器** (variable transconductance multiplier)。在圖中，輸入電壓 v_1 是被作用至差分放大器上，其放大增益取決於電晶體的互導 (transconductance)；而互導大小又隨射極總電流而改變。輸入 v_2 藉由一個電壓對電流轉換器來控制射極電流；所以差分的輸出等於 Kv_1v_2。其他的電路以**霍爾效應** (Hall-effect) 裝置直接完成乘法運算，或者間接地以**對數放大器** (log amplifiers) 及**反對數放大器** (antilog amplifiers) 的安排來產生反對數 $(\log v_1 + \log v_2) = v_1v_2$。儘管如此，大部份的類比乘法器都被限制在低功率位準及相當低的頻率範圍。

平方定律及平衡式調變器

在較高頻率之訊號乘法可藉由圖 4.3-3a 所示的**平方定律調變器** (square-law modulator) 來完成。實際的電路圖如圖 4.3-3b 所繪，它是利用一個場效電晶體當作非線性元件及一個並聯 RLC 電路當做濾波器。假設非線性元件具有近似平方定律的轉移曲線

$$v_{out} = a_1 v_{in} + a_2 v_{in}^2$$

因此，以 $v_{in}(t) = x(t) + \cos \omega_c t$ 代入

$$v_{out}(t) = a_1 x(t) + a_2 x^2(t) + a_2 \cos^2 \omega_c t + a_1 \left[1 + \frac{2a_2}{a_1} x(t) \right] \cos \omega_c t \tag{1}$$

式中的最後一項在 $A_c = a_1$ 及 $\mu = 2a_2/a_1$ 時就是所要的 AM 波，而且它可與其他項分開。

談到各項分開的可行性，圖 4.3-4 顯示了頻譜 $v_{out}(f) = \mathcal{F}[v_{out}(t)]$，圖中 $X(f)$ 如圖 4.1-1。請注意，式 (1) 的 $x^2(t)$ 項變成了 $X * X(f)$，而頻寬限制在 $2W$。因此，如果 $f_c > 3W$ 時就不會有頻譜重疊的現象，因此訊號中各項的分離可以藉由一個中心頻率為 f_c 且寬度 $B_T = 2W$ 的帶通濾波器來達成。也注意到載波頻率脈衝消失了，同時，如果 $a_1 = 0$，我們會得到一個 DSB 波──這就對應到完美的平方定律曲線 $v_{out} = a_2 v_{in}^2$。

不幸地，完美的平方定律設備很稀少，所以高頻 DSB 實際上是利用兩個 AM

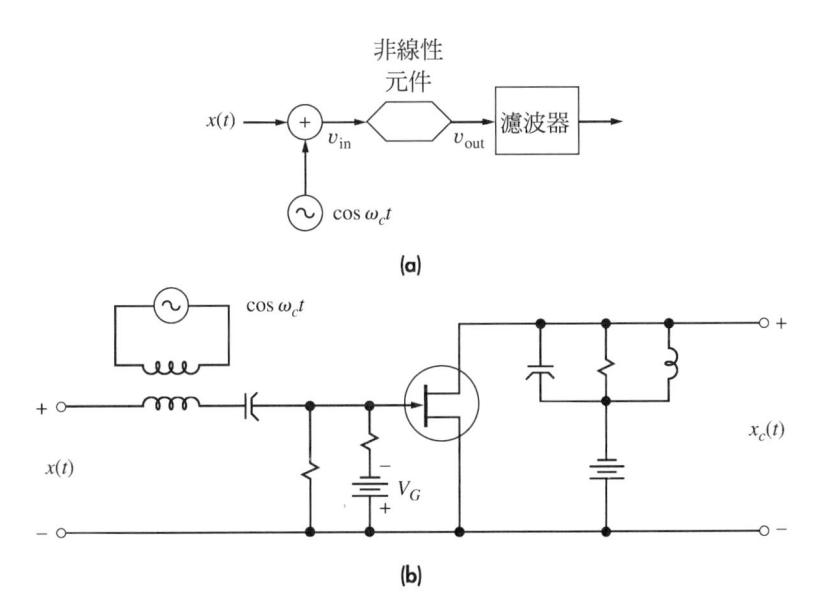

圖 4.3-3 (a) 平方定律調變器；(b) FET 實際電路。

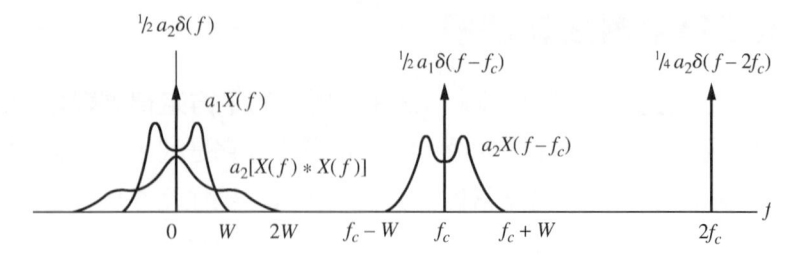

圖 4.3-4 式 (1) 之頻譜分量。

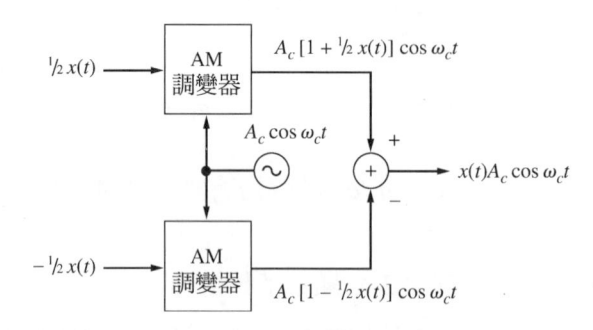

圖 4.3-5 平衡調變器。

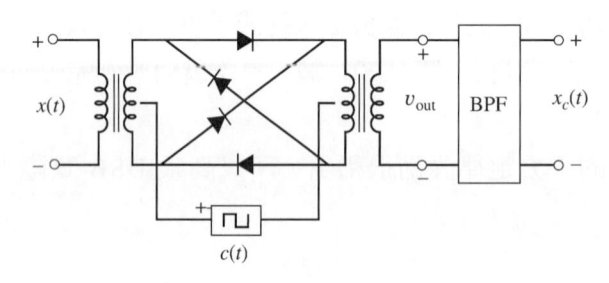

圖 4.3-6 環形的調變器。

調變器被安排成平衡的架構來消除載波項。圖 4.3-5 所示就是這種**平衡調變器** (balanced modulator) 的方塊圖。假設兩個 AM 調變器是完全相同的，由於其中一個輸入是反向的，它們的輸出分別為 $A_c[1+\frac{1}{2}x(t)]\cos\omega_c t$ 及 $A_c[1-\frac{1}{2}x(t)]\cos\omega_c t$。兩者相減後得到 $x_c(t)=x(t)A_c\cos\omega_c t$，此結果如所要求的。因此，一個平衡調變器就是一個乘法器。由此應可觀察到，若訊息包含了直流項，此分量並無法在調變中被消除，即使它出現在被調變波的載波頻率上，也是一樣。

另外一個常常被使用的調變器，也可用來產生 DSB 訊號，它叫做**環調變器** (ring modulator)，如同圖 4.3-6 所示，一個方波載波 $c(t)$ 具有頻率 f_c 會使得二極體在開與關之間切換。當 $c(t)>0$ 頂端跟底端的二極體會切到開的位置，而兩個內部的二極體 (位於交互臂上) 則會被切換到關的位置。在這種情況，$v_{\text{out}}=x(t)$。相反地，當 $c(t)$

< 0，內部的二極體會被切到開的位置，而頂端跟底端的二極體會被切到關的位置，造成了 $v_{\text{out}} = -x(t)$。功能上來說，環調變器可以被想成是 $x(t)$ 跟 $c(t)$ 的相乘。然而因為 $c(t)$ 是一個週期函數，它可以被表示成一個傅立葉級數展開，也就是：

$$v_{\text{out}}(t) = \frac{4}{\pi} x(t) \cos \omega_c t - \frac{4}{3\pi} x(t) \cos 3\omega_c t + \frac{4}{5\pi} x(t) \cos 5\omega_c t - \cdots$$

可觀察到這個 DSB 訊號藉由通過 $v_{\text{out}}(t)$ 到一個帶通濾波器，具有頻寬 $2W$、中心在 f_c 就可以被得到。這個調變器通常被稱為**雙平衡式** (double-balanced) 調變器，因為它相對應於 $x(t)$ 跟 $c(t)$ 兩者都是平衡的。

使用交換電路的平衡調變器在範例 6.1-1 有關**雙極性截波器** (bipolar choppers) 的標題中討論。其他電路的實現方法可以在文獻中找到。

練習題 4.3-1

假設圖 4.3-5 所示的 AM 調變器是以兩個完全相同且具有 $v_{\text{out}} = a_1 v_{\text{in}} + a_2 v_{\text{in}}^2 + a_3 v_{\text{in}}^3$ 曲線的非線性元件所構成。取 $v_{\text{in}} = \pm x(t) + A_c \cos \omega_c t$ 並證明其 AM 訊號有兩次諧波失真，但是最後的輸出是無失真的 DSB。

交換式調變器

考慮到複雜濾波器的需求，平方定律調變器主要被使用在低位準的調變場合；也就是說，功率位準低於被傳輸值的情況。因此，隨後的線性放大器就必須將功率提升至 S_T。但是對於射頻 (RF) 功率放大器的線性要求並非沒有它們本身的問題，如果 S_T 很大時，採用高位準的調變技術會更好些。

有效益的高位準調變器，可被設計到使不想要的乘積項不會產生，同時也不需要被濾除。此種架構通常是藉由交換式設備 (switching device) 來達成，詳細的分析會延後至第 6 章再加以討論。然而，從圖 4.3-7 中所示的理想化等效電路及波形，就很容易可以了解供應電壓調變式之 C 類放大器的基本操作。

像電晶體這種主動元件，主要做為載波頻率的交換驅動使用，交換時間大約每次 $1/f_c$ 秒。RLC 負載也被稱為**儲槽** (tank) 電路，是被調諧共振在 f_c，所以交換動作造成儲槽電路的弦式地"振鈴"。沒有調變時的穩態負載電壓是 $v(t) = V \cos \omega_c t$，經由變壓器，將訊息加到供應電壓後可得到 $v(t) = [V + Nx(t)] \cos \omega_c t$，在這裡 N 是變壓器的匝數比。如果 V 及 N 有正確的比例，所要的調變就可實現而且不會產生任何不想要的分量。

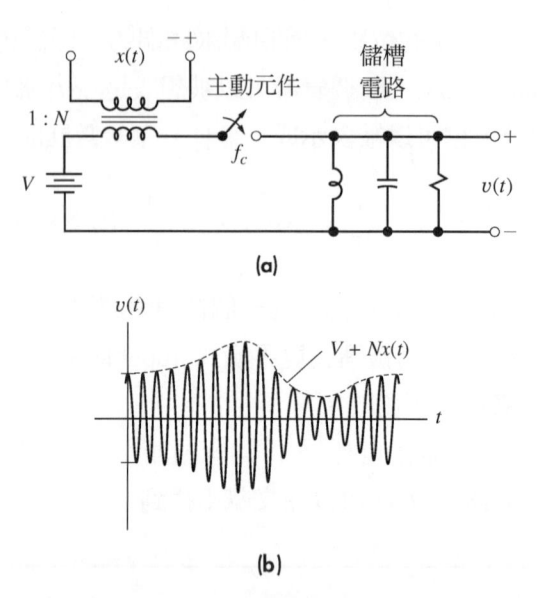

圖 4.3-7 供應電壓式調變之 C 級放大器：
(a) 等效電路；(b) 輸出波形。

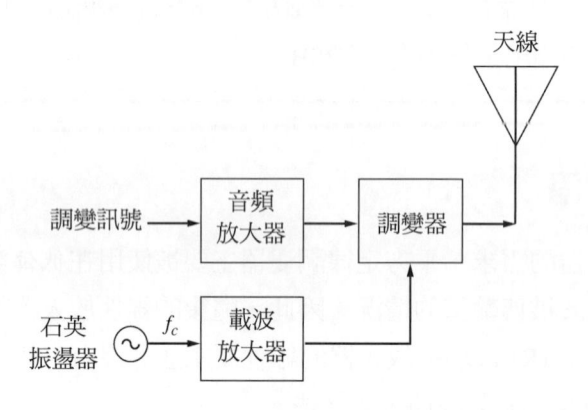

圖 4.3-8 高位準調變的 AM 發射機。

圖 4.3-8 所示是高位準調變時，完整 AM 發射機的方塊圖。載波是由晶體控制振盪器所產生，主要是為了確保載波頻率的穩定度。由於高位準調變要求較高功率的輸入訊號，所以在調變之前載波及訊息都會被放大。接著，調變後的訊號直接送至天線。

4.4 抑制旁波帶振幅調變

傳統的振幅調變在傳輸功率及頻寬上都是浪費的。抑制載波可以降低傳輸功率。

抑制一個旁波帶的全部或部份可減少傳輸頻寬，這就導出了單旁波帶調變 (SSB) 或殘旁波帶調變 (VSB)。這兩種調變將在本節討論。

■ SSB 訊號及頻譜

DSB 的上旁波帶與下旁波帶相對於載波頻率呈現對稱關係，所以兩者都包含了全部的訊息資訊。因此，如果一個旁波帶與載波一起被抑制後，可以使得傳輸頻寬減半。

圖 4.4-1a 繪出了為單旁波帶調變在觀念上的方塊圖。圖中從平衡調變器而來的 DSB 訊號被作用到一個旁波帶濾波器上，而此濾波器可抑制一個旁波帶。如果濾波器濾除了下旁波帶，輸出頻譜就像圖 4.4-1b 所繪的，僅包含上旁波帶 $X_c(f)$ 而已。我們以 USSB 頻譜來標示它，以便能與表示在圖 4.4-1c 裡只包含了下旁波帶的 LSSB 頻譜有所區別。兩種情形所造成的單邊帶訊號都有以下式子：

$$B_T = W \quad S_T = P_{sb} = \tfrac{1}{4}A_c^2 S_x \tag{1}$$

上式可直接自 DSB 結果而得到。

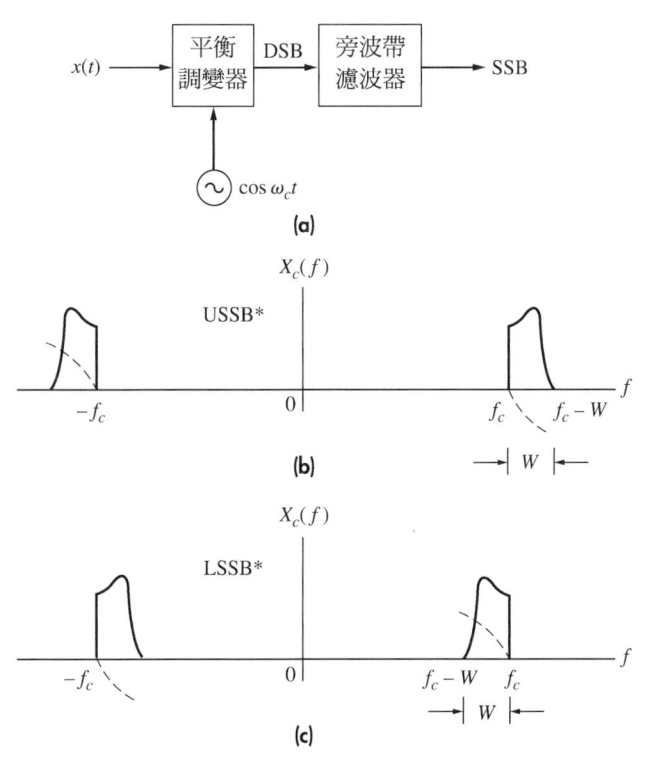

圖 4.4-1 單旁波帶調變：(a) 調變器；(b) 上旁波帶頻譜；(c) 下旁波帶頻譜。

*USSB 也可寫成 USB，而 LSSB 也可寫成 LSB。

雖然在頻域相當容易就可了解 SSB，但是時域描述並非立即可見，除了單音調變的特殊情況之外。參考圖 4.2-4a 之 DSB 線頻譜，我們可看出消除其中一個旁波帶線會留下僅有的一個旁波帶線。因此：

$$x_c(t) = \tfrac{1}{2}A_cA_m \cos(\omega_c \pm \omega_m)t \tag{2}$$

式子中的"＋"代表 USSB，而"－"號則代表 LSSB，往後我們將繼續使用此種慣例。注意，一個單音調變 SSB 波的頻率已經自 f_c 偏移 $\pm f_m$，而且波封是一個正比於 A_m 的常數。很明顯地，波封檢波對 SSB 是行不通的。

為了要分析具有任意訊息 $x(t)$ 的 SSB，我們要用到下列的事實：圖 4.4-1a 的旁波帶濾波器是一個帶通系統，它的輸入是 DSB，$x_{bp}(t)=A_cx(t)\cos\omega_ct$ 而輸出是 SSB $y_{bp}(t)=x_c(t)$。因此，我們將應用 4.1 節的等效低通方法來求得 $x_c(t)$。因為 $x_{bp}(t)$ 不含正交分量，所以低通等效輸入是：

$$x_{\ell p}(t) = \tfrac{1}{2}A_cx(t) \quad X_{\ell p}(f) = \tfrac{1}{2}A_cX(f)$$

適用於 USSB 的帶通濾波器之轉換函數被繪於圖 4.4-2a，而其等效低通函數是：

$$H_{\ell p}(f) = H_{bp}(f+f_c)u(f+f_c) = u(f) - u(f-W)$$

對應於 LSSB 之轉換函數被繪於圖 4.4-2b 中，其中：

$$H_{\ell p}(f) = u(f+W) - u(f)$$

這兩個低通轉換函數可以被表示成下式：

$$H_{\ell p}(f) = \tfrac{1}{2}(1 \pm \operatorname{sgn} f) \qquad |f| \leq W \tag{3}$$

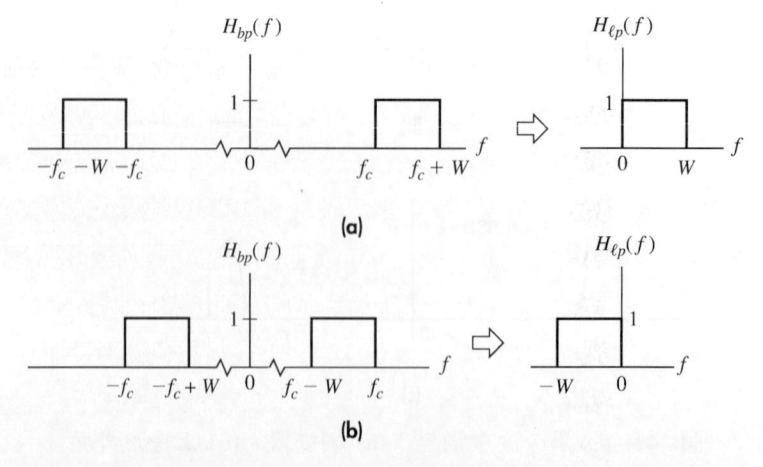

圖 4.4-2 理想旁波帶濾波器及低通等效函數：(a) 上旁波帶；(b) 下旁波帶。

你應該自行確認這種相當怪異的表示式確實包含了圖 4.4-2 中的兩個部份。

將 $H_{\ell p}(f)$ 及 $X_{\ell p}(f)$ 相乘就可求得 USSB 或 LSSB 兩者的低通等效頻譜，也就是：

$$Y_{\ell p}(f) = \tfrac{1}{4}A_c(1 \pm \text{sgn}\, f)X(f) = \tfrac{1}{4}A_c[X(f) \pm (\text{sgn}\, f)X(f)]$$

現在利用式 $(-j\,\text{sgn}\, f)\,X(f) = \mathcal{F}[\hat{x}(t)]$，其中 $\hat{x}(t)$ 是在 3.5 節 $x(t)$ 所定義的 Hilbert 轉換。因此 $\mathcal{F}^{-1}[(\text{sgn}\, f)X(f)] = j\hat{x}(t)$，同時

$$y_{\ell p}(t) = \tfrac{1}{4}A_c[x(t) \pm j\hat{x}(t)]$$

最後，我們完成低通對帶通的轉換 $x_c(t) = y_{bp}(t) = 2\,\text{Re}\,[y_{\ell p}(t)\,e^{j\omega_c t}]$，所以

$$x_c(t) = \tfrac{1}{2}A_c[x(t)\cos\omega_c t \mp \hat{x}(t)\sin\omega_c t] \tag{4}$$

此一結果就是我們所要的，一個任意訊息 $x(t)$ 的 SSB 波形。

仔細檢視式 (4) 可發現，該式含有正交載波式的表示。因此，同相及正交分量分別是：

$$x_{ci}(t) = \tfrac{1}{2}A_c x(t) \qquad x_{cq}(t) = \pm\tfrac{1}{2}A_c \hat{x}(t)$$

而 SSB 波封則是：

$$A(t) = \tfrac{1}{2}A_c\sqrt{x^2(t) + \hat{x}^2(t)} \tag{5}$$

式 (4) 及 (5) 的複雜性，使得要繪出 SSB 波形或決定峰值波封功率變成很困難。取代的方式是，我們從單音調變或脈波調變這種簡化的情形來推論時域特性。

範例 4.4-1　脈波調變的 SSB

無論什麼時候，SSB 調變訊號有突然的變化時，Hilbert 轉換 $\hat{x}(t)$ 會包含了尖銳的峰值。然後，這些峰值會出現在波封 $A(t)$，因而形成所謂的波封號角 (horns) 效應。為了說明這一效應，讓我們取矩形脈波 $x(t) = u(t) - u(t-\tau)$，我們可利用範例 3.5-2 所求得的 $\hat{x}(t)$。所造成的 SSB 波封被繪於圖 4.4-3，由圖中可看出，當 $x(t)$ 在步階不連續的瞬間，如 $t=0$ 及 $t=\tau$，波封有無限大的峰值。很明顯地，一個發射器

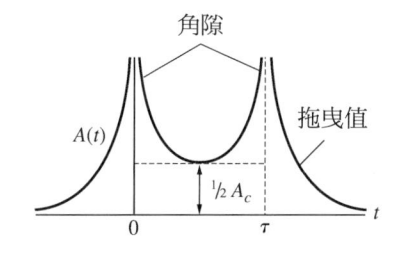

圖 4.4-3　脈波調變下的 SSB 的波封。

是無法應付這些無限大的號角所需之峰值波封功率。同時也請注意，在每一個波峰的前後在 $A(t)$ 上的拖曳值 (smears)。

於是我們可推論出：

> SSB 並不適合使用於脈波傳輸、數位資料或其他類似的應用。而其他適用的調變訊號，像聲音波形，在調變之前，應先經過低通濾波以使得任何突然的改變能夠變得平緩些，這樣也許能防止過度的號角或拖曳。

練習題 4.4-1

證明當 $x(t)=A_m \cos \omega_m t$ 時，式 (4) 與 (5) 跟式 (2) 是相符的，所以 $\hat{x}(t)=A_m \sin \omega_m t$。

■ SSB 生成

如圖 4.4-1a 之觀念上的 SSB 生成系統中，會有如圖 4.4-2 之理想濾波器函數。但是一個於 $f=f_c$ 之完美截止是不可能合成的，所以一個實際的旁波帶濾波器會通過部份我們不想要的旁波帶，也會衰減部份我們希望的旁波帶（對於殘旁波帶調變此兩種情況都存在)。幸好，許多我們實際感興趣的調變訊號都含有極少、甚至不包含低頻分量，如圖 4.4-4a 所繪的，在零頻率有"空隙"頻譜。這類頻譜是典型的聲音訊號，譬如語音及音樂等等。經過平衡調變器的遷移之後，零頻率空隙會變成以載波頻率為中心，實際的旁波帶濾波器就可以此為轉換區間。圖 4.4-4b 即說明了此點。

當做主要規則來看，轉換區間的寬度 2β 不能遠小於正規截止頻率的 1%，截止頻率設定之極限為 $f_{co} < 200\beta$。由於 2β 被頻譜間空隙寬度所限制，且 f_{co} 必須等於 f_c，給定一個訊息頻譜，要獲得足夠高的載波頻率也許不可能。對於這類情況，調變過程可利用圖 4.4-5 之系統 (參考習題 4.4-5) 以兩個 (或更多) 的步驟完成。

生成 SSB 的另一種方法是將式 (4) 寫成以下的形式再去推導：

$$x_c(t) = \frac{A_c}{2} x(t) \cos \omega_c t \mp \frac{A_c}{2} \hat{x}(t) \cos (\omega_c t - 90°) \tag{6}$$

這一個表示式提示了 SSB 訊號包含了兩個具有正交載波及調變訊號 $x(t)$ 和 $\hat{x}(t)$ 的 DSB 波形。圖 4.4-6 所繪為一個實現式 (6) 及產生 USSB 或 LSSB 的系統，取決於加法器的符號。這個系統就是所謂的**相位位移法** (phase-shift method)，它可省略對

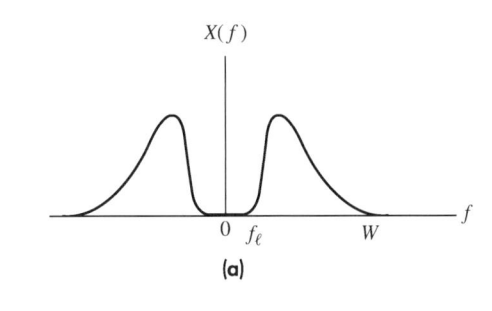

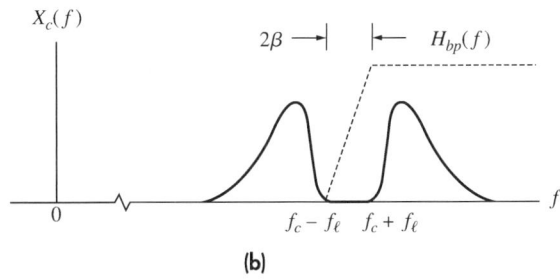

圖 4.4-4 (a) 具零頻率空隙的訊息頻譜；(b) 實際的旁波帶濾波器。

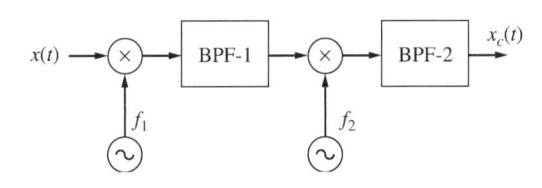

圖 4.4-5 SSB 生成的兩個步驟。

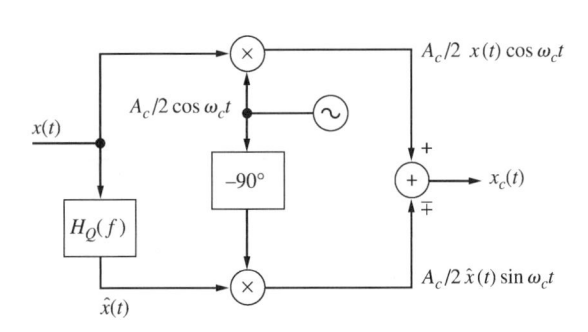

圖 4.4-6 SSB 生成的相移法。

旁波帶濾波器的需求。它主要是把 DSB 旁波帶的相位位移了，使得其可抵消 f_c 的一邊，而把另一邊的加起來以產生單旁波帶的輸出。

但是，正交相位移位器 $H_Q(f)$ 本身並非可實現的網路，只能被近似，通常是藉由圖 4.4-6 所示的兩分支上外加但相同的網路來近似的。不夠完美的近似通常會造成低頻訊號失真，對於圖 4.4-4a 之訊息頻譜型態而言，相移系統剛好可得到最好的結

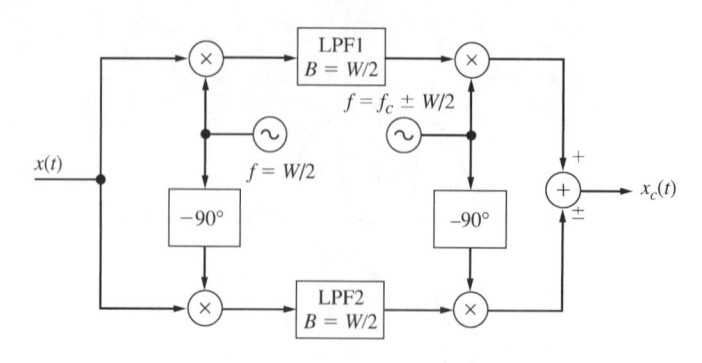

圖 4.4-7 Weaver 的 SSB 調變器。

果。SSB 生成的第三種方法是避免使用兩個旁波帶濾波器及正交相位移位器,我們會在範例 4.4-2 中考慮這一個方法。

範例 4.4-2　Weaver 的 SSB 調變器

考慮圖 4.4-7 的調變器,取 $x(t)=\cos 2\pi f_m t$ 而且 $f_m < W$,那麼 $x_c(t)=v_1 \pm v_2$,在這裡 v_1 是從迴路的上半部而來的訊號,另外 v_2 是從下半部而來的訊號。將它們分開考慮,輸入到上半部 LPF 的訊號是 $\cos 2\pi f_m t \cos 2\pi \frac{W}{2} t$,LPF1 的輸出被乘上 $\cos 2\pi (f_c \pm \frac{W}{2}) t$,造成了 $v_1 = \frac{1}{4} [\cos 2\pi (f_c \pm \frac{W}{2} - \frac{W}{2} + f_m) t + \cos 2\pi (f_c \pm \frac{W}{2} + \frac{W}{2} - f_m) t]$。輸入到下半部的 LPF 的訊號是 $\cos 2\pi f_m t \sin 2\pi \frac{W}{2} t$。LPF2 的輸出被乘上 $\sin 2\pi (f_c \pm \frac{W}{2}) t$,造成了 $v_2 = \frac{1}{4} [\cos 2\pi (f_c \pm \frac{W}{2} - \frac{W}{2} + f_m) t - \cos 2\pi (f_c \pm \frac{W}{2} + \frac{W}{2} - f_m) t]$。取上方的那一個符號則 $x_c(t) = 2 \times \frac{1}{4} \cos 2\pi (f_c + \frac{W}{2} - \frac{W}{2} + f_m) t = \frac{1}{2} \cos (\omega_c + \omega_m) t$,這個會對應到 USSB。同樣地,我們可以得到 LSSB 藉由取下半部的負符號,就造成了 $x_c(t) = \frac{1}{2} \cos (\omega_c + \omega_m) t$。

練習題 4.4-2

考慮圖 4.4-6,若取 $x(t)=\cos \omega_m t$,在適當點畫出線頻譜驗證旁波帶的抵消效果。

■ VSB 訊號及頻譜

考慮一個具有顯著低頻分量的大頻寬調變訊號,主要例子如電視視訊、傳真及高速數據等訊號,就頻寬的節約而言使用 SSB 的是可行的,但實際的 SSB 系統的低頻響應不佳。另一方面,DSB 對低訊息頻率有很好的表現,但傳輸頻寬是 SSB 的兩倍。很明顯地,我們希望有個折衷的調變技巧,此種折衷的產物就是殘旁波帶調變 (VSB)。

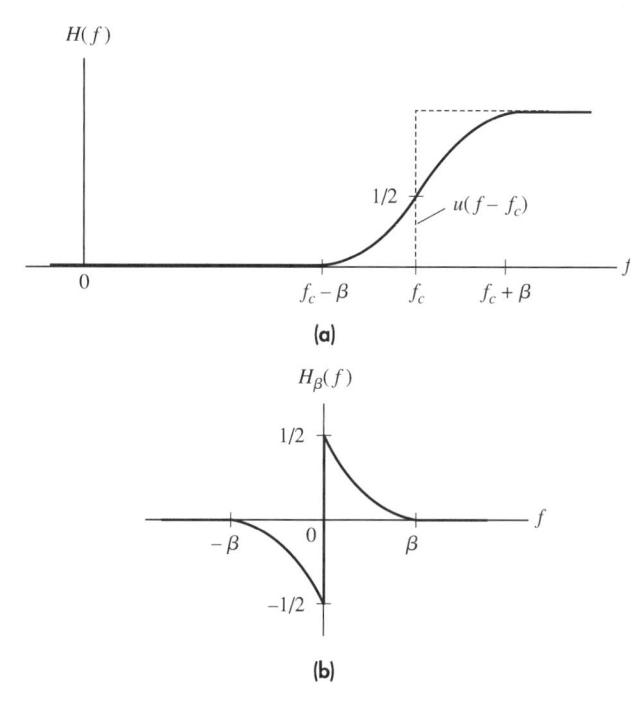

圖 4.4-8 VSB 濾波器特性。

VSB 是把 DSB (或 AM) 經過濾波而得到的，它讓一旁波帶幾乎完全通過且未將另一旁波帶完全濾除而保留一些**殘餘** (vestige)。VSB 的關鍵是這個旁波帶濾波器。圖 4.4-8a 所示是一個典型的轉換函數。完全準確的響應曲線並不重要的，只要對於載波頻率成奇對稱且在頻率 f_c 時有一個 1/2 的相對響應就可以。因此，取上旁波帶時，我們有

$$H(f) = u(f - f_c) - H_\beta(f - f_c) \quad f > 0 \tag{7a}$$

其中 $$H_\beta(-f) = -H_\beta(f) \qquad H_\beta(f) = 0 \quad |f| > \beta \tag{7b}$$

如圖 4.4-8b 所示。

VSB 濾波器僅是一個具有 2β 轉換寬度的實用旁波帶濾波器。因為部份旁波帶的寬度是濾波器轉換頻寬的一半，所以傳輸頻帶寬是：

$$B_T = W + \beta \approx W \tag{8}$$

然而，在某些應用上，殘餘濾波器的對稱性主要是在接收端完成，所以傳輸頻寬必須稍大於 $W+\beta$。

當 $\beta \ll W$ 時，通常是如此，VSB 頻譜看起來與一個 SSB 很像。此一相似性在時域中也成立，同時 VSB 波形可以被表示成式 (4) 的修正形式，如下：

$$x_c(t) = \tfrac{1}{2}A_c[x(t)\cos\omega_c t - x_q(t)\sin\omega_c t] \tag{9a}$$

其中 $x_q(t)$ 是為正交訊息分量，定義為：

$$x_q(t) = \hat{x}(t) + x_\beta(t) \tag{9b}$$

而且

$$x_\beta(t) = j2\int_{-\beta}^{\beta} H_\beta(f)X(f)e^{j\omega t}\,df \tag{9c}$$

如果 $\beta \ll W$，則 VSB 近似於 SSB 且 $x_\beta(t) \approx 0$；相反地，對於大 β，VSB 近似於 DSB 同時 $\hat{x}(t)+x_\beta(t) \approx 0$。傳輸功率 S_T，並不容易就可準確決定，但是其範圍限制為

$$\tfrac{1}{4}A_c^2 S_x \leq S_T \leq \tfrac{1}{2}A_c^2 S_x \tag{10}$$

主要由殘邊寬度 β 來決定。

最後，假設一個 AM 波被作用到殘旁波帶濾波器。這種方法被稱為 VSB 加載波 (VSB＋C)，使用在電視視訊傳輸上。未抑制載波允許我們使用像在 AM 中的波封檢波 (envelope detection)，同時也保留了抑制旁波帶的頻寬節省。無失真的波封檢波實際上是需要對稱的旁波帶，但 VSB＋C 仍可得到一個相當好的近似。

為了分析 VSB＋C 的波封，我們將式 (9) 的載波項及調變指數 μ 合併，得到了

$$x_c(t) = A_c\{[1+\mu x(t)]\cos\omega_c t - \mu x_q(t)\sin\omega_c t\} \tag{11}$$

同相及正交分量分別是：

$$x_{ci}(t) = A_c[1+\mu x(t)] \qquad x_{cq}(t) = A_c\mu x_q(t)$$

所以，波封是 $A(t) = [x_{ci}^2(t) + x_{cq}^2(t)]^{1/2}$ 或

$$A(t) = A_c[1+\mu x(t)]\left\{1 + \left[\frac{\mu x_q(t)}{1+\mu x(t)}\right]^2\right\}^{1/2} \tag{12}$$

因此，如果 μ 不是太大而 β 不是太小時，那麼 $|\mu x_q(t)| \ll 1$ 以及

$$A(t) \approx A_c[1+\mu x(t)]$$

上述結果與所期盼的一樣。μ 及 β 值的求得必須以基本訊號來進行實驗探討，以使它們所求的值可以在無失真波封調變、功率效益及頻寬節省等互相矛盾的要求之間提供一個適當的折衷方案。

4.5 頻率變換及解調

線性 CW 調變——也就是 AM、DSB、SSB 或 VSB——會產生訊息頻譜的向上遷移。因此，**解調** (demodulation) 意味著向下的頻率轉移 (downward frequency translation) 以便從調變波中把訊息恢復。執行這種運算的解調器可分為兩大類：**同步檢波器** (synchronous detectors) 及**波封檢波器** (envelope detectors)。

頻率遷移或**變換** (conversion) 也可用來將調變訊號位移到一個新載波頻率（上或下），以便做放大或其他處理。因此，頻率遷移在線性調變系統中是一個基本觀念，同時也包括調變及檢波這種特例。在檢視檢波器以前，我們將先簡略指定頻率變換的一般處理過程。

■ 頻率變換

頻率變換是從乘上一個弦波開始的。例如，考慮 DSB 波 $x(t) \cos \omega_1 t$ 乘上 $\cos \omega_2 t$ 後，可得：

$$x(t) \cos \omega_1 t \cos \omega_2 t = \tfrac{1}{2}x(t) \cos (\omega_1 + \omega_2)t + \tfrac{1}{2}x(t) \cos (\omega_1 - \omega_2)t \tag{1}$$

此乘積項包含了和頻率 f_1+f_2 及差頻率 $|f_1-f_2|$，每一個都被 $x(t)$ 所調變。為了清楚起見，我們把差頻率寫成 $|f_1-f_2|$，是因為 $\cos(\omega_2-\omega_1)t = \cos(\omega_1-\omega_2)t$ 之故。假定 $f_2 \neq f_1$，乘法運算會將訊號頻譜移到兩個新載波頻率上。使用適切的濾波，可將訊號上行變換或下行變換。執行此種運算的裝置被稱為**頻率變換器** (frequency converter) 或**混波器** (mixers)。運算本身則被稱為**外差** (heterodyning) 或混波 (mixing)。

圖 4.5-1 畫出了一個頻率變換器的基本組成。乘法器的實現是依循 4.3 節所討論的調變電路時之相同原則。變換器的應用包括有拍差頻振盪器、再生分頻器、語音擾拌器及頻譜分析儀等，另外還有它們也在接收機與發射機扮演了重要角色。

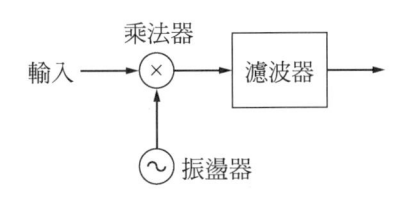

圖 4.5-1 頻率變換器。

範例 4.5-1　衛星傳收器

圖 4.5-2 所示是位於衛星中繼站中經簡化後的傳輸接收單元 (transponder)，它可提供了兩個地面電台間的雙向通訊。不同的載波頻率 6 GHz 及 4 GHz，分別被使用在上行鏈路及下行鏈路中，以防止從發射端至接收端的正回授而引起的自我振盪。頻率變換器將被放大的上行鏈路訊號的頻譜轉移到下行鏈路放大器的通帶中。

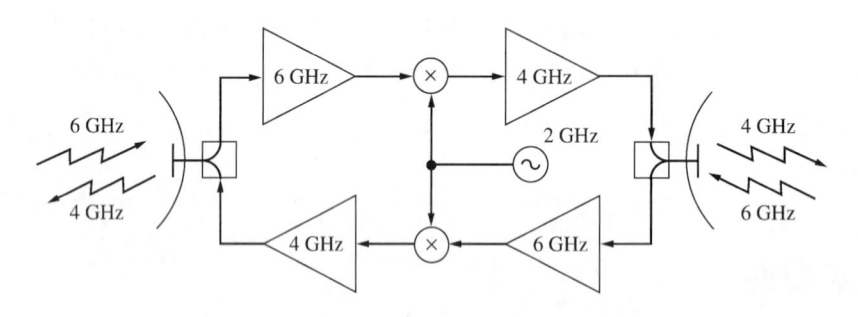

圖 4.5-2　使用頻率變換器的衛星詢答器。

練習題 4.5-1

取圖 4.1-1 中的 $X(f)$，分別繪出當 $f_2 < f_1$、$f_2 = f_1$ 及 $f_2 > f_1$ 時，式 (1) 之頻譜圖。

■ 同步檢波

所有型態的線性調變都可使用圖 4.5-3 的乘法解調器來進行檢波。進入的訊號首先以本地生成的弦波相乘，然後再經低通濾波處理，濾波器的頻寬與訊息頻寬 W 相同或稍微大些。假設本地振盪器 (local oscillator, LO) 的相位角及頻率都與載波完全同步，這就了解何以被稱為同步 (synchronous) 或同調檢波 (coherent detection) 的原因了。

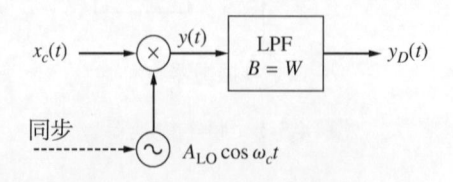

圖 4.5-3　同步乘法檢波。

為了分析的目的，將輸入訊號改寫成一般形式，如下：

$$x_c(t) = [K_c + K_\mu x(t)] \cos \omega_c t - K_\mu x_q(t) \sin \omega_c t \tag{2}$$

上式之 K_c、K_μ 及 $x_q(t)$ 經適當標示，可代表任何形式的線性調變——例如，取 $K_c = 0$ 表示抑制載波，取 $x_q(t)=0$ 代表雙旁波帶調變等等。因此，濾波器的輸入為下列的乘積

$$x_c(t) A_{LO} \cos \omega_c t$$
$$= \frac{A_{LO}}{2} \{[K_c + K_\mu x(t)] + [K_c + K_\mu x(t)] \cos 2\omega_c t - K_\mu x_q(t) \sin 2\omega_c t\}$$

因為 $f_c > W$，低通濾波器將兩倍頻率項都濾除了，只留下前導項

$$y_D(t) = K_D[K_c + K_\mu x(t)] \tag{3}$$

其中 K_D 是檢波常數。如果與被調變波共存時，直流分量 $K_D K_c$ 就對應到遷移載波。它可以被阻塞電容或變壓器自輸出中移除——同樣地，前述裝置也可移除 $x(t)$ 中的任何直流項。有了這個要求不算高的條件後，我們可以說訊息已可自 $x_c(t)$ 中完全回復。

縱使正確無誤，上述的操作過程，對於 VSB 的解調亦沒什麼幫助。在頻域中，若訊息頻譜被取為寬度是 W 的常數（圖 4.5-4a），則被調變後的頻譜有圖 4.5-4b 的形式。在濾波器輸入處的下行轉移頻譜如圖 4.5-4c 所示。再一次的當高頻項被濾除了，然而下行轉移的旁波帶則重疊在零頻率附近。回想殘旁波帶濾波器的對稱性，我們可發現上旁波帶被移走的部份剛好由下旁波帶對應的殘餘所補償，所以 $X(f)$ 在輸出處被重建了，同時被檢測出的訊號與 $x(t)$ 成正比。

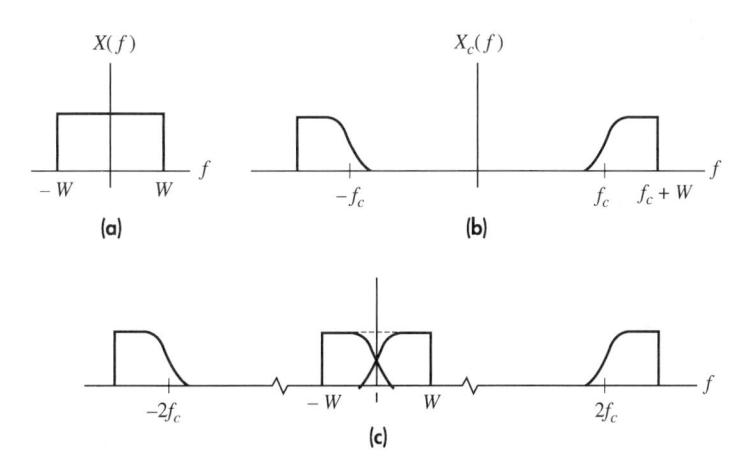

圖 4.5-4 殘邊帶。(a) 訊息；(b) 調變訊號；(c) 低通濾波器前的頻率轉移訊號。

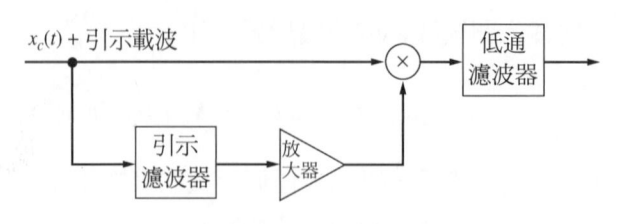

[圖示：$x_c(t)$ + 引示載波 → ⊗ → 低通濾波器；下方分支：引示濾波器 → 放大器 → ⊗]

圖 4.5-5 同調檢波。

　　理論上，乘積解調非常容易；但實際上它可以很有技巧。問題的關鍵就是**同步** (synchronization)──也就是使振盪器同步到一個正弦波，如果載波被抑制時，此正弦波甚至不會出現在輸入訊號中。為了解決這個問題，抑制式載波系統在發射機端也許會把少量的載波加入 $x_c(t)$ 中。此一**導引載波** (pilot carrier) 在接收機端藉由一個窄帶通濾波器可將它取出，加以放大後，可以代替本地振盪來使用。圖 4.5-5 所繪的系統被稱為**同調檢波** (homodyne detection)。(事實上，被放大的導引載波更常被用來同步一個分離的振盪器，而不是直接被使用。)

　　其他各種不同的同步技術也可能包括有**鎖相迴路** (phase-locked loops) (在 7.3 節中將討論) 或在發射機及接收機中使用極高穩定度之晶體控制振盪器。儘管如此，在同步檢波器中總會還有某些程度的非同步。因此，探討各種不同應用中相位及頻率的漂移效應是很重要的。接下來我們將藉由單音調變來探討 DSB 及 SSB。

　　讓本地振盪器為 $\cos(\omega_c t + \omega' t + \phi')$，其中 ω' 及 ϕ' 及分別代表對應於載波之緩慢漂移頻率及相位角誤差。對單音調變的雙旁波帶訊號來說，被檢波的訊號為：

$$y_D(t) = K_D \cos \omega_m t \cos(\omega' t + \phi') \tag{4}$$

$$= \begin{cases} \dfrac{K_D}{2}[\cos(\omega_m + \omega')t + \cos(\omega_m - \omega')t] & \phi' = 0 \\ K_D \cos \omega_m t \cos \phi' & \omega' = 0 \end{cases}$$

同樣地，對具有 $x_c(t) = \cos(\omega_c \pm \omega_m)t$ 的單旁波帶訊號而言，我們有：

$$y_D(t) = K_D \cos[\omega_m t \mp (\omega' t + \phi')] \tag{5}$$

$$= \begin{cases} K_D \cos(\omega_m \mp \omega')t & \phi' = 0 \\ K_D \cos(\omega_m t \mp \phi') & \omega' = 0 \end{cases}$$

前述的所有表示式都可自簡單的三角函數展開式推導得到。

　　很明顯地，在 DSB 與 SSB，若頻率漂移與 W 相比不是很小時，將會對被檢波的單音有顯著的影響。此種效應在 DSB 中會更嚴重，因為它產生了一對單音 $f_m + f'$ 及 $f_m - f'$。如果 $f' \ll f_m$，這些聲音聽起來就像當兩種樂器合奏但稍微不合調時所產生的顫音或拍差音。對於 SSB 雖然只有一個單音調產生，但特別對於音樂傳輸也會造成擾動。為說明起見，主要三音弦包含了三種主調，它們頻率之間的關係就如整數 4、5 及 6 一樣。檢波的頻率誤差使得每一主調都位移了相同的絕對量，因而破壞了和諧關係並使得音樂具有東亞風味 (注意，此效應不像放唱片時用錯了轉速的情形，因不同的轉速仍然會維持頻率比)。對於語音傳輸而言，主觀的聽覺測試顯示，低於 ± 10 Hz 的頻率漂移是可忍受的，若漂移太大的話，每個人的聲音都相當像唐老鴨。

對於相位漂移而言，DSB 就又更加敏感了，尤其當 $\phi' = \pm 90°$ (本地振盪頻率及載波成正交) 被檢波出的訊號會完全消失。如果 ϕ' 緩慢地變動，我們會得到一個明顯的漸弱 (feding) 效應。在 SSB 上的相位角漂移是以延遲失真 (delay distortion) 方式出現的，極端的情況是當 $\phi' = \pm 90°$，同時被解調訊號變為 $\hat{x}(t)$ 時。儘管如此，如同前面已提到的，人類耳朵能夠容忍相當大的延遲失真，以致於語音訊號 SSB 系統的相位角漂移並不是一個太嚴重的問題。

總而言之，

> 對於藉由 SSB 的語音傳輸而言，相位角及頻率的同步要求並不嚴格。但是對於使用抑制載波的數據、傳真及視訊系統，精確的同步是必須的。結果，電視廣播使用 VSB+C 而非抑制式載波 VSB。

■ 波封檢波

我們很少談到有關 AM 同步解調，最簡單的理由是此種解調方式幾乎不被使用。事實上，對於 AM，使用同步檢波器也是可行的，我們會在 10.2 節中看到，同步檢波器對弱訊號的接收是最好的。但是使用**波封檢波器** (envelope detection) 卻簡單多了。因為 AM 波的波封形狀與訊息相同，而且與載波及相位角無關，所以解調可藉由抽取波封而完成並無須擔心同步化的問題。

> 波封檢波只能解調具有載波的訊號。

一般而言，這個意思是波封檢波器將只解調 AM 訊號，或是抑制載波系統 (即 DSB，SSB) 在接收機端有一個載波被插入訊號中的情況，如圖 4.5-7 所示。

一個簡單化的波封檢波器及其波形被繪於圖 4.5-6 中，其中的二極體被假設是片段式線性。雖沒有更細部的電路，電壓 v 恰好是輸入 v_{in} 的半波整流結果。但 R_1C_1 的動作就像低通濾波器，如果下式成立

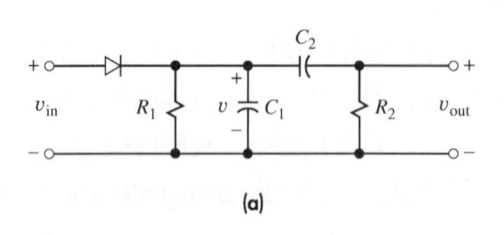

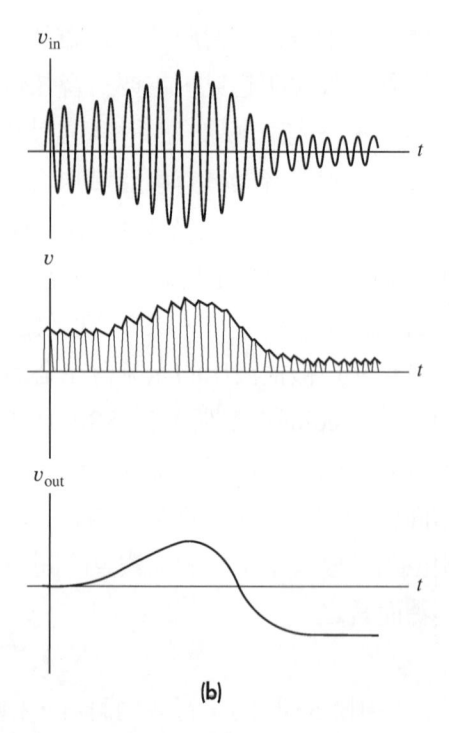

圖 4.5-6 波封檢波：(a) 電路；(b) 波形。

$$W \ll \frac{1}{R_1 C_1} \ll f_c \tag{6}$$

則 $R_1 C_1$ 電路只對 v_{in} 之峰值變動才有響應。因此，如同先前所注意到的，我們必須使 $f_c \gg W$ 才可清楚地定義出波封。在這些條件下，C_1 只會在載波峰值間些微地放電，且 v 近似於 v_{in} 的波封。如果有必要的話，更較複雜的濾波作用可以產生更進一步的改進。最後，$R_2 C_2$ 被當做一個直流阻塞來移除未調變載波分量的偏壓。因為直流阻塞會造成低頻訊息分量的失真，傳統的波封檢波器對於包含重要低頻分量的訊號而言，並不適用。

電壓 v 亦可被濾波以移除波封變動，並產生一個與載波振幅成正比的直流電壓。這個電壓反過來又回授至接收機的前面幾級，以達成**自動音量控制** (automatic volume control, AVC) 來達成衰減之補償。雖然用到了非線性元件，圖 4.5-6 也被稱為**線性波封檢波** (linear envelope detector)；主因是輸出與輸入波封成線性正比。冪律的二極體也可被使用，但是如此一來 v 將包括 v_{in}^2，或與 v_{in}^3 類似形式的各項，除非 $\mu \ll 1$，否則會有相當大的二次諧波失真。

某些 DSB 及 SSB 解調器使用如圖 4.5-7 所繪之**波封再生** (envelope reconstruction) 方法。一個由本地產生的大載波被加到輸入訊號上後，可藉由波封檢波

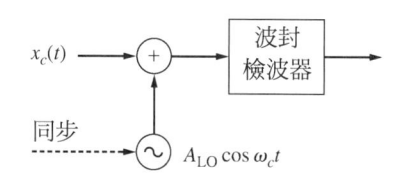

圖 4.5-7 抑制載波調變的波封再生。

器來回復訊息波封。這個方法可免除訊號乘法，但卻不能逃避同步的問題，所以本地載波必須同步到乘法解調器中的本地振盪器。

練習題 4.5-2

讓圖 4.5-7 之輸入是單音調變的 SSB，且讓 LO 有一個相位角誤差 ϕ'，但無頻率誤差。使用相量圖求得最後的波封表示式。然後證明如果 $A_{LO} \gg A_c A_m$，則 $A(t) \approx A_{LO} + \frac{1}{2} A_c A_m \cos(\omega_m t \mp \phi')$。

練習題 4.5-3 抑制載波訊號的包絡偵測

撰寫 MATLAB 程式來模擬圖 4.5-6a 的包絡偵測器以偵測 100% AM 調變訊號，接著再偵測一個 DSB 訊號。證明為什麼它不能用於偵測 DSB 訊號。使用單音訊息，且繪出訊息、被調變訊號，以及波封檢波器的輸出波形。

4.6 問答題與習題

問答題

1. 世界某些地區規定收音機與電視要繳稅。在不需要進入某屋主他 (或她) 的房屋內或是追蹤他 (或她) 的購買情形下，你如何判斷這個屋主有依照法令規定繳稅？
2. 為什麼 TV 和手機訊號分配的是 VHF 和 UHF 頻率，而 AM 廣播台分配的是低頻帶？
3. 振盪電路的頻率可以用單一晶體或是 RLC BPF 網路來操控。列出採用每種型態的正面或反面理由。
4. 除了在 4.5 和 7.5 節已經描述過的，至少說明一種方法來同步接收機的乘積偵測器、本地振盪器和發射端的載波頻率。

5. 哪一種調變型態適合傳送具有低頻與直流內容的訊息？
6. 哪一種調變型態是非常容易被截聽？為什麼？
7. 依照 4.1 節式 (18) 所描述的，說明為何 $f_c < 100B$？
8. 為什麼一個發射機的載波頻率會在一個很短的期間中變動，至少列出一個理由。
9. 在偵測一個 AM 訊號時，乘積偵測器的 LO 有 500 Hz 的誤差。接收機的輸出聽起來像什麼聲音？如果接收機接收的是 DSB 或是 SSB 訊號，輸出又是如何？
10. 根據問答題 9 的條件，說明一種機械式的類同情形。
11. 為什麼 C 級放大器不適用在 DSB 或是 SSB 上應用？
12. 在什麼條件下，一個 C 級放大器可用在 AM？
13. 為什麼圖 4.3-7 要用到備能電路？
14. 使用實際的乘法電路有什麼困難地方？
15. 為什麼在波封檢波器中使用鍺二極體比矽二極體較受到喜愛？
16. 為什麼調變與解調一般的光源比對雷射源困難？
17. 為什麼圖 4.5-6 中的波封檢波器使用並聯 RC LPF 來取代圖 3.1-2 中的串聯 RC LPF？
18. 從增加一個濾波器的階數中，我們可以獲得哪兩種好處？

習 題

4.1-1 使用相量圖求得當 $v_{bp}(t) = v_1(t)\cos\omega_c t + v_2(t)\cos(\omega_c t + \alpha)$ 時之 $v_i(t)$、$v_q(t)$、$A(t)$ 及 $\phi(t)$ 之表示式。然後假設 $|v_2(t)| \ll |v_1(t)|$，簡化 $A(t)$ 及 $\phi(t)$。

4.1-2 若 $v_{bp}(t) = v_1(t)\cos(\omega_c - \omega_0)t + v_2(t)\cos(\omega_c + \omega_0)t$，重做習題 4.1-1。

4.1-3 讓式 (7) 之 $v_i(t)$ 及 $v_q(t)$ 均為低通訊號，其能量分別為 E_i 及 E_q，且頻寬為 $W < f_c$。

(a) 利用 2.2 節的式 (17)，證明：

$$\int_{-\infty}^{\infty} v_{bp}(t)dt = 0$$

(b) 現在證明帶通訊號能量等於 $(E_i + E_q)/2$。

4.1-4* 當 $f_c = 1200$ Hz 且

$$V_{bp}(f) = \begin{cases} 1 & 900 \le |f| < 1300 \\ 0 & \text{其他} \end{cases}$$

時，求出 $v_{\ell p}(t)$、$v_i(t)$ 及 $v_q(t)$。

4.1-5 重做習題 4.1-4 以

$$V_{bp}(f) = \begin{cases} 1 & 1100 \leq |f| < 1200 \\ 1/2 & 1200 \leq |f| < 1350 \\ 0 & \text{其他} \end{cases}$$

4.1-6 令 $v_{bp}(t) = 2z(t) \cos[(\omega_c \pm \omega_0)t + \alpha]$，求出 $v_i(t)$ 及 $v_q(t)$ 以使得

$$v_{\ell p}(t) = z(t) \exp j(\pm \omega_0 t + \alpha)$$

4.1-7 以自式 (17a) 藉由 f_ℓ 及 f_u 的展開式導出式 (17b)。

4.1-8 讓式 (17a) 中之 $f = (1+\delta)f_0$ 且假設 $|\delta| \ll 1$，導出簡單的近似式

$$H(f) \approx 1/[1 + j2Q(f - f_0)/f_0]$$

會成立，如果 $f > 0$ 且 $|f - f_0| \ll f_0$

4.1-9 一個差調式 (stagger-tuned) 帶通系統，中心頻率在 $f = f_c$ 具有 $H(f) = 2H_1(f)H_2(f)$，其中 $H_1(f)$ 是由式 (17a) 於 $f_0 = f_c - b$ 及 $Q = f_0/2b$ 時所求得，而其中的 $H_2(f)$ 也是由式 (17a) 所求得，但這時之 $f_0 = f_c + b$ 及 $Q = f_0/2b$。使用習題 4.1-8 的近似式繪出當 $f_c - 2b < f < f_c + 2b$ 時之 $|H(f)|$，並與具有 $f_0 = f_c$ 及 $B = 2b\sqrt{2}$ 的簡單調諧電路比較。

4.1-10* 使用低通時域分析當 $x_{bp}(t) = A \cos \omega_c t \, u(t)$ 及 $f > 0$ 且 $H_{bp}(f) = 1/[1 + j2(f - f_c)/B]$ 時，求出 $y_{bp}(t)$，並繪出其圖形。前述之 $H_{bp}(f)$ 與習題 4.1-8 之調諧電路非常近似。

4.1-11 當 $f > 0$，$H_{bp}(f) = \prod[(f - f_c)/B] \, e^{-j\omega t_d}$ 時，重做習題 4.1-10，此時 $H_{bp}(f)$ 對應於一個理想 BPF。提示：參考 3.4 節式 (9)。

4.1-12‡ 習題 4.1-6 之帶通訊號，$z(t) = 2u(t)$，將其作用至一個理想 BPF 具有單位增益，零時間延遲，頻率中心在 f_c 而頻寬為 B 之帶通濾波器。使用低通頻域分析以求得當 $B \ll f_0$ 時之帶通輸出訊號的近似。

4.1-13‡ 考慮一個中心頻率在 f_c，頻寬為 B，單位增益且當 $f > 0$ 時具有拋物線相位位移 $\theta(f) = (f - f_c)^2/b$ 的 BPF。當 $|b| \gg (B/2)^2$，$x_{bp}(t) = z(t) \cos \omega_c t$，此處 $z(t)$ 具有一個頻寬限制低通頻譜 $W \leq B/2$，求得輸出訊號的正交載波近似。

4.1-14 用 $C = 300 \text{ pf}$ 設計一個帶拒濾波器以阻止一個 1,080 kHz 的訊號進入到你的接收機輸入端。說明你的任何假設條件。

4.1-15 以正交載波的形式再描述以下的訊號：

$$y(t) = 20\cos 2\pi 10t \cos(2\pi 1000t) + \cos 2\pi 1010t$$

4.1-16 已知圖 4.1-8 的電路，如果 $R=1000\,\Omega$ 且 $C=300$ pf，它的頻寬是多少？和 L 有關係嗎？如果沒有，其理由是什麼？

4.1-17* 一個具有單音訊息的 AM 訊號，它的期間是 10 ms 且頻率是 1 kHz，那麼它的零值到零值頻寬為何？

4.1-18 以相對頻寬為 -21 dB，重做習題 4.1-17。

4.2-1 令 $x(t)=\cos 2\pi f_m t\, u(t)$ 且 $f_m \ll f_c$。對於 $\mu<1$ 的 AM、$\mu>1$ 的 AM 以及 DSB 第三種 AM 調變分別繪出 $x_c(t)$ 圖形，並請標示其波封。

4.2-2 若 $x(t)=0.5u(t)-1.5u(t-T)$ 且 $T \gg 1/f_c$，重做問題 4.2-1。

4.2-3* 如果 $x(t)=\cos 200\pi t$，並且假設 $A_c=10$ 及 $\mu=0.6$，對於 AM 被調變訊號，求出 B_T 及 S_T。對於 DSB 傳輸，請重做一次。

4.2-4 訊號 $x(t)=\text{sinc}^2 40t$ 被以 $\mu<1$ 的 AM 傳輸。繪出 $x_c(t)$ 的雙邊頻譜，並且求出 B_T。

4.2-5 計算一個具有 100% 單音調變且峰值波封功率 32 kW 之 AM 波傳輸功率。

4.2-6 考慮一個具有 4 kW 峰值波封功率的無線電發射器，求出 AM 單音調變使得 $S_T=1$ kW 的最大 μ 值。

4.2-7 考量依 50 MHz DSB 系統，其原來是一個具有 $SX=0.5$ 的 100% AM。此DSB 訊號有 $S_T=1000$ W 以及載波抑制 -40 dB。假設訊號有 $g_T=10$ dB 從定向天線輻射出去，在距離 1.6 公里處的資訊功率對載波功率比值為何？

4.2-8 考量一個播放音樂的 AM 廣播電台，要在音頻段讓 $B_T=10$ kHz 以外的訊號降低 40 dB 且不讓語音訊號衰減超過 3 dB，那麼要用多少階的 LPF？

4.2-9 複音調變訊號 $x(t)=3K(\cos 8\pi t + 2\cos 20\pi t)$ 被輸入到一個具有 $\mu=1$ 且 $f_c=1000$ 的 AM 發射器。求出可使 $x(t)$ 正規化的 K 值，繪出被調變波之正頻率線頻譜，並計算於 $2P_{sb}/S_T$ 的上限。

4.2-10 以 $x(t)=2K(\cos 8\pi t + 1)\cos 20\pi t$，重做習題 4.2-9。

4.2-11* 訊號 $x(t)=4\sin(\pi/2)t$ 以 DSB 傳輸，在什麼範圍載波頻率可以被使用？

4.2-12 習題 4.2-11 的訊號現在以 $\mu=1$ 之 AM 傳輸。請繪出相量圖。使得相位反轉不發生的最小載波振幅是多少？

4.2-13 訊號 $x(t)=\cos 2\pi 40t + (1/2)\cos 2\pi 90t$ 使用 DSB 來傳輸。請繪出正頻率線譜及相量圖。

4.3-1 訊號 $x(t)=(1/2)\cos 2\pi 70t + (1/3)\cos 2\pi 120t$ 被輸入到如圖 4.3-3a 具有 10

kHz 載波頻率的平方律調變器系統，假設 $v_\text{out}=a_1v_\text{in}+a_2v_\text{in}^2$：

(a) 求能使此系統產生一個標準 AM 訊號之濾波器中心頻率及頻寬。

(b) 決定可以使得 $A_c=10$ 及 $\mu=1/2$ 之 a_1 及 a_2 的值。

4.3-2* 一個具有非線性元件的調變系統產生訊號 $x_c(t)=aK^2\,(v(t)+A\cos\omega_c t)^2-b(v(t)-A\cos\omega_c t)^2$。如果載波有頻率 f_c 及 $v(t)=x(t)$。證明，選用一個適當的 K，可以產生沒有濾波作用的 DSB 調變。請繪出這個調變系統的方塊圖。

4.3-3 求出習題 4.3-2 的 K 及 $v(t)$ 使其不需濾波作用就可產生 AM 調變，並畫出此一調變系統的方塊圖。

4.3-4 一個類似於圖 4.3-3a 的調變器有一個形式為 $v_\text{out}=a_1v_\text{in}+a_3v_\text{in}^3$ 的非線性元件。若輸入是如圖 4.1-1 的訊號，請繪出 $v_\text{out}(f)$。求得可以產生一個有載波頻率 f_c 之 DSB 訊號的振盪器及 BPF 的參數。

4.3-5 使用習題 4.3-4 的非線性元件及一個頻率倍增器，設計一個 AM 調變器的方塊圖形式。請小心，要標記所有元件並求得在可實現的情況下，於表示成 W 之 f_c 上之必要條件。

4.3-6 考慮圖 4.3-5，當 AM 調變器是不平衡 (unbalanced) 時，求得輸出訊號；不平衡調變器中的一個非線性元件具有 $v_\text{out}=a_1v_\text{in}+a_2v_\text{in}^2+a_3v_\text{in}^3$ 特性，而另一個有 $v_\text{out}=b_1v_\text{in}+b_2v_\text{in}^2+b_3v_\text{in}^3$ 的特性。

4.3-7* 訊號 $x(t)=20\,\text{sinc}^2\,400t$ 被輸入到圖 4.3-6 之環調變器。繪出 v_out 的頻譜，並求得可以被使用來傳輸訊號之 f_c 值的範圍。

4.4-1 自 $y_{\ell p}(t)$ 推導出式 (4)。

4.4-2 取式 (4) 之轉換式，求出 SSB 頻譜：

$$X_c(f) = \tfrac{1}{4}A_c\{[1\,\pm\,\text{sgn}(f-f_c)]X(f-f_c) \\ +\,[1\,\mp\,\text{sgn}(f+f_c)]X(f+f_c)\}$$

4.4-3 驗證習題 4.4-2 $X_c(f)$ 的表示式與圖 4.4-1b 及圖 4.4-1c 是相符合的。

4.4-4 當 $x(t)=\cos\omega_m t+1/9\cos3\omega_m t$ 時，求得 SSB 的波封，注意 $x(t)$ 近似於一個三角波。取 $A_c=81$ 繪出 $A(t)$ 並與 $x(t)$ 相比較。

4.4-5 圖 4.4-5 的系統，在第一個 BPF 的低截止頻率等於 f_1 而第二個 BPF 的低截止頻率是 f_2 時，會產生 $f_c=f_1+f_2$ 的 USSB，試取如圖 4.4-4a 的 $X(f)$ 說明系統的操作，並在一些適當點上，繪出頻譜。若要產生 LSSB 時，系統該如何修正？

4.4-6 假設圖 4.4-5 中所示的系統被設計來產生如習題 4.4-5 所描述的 USSB。令

$x(t)$ 是一個典型的語音訊號,因此 $X(f)$ 可忽略於 $200 < |f| < 3200$ Hz 範圍之外的內容。試繪出當 BPF 的轉換範圍符合 $2\beta \geq 0.01 f_{co}$ 時,在一些適當點的頻譜以求出 f_c 的最大允許值。

4.4-7* 訊號 $x(t) = \cos 2\pi 100t + 3\cos 2\pi 200t + 2\cos 2\pi 400t$ 被輸入到一個具有載波頻率 10 kHz 的 LSSB 振幅調變系統。繪出這個被傳輸訊號的雙邊頻譜,並且求出傳輸功率 S_T 及頻寬 B_T。

4.4-8 繪出一個會產生習題 4.4-7 LSSB 訊號的系統之方塊圖,請給定正確之濾波器截止頻率及振盪器頻率值。注意,要確定你的濾波器符合分數頻寬原則。

4.4-9 考量具有 $x(t) = \cos 2\pi 1000t + 1/3 \cos 2\pi 1500t + 1/2 \cos 2\pi 1800t$ 的訊息以及 $A_c = 10$。如果調變是 100% 的 AM、DSB、LSSB 及 USSB,描繪其正的輸出頻譜。

4.4-10 用數學的方法證明如何用一個乘積檢波器來檢測一個 USSB 訊號。

4.4-11 假設圖 4.4-6 中的載波相位位移實際上是 $-90° + \delta$,其中 δ 是一個微小的角度誤差。試求輸出處之 $x_c(t)$ 及 $A(t)$ 的近似表示式。

4.4-12 考慮圖 4.4-6,若 $x(t) = \cos \omega_m t$ 且正交移相器具有 $|H_Q(f_m)| = 1 - \epsilon$ 及 $\arg H_Q(f_m) = -90° + \delta$,其中 ϵ 及 δ 是微小誤差,試求輸出處的 $x_c(t)$ 的近似表示式。並將答案改寫成兩個弦波之和。

4.4-13 單音訊號 $x(t) = A_m \cos 2\pi f_m t$ 被輸入到一個 VSB+C 調變器。所造成之傳輸訊號是:

$$x_c(t) = A_c \cos 2\pi f_c t + \tfrac{1}{2} a A_m A_c \cos[2\pi(f_c + f_m)t] \\ + \tfrac{1}{2}(1-a) A_m A_c \cos[2\pi(f_c - f_m)t]$$

假設 $a > 1/2$,畫出相量圖。並且求得正交分量 $x_{cq}(t)$。

4.4-14* 單音調變且取 $f_m < \beta$ 使得 VSB 濾波器具有 $H(f_c \pm f_m) = 0.5 \pm a$,求得 VSB 的表示式;然後,證明當 $a = 0$ 時,$x_c(t)$ 變成 DSB 或者當 $a = \pm 0.5$ 變成 SSB。

4.4-15 求得 $f_m > \beta$ 時單音調變之 VSB+C 的表示式。並建立相量圖及求出 $A(t)$。

4.5-1 給定一個中心在 66 MHz 的帶通放大器,僅使用一個振盪器設計一個能接收第 11 頻道 (199.25 MHz) 且能發射第 4 頻道 (67.25 MHz) 訊號的電視傳送接收單元。

4.5-2 若接收改在第 44 頻道 (651.25 MHz) 而發射則在第 22 頻道 (519.25 MHz) 時,重做習題 4.5-1。

4.5-3 考慮圖 4.4-5 之系統，當第一個 BPF 只通過上旁波帶，第二個振盪器頻率是 $f_2=f_1+W$，而第二個 BPF 被一個寬度 $B=W$ 的 LPF 所取代時，該系統變為一個擾頻器。若 $X(f)$ 如圖 4.4-4(a) 所示，繪出其輸出頻譜；並解釋當 $x(t)$ 是語音訊號時，為什麼輸出是無法解讀的？輸出訊號是如何被解讀的？

4.5-4 $x_c(t)$ 如式 (2) 所表示，當檢波器的本地振盪產生 $2\cos(\omega_c t+\phi)$，其中 ϕ 為一常數相位角誤差，求出該同步檢波器的輸出。然後以調變參數適切的取代，分別寫出對於 AM、DSB、SSB 及 VSB 的答案。

4.5-5* 習題 4.4-13 的傳輸訊號被使用波封檢測加以解調變了。假設 $0 \le a \le 1$，在波封檢測器的輸出，哪些 a 值可以得到最小及最大失真。

4.5-6 訊號 $x(t)=2\cos 4\pi t$ 藉由 DSB 傳輸。如果使用波封檢測來進行解調變，繪出輸出訊號。

4.5-7 設計一個系統將一個 7 MHz 的 LSSB 訊號轉換成一個 50 MHz 的 USSB 訊號。描繪你的系統的各級輸出頻譜以證實你的設計。

4.5-8 考量一個 DSB 訊號其訊息為 $\pm 1s$。利用一個非線性元件以 $v_{out}=a_1 v_{in}+a_2 v_{in}^2$ 的方式而不必使用到本地振盪器來設計解調器，用方塊圖方式來表示你的解答，並說明每個方塊的輸出訊號來證實你的答案。

4.5-9 不用本地振盪器或乘法器，而是以 $v_{out}=a_1 v_{in}+a_2 v_{in}^2$ 形式的非線性元件來設計一個 AM 解調器。用方塊圖方式表示你的解答，並說明每個方塊的輸出訊號來證實你的答案。

4.5-10 你希望利用打開或關閉載波的方式來傳送一序列的 0 與 1。因此以 $m(t)=0$ 或 1 放在 $x_c(t)=m(t)\cos 2\pi f_c t$ 中。證明如何利用波封或是乘積檢波器來偵測你的訊號？

4.5-11 假設習題 4.5-6 的 DSB 波形，使用一個同步檢波器來解調。該同步檢波器使用一個基本頻率為 f_c 的方波當做本地振盪器，請問這個檢波器可以正確地解調出訊號嗎？如果改用其他的週期訊號取代方波做為本地振盪，也會得到相同結果嗎？

4.5-12 繪出 AM 波的半波整流輸出，條件是該 AM 訊號具有 $\mu A_m=1$ 及 $f_m=W$ 之單音調變特性。試利用所繪之圖形決定圖 4.5-6 之波封檢波器之時間常數 $R_1 C_1$ 的上、下限。並從這些極限值求出 f_c/W 的最小實用值。

5

CS chapter

角度連續波調變

摘 要

- **5.1** 相位與頻率調變　Phase and Frequency Modulation
  - PM 與 FM 訊號 (PM and FM signals)
  - 窄頻帶相位調變 (PM) 與頻率調變 (FM) (Narrowband PM and FM)
  - 單音調變 (Tone Modulation)
  - 複音與週期調變 (Multitone and Periodic Modulation)
- **5.2** 傳輸頻寬與失真　Transmission Bandwidth and Distortion
  - 傳輸頻寬的估測 (Transmission Bandwidth Estimates)
  - 線性失真 (Linear Distortion)
  - 非線性失真與限制器 (Nonlinear Distortion and Limiters)
- **5.3** FM 與 PM 之產生與檢波　Generation and Detection of FM and PM
  - 直接式 FM 與電壓控制振盪器 (VCO) (Direct FM and VCOs)
  - 相位調變器與間接式 FM (Phase Modulators and Indirect FM)
  - 三角波 FM (Triangular-Wave FM)
  - 頻率檢波 (Frequency Detection)

5.4 干擾　Interference

- 干擾弦波　(Interfering Sinusoids)
- 解強調與預強調濾波　(Deemphasis and Preemphasis Filtering)
- FM 的抓取效應　(FM Capture Effect)

本章主要重點在於重複敘述線性連續波 (CW) 的兩個調變特性：調變頻譜即表示轉移訊息的頻譜，其次為傳輸通道頻寬均不得超過兩倍的訊息頻寬。關於第三個特性在第 10 章會詳加討論，它是指受訊端的 $(S/N)_D$ 值並不會比原來基頻傳輸為佳，如須改善訊雜比 (S/N) 則只有提高功率一途。而**角度或指數型** (angle or exponential) 調變可得到與前面所敘述不同的三種結論。

針對線性調變而言，角度型調變量屬於一種非線性的程序。因此可知，調變頻譜與訊息頻譜是為不相關的類別。更進一步而言，傳輸的波道頻寬應大於兩倍的訊息頻寬。另外值得說明的是，角度調變在不增加發射功率的情況下，可提高訊雜比。然而角度調變功率可隨通訊系統設計來決定。

依此研究討論角度調變可分為**相位調變** (phase modulation, PM) 與**頻率調變** (frequency modulation, FM)。依次可討論：訊號與頻譜、傳輸波道頻寬與失真的問題及再生與檢波的硬體設備。最後，討論 FM 廣播系統的干擾問題，另外有關雜訊在第 10 章會詳加討論。

■ 本章目標

經研讀本章及做完練習之後，您應該會得到如下的收穫：

1. 在角度調變中可找出瞬時的相位與頻率的訊號。(5.1 節)
2. 在單音調變中 FM 及 PM 可依相量圖及線性頻譜來表示。(5.2 節)
3. 在 FM 與 PM 傳輸中評估波道頻寬。(5.2 節)
4. 在 FM 與 PM 中有關失真、限制器及倍頻器的效應訊號。(5.2 節)
5. 設計與應用 FM 再生器與檢波器。(5.3 節)
6. 利用相量圖分析 AM、FM 及 PM 的干擾。(5.4 節)

5.1 相位與頻率調變

本節依 PM 與 FM 訊號定義來談相位與頻率的瞬時狀態。但是，有關一般狀態的頻譜分析中預先排除非線性的角度調變。因此，必須能夠另做分析，工作在窄頻調變及單音調變的狀況中。

PM 與 FM 訊號

首先考慮定值波封及時變相位角的 CW 訊號：

$$x_c(t) = A_c \cos[\omega_c t + \phi(t)] \tag{1}$$

全部瞬時相角 (total instantaneous angle) 可表為：

$$\theta_c(t) \triangleq \omega_c t + \phi(t)$$

則 $x_c(t)$ 可寫為：

$$x_c(t) = A_c \cos \theta_c(t) = A_c \operatorname{Re}\left[e^{j\theta_c(t)}\right]$$

因此，假設 $\theta_c(t)$ 被包含在 $x(t)$ 中，我們可得相位 (angle) 調變或者為**角度** (exponential) 調變的程序。另外，在此之後會引用"強調"方式來表示 $x(t)$ 與 $x_c(t)$ 的非線性關係。

假如 $x(t)$ 中含有 $\theta_c(t)$ 時，**相位調變** (phase modulation) 可定義為：

$$\phi(t) \triangleq \phi_\Delta x(t) \qquad \phi_\Delta \leq 180° \tag{2}$$

則

$$x_c(t) = A_c \cos[\omega_c t + \phi_\Delta x(t)] \tag{3}$$

這些式子說明了瞬時相位的變化直接與調變訊號有關。因為我們仍然保持 $|x(t)| \leq 1$ 這個正規化慣例，常數 ϕ_Δ 代表由 $x(t)$ 所產生之**最大相位位移** (maximum phase shift)。上限 $\phi_\Delta \leq 180°$（或 π 強度）限制了 $\phi(t)$ 的範圍在 $\pm 180°$ 之內，而且也避免了相位含糊性——畢竟 $+270°$ 與 $-90°$ 這兩個角度是沒有物理意義上的不同。在 ϕ_Δ 上的界限類似於 AM 上 $\mu \leq 1$ 的限制，因此 ϕ_Δ 可以被稱為**相位調變索引** (phase modulation index) 或者**相位偏差量** (phase deviation)。

圖 5.1-1 的旋轉相量圖有助於解釋相位調變及可推導出頻率調變的定義。$\theta_c(t)$ 包含常數旋轉量 $\omega_c t$ 加上 $\phi(t)$，後者可對應到圖 5.1-1 中相對於虛線之角度位移。結果，相量的瞬時旋轉速率表示成每秒有幾個循環週期，就如下式所表示：

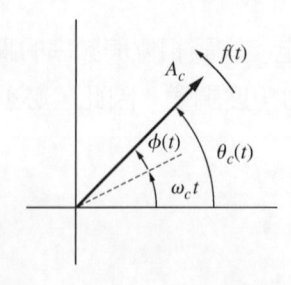

圖 5.1-1 角度調變的旋轉相量圖。

$$f(t) \triangleq \frac{1}{2\pi}\dot{\theta}_c(t) = f_c + \frac{1}{2\pi}\dot{\phi}(t) \tag{4}$$

式中黑點表示對時間的微分，可表為 $\dot{\phi}(t)=d\phi(t)/dt$。則 $x_c(t)$ 的**瞬時頻率** (instantaneous frequency) 以 $f(t)$ 表示。$f(t)$ 雖以 Hz 為單位，但不是頻率頻譜。頻率頻譜的 f 是為頻域中的獨立變數，而 $f(t)$ 為角度調變的時域特性。

在 **FM** 中，調變波的瞬時表示法，可寫為：

$$f(t) \triangleq f_c + f_\Delta x(t) \qquad f_\Delta < f_c \tag{5}$$

式中 $f(t)$ 為調變訊號。f_Δ 為**頻率變化量** (frequency deviation)。$f(t)$ 的最大偏移量與載波 f_c 有關。當 $f(t)>0$ 時 $f_\Delta < f_c$ 為上邊限值。一般而言，$f_\Delta \ll f_c$ 且對應到 $x_c(t)$ 的帶通範圍。

由式 (4) 及 (5) 可知，FM 系統中 $\dot{\phi}(t)=2\pi f_\Delta x(t)$，且相位調變積分項可表為：

$$\phi(t) = 2\pi f_\Delta \int_{t_0}^{t} x(\lambda)\, d\lambda + \phi(t_0) \qquad t \geq t_0 \tag{6a}$$

式中 t_0 表示 $\phi(t_0)=0$，且積分的下邊限可不寫，表為：

$$\phi(t) = 2\pi f_\Delta \int^{t} x(\lambda)\, d\lambda \tag{6b}$$

則 FM 波可寫為：

$$x_c(t) = A_c \cos\left[\omega_c t + 2\pi f_\Delta \int^{t} x(\lambda)\, d\lambda\right] \tag{7}$$

式中所必須具備之訊號不能有直流成份，否則 $t \to \infty$ 時積分值會呈發散，應予避免。就物理意義，其直流成份表示載波中會出現固定偏移量 $f_\Delta \langle x(t) \rangle$。

由式 (3) 改式 (7) 比較可知，PM 與 FM 之間有些微的差距。事實上，僅 FM 的訊號做積分而已。更進一步，由表 5.1-1 做比較可知，FM 與 PM 在時域上相位與頻率的差距。其中更可看出來，相位 $\phi(t)$ 與頻率 $f(t)$ 之間其實是微分與積分的關

表 5.1-1 線轉、PM 和 FM

	瞬時相位 $\phi(t)$	瞬時頻率 $f(t)$
PM	$\phi_\Delta x(t)$	$f_c + \dfrac{1}{2\pi}\phi_\Delta \dot{x}(t)$
FM	$2\pi f_\Delta \int^{t} x(\lambda)\, d\lambda$	$f_c + f_\Delta x(t)$

係。但是，在單音調變中即無法分辨 FM 與 PM 波。

另一方面，線性調變中的角度調變，是有些不同之處，

> 一種角度調變波的振幅為常數。

因此，不管 $x(t)$ 訊號為何，其平均發射功率為：

$$S_T = \tfrac{1}{2} A_c^2 \tag{8}$$

此外，角度調變的越零點並不是週期性的，雖然它們的確是隨著前面所用的相位方程式，而這一部份總是週期性的線性調變。而線性調變則為週期性的。的確在 PM 與 FM 振幅為定值時可說：

> 載波頻率很大時，其訊息可歸屬單獨性的零交越。

最後，由於角度調變是一種非線性處理程序，則：

> 調變波並非完全像訊息波形。

如圖 5.1-2 所示可知，它是各種典型 AM、FM 及 PM 波形。也可當做一種練習，你可試著去檢驗這些波形而反求相關的調變訊號。就 FM 與 PM 而言，考慮其瞬時頻率的方式比用 $x(t)$ 代入式 (3) 及 (7) 的方式容易。

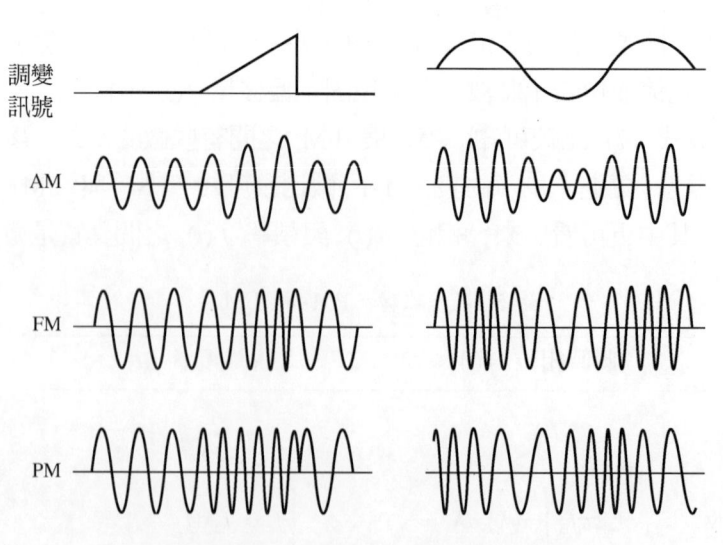

圖 5.1-2 AM、FM 及 PM 波形說明。

不論 FM 與 PM 具有相同類似的性質，而頻率調變確實有較好雜訊減弱的特性。為了了解 FM 雜訊減弱特性，我們假設解調變器可簡單自 $x_c(t)$ 中取出瞬時頻率 $f(t) = f_c + f_\Delta x(t)$。由於解調輸出與頻率偏移 f_Δ 成正比關係，即表示不必增大發射功率 S_T 亦可使輸出加大。如果雜訊的準位保持定值，則增加訊號輸出亦即減低雜訊。但是，雜訊減弱亦即需要增加傳輸頻寬才可適應較大的頻率偏移。

很不幸地是，頻率調變所面臨的為**頻寬減少** (bandwidth reduction)，其敘論的進展如下：如果，不變化其調變的載波振幅，而在 ±50 Hz 的範圍內調變其頻率，則不管其訊息頻寬均認定 100 Hz。我們可找出此論點的嚴重問題，它們忽略了**瞬時頻率** (instantaneous frequency) 與**頻譜頻率** (spectral frequency) 的差別。Curson (1922) 指出，頻寬減少論點的錯誤。不幸地是，他和許多人一樣認為角度調變在雜音上不比線性調變來得好。感謝 Armstrong (1936) 用了一段很長的時間最後認同角度調變的優點。在我們定量分析式的探討之前，則須先提出頻譜分析的問題。

練習題 5.1-1

假設 FM 以直接類比的 AM 訊號來定義，$x_c(t) = A_c \cos \omega_c(t) t$，而 $\omega_c(t) = \omega_c [1 + \mu x(t)]$。當 $x(t) = \cos \omega_m t$ 時，以求出 $f(t)$ 的方式來證實此種定義實際上是不可能。

■ 窄頻帶相位調變（PM）與頻率調變（FM）

由式 (1) 正分載波的觀念來作角度頻譜分析，可表為：

$$x_c(t) = x_{ci}(t) \cos \omega_c t - x_{cq}(t) \sin \omega_c t \tag{9}$$

其中

$$x_{ci}(t) = A_c \cos \phi(t) = A_c \left[1 - \frac{1}{2!} \phi^2(t) + \cdots \right] \tag{10}$$

$$x_{cq}(t) = A_c \sin \phi(t) = A_c \left[\phi(t) - \frac{1}{3!} \phi^3(t) + \cdots \right]$$

若強制其簡化條件為：

$$|\phi(t)| \ll 1 \text{ 弧度} \tag{11a}$$

可以

$$x_{ci}(t) \approx A_c \qquad x_{cq}(t) \approx A_c \phi(t) \tag{11b}$$

於是由任意訊息頻譜 $X(f)$ 來表示調變頻譜 $x_c(f)$ 的轉換工作會變得容易些。

由式 (9) 改式 (11b) 的轉換式可得：

$$x_c(f) = \frac{1}{2} A_c \delta(f - f_c) + \frac{j}{2} A_c \Phi(f - f_c) \qquad f > 0 \tag{12a}$$

其中

$$\Phi(f) = \mathscr{F}[\phi(t)] = \begin{cases} \phi_\Delta X(f) & \text{PM} \\ -jf_\Delta X(f)/f & \text{FM} \end{cases} \tag{12b}$$

此 FM 表示式，由式 (6) 及應用積分定理可求得 $\phi(t)$。

依據式 (12) 可得：當 $x(t)$ 訊息頻寬 $W \ll f_c$，則 $x_c(t)$ 必為頻寬 $2W$ 的帶通訊號。但此一結論只有在式 (11) 的條件下才能成立。對於較大的 $|\phi(t)|$ 而言，在式 (10) 中的 $\phi^2(t)$, $\phi^3(t)$, …… 均不可省略，同時尚會增加 $x_c(t)$ 的頻寬。因此，式 (11) 及 (12) 所描述是為**窄頻帶** (narrowband) 相位調變 (NBPM) 或是窄頻帶頻率調變 (NBFM) 的特例。

範例 5.1-1　以 NBFM 進行單音調變

式 (12) 的說明下，若取 $x(t) = \text{sinc } 2Wt$，則 $X(f) = (1/2W)\prod(f/2W)$。其結果 NBPM 及 NBFM 頻譜如圖 5.1-3 所示。兩種頻譜均有載波脈衝且頻寬均為 $2W$。但是，NBFM 的下旁波帶有 180° 的相差 (取負號)，反之 NBPM 的兩個旁波帶為 90° 的相移 (以 j 表示)。除了相移之外，NBPM 頻譜，看起來極像有相同調變訊號的 AM 訊號頻譜。

練習題 5.1-2

使用二階近似 $x_{ci}(t) \approx A_c[1 - 1/2\ \phi^2(t)]$ 及 $x_{cq}(t) \approx A_c \phi(t)$ 求出當 $x(t) = \text{sinc } 2Wt$ 時 PM 頻譜分量，並繪出其圖形。

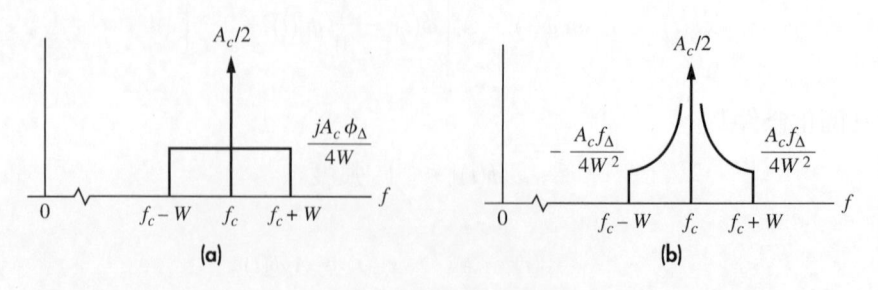

圖 5.1-3　表示 $x(t) = 5 \text{ sinc } 2Wt$ 的窄頻調變頻譜。(a) PM；(b) FM。

單音調變

單音調變的 PM 及 FM 的訊號,可由調變其單音時容許有 90° 的差異的方式來處理。如果可取為:

$$x(t) = \begin{cases} A_m \sin \omega_m t & \text{PM} \\ A_m \cos \omega_m t & \text{FM} \end{cases}$$

則由式 (2) 及 (6) 可求得:

$$\phi(t) = \beta \sin \omega_m t \tag{13a}$$

其中

$$\beta \triangleq \begin{cases} \phi_\Delta A_m & \text{PM} \\ (A_m/f_m)f_\Delta & \text{FM} \end{cases} \tag{13b}$$

式中 β 為單音調變 PM 及 FM 的**調變角度** (modulation index)。此參數為**最大相位偏移變化量** (maximum phase deviation) 且在 FM 及 PM 中均與單音振幅 A_m 成正比。須注意的是,FM 中 β 值與單音訊號的頻率 f_m 成正比,它是由於 $\cos \omega_m t$ 的積分可得 $\sin \omega_m t / \omega_m$。

窄頻 (narrowband) 單音調變要求 $\beta \ll 1$,同時式 (9) 被簡化為:

$$\begin{aligned} x_c(t) &\approx A_c \cos \omega_c t - A_c \beta \sin \omega_m t \sin \omega_c t \\ &\approx A_c \cos \omega_c t - \frac{A_c \beta}{2} \cos(\omega_c - \omega_m)t + \frac{A_c \beta}{2} \cos(\omega_c + \omega_m)t \end{aligned} \tag{14}$$

對應的線性頻譜及相量圖如圖 5.1-4 所示。觀察下旁波帶的相位,可分為垂直或正交於載波相量的分量。此一正交關係很明顯會為產生相位或頻率調變之所需的。

如果想要決定調變角度中線性頻譜的任意值時,我們須去除窄頻近似情況,可寫為:

$$\begin{aligned} x_c(t) &= A_c[\cos\phi(t) \cos \omega_c t - \sin\phi(t) \sin \omega_c t] \\ &= A_c[\cos(\beta \sin \omega_m t) \cos \omega_c t - \sin(\beta \sin \omega_m t) \sin \omega_c t] \end{aligned} \tag{15}$$

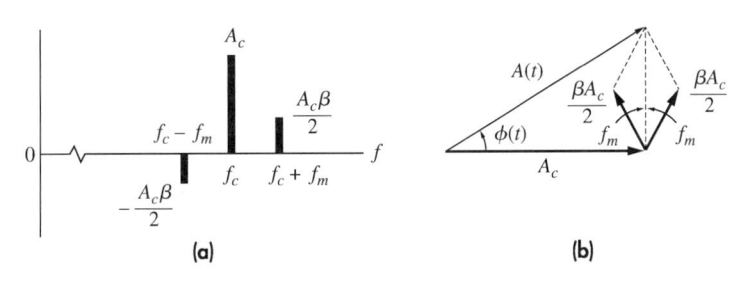

圖 5.1-4 單音調變的 NBFM:(a) 線性頻譜;(b) 相量圖。

我們再利用下面敘述之事實，當 $x_c(t)$ 不需要為週期性，而 $\cos(\beta \sin \omega_m t)$ 及 $\sin(\beta \sin \omega_m t)$ 項均需週期性，且每一項均可以用 $f_0 = f_m$ 的三角傅氏級數展開。演算結果可得：

$$\cos(\beta \sin \omega_m t) = J_0(\beta) + \sum_{n \text{ even}}^{\infty} 2 J_n(\beta) \cos n\omega_m t \tag{16}$$

$$\sin(\beta \sin \omega_m t) = \sum_{n \text{ odd}}^{\infty} 2 J_n(\beta) \sin n\omega_m t$$

其中 n 為正數時

$$J_n(\beta) \triangleq \frac{1}{2\pi} \int_{-\pi}^{\pi} e^{j(\beta \sin \lambda - n\lambda)} d\lambda \tag{17}$$

其中 $J_n(\beta)$ 為第一類 n 階的 **Bessel** 函數 (Bessel functions)，β 為幅角。依式 (17)，在推導式 (16) 的三角展開式時較為簡單些。

將式 (16) 代入式 (17) 中，並將正弦與餘弦的乘積展開可得：

$$x_c(t) = A_c J_0(\beta) \cos \omega_c t \tag{18a}$$

$$+ \sum_{n \text{ odd}}^{\infty} A_c J_n(\beta) [\cos(\omega_c + n\omega_m)t - \cos(\omega_c - n\omega_m)t]$$

$$+ \sum_{n \text{ even}}^{\infty} A_c J_n(\beta) [\cos(\omega_c + n\omega_m)t + \cos(\omega_c - n\omega_m)t]$$

若應用 $J_{-n}(\beta) = (-1)^n J_n(\beta)$ 的特性，則可用較簡單但較少用的意義表示，可表為：

$$x_c(t) = A_c \sum_{n=-\infty}^{\infty} J_n(\beta) \cos(\omega_c + n\omega_m)t \tag{18b}$$

式中為定幅波的表示法，而瞬時頻率可用弦式表示。相量圖即可說明此一事實。

由式 (18) 可以得：

> FM 頻譜包含了載波頻率線及在 $f_c \pm nf_m$ 頻率上無限多旁波帶線。其所有的頻譜線皆以調變頻率等距隔開。同時在奇數階的下旁波帶是反相或是與未調變的載波為反轉關係。在正頻率線性頻譜，因任何負頻率 ($f_c + nf_m < 0$) 都必須折返至正值 $|f_c + nf_m|$。

如圖 5.1-5 為一種典型頻譜，在 $\beta f_m \ll f_c$ 時負頻率分量會被忽略。一般而言，在 $f_c + nf_m$ 處的頻譜之相對振幅大小由 $J_n(\beta)$ 來決定。所以在更進一步探討頻譜之前，應

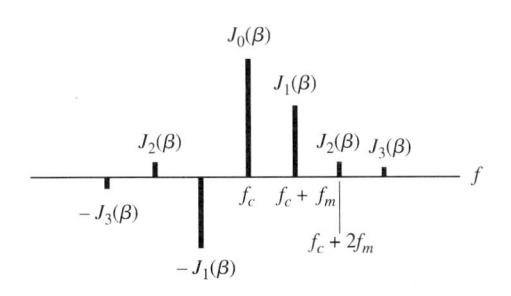

圖 5.1-5 單音調變 FM 之線性頻譜。

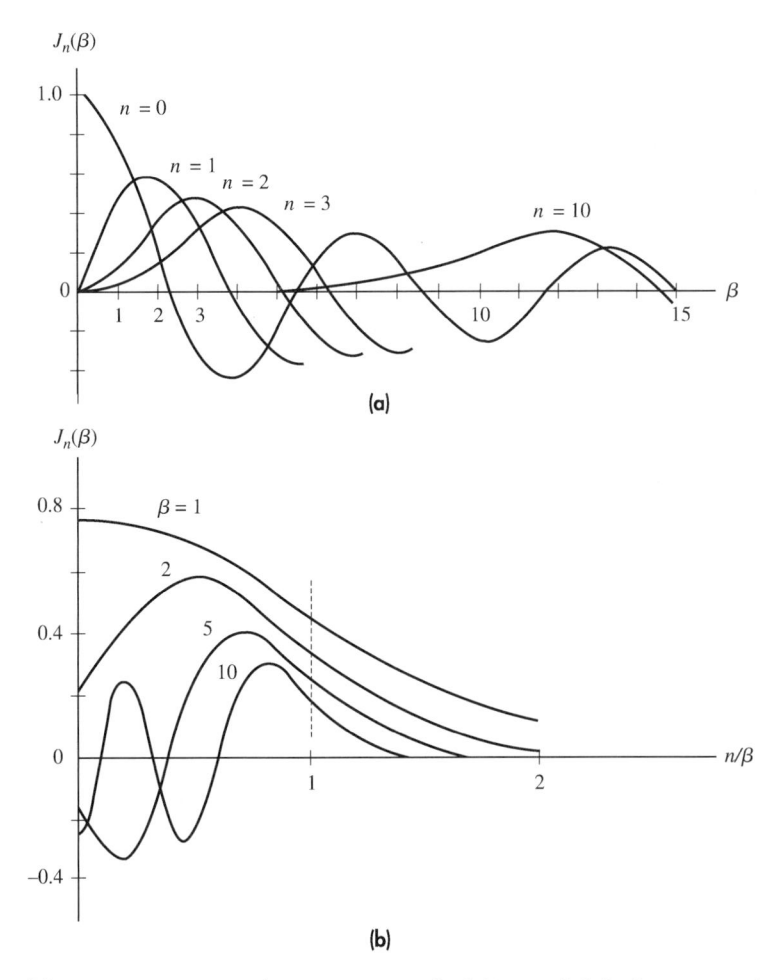

圖 5.1-6 Bessel 函數圖形：(a) 固定階數 n，變化幅角 β；(b) 固定幅角 β，變化 n 階。

先檢視 Bessel 函數特性。

如圖 5.1-6a 所示為一些不同階數對幅角 β 變化的 Bessel 函數圖形，由該圖中找到一些重要特性。

1. 載波頻譜之相對振幅 $J_0(\beta)$ 會隨調變角度而變化，因此與調變訊號相似，與線性調變相對照之後，可以說 FM 波的載波頻率分量 "包含" 了部份訊息。儘管如此，有些頻譜中的載波為零振幅，主要是因為當 $\beta = 2.4$，5.5，…… 時 $J_0(\beta)=0$ 之故。

2. 旁波帶頻率線的數目與 β 值互為相依關係。假設 $\beta \ll 1$ 時，只有 J_0 及 J_1 有意義。所以其頻譜將只包含載波及兩個旁波帶線，如圖 5.1-4a 所示，但是當 $\beta \gg 1$ 時，則有很多旁波帶線譜，因此而獲得線性調變完全不同的頻譜。

3. β 為大值時表示大頻寬以適應其廣大的旁波帶結構，此與大的頻率偏移之實際意義相同。

上述各點的某些情況由圖 5.1-6b 可得到更好的說明，圖中的 $J_n(\beta)$ 是一個在各種固定 β 值時之 n/β 的函數。如果將 βf_m 乘以水平軸以得到相對於 f_c 的線譜位置 nf_m 時，那麼這些曲線就代表旁波帶線譜的 "波封"。特別地，當 $n/\beta > 1$ 時 $J_n(\beta)$ 呈單調遞減，而且如果 $|n/\beta| \gg 1$，則 $|J_n(\beta)| \ll 1$。表 5.1-2 列出了幾個特定的 $J_n(\beta)$ 值，該值取到小數第二位。表中空白的部份對應到 $|J_n(\beta)| < 0.01$。

取自表 5.1-2 的數據所繪的線頻譜被繪於圖 5.1-7 中，圖中省略了正負符號的反轉。圖 a 部份所示為 β 增加而 f_m 維持不變之情形，可應用於 FM 及 PM。圖 b 部份所示只可應用於 FM，同時說明了減少 f_m 且 $A_m f_\Delta$ 維持固定的 β 增加效應。圖中的虛線有助於顯示出當 β 變大時，在 $f_c \pm \beta f_m$ 範圍內包含較有意義的旁波帶線之集中現象。

表 5.1-2　幾個特定值之 $J_n(\beta)$

n	$J_n(0.1)$	$J_n(0.2)$	$J_n(0.5)$	$J_n(1.0)$	$J_n(2.0)$	$J_n(5.0)$	$J_n(10)$	n
0	1.00	0.99	0.94	0.77	0.22	−0.18	−0.25	0
1	0.05	0.10	0.24	0.44	0.58	−0.33	0.04	1
2			0.03	0.11	0.35	0.05	0.25	2
3				0.02	0.13	0.36	0.06	3
4					0.03	0.39	−0.22	4
5						0.26	−0.23	5
6						0.13	−0.01	6
7						0.05	0.22	7
8						0.02	0.32	8
9							0.29	9
10							0.21	10
11							0.12	11
12							0.06	12
13							0.03	13
14							0.01	14

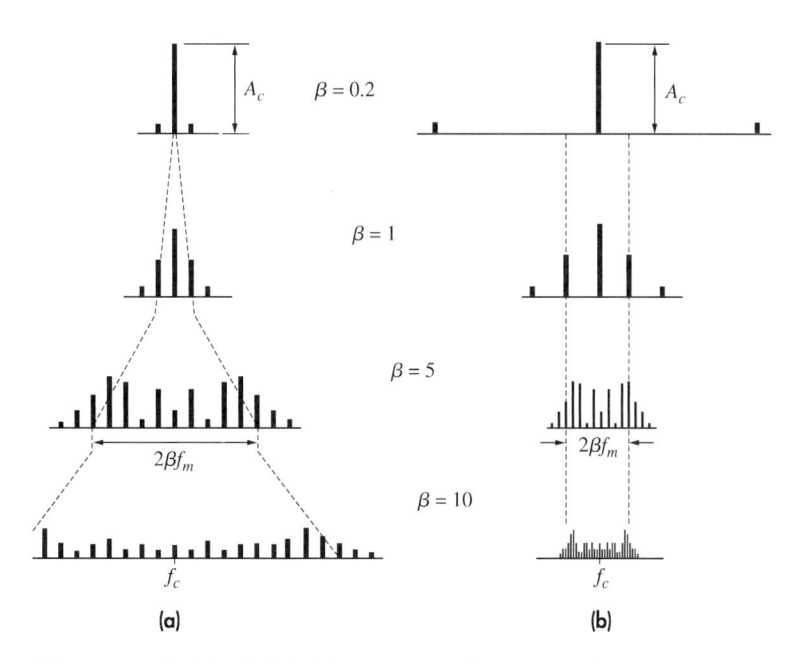

圖 5.1-7 單音調變線頻譜：(a) f_m 固定之 FM 或 PM；(b) $A_m f_\Delta$ 固定之 FM。

為了說明式 (18) 中 $x_c(t)$ 之相量，我們首先回到窄頻近似及圖 5.1-4。由載波及第一對旁波帶線所構成的波封及相位看起來分別是：

$$A(t) \approx \sqrt{A_c^2 + \left(2\frac{\beta}{2}A_c \sin \omega_m t\right)^2} \approx A_c\left[1 + \frac{\beta^2}{4} - \frac{\beta^2}{4}\cos 2\omega_m t\right]$$

$$\phi(t) \approx \arctan\left[\frac{2(\beta/2)A_c \sin \omega_m t}{A_c}\right] \approx \beta \sin \omega_m t$$

因此，相位的變化近似於所期盼的，只是在兩倍單音頻率的地方有個額外的振幅變動。要消除後項，我們應該將二階的旁波帶線對包括在內，該旁波帶線對以 $\pm 2f_m$ 的速率相對於載波旋轉，最後的結果是與載波軸線對齊。雖然二階的旁波帶線對消除了不想要的振幅調變，它也造成了 $\phi(t)$ 的失真。這個相位失真接著以加入三階旁波帶線對的方式加以更正，而此三階線對又再度引入振幅調變，依此類推，直到永遠。

當所有的頻譜線都被包括在內時，奇數階的線對會有一個與載波成正交的最終結果，以致提供了所要的頻率調變加上不想要的振幅調變。偶數階的線對之合成結果與載波共線，可用以修正振幅變動。淨效應如圖 5.1-8 所繪。總結果的箭頭尖端掃過一個反映常數振幅 A_c 的圓弧特性。

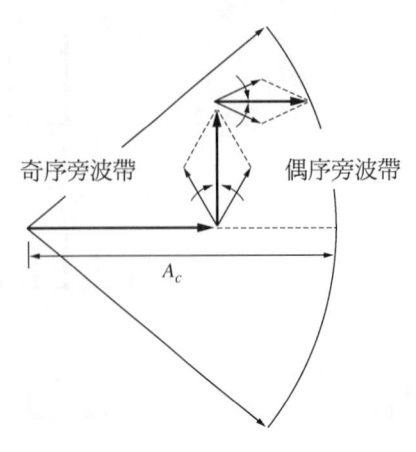

圖 5.1-8　任意 β 的 FM 相量圖。

範例 5.1-2　以 NBFM 進行單音調變

窄頻寬 FM 訊號 $x_c(t) = 100 \cos [2\pi 5000t + 0.05 \sin 2\pi 200t]$ 是被傳送的訊號，為了求出瞬時頻率 $f(t)$，我們取 $\theta(t)$ 的導函數，如下：

$$\begin{aligned} f(t) &= \frac{1}{2\pi} \dot{\theta}(t) \\ &= \frac{1}{2\pi} [2\pi 5000 + 0.05(2\pi 200) \cos 2\pi 200 t] \\ &= 5000 + 10 \cos 2\pi 200 t \end{aligned}$$

從 $f(t)$ 我們決定了 $f_c = 5000$ Hz、$f_\Delta = 10$ 及 $x(t) = \cos 2\pi 200t$。有兩個方式可以求得 β。對於具有單音調變的 NBFM，我們知道 $\phi(t) = \beta \sin \omega_m t$，因為 $x_c(t) = A_c \cos [\omega_c t + \phi(t)]$，我們可以看出 $\beta = 0.05$，從另外一方面我們可以計算：

$$\beta = \frac{A_m}{f_m} f_\Delta$$

由 $f(t)$ 我們求得 $A_m f_\Delta = 10$ 及 $f_m = 200$，所以 $\beta = 10/200 = 0.05$，正如我們先前所發現的。它的線頻譜有如圖 5.1-4a 的形式，具有 $A_c = 100$ 而旁波 $A_c \beta/2 = 2.5$，由窄頻近似而的微小失真已顯示在傳輸的功率上。從這個線頻譜我們得到了 $S_T = \frac{1}{2}(-2.5)^2 + \frac{1}{2}(100)^2 + \frac{1}{2}(2.5)^2 = 5006.25$，會對應於 $S_T = \frac{1}{2} A_c^2 = \frac{1}{2}(100)^2 = 5000$。當我們有足夠的旁波時，就不會有振幅失真了。

練習題 5.1-3

考慮單音調變 FM 具有 $A_c = 100$、$A_m f_\Delta = 8$ kHz 及 $f_m = 4$ kHz，分別繪出 $f_c = 30$

kHz 及 $f_c = 11$ kHz 時的線頻譜。

複音與週期調變

完成式 (18) 的傅氏級數技巧也可應用到複音調變 FM 的情況。譬如，假設 $x(t) = A_1 \cos \omega_1 t + A_2 \cos \omega_2 t$，這裡的 f_1 及 f_2 並不是諧波關係。被調變波首先被寫成：

$$x_c(t) = A_c[(\cos \alpha_1 \cos \alpha_2 - \sin \alpha_1 \sin \alpha_2) \cos \omega_c t \\ - (\sin \alpha_1 \cos \alpha_2 + \cos \alpha_1 \sin \alpha_2) \sin \omega_c t]$$

其中的 $\alpha_1 = \beta_1 \sin \omega_1 t$，$\beta_1 = A_1 f_\Delta/f_1$ 等等。$\cos \alpha_1$、$\sin \alpha_2$ 等形式的各項依式 (16) 可被展開，經過一些整理後，我們可求得簡潔的結果

$$x_c(t) = A_c \sum_{n=-\infty}^{\infty} \sum_{m=-\infty}^{\infty} J_n(\beta_1) J_m(\beta_2) \cos(\omega_c + n\omega_1 + m\omega_2)t \tag{19}$$

這個技巧可被擴展到包括三個或更多非諧振音調的情況，處理過程雖很直接但也很複雜。

為了在頻域範圍內說明式 (19)，頻譜線可被分為四類：(1) 振幅為 $A_c J_0(\beta_1) J_0(\beta_2)$ 的載波線；(2) 在 $f_c \pm nf_1$ 的單音旁波帶頻譜線；(3) 在 $f_c \pm mf_2$ 的其他單音頻譜線；(4) 在 $f_c \pm nf_1 \pm mf_2$ 上的旁波帶頻譜線，主要對應到調變的那些單音及它們諧波之和頻率與差頻率的拍差頻調變（最後一類在線性調變中不會發生，因此時調變的旁波帶頻譜線只會簡單的重疊）。對於 $f_1 \ll f_2$ 及 $\beta_1 > \beta_2$ 情況下，一個雙音 FM 頻譜之各種形式的頻譜線被顯示於圖 5.1-9。在這情況下存在著一種奇特的性質，也就是每一個在 $f_c \pm mf_2$ 的旁波帶線看起來就像另一個具有頻率 f_1 之單音調變的 FM 載波。

當這些單音頻率具有諧波關係時——意味著 $x(t)$ 是一個週期波形——那麼 $\phi(t)$ 也是週期性的，而 $e^{j\phi(t)}$ 也是，後者可由角度型傅氏級數來展開，其係數為：

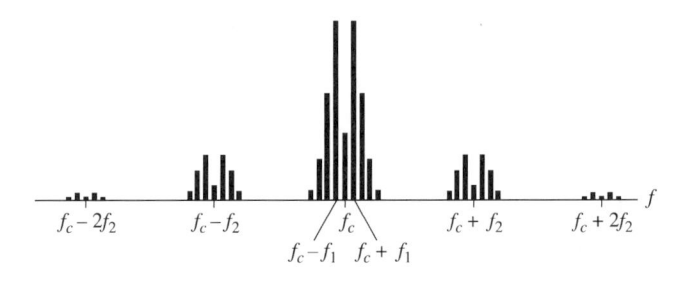

圖 **5.1-9** 當 $f_1 \ll f_2$ 及 $\beta_1 > \beta_2$ 時之雙音 FM 線頻譜。

$$c_n = \frac{1}{T_0}\int_{T_0} \exp j[\phi(t) - n\omega_0 t]\, dt \tag{20a}$$

所以

$$x_c(t) = A_c \operatorname{Re}\left[\sum_{n=-\infty}^{\infty} c_n e^{j(\omega_c + n\omega_0)t}\right] \tag{20b}$$

而 $A_c|c_n|$ 等於在 $f=f_c+nf_0$ 之頻譜線的大小。

範例 5.1-3　具有脈波串列調變之 FM

令 $x(t)$ 是一個單位振幅之矩形脈波串，具有週期 T_0、脈波區間 τ 以及工作週期 $d=\tau/T_0$。在移除了直流分量 $\langle x(t)\rangle=d$ 之後，最後 FM 波的瞬時頻率被繪於圖 5.1-10a 中。時間原點的選擇必須使得繪於圖 5.1-10b 中的 $\phi(t)$ 在 $t=0$ 時有一個峰值 $\phi_\Delta=2\pi f_\Delta \tau$。同時我們也取積分常數使得 $\phi(t)\geq 0$。於是

$$\phi(t) = \begin{cases} \phi_\Delta(1 + t/\tau) & -\tau < t < 0 \\ \phi_\Delta[1 - t/(T_0 - \tau)] & 0 < t < T_0 - \tau \end{cases}$$

上式定義了式 (20a) 的積分範圍。

c_n 的計算包括了角度積分以及三角關係，並不是很簡單的練習。最後的結果可被寫成下式：

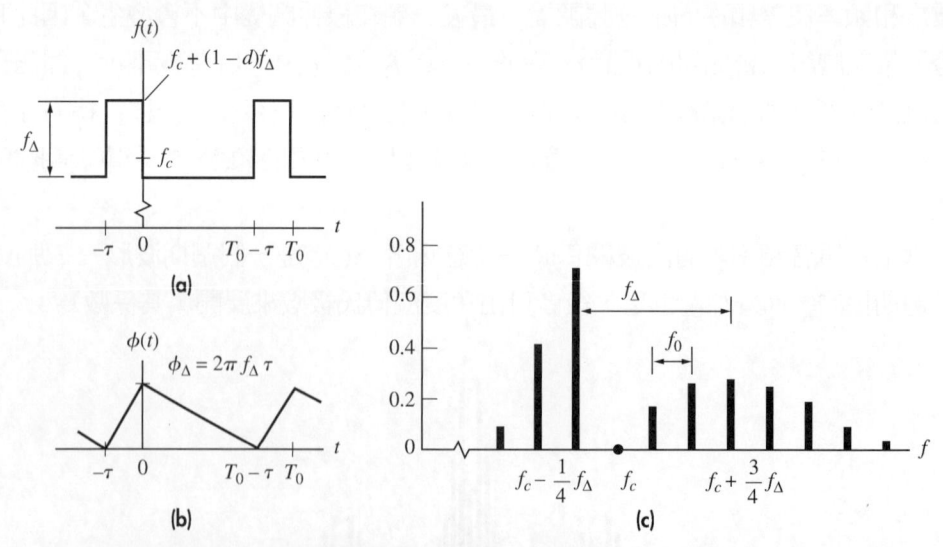

圖 5.1-10　脈波串列調變之 FM：(a) 瞬時頻率；(b) 相位；(c) $d=1/4$ 時之線頻譜。

$$c_n = \left[\frac{\sin \pi(\beta - n)d}{\pi(\beta - n)} + \frac{(1 - d) \sin \pi(\beta - n)d}{\pi(\beta - n)d + \pi n}\right] e^{j\pi(\beta + n)d}$$

$$= \frac{\beta d}{(\beta - n)d + n} \operatorname{sinc} (\beta - n)d \, e^{j\pi(\beta + n)d}$$

在式中我們已令

$$\beta = f_\Delta T_0 = f_\Delta / f_0$$

此式所扮演的角色類似於單音調變中的調變索引。

圖 5.1-10c 所示為 $d = \frac{1}{4}$、$\beta = 4$ 及 $A_c = 1$ 情況下的線頻譜大小。注意，此圖缺少對稱性，而且峰值都在 $f = f_c - \frac{1}{4} f_\Delta$ 及 $f = f_c + \frac{3}{4} f_\Delta$ 附近；此兩個值是由瞬時頻率所決定的。頻譜也包括了其他頻率的事實正說明了頻譜頻率與瞬時頻率之間的差別。同樣的說法也可應用到單一調變脈波之 FM 連續頻譜上──由範例 2.5-1 的結果即可得到印證。

5.2 傳輸頻寬與失真

一般而言，角度調變訊號的頻譜涵蓋了無限大的範圍。因此，不論訊息是否是帶限訊號，純 FM 的產生與傳輸都需要無限大的頻寬。但是，實際上只存在有限頻寬的 FM 系統，然而卻有相當好的效能。所以如此主要是依賴以下的事實，在距離載波頻率夠遠處的頻譜分量相當小所以可被忽略。事實上，省略頻譜上的任何部份都會造成解調訊號的失真；但是，此項失真可以藉由保持全部重要頻譜分量的方式來使其最小化。

在本節，我們將引述 5.1 節的結果明確地來估算傳輸頻寬的要求。然後再觀察由線性系統與非線性系統所產生的失真。前面所談過的主題包括**寬頻** (wideband) FM 的觀念及被熟知為**限制器** (limiter) 之 FM 硬體的重要組成。我們主要集中在 FM 的探討，但稍加修改就可使分析適用於 PM。

傳輸頻寬的估測

FM 傳輸頻寬的決定相當於回答下述的問題：多少的調變訊號頻譜才算是有意義的？當然，有意義的標準並不是絕對的，完全依照在特殊應用場合中所能忍受的失真度來判斷。但是，以單音調變之研究為基礎的指導規則，已獲致相當的成效並已引導出一些有用的近似關係。因此，有關 FM 頻寬要求的討論，也將以單音調變的有意義旁波帶緣為開始。

圖 5.1-6 顯示了當 $|n|/|\beta| > 1$ 時，$J_n(\beta)$ 急速下降，特別當 $\beta \gg 1$ 時更明顯。假設調變索引 β 很大時，我們可以說只有當 $|n| \leq \beta = A_m f_\Delta / f_m$ 時，$|J_n(\beta)|$ 才算是有意義的。因此，所有有意義線譜均包含在 $f_c \pm \beta f_m = f_\Delta \pm A_m f_\Delta$ 之頻率範圍內，此一結論與直覺推論是相符合的。相反地，如果調變索引很小時，則所有的旁波帶線比起載波線都很小；因為當 $\beta \ll 1$ 時 $J_0(\beta) \gg J_{n \neq 0}(\beta)$。但是，我們必須限制至少有一階的旁波帶線，否則就完全沒有頻率調變了。因此，對小 β 值而言，有意義的旁波帶線都包含在 $f_c \pm f_m$ 的範圍內。

將上述的觀察以定量的方式來看，所有具有相對振幅 $|J_n(\beta)| > \epsilon$ 的旁波帶線，都被定義成是有意義的；這裡的 ϵ 範圍可從 0.01 至 0.1 依應用而定。那麼，若 $|J_M(\beta)| > \epsilon$ 且 $|J_{M+1}(\beta)| > \epsilon$ 時，就有 M 個有意義旁波帶成對或者說有 $2M+1$ 條有意義的線譜。頻寬因此可被寫成下式：

$$B = 2M(\beta)f_m \qquad M(\beta) \geq 1 \tag{1}$$

因為這些線是以 f_m 為間隔大小，同時 M 值是依調變索引 β 而決定的。式 (1) 已包含了條件 $M(\beta) \geq 1$，可用其來說明 B 不可小於 $2f_m$ 的事實。

圖 5.2-1 所示為 $\epsilon = 0.01$ 及 0.1 時，β 的連續函數 M。實驗結果顯示前者常常可完全回復，而後者則可能產生很小但仍會引起注意的失真。介於此兩邊界間的 M 值，對大多數的應用目的而言都是可被接受的，本書往後將會使用這些 M 值。

但是頻寬 B 並不就是傳輸頻寬 B_T，它是由一個特定振幅及頻率的單音所調變時所需的最小頻寬。要估測 B_T 值，我們應該計算當單音參數被限制在 $A_m \leq 1$ 及 f_m

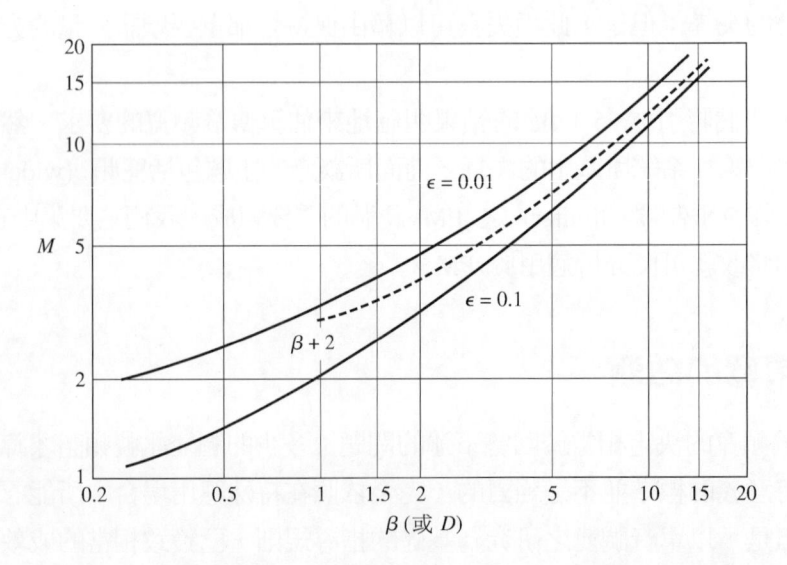

圖 5.2-1 有效旁波帶對的數目做為 β (或 D) 之函數時之圖形。

≤ W 時,所需的最大頻寬。為了這個目的,在圖 5.2-1 中的虛線描述了下列之近似式:

$$M(\beta) \approx \beta + 2 \qquad (2)$$

這個近似線落在 $\beta \geq 2$ 的兩條實線之間。將式 (2) 代入式 (1) 我們得到了:

$$B \approx 2(\beta + 2)f_m = 2\left(\frac{A_m f_\Delta}{f_m} + 2\right)f_m = 2(A_m f_\Delta + 2f_m)$$

現在,要記得 f_Δ 是調變器的特性,哪一種單音會產生最大的頻寬呢?很明顯地,$A_m = 1$ 及 $f_m = W$ 是最大振幅加最大頻率的單音。最壞情況的單音調變頻寬是:

$$B_T \approx 2(f_\Delta + 2W) \qquad 若 \quad \beta > 2$$

請注意所對應的調變索引 $\beta = f_\Delta/W$ 並非 β 的最大值,而是結合了最大的調變頻率後能獲得最大的頻寬的 β。即使是 β 更大些,具有 $A_m < 1$ 或 $f_m < W$ 等特性的任何其他單音調變將需要較少的頻寬。

最後。考慮一個訊息頻寬為 W 且能滿足正規化慣例 $|x(t)| \leq 1$,而且具合理平緩的任意調變訊號。我們將由最壞情況的單音調變分析直接估算 B_T,並假設任何較小振幅或頻率的 $x(t)$ 之任何分量均需要比 B_T 更小的頻寬。必須承認的是,這個過程忽略了重疊性而不適用於角度調變的事實。但是,我們對於複音頻譜的探討,已顯示出拍差旁波帶對主要都已包含於主單音的頻寬範圍內,如圖 5.1-9 所示。

因此,將單音調變外插至任意調變訊號中時,我們定義**偏移比** (deviation ratio)如下:

$$D \triangleq \frac{f_\Delta}{W} \qquad (3)$$

上式等於最大偏移量除以最大的調變頻率,類似於最壞情況之單音調變的調變索引。於是,$x(t)$ 所需的傳輸頻寬就是:

$$B_T = 2M(D)W \qquad (4)$$

其中的 D 可被看做 β 的角色以求出 $M(D)$,如圖 5.2-1 所示。

缺乏適切的 $M(D)$ 曲線或表格時,可訴諸於幾種求取 B_T 的近似方法。藉由偏移比的極端值,我們可求得:

$$B_T = \begin{cases} 2DW = 2f_\Delta & D \gg 1 \\ 2W & D \ll 1 \end{cases}$$

將上述所求得的結果與 β 非常大或非常小的單音調變互相比較。這些近似式可被結合成較方便的關係：

$$B_T \approx 2(f_\Delta + W) = 2(D + 1)W \quad \begin{matrix} D \gg 1 \\ D \ll 1 \end{matrix} \quad (5)$$

上式即所熟知的**卡爾遜規則** (Carson's rule)。美中不足的是，大多數的真實 FM 系統都具有 $2 < D < 10$，所以卡爾遜規則會稍微低估了傳輸頻寬。對於電路設計一個較佳近似是：

$$B_T \approx 2(f_\Delta + 2W) = 2(D + 2)W \quad D > 2 \quad (6)$$

例如，在決定 FM 放大器的 3 dB 頻寬時，就可利用上式。注意，對於某些應用，卡爾遜規則若使用窄頻近似，會高估了 B_T。在範例 5.1-2 的傳輸訊號的頻寬是 400 Hz，而由式 (5) 所估測之 $B_T \approx 420$ Hz。

事實上，偏移比代表在最差的頻寬條件下，一個 FM 波的**最大相位偏移** (maximum phase deviation)。因此，如果用 PM 波中的最大相位偏移 ϕ_Δ 代替 D 時，FM 之頻寬表示式就可應用到**相位** (phase) 調變了。如此一來，任意訊號 $x(t)$ 之 PM 所需之傳輸頻寬可估算為：

$$B_T = 2M(\phi_\Delta)W \quad M(\phi_\Delta) \geq 1 \quad (7a)$$

或

$$B_T \approx 2(\phi_\Delta + 1)W \quad (7b)$$

上式近似等效於卡爾遜規則。這些表示式與 FM 情況的不同處是 ϕ_Δ 與 W 是無關的。

你應該複習各種不同的近似式及它們的有效應用條件。為配合其他大部份文獻，我們通常依式 (5) 及 (7b) 的卡爾遜規則來決定 B_T 值。但是，當調變訊號有不連續點時──例如，一個矩形脈波串列──頻寬的估算就成無效的，因此我們必須訴諸於大量的頻譜分析。

範例 5.2-1 商用 FM 頻寬

在美國，商用 FM 廣播電台的最大的頻率誤差被限制在 75 kHz，而基本的調變頻率在從 30 Hz 至 15 kHz 的範圍。假設 $W=15$ kHz，偏移比 $D=75$ kHz/15 kHz=5，而由式 (6) 可求得 $B_T \approx 2(5+2)\times 15$ kHz=210 kHz。高品質的 FM 無線電之頻寬至少為 200 kHz。因此，式 (5) 的卡爾遜規則低估了頻寬，$B_T \approx 180$ kHz。

如果某單一調變音調的 $A_m=1$ 及 $f_m=15$ kHz，那麼 $\beta=5$，$M(\beta) \approx 7$ 而且由式 (1) 可求得 $B=210$ kHz。一個更低頻的單音，譬如 3 kHz，將產生更大的調變角度 ($\beta=25$)，及更大而有意義旁波帶對數目 ($M=27$)，但是卻只有一個更小的頻寬，因為

$B = 2 \times 27 \times 3 \text{ kHz} = 162 \text{ kHz}$。

練習題 5.2-1

利用式 (5) 及 (6) 等合適的公式，當 $D=0.3$、3 及 30 時，計算 B_T/W 值。

■ 線性失真

由線性網路於 FM 或 PM 波中所產生的失真分析是一個非常複雜的問題。因為太複雜了，所以發明了好多種不同的處理方法，這些方法沒有一種是容易的。Panter (1965) 對這一主題寫了三章的參考原則。由於受限於篇幅的關係，我們只能看到"冰山的一角"而已。儘管如此，我們仍然可得到一些有關於 FM 及 PM 線性失真有價值的觀點。

圖 5.2-2 所示，代表一個角度調變的帶通訊號 $x_c(t)$，被作用到一個轉移函數為 $H(f)$ 的一個線性系統，系統輸出為 $y_c(t)$。因為 $x_c(t)$ 的常數振幅特性，我們可將低通等效輸入改寫成：

$$x_{\ell p}(t) = \tfrac{1}{2} A_c e^{j\phi(t)} \qquad (8)$$

在這裡，$\phi(t)$ 包含了訊息資訊。以 $X_{\ell p}(f)$ 來表示之低通等效輸出頻譜為：

$$Y_{\ell p}(f) = H(f + f_c) u(f + f_c) X_{\ell p}(f) \qquad (9)$$

經低通至帶通之轉換，最後可求得輸出為：

$$y_c(t) = 2 \text{ Re}\left[y_{\ell p}(t) e^{j\omega_c t}\right] \qquad (10)$$

這種方法在紙上作業時很簡單，然而 $X_{\ell p}(f) = \mathcal{F}[x_{\ell p}(t)]$ 及 $y_{\ell p}(t) = \mathcal{F}^{-1}[Y_{\ell p}(f)]$ 的計算卻是主要的障礙。於是，電腦輔助的數值計算技巧就是必須的。

能有式 (8) 至 (10) 確定形式的情形很少見，其中之一是如圖 5.2-3 中所示的轉移函數。在 f_c 時，增益 $|H(f)|$ 等於 K_0，同時以斜率 K_1/f_c 作線性地增加（或減少）；圖中的相位偏移曲線是對應到載波延遲 t_0 及群延遲 t_1，如範例 4.1-1 所討論的。$H(f)$ 的低通等效是：

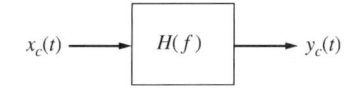

圖 5.2-2　用到線性系統的角度調變。

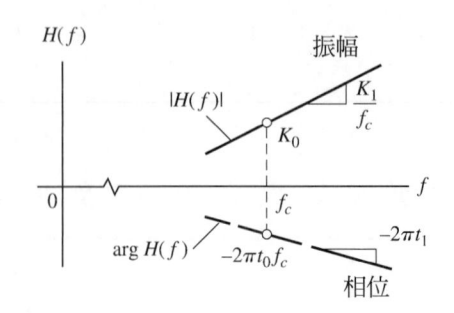

圖 5.2-3 圖 5.2-2 中系統的轉移函數。

$$H(f+f_c)u(f+f_c) = \left(K_0 + \frac{K_1}{f_c}f\right)e^{-j2\pi(t_0f_c+t_1f)}$$

同時式 (9) 變成了：

$$Y_{\ell p}(f) = K_0 e^{-j\omega_c t_0}[X_{\ell p}(f)e^{-j2\pi t_1 f}] + \frac{K_1}{j\omega_c}e^{-j\omega_c t_0}[(j2\pi f)X_{\ell p}(f)e^{-j2\pi t_1 f}]$$

對於 $\mathcal{F}^{-1}[Y_{\ell p}(f)]$，引進時間延遲及微分定理後，我們看到：

$$y_{\ell p}(t) = K_0 e^{-j\omega_c t_0}x_{\ell p}(t-t_1) + \frac{K_1}{j\omega_c}e^{-j\omega_c t_0}\dot{x}_{\ell p}(t-t_1)$$

其中

$$\dot{x}_{\ell p}(t-t_1) = \frac{d}{dt}\left[\frac{1}{2}A_c e^{j\phi(t-t_1)}\right] = \frac{j}{2}A_c\dot{\phi}(t-t_1)e^{j\phi(t-t_1)}$$

是由式 (8) 所得到的。

將這些表示式代入式 (10) 中，可求得輸出訊號如下：

$$y_c(t) = A(t)\cos[\omega_c(t-t_0) + \phi(t-t_1)] \tag{11a}$$

上式具有時變振幅

$$A(t) = A_c\left[K_0 + \frac{K_1}{\omega_c}\dot{\phi}(t-t_1)\right] \tag{11b}$$

在 FM 為輸入的情況，$\dot{\phi}(t) = 2\pi f_\Delta x(t)$，所以

$$A(t) = A_c\left[K_0 + \frac{K_1 f_\Delta}{f_c}x(t-t_1)\right] \tag{12}$$

式 (12) 與 $\mu = K_1 f_\Delta / K_0 f_c$ 的 AM 波的波封有相同的形式。因此我們可結論：圖 5.2-3 中之 $H(f)$ 可產生 **FM** 至 **AM** 的轉換 (FM-to-AM conversion)，並伴隨著 arg $H(f)$

所造成的載波延遲 t_0 及群延遲 t_1。(依此方式，再次觀察範例 4.2-2 可發現，一個 AM 波的振幅失真能夠產生 AM 至 PM 的轉換。)

只要 $\phi(t)$ 除了時間延遲外沒有其他的壞影響，則 FM 至 AM 之轉換，對於 FM 及 AM 傳輸而言，不會呈現不能克服的問題。因此，我們可忽略由任何合理地平緩變化之增益曲線而來的振幅失真。但是，由非線性相位位移曲線所造成的延遲失真可能會相當嚴重，而且必須加以等化處理以保存訊息資訊。

藉由準穩態近似法可提供一種對相位失真效應的簡化處理方式。準穩近似是假設一個 $f_\Delta \gg W$ 的 FM 波的瞬時頻率與 $1/W$ 相比較，變動得非常緩慢，使得 $x_c(t)$ 多少看起來像一個頻率為 $f(t)=f_c+f_\Delta x(t)$ 的正規弦波訊號。例如，如果對載波頻率弦波訊號的系統響應為：

$$y_c(t) = A_c|H(f_c)|\cos\left[\omega_c t + \arg H(f_c)\right]$$

而且 $x_c(t)$ 有一個緩慢變化的瞬間頻率 $f(t)$，那麼：

$$y_c(t) \approx A_c|H[f(t)]|\cos\{\omega_c t + \phi(t) + \arg H[f(t)]\} \tag{13}$$

我們能夠證明，上述的近似式必須符合下述之條件：

$$|\ddot{\phi}(t)|_{\max}\left|\frac{1}{H(f)}\frac{d^2H(f)}{df^2}\right|_{\max} \ll 8\pi^2 \tag{14}$$

對於 $f_m \leq W$ 的單音調變 FM 而言，上式中的 $|\ddot{\phi}(t)| \leq 4\pi^2 f_\Delta W$。如果 $H(f)$ 表示一個 3 dB 頻寬為 B 的單調諧帶通濾波器，則式 (14) 的第二項等於 $8/B^2$ 且條件變為 $4f_\Delta W/B^2 \ll 1$；而此條件滿足傳輸頻寬 $B \geq B_T$ 的需求。

現在假定式 (14) 成立，而且系統有一個非線性的相位位移，就像 $\arg H(t) = \alpha f^2$，在這裡 α 為常數。代入 $f(t)=f_c+\dot{\phi}(t)/2\pi$ 之後，我們得到：

$$\arg H[f(t)] = \alpha f_c^2 + \frac{\alpha f_c}{\pi}\dot{\phi}(t) + \frac{\alpha}{4\pi^2}\dot{\phi}^2(t)$$

因此，式 (13) 的總相位會因加入 $\dot{\phi}(t)$ 及 $\dot{\phi}^2(t)$ 而被失真了。

練習題 5.2-2

令 $|H(f)|=1$ 及 $\arg H(f)=-2\pi t_1(f-f_c)$；證明當 $\omega_m t_1 \ll \pi$ 且 $\phi(t)=\beta\sin\omega_m t$ 時，式 (11) 與 (13) 有相同的結果。

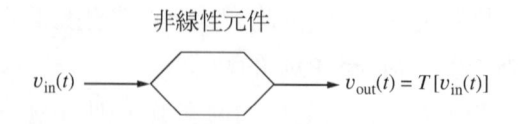

$v_{in}(t) \longrightarrow$ 非線性元件 $\longrightarrow v_{out}(t) = T[v_{in}(t)]$

圖 5.2-4 抑制波封變動 (AM) 的非線性系統。

■ 非線性失真與限制器

FM 波的振幅失真會產生 FM 至 AM 的轉換。此處我們將證明最終的 AM，可經由被控制的非線性失真與濾波作用而加以消除。

為了分析的目的，讓圖 5.2-4 中的輸入訊號是：

$$v_{in}(t) = A(t) \cos \theta_c(t)$$

此處的 $\theta_c(t) = \omega_c t + \phi(t)$，而 $A(t)$ 為振幅。圖中的非線性元件被假設為**無記憶性** (memory less) 的——意味著不會儲存能量——所以輸入與輸出是依照一個瞬間非線性轉移特性 $v_{out} = T[v_{in}]$ 而關聯起來。為了方便，我們也設定 $T[0]=0$。

雖然 $v_{in}(t)$ 在時間上不必然是週期性的，但它仍可被看作是 θ_c 的週期函數，具有週期 2π（試著想像，畫出時間固定時，v_{in} 對 θ_c 變化圖）。同樣地，輸出也是 θ_c 的一個週期函數，而且可以用三角傅氏級數將它展開，如下：

$$v_{out} = \sum_{n=1}^{\infty} |2a_n| \cos (n\theta_c + \arg a_n) \tag{15a}$$

其中

$$a_n = \frac{1}{2\pi} \int_{2\pi} T[v_{in}] e^{-jn\theta_c} d\theta_c \tag{15b}$$

此處的時間變數 t 並沒有被清楚的顯示出來，但是 v_{out} 卻經由 θ_c 之時間變動而與 t 相關。此外，當 v_{in} 的振幅有時間變化時，係數 a_n 可能是時間的函數。

但我們首先要考慮無失真的 FM 輸入的情況，故 $A(t)$ 等於常數 A_c，且所有的 a_n 也都是常數。因此，將式 (15a) 一項一項寫出，並外顯時間 t，我們有：

$$\begin{aligned}v_{out}(t) =\ & |2a_1| \cos [\omega_c t + \phi(t) + \arg a_1] \\ & + |2a_2| \cos [2\omega_c t + 2\phi(t) + \arg a_2] \\ & + \cdots\end{aligned} \tag{16}$$

此式明顯地說明非線性失真會在載波頻率的諧波上產生額外的 FM 波；而第 n 階的諧波有常數振幅 $|2a_n|$ 及相位調變 $n\phi(t)$ 加上一個常數相位位移 $\arg a_n$。

如果這些訊號波在頻域上不重疊的話，則不失真的輸入訊號，可藉由將失真的輸

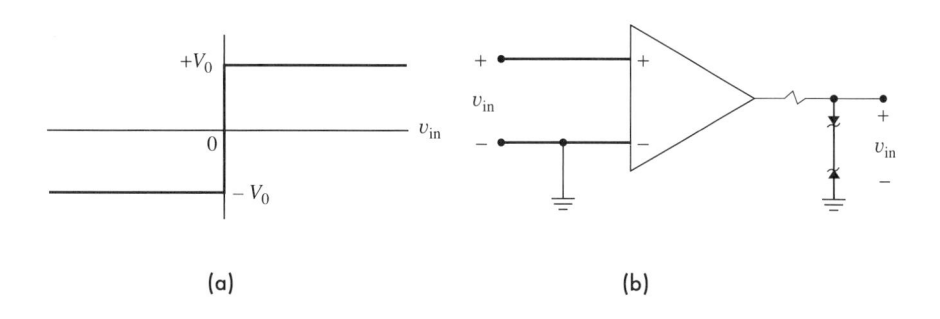

圖 5.2-5 限制器：(a) 轉移特性；(b) 以稽納二極體所構成之電路。

出訊號作用到帶通濾波器的方式，來加以還原。因此，我們可說，FM 對無記憶性非線性失真效應具有相當好的免疫能力。

現在，讓我們重新回到具有不想要的振幅變動 $A(t)$ 的 FM。這些變動可用**理想的硬式限制器** (ideal hard limiter) 或**截波器** (clipper) 予以平坦化，而這些裝置的轉換特性曲線被繪於圖 5.2-5a 中。圖 5.2-5b 展示了一個截波電路，它利用一個比較器或是高增益放大器，讓任何大於或是小於 0 的輸入電壓會在輸出端產生正的或是負的電源供應器電壓。

此截波器的輸出，看起來就像一個方波，因為 $T[v_{in}] = V_0 \, \text{sgn} \, v_{in}$，而且

$$v_{out} = \begin{cases} +V_0 & v_{in} > 0 \\ -V_0 & v_{in} < 0 \end{cases}$$

接著由式 (15b) 可求出係數為：

$$a_n = \begin{cases} 2V_0/\pi n & n = 1, 5, 9, \ldots \\ -2V_0/\pi n & n = 3, 7, 11, \ldots \\ 0 & n = 2, 4, 6, \ldots \end{cases}$$

上式與時間變數無關，因為 $A(t) \geq 0$ 時不會影響 v_{in} 之符號。所以

$$v_{out}(t) = \frac{4V_0}{\pi} \cos[\omega_c t + \phi(t)] - \frac{4V_0}{3\pi} \cos[3\omega_c t + 3\phi(t)] + \cdots \tag{17}$$

同時，若 $v_{out}(t)$ 之各分量之頻譜不重疊時，則帶通濾波作用將產生常數振幅的 FM。附帶地，此一分析支持了前面的說法，也就是訊息資訊完全保留在 FM 或 PM 波的零交點中。

圖 5.2-6 歸納了我們的結果。圖 a 之限制器加上 BPF 可將 AM 或 PM 波中不想要的振幅變動消除，而且也可應用在接收機中。圖 b 部份的非線性元件會使常數振幅波失真，但是 BPF 只通過第 n 階諧波的未失真項。如果 $n > 1$，則此種組合的行為就像頻率倍增器 (frequency multiplier)，而且已被應用在某些型態的發射機中。

$$A(t)\cos[\omega_c t + \phi(t)] \longrightarrow \boxed{\text{限幅}} \longrightarrow \boxed{\text{BPF at } f_c} \longrightarrow \frac{4V_0}{\pi}\cos[\omega_c t + \phi(t)]$$

(a)

$$A_c\cos[\omega_c t + \phi(t)] \longrightarrow \boxed{\text{非線性}} \longrightarrow \boxed{\text{BPF at } nf_c} \longrightarrow |2a_n|\cos[n\omega_c t + n\phi(t) + \arg a_n]$$

(b)

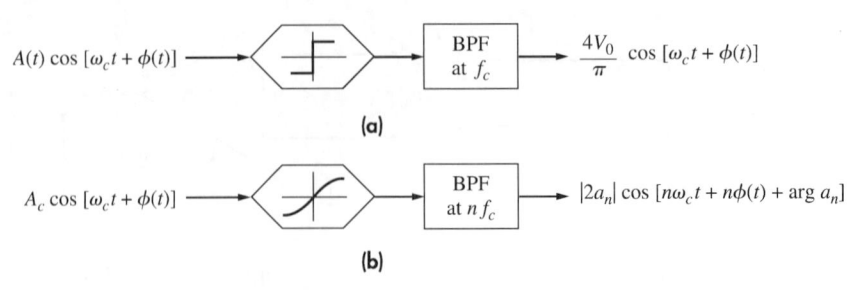

圖 5.2-6 非線性處理電路：(a) 振幅限制器；(b) 頻率倍增器。

範例 5.2-2　FM 限制器

考量圖 5.2-7a 中的 FM 波形。圖 5.2-7b 是被相加性雜訊破壞的波形。我們將圖 5.2-7b 的訊號輸入到圖 5.2-5 的限制器中，它的輸出方波訊號展示在圖 5.2-7c 中。雖然方波有些小毛病之處，振幅上的變動已經大部份被移除了。我們接著將此方波訊號輸入到帶通濾波器之中而得到一個清理過的 FM 訊號，如圖 5.2-7d 所示。這個濾波器不僅移除方波的高頻分量而且也將小毛病的地方變的平滑潤順。和圖 5.2-7a 的原始訊號比較，圖 5.2-7d 也許有少許的失真，但圖 5.2-7b 中大部份的雜訊都已被移除。

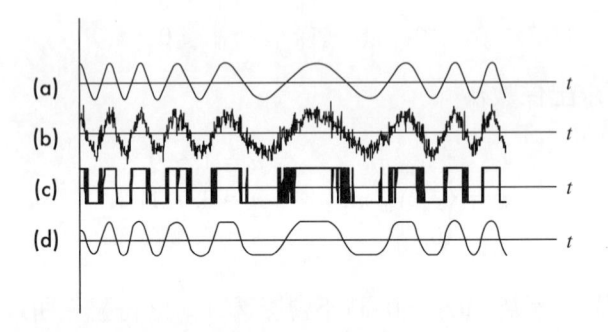

圖 5.2-7 使用硬限制器的 FM 訊號處理：(a) 沒有雜訊的 FM 訊號；(b) 被雜訊破壞的 FM 訊號；(c) 限制器輸出；(d) 帶通濾波器的輸出。

5.3　FM 與 PM 之產生與檢波

有幾種角度調變之產生與檢波方法的操作原理，將在本節討論。其他的 FM 及 PM 系統，包括鎖相迴路，會在 7.3 節中提到。有關於特殊電路設計的其他方法與資料,也在本書後所列的無線電電子文獻中找到。

當考慮角度調變的設備時,必須記住,瞬間相位或頻率是隨訊息波形而變化的。因此,裝置的功能要求是,能夠以線性方式產生相位或頻率的變動,而此變動的靈敏度要夠。此種特性可以用各種不同的方法來近似,但是,在廣大的操作範圍中有時候很難獲致合適的線性關係。

另一方面,角度調變中常數振幅特性,依硬體的觀點,是一種很好的優點。舉例而言,設計者不必擔憂過度波封峰值而造成的過多功率消耗或高壓破壞。另一個例子是,對於非線性失真的相對免疫力使得我們可利用非線性電子裝置,而此種裝置可使得線性調變的訊號完全不失真。如此一來,在裝備的設計及選擇上具有相當的自由度。例如,長途電話通訊的微波中繼器主要是應用 FM,因為振幅調變所需的寬頻線性放大器,在微波頻率範圍是做不到的。

■ 直接式 FM 與電壓控制振盪器 (VCO)

在觀念上,直接式 FM 是很直接的,所需的不外乎是一個**電壓控制振盪器** (voltage-controlled oscillator, VCO),它的振盪頻率與外加的電壓成線性相依關係。藉由引進**可變電抗** (variable-reactance) 元件當做 LC 並聯諧振電路的一部份,要調變傳統式調諧電路振盪器是可能的。如果等效電容值的時間相依形式為:

$$C(t) = C_0 - Cx(t)$$

而且如果 $Cx(t)$ "相當的小" 且 "變動得極緩慢",那麼振盪器將產生 $x_c(t) = A_c \cos \theta_c(t)$,此處:

$$\dot{\theta}_c(t) = \frac{1}{\sqrt{LC(t)}} = \frac{1}{\sqrt{LC_0}} \left[1 - \frac{C}{C_0} x(t) \right]^{-1/2}$$

令 $\omega_c = 1/\sqrt{LC_0}$ 且假定 $|(C/C_0) x(t)| \ll 1$,則二項式級數展開後可得 $\dot{\theta}_c(t) \approx \omega_c [1 + (C/2C_0) x(t)]$,或

$$\theta_c(t) \approx 2\pi f_c t + 2\pi \frac{C}{2C_0} f_c \int^t x(\lambda) d\lambda \tag{1}$$

上式構成了具有 $f_\Delta = (C/2C_0) f_c$ 的頻率調變。由於 $|x(t)| \leq 1$,故當 $C/C_0 < 0.013$ 時,上式將近有 1% 內的良好近似;以致於頻率偏差被限制在:

$$f_\Delta = \frac{C}{2C_0} f_c \leq 0.006 f_c \tag{2}$$

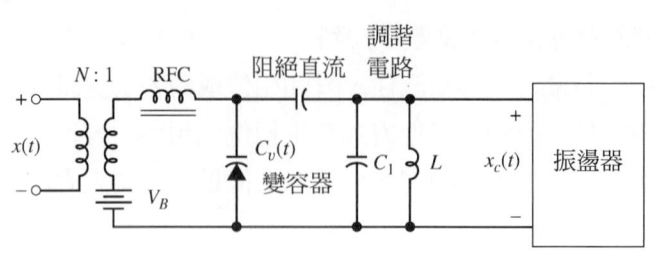

圖 5.3-1 可變電抗的變電二極體 VCO 電路。

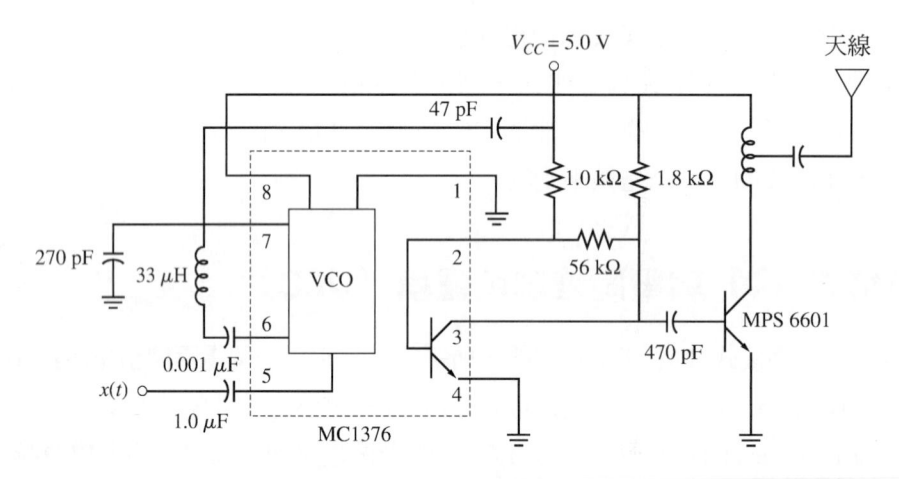

圖 5.3-2 使用 MC1376 之 IC VCO 直接式 FM 產生器的功能方塊圖。

此種限制定量化我們說 $Cx(t)$ 是"小"的意義,而且幾乎不會造成設計上的困難。同樣地,通常的條件 $W \ll f_c$,保證 $Cx(t)$ "變動得極緩慢"。

圖 5.3-1 所示為一種具有變電二極體的調諧電路振盪器,該二極體經適切地偏壓後即可得到 $Cx(t)$。圖中的輸入變壓器、射頻抗流器 (RFC) 及直流電壓的。直接式 FM 主要的缺點是載波頻率有漂移的傾向,而且必須使用相當精密的回授頻率控制才能使其穩定,所以許多較老式的發射機都是間接式的。

線性積體電路 (IC) 電壓控制振盪器可以產生一個相對穩定與正確的直接式 FM 輸出波形。然而為了能正常動作,IC VCO 尚需要一些額外的外加元件來配合。由於它們的輸出功率較低,它們大部份適用在無線電話機等。圖 5.3-2 畫出了一個使用 Motorola MC1376 (是一個 8 支腳的 IC FM 調變器) 之直接 FM 傳送器的功能方塊圖。MC1376 的工作載波頻率介於 1.4 至 14 MHz 之間而工作電壓介於 2 至 4 伏特之間,而且可以產生大約 150 kHz 的一個峰值頻率偏移。藉由使用一個連接至 12 V 供應電壓的輔助電晶體,較高的功率輸出也是可以達到的。

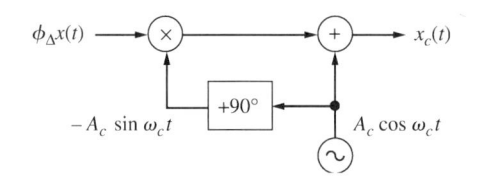

圖 5.3-3 窄頻相位調變器。

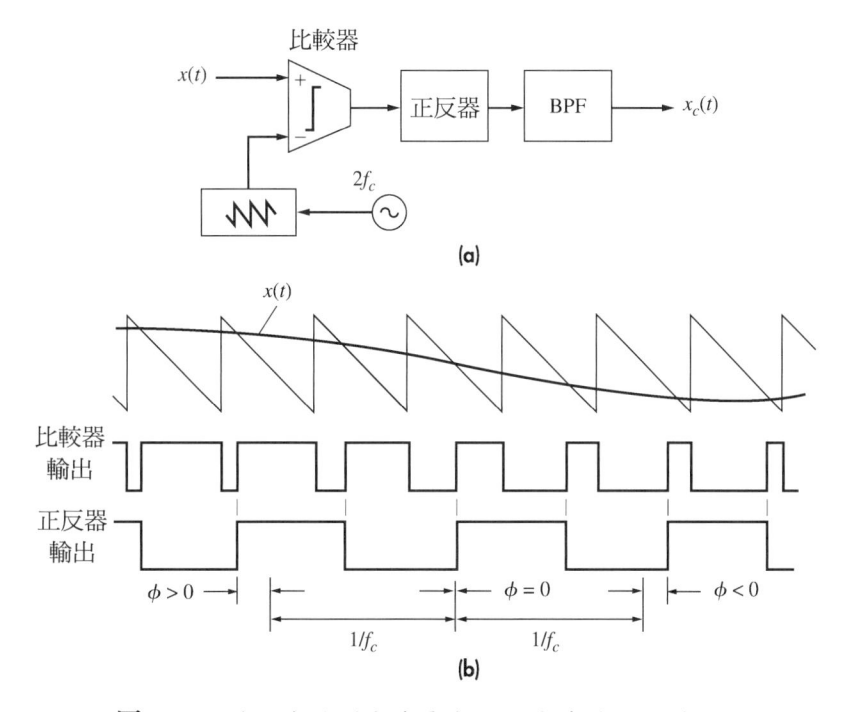

圖 5.3-4 相位調變器交換電路：(a) 方塊圖；(b) 波形。

■ 相位調變器與間接式 FM

雖然我們很少發射 PM 波，但我們仍然對相位調變器感到興趣，因為：(1) 它在實施上相當容易；(2) 由穩定頻率的來源可供應載波，例如晶體控制振盪器；(3) 將相位調變器的輸入訊號積分後，可產生調頻輸出。

圖 5.3-3 中所述，是導自近似式 $x_c(t) \approx A_c \cos \omega_c t - A_c \phi_\Delta x(t) \sin \omega_c t$ 的窄頻相位調變器──參考 5.1 節之式 (9) 與 (11)。此調變器看起來很簡單，是依近似條件 $|\phi_\Delta x(t)| \ll 1$ 強度而決定的。而且相位偏移大於 10° 時，就會造成調變失真。

在圖 5.3-4 所示的**交換電路** (switching-circuit) 調變器可以獲致更大的相位位移。示於圖 5.3-4 的典型波形有助於系統的操作說明。將調變訊號及一個兩倍載波頻率的鋸齒波被作用到比較器上。無論何時，只要 $x(t)$ 超越鋸齒波，比較器的輸出電壓就進入高電位，同時在每個比較器脈波的上升邊緣，正反器會改變狀態。於是正反器

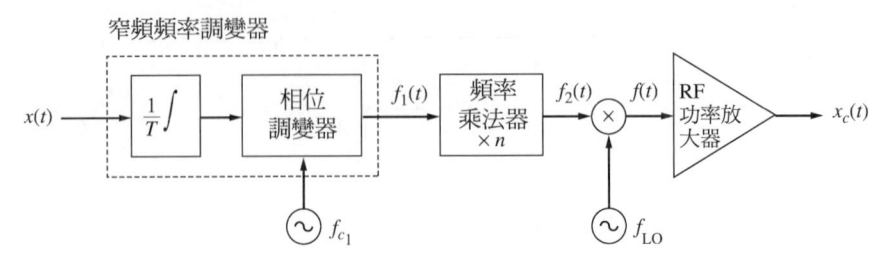

圖 5.3-5 間接 FM 發射機。

便產生了一個相位調變式的方波 (就像一個強制限波器的輸出)，再經帶通濾波作用後就產生了 $x_c(t)$。

現在，考慮如圖 5.3-5 中所示的間接式 FM 發射機。其中積分器及相位調變器共同構成一個窄頻調變器 (narrowband frequency modulator)；此種調變器可產生具有下述瞬時頻率的初始 NBFM 訊號：

$$f_1(t) = f_{c_1} + \frac{\phi_\Delta}{2\pi T} x(t)$$

此處 T 是積分器的正比常數，初始頻率偏移等於 $\phi_\Delta/2\pi T$，**頻率乘法器** (frequency multiplier) 將使頻率增加到想要的值 f_Δ。

頻率乘法器將便得瞬時頻率乘上 n 倍，故

$$f_2(t) = nf_1(t) = nf_{c_1} + f_\Delta x(t) \tag{3}$$

此處

$$f_\Delta = n\left(\frac{\phi_\Delta}{2\pi T}\right)$$

典型的頻率乘法器包含一串兩倍頻器和三倍頻器，每個單元的構建如圖 5.2-6b 所示，注意，這個乘法是一敏感的過程，影響頻率改變的範圍，而不是速率，一弦波調變訊號的頻率乘法將增加載波頻率和調變註標，而不是調變頻率，故旁波線的振幅將被改變，然而線距將仍相同 (用 $\beta=5$ 和 $\beta=10$ 比較圖 5.1-7a 中的頻譜)。

需要去得到 f_Δ 的乘法量經常是 nf_{c_1}，這遠比想要的載波頻率還高，因此，圖 5.3-5 包含一頻率轉換器，它將頻譜原封不動地降至 $f_c = |nf_{c_1} \pm f_{LO}|$，且最終的瞬時頻率變成 $f(t) = f_c + f_\Delta x(t)$ (為了保持頻率在合理的值，頻率轉換須確實在乘法器鏈的中間被執行)。最後的系統元件是功率放大器，因為所有先前的操作須在低功率準位中進行，注意和 4.3 節中所討論的環調變器 (用來產生 DSB 訊號) 的相似性。

範例 5.3-1　直接 FM

間接 FM 系統是由阿姆斯壯所設計的，他使用圖 5.3-3 中的窄頻相位調變器，並產生一精密的初始頻率偏移。使用一些代表數字來說明，假如 $\phi_\Delta/2\pi T \approx 15$ Hz（此保證可忽略的調變失真）且 $f_{c_1} = 200$ kHz（此靠近實用晶體振盪器電路的下限），一 $f_\Delta = 75$ kHz 的廣播 FM 輸出需要頻率乘上因子 $n \approx 75000 \div 15 = 5000$，這可使用四個三倍頻器和六個兩倍頻器來串接完成，因此 $n = 3^4 \times 2^6 = 5184$，但是 $nf_{c_1} \approx 5000 \times 200$ kHz = 1000 MHz，所以一個 $f_{LO} \approx 900$ MHz 的降頻器須用來把 FM 中的 f_c 放入 88 到 108 MHz 的頻段內。

練習 5.3-1

證明圖 5.3-3 的輸出相位如下：

$$\phi(t) = \phi_\Delta x(t) - \frac{1}{3}\phi_\Delta^3 x^3(t) + \frac{1}{5}\phi_\Delta^5 x^5(t) + \cdots \tag{4}$$

因此，除非 ϕ_Δ 非常小，否則 $\phi(t)$ 含有奇次諧波失真。

■ 三角波 FM

對頻率調變而言，三角波 FM 是一現代且奇特的方法，它克服傳統 VCO 和間接 FM 系統的天生問題，在載波頻率的 30 MHz 內，這個方法產生完美而無失真的調變，故它特別適合儀器的應用。

之前的 $x_c(t) = A_c \cos\theta_c(t)$，我們可定義三角波 FM，其

$$\theta_c(t) = \omega_c t + \phi(t) - \phi(0)$$

此處初始相位平移 $-\phi(0)$ 已被包含，故 $\theta_c(0) = 0$，這個相位平移沒有影響瞬間頻率

$$f(t) = \frac{1}{2\pi}\dot{\theta}_c(t) = f_c + f_\Delta x(t)$$

以 $\theta_c(t)$ 表示一單一振幅三角 FM 訊號如下：

$$x_\Lambda(t) = \frac{2}{\pi}\arcsin[\cos\theta_c(t)] \tag{5a}$$

當 $\phi(t) = 0$，這定義一三角波形。即使 $\phi(t) \neq 0$，如圖 5.3-6a 所示，式 (5a) 表示一 θ_c 的週期三角函數，因此：

(a)

(b)

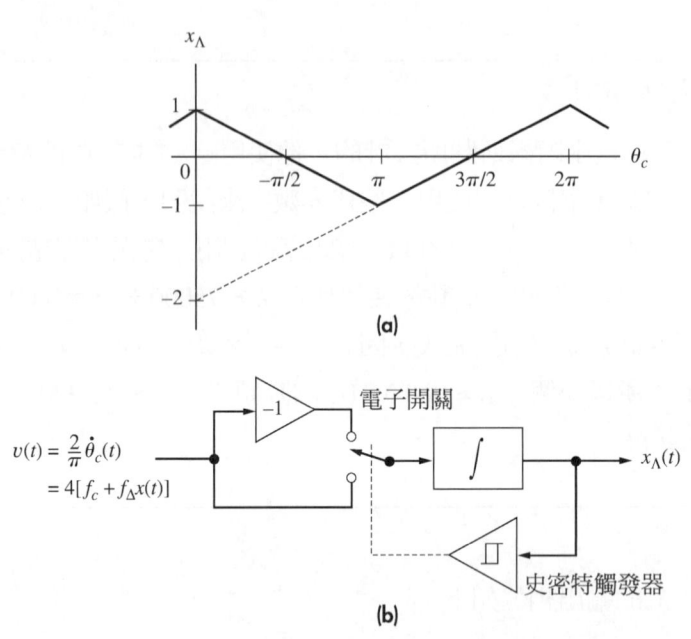

圖 5.3-6 三角波 FM：(a) 波形；(b) 調變系統。

$$x_\Lambda = \begin{cases} 1 - \dfrac{2}{\pi}\theta_c & 0 < \theta_c < \pi \\ -3 + \dfrac{2}{\pi}\theta_c & \pi < \theta_c < 2\pi \end{cases} \tag{5b}$$

且對 $\theta_c > 2\pi$ 時亦同。

圖 5.3-6b 畫出從下列電壓產生 $x_\Lambda(t)$ 的系統方塊圖：

$$v(t) = \frac{2}{\pi}\dot{\theta}_c(t) = 4[f_c + f_\Delta x(t)]$$

$v(t)$ 是由訊息波形 $x(t)$ 推導來的，這個系統包括一類比反向器、積分器和控制電子開關的史密特觸發器，當 $x_\Lambda(t)$ 增加至 $+1$ 時，觸發器將開關放在上半部位置；當 $x_\Lambda(t)$ 遞減至 -1 時，開關被放在下半部位置。

假如系統在 $t=0$ 時開始操作，此時 $x_\Lambda(0) = +1$ 且開關在上半部，那麼，對 $0 > t > t_1$，

$$x_\Lambda(t) = 1 - \int_0^t v(\lambda)\,d\lambda = 1 - \frac{2}{\pi}[\theta_c(t) - \theta_c(0)]$$

$$= 1 - \frac{2}{\pi}\theta_c(t) \qquad 0 < t < t_1$$

直到時間 t_1（當滿足 $x_\Lambda(t_1) = -1$ 且 $\theta_c(t_1) = \pi$ 時），$x_\Lambda(t)$ 描繪出圖 5.3-6a 的下降斜

線，現在，觸發器將開關調到下半部，且

$$x_\Lambda(t) = -1 + \int_{t_1}^{t} v(\lambda)\, d\lambda = -1 + \frac{2}{\pi}[\theta_c(t) - \theta_c(t_1)]$$

$$= -3 + \frac{2}{\pi}\theta_c(t) \qquad t_1 < t < t_2$$

此時 $x_\Lambda(t)$ 改描繪出圖 5.3-6a 的上升斜線，一直持續到時間 t_2 (滿足 $\theta_c(t_2)=2\pi$，且 $x_\Lambda(t_2)=+1$)，然後開關被觸發回上半部，再週期性地重複操作 (當 $t > t_2$)。

使用轉換特性為 $T[x_\Lambda(t)] = A_c \sin[(\pi/2)\, x_\Lambda(t)]$ 的非線性波形整形器，從 $x_\Lambda(t)$ 可得弦波 FM 波形，這執行了式 (5a) 的反動作。或者，$x_\Lambda(t)$ 可被輸入至硬限制器去產生**方波** (square-wave) FM。實驗室的測試產生器或許有三種輸出可用。

頻率檢波

頻率檢波器 (frequency detector) 亦叫做**鑑別器** (discriminator) 產生和輸入瞬間頻率成正比變化的輸出電壓。由於許多設計者考慮過這個問題，故有許多不同的電路可用來做為頻率偵測。不過，這些電路幾乎都可分為四大類之一：

1. FM 對 AM 轉換。
2. 相位平移鑑別。
3. 零越點偵測。
4. 頻率回授。

我們將只探討前三大類的例子，將頻率回授延至 7.3 節再討論，類比相位偵測不在這裡討論，因為它在實用上很少用到，若用到的話，可由積分頻率偵測器的輸出來完成。

任何輸出等於輸入的時間微分的元件或電路，將產生 **FM 至 AM 轉換** (FM-to-AM conversion)，說得更清楚，讓 $x_c(t) = A_c \cos \theta_c(t)$，其中 $\dot{\theta}_c(t) = 2\pi[f_c + f_\Delta x(t)]$，那麼

$$\dot{x}_c(t) = -A_c \dot{\theta}_c(t) \sin \theta_c(t)$$

$$= 2\pi A_c [f_c + f_\Delta x(t)] \sin[\theta_c(t) \pm 180°] \qquad (6)$$

因此，輸入是 $\dot{x}_c(t)$ 的**波幅偵測器** (envelope detector) 將產生和 $f(t) = f_c + f_\Delta x(t)$ 成正比的輸出。

基於式 (6) 一頻率偵測器如圖 5.3-7a 所示，這圖的輸入端有一限制器，它是用

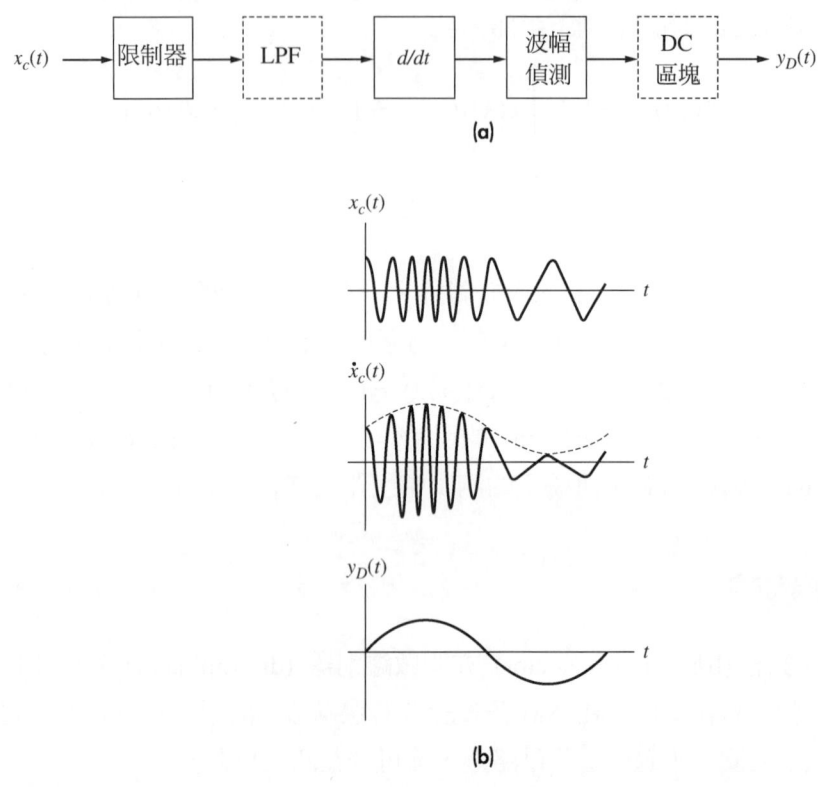

圖 5.3-7 (a) 使用限制器和 FM 至 AM 轉換的頻率偵測器；(b) 波形。

來挪除 $x_c(t)$ 上的冗餘振幅變化。它亦包含有一 DC 區塊來挪除輸出訊號中的常數載波頻率偏移。一典型的波形如圖 5.3-7b 所示，它是由弦波調變得來的。一典型的波形如圖 5.3-7b 所示，它是由單音調變得來的。一個 LPF 在限制器之後加入以消除波形的不連續並方便微分。然而若使用的是斜率偵測，濾波與微分是作用在同一級。

對於 FM 至 AM 轉換的確實硬體實現，我們將研究理想微分器，其 $|H(f)| = 2\pi f$。如圖 5.3-8a 所示，在共振頻率的上下附近，一般調諧電路的轉換函數近似想要的線性振幅響應 (在小的頻率範圍內)，因此，經由**斜率偵測** (slope detection)，解調諧 AM 接收機將可約略解調 FM。

使用圖 5.3-8b 的**平衡鑑別器** (balanced discriminator) 電路，線性範圍將可被拓展。一平衡鑑別器包含有兩個共振電路，一調諧在 f_c 的上端，另一調諧在 f_c 的下端，輸出是兩個波幅的差值，結果的頻率對電壓特性如圖 5.3-8c 所示的 S 曲線，因為載波頻率偏移已被消除，故 DC 區塊是不需要的，在低的調變頻率，這個電路有好的性能，平衡架構可在微波頻帶中使用，主要是用共振腔當做調諧電路，用晶體二極體當波幅偵測器。

相位平移鑑別器 (phase-shift discriminator) 使用到線性相位響應的電路，對照於

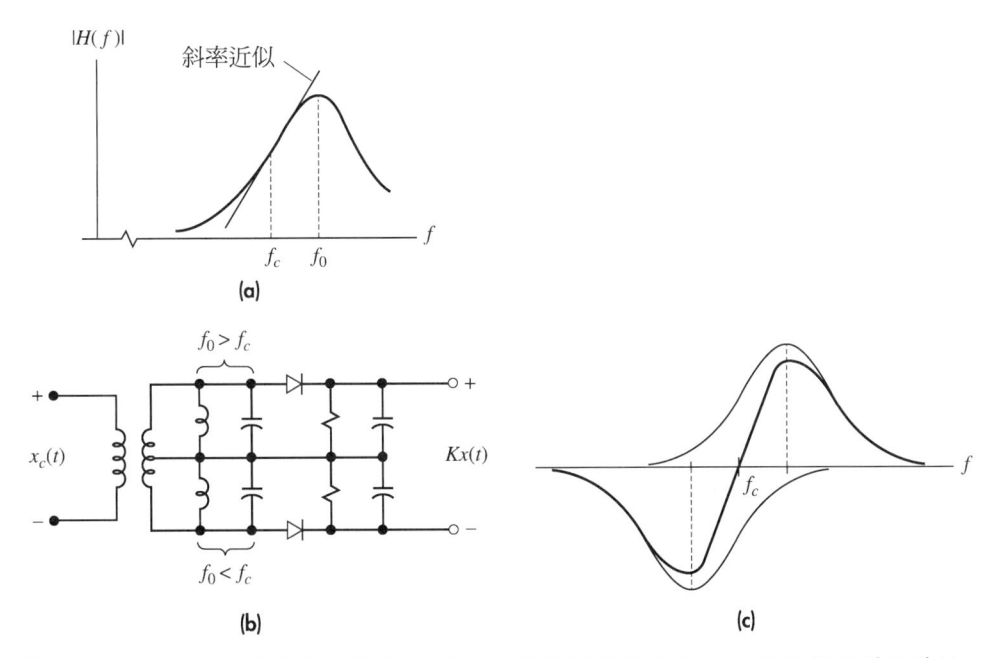

圖 5.3-8 (a) 使用調諧電路的斜率偵測；(b) 平衡鑑別器電路；(c) 頻率對電壓的特性。

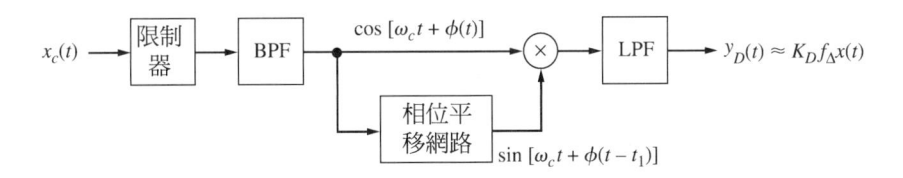

圖 5.3-9 相位平移鑑別器或正交偵測器。

使用線性振幅響應的斜率偵測，時間的微分可近似如下：

$$\dot{v}(t) \approx \frac{1}{t_1}[v(t) - v(t - t_1)] \tag{7}$$

假如 t_1 和 $v(t)$ 的變化相比較下是很小的，FM 波形有 $\dot{\phi}(t) = 2\pi f_\Delta x(t)$，故：

$$\phi(t) - \phi(t - t_1) \approx t_1 \dot{\phi}(t) = 2\pi f_\Delta t_1 x(t) \tag{8}$$

$\phi(t-t_1)$ 這項可使用延遲線 (等效成線性相位網路) 的幫助來得到。

　　圖 5.3-9 是一相位平移鑑別器，它是使用群延遲 t_1 和載波延遲 t_0 的網路來構建的，由於 $\omega_c t_0 = 90°$，故亦叫做**正交偵測器** (quadrature detector)，從 5.2 節式 (11)，相位平移訊號與 $\cos[\omega_c t - 90° + \phi(t-t_1)] = \sin[\omega_c t + \phi(t-t_1)]$ 成正比，乘上 $\cos[\omega_c t + \phi(t)]$，再經一低通濾波，將產生一與下列方程式成正比的輸出：

$$\sin[\phi(t) - \phi(t - t_1)] \approx \phi(t) - \phi(t - t_1)$$

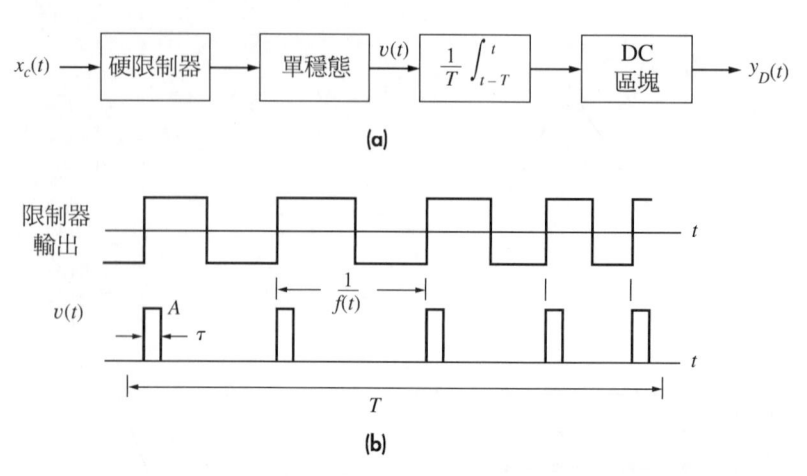

圖 5.3-10 零越點偵測器：(a) 方塊圖；(b) 波形。

假設 t_1 是足夠小，且 $|\phi(t)-\phi(t-t_1)| \ll \pi$，因此：

$$y_D(t) \approx K_D f_\Delta x(t)$$

此處偵測常數 K_D 包含 t_1，儘管這些近似值，正交偵測器比平衡鑑別器有較好的線性，故時常用在高品質的接收機。

其他相位平移的電路實現包含有 **Foster-Seely 鑑別器** (Foster-Seely discriminator) 和流行的**比例偵測器** (ratio detector)，後者是聰明的且經濟的，由於它將限制和解調操作合成一個單元，細節可參考 Tomasi (1998，第 7 章) 的著作。

最後，簡化的**零越點偵測器** (zero-crossing detector) 的方塊圖和波形如圖 5.3-10 所示，來自硬限制器的方波 FM 訊號觸發一單穩態脈波產生器，使它在每一個 FM 波形零越點的上升緣 (或下降緣) 產生一大小為 A 和區間為 τ 的脈衝，從似靜態的觀點，在期間 T ($W \ll 1/T \ll f_c$) 內，單穩態輸出 $v(t)$ 可看成是常數週期 $1/f(t)$ 的長方形脈衝列。因此，在這個期間內，共有 $n_T \approx Tf(t)$ 個脈衝，在過去 T 秒內，對 $v(t)$ 做連續積分，可得：

$$\frac{1}{T}\int_{t-T}^{t} v(\lambda)\,d\lambda = \frac{1}{T}n_T A\tau \approx A\tau f(t)$$

經過 DC 區塊後，可得 $y_D(t) \approx K_D f_\Delta x(t)$。

商用的零越點偵測器有較好的 0.1% 線性，且中心頻率操作在 1 Hz 到 10 MHz，在硬限制器後加上一除 10 的計數器，操作範圍可提升至 100 MHz。

今日，對 FM 偵測，大部份 FM 通訊元件均使用線性積體電路，它們的穩定性，小體積和簡易設計已使得可攜式的雙向 FM 蓬勃成長，並廣泛用在大哥大系統中，鎖相迴路和 FM 偵測將在 7.3 節中討論。

練習題 5.3-2

給定一時間延遲 $t_0 \ll 1/f_c$ 的延遲線,利用式 (6) 和 (7) 推導一頻率偵測器。

5.4 干 擾

干擾表示攜帶資訊的訊號被另一相似的訊號 (通常是來自人類所造的訊號源) 所汙染,在廣播通訊中,干擾的發生是由於接收天線在相同的頻帶內同時接收兩個或多個訊號,干擾亦可能來自多路徑傳播或傳輸線間的電磁耦合,不管什麼原因,嚴重的干擾將使得訊息資訊的回復是不可能的。

干擾的研究將從簡單的干擾弦波 (表示未解調的載波) 開始,在這個簡單的情形中,將幫助我們了解 AM、FM 和 PM 干擾效應的差異,然後,我們將看到如何使用**解強調濾波** (deemphasis filtering) 技巧來改善 FM 面對干擾的性能,我們將簡略地檢視 FM 的**抓取效應** (capture effect) 來做個總結。

■ 干擾弦波

考慮一已調諧至載波頻率 f_c 的接收機,讓總收到的訊號為:

$$v(t) = A_c \cos \omega_c t + A_i \cos[(\omega_c + \omega_i)t + \phi_i]$$

第一項是想要的訊號,如同未解調的載波。第二項是干擾載波,其振幅為 A_i,頻率為 $f_c + f_i$,且相對相位角為 ϕ_i。

為了將 $v(t)$ 放入波幅–和–相位形式 $v(t) = A_v(t)\cos[\omega_c t + \phi_v(t)]$ 中,我們引進:

$$\rho \triangleq A_i/A_c \qquad \theta_i(t) \triangleq \omega_i t + \phi_i \tag{1}$$

因此,$A_i = \rho A_c$,且從圖 5.4-1 的相位構建可得:

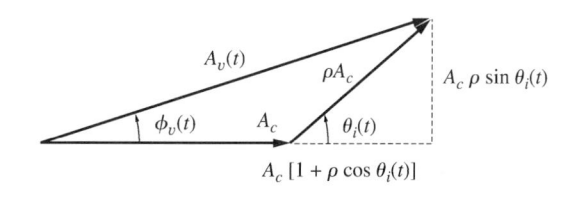

圖 5.4-1 干擾載波的相位圖。

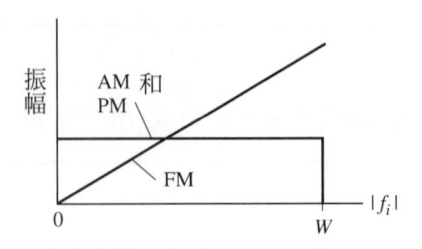

圖 5.4-2　來自頻率 f_c+f_i 載波的解調干擾振幅。

$$A_v(t) = A_c\sqrt{1 + \rho^2 + 2\rho \cos \theta_i(t)}$$

$$\phi_v(t) = \arctan \frac{\rho \sin \theta_i(t)}{1 + \rho \cos \theta_i(t)} \tag{2}$$

這些表示式說明了干擾弦波產生振幅和相位調變，事實上，若 $\rho \ll 1$，則：

$$A_v(t) \approx A_c[1 + \rho \cos (\omega_i t + \phi_i)] \tag{3}$$

$$\phi_v(t) \approx \rho \sin (\omega_i t + \phi_i)$$

這看起來像是在頻率 f_i 的弦波調變，其 AM 調變註標 $\mu = \rho$，FM 或 PM 調變註標 $\beta = \rho$。考慮另一極端的情形，若 $\rho \gg 1$，則：

$$A_v(t) \approx A_i[1 + \rho^{-1} \cos (\omega_i t + \phi_i)]$$

$$\phi_v(t) \approx \omega_i t + \phi_i$$

所以波幅仍是弦波調變，但是相位對應到平移載波頻率 f_c+f_i 加上常數 ϕ_i。

其次，我們將探討當 $v(t)$ 被輸入至一理想波幅、相位或頻率解調器（其偵測常數為 K_D）時，會發生什麼事。我們考慮弱干擾的情形 $(\rho \ll 1)$，使用式 (3) 中的近似式且 $\phi_i=0$，則解調輸出為：

$$y_D(t) \approx \begin{cases} K_D (1 + \rho \cos \omega_i t) & \text{AM} \\ K_D \rho \sin \omega_i t & \text{PM} \\ K_D \rho f_i \cos \omega_i t & \text{FM} \end{cases} \tag{4}$$

對於 $|f_i| \leq W$，在解調器輸出端的低通濾波器將濾除 $|f_i| > W$，若解調器含有一 DC 區塊，則在 AM 結果的常數項將被挪除，這些結果對於在 DSB 和 SSB 系統中的同步偵測亦成立，因為我們假設 $\phi_i=0$。在 FM 結果中的因子 f_i 是來自瞬時頻率偏移 $\dot{\phi}_v(t)/2\pi$。

式 (4) 顯示在線性調變系統或相位調變系統中的弱干擾將產生一冗餘的輸出弦波，其振幅和 $\rho = A_i/A_c$ 成正比，而和 f_i 無關，但在 FM 系統中，弦波振幅和 ρf_i

第 5 章　角度連續波調變　**5-39**

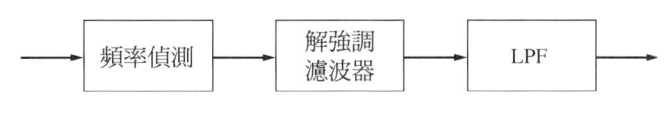

圖 5.4-3　完整的 FM 解調器。

成正比，因此，FM 較不受有相同載波頻率 ($f_i \approx 0$) 的共通道 (cochannel) 訊號的干擾，不過較易受鄰居通道干擾 ($f_i \neq 0$)。圖 5.4-2 畫出解調干擾振幅對 $|f_i|$ 的圖形來圖示這個差異。(若所有三個偵測器常數有相同的數值，則交叉點將對應到 $|f_i| = 1$ Hz。)

對於任意的 ρ 值且 (或) 調變載波，解調干擾的分析將變得非常的困難，在探討圖 5.4-2 的隱涵後，我們再回到這個問題。

練習題 5.4-1

令 $A_i = A_c$，故式 (2) 中的 $\rho = 1$，取 $\phi_i = 0$ 並使用三角等式去證明

$$A_v(t) = 2A_c |\cos(\omega_i t/2)| \qquad \phi_v(t) = \omega_i t/2$$

然後，假設 $f_i \ll W$，畫出波幅、相位和頻率偵測的解調輸出波形。

■ 解強調與預強調濾波

當 $|f_i|$ 值變大時，偵測的 FM 干擾將較嚴重，這個事實建議了一個改善系統性能的一個方法，即選擇性後級偵測濾波，叫做**解強調濾波** (deemphasis filtering)，假如解調器後串上一個低通濾波器，其振幅比例在小於 W 時；是逐漸變小的，這將解強調訊息的高頻部份，因此而降低嚴重的干擾，大於 W 時，一陡截止的低通濾波器亦需要去降低殘餘的分量，故完整的解調器包含一頻率偵測器，解強調濾波器和低通濾波器，如圖 5.4-3 所示。

明顯地，解強調濾波器亦衰減訊息本身的高頻成份，除非採取更正的措施，否則將造成輸出訊號的失真。在調變之前，先對欲傳送的訊號**預失真** (predistorting) 或**預強調** (preemphasizing)，則將可補償解強調的失真、預強調和解強調濾波器特性有下列的關係：

$$H_{\text{pe}}(f) = \frac{1}{H_{\text{de}}(f)} \qquad |f| \leq W \tag{5}$$

這個關係可產生無失真的傳輸，基本上：

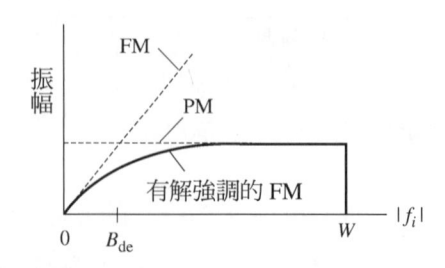

圖 5.4-4　FM 解強調濾波的解調干擾振幅。

> 我們在調變前預強調訊息 (此時是沒有干擾的)，故在解調之後，相對於訊息的干擾將被解強調。

當不想要的干擾高過訊息頻帶的某些部份時，預強調和解強調濾波提供了天生的好處，譬如說，磁帶記錄的杜比系統，依訊號高頻內容的反比例來動態調整預強調和解強調的量，細節可參考 Stremler (1990，附錄 F)，不過，因為相位調變和線性調變的解調干擾振幅和頻率無關，故從解強調只可獲得很小的增益。

FM 解強調濾波器經常是一階網路如下：

$$H_{de}(f) = \left[1 + j\left(\frac{f}{B_{de}}\right)\right]^{-1} \approx \begin{cases} 1 & |f| \ll B_{de} \\ \dfrac{B_{de}}{jf} & |f| \gg B_{de} \end{cases} \tag{6}$$

此處 3 dB 頻寬 B_{de} 小於訊息頻寬 W，因為在缺乏濾波的情況下，干擾振幅隨 $|f_i|$ 線性增加，故解強調干擾響應是 $|H_{de}(f_i)| \times |f_i|$，如圖 5.4-4 所示。注意，如同 PM，當 $|f_i| \gg B_{de}$ 時，響應變成常數，因此，對於鄰近通道和共通道干擾，FM 均優於 PM。

在傳送端，相對應的預強調濾波器函數如下：

$$H_{pe}(f) = \left[1 + j\left(\frac{f}{B_{de}}\right)\right] \approx \begin{cases} 1 & |f| \ll B_{de} \\ \dfrac{jf}{B_{de}} & |f| \gg B_{de} \end{cases} \tag{7}$$

在較低的訊息頻率上有較小的效應，不過，在較高的頻率，這濾波器宛如是一微分器，對於 $|f_i| \gg B_{de}$，輸出頻譜和 $fX(f)$ 成正比，但是，在頻率調變前微分一訊號等效成相位調變，因此，預強調 FM 確實是 FM 和 PM 的組合，組合兩者的好處去對抗干擾。如同預期地，這對降低雜訊亦有效，細節將在第 10 章中討論。

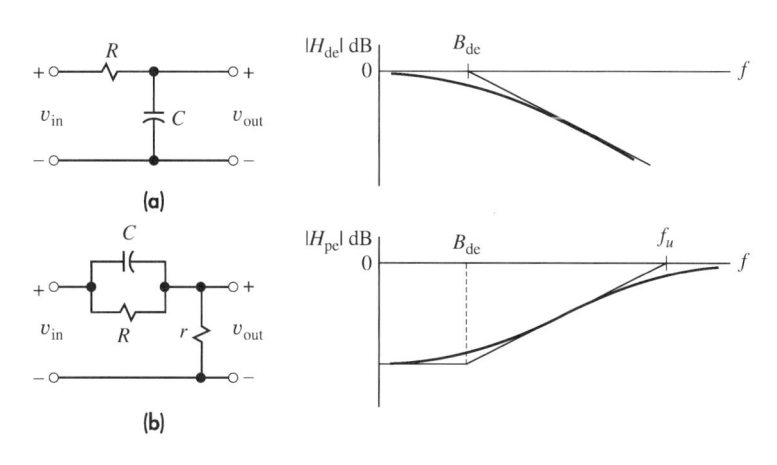

圖 5.4-5 (a) 解強調濾波器；(b) 預強調濾波器。

由上述的 $H_{pe}(f)$ 可看到最大調變頻率振幅被增加一倍率 W/B_{de}，這意味著頻率偏移亦被增加相同的倍率，一般說來，增加的偏移需要較大的傳輸頻寬，故預強調－解強調的改善並非沒有代價的。幸運地，有興趣的調變訊號（特別是音訊訊號）在高頻帶端有很小的能量，因此，高頻成分不會形成最大的誤差，傳輸頻寬是由大振幅的低頻分量所決定的，增加高頻的預強調易於等化訊息頻譜，以致於所有分量需要相同的頻寬，在這個條件下，傳輸頻寬不需被增加。

範例 5.4-1　解強調與預強調

商用 FM 的典型解強調和預強調網路如圖 5.4-5 所示，並附有它們的伯德圖，在兩個電路的 RC 時間常數為 75 μs，故 $B_{de}=1/2\pi RC \approx 2.1$ kHz，預強調濾波器有一上端斷裂頻率 $f_u=(R+r)/2\pi RrC$，f_u 經常是遠高於音訊範圍，如 $f_u \geq 30$ kHz。

練習題 5.4-2

假如音訊訊號被模型成弦波的總和，當 $f_m \leq 1$ kHz，低頻振幅 $A_m \leq 1$；當 $f_m > 1$ kHz，高頻振幅 $A_m \leq 1$ kHz/f_m。對於 $f_m=15$ kHz 的單一弦波，其振幅已用式 (7) 中的 $|H_{pe}(f)|$ 預強調，其 $B_{de}=2$ kHz，請用 5.2 節中的式 (1) 和 (2) 來估計所需的頻寬。假設 $f_\Delta=75$ kHz，將你的結果和 $B_T \approx 210$ kHz 相比較。

■ FM 的抓取效應

抓取效應（capture effect）是 FM 系統的接收機收到兩個振幅幾乎相等的訊號時，所發生的一種現象，小的相對振幅變化將造成兩者中較強的一者控制整個情形，

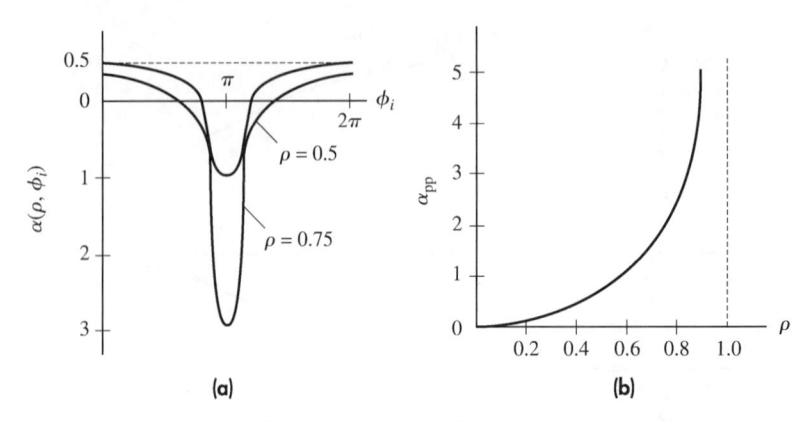

圖 5.4-6 掀取效應的干擾準位。(a) 作為相對相位的函數；(b) 作為振幅比的函數。

在解調輸出會突然間變成另一訊號。當收聽一遠距離的 FM 電台時，你或許會聽到吵雜的結果。

對一可分析的抓取效應，我們將考慮一未調變載波加上一共通道干擾 ($f_i=0$)，結果的相角 $\phi_v(t)$ 如式 (2) 所給，其中 $\theta_i(t)=\phi_i(t)$，此處 $\phi_i(t)$ 表示干擾訊號的相位調變，為了簡化，假如 $K_D=1$，則解調訊號變成：

$$y_D(t) = \dot{\phi}_v(t) = \frac{d}{dt}\left[\arctan\frac{\rho \sin \phi_i(t)}{1 + \rho \cos \phi_i(t)}\right] \quad \text{(8a)}$$

$$= \alpha(\rho, \phi_i) \dot{\phi}_i(t)$$

此處

$$\alpha(\rho, \phi_i) \triangleq \frac{\rho^2 + \rho \cos \phi_i}{1 + \rho^2 + 2\rho \cos \phi_i} \quad \text{(8b)}$$

式 (8a) 中 $\dot{\phi}_i(t)$ 的出現表示**可理解** (intelligible) 的干擾 [或串音 (crosstalk)]，不過 $\alpha(\rho, \phi_i)$ 對時間而言仍是一常數，若 $\rho \gg 1$，則 $\alpha(\rho, \phi_i) \approx 1$ 且 $y_D(t) \approx \dot{\phi}_i(t)$。

當 $A_i \approx A_c$ ($\rho \approx 1$) 時，抓取效應發生，式 (8b) 不能夠立刻簡化，取而代之，我們注意到：

$$\alpha(\rho, \phi_i) = \begin{cases} \rho/(1 + \rho) & \phi_i = 0, \pm 2\pi, \ldots \\ \rho^2/(1 + \rho^2) & \phi_i = \pm \pi/2, \pm 3\pi/2, \ldots \\ -\rho/(1 - \rho) & \phi_i = \pm \pi, \pm 3\pi, \ldots \end{cases}$$

$\alpha(\rho, \phi_i)$ 對 ϕ_i 的圖形如圖 5.4-6a 所示，除了負的尖峰外，當 $\rho \to 1$ 這些圖逼近 $\alpha(\rho, \phi_i)=0.5$，因此 $y_D(t)=0.5 \dot{\phi}_i(t)$，對於 $\rho < 1$，解調干擾的強度基本上與峰對峰值有關：

$$\alpha_{pp} = \alpha(\rho, 0) - \alpha(\rho, \pi) = 2\rho/(1 - \rho^2)$$

α_{pp} 對 ρ 的圖形如圖 5.4-6b 所示,這個膝蓋形的曲線表示:若傳輸衰退造成 ρ 值在 0.7 附近變化,則當 $\rho < 0.7$ 時,干擾幾乎消失,不過當 $\rho > 0.7$ 時,干擾接管且"抓取"了輸出。

Panter (1965,第 11 章) 詳細探討 FM 干擾的分析,包含當兩個載波被調變時的結果波形。

5.5 問答題與習題

問答題

1. 為什麼在夜間收聽 AM 廣播時會聽到許多"哨音"的干擾雜音?舉出所有可能的原因。
2. 為什麼 FM 接收比 AM 接收有更高的接收訊號功率,舉出所有的原因。
3. 描述為何 FM 在電池壽命與功率效率上優於線性調變系統。
4. 哪些是形成功率線干擾的可能因素?
5. 哪一種線性調變機制會產生較少的夜間"哨音"干擾?為什麼?
6. 在怎樣的距離,多重路徑會造成對 AM、DSB 或 SSB 等系統的干擾?
7. 為什麼對擁擠的火腿族無線電頻帶,法令上比較喜歡 SSB 和 DSB,而不鼓勵 AM 或是 NBFM 訊號?
8. 對干擾的免疫性,哪一種線性調變技術比較受到喜愛?
9. 在執行斜率與平衡鑑別器時,我們會面臨的主要實際問題是什麼?
10. 在什麼條件下 DSB 和 PSK 會有相同的輸出?
11. 舉列出理由說明為什麼在相同的發射機輸出功率下,FM 比 DSB 或是 SSB 有更優異的目的地訊號強度?
12. 為什麼使用像 C 類非線性放大器來放大 FM 訊號是可能的?
13. 如果一個 C 類放大器被用在 FM 的發射機上,還需要什麼以確保輸出訊號被限制在分配的載波頻率上?為什麼?
14. 你有一台短波 AM 接收機在某個載波頻率 f_c 接收到一個 NBFM 語音訊號。雖然訊號強度在接收機調到載波頻率時為最大,但是接收到最好的語音訊息是當你調整到離 f_c 幾個 kHz 的某個頻率上。解釋其原因為何?
15. 在圖 5.3-7a FM 偵測器中的 LPF,其用途是什麼?

習 題

5.1-1 當 $x(t)=A\Lambda(t/\tau)$；畫出和標示 PM 和 FM 的 $\phi(t)$ 和 $f(t)$。在 FM 的情形，取 $\phi(-\infty)=0$。

5.1-2 當 $x(t)=A\cos(\pi t/\tau)\prod(t/2\tau)$，重做習題 5.1-1。

5.1-3 當 $x(t)=\dfrac{4At}{t^2-16}$ 對 $t>4$，重做習題 5.1-1。

5.1-4* 一頻率掃描產生器產生一弦波輸出，它的瞬時頻率從 f_1 線性增加到 f_2（時間由 $t=0$ 到 $t=T$），寫出 $\theta_c(t)$ 對 $0 \leq t \leq T$。

5.1-5 除了 PM 和 FM 外，兩種其他可能的角度調變形式是相位積分調變，其 $\phi(t)=K\,dx(t)/dt$，和相位加速度調變，其：

$$f(t) = f_c + K\int^t x(\lambda)d\lambda$$

將這些結果加到表 5.1-1 內，當 $x(t)=\cos 2\pi f_m t$；請找出所有四種形式的 $\phi(t)$ 和 $f(t)$ 的最大值。

5.1-6 使用式 (16) 從式 (15) 中獲得式 (18a)。

5.1-7* 經由找出複數週期函數 $\exp(j\beta\sin\omega_m t)$ 的角度傅氏級數去推導式 (16)。

5.1-8 弦波調變可同時應用至頻率調變器和相位調變器，且兩者的輸出頻譜是相同的，請描述這兩個頻譜將如何改變，當：(a) 弦波振幅增加或減少；(b) 弦波頻率增加或減少；(c) 弦波振幅和頻率增加或減少在相同的比例。

5.1-9 考慮一弦波調變 FM 或 PM 波，當 $f_m=10$ kHz，$\beta=2.0$，$A_c=100$，且 $f_c=30$ kHz。(a) 寫出 $f(t)$ 的表示式；(b) 畫出線頻譜，並證明 $S_T < A_c^2/2$。

5.1-10* $f_m=20$ kHz 且 $f_c=40$ kHz，重做習題 5.1-9，在這情形 $S_T > A_c^2/2$。

5.1-11 推導數學式證明一個 FM 訊號的資訊功率和 $\dfrac{1}{2}A_c^2 f_\Delta^2 S_x$ 成比例，並且將這個和 DSB 訊號的資訊功率做比較。

5.1-12 證明 FM 載波的大小相對於訊息的大小是非線性的。

5.1-13 構建弦波調變 FM 的相位角圖，其 $A_c=10$，$\beta=0.5$，當 $\omega_m t=0$、$\pi/4$ 和 $\pi/2$，對每一個圖計算 A 和 ϕ，並比較它們的理論值。

5.1-14 當 $\beta=1.0$，重做習題 5.1-13。

5.1-15 一個 $\beta=1.0$ 且 $f_m=100$ Hz 的弦波調變 FM 訊號，被輸入到一 $B=250$ Hz，中心頻率 $f_c=500$ 的理想 BPF，畫出線頻譜、相位角圖及輸出訊號的波幅。

5.1-16 當 $\beta=5.0$，重做習題 5.1-15。

5.1-17 一種音樂合成器的實現是利用 FM 弦波調變的諧波結構。小提琴音符 C_2 的頻率為 $f_0=405$ Hz，當拉琴時諧波是 f_0 的整數倍。使用 FM 弦波調變和頻率轉換器去合成音符 f_0 和它的三個諧波。

5.1-18 考慮一週期方波調變的 FM，其 $x(t)=1$ 對 $0<t<T_0/2$，且 $x(t)=-1$ 對 $-T_0/2<t<0$。(a) 取 $\phi(0)=0$ 且畫出 $\phi(t)$ 對 $-T_0/2<t<T_0/2$，使用式 (20a) 獲得：

$$c_n = \frac{1}{2} e^{j\pi\beta}\left[\text{sinc}\left(\frac{n+\beta}{2}\right)e^{j\pi n/2} + \text{sinc}\left(\frac{n-\beta}{2}\right)e^{-j\pi n/2}\right]$$

此處 $\beta=fT_0$；(b) 當 β 是一大整數時，畫出結果的線頻譜大小。

5.2-1 一訊息的 $W=15$ kHz，當 $f_\Delta=0.1$、0.5、1、5、10、50、100 和 500 kHz，請估計 FM 的傳輸頻寬。

5.2-2 當 $W=5$ kHz，重做習題 5.2-1。

5.2-3 對一個 $W=3$ kHz 與 $B_T=30$ kHz 的 FM 系統，其最大頻率偏移是多少？

5.2-4 用 $B_T=10$ kHz 重做習題 5.2-3。

5.2-5 給定一 $f_\Delta=10$ kHz 的 FM 系統，使用表 9.4-1 和圖 5.2-1 去估計下列情形的頻寬：(a) 幾乎可理解的語音傳輸；(b) 電話品質的語音傳輸；(c) 高品質的音訊傳輸。

5.2-6 一個 $W=5$ MHz 的視訊訊號，使用一 $f_\Delta=25$ MHz 的 FM 來傳送，請求出和分數頻寬考慮一致的最小載波頻率，將此結果和 DSB 振幅調變的傳輸比較。

5.2-7 的無線手機使用紅外線 FM 傳輸，其頻率響應為 30 至 15,000 Hz，請找出和分數頻寬考慮一致的 B_T 和 f_Δ，假設 $f_c=5\times 10^{14}$ Hz。

5.2-8 一商用 FM 廣播電台交互播放音樂和脫口秀／扣應節目，廣播的 CD 音樂被限頻在 15 kHz 內。假設 $D=5$ 被用在音樂和語音上，若我們對語音訊號取 $W=5$ kHz，則在脫口秀的時段內，可用的傳輸頻寬所佔的比例為何？

5.2-9 一 $f_\Delta=30$ kHz 的 FM 系統，是為 $W=10$ kHz 所設計的，當調變訊號是 $f_m=0.1$、1.0 或 5.0 kHz 的單一振幅弦波，則 B_T 大約佔據多少比例呢？對一 $\phi_\Delta=3$ 徑度的 PM 系統，重新計算你的答案。

5.2-10 考慮定義在習題 5.1-5 的相位積分和相位加速調變，調查弦波調變所需的頻寬，並估計傳輸頻寬，和討論你的結果。

5.2-11* 正頻率通帶，單一調諧 BPF 的轉換函數為 $H(f)\approx 1/[1+j2Q(f-f_c)/f_c]$。當輸入是一 NBPM 訊號，使用式 (10) 去得到輸出訊號管理它的瞬時相位的表示式。

5.2-12　當一 FM 訊號被系統 $H(f)=K_0-K_3(f-f_c)^3$ (在正頻率通帶) 所失真時，使用式 (10) 去得到輸出訊號和它的振幅的表示式。

5.2-13　當一 FM 訊號被系統 $|H(f)|=1$ 和 $\arg H(f)=\alpha_1(f-f_c)+\alpha_3(f-f_c)^3$ (在正頻率通帶) 所失真時，使用式 (13) 去得到輸出訊號和它的瞬時頻率的表示式。

5.2-14　一 FM 訊號被輸入至習題 5.2-11 的 BPF 中，讓 $\alpha=2Qf_\Delta/f_c \ll 1$，則使用式 (13) 去得到輸出訊號和瞬時頻率的近似表示式。

5.2-15　讓圖 5.2-6a 的系統的輸入為 $D=f_\Delta/W$ 和冗餘振幅變化的 FM 訊號，請畫出限幅器的輸出的頻譜，並證明成功的操作須 $f_\Delta < (f_c-W)/2$。

5.2-16　若圖 5.2-6b 的系統的輸入是一 $D=f_\Delta/W$ 的 FM 訊號，BPF 的中心頻率為 $3f_c$ 對應到三倍頻率，請畫出在濾波器輸入的頻譜，並利用 f_c 和 W 來得到可以成功操作的 f_Δ。

5.2-17*　若 BPF 的中心頻率是 $4f_c$ (對應到頻率四倍器)，請重做習題 5.2-16。

5.3-1　在圖 5.3-1 中所示的等效調諧電容為 $C(t)=C_1+C_v(t)$，此處 $C_v(t)=C_2/\sqrt{V_B+x(t)/N}$。若 $NV_B \geq 300/4$，證明 $C(t) \approx C_0-C_x(t)$ (在 1% 的精確度)，然後再證明頻率偏移所對應的限制為 $f_\Delta < f_c/300$。

5.3-2　在圖 5.3-2 的直接 FM 產生器可被用來遙控玩具車，請找出可允許的 W 範圍，使得 B_T 滿足分數頻寬的要求，假設最大的頻率偏移是 150 kHz。

5.3-3　證明 $x_c(t)=A_c\cos\theta_c(t)$ 是下列積分方程式 $\dot{x}_c(t)=-\dot{\theta}_c(t)\int\dot{\theta}_c(t)\,x_c(t)\,dt$ 的解，基於這個關係，畫出直接 FM 產生器的方塊圖。

5.3-4　假如一 FM 偵測器用來接收圖 5.3-3 的相位調變器所產生的傳輸訊號，請描述輸出訊息訊號的失真。(提示：考慮訊息訊號大小、頻率和調變指標的關係。)

5.3-5*　音訊訊號使用頻率調變來傳送，假如它使用 PM 偵測器來接收，請描述輸出訊息訊號的失真。(提示：考慮訊息訊號大小、頻率和調變指標的關係。)

5.3-6　使用間接 FM 設計一無線立體喇叭系統，假設 $W=15$ kHz，$D=5$，$f_{c1}=500$ kHz，$f_c=915$ MHz 且 $\phi_\Delta/2\pi T < 20$，請決定在你的乘法器級所需的三倍器的數目，並找出設計此系統所需的 f_{LO} 值。

5.3-7　電視傳送機的音訊部份是一 $W=10$ kHz，$D=2.5$ 且 $f_c=4.5$ MHz 的間接 FM 系統，若 $\phi_\Delta/2\pi T < 20$ Hz 且 $f_c=200$ kHz，請畫出這個系統的方塊圖，使用最短的乘法器鏈 (包含三倍頻器和二倍頻器) 和尋找降頻器，使得沒有頻率超過 100 MHz。

5.3-8 一 $W=4$ kHz 的訊號使用 $f_c=1$ MHz，$f_\Delta=12$ kHz 的間接 FM 來傳送，若 $\phi_\Delta/2\pi T < 100$ 且 $f_{c1}=10$ kHz，則需要多少個倍頻器來獲得想要的輸出、參數？畫出系統的方塊圖，標明本地振盪器的值和位置使得沒有頻率超過 10 MHz。

5.3-9 假如圖 5.3-5 的相位調變器使用圖 5.3-3 的方式來實現，選取 $x(t)=A_m \cos \omega_m t$ 且讓 $\beta=(\phi_\Delta/2\pi T)(A_m/f_m)$。
(a) 證明若 $\beta \ll 1$，則 $f_1(t) \approx f_c + \beta f_m [\cos \omega_m t + (\beta/2)^2 \cos 3\omega_m t]$。
(b) 當 $A_m \leq 1$ 且 30 Hz $\leq f_m \leq 15$ kHz (如同在 FM 廣播)，推導 $\phi_\Delta/2\pi T$ 的條件，使得三次諧波失真不會超過 1%。

5.3-10 讓圖 5.3-7a 的輸入是一 FM 訊號，其中 $f_\Delta \ll f_c$ 且微分器使用調諧電路 $H(f)=1/[1+j(2Q/f_0)(f-f_0)]$ (對 $f \approx f_0$) 來實現，當 $f_0=f_c+b$ 且 $f_\Delta \ll b \ll f_0/2Q$，請使用類似靜態法證明 $y_D(t) \approx K_D f_\Delta x(t)$。

5.3-11* 讓圖 5.3-7a 的輸入是一 FM 訊號，其中 $f_\Delta \ll f_c$ 且微分器使用 $B=f_c$ 的一階低通濾波器來實現，請使用類似靜態分析證明 $y_D(t) \approx -K_1 f_\Delta x(t) + K_2 f_\Delta^2 x^2(t)$，然後，取 $x(t)=\cos \omega_m t$，推導 f_Δ/f_c 的條件，使得二次諧波失真小於 1%。

5.3-12 圖 5.3-8b 中的調諧電路，其轉換函數為 $H(f)=1/[1+j(2Q/f_0)(f-f_0)]$ (對 $f \approx f_0$)，讓兩個中心頻率為 $f_0=f_c \pm b$，且 $f_\Delta \leq b \ll f_c$，使用類似靜態分析去證明若兩個電路滿足 $(2Q/f_0)b=\alpha \ll 1$，則 $y_D(t) \approx K_1 x(t) - K_3 x^3(t)$，此處 $K_3/K_1 \ll 1$。

5.3-13 你得到一個 $f_c=7$ MHz、$W=2.5$ kHz 以及 $f_\Delta=1.25$ kHz 的 NBFM 激發器，使用一系列的頻率倍頻器、三倍頻器以及一個可能的外差級來設計一個轉換器以得到一個 $f_c=220$ MHz 與 $f_\Delta=15$ kHz 的 WBFM 訊號。證明你的結果。

5.3-14 已知一個 $f_c=8$ MHz、$W=3$ kHz 以及 $f_\Delta=0.3$ kHz 的 NBFM 激發器，使用三倍頻器以及外差單元來設計一個 $f_c=869-894$ MHz 與 $B_T \cong 30$ kHz 的 FM 系統。

5.4-1 當輸入是 100% 調變的 AM 訊號加上干擾訊號 $A_i [1+x_i(t)] \cos [(\omega_c+\omega_i)t+\phi_i]$ (其中 $\rho=A_i/A_c \ll 1$) 時，請推導振幅解調器輸出的近似表示式，解調的干擾是可忽略的嗎？

5.4-2 當輸入是 100% 調變的 NBPM 訊號加上干擾訊號 $A_i \cos [(\omega_c+\omega_i)t+\phi_i(t)]$ (其中 $\rho=A_i/A_c \ll 1$) 時，請推導相位解調器輸出的近似表示式，解調的干擾是可忽略的嗎？

5.4-3 在多路徑傳播的情況下，調查波幅偵測對 AM 同步偵測的性能，以致於 $v(t)=x_c(t)+\alpha x_c(t-t_d)$，其中 $\alpha^2<1$，並考慮 $\omega_c t_d \approx \pi/2$ 和 $\omega_c t_d \approx \pi$ 的特殊情形。

5.4-4 你正攜帶著無線電話，且它使用振幅調變，當某人打開馬達裝置，將對電話造成靜電干擾，若你換成新的 FM 無線電話，則通話是清楚的，為何？請解釋。

5.4-5* 第二次世界大戰，為了行動通訊中語音訊號的高頻部份是可接受的，人類在振幅調變中首先使用預強調／解強調，假設語音頻譜的振幅被限制在 3.5 kHz 內，高過 500 Hz 後，每十倍頻大約衰減 6 dB (在對數頻率刻度是十倍)，請畫出預強調和解強調濾波器的伯德圖，以致於在傳送之前，訊息訊號的頻譜是平的，並討論 DSB 的傳輸功率對 $\mu=1$ 的標準 AM 的影響。

5.4-6 在聽覺輔助的應用中，預強調濾波器亦可使用，假如一小孩在高頻帶有聽覺損失，則預強調濾波器可設計成是耳朵內高頻解強調的反函數，在吵雜的教室中，老師使用麥克風來講課，然後訊號使用 FM 的方式傳送到小孩所帶的接收機中，那麼預強調濾波器是在 FM 傳送前的麥克風內比較好呢？還是在小孩子所帶的接收機內比較好呢？請根據傳輸功率、傳輸頻寬和抗干擾能力來回答這個問題。

5.4-7 一訊息訊號 $x(t)$ 的能量和功率頻譜滿足下列條件：

$$G_x(f) \leq (B_{de}/f)^2 G_{max} \qquad |f| > B_{de}$$

此處 G_{max} 是在 $|f| < B_{de}$ 內 $G_x(f)$ 的最大值，若在 FM 傳送之前式 (7) 中的預強調濾波器被用到 $x(t)$，則傳送頻寬將會增加嗎？

5.4-8 對於未調變鄰近通道干擾的情形，式 (8) 亦成立，若我們取 $\phi_i(t)=\omega_i t$，則當 $\rho=0.4$、0.8 和 1.2 時，請畫出結果的解調波形。

5.4-9 若干擾弦波的振幅和有興趣弦波的振幅大約相等，$\rho=A_i/A_c \approx 1$，且對所有 ϕ_i，式 (8b) 降為 $\alpha(\rho, \phi_i)=1/2$，則將產生串音，不過，當 $\phi_i=\pm\pi$ 時，最大的突出將出現在解調器輸出中，證明若 $\phi_i=\pi$ 且 $\rho=1\pm\epsilon$，則 $\alpha(\rho, \pi) \to \pm\infty$ 當 $\epsilon \to 0$，相反地，證明若 ρ 稍微小於 1 且 $\phi_i=\pi\pm\epsilon$，則 $\alpha(\rho, \phi_i) \to -\infty$ 當 $\epsilon \to 0$。

5.4-10‡* 當瞬間相位為 $\phi(t)$ 的 FM 訊號有來自未解調鄰近通道載波的干擾時，請寫出解調訊號的表示式，請根據 $\phi(t)$、$\rho=A/A_c$ 和 $\theta_i(t)=\omega_i t+\phi_i$ 來寫出結果。

5.4-11* 已知 $f_c=50$ MHz，怎樣的多重路徑距離會造成接收訊號衰減 10 dB。說明你的任何假設。

5-4.12 對 $f_c = 850$ MHz，重做習題 5.4-11。

5.4-13 已知一個不超過 10 m × 10 m × 3 m 的室內環境，要讓多重路徑干擾不超過 3 dB 的最大與最小載波頻率是多少？

5.4-14 一個行動電話在 825 MHz 操作，其輸出功率是 S_T。由於多重路徑干擾的損失，它在目的地端接有 6 dB 的功率損失。假設沒有其他的損失，而且接收機和發射機的位置皆為固定。(a) 兩個路徑間的相對時間延遲為多少？(b) 要降低多重路徑損失，我們決定利用頻率分集，這樣我們週期式地跳到 850 MHz 的第二載波頻率上。相對它的發射功率，此 850 MHz 接收訊號的功率為何？有任何改進嗎？

6 chapter

取樣與脈波調變

摘要

6.1 取樣定理與實務　Sampling Theory and Practice
- 截波器取樣 (Chopper Sampling)
- 理想的取樣與重建 (Ideal Sampling and Reconstruction)
- 實際的取樣與頻譜交疊現象 (Practical Sampling and Aliasing)

6.2 脈波振幅調變　Pulse-Amplitude Modulation
- 平頂取樣與脈波振幅調變 (Flat-top Sampling and PAM)

6.3 脈波時間調變　Pulse-Time Modulation
- 脈波延續和脈波位置調變 (Pulse-Duration and Pulse-Position Modulation)
- 脈波位置調變頻譜分析 (PPM Spectral Analysis)

實驗的數據和數學的函數常被表示成連續的曲線，即使是一些有限個數的不連續點也習慣以圖表的方式來表示。若這些點或是取樣點有充份地靠近時，以一條平滑的曲線連接這些點，即表示允許你可以內插中間值到任何合理的準確度。因此可說成連續的曲線被這些取樣點充份地描述。

以類似的方式，一電的訊號滿足某些必要條件可以從一適當的瞬間取樣點集合被再生。因此取樣可能使得以脈波調變形式傳送一訊息，而不是以連續的訊號。通常脈波和脈波間的時間比較起來相當的短，所以一脈波調變過的波形有大部份時間處於停止的狀態。

這個脈波調變的特性提供給連續波調變兩項潛在的利益。首先，傳送的能量可被集中成為短爆衝而非連續地產生。系統設計者然後有較大設備選擇的自由，以及可能選擇例如只可在以脈波為基礎的雷射和高功率微波管儀器。第二，脈波間的時間隔可將其他訊號來的取樣值插入，這過程稱之為分時多工 (TDM)。

但是脈波調變和訊息頻寬比較時有需要很大傳送頻寬的缺點。結果，本章所討論的類比脈波調變方法主要地使用在分時多工訊息處理和連續波調變之前。數位或編碼過的脈波調變為增加頻寬之補償的額外利益，如同我們將在第 12 章所見。

■ 本章目標

經研讀本章及做完練習之後，您應該會得到如下的收穫：

1. 畫出取樣訊號的頻譜。(6.1 節)
2. 定義最小取樣頻率以適當地代表給定頻譜重疊錯誤、訊息頻寬、低通濾波器特性等之最大值的訊號。(6.1 節)
3. 知道何謂奈奎斯特速率和知道其應用在何處。(6.1 節)
4. 描述實際取樣相對於理想取樣的含意。(6.1 節)
5. 使用理想的低通濾波器從取樣點重建一訊號。(6.1 節)
6. 解釋脈波振幅調變、脈波延續調變和脈波位置調變的運算；畫出它們的時域波形；以及計算它們的各自頻寬。(6.2 和 6.3 節)

6.1 取樣定理與實務

這裡所提出的取樣定理設立以後訊號取樣和從取樣值重建的條件。我們也將檢查定理的實際上實現和一些相關的應用。

截波器取樣

一種簡單但卻高度有益於取樣定理的方法來自於圖 6.1-1a 的開關操作。開關週期性地在兩個接點以 $f_s = 1/T_s$ Hz 的速率移動，每個週期接觸輸入訊號 τ 秒和接觸地剩餘秒數。然後輸出 $x_s(t)$ 由輸入 $x(t)$ 的短片段所組成，如圖 6.1-1b 所示。圖 6.1-1c 是圖 6.1-1a 的電路版本；輸出電壓和輸入電壓相同，除了當時鐘訊號順向偏壓二極體因此鉗制輸出至零。這個操作稱為**單邊**或**單極的截波器** (unipolar chopping)，嚴格上並非瞬間取樣。但是，$x_s(t)$ 將被指定為取樣後的波形且 f_s 為取樣頻率。

我們現在詢問：取樣的片段是否充份地描述原來的輸入訊號，且如果是，如何可從 $x_s(t)$ 重新得到 $x(t)$？這個問題的答案在於頻域，在取樣過波形的頻譜上。

提到尋找頻譜的第一步驟，我們介紹一個**開關函數** (switching function) $s(t)$ 如下：

$$x_s(t) = x(t)s(t) \tag{1}$$

因此取樣操作變成乘以 $s(t)$，如圖 6.1-2a 所示，而 $s(t)$ 就是圖 6.1-2b 的一串週期性的脈波。由於 $s(t)$ 是週期性的，它可被表示成傅立葉級數。利用範例 2.1-1 的結果，

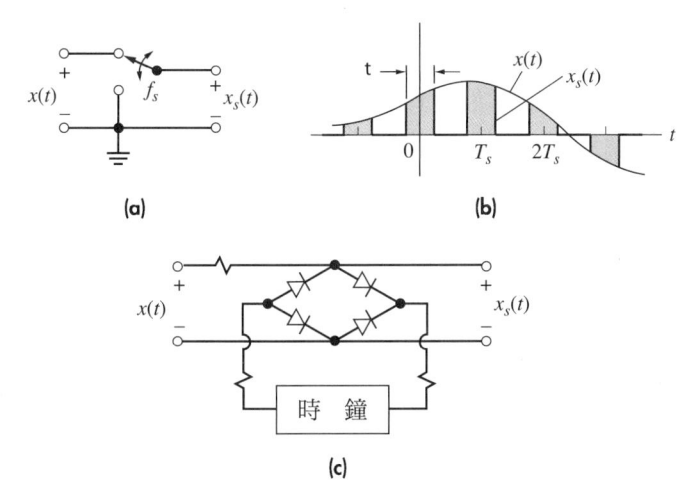

圖 6.1-1 開關取樣器：(a) 函數圖表；(b) 波形；(c) 電路圖以橋式二極體實現。

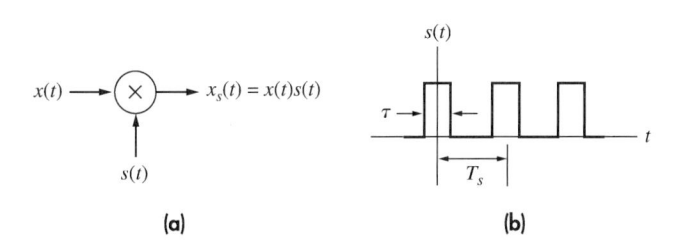

圖 6.1-2 取樣如同乘法：(a) 函數圖表；(b) 開關函數。

我們得到：

$$s(t) = \sum_{n=-\infty}^{\infty} f_s\tau \text{ sinc } nf_s\tau \, e^{j2\pi nf_s t} = c_0 + \sum_{n=1}^{\infty} 2c_n \cos n\omega_s t \quad (2)$$

且

$$c_n = f_s\tau \text{ sinc } nf_s\tau \qquad \omega_s = 2\pi f_s$$

將式 (2) 和 (1) 結合產生一項一項的擴展。

$$x_s(t) = c_0 x(t) + 2c_1 x(t) \cos \omega_s t + 2c_2 x(t) \cos 2\omega_s t + \cdots \quad (3)$$

因此，如果輸入訊息頻譜為 $X(f) = \mathcal{F}[x(t)]$，輸出頻譜為：

$$\begin{aligned} X_s(f) = &\, c_0 X(f) + c_1[X(f - f_s) + X(f + f_s)] \\ &+ c_2[X(f - 2f_s) + X(f + 2f_s)] \\ &+ \cdots \end{aligned} \quad (4)$$

這直接地遵守調變理論。

然而式 (4) 看來相當混亂的，取樣過波形的頻譜容易地描繪出如果輸入的訊號假設成有限頻寬。圖 6.1-3 顯示一方便的 $X(f)$ 和所對應的 $X_s(f)$ 的兩種情形，$f_s > 2W$ 和 $f_s < 2W$。這個圖顯露出相當令人驚異的事：取樣操作留下完整無缺的訊息頻譜，僅僅在頻域以 f_s 的間隔週期性地重複它。我們也注意到式 (4) 的第一項就正是訊息的頻譜減弱責任週期 (duty cycle) $c_0 = f_s\tau = \tau/T_s$。

若取樣保留訊息的頻譜，這應該可從取樣過的波形 $x_s(t)$ 重新獲得或重建 $x(t)$。重建的技巧並非從式 (1) 和 (3) 的時域關係看得到。但再度提及圖 6.1-3，我們看到 $X(f)$ 可以利用低通濾波器從 $X_s(f)$ 分離出來，假如頻譜的邊緣不重疊。且若僅 $X(f)$ 從 $X_s(f)$ 過濾出，我們已得到 $x(t)$。明顯地兩種條件為避免頻譜帶重疊是必要的：訊息必須是有限頻寬的，且取樣頻率必須充份地夠大如 $f_s - W \geq W$。因此我們要求：

$$X(f) = 0 \quad |f| > W$$

且在非正弦波訊號的情形

$$f_s \geq 2W \quad \text{或} \quad T_s \leq \frac{1}{2W} \quad (5a)$$

若取樣過訊號是正弦波的，它的頻譜將會由脈衝所組成且等式 (5a) 不成立，因此我們要求：

$$f_s > 2W \quad \text{或} \quad T_s < \frac{1}{2W} \quad \text{（正弦波的訊號）} \quad (5b)$$

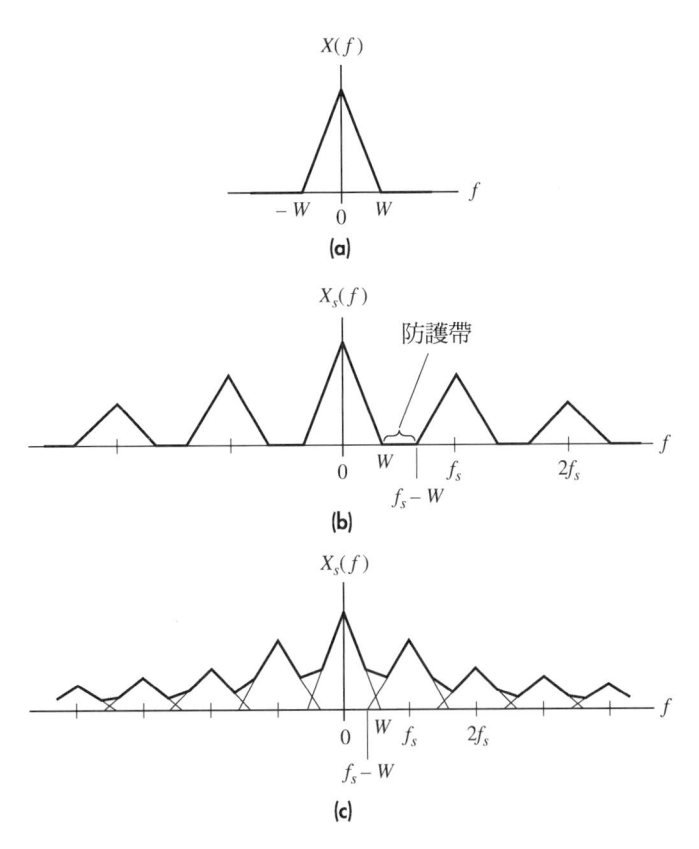

圖 6.1-3 開關取樣的頻譜：(a) 訊息；(b) 取樣過訊息，$f_s > 2W$；(c) 取樣過訊息，$f_s < 2W$。

最小取樣頻率 $f_{s_{\min}} = 2W$，或在正弦波訊號情形 $f_{s_{\min}} = 2W^+$，稱之為**奈奎斯特速率** (Nyquist rate)。更進一步針對 (5a) 式中等號不成立的情形，如果取樣頻率是 $f_s = 2W$，對正弦波而言是無法在它的越零點取樣，因此取樣值會是 0，使得訊號無法重建。當式 (5) 符合且 $x_s(t)$ 被一理想的低通濾波器過濾，輸出訊號將會和 $x(t)$ 成比例；因此訊息從取樣過的訊號重建已達成。濾波器的頻寬 B 精確值並不重要，只要：

$$W < B < f_s - W \tag{6}$$

所以該濾波器讓 $X(f)$ 通過而將所有高頻成份去除在圖 6.1-3b。$f_s > 2W$ 的取樣建立了一個防護帶，因此一個實際 LPF 的轉移區可以適用其間。另一方面，如果我們檢視圖 6.1-3c，會看到不足取樣的訊號引起訊息的頻譜重疊或是鬼影現象，因此造成重大的重建錯誤。

這個分析顯示出，如果一有限頻寬訊號以大於奈奎斯特速率的頻率取樣後，它可以完整地從取樣過的訊號波形重建回來。重建是藉由低通濾波器達到。這些結論對首次接觸的人可能困難；它們無疑地測試我們在頻譜分析的信念。然而，它們相當正確。

最後，應該指出我們的結果和取樣脈波的延續無關，將它當作責任週期。若 τ 很小，$x_s(t)$ 接近一串瞬間取樣點，那就和理想取樣一致了。我們將繼續理想的取樣定理在短暫的看過**雙極截波器** (bipolar chopper) 之後，則 $\tau = T_s/2$。

範例 6.1-1 雙極截波器

圖 6.1-4a 描述雙極截波器的電路和波形。相等的開關函數是一個在 $s(t) = +1$ 和 -1 交替的方波。從 $s(t)$ 的級數擴展我們得到：

$$x_s(t) = \frac{4}{\pi} x(t) \cos \omega_s t - \frac{4}{3\pi} x(t) \cos 3\omega_s t + \frac{4}{5\pi} x(t) \cos 5\omega_s t - \cdots \qquad (7)$$

它的頻譜描繪在圖 6.1-4b 當 $f \geq 0$。注意 $X_s(f)$ 沒有直流成份且只有 f_s 的奇數諧波。顯然地，我們不能藉由低通濾波器回復到 $x(t)$。反而，雙極截波器的實際應用和帶通濾波器有關。

若我們將 $x_s(t)$ 用於一個以一些奇數諧波 nf_s 的帶通濾波器上，輸出將會和 $x(t) \cos n\omega_s t$ —— 一種雙旁波帶抑制載波波形成比例。因此，一雙極截波器當作一個平衡的調變器。它也當作一個同步檢波器，當輸入是一雙旁波帶或是單旁波帶訊號且輸出是低通濾波的。這些特性被結合在**穩定截波放大器** (chopper-stabilized amplifier)，那使得使用一高增益交流放大器將直流和低頻放大可能。此外，習題 6.1-4 指出一雙極截波器如何改變以產生基頻多工訊號給調頻立體聲。

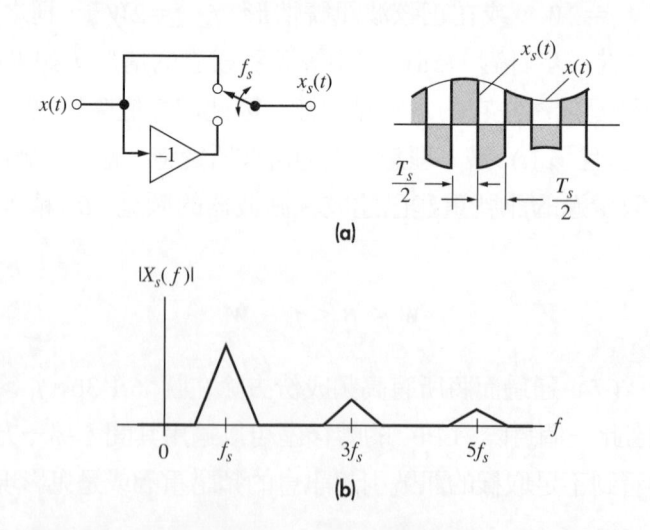

圖 6.1-4 雙極截波器：(a) 電路和波形；(b) 頻譜。

理想的取樣與重建

依照定義，理想取樣是瞬間的取樣。圖 6.1-1a 的開關裝置產生瞬間值只如果當 $\tau \to 0$；但然後 $f_s\tau \to 0$，且 $x_s(t)$ 也是。概念上，我們藉由將 $x_s(t)$ 乘以 $1/\tau$ 克服這個困難，因此當 $\tau \to 0$ 且 $1/\tau \to \infty$，取樣過的波形變成一串脈衝，其面積和輸入訊號瞬間取樣值相等。正式地，我們寫長方形的脈衝列如同：

$$s(t) = \sum_{k=-\infty}^{\infty} \Pi\left(\frac{t - kT_s}{\tau}\right)$$

從上式我們定義理想的取樣函數 (ideal sampling function)：

$$s_\delta(t) \triangleq \lim_{\tau \to 0} \frac{1}{\tau} s(t) = \sum_{k=-\infty}^{\infty} \delta(t - kT_s) \tag{8}$$

理想的取樣波形 (ideal sample wave) 然後是：

$$x_\delta(t) \triangleq x(t) s_\delta(t) \tag{9a}$$

$$= x(t) \sum_{k=-\infty}^{\infty} \delta(t - kT_s)$$

$$= \sum_{k=-\infty}^{\infty} x(kT_s)\, \delta(t - kT_s) \tag{9b}$$

因為 $x(t)\,\delta(t-kT_s) = x(kT_s)\,\delta(t-kT_s)$。

為得到相對應頻譜 $X_\delta(f) = \mathcal{F}[x_\delta(t)]$，我們注意到 $(1/\tau) x_s(t) \to x\delta(t)$ 當 $\tau \to 0$，且同樣地，$(1/\tau) X_s(f) \to X_\delta(f)$。但在式 (4) 中的每個係數有 $c_n/\tau = f_s \,\text{sinc}\, nf_s\,\tau = f_s$ 的特性當 $\tau = 0$ 時。因此：

$$X_\delta(f) = f_s X(f) + f_s[X(f - f_s) + X(f + f_s)] + \cdots$$

$$= f_s \sum_{n=-\infty}^{\infty} X(f - nf_s) \tag{10}$$

在圖 6.1-5 說明針對圖 6.1-3a 的訊息頻譜以 $f_s > 2W$ 為例。我們看到 $X_\delta(f)$ 是週期性的在頻率上有週期 f_s，在取樣資料系統中，這是一個重要的發現。

稍微附帶地說明，我們可以針對 $S_\delta(f) = \mathcal{F}[S_\delta(t)]$ 發展一表示式如下。從式 (9a) 和捲積定理，$X_\delta(f) = X(f) * S_\delta(f)$，而式 (10) 是等於：

$$X_\delta(f) = X(f) * \left[\sum_{n=-\infty}^{\infty} f_s\, \delta(f - nf_s)\right]$$

$$X_\delta(f)$$

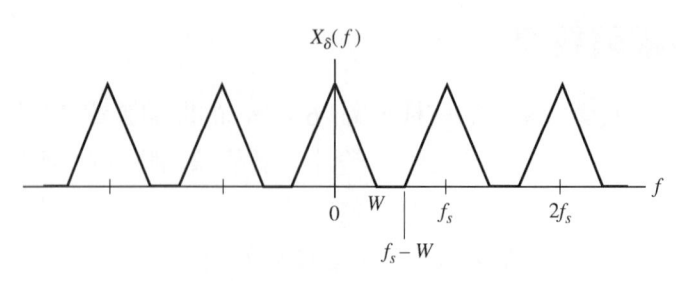

圖 6.1-5　理想地取樣過的訊號頻譜。

因此，我們推斷出：

$$S_\delta(f) = f_s \sum_{n=-\infty}^{\infty} \delta(f - nf_s) \tag{11}$$

所以在時域中一單位高度脈衝週期性的串列的頻譜，是頻域中週期性的脈衝串列間隔 $f_s = 1/T_s$；在兩個頻域中我們有一看起來像是柵欄的函數。

　　回到主題和圖 6.1-5，明顯地，若我們喚起如同之前相同條件── $x(t)$ 為有限頻寬 W 且 $f_s \geq 2W$ ──然後一適當頻寬的濾波器將從理想的取樣過的波形重建 $x(t)$。具體地，對於一個增益為 K，時間延遲為 t_d，且頻寬為 B 的理想低通濾波器，轉換函數為：

$$H(f) = K \Pi\left(\frac{f}{2B}\right) e^{-j\omega t_d}$$

所以過濾 $x_\delta(t)$ 產生輸出頻譜：

$$Y(f) = H(f) X_\delta(f) = K f_s X(f) e^{-j\omega t_d}$$

假設 B 符合式 (6)。輸出時間函數然後是：

$$y(t) = \mathcal{F}^{-1}[Y(f)] = K f_s x(t - t_d) \tag{12}$$

上式為原來的訊號乘以 $K f_s$ 且延遲 t_d。

　　在取樣過程中進一步的信心可以藉由在時域中檢查重建訊號得到。低通濾波器的脈衝響應為：

$$h(t) = 2BK \operatorname{sinc} 2B(t - t_d)$$

且因為輸入 $x_\delta(t)$ 為一串列的加權過脈衝，輸出亦為一串列加權過的脈衝響應，那就是：

$$y(t) = h(t) * x_\delta(t) = \sum_k x(kT_s) h(t - kT_s) \tag{13}$$

$$= 2BK \sum_{k=-\infty}^{\infty} x(kT_s) \operatorname{sinc} 2B(t - t_d - kT_s)$$

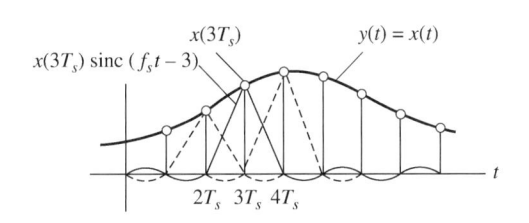

圖 6.1-6 理想的重建。

現在為了簡單假設 $B=f_s/2$，$K=1/f_s$，且 $t_d=0$，所以：

$$y(t) = \sum_k x(kT_s) \operatorname{sinc}(f_s t - k)$$

然後我們可以用圖表方式完成重建過程，如同圖 6.1-6 所示。明顯地，正確值以取樣時刻 $t=kT_s$ 重建，對於所有 sinc 函數為零在這些時刻存壹，且該壹產生 $x(kT_s)$。在取樣時刻之間藉由將所有 sinc 函數的前項和後項相加內插出 $x(t)$。為了這個理由低通濾波器常被稱為一**內插濾波器** (interpolation filter)，且它的脈衝稱為**內插函數** (interpolation function)。

上述結果藉由說明均勻 **(週期性) 取樣** [uniform (periodic) sampling] 的重要定理被很好的概括了。然而有很多該定理的變化，下列的形式是最適合我們的目的。

> 若一個當 $|f| \geq W$ 沒有頻率成份的訊號，它可以完整地以時域上均勻地間隔週期 $T_s \leq 1/2W$ 的瞬間取樣值描述。如果一個訊號已經以奈奎斯特速率或大於 ($f_s \geq 2W$) 取樣過，且取樣值以加權過的脈衝表示，訊號可以精確地藉由一理想的低通濾波器頻寬 B，且 $W \leq B \leq f_s - W$ 被重建回來。

另一種方式去表示該定理來自於式 (12) 和 (13)，以 $K=T_s$ 且 $t_d=0$，然後 $y(t)=x(t)$ 且

$$x(t) = 2BT_s \sum_{k=-\infty}^{\infty} x(kT_s) \operatorname{sinc} 2B(t - kT_s) \tag{14}$$

假如 $T_s \leq 1/2W$ 且 B 滿足式 (6)。因此，就如同一個週期性的訊號藉由它的傅立葉級數係數被完整地描述，一個有限頻寬的訊號可藉由它瞬間取樣值不論是訊號正確地被取樣與否完整地描述。

練習題 6.1-1

考慮一取樣脈波串列的一般形式：

$$s_p(t) = \sum_{k=-\infty}^{\infty} p(t - kT_s) \tag{15a}$$

它的脈波形式 $p(t)$ 等於零對於 $|t| > T_s/2$，但此外為任意的值。使用一指數的傅立葉級數且式 (21)，2.2 節顯示出：

$$S_p(f) = f_s \sum_{n=-\infty}^{\infty} P(nf_s)\,\delta(f - nf_s) \tag{15b}$$

而 $P(f) = \mathcal{F}[p(t)]$。然後使 $p(t) = \delta(t)$ 得到式 (11)。

實際的取樣與頻譜交疊現象

實際的取樣與理想的取樣不同在於三個明顯的觀點：

1. 取樣過的波組成脈波有限的振幅和延續，而非脈衝。
2. 實際重建濾波器並不是理想的濾波器。
3. 被取樣的訊息是有限時間的訊號，則它的頻譜不是且不可能是有限頻寬的。

前兩個差異可能呈現較少的問題，然而第三個差異導致更令人煩惱的影響，如**頻譜交疊現象** (aliasing)。

關於脈波形狀影響，我們的單極截波器研究和練習題 6.1-1 的結果正確地意味著幾乎任何脈波形狀 $p(t)$ 皆成立，當取樣採取乘法運算 $x(t)\,s_p(t)$ 的形式。另一種運算產生平頂取樣被描述在下一節。這種取樣的形式可能需要等化，但它不改變關於脈波形狀是相對地不重要的結論。

關於實際的重建濾波器，我們考慮典型的濾波器響應疊印在圖 6.1-7 的一取樣過波形頻譜上。如我們之前提到的，重建可以藉由在取樣點間內插完成。理想的低通

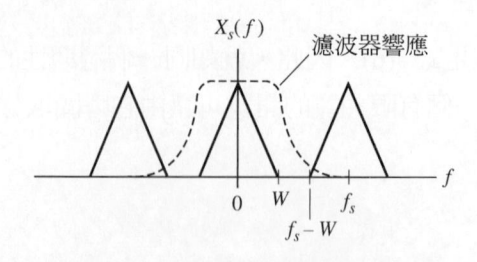

圖 6.1-7 實際的重建濾波器。

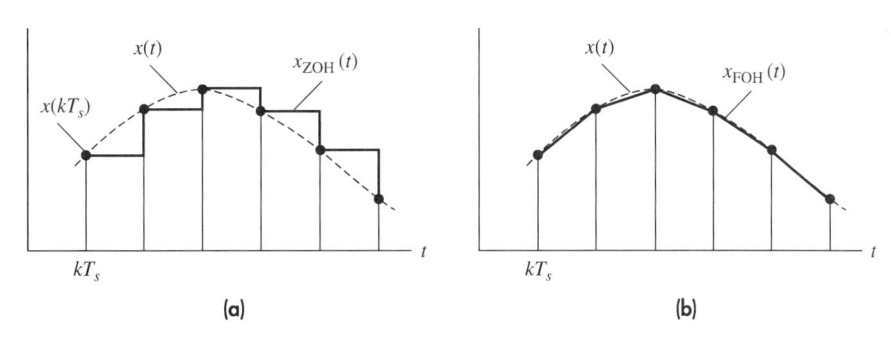

圖 6.1-8 訊號重建從使用 (a) 零階維持；(b) 壹階維持的取樣點。

濾波器達成了一個完美的內插。在實際的系統，我們可以重建訊號，利用一**零階維持** (zero-order hold) **(ZOH)** 以

$$y(t) = \sum_k x(kT_s)\Pi\left(\frac{t - kT_s}{T_s}\right) \tag{16}$$

或一**壹階維持** (first-order hold) **(FOH)** 執行一線性內插，利用：

$$y(t) = \sum_k x(kT_s)\Lambda\left(\frac{t - kT_s}{T_s}\right) \tag{17}$$

這些每一個重建過程顯示在圖 6.1-8。零階維持和壹階維持兩者的函數是低通濾波器，各自帶有 $|H_{ZOH}(f)|=|T_s \, \text{sinc}\,(fT_s)|$ 和 $|H_{FOH}(f)|=|T_s\sqrt{1+(2\pi fT_s)^2}\,\text{sinc}^2(fT_s)|$ 的轉移函數大小。看習題 6.1-11 和 6.1-12 會更加理解。

如果濾波器合理地在訊息頻帶上是平的，它的輸出將組成 $x(t)$ 加上在訊息頻帶之外假的頻率成份 $|f| > f_s - W$。在音頻系統，這些成份聽起來像是高頻嘶嘶聲或"雜訊"。然而，它們相當地衰減且它們的強度和 $x(t)$ 成正比例，所以它們當 $x(t)=0$ 時消失。當 $x(t) \neq 0$ 時，訊息傾向於遮蔽它們的存在且使得它們變得可忍受的。精心的濾波器設計和一個適當的保護帶藉由採取 $f_s > 2W$ 產生。兩者的結合使得實際的重建濾波器幾乎等於理想的重建。在零階維持和壹階維持重建的情形，它們的頻率響應形狀 $\text{sinc}\,(fT_s)$ 和 $\text{sinc}^2\,(fT_s)$ 將扭曲 $x(t)$ 的頻譜。我們稱這為**孔徑誤差** (aperture error)，它可被減到最小，藉由增加取樣頻率或者以適當的反相濾波器補償。

關於真實訊號的有限時間本質，像圖 6.1-9a 的一訊息頻譜可被視為一有限頻寬頻譜，如果在 W 之上的頻率內容是小的且對於傳送訊息大概不重要。當如此的一訊息被取樣時，將有不可避免的頻譜成份重疊，如同圖 6.1-9b 所顯示的。在重建時，原本在正常訊息頻帶之外的頻率將會以更多低頻率的形式出現在濾波器輸出。因此，例如 $f_1 > W$ 變成 $f_s - f_1 < W$，如圖指出。

這種下降頻率轉移的現象被給予**頻譜交疊現象** (aliasing) 的描述性名稱。頻譜交

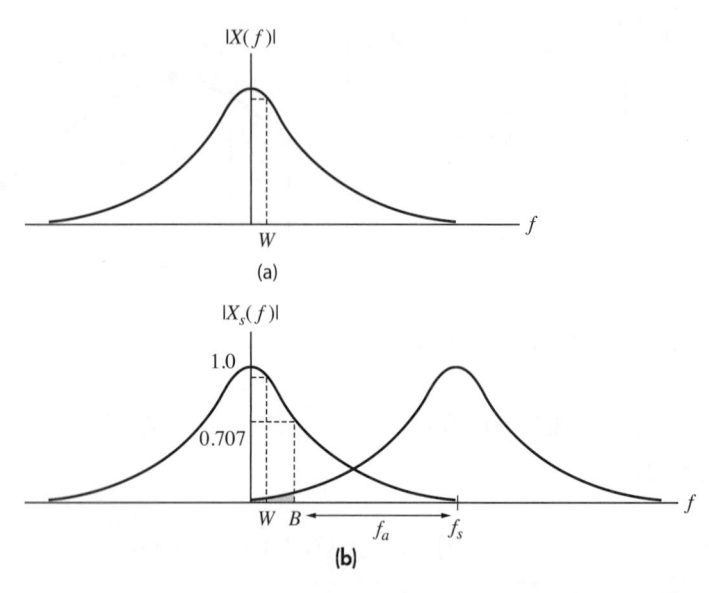

圖 6.1-9 訊息頻譜：(a) 電阻電容濾波器的輸出；(b) 取樣之後。陰影的地區代表頻譜交疊到通帶內。

疊影響是比由非理想的重建濾波器產生之假頻率更嚴重，對於後者是在訊息頻帶之外，然而頻譜交疊成份是在訊息頻帶之內。頻譜交疊現象可藉由在取樣前盡可能的過濾訊息消除，若是必要的，以大於奈奎斯特速率取樣。這常達到當反頻譜交疊濾波器沒有一個明顯的截止特性，如同電阻電容濾波器的情形。讓我們考慮一個多寬頻帶訊號，它的訊息內容有一頻寬 W，但藉由其他頻率成份如同雜訊給破壞。這訊號利用簡單壹階電阻電容低通濾波器過濾反頻譜交疊濾波器。頻寬 $B=1/2\pi RC$ 及 $W \ll B$，如圖 6.1-9a 所示。然後它被取樣以產生頻譜，顯示在圖 6.1-9b。陰影的地區表示頻譜交疊成份有散落在濾波器通帶內。觀察到如果 f_s 增加或是如果我們使用一個更理想的低通濾波器，則陰影的地區會減小。假設重建完成是以壹階巴特渥斯低通濾波器，在通帶頻譜交疊誤差最大百分比為：

$$\text{誤差百分比} = \left(\frac{1/0.707}{\sqrt{1+(f_a/B)^2}} \right) \times 100\% \tag{18}$$

$f_a = f_s - B$ 且 0.707 因子是由於濾波器在其半功率頻率 B 的增益。參閱 Ifeachor 和 Jervis (1993)。

範例 6.1-2 過度取樣

當利用超大型積體電路技術於類比訊號的數位訊號處理，我們首先必須取樣訊號。因為以大電阻和電容去製造積體電路晶片是相當地困難,所以我們使用最可實行的電阻電容低通濾波器,然後以數倍奈奎斯特速率過度取樣訊號。我們接著以一個數位濾波器去減少在訊息頻寬 W 之上的頻率成份。然後我們利用一個稱為降取樣過程減少有效的取樣頻率到訊號的奈奎斯特速率。數位濾波和降取樣過程兩者是很容易地以超大型積體電路達成的。

假設我們可以放置在一個晶片上的最大電阻和電容值各自為 10 kΩ 和 100 pF,且我們想去取樣一個電話品質聲音,使得頻譜交疊成份至少小於想要的訊號之下 30 dB。使用式 (18) 以

$$B = \frac{1}{2\pi RC} = \frac{1}{2\pi \times 10^4 \times 100^{-12}} = 159 \text{ kHz}$$

我們得到:

$$5\% = \left(\frac{1/0.707}{\sqrt{1 + (f_a/159 \text{ kHz})^2}} \right) \times 100\%$$

求解得出 $f_a=4.49$ MHz,且因此取樣頻率為 $f_s=f_a+B=4.65$ MHz。用我們的電阻電容低通濾波器,和 $f_a=4.49$ MHz,任何頻譜交疊成份在 159 kHz 將不會超過訊號半功率頻率準位 5%。當然在電話頻寬 3.2 kHz 以下的頻率,頻譜交疊準位將會遠小於 5%。

範例 6.1-3 取樣示波器

頻譜交疊現象的實際應用發生在取樣示波器,它低速率取樣以顯示高速率週期波形是否可能超出電子的能力之外。為了說明該原理,考慮週期波形 $x(t)$ 有週期 $T_x=1/f_x$,如圖 6.1-10a。如果我們使用一取樣間隔 T_s 稍微地大於 T_x 且內插取樣點,我們得到展開的波形 $y(t)=x(\alpha t)$ 顯示如同一破折號曲線。相對應的取樣頻率為:

$$f_s = (1-\alpha)f_x \qquad 0 < \alpha < 1$$

所以 $f_s < f_x$ 且甚至 $x(t)$ 的基頻將被低速取樣。現在讓我們找出該系統實際上如何運作藉由轉到頻域。

我們假設 $x(t)$ 已被預先過濾以移除任何比第 m 階諧波高的頻率成份。圖 6.1-10b 顯示一種 $x(t)$ 的典型雙邊線頻譜,採用 $m=2$ 以簡化。因為取樣轉移所有頻率成份向上或向下 nf_s,基頻將出現取樣過的訊號頻譜在:

$$\pm f_y = \pm|f_x - f_s| = \pm\alpha f_x$$

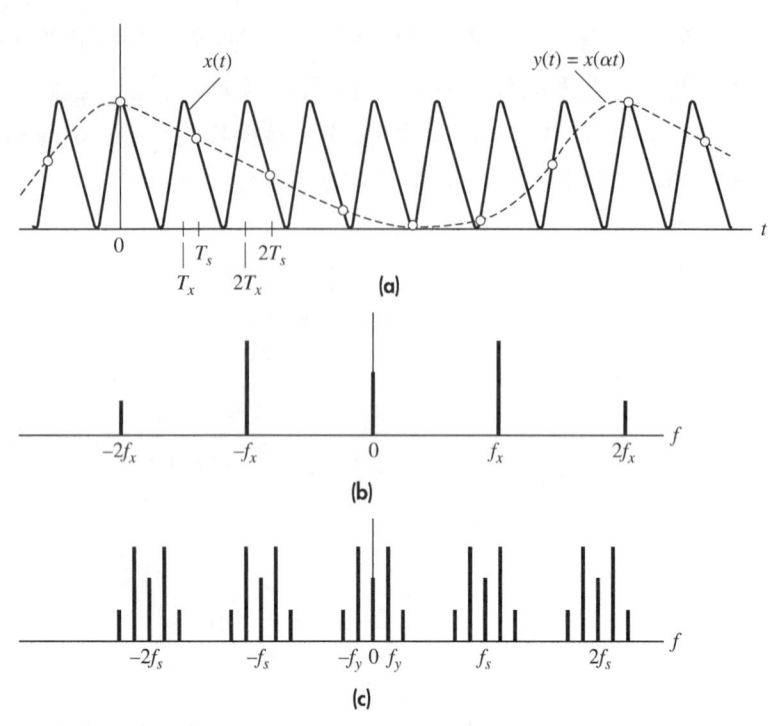

圖 6.1-10 (a) 以低速取樣週期波形；(b) $x(t)$ 的頻譜；
(c) $y(t)=x(\alpha t)$，$\alpha < 1$ 的頻譜。

不但在 $\pm f_x$ 且在 $f_x \pm nf_s = (1+n)f_x \pm nf_y$。類似的轉移應用在直流成份和貳階諧波產生頻譜，如圖 6.1-10c，包含一個以每一個 f_s 的倍數為中心之原來頻譜的壓縮影像。因此，一個以 $B=f_s/2$ 的低通濾波器將從 $x_s(t)$ 構成 $y(t)=x(\alpha t)$，假如：

$$\alpha < \frac{1}{2m+1}$$

預防頻譜的重疊。

練習題 6.1-2

自我證明頻譜交疊現象影響，藉由 $0 \leq t \leq 1/10$ 做出一個精心的 $\cos 2\pi 10t$ 和 $\cos 2\pi 70t$ 的描繪。將兩張描繪圖放置在相同的座標集合上，且在 $t=0$、$1/80$、$2/80$、……、$8/80$ 找出取樣值，相對應於 $f_s=80$。也確認在 $10 < W < 40$ 沒有其他有限頻寬波形可以從 $\cos 2\pi 10t$ 的取樣值被內插。

範例 6.1-4　上升取樣

有時候某些裝置或是系統無法用遠超過奈奎斯速率的方式對訊號取樣，然而，在

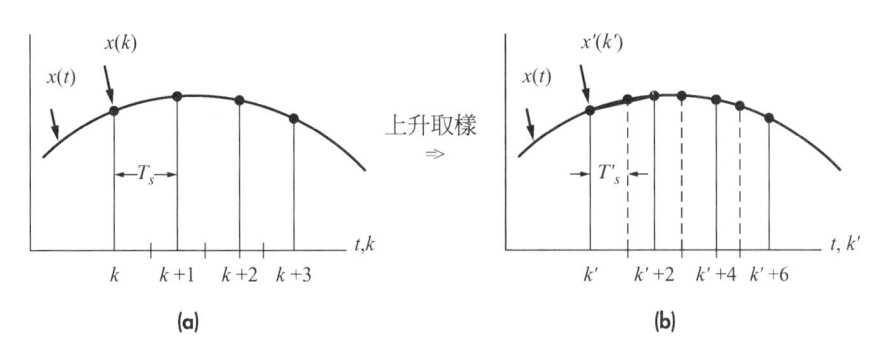

圖 6.1-11 藉由內插方式的上升取樣：(a) 原始訊號與用取樣的訊號 f_s；(b) 有效取樣速率為 $f_s' = 2f_s$ 的上升取樣訊號。

使用可適性濾波器演算法的應用中，我們需要用到比用耐奎斯速率取樣還要多的取樣值。與其進行增加取樣頻率的額外耗費，我們可以在原始樣本之間，利用內插來獲得額外的取樣值。這種過程稱之為**上升取樣** (upsampling)。用線性內插所進行的上升取樣展示在圖 6.1-11 中。圖 6.1-11a 展示的是原始取樣訊號，而圖 6.1-11b 展示的是在每組樣本之間進行線性內插所獲得的上升取樣。因此所增加的有效取樣速率是兩倍，即 $f_s' = 2f_s$。以下是讀者應該注意的：(a) 因為我們假設原始訊號是用奈奎斯速率取樣，用理想內插所得到的上升取樣訊號不會比原始取樣訊號有更多或是較少的資訊。(b) 由於線性內插非理想的本質，由線性內插所獲得的新樣本也許會有誤差，因此使用較高階的內插才會有更精確的樣本。要注意上升取樣與重建的相似性。欲獲得上升取樣更多的資訊請參考 Oppenhein、Schafer 與 Buck (1999) 的著作。

練習題 6.1-3

經由在離散頻率領域內對取樣訊號執行 DFT 與填補零點，證明我們如何能夠得到理想的內插以及無誤差的上升取樣。

6.2 脈波振幅調變

如果一訊息波形藉由週期性的取樣值適當地被描述，它可以利用類比脈波調變在取樣值內調變一串脈波的振幅。這個過程被稱之為**脈波振幅調變** (pulse-samplitude modulation, PAM)。一個訊息波形和相對應的脈波振幅調變訊號的例子顯示在圖 6.2-1。

如同圖 6.2-1 指出，脈波振幅變化直接和 $x(t)$ 的取樣值成比例。為了清楚，脈

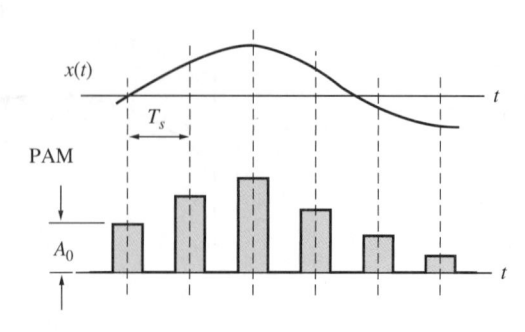

圖 6.2-1 經由 S/H 技術所獲得的 PAM 波形。

波以長方形顯示且它們的延續已是非常地誇張。實際的調變過的波形和訊息比較起來也可能稍微地延遲，因為方波在取樣情況前不可能被產生。

它應該可從波形上顯而易見一個脈波振幅調變訊號有意義的直流內容，且頻寬要求保留脈波波形遠超過訊息頻寬。結果你很少遇到一個以脈波振幅調變，或為了該主題，其他類比脈波調變方法的單通道通訊系統。但類比脈波調變在分時多工、遙測數據和測試設備系統的主要角色應得到注重。

平頂取樣與脈波振幅調變

雖然一個脈波振幅調變波形可從一個截波器電路得到，但一個更受歡迎的方法採用**取樣和維持** (sample-and-hold, S/H) 技術。這個運算產生平頂脈波，如圖 6.2-1，而非曲線頂截波器脈波。我們開始平頂取樣的性質。

一個基本的取樣和維持電路是由兩個場效電晶體開關和一個電容組成的，連結如同圖 6.2-2a 所示。一個閘極脈波在 G1 簡單地關閉取樣開關，且電容保持住取樣的電壓，直到藉由一應用在 G2 的脈波放電 (商業上的積體電路對取樣和維持單元有進一步的區別，包括在輸入和輸出的隔離運算放大器)。週期性的取樣和維持電路閘產生取樣波形

$$x_p(t) = \sum_k x(kT_s)p(t - kT_s) \tag{1}$$

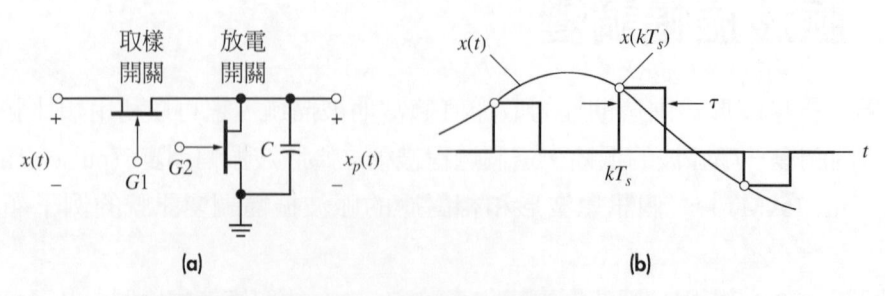

圖 6.2-2 平頂取樣：(a) 取樣和維持電路；(b) 波形。

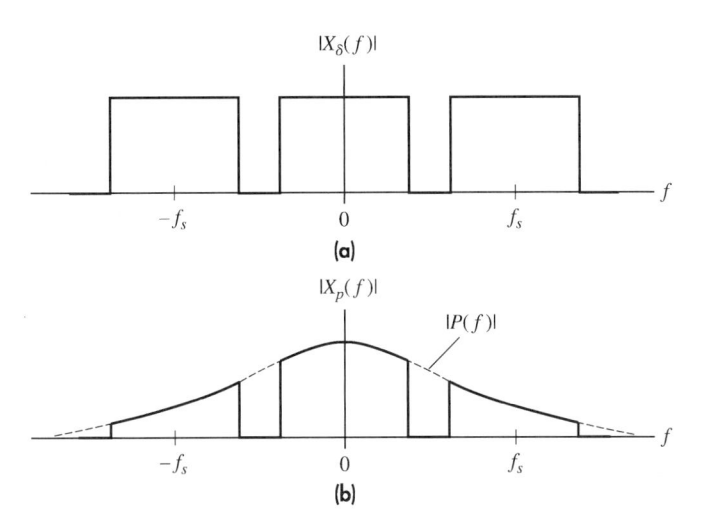

圖 6.2-3 (a) 理想取樣頻譜當 $X(f) = \prod(f/2W)$；(b) 縫隙影響在平頂取樣時。

藉由圖 6.2-2b 說明。注意每一延續 τ 的輸出脈波代表一個單一瞬間的取樣值。

為了分析平頂取樣，我們將描繪根據關係 $p(t-kT_s) = p(t) * \delta(t-kT_s)$ 且寫成：

$$x_p(t) = p(t) * \left[\sum_k x(kT_s) \delta(t - kT_s) \right] = p(t) * x_\delta(t)$$

這個捲積運算的傅立葉轉換產生：

$$X_p(f) = P(f)\left[f_s \sum_n X(f - nf_s) \right] = P(f)X_\delta(f) \tag{2}$$

圖 6.2-3 提供一圖形的解釋於式 (2)，採用 $X(f) = \prod(f/2W)$。我們看到平頂取樣等同於將一理想取樣過的波形通過一個有轉移函數為 $P(f) = \mathcal{F}[p(t)]$ 的網路。

一個典型 $P(f)$ 的高頻起伏特性表現像是一個低通濾波器且減弱訊息頻譜的上層部份。這高頻內容的損失被稱為**縫隙影響** (aperture effect)。脈波延續或縫隙 τ 越大，該影響越大。縫隙影響在重建時可藉由包含入一等化器修正回來

$$H_{eq}(f) = Ke^{-j\omega t_d}/P(f) \tag{3}$$

然而，當 $\tau/T_s \ll 1$ 時很少任何等化需要。

一個單極的平頂脈波振幅調變定義為：

$$x_p(t) = \sum_k A_0[1 + \mu x(kT_s)]p(t - kT_s) \tag{4}$$

常數 A_0 等於未調變過的脈波振幅，且調變指標 μ 控制振幅改變的量。條件為：

$$1 + \mu x(t) > 0 \qquad (5)$$

保證一單極（單一極性）波形沒有遺失脈波。結果不變的脈波速率 f_s 對於分時多工的同步是特別重要。

比較式 (1) 和 (4) 顯示出一個脈波振幅調變訊號可從一取樣和維持電路以輸入 $A_0[1+\mu x(t)]$ 得到。相對應地，PAM 頻譜看起來像是圖 6.2-3b 有 $X(f)$ 替代成

$$\mathscr{F}\{A_0[1+\mu x(t)]\} = A_0[\delta(f) + \mu X(f)]$$

這導致在 f_s 的所有諧波和 $f=0$ 有頻譜的脈衝。從 $x_p(t)$ 重建 $x(t)$，因此需要一直流區塊如同低通濾波和等化。

顯然地，脈波振幅調變和調幅連續波形調變——調變指標、頻譜脈衝和直流區塊有許多相似處（事實上，一個調幅波形可能從脈波振幅調變藉由帶通濾波得到）。但脈波振幅調變頻譜從直流以上經由 f_s 的一些諧波延伸出，且所需要的傳送頻寬 B_T 之估計必須以時域的考慮為基準。為了這個目的，我們假設一個小脈波延續 τ 和脈波間的時間比較，所以

$$\tau \ll T_s \leq \frac{1}{2W}$$

然後適當的脈波解析度要求

$$B_T \geq \frac{1}{2\tau} \gg W \qquad (6)$$

因此，脈波振幅調變的實際應用是被侷限在這些情況下，即一個脈波波形的好處比大頻寬的壞處重要。

練習題 6.2-1

考慮有 $W \approx 3$ kHz 的聲音訊號之脈波振幅調變傳輸。計算 B_T，如果 $f_s = 8$ kHz 和 $\tau = 0.1\ T_s$。

6.3 脈波時間調變

訊息的取樣值也可調變一脈波串列的時間參數，即脈波寬度或它的位置。相對應的過程稱為**脈波延續** (pulse-duration, PDM) 和**脈波位置調變** (pulse-position modulation, PPM) 如圖 6.3-1 說明。脈波延續調變也稱為**脈波寬度調變** (pulse-width

圖 6.3-1 脈波時間調變的形式。

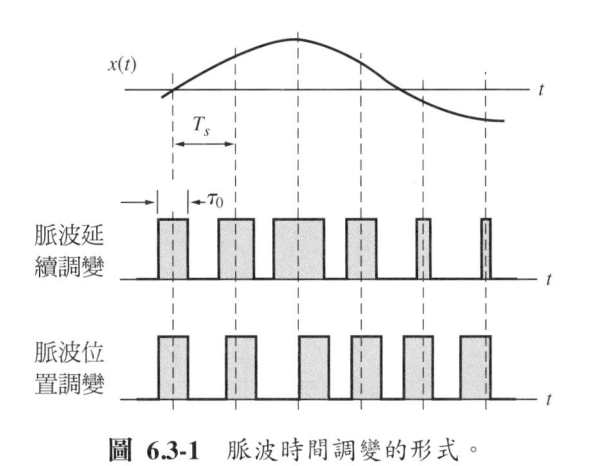

modulation, PWM)。注意脈波寬度或脈波位置變化直接和 $x(t)$ 的取樣值成比例。

■ 脈波延續和脈波位置調變

有兩個理由我們把脈波延續調變和脈波位置調變混為一談。首先，在兩個情形中脈波的一個時間參數已被調變，且脈波有不變的振幅。第二，一種緊密的關係存在於脈波延續調變和脈波位置調變之間。

為了說明這些觀點，圖 6.3-2 顯示一個脈波延續調變或脈波位置調變結合取樣和調變運算的系統之方塊圖和波形。系統採用一比較器和一個有週期 T_s 的鋸齒波產生器。比較器的輸出為零除了當訊息波形 $x(t)$ 超過鋸齒波時，在此情形下，輸出為一正的常數 A。因此，如在圖上所見，比較器產生一脈波延續訊號有著脈波延續調變的蔓延邊緣調變。(顛倒鋸齒波導致領先邊緣調變，然而以三角波替代鋸齒波導致在兩個邊緣調變。) 位置調變藉由應用脈波延續調變訊號在一個單穩態的脈波產生器得到，且該產生器在它的輸入端激發蔓延的邊緣及產生固定延續的短輸出脈波。

精細的檢查圖 6.3-2b，透露出調變的延續或位置依脈波邊緣的時間位置 t_k 訊息值而決定，而非表面的取樣時間 kT_s。因此，取樣值並不是均勻地分佈。如果想要的話在系統的輸入處插入一個取樣和維持電路給予均勻取樣，但均勻和非均勻取樣在實際上時間調變量如 $t_k - kT_s \ll T_s$ 的情形下差異很小。

如果我們假設幾乎均勻取樣，在脈波延續調變訊號第 k 個脈波的延續為：

$$\tau_k = \tau_0[1 + \mu x(kT_s)] \tag{1}$$

在式子中未調變的延續 τ_0 代表 $x(kT_s)=0$，且調變指標 μ 控制延續調變的量。我們先前在 6.2 節式 (5) 對 μ 的條件，在此應用以避免遺失脈波和"負的"延續，當 $x(kT_s) \le 0$。脈波位置調變時，脈波有固定的延續和振幅，所以不像脈波振幅調變和脈

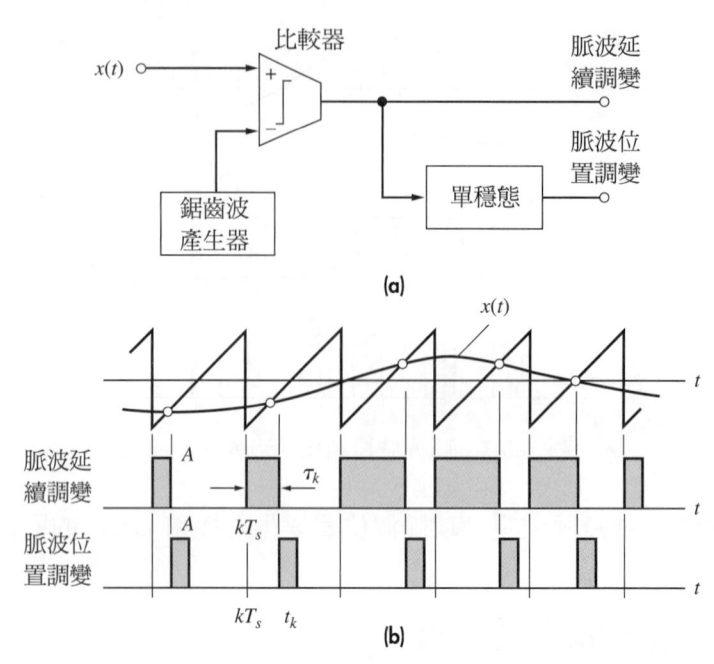

圖 6.3-2 脈波延續調變或脈波位置調變的產生：(a) 方塊圖；(b) 波形。

波延續調變，沒有潛在遺失脈波的問題。在脈波位置調變訊號第 k 個脈波開始於時間

$$t_k = kT_s + t_d + t_0\, x(kT_s) \tag{2}$$

在上式中未調變的位置 $kT_s + t_d$ 代表 $x(kT_s)=0$ 且常數 t_0 控制調變脈波的移位。

式 (1) 和 (2) 中可變的時間參數使 $x_p(t)$ 表示式相當不合適的。然而，脈波延續調變波形有益的近似，是由採用以 $t = kT_s$ 為中心振幅 A，且假設脈波間 τ_k 變化很慢的長方形脈波所延伸出來的。然後一串擴展產生

$$x_p(t) \approx Af_s\tau_0[1 + \mu x(t)] + \sum_{n=1}^{\infty} \frac{2A}{\pi n} \sin n\phi(t) \cos n\omega_s t \tag{3}$$

而 $\phi(t) = \pi f_s \tau_0 [1 + \mu x(t)]$。不企圖描繪相對應頻譜，我們從式 (3) 看到脈波延續調變訊號包含訊息 $x(t)$ 加上一個直流成份和相位調變波形在 f_s 的諧波。相位調變有微不足道的重疊在訊息頻帶當 $\tau_0 \ll T_s$，所以 $x(t)$ 可藉由有直流區塊低通濾波器重建。

另一種訊息重建技術轉變脈波時間調變成為脈波振幅調變，且對於脈波延續調變和脈波位置調變也行得通。為了說明這個技術在圖 6.3-3 中間的波形是由一個斜波產生器產生，該產生器開始於時間 kT_s，停止 t_k，重新開始於 $(k+1)T_s$ 等。起始和停止兩者命令可從一脈波延續調變脈波的邊緣抽出，反之，脈波位置調變重建必須有一附

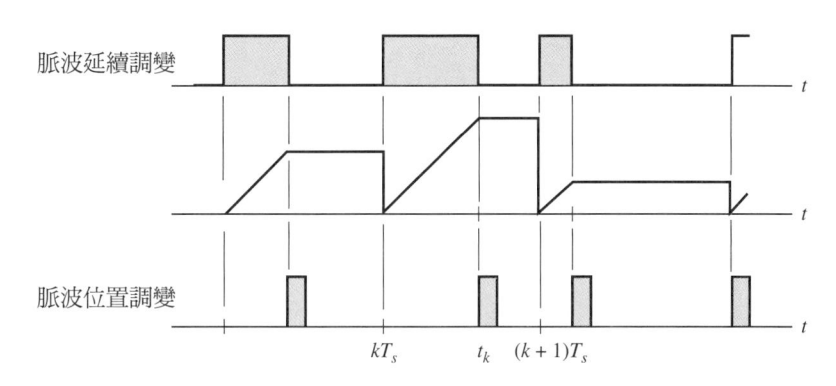

圖 6.3-3 脈波延續調變或脈波位置調變轉換成脈波振幅調變。

屬的同步訊號給起始命令。

不管特別的細節，脈波延續調變或脈波位置調變的說明，為了保留精確的訊息資訊要求接收到的脈波有短的上升時間。對一個具體的上升時間 $t_r \ll T_s$，傳送的頻寬必須滿足：

$$B_T \geq \frac{1}{2t_r} \tag{4}$$

且 B_T 本質上將會比脈波振幅調變傳送頻寬大。在交換額外的頻寬，我們得到不變振幅脈波的增益，如不遭受從傳送中非線性失真惡果，因為非線性失真並不改變脈波延續或位置。

此外，像相位調變和調頻連續波形調變，脈波延續調變和脈波位置調變對於寬頻雜訊減少有潛力——一潛力較完全地被脈波位置調變而非脈波延續調變。為了領悟為何如此，回想存在於脈波邊緣時間的位置的資訊，不是在脈波它們自己。因此，稍微像是振幅調變的載子頻率功率，脈波時間調變的脈波功率是"浪費的"功率，且它可能更有效地抑制脈波且只傳送邊緣！當然我們不能沒有傳送脈波去定義它們。但我們可以傳送指示邊緣位置的相當短脈波，一個過程等效於脈波位置調變。脈波位置調變所需要減少的功率是脈波延續調變的一個基本的利益，當我們檢查訊號和雜訊比例，這利益變得更明顯，因此，PAM 在某些地方和類比 AM 很類似，而 PDM 與 PWM 則類似於 FM。

練習題 6.3-1

藉由下列步驟延伸出式 (3)。首先，假設不變的脈波延續 τ 和由 6.1 節式 (2) 的 $s(t)$ 寫 $x_p(t) = As(t)$。然後應用似靜能的近似 $\tau \approx \tau_0 [1 + \mu x(t)]$。

脈波位置調變頻譜分析

因為脈波位置調變以非均勻取樣是對於訊息傳送類比脈波調變的最有效形式，我們應該花時間去分析它的頻譜。該分析方法本身是值得檢查的。

讓第 k 個脈波以時間 t_k 為中心。如果我們忽視在式 (2) 中的常數時間延遲 t_d，非均勻取樣在 t_k 抽出取樣值，而非 kT_s，所以：

$$t_k = kT_s + t_0 x(t_k) \tag{5}$$

由定義，脈波位置調變波形是固定振幅位置調變脈波的總和，且可被寫成如：

$$x_p(t) = \sum_k Ap(t - t_k) = Ap(t) * \left[\sum_k \delta(t - t_k) \right]$$

而 A 為脈波振幅且 $p(t)$ 為脈波形狀。在這觀點的簡化是可能被完成，藉由注意 $p(t)$ 將會（或應該）有一很小的延續（和 T_s 比較起來)。因此，為了我們的目的，脈波形狀可被用為脈衝且

$$x_p(t) \approx A \sum_k \delta(t - t_k) \tag{6}$$

如果想要，式 (6) 可在其後和 $p(t)$ 作捲積以說明非脈衝的形狀。

在它們的表現形式，式 (5) 和 (6) 並不適合進一步運用；缺點為位置項 t_k，它不能清楚地被解答。幸運地，t_k 可被完全地消除。考慮有一單一壹階零點在 $t=\lambda$ 的任何函數 $g(t)$，如此 $g(\lambda)=0$，$g(t) \neq 0$ 對於 $t \neq \lambda$，且 $\dot{g}(t) \neq 0$ 在 $t=\lambda$。然後脈衝的分佈理論顯示出：

$$\delta(t - \lambda) = |\dot{g}(t)| \, \delta[g(t)] \tag{7}$$

它的右手邊和 λ 無關。式 (7) 因此可用在從 $\delta(t-t_k)$ 移除 t_k，如果我們可以找到一函數 $g(t)$ 滿足 $g(t_k)=0$ 及其他條件，但並不包含 t_k。

假設我們採用 $g(t)=t-kT_s-t_0 x(t)$，該式在 $t=kT_s+t_0 x(t)$ 為零。現在，對於一個給定的 k 值，只有一個脈波位置調變脈波，且它在 $t_k=kT_s+t_0 x(t_k)$ 時發生。因此 $g(t_k)=t_k-kT_s-t_0 x(t_k)=0$，如我們想要的。插入 $\lambda=t_k$，$\dot{g}(t)=1-t_0 \dot{x}(t)$ 等，代入式 (7) 可得：

$$\delta(t - t_k) = |1 - t_0 \dot{x}(t)| \, \delta[t - kT_s - t_0 x(t)]$$

且式 (6) 的脈波位置調變波形變成：

$$x_p(t) = A[1 - t_0 \dot{x}(t)] \sum_k \delta[t - t_0 x(t) - kT_s]$$

該絕對值卸下，因為 $|t_0 \dot{x}(t)| < 1$ 對於大多數訊號有興趣，如果 $t_0 \ll T_s$。我們然後轉換脈衝的總和成為指數的一個總和，經由

$$\sum_{k=-\infty}^{\infty} \delta(t - kT_s) = f_s \sum_{n=-\infty}^{\infty} e^{jn\omega_s t} \tag{8}$$

上式為卜瓦格的總和公式 (Poisson's sum formula)。因此我們最後得到：

$$\begin{aligned} x_p(t) &= Af_s[1 - t_0 \dot{x}(t)] \sum_{n=-\infty}^{\infty} e^{jn\omega_s[t - t_0 x(t)]} \\ &= Af_s[1 - t_0 \dot{x}(t)] \left\{ 1 + \sum_{n=1}^{\infty} 2\cos[n\omega_s t - n\omega_s t_0 x(t)] \right\} \end{aligned} \tag{9}$$

式 (8) 的延伸考慮在問題 6.3-6。

解釋式 (9)，我們看有非均勻取樣的脈波位置調變是由線性且指數的載波調變的結合，對於 f_s 的每一個諧波是藉由訊息 $x(t)$ 相位調變和藉由 $\dot{x}(t)$ 延伸的振幅調變。因此結合振幅調變和以 f_s 的倍頻為中心的相位調變旁波帶頻譜，加上一直流脈衝和 $\dot{x}(t)$ 的頻譜。不用說，描繪如此一個頻譜是一個冗長乏味的練習，即使是對於音調調變。式 (9) 的前項暗示訊息可藉由低通濾波器和積分重新得到。然而，積分方法並未採用脈波位置調變的雜訊消除性質，所以平常的步驟是藉由低通濾波轉換成脈波振幅調變或脈波延續調變。

6.4 問答題與習題

問答題

1. 說明一個系統，我們能夠用低於載波頻率下的某個速率對一個調變的 BP 訊號進行適當地取樣。
2. 為什麼許多儀器系統在量測具有高 DC 內容的訊號時，在放大與處理之前首先要調變此訊號。
3. 一個 EKG 監視器的前端必須被完全地電氣隔離接地，這樣使得輸入探棒與大地之間，或是輸入探棒與功率電路之間的電阻超過 1 百萬歐姆。然而我們需要放大與顯示訊號。說明一個可以完成這種工作的系統。
4. 列出至少兩個我們要超量取樣的理由。
5. 在取樣一個純正弦波訊號時，為什麼是 $f_s > 2W$ 而不是 $f_s \geq 2W$？

6. 我們有一個以稍高於奈奎斯率取樣的訊號，而且有 $N-1$ 個儲存值。我們想要將訊號的樣本表示成好像是用八倍奈奎斯率去取樣一樣。我們用到的樣本就是此原來的取樣樣本。至少說明兩種增加取樣速率的方法。

7. 說明能夠解調 PAM、PWM 和 PPM 訊號的系統。

8. 一個心電圖 (EKG) 訊號週期可以從每分鐘 20 脈動 (bpm) 到數百個 bpm。要適當地獲得一個 EKG 訊號，則最小的取樣率應該是多少？

9. 列出與說明其他克服孔徑誤差的一些方法。

10. 在什麼條件下，最壞情況的孔徑誤差會發生。在音樂錄製中，為什麼這個最壞的情況將會 (或是不會) 發生？

習 題

6.1-1 考慮式 (3) 中截波器取樣的波形以 $\tau=T_s/2$、$f_s=100$ Hz 及 $x(t)=2+2\cos 2\pi 30t+\cos 2\pi 80t$。畫出且標示 $x_s(t)$ 的一邊線頻譜對於 $0 \le f \le 300$ MHz。然後找出當 $x_s(t)$ 應用於一個 $B=75$ Hz 的理想低通濾波器的輸出波形。

6.1-2 以 $x(t)=2+2\cos 2\pi 30t+\cos 2\pi 140t$，重做習題 6.1-1。

6.1-3 一某種放大器的可用頻率範圍為 f_ℓ 到 $f_\ell+B$，且 $B \gg f_\ell$。設計一系統採用單極截波器，且准許放大器處理擁有有意義直流內容和頻寬 $W \ll B$ 的訊號。

6.1-4* 對於調頻立體音響的基頻訊號為：

$$x_b(t) = [x_L(t) + x_R(t)] + [x_L(t) - x_R(t)]\cos\omega_s t + A\cos\omega_s t/2$$

且 $f_s=38$ kHz。圖 6.1-4 中的截波器系統是預期產生這訊號。低通濾波器有增益 K_1 對於 $|f| \le 15$ kHz，增益 K_2 對於 $23 \le |f| \le 53$ kHz，且拒絕對於 $|f| \ge 99$ kHz。使用一描繪以顯示 $x_s(t)=x_L(t)s(t)+x_R(t)[1-s(t)]$，而 $s(t)$ 為一單極開關函數且 $\tau=T_s/2$。然後找出 K_1 和 K_2 的必要值。

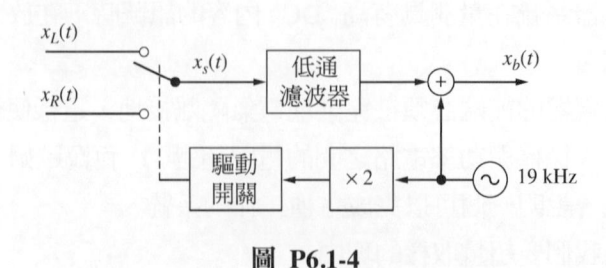

圖 P6.1-4

6.1-5 一受歡迎的立體聲解碼電路採用電晶體開關以產生 $v_L(t)=x_1(t)-Kx_2(t)$，且 $v_R(t)=x_2(t)-Kx_1(t)$，而 K 為常數，$x_1(t)=x_b(t)\,s(t)$，$x_2(t)=x_b(t)\,[1-s(t)]$，$x_b(t)$ 為習題 6.1-4 中的調頻立體聲的基頻訊號，且 $s(t)$ 為一單極開關函數有 $\tau=T_s/2$。(a) 決定 K，如此 $v_L(t)$ 和 $v_R(t)$ 的低通濾波產生所想要的左邊和右邊通道訊號。(b) 什麼是有 $K=0$ 之一簡單開關電路的缺點？

6.1-6 利用 2.5 節式 (14) 得到式 (11)。

6.1-7 在圖 P6.1-7 中假設 $x(t)$ 有頻譜且 $f_u=25$ kHz 和 $W=10$ kHz。描繪 $x_\delta(f)$ 對於 $f_s=60$、45 和 25 kHz。在 $x(t)$ 從 $x_\delta(t)$ 每一種可能的重建情形做評論。

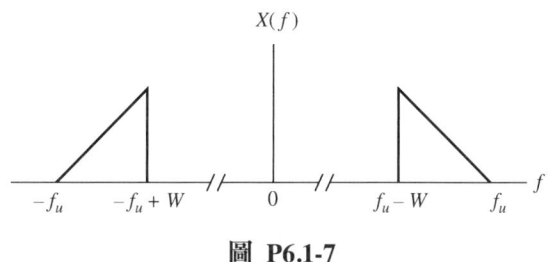

圖 P6.1-7

6.1-8 考慮在圖 P6.1-7 中帶通訊號頻譜它的奈奎斯特速率 $f_s=2f_u$。然而，帶通取樣定理說明 $x(t)$ 可從 $x_\delta(t)$ 重建藉由帶通濾波，如果 $f_s=2f_u/m$ 且整數 m 滿足 $(f_u/W)-1 < m \leq f_u/W$。(a) 找出 m 和繪出 f_s/W，相對於 f_u/W 對於 $0 < f_u/W \leq 5$。(b) 檢查定理藉由繪出 $X_\delta(f)$ 當 $f_u=2.5W$ 且 $f_s=2.5W$ 時。也顯示較高速率 $f_s=4W$ 不可能被接受的。

6.1-9 訊號 $x(t)=\text{sinc}^2 5t$ 被理想地取樣在 $t=0$，± 0.1，± 0.2，……，且以 $B=5$ 的一理想低通濾波器重建、單位增益和零時間延遲。以圖形方式完成重建過程，如同在圖 6.1-6 中對於 $|t| \leq 0.2$。

6.1-10 一長方形的脈波有 $\tau=2$ 被理想地取樣，且使用一有 $B=f_s/2$ 的理想低通濾波器重建。描繪當 $T_s=0.8$ 和 0.4 時結果輸出波形，假設一個取樣時間是在脈波的中心點。

6.1-11 假設一理想取樣的波形使用一零階維持同時間延遲 $T=T_s$ 重建。(a) 找出且描繪出 $y(t)$ 以顯示重建的波形是 $x(t)$ 的樓梯近似。(b) 描繪出 $|Y(f)|$ 對於 $X(f)=\prod(f/2W)$ 且 $W \ll f_s$。對於你的結果做評論。

6.1-12‡ 圖 P6.1-12 中重建系統稱為一個壹階維持。每個標示為零階維持的區塊為零階維持且時間延遲 $T=T_s$。(a) 找出 $h(t)$ 且描繪出 $y(t)$ 以說明重建運算。(b) 顯示出 $H(f)=T_s(1+j2\pi fT_s)(\text{sinc}^2 fT_s)\exp(-j2\pi fT_s)$。然後描繪出 $|Y(f)|$ 對於 $X(f)=\prod(f/2W)$ 且 $W < f_s/2$。

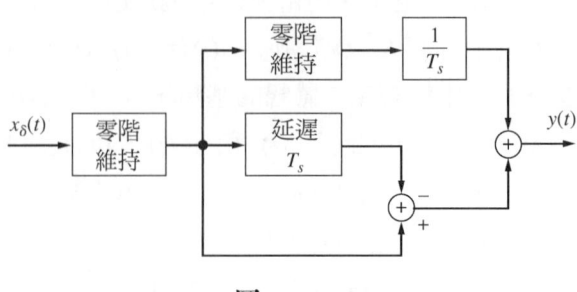

圖 P6.1-12

6.1-13‡ 使用 Parseval 定理和式 (14) 且 $T_s = 1/2W$ 和 $B = W$，以顯示一有限頻寬訊號的能量是關於它的取樣值以

$$E = (1/2W) \sum_{k=-\infty}^{\infty} |x(k/2W)|^2$$

6.1-14 **頻域取樣定理** (frequency-domain sampling theorem) 說到若 $x(t)$ 為一有限時間訊號，如此 $x(t) = 0$ 對於 $|t| \geq T$，然後 $X(f)$ 是完整地由它的取樣值 $X(nf_0)$ 對於 $f_0 \leq 1/2T$。證明這個定理藉由對於週期性的訊號 $v(t) = x(t) * [\sum_k \delta(t - kT_0)]$ 寫出其傅立葉級數，且 $T_0 \geq 2T$，和使用 $x(t) = v(t) \prod(t/2T)$。

6.1-15* 一個有週期 $T_x = 0.08\ \mu s$ 的訊號使用一取樣示波器顯示，且該示波器的內部高頻響應截止在 $B = 6$ MHz。決定前取樣低通濾波器的取樣頻率最大值和頻寬最大值。

6.1-16 解釋為何在習題 6.1-15 中取樣示波器將不提供一有用的顯示當 $T_x < 1/3B$。

6.1-17* 一個 $W = 15$ kHz 訊號已在 150 kHz 被取樣，什麼將會是最大孔徑誤差百分比，如果訊號使用 (a) 零階維持；(b) 壹階維持重建？

6.1-18 一個 $W = 15$ kHz 訊號以一個壹階巴特渥斯抗頻譜交疊濾波器在 150 kHz 取樣。什麼將會是通帶中最大頻譜交疊誤差百分比？

6.1-19 證明 6.1 節的式 (5) 對於一個正弦波的訊號並不成立。

6.1-20* 奈奎斯特速率為多少以適當地取樣下列訊號：(a) sinc $(100t)$；(b) sinc$^2(100t)$；(c) $10\cos^3(2\pi 10^5 t)$？

6.1-21 重複練習題 6.1-2，如此以致於頻譜交疊成份將低於訊號在 159 kHz 的半功率頻率層級以下 40 dB。

6.1-22* 取樣一個 $\sigma = 4\ \mu s$ 的高斯波形，使得樣本能捕捉到 98% 的波形，所需要最小取樣率是多少？(提示：使用表 T.1、T.6 和圖 8.4-2。)

6.1-23 一個 CD 上的音樂具有 $W \leq 20$ kHz 與 $f_s = 44$ kHz。什麼是重建的最大百

分比孔徑誤差：(a) 使用 ZOH；(b) 使用 FOH？

6.2-1 針對平頂取樣有 $\tau=T_s/2$、$f_s=2.5W$ 且 $p(t)=\prod(t/\tau)$ 描繪 $|Xp(f)|$ 及找出 $H_{eq}(f)$。在這情形中等化是必要的嗎？

6.2-2 對於 $p(t)=(\cos \pi t/\tau)\prod(t/\tau)$，重做習題 6.2-1。

6.2-3‡ 某些從 $x(t)$ 抽取的取樣設備它的平均值在取樣延續上，所以式 (1) 中 $x(kT_s)$ 被替代成：

$$\bar{x}(kT_s) \triangleq \frac{1}{\tau}\int_{kT_s-\tau}^{kT_s} x(\lambda)\,d\lambda$$

(a) 使用一平均濾波器設計這個目的的一個頻域模式，以輸入 $x(t)$ 且輸出 $\bar{x}(t)$，跟隨著瞬間平頂取樣。然後得到該平均濾波器的脈衝響應且對於 $X_p(f)$ 寫出結果表示式。(b) 找出需要的等化器當 $p(t)$ 為一長方形脈波。

6.2-4 考慮式 (4) 中脈波振幅調變訊號。(a) 顯示出它的頻譜為：

$$X_p(f) = A_0 f_s P(f)\left\{\sum_n [\delta(f-nf_s) + \mu X(f-nf_s)]\right\}$$

(b) 當 $p(t)=\prod(t/\tau)$，且 $\tau=T_s/2$、$\mu x(t)=\cos 2\pi f_m t$ 及 $f_m < f_s/2$ 描繪出 $|X_p(f)|$。

6.2-5 假設式 (4) 中脈波振幅調變訊號在一耦合變壓器通道上傳送，所以脈波波形採用 $p(t)=\prod[(t-\tau/2)/\tau]-\prod[(t+\tau/2)/\tau]$ 去估計 $x_p(t)$ 的直流成份。(a) 使用習題 6.2-4a 表示式描繪出 $|X_p(f)|$ 當 $\tau=T_s/4$、$X(f)=\prod(f/2W)$ 且 $f_s > 2W$。(b) 找出一個適當的等化器，假設 $x(t)$ 有微不足道的頻率內容對於 $|f| < f_\ell < W$。為什麼這個假設是必要的？

6.2-6 證明一脈波振幅調變訊號如何使用一乘積檢波器解調變。確認描述 LO 和低通濾波器的頻率參數。

6.3-1* $f_s=8$ kHz、$|\mu x(t)| \le 0.8$ 和 $\tau_0=f_s/5$ 的聲音脈波延續調變，計算其所需的傳送頻寬，當我們想要 $t_r \le 0.25\,\tau_{\min}$。

6.3-2 一個有 $f_s=8$ kHz 且 $|\mu x(t)| \le 0.8$ 的聲音脈波延續調變訊號在一個有 $B_T=500$ kHz 的通道上傳送。得到 τ_0 範圍如此 $\tau_{\max} \le T_s/3$ 且 $\tau_{\min} \ge 3\,t_r$。

6.3-3 一個脈波調變波形藉由均勻取樣 $x(t)=\cos 2\pi t/T_m$ 在 $t=kT_s$，且 $T_s=T_m/3$ 產生。描繪且標示 $x_p(t)$ 當調變為：(a) $\mu=0.8$，$\tau_0=0.4T_s$ 脈波延續調變，且領先邊緣固定在 $t=kT_s$；(b) $t_d=0.5T_s$，且 $t_0=\tau=0.2T_s$ 脈波位置調變。

6.3-4 以 $T_s=T_m/6$，做習題 6.3-3。

6.3-5 使用式 (9) 設計一系統採用一脈波位置調變產生器和產生窄頻相位調變且 f_c

$= mf_s$。

6.3-6 **Poisson** 總和定理 (Poisson's sum formula) 一般地說到：

$$\sum_{n=-\infty}^{\infty} e^{\pm j2\pi n\lambda/L} = L\sum_{m=-\infty}^{\infty} \delta(\lambda - mL)$$

而 λ 是一獨立的變數且 L 是常數。(a) 藉由採用 $\mathcal{F}^{-1}[S_\delta(f)]$ 設計如同式 (8) 中所給定的時域版本。(b) 藉由採用 $\mathcal{F}[s_\delta(t)]$ 設計頻域版本。

6.3-7[‡] 讓 $g(t)$ 為任何在 $a \leq t \leq b$ 上單調式遞增或遞減的連續函數，且在此範圍內在 $t=\lambda$ 時越過零。證明式 (7) 藉由採用改變的變數 $v=g(t)$ 在：

$$\int_a^b \delta[g(t)]\, dt$$ 。

7 chapter
類比通訊系統

摘 要

7.1 CW 調變接收機　Receivers for CW Modulation
- 超外差接收機 (Superheterodyne Receivers)
- 直接轉換接收機 (Direct Conversion Receivers)
- 特別用途接收機 (Special-Purpose Receivers)
- 接收機規格 (Receiver Specifications)
- 掃描頻譜分析儀 (Scanning Spectrum Analyzers)

7.2 多工系統　Multiplexing Systems
- 分頻多工 (Frequency-Division Multiplexing)
- 正交載波多工 (Quadrature-Carrier Multiplexing)
- 分時多工 (Time-Division Multiplexing)
- 串訊和護衛時間 (Cross Talk and Guard Times)
- TDM 和 FDM 的比較 (Comparison of TDM and FDM)

7.3 鎖相迴路　Phase-Locked Loops
- PLL 的操作和鎖住 (PLL Operation and Lock-In)

- 同步偵測和頻率合成器 (Synchronous Detection and Frequency Synthesizers)
- 線性化 PLL 模型和 FM 偵測 (Linearized PLL Models and FM Detection)

7.4 電視系統　Television Systems
- 視訊訊號、解析度和頻寬 (Video Signals, Resolution, and Bandwidth)
- 黑白發射機和接收機 (Monochrome Transmitters and Receivers)
- 彩色電視 (Color Television)
- HDTV

使用線性或指數 CW 調變的通訊系統在調變方式、載波頻率、傳輸介質等方面是不同的，不過，它們兩者有許多相同的性質，如均使用弦波帶通訊號的時變振幅或相位來攜帶訊息資訊，結果，所有的 CW 調變系統有相同的基本硬體建立方塊，如振盪器、混合器、帶通濾波器，再者，許多系統同時使用線性和指數調變技術。

本章將使用第 4 章到第 6 章的觀念來詳細介紹 CW 調變系統和其硬體，這些主題包括 CW 接收機、分頻和分時多工、鎖相迴路和電視系統。

■ 本章目標

經研讀本章及做完練習之後，您應該會得到如下的收穫：

1. 使用方塊圖的形式設計滿足規格的超外差接收機。(7.1 節)
2. 預測在哪些頻率時，超外差接收機易受假性輸入的影響。(7.1 節)
3. 給定 FDM 或 TDM 系統的規格，畫出其方塊圖和計算種種不同的頻寬。(7.2 節)
4. 學習鎖相迴路的架構，並用在領航濾波器、頻率合成和 FM 偵測。(7.3 節)
5. 分析一簡單的鎖相迴路系統，並決定鎖相操作的條件。(7.3 節)
6. 解釋下列電視名詞：掃描線、場、畫框、折回、亮度、色度和色彩相容性。(7.4 節)
7. 給定垂直解析度、主動線時間和寬高比，估計傳輸影像所需的頻寬。(7.4 節)
8. 比較 NTSC 和 HDTV 系統的性能差異。(7.4 節)

7.1 CW 調變接收機

CW 接收機的基本組成包括調諧機制、解調變和放大器。假如接收訊號足夠強的話，我們或許可以不使用放大器，一個例子就是晶體收音機，由於大部份的接收機均使用複雜的**超外差** (superhet erodyne) 原理，故我們將先探討它，然後再考慮其他形式的接收機和相關的掃描頻譜分析儀。

■ 超外差接收機

除了解調之外，一個典型的廣播接收機必須執行下列三個其他操作：(1) 為了選取想要的訊號，載波頻率必須是可調整的；(2) 為了分離想要的訊號和其他訊號，必須可執行濾波功能；(3) 為了補償傳輸損失，必須有放大訊號的功能。在解調之前，

7-4 通訊系統

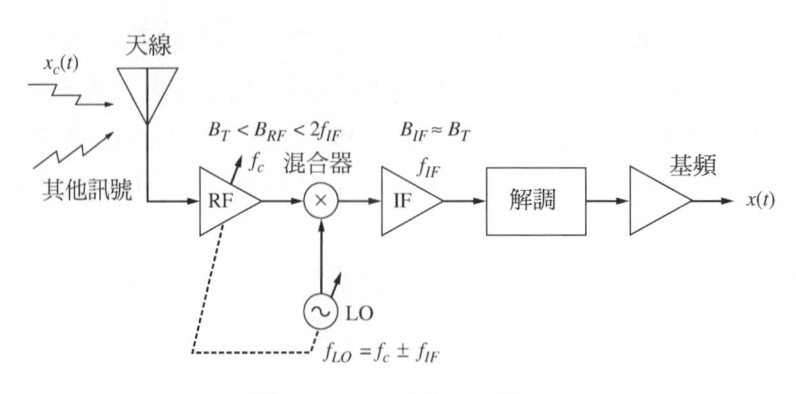

圖 7.1-1 超外差接收機。

訊號必須放大到解調電路可容許的準位。舉例來說，若解調是用二極體波封檢測器，則輸入訊號必須克服二極體出現電壓損減的困難。在理論上，前面所述的要求可用一高增益可調帶通放大器來完成。不過，在實際上，分數帶通（即具有很低的頻寬對載波中心頻率比值）和穩定性問題會讓放大器極為昂貴而且不易製作。明確地說，利用類比元件來同時實現一個選擇 (selective) 濾波器（即是具有高 Q 值）以拒斥鄰接通道的訊號以及一個可調式 (tunable) 濾波器（即是具有可變動的中心頻率）是困難地而且是不便宜的。所以阿姆斯壯 (Armstrong) 設計了超外差 (superheterodyne 或是 superhet) 接收機來克服這些問題。

在解調之前，超外差原理使用兩次不同的放大和濾波，如圖 7.1-1 所示。輸入訊號 $x_c(t)$ 首先被射頻 (radio-frequency, RF) 區段所選取和放大，此時 RF 區段必須調整至想要的載波頻率 f_c，RF 放大器有相當寬的頻寬 B_{RF}，故 $x_c(t)$ 相鄰的頻道訊號亦可部份通過，其次，由混波器和本地振盪器所組成的**頻率轉換器** (frequency converter) 可將 RF 區段的輸出降頻至**中頻帶** (intermediate-frequency, IF)，此時 $f_{IF} < f_c$，RF 區段的可調本地振盪頻率 f_{LO} 必須滿足下列條件：

$$f_{LO} = f_c + f_{IF} \quad \text{或} \quad f_{LO} = f_c - f_{IF} \tag{1}$$

因此

$$|f_c - f_{LO}| = f_{IF} \tag{2}$$

為了挪去相鄰頻道訊號，IF 區段的頻寬 $B_{IF} \approx B_T$，中頻區段的帶通放大器是固定的，故叫做**中頻分解** (IF strip)，它提供了大部份的增益。最後，中頻輸出訊號進入解調器執行訊息回復和基頻放大。商用廣播 AM 和 FM 接收機的參數如表 7.1-1 所示。

圖 7.1-2 的頻譜圖可幫助我們了解超外差接收機的原理，此處我們假設調變訊號的旁波帶是對稱的（為了區別 SSB 或 VSB），我們也假設 $f_{LO} > f_c$ 的高側轉換（稍後會更多談到這個）。因此，我們取 $f_{LO}=f_c+f_{IF}$，故

表 **7.1-1** AM 和 FM 廣播的參數

	AM	FM
載波頻率	540–1700 kHz	88.1–107.9 MHz
載波間隔	10 kHz	200 kHz
中頻頻率	455 kHz	10.7 MHz
IF 頻寬	6–10 kHz	200–250 kHz
音訊頻寬	3–5 kHz	15 kHz

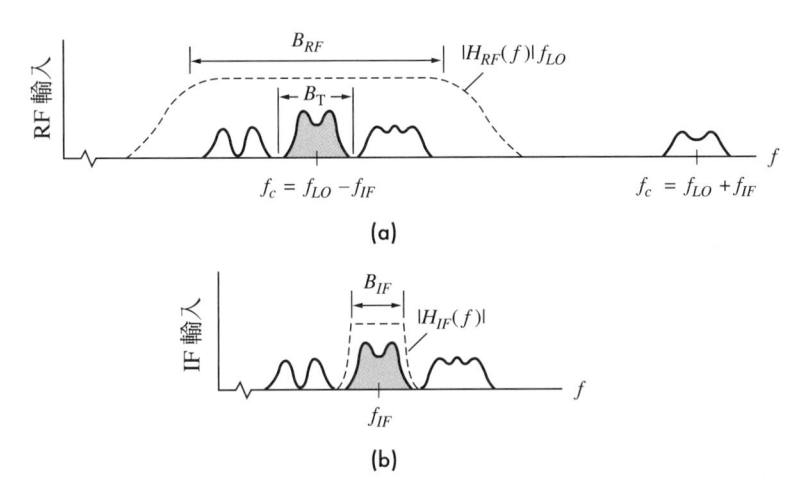

圖 **7.1-2** 超外差接收器的頻譜：(a) 天線；(b) IF 區段。

$$f_c = f_{LO} - f_{IF}$$

圖 7.1-2a 的 RF 輸入頻譜包括想要的訊號、相鄰的通道訊號和在**假像頻率** (image frequency)

$$f_c' = f_c + 2f_{IF} = f_{LO} + f_{IF} \tag{3}$$

的另一訊號。RF 區段的主要工作是讓 $f_c \pm B_T/2$ 的訊號通過，但挪除假像頻率訊號，當頻率 f_c' 的訊號進入混合器，它將被降頻成：

$$f_c' - f_{LO} = (f_{LO} + f_{IF}) - f_{LO} = f_{IF}$$

故假像頻率訊號將產生一類似共通道干擾的效應，因此 (如虛線所示)，我們想要 RF 的響應 $|H_{RF}(f)|$ 滿足條件：

$$B_T < B_{RF} < 2f_{IF} \tag{4}$$

也要注意的是，如圖 7.1-2 所示，f_{LO} 必須是在可調式前端 BPF 的外面以免阻礙其效果。讀者也可以看到，IF 越高，則影像頻率越大，因而可以減少前端窄頻帶 BPF

的需求。我們也要指出，當採用可選擇的 IF-BPF 以拒斥鄰接通道訊號是必要時，它就無法協助拒斥影像。在 IF 輸入端經濾波且降頻後的頻譜展示在圖 7.1-2b 中。所顯示的是具有 $B_{IF} \approx B_T$ 的 IF 響應 $|H_{IF}(f)|$，它完成了拒斥鄰接通道的工作。

超外差架構有許多實用的好處如下：第一，"調諧"完全在電路的最前端完成，故後端的電路（包括解調器）不會隨載波頻率 f_c 而改變。第二，從放大輸出到接收機輸入的回授不穩性可被 f_c 和 f_{IF} 的分離消除掉。第三，大部份的增益和選取均集中在固定頻率的 IF 分解，因為 f_{IF} 是一內部設計參數，故為了實作的容易性，我們可以選擇一合理的分數頻寬 B_{IF}/f_{IF}。這三個好處結合在一起，使得製造一極高增益（獨自在 IF 分解中的增益為 75 dB 或更高）的超外差接收機是可能的，我們也可以使用高-Q 值機制、陶瓷、石英晶體和 SAW 帶通濾波器來大大降低鄰近通道干擾。

此外，當接收機必須涵蓋一較廣的載波頻率範圍時，選取 $f_{LO}=f_c+f_{IF}$ 將導致一較小的 LO 調諧比例 (tuning ratio)。以 AM 廣播為例來說明，若 $540 < f_c < 1700$ kHz、$f_{IF}=455$ kHz 且使用 $f_{LO}=f_c+f_{IF}$，則 $995 < f_{LO} < 2,155$ kHz 且 LO 調諧比例為 2：1。另外一方面，若我們選取 $f_{LO}=f_c-f_{IF}$，則對相同的 IF 和輸入頻率範圍，可得 $85 < f_{LO} < 1,245$ kHz 且 LO 調諧比例為 13：1。不過，我們須說明下列事實：在 SSB 超外差接收機中，若先擇 $f_{LO} > f_c$，則在下方轉換訊號中將導致**旁波反轉** (sideband reversal)，因此，在 RF 中的 USSB 變成在 IF 中的 LSSB，反之亦然。

超外差架構的主要缺點是在頻率 f_c 附近的偽造響應。假像頻率響應是其中最明顯的問題，在圖 7.1-1 的接收機使用可調式 BPF 來濾除假像。即使在目前的積體電路技術，高-Q 可調式 BPF 仍是不經濟的，因此有許多其他假像濾除的方法被提出，升高 f_{IF} 將增加 f_c 和 f_c' 間的距離，故可降低 RF 放大器的 BPF 的要求。事實上，若 f_{IF} 足夠高，我們可用一便宜的 LPF 來濾除假像。

假像並不是超外差接收機唯一所面對的偽造響應的問題。任何 LO 訊號的失真將產生諧波，而和偽造輸入混波在一起，並可進入下一級的 IF 段。這是為什麼 LO 必須是"純"的弦波之故。若接收機含有數位電路，則數位訊號的非弦波形狀必須小心處理，以免其諧波訊號"漏進"混波器級。非線性尚可能產生其他問題。譬如，IF 輸入有一很強且頻率在 $1/2\, f_{IF}$ 附近的訊號，此時若 IF 放大器的第一級是非線性的，則第二諧波將被產生，其頻率約為 f_{IF}，這第二諧波將被後級放大而成為偵測器輸入的干擾。

超外差接收機常含有一**自動增益控制** (automatic gain control, AGC) 裝置，使得接收機的增益可隨著輸入訊號準位而自動調整，AGC 可經由整流接收機音訊訊號來達成目的，也就是說，計算訊號的平均值或 DC 值，DC 值可被回授到 IF 或 RF 級來增加或減少這二級的增益。在 AM 收音機中，常含有一從解調器回授到 IF 的自

動音量控制 (automatic volume control, AVC)；在 FM 接收機中，則含有一回授到 LO 的自動頻率控制 (automatic frequency control, AFC)，來改正小量的頻率漂移。

範例 7.1-1　超外差接收機和偽造的訊號響應

一個 $f_{IF}=500$ kHz 且 $3.5 < f_{LO} < 4.0$ MHz 的超外差接收機可被調諧去接收 3 到 3.5 MHz 的訊號。現設定它去接收 3.0 MHz 的訊號，接收機有寬頻的 RF 放大器，且 LO 有一顯著的三次諧波輸出。若有一訊號被收聽，請問哪些載波頻率會被聽到？由於 $f_{LO}=3.5$ MHz，故 $f_c=f_{LO}-f_{IF}=3.5-0.5=3.0$ MHz，且其假像頻率 $f_c'=f_c+2f_{IF}=4.0$ MHz，再者，振盪器的三次諧波是 10.5 MHz，故 $f_c''=3f_{LO}-f_{IF}=10.5-0.5=10.0$ MHz，且其假像頻率 $f_c'''=f_c''+2f_{IF}=10+1=11$ MHz，因此，使用這個接收機，除了接收 3.0 MHz 外，尚有 4、10 和 11 MHz。

練習題 7.1-1

若 $f_{IF}=7.0$ MHz，$10 \leq f_{LO} \leq 10.5$ MHz，且本地振盪器有一三次諧波輸出，請找出範例 7.1-1 的接收機的偽造頻率有哪些？若接收機的輸入前端加一 $B=4$ MHz 的一階巴特渥斯 LPF，則最小的偽造輸入消除將是多少分貝 (dB) 呢？

■ 直接轉換接收機

直接轉換接收機 (direct conversion receivers, DC) 是射頻調諧 (tuned-RF, TRF) 接收機的一種，它是由 RF 放大器、乘積偵測器和適當的訊息放大器所組成，它們亦叫做同質 (homodyne) 或 zero IF 接收機，典型的 DC 接收機如圖 7.1-3 所示，鄰近通道的干擾可由混合器之後的 LPF 來消除。DC 接收機並沒有遭遇到超外差接收機中的假像頻率問題，而且由於電路技術的改進 (特別是高增益且穩定的 RF 放大器)，使得它有非常好的性能，DC 的簡單性使得它在小型無線感測器的應用非常廣泛。

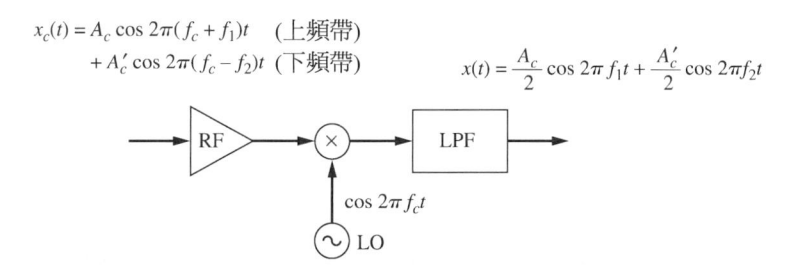

$$x_c(t) = A_c \cos 2\pi(f_c+f_1)t \quad \text{(上頻帶)}$$
$$+ A_c' \cos 2\pi(f_c-f_2)t \quad \text{(下頻帶)}$$

$$x(t) = \frac{A_c}{2}\cos 2\pi f_1 t + \frac{A_c'}{2}\cos 2\pi f_2 t$$

圖 7.1-3　直接轉換接收機。

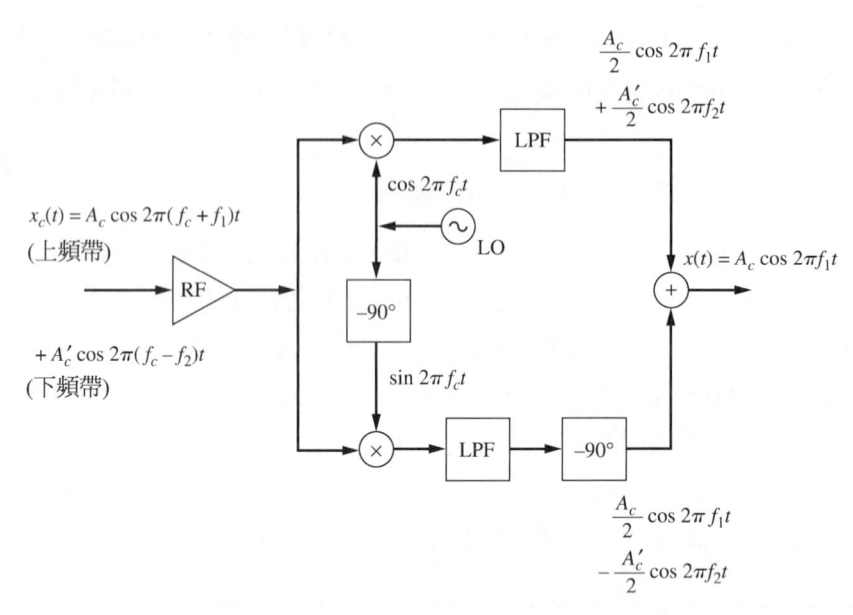

圖 7.1-4 消除另一頻帶的直接轉換接收機。

　　DC 接收機的缺點在於它並沒有消除另一端的假像訊號，所以較易受雜訊和干擾的影響。圖 7.1-4 所示是兩個單諧波 SSB 訊號的輸出，主傳輸訊號在上頻帶，即 f_c+f_1，另一干擾訊號在下頻帶，即 f_c-f_2。結果 f_1 和 f_2 均出現在接收機的輸出。不過，圖 7.1-4 所示的系統 (坎貝爾，1993 所提出來的) 消除了另一頻帶，若圖 7.1-4 的方塊圖被使用，則接收機的輸出將只有上頻帶訊號 f_c+f_1。

特別用途接收機

　　其他特別用途的接收機包括異質接收機、射頻調諧 (TRF) 接收機和雙重轉換接收機。**異質接收機** (heterodyne receiver) 是一沒有 RF 區段的超外差接收機，可用來改善假像頻率的問題；使用二極體混波器加上一個消除假像的固定式微波濾波器，這種接收機可在微波頻率上被建造出來。除了 DC TRF 接收機外，我們也可使用可調 RF 放大器和波封偵測器來建構 TRF，古典的晶體收音機便是最簡單的 TRF。

　　進一步使用超外差的原理，一**雙重轉換接收機** (double-conversion receiver) 如圖 7.1-5 所示，它包括兩個頻率轉換器和兩個 IF 區段。第二個 IF 總是固定調諧，然而第一個 IF 和第二個 LO 可以是固定或可調的。不管是哪一種情形，雙重轉換使用較大的 f_{IF-1} 值來改善 RF 區段中的假像消除，和較小的 f_{IF-2} 值來改善第二個 IF 中的鄰近通道消除。SSB 和短波 AM 的高性能接收機經常改進這種設計策略。

　　具有同步偵測的雙重轉換 SSB 接收機需要三個穩定的振盪器，再加上自動頻率控制和同步電路，幸運地，IC 技術已使得這個應用中所需的**頻率合成器** (frequency

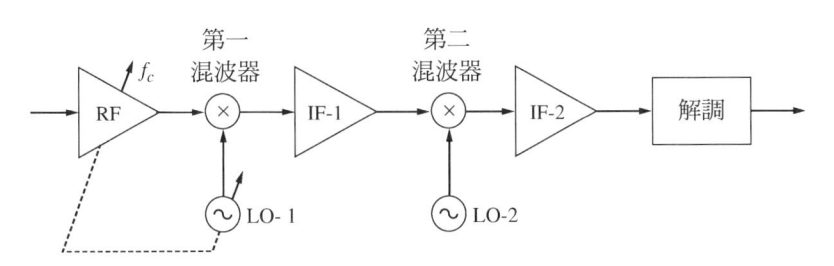

圖 7.1-5 雙重轉換接收機。

synthesizer) 是可用的,使用鎖相迴路的頻率合成將在 7.3 節中討論。

■ 接收機規格

現在,我們想要考慮"決定接收機是否可成功地解調訊號"的參數,第一個是接收機的**靈敏度** (sensitivity),它是在 IF 輸出段中可產生"標定的訊雜比"的最小輸入電壓,一個好品質的短波無線電在 40 dB SNR 具有 1 μV 的典型靈敏度。**動態範圍** (dynamic range, DR) 是:

$$DR = \frac{P_{max}}{P_{min}} = \frac{V_{max}^2}{V_{min}^2} \tag{5a}$$

或用 dB 表示:

$$DR_{dB} = 10\log_{10}\left(\frac{P_{max}}{P_{min}}\right) = 20\log\left(\frac{V_{max}}{V_{min}}\right) \tag{5b}$$

DR 的值通常用 dB 表示。DR 是接收機能夠在一個廣域訊號功率範圍內維持它的線性特性的一種量測。例如我們正在聽一個很弱的 AM 廣播訊號,同時有一個很強的廣播電台正在傳送不相同的頻率,但是仍在 RF 放大器帶通之內。這個強大的廣播電台可能使 RF 放大器過載,而且蓋掉 (wipe out) 弱的訊號。過載也可能引起交互調變以及其他形式的失真。在圖 1.4-2 所示的軟體無線電方面,類比–數位轉換器 (ADC) 的 DR 是:

$$DR_{dB} = 20\log_{10} 2^v \tag{5c}$$

這裡的 v 是輸入 ADC 的位元數目。**選擇能力** (selectivity) 是接收機能夠區別鄰近通道的能力,通常它是 IF 級帶 BPF 的函數,對直接轉換接收機況,它則是 LPF 的頻寬。**雜訊指數** (noise figure) 是用來說明接收機衰減輸入訊號的"訊雜比"的程度,它可計算如下:

$$NF = \frac{(S/N)_{input}}{(S/N)_{output}} \tag{6}$$

雜訊指數的典型值是 5 到 10 dB，最後一個參數是**假像消除** (image rejection)，它可定義如下：

$$IR = 10\log|H_{RF}(f_c)/H_{RF}(f'_c)|^2 \text{ dB} \tag{7}$$

假像消除的典型值是 50 dB，這個方程式亦可應用至其他形式的偽造輸入 (spurious input) 上。

練習題 7.1-2

假如超外差接收機的 RF 調諧電路是 4.1 節中式 (17) 所描述的電路，且 $f_o = f_c$，$Q = 50$，當 $f'_c = f_c + 2f_{IF}$ 時，請證明為了達到 IR = 60 dB 的目的需 $f'_c/f_c \approx 20$。在雙重轉換接收機中，若 $f_{IF-1} \approx 9.5\, f_c$，則這個要求將很容易被達到。

■ 掃描頻譜分析儀

假如超外差接收機中的 LO 用 VCO 取代，則前端偵測的部份將表現得像是一個電壓可調帶通放大器，其中心頻率 $f_0 = f_{LO} \pm f_{IF}$ 且頻寬 $B = B_{IF}$。這個性質是圖 7.1-6a 中的掃描頻譜分析儀的心臟部份，掃描頻譜分析儀是一有用的實驗室工具，它可用來

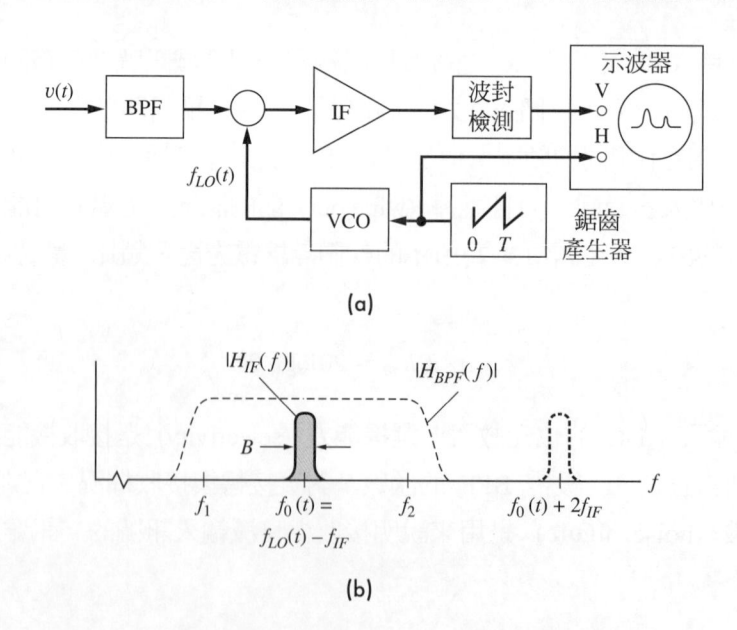

圖 7.1-6 掃描頻譜分析儀：(a) 方塊圖；(b) 大小響應。

顯示某頻段內的輸入訊號的頻譜大小。

VCO 是由週期性鋸齒產生器所驅動，在 T 秒內，瞬間掃描頻率 $f_{LO}(t)$ 從 f_1 線性增加到 f_2。IF 級有一可調的窄頻寬 B，且 IF 輸出將進入到波封檢測器，因此，在任何時刻 t，系統的振幅響應如圖 7.1-6b 所示，此處 $f_0(t)=f_{LO}(t)-f_{IF}$，在輸入端的固定 BPF (或 LPF) 讓 $f_1 \leq f \leq f_2$ 的訊號通過，但它殺掉頻率在 $f_0(t)+2f_{IF}$ 的假像訊號。

經由連結波封檢測器和鋸齒產生器至示波器的垂直和水平偏向，且 $f_0(t)$ 不斷地掃描輸入訊號 $v(t)$ 的頻率成份，則其頻譜可被顯示在示波器上。明顯地，暫態訊號不會產生固定的顯示，因此在觀察時間內，$v(t)$ 必定是週期的、似週期的或靜態隨機訊號，所以，所顯示的內容是振幅線頻譜或功率頻譜密度 (平方律波封檢測器被使用的情形下，所顯示的表功率頻譜密度)。

假設訊號 $v(t)$ 含有兩個或以上的弦波，這個系統的許多微妙操作可被了解。為了區別開一頻譜線和另一頻譜線，IF 頻寬必須小於線距，因此，B 稱為頻率解析度，且可解析的頻譜線的最大數目等於 $(f_2-f_1)/B$。單一頻譜線所產生的 IF 輸出，具有帶通脈衝的形式，且其時間區間為：

$$\tau = BT/(f_2 - f_1) = B/\dot{f}_0$$

此處 $\dot{f}_0=(f_2-f_1)/T$ 表示頻率掃描速率，單位是每秒有幾個赫茲。

快速的掃描速率或許會超過 IF 脈衝響應，但帶通脈衝的指導原則須 $B \geq 1/\tau = \dot{f}_0/B$，或

$$\dot{f}_0 = \frac{f_2 - f_1}{T} \leq B^2 \tag{8}$$

這個重要的關係說明了精確的解析度 (小的 B) 需要慢的掃描速率，即長的觀察時間。再者，式 (8) 有四個使用者參數可以調整，許多掃描頻譜分析儀使用內建硬體來避免違反式 (8)；亦有些分析儀只顯示警告訊號。

不是只有用掃描頻譜分析儀的方式可以決定訊號的頻譜成份。讀者可以回顧 2.6 節：如果我們用一個類比－數位轉換器 (ADC) 將輸入訊號數位化 (取樣與量化)，哪麼計算它的 DFT 或是 FFT 就可以得到訊號的頻譜。這個被展示在圖 7.1-7 中。注

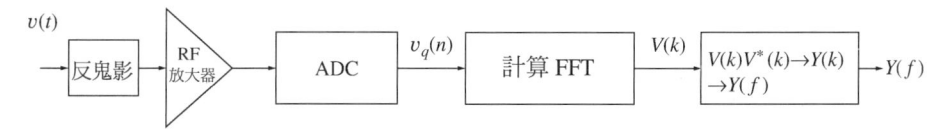

圖 7.1-7 DFT/FFT頻譜分析儀。

意，最後一級計算頻譜的大小或是 $V(k)V^*(k)=|V(k)|^2 \Rightarrow Y(k)=\sqrt{|V(k)|^2} \Rightarrow Y(f)$。

12.1 節有更多的 ADC 資訊。

練習題 7.1-3

重寫範例 2.6-1 的 MATLAB 程式，使得訊號的功率頻譜的顯示如同它顯示在頻譜分析儀上面一樣。

7.2 多工系統

不管是為了多重接取或是通道分集 (即訊息餘裕)，相同兩點之間需要數個通訊通道時，最經濟的方法就是由一個稱之為多工處理的傳輸設備將所有的訊息傳送出去。多工的應用範圍從電話網路到無線行動電話、無線網路、身歷聲 FM、太空探測遙測系統。三種基本的多工技術是：分頻多工 (FDM)、分時多工 (TDM) 以及分碼多工 (在第 15 章中討論)。這些技術目標就是要讓多個使用者分享同一個通道，因此它們亦被稱之為分頻多重接取 (FDMA)、分時多重接取 (TDMA) 以及分碼多重接取 (CDMA)。FDM 的變形有正交載波與正交分頻多工 (OFDM)。OFDM 在第 14 章中討論。第四種多重接取方法是空間多工被應用在無線系統中，我們依據發射機與接收機天線的空間，或是方向與極化性質將訊號分離。例如，訊號經由水平極化天線傳送僅能用具有水平極化的天線來擷取。使用垂直極化、右手與左手循環極化來傳送訊號也是類似的情形。如果目的地的位置不同，利用定向天線，我們可以在相同時間、同一頻率等的情況傳送不同的訊號。

執行多工有兩個目標：第一，它可以讓多個使用者分享同一個通道資源。第二，配合適當的冗餘度來使用頻率、編碼、時間或是空間分集，我們可以增加訊息達到目的地端的可靠度。

■ 分頻多工

FDM 的原理如圖 7.2-1a 所示，輸入訊號 (以三個說明) 分別使用副載波 f_{c1}、f_{c2} 等來調變，經過 LPF 之後，訊號的頻寬均是有限的。雖然副載波調變我們使用

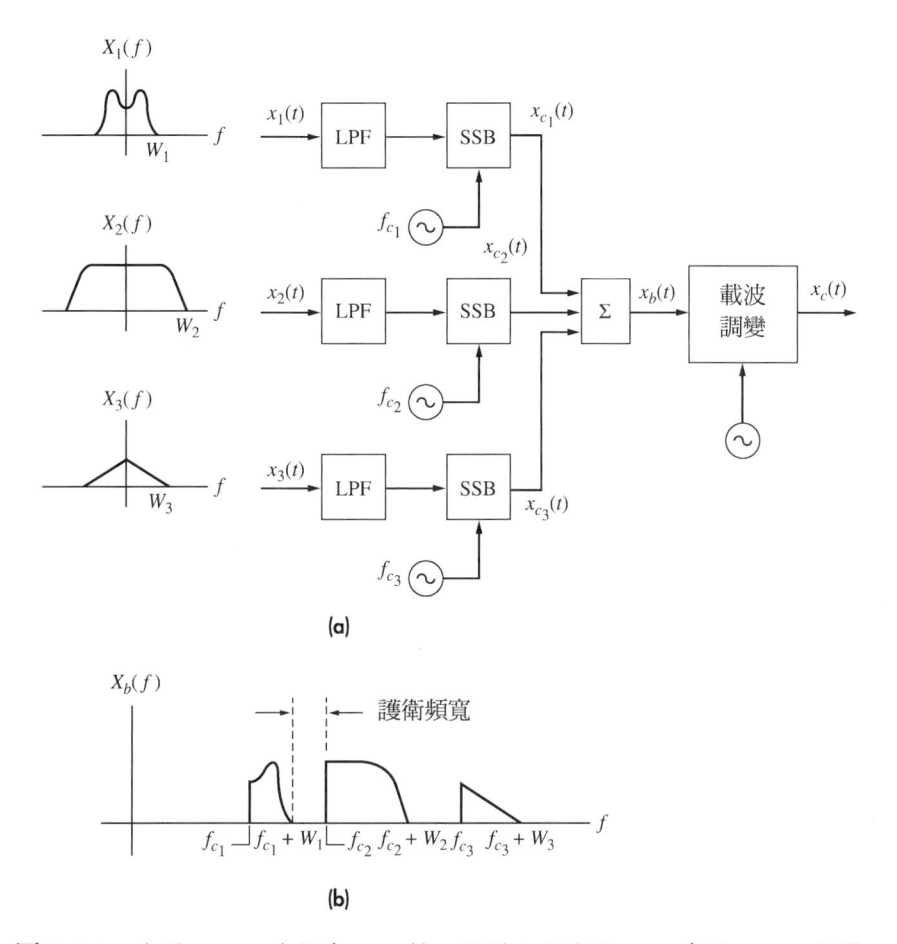

圖 7.2-1 典型 FDM 發射機：(a) 輸入頻譜和方塊圖；(b) 基頻 FDM 頻譜。

SSB，但是任何 CW 調變技術均可被採用，包括它們的混合使用，被調變訊號然後被加起來而產生基頻訊號，其頻譜 $X_b(f)$ 如圖 7.2-1b 所示 (基頻表示最後的載波調變尚未執行)，基頻時間函數 $x_b(t)$ 留做想像。

假如副載波頻率被適當地選取，則多工的操作已將每一個調變的訊息送到不同的頻率縫隙 (slot)，因此命名為**分頻多工** (frequency-division multiplexing)，基頻訊號可直接被發送或使用頻率為 f_c 的載波來調變。因為基頻頻譜已說明了一切，故我們不特別討論最後的載波調變方式。

如圖 7.2-2 所示，訊息回復或 FDM 的解調可由下列三個步驟來完成，第一是載波解調，重新產生基頻訊號 $x_b(t)$，第二是使用並行的帶通濾波器組來分離副載波調變訊號，最後是偵測每一個別的訊息。

FDM 的主要實用問題是**串訊** (crosstalk)，即一訊息耦合進入另一訊息中；串訊主要是由系統的非線性所造成的，非線性將使得一訊息訊號出現在另一副載波的調變中，結果，實用的技術使用負回授來最小化 FDM 系統中的放大器非線性。(從歷史

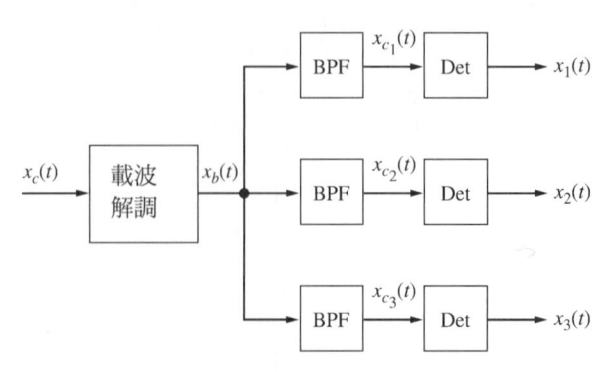

圖 7.2-2 典型 FDM 接收機。

的觀點來看，負回授放大器是為了要解決 FDM 串訊的問題而發明的。)

難解的串訊可來自非線性效應或不完美的濾波器組頻譜分離，為了降低後者的情形，可在調變訊息頻譜間加入**護衛頻距** (guard bands)，它須配合濾波器的過渡區域來設計，以圖 7.2-1b 為例，其護衛頻距的寬度為 $f_{c2}-(f_{c1}+W_1)$，因此，淨**基頻訊號** (baseband bandwidth) 的頻寬是調變訊息寬度加上護衛頻距的和，不過，圖 7.2-2 的設計不是 FDM 的唯一例子，商用的 AM 或 FM 廣播系統是每天均在使用的 FDMA 例子，許多廣播者在同一頻帶內 (使用不同頻率) 同時傳送訊號。

到目前為止，我們對 FDM 的討論是應用在多個使用者，每個有他們自己分配到的載波頻率。但是讓使用者的訊息分散，再讓各片段訊息用較低的速率在不同的載波頻率上傳送也許是更有利的。經由多重載波來傳送一個訊息的系統稱之為**多載波** (Multicarrier, MC) 調變，由此我們獲得頻率分集。在頻率選擇通道衰減情形，頻率分集配上適當的冗餘度可以增加傳送的可靠度。一些利用頻率分集的系統範例將會在範例 7.2-4 GSM 電話系統、14.5 節正交分頻多工以及 15.2 節跳頻展頻中談論。

範例 7.2-1　FDMA 衛星系統

國際衛星全球網路在長途通訊上增加了一第三方式，因為一顆衛星將鏈結到不同國家的許多地面站，因此種種不同的存取方式須為國際電話而設計出來，一著名的方式便是分頻多工存取 (FDMA)。它在每對地面站間指定了固定數目的語音通道，這些通道和標準的 FDM 硬體群集在一起，然後透過衛星以 FM 載波調變的方式來轉播。

以範例說明如下，假設大西洋上空有一衛星在為美國、巴西和法國的地面站做通訊服務，美–法之間指定了 36 個通道 (3 組)，美–巴之間有 24 個通道 (2 組)。圖 7.2-3 說明了這個安排，其中美國有發射機，巴西和法國有接收機，這個圖並沒有畫出雙向通話所需的法國、巴西發射機和美國接收機。巴西和法國亦需有額外的發射機

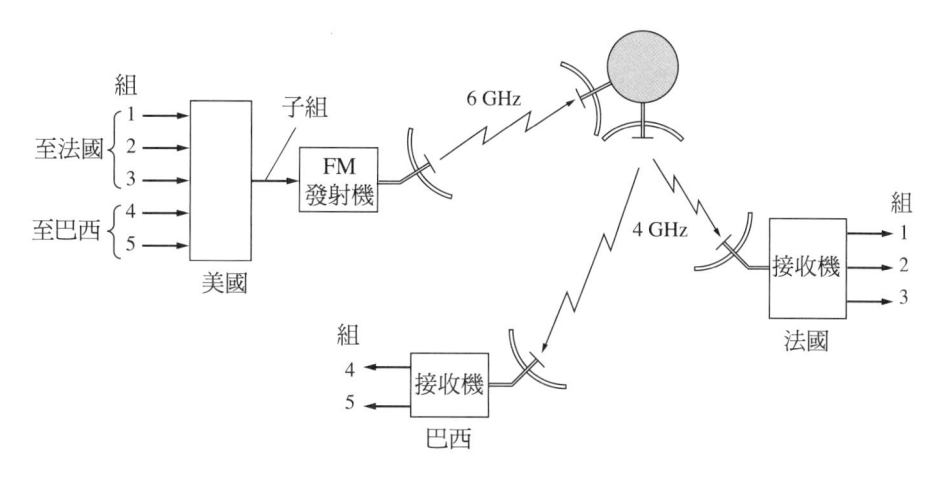

圖 7.2-3 簡化的 FDMA 衛星系統。

和接收機來達成通訊,其載波頻率須稍有不同。

在衛星上的 FDMA 系統產生一複合 FDM 訊號,這訊號是由所有地面站的 FM 訊號所組合而成,衛星設備是由一組收發機所組成,每一個收發機有 36 MHz 的頻寬,提供了 336 至 900 個語音通道,正確數目和"地面站對"間的指定有關,細節和存取方式可在文獻上找到。

練習題 7.2-1

假如 FDM 基頻放大器有三次非線性,因而產生一和 $(v_2 \cos \omega_2 t)^2 v_1 \cos \omega_1 t$ 成正比的基頻分量,此處 f_1 和 f_2 是兩個副載波頻率。請證明使用 $v_1 = 1 + x_1(t)$ 和 $v_2 = 1 + x_2(t)$ 的 AM 副載波調變將在副載波 f_1 上產生可理解的和不可理解的串訊,並和 $v_1 = x_1(t)$ 且 $v_2 = x_2(t)$ 的 DSB 情形做比較。

範例 7.2-2　FM 立體多工

圖 7.2-4a 畫出了在 FM 立體廣播中產生基頻訊號的 FDM 系統。為了產生 $x_L(t) + x_R(t)$ 和 $x_L(t) - x_R(t)$,左喇叭和右喇叭的訊號先被矩陣運算和預強調,"和訊號" $x_L(t) + x_R(t)$ 可用單音接收機來收聽;由於節目內容的聲音間隙會產生乒乓效應,為了讓單音聽眾不受這個效應的限制,故矩陣運算是需要的。訊號 $x_L(t) + x_R(t)$ 直接進入基頻中,不過 $x_L(t) - x_R(t)$ DSB 被一 38 kHz 副載波調變,雙基頻調變 (DSB) 是用來保持低頻的傳真性,為了接收機的同步,19 kHz 的領航諧波被加上去。

最後的基頻頻譜如圖 7.2-4b 所示,另一頻譜分量 SCA 亦被畫出,SCA 代表次

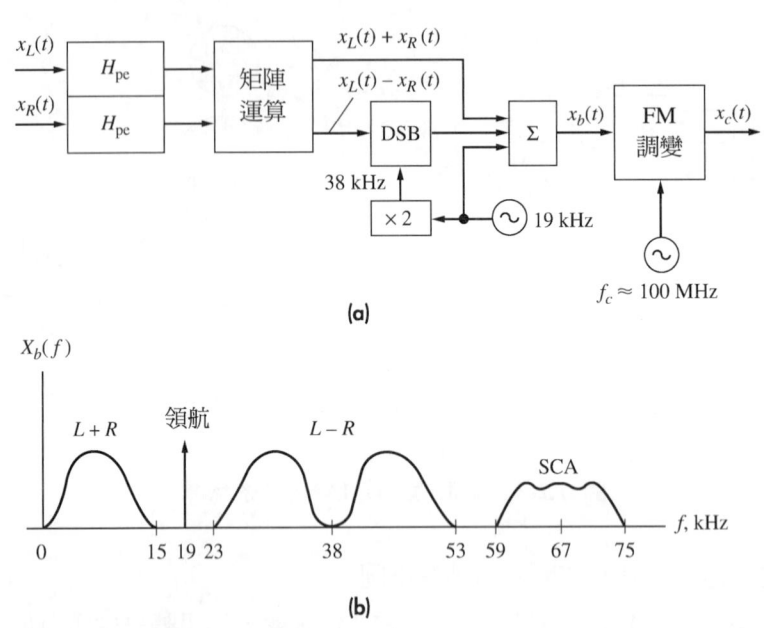

圖 7.2-4　FM 立體多工：(a) 發射機；(b) 基頻頻譜。

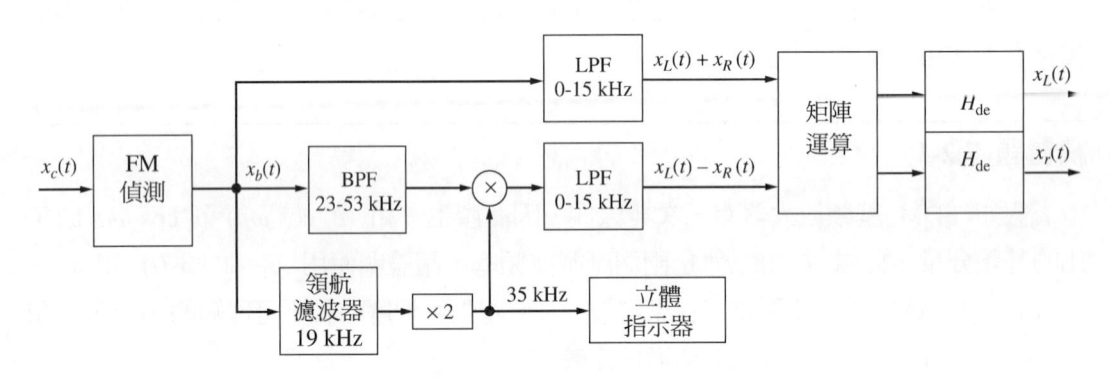

圖 7.2-5　FM 立體多工接收機。

要通訊授權，SCA 訊號有 NBFM 副載波調變，且常被許多 FM 電台發送，主要用在私人的用戶，如商店和辦公室的 "公告音樂"。

對於沒有 SCA 的立體廣播，領航載波被配置有 10% 的峰值頻率偏移，而且 L＋R 和 L－R 之間的變動關係將允許每一個可得到近 90% 的偏移，由於較高的頻率將產生較小的偏移比例。故基頻頻譜延伸至 53 kHz (有 SCA 時是 75 kHz)。這個事實將不會明顯增加傳輸所需的頻寬，典型的高傳真立體接收機有 $B_{IF} \approx 250$ kHz。

立體解多工或解碼系統如圖 7.2-5 所示，請注意領航諧波如何被用來激發立體指示器和執行同步偵測。積體電路解碼器使用交換電路或鎖相迴路來完成這些功能。

附帶地，離散四通道 (四音) 唱片錄音是 FM 立體技術的合理延伸，它將四個獨立訊號多工至立體錄音的兩個通道內。讓 L_F、L_R、R_F 和 R_R 表示這四個訊號，矩陣運算訊號 $L_F + LR$ 直接被記錄在其中一通道內，使用 30 kHz 副載波的頻率調變，$L_F - L_R$ 亦被多工在此通道內。同理，訊號 $F_F + R_R$ 和 $R_F - R_R$ 可被多工在另一通道內。因為最終的基頻頻譜已增至 45 kHz，故離散四音訊號不能夠在立體 FM 中完全被傳送。其他的四音系統僅有兩個獨立的通道且和 FM 立體相容。

■ 正交載波多工

正交載波多工 (亦可叫正交振幅調變，QAM) 使用載波相位平移和同步偵測來讓兩個 DSB 訊號可同時佔據相同的頻帶，圖 7.2-6 圖示了其多工和解多工的安排，所傳輸的訊號有下列的形式：

$$x_c(t) = A_c[x_1(t) \cos \omega_c t \pm x_2(t) \sin \omega_c t] \tag{1}$$

這個多工的方法之所以有效，是由於這兩個 DSB 訊號為正交 (orthogonal) 的事實。因為經調變後的頻譜彼此互相重疊，這個技術不該從分頻多工 (frequency-division)，而應該是從相位領域 (phase-domain) 來表示更為適合。下一個練習題是舉例說明我們如何能夠同時傳送 $x_1(t)$ 與 $x_2(t)$ 訊號在相同載波頻率上而不會有干擾。

從前面 DSB 和 SSB 的同步偵測研究中，你應該已經觀察到下面事實，QAM 將比 SSB 副載波調變的 FDM 系統需要更迫切的同步，因此 QAM 只在特殊的應用中使用，如彩色電視和數位資料傳輸。

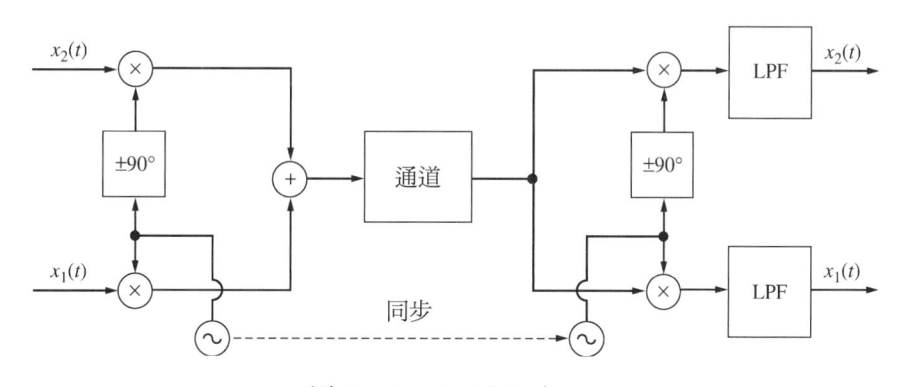

圖 7.2-6　正交載波多工。

練習題 7.2-2

證明圖 7.2-6 中的 QAM 機制是如何使 $x_1(t)$ 或 $x_2(t)$ 在相同的通道中傳送而不會互相干擾。

分時多工

一個取樣的波形在大部份的時間均是無資料的,故資料和資料之間的時間便可用來做其他使用,特別地,來自種種不同訊號的取樣值可交互在一起而形成一單一的波形,這個原理便是這裡要討論的**分時多工** (time-division multiplexing, TDM)。

圖 7.2-7 的簡化系統圖示了分時多工的基本特徵,許多輸入訊號被低通濾波器組 LPF 濾波,然後依序取樣,在發射機的旋轉取樣開關或整流器 (commutator) 每圈從每一輸入抓取一個資料。因此,它的輸出是一 PAM 波形,含有週期性交互在一起的個別資料;在接收機端,一個類似的旋轉開關 (叫做解整流器或分配器) 將資料分離開來,然後進入另一低通濾波器組重建每一個別的訊息。

假如所有的輸入有相同的訊息頻寬 W,則整流器的旋轉速率 f_s 須滿足 $f_s \geq 2W$,以致於每一輸入的連續樣本的時距 $T_s = 1/f_s \leq 1/2W$,包含每一輸入的一個樣本的時間區間 T_s 稱為**訊框** (frame),假如有 M 個輸入通道,訊框內脈波到脈波的間距為 $T_s/M = 1/Mf_s$,因此,每秒內的總脈波數為:

$$r = Mf_s \geq 2MW \tag{2}$$

r 代表 TDM 訊號的脈波率或**訊號率** (signaling rate)。

我們的原始系統是使用機械開關來產生多工的 PAM,不過,幾乎大部份實用的 TDM 系統均使用電子開關。再者,其他形式的脈波調變可被使用,而不用 PAM,圖 7.2-8 圖示了一個一般化整流器的架構,脈波調變閘 (gate) 處理個別的輸入去產生 TDM 輸出。閘的控制訊號是來自正反器鏈 (一個漣波計數器),它是由頻率為 Mf_s

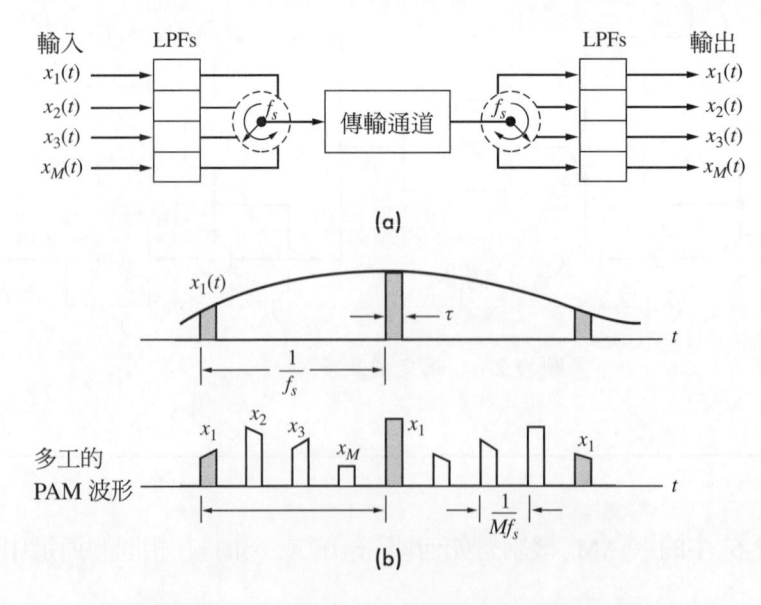

圖 7.2-7 TDM 系統:(a) 方塊圖;(b) 波形。

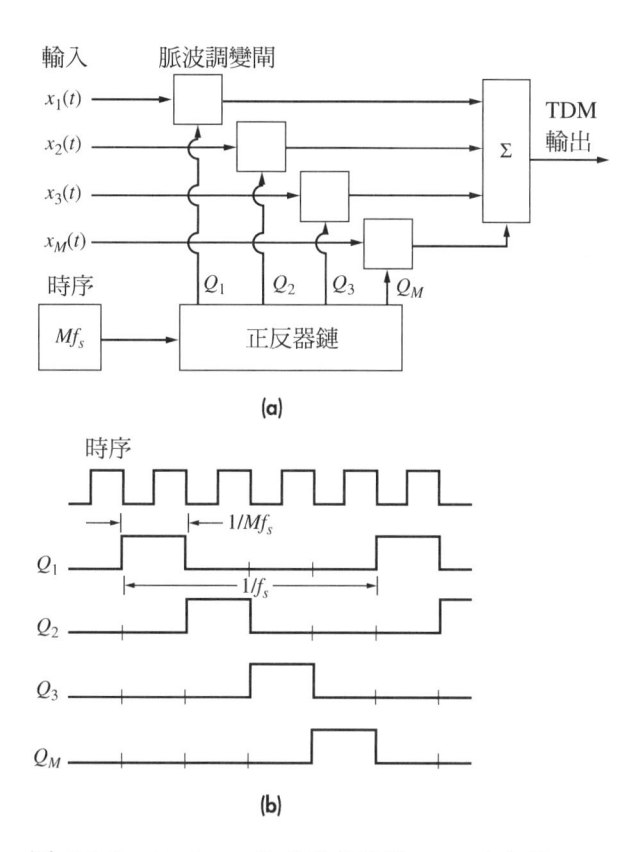

圖 7.2-8 (a) TDM 的電子整流器；(b) 時序圖。

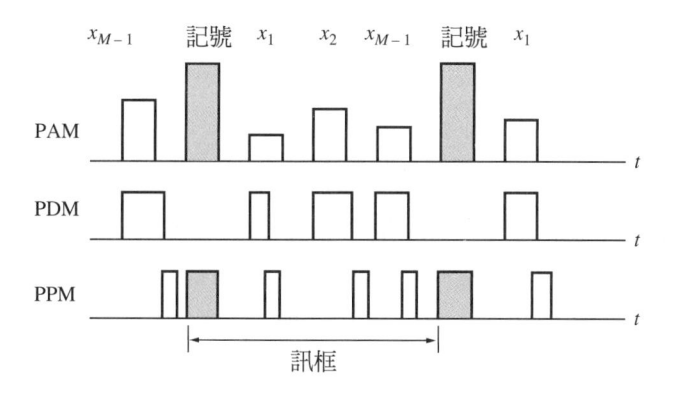

圖 7.2-9 TDM 同步記號。

的數位時序所驅動。解整流器將有一相似的架構。

不管什麼形式的脈波調變，TDM 系統中的整流器和解整流器需小心地維持同步，因為每一個脈波必須正確地分配到它的時間位置，如圖 7.2-9 所示，一種暴力式的同步技術便是在每個訊框的某一時縫加上一可區別的記號 (marker) 脈波或空脈波，在接收機中，這些記號建立起訊框頻率 f_s，不過，訊號的通道數降為 $M-1$。其

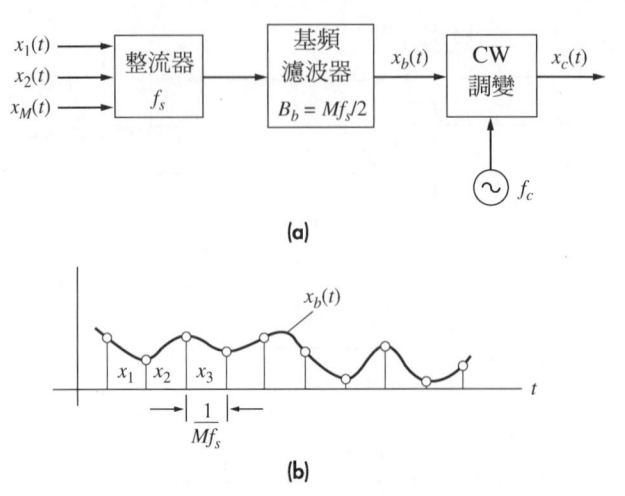

圖 7.2-10 (a) 含有基頻濾波的 TDM 發送機；(b) 基頻波形。

他的同步方法將使用領航諧波或 TDM 訊號本身的統計性質。

　　TDM 的射頻傳送需要額外的 CW 調變步驟去得到一帶通波形，譬如，由位置調變脈波所組成的 TDM 訊號可輸入到 100% 調變的 AM 發送機，而產生一串固定振幅 RF 脈波，這個複合過程將被設計成 PDM/AM 或 PPM/AM，且所需的傳輸頻寬將是基頻 TDM 訊號的兩倍，這個技術的簡單性使得它非常適合低速率的多通道應用，如模型飛機的射頻控制。

　　更複雜的 TDM 系統，為了節省頻寬而使用 PAM/SSB 或為了降低寬頻雜訊而使用 PAM/FM。圖 7.2-10a 是一完全的發送機圖，它含有一低通基頻濾波器，其頻寬為：

$$B_b = \tfrac{1}{2}r = \tfrac{1}{2}Mf_s \qquad (3)$$

在 CW 調變之前的基頻濾波，將產生一如圖 7.2-10b 所示的平滑調變波形 $x_b(t)$，此波形通過所有的樣本點，因為交互的樣本距是 $1/Mf_s$，故基頻濾波器以下列方式構建 $x_b(t)$：頻寬 $B=f_s/2$ 的 LPF 將可從它的週期樣本 $x(kT_s)$ (其中 $T_s=1/f_s$) 重建波形 $x(t)$。

　　假如基頻濾波被使用，且每一個別輸入的取樣頻率接近奈奎氏率 $f_{s_{\min}}=2W$，則 PAM/SSB 的傳輸頻寬為：

$$B_T = \tfrac{1}{2}M \times 2W = MW$$

在這些條件下，TDM 將逼近使用 SSB 副載波調變的分頻多工的理論最小頻寬。

　　迄今，我們假設所有的輸入訊號有相同的頻寬，但是這個限制不是基本的，而且，對許多類比資料遙測的情形是不切實際的，遙測系統的目的是去量測許多遠端位

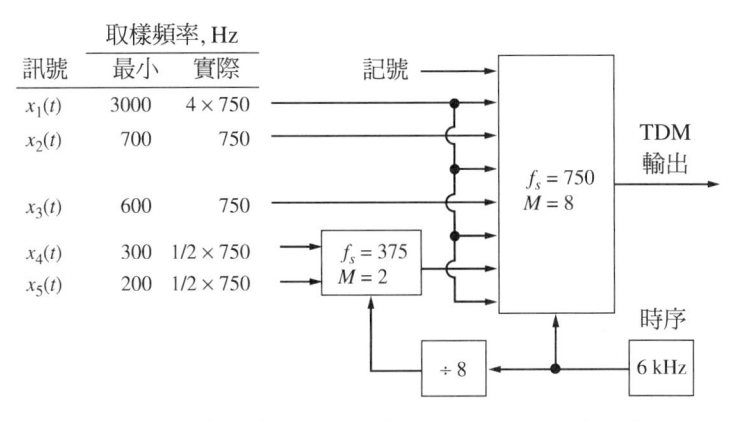

訊號	取樣頻率, Hz 最小	取樣頻率, Hz 實際
$x_1(t)$	3000	4×750
$x_2(t)$	700	750
$x_3(t)$	600	750
$x_4(t)$	300	$1/2 \times 750$
$x_5(t)$	200	$1/2 \times 750$

圖 7.2-11 含有主多工器和副多工器的 TDM 遙測系統。

置的資料,然後組合和傳送這些資料,取樣頻率的要求將和每一待測物有關,它的範圍可從分數 Hz 到幾千個 Hz,典型的遙測系統含有一主多工器和許多副多工器,而且安排成可以處理 100 個或更多的不同取樣率的資料通道。

範例 7.2-3 TDM 遙測系統

假設我們需要 5 條資料通道,每一個的最小取樣率分別為 3000、700、600、300 和 200 Hz。對所有的通道,若我們使用 $f_s = 3000$ Hz 的 5 通道多工器,則 TDM 的訊號率將是 $r = 5 \times 3000 = 15$ kHz,且不包含同步記號。圖 7.2-11 所示的方法是較有效的,它包含一 8 通道且 $f_s = 750$ Hz 的主多工器和一 2 通道且 $f_s = 375$ Hz 的副多工器。

兩個最低速率的訊號 $x_4(t)$ 和 $x_5(t)$ 被副多工器所組合而產生一脈波率 $2 \times 375 = 750$ Hz 的訊號,此訊號可被放入主多工器的一個通道。因此,$x_4(t)$ 和 $x_5(t)$ 的樣本將在訊框中交替出現。另外一方面,最高速率的訊號 $x_1(t)$ 將被放入主多工器的四個輸入內,結果,$x_1(t)$ 的樣本將在訊框中等間隔地出現 4 次,等效取樣率為 $4 \times 750 = 3000$ Hz,總共的輸出訊號率為 $r = 8 \times 750$ Hz $= 6$ kHz (包括同步記號)。基頻濾波將產生一頻寬 $B_b = 3$ kHz 的光滑訊號,而且剛好和電話通道匹配。

練習題 7.2-3

假如圖 7.2-11 的輸出是一未濾波的 PAM 訊號,其責任週期是 50%,請畫出兩個連續訊框的波形,並用來源訊號標示每一個脈波,然後使用 6.2 節中的式 (6) 來計算所需的傳輸頻寬 B_T。

串訊和護衛時間

當 TDM 系統含有基頻濾波時，濾波器必須小心設計，以避免交互通道的串訊 (crosstalk)，即目前的樣本值干擾到下一個樣本值，數位訊號亦遭遇到類似的問題，稱為碼際干擾 (intersymbol interference)，我們將在 11.3 節中討論基頻波形的整形 (shaping)。

假如傳輸通道使得脈波的尾巴重疊到下一個時間縫隙時，沒有基頻濾波的 TDM 訊號亦會發生串訊，類似 FDM 系統鄰近通道的護衛頻帶，我們也可利用脈波間的護衛時間 (guard times) 來控制脈波重疊；實用的 TDM 系統含有護衛時間和護衛頻帶，前者是用來壓制串訊，後者是用來使得非理想濾波器可以重建訊息。

為了定量估計串訊，讓我們假設傳輸通道表現得像是一階低通濾波器，且 3 dB 頻寬為 B。如圖 7.2-12 所示，方形脈波的響應將呈指數衰減，因為護衛時間 T_g 表示最小的脈波間距，故在下一脈波到達前，脈波的尾巴須衰減至 $A_{ct} = Ae^{-2\pi BT_g}$ 以下，於是，我們定義串訊降低因子如下：

$$k_{ct} \triangleq 10 \log (A_{ct}/A)^2 \approx -54.5 \, BT_g \qquad \text{dB} \qquad (4)$$

當 $T_g > 1/2B$ 時，串訊將保持在 -30 dB 以下。

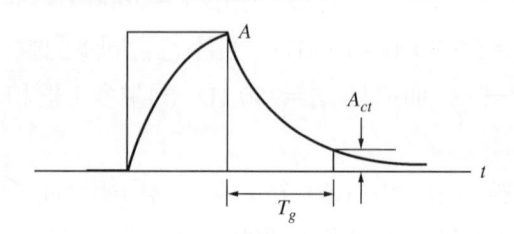

圖 7.2-12 TDM 中的串訊。

在使用脈波區間或脈波位置調變的 TDM 中，護衛時間是很重要的，因為在它們的訊框內，脈波邊緣將移動，考慮圖 7.2-13 的 PPM 情形，一個脈波已被位置調變而往前挪一個量 t_0，且下一個脈波往後挪相同的量，故所允許的護衛時間 T_g 須滿足 $T_g + 2t_0 + 2(\tau/2) \leq T_s/M$ 或

$$t_0 \leq \frac{1}{2}\left(\frac{T_s}{M} - \tau - T_g\right) \qquad (5)$$

在 PDM 的情形，亦有類似的調變限制。

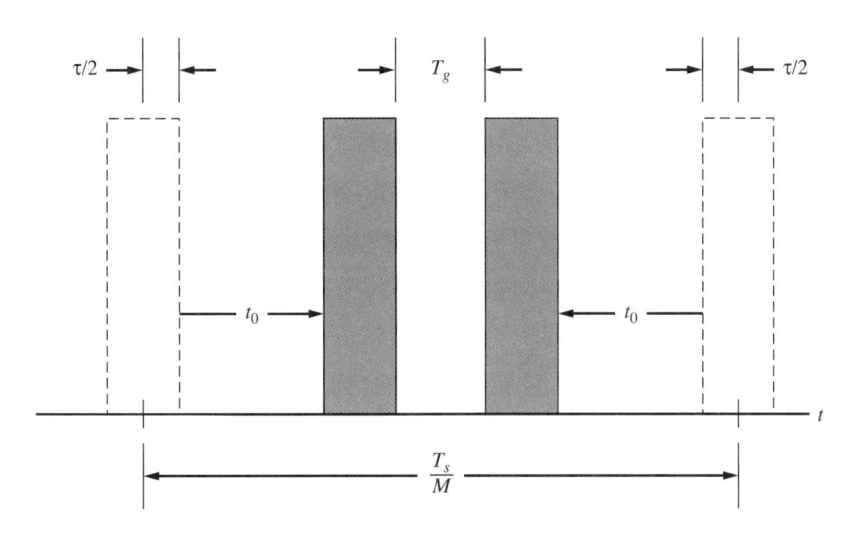

圖 7.2-13　有護衛時間的 TDM/PPM。

練習題 7.2-4

使用 PPM 的方式，9 個語音訊號和一記號在 $B=400$ kHz 的通道中被傳送，計算 T_g 使得 $k_{ct} \approx -60$ dB。然後找出最大的 t_0 值，假如 $f_s=8$ kHz 且 $\tau=1/5$ (T_s/M)。

TDM 和 FDM 的比較

分時多工和分頻多工使用不同的方法來完成相同的目的，事實上，它們兩者是一組對偶 (dual) 技術，每一個 TDM 通道被指定到不同的時縫 (time slots) 內，但在頻域是混合在一起的，相反地，每一 FDM 通道被指定到不同的頻縫 (frequency slots) 內，但是在時域是混合在一起的，哪麼，它們兩者個別提供什麼好處呢？

許多 TDM 的好處是技術推動的；使用高密度的 VLSI 電路，TDM 很容易被實現，因為數位開關是非常便宜的。對每一個訊息通道，FDM 需要類比副載波調變器、帶通濾波器和解調器，使用 VLSI 去實現這些東西是非常昂貴的，但是，這些東西被 TDM 整流器和解調開關電路所取代時，就很容易放入一個晶片內。但是我們會在第 14 章中談到 FDM 的 OFDM 版可以很容易地利用數位硬體來實現。

第二，在 FDM 中產生串訊的原因有不完美的帶通濾波和非線性交互調變，TDM 並不會受這些因素的傷害，不過，TDM 的串訊免疫力將與傳輸頻寬和延遲失真有關。

第三，如範例 7.2-3 中使用副多工器可以讓一個 TDM 系統包容頻寬或是脈波速率也許會相差超過 10 倍的不同的訊號。這種彈性對多工數位訊號特別有價值，我們將在 12.5 節中探討。

最後，在傳輸媒體遭到衰減 (fading) 效應時，使用 TDM 也許有或者沒有這個優勢。快速的寬頻衰減也許只是打擊到一個已知 TDM 通道的一個偶發脈波，然而所有的 FDM 通道都會受到影響。慢速窄頻帶衰減則遮蔽所有的 TDM 通道，但是它也許只是破壞到其中一個 FDM 通道。要讓一個通道被破壞的時間為最小，我們可以採用 GSM 系統所用的跳頻觀念，或是用某些其他形式的多載波調變。

多數的多重接取系統是 FDMA 與 (或) TDMA 的混合系統。GSM、衛星中繼以及第 15 章中所談論到的 CDMA 電話系統都是混合系統的實例。

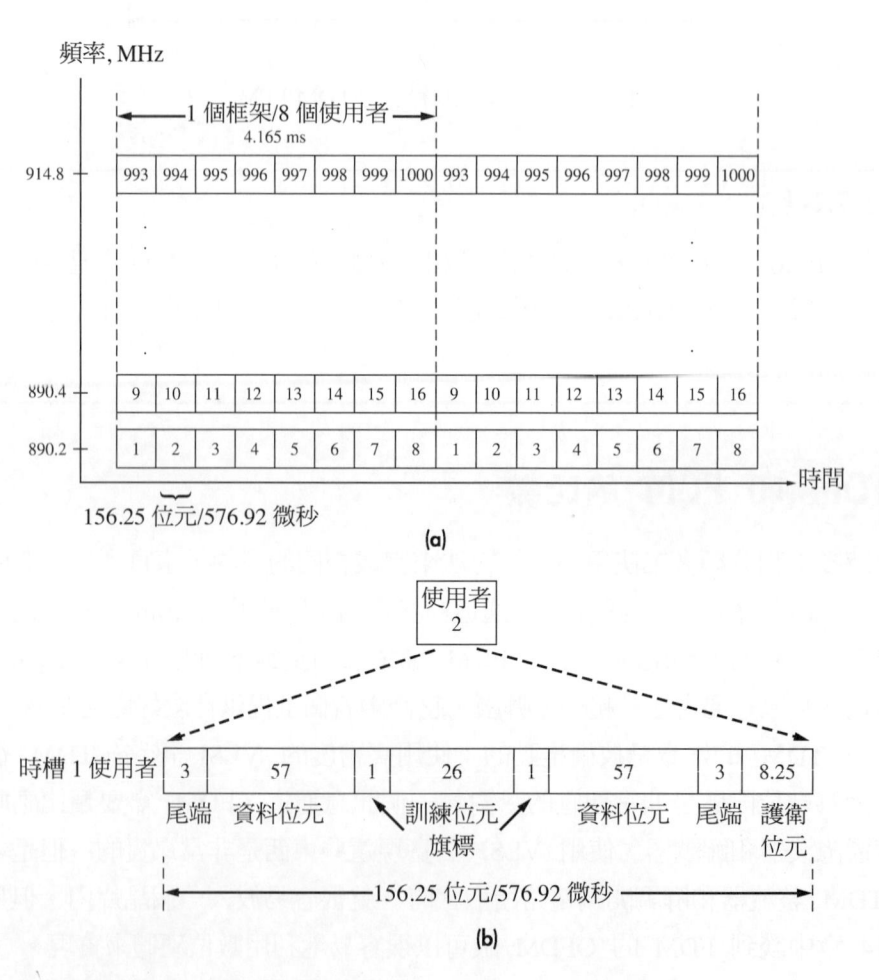

圖 7.2-14 GSM 訊號的 FDAM/TDMA 結構：(a) 每通道具有 8 個 TDM 使用者的 FDMA；(b) 框架結構。

範例 7.2-4　群體特殊行動 (GSM)

　　GSM 是一個使用 FDMA 與 TDMA 第二代 (2G) 數位電話標準，它最早是在歐洲發展以取代多個國家的類比無線電話系統。隨然它正在被 2.5G 取代，但是它有一些令人注意的設計特色可供討論。在歐洲，手機 (行動電話) 到基地台 (鐵塔) 使用的是頻譜的 890 到 915 MHz 部份，而電塔到手機是用的是 935 到 960 MHz 部份。如圖 7.2-14 所示，每一個 25 MHz 部份被分成 125 載波頻率或是通道，而每個通道有頻寬約 200 kHz，且每個通道有 8 個使用者，因此允許最高到 1,000 可能的使用者。再進一步觀察圖 7.2-14 顯示每個使用者每隔 4.615 ms (216.7 kHz) 傳送一組資料串，每個資料串期間為 576.92 μs 以容納 156.25 位元。這包括兩組使用者資料，每組 57 位元，以及 26 個位元分配給量測路徑特性。剩下的位元是用來做控制等用途。如同圖 7.2-7 中的系統一樣，每一個框架含有數個使用者的 TDM 資料。還要注意的是，每個 GSM 的框架包含了每串 57 位元的資料兩串供作其他非語音的用途。為了要用頻率分集來對付頻率選擇窄頻帶衰減，GSM 也利用準隨機頻率跳躍，這樣以每秒 217 跳躍的方式來改變每個載波頻率。15.2 節詳細地討論展頻系統中的頻率跳躍。

7.3　鎖相迴路

　　在 CW 調變系統中，鎖相迴路是一使用最廣的基本方塊，PLL 可在調變器、解調器、頻率合成器、多工器和種種不同的訊號處理器中找到，在討論完 PLL 的操作和鎖住條件之後，我們將討論許多這些應用，我們的介紹只提供 PLL 的工作原理，並沒有深入探討非線性行為和暫態，這些進階的主題可參考 Blanchard (1976)、Gardner (1979)、Meyr 和 Ascheid (1990) 以及 Lindsey (1972) 的著作。

▌ PLL 的操作和鎖住

　　PLL 的基本目的是去鎖住或同步 VCO 輸出的瞬間角 (相位且頻率) 和外部帶通訊號 (可以是某一形式的 CW 調變) 的瞬間角，為此目的，PLL 必須能夠執行相位比較 (phase comparison)，因此，我們從相位比較器開始介紹。

　　在圖 7.3-1a 的系統是一類比相位比較器 (analog phase comparator)，它的輸出 $y(t)$ 將和兩個帶通輸入訊號 $x_c(t) = A_c \cos \theta_c(t)$ 和 $v(t) = A_v \cos \theta_v(t)$ 的瞬間角度差有關。特別地，若

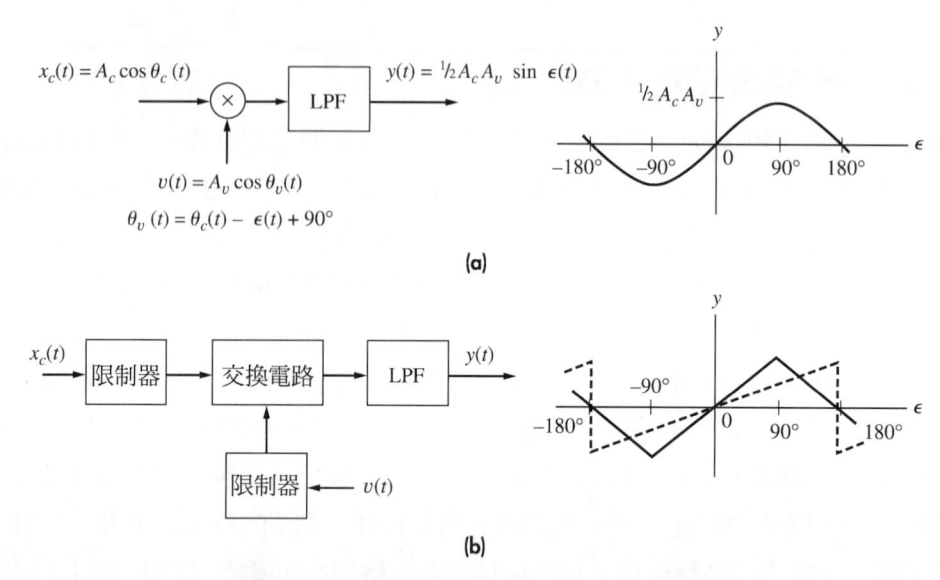

圖 7.3-1 相位比較器：(a) 類比；(b) 數位。

$$\theta_v(t) = \theta_c(t) - \epsilon(t) + 90° \tag{1}$$

且濾波器 LPF 只抓取乘積訊號 $x_c(t)\,v(t)$ 的差頻率項，則

$$\begin{aligned} y(t) &= \tfrac{1}{2} A_c A_v \cos\left[\theta_c(t) - \theta_v(t)\right] \\ &= \tfrac{1}{2} A_c A_v \cos\left[\epsilon(t) - 90°\right] = \tfrac{1}{2} A_c A_v \sin \epsilon(t) \end{aligned}$$

我們解釋 $\epsilon(t)$ 為角度誤差 (angular error)；y 對 ϵ 的關係圖說明了 "當 $\epsilon(t)=0$ 時 $y(t)=0$"，在式 (1) 中的 $90°$ 相位已被省略，因此 $\epsilon(t)=\pm 90°$ 時 $y(t)=0$。故相位比較器的零輸出對應到正交相位的關係。

當 $\epsilon(t) \neq 0$ 時，$y(t)$ 將和 $A_c A_v$ 有關，若輸入訊號是用振幅調變，這將造成問題，但使用圖 7.3-1b 中的數位相位比較器，這些問題將被消除，圖中的硬限制器可將弦波轉成方波，然後輸入交換電路中，結果，y 對 ϵ 的圖形將是三角形或鋸齒形 (和交換電路的細節有關)，不過，當 $|\epsilon(t)| \ll 90°$ (PLL 的操作條件)，三種相位比較曲線基本上是相同的。

在下面的討論中，我們將探討圖 7.3-2 中的類比 PLL 架構，為了方便，我們假

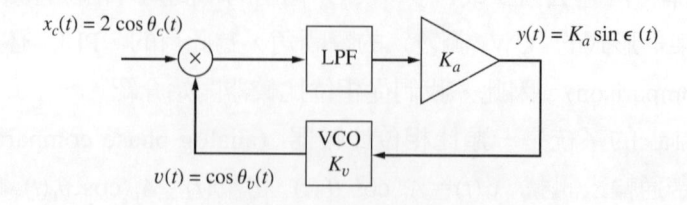

圖 7.3-2 鎖相迴路。

設外部輸入訊號的振幅是常數,即 $A_c=2$,故 $x_c(t)=2\cos\theta_c(t)$,一般說來,

$$\theta_c(t) = \omega_c t + \phi(t) \qquad \omega_c = 2\pi f_c \tag{2}$$

我們亦假設 VCO 輸出的振幅為一,即 $v(t)=\cos\theta_v(t)$,且迴路放大器的增益為 K_a,因此:

$$y(t) = K_a \sin \epsilon(t) \tag{3}$$

這訊號將被回授去控制進入 VCO 的電壓。

當 $y(t)=0$ 時,VCO 的自由頻率 (free-running frequency) 不需等於 f_c,我們令此頻率為 $f_v=f_c-\Delta f$,此處 Δf 代表頻率誤差,因此,VCO 將產生下列瞬間角度:

$$\theta_v(t) = 2\pi(f_c - \Delta f)t + \phi_v(t) + 90° \tag{4a}$$

其中
$$\phi_v(t) = 2\pi K_v \int^t y(\lambda)\, d\lambda \tag{4b}$$

當 K_v 等於頻率偏移常數,則角度誤差為:

$$\epsilon(t) = \theta_c(t) - \theta_v(t) + 90°$$
$$= 2\pi\Delta f t + \phi(t) - \phi_v(t)$$

對時間 t 微分,可得:

$$\dot\epsilon(t) = 2\pi\Delta f + \dot\phi(t) - 2\pi K_v y(t)$$

將此式和式 (3) 合併,可得下列非線性微分方程式:

$$\dot\epsilon(t) + 2\pi K \sin\epsilon(t) = 2\pi\Delta f + \dot\phi(t) \tag{5}$$

其中迴路增益

$$K \triangleq K_v K_a$$

這增益使用赫茲 (hertz) 來度量,且是一重要參數。

式 (5) 控制了 PLL 的動態操作,但對任意 $\phi(t)$,它並沒有產生公式解,為了更清楚了解 PLL 的行為和鎖住條件,讓我們考慮常數輸入相位 $\phi(t)=\phi_0$ 的情形,但起始時間 $t=0$,因此 $\dot\phi(t)=0$,式 (5) 可改寫如下:

$$\frac{1}{2\pi K}\dot\epsilon(t) + \sin\epsilon(t) = \frac{\Delta f}{K} \qquad t \geq 0 \tag{6}$$

常數相位的鎖住,意味著迴路到達穩態,此時 $\dot\epsilon(t)=0$ 且 $\epsilon(t)=\epsilon_{ss}$。因此,在鎖住時,$\sin\epsilon_{ss}=\Delta f/K$,故可得:

$$\epsilon_{ss} = \arcsin \frac{\Delta f}{K} \qquad (7a)$$

$$y_{ss} = K_a \sin \epsilon_{ss} = \frac{\Delta f}{K_v} \qquad (7b)$$

$$v_{ss}(t) = \cos(\omega_c t + \phi_0 - \epsilon_{ss} + 90°) \qquad (7c)$$

注意，y_{ss} 的非零值消除了 VCO 的頻率誤差，且 $v_{ss}(t)$ 鎖定了輸入訊號 $x_c(t)$ 的頻率，若 $|\Delta f/K| \ll 1$，則相位誤差 ϵ_{ss} 將被忽略。

不過，當 $|\Delta f/K| > 1$ 時，式 (6) 沒有穩態解，且式 7(a) 中的 ϵ_{ss} 是未定義的，因此，鎖住條件為：

$$K \geq |\Delta f| \qquad (8)$$

換句話說，當常數輸入頻率在 VCO 的自由頻率 f_v 加減 K 赫茲的範圍內時，PLL 將可鎖定它。

當迴路增益足夠大到使得 $\epsilon_{ss} \approx 0$ 時，則從式 (6) 可得到額外的 PLL 行為資訊；在某個時刻 $t_0 > 0$，$\epsilon(t)$ 小到使得近似式 $\sin \epsilon(t) \approx \epsilon(t)$ 成立，則式 (6) 變成：

$$\frac{1}{2\pi K} \dot{\epsilon}(t) + \epsilon(t) = 0 \qquad t > t_0 \qquad (9a)$$

這個線性方程式可產生下列公式解：

$$\epsilon(t) = \epsilon(t_0) e^{-2\pi K(t-t_0)} \qquad t \geq t_0 \qquad (9b)$$

經過 5 倍的時間常數之後，暫態誤差將消失，即當 $t > t_0 + 5/(2\pi K)$ 時，$\epsilon(t) \approx 0$，因此，我們可推論如下：若輸入 $x_c(t)$ 的相位 $\phi(t)$ 是時變的（令其變化和 $1/(2\pi K)$ 比較是慢的），而且瞬間頻率 $f_c + \dot{\phi}(t)/2\pi$ 不超過範圍 $f_v \pm K$，則 PLL 將可鎖定和追蹤 $\phi(t)$，且誤差是可忽略的；在相位比較器中的 LPF 將讓 $\phi(t)$ 的變化通過，而進入 VCO。

練習題 7.3-1

改寫式 (6)，$\dot{\epsilon}$ 對 ϵ 的相位平面圖將遵守下列方程式：

$$\dot{\epsilon} = 2\pi(\Delta f - K \sin \epsilon)$$

(a) 若 $K = 2\Delta f$，則請畫出 $\dot{\epsilon}$ 對 ϵ 的圖，並證明任何初始值 $\epsilon(0)$ 將到達 $\epsilon_{ss} = 30° \pm m 360°$，此處 m 是整數（提示：當 $\dot{\epsilon}(t) > 0$，$\epsilon(t)$ 遞增；當 $\dot{\epsilon}(t) < 0$，$\epsilon(t)$ 遞減）。(b)

若 $K < \Delta f$，則請畫出相位平面圖，並證明對任何的 $\epsilon(t)$，其 $|\dot{\epsilon}(t)| > 0$，結果 ϵ_{ss} 將不存在。

■ 同步偵測和頻率合成器

　　PLL 的鎖住能力使得它非常適合含有領航載波（為了同步偵測）的系統，不直接從收到的調變波形中去濾出領航載波，而是使用圖 7.3-3 的 PLL 電路去產生一弦波並和領航載波同步，為了簡化畫法，相位比較器、低通濾波器和放大器已被總合成一個相位鑑別器 (phase discriminator, PD)，並且假設弦波振幅為 1。

　　調諧電壓的初始調整將使得 VCO 的頻率非常接近 f_c 且 $\epsilon_{ss} \approx 0$，正交相位鑑別器可用來監控狀況並由鎖住指示器顯示。此後，PLL 將可自動追蹤領航諧波中的任何相位和頻率漂移，而且相位平移 VCO 輸出將可提供同步偵測器所需的 LO 訊號，因此，整個電路表現得像是一窄頻領航濾波器，且是完美的無雜訊輸出。

　　附帶地，圖 7.3-3 的安排亦可用來搜索一未知頻率的訊號，你可將 VCO 控制電壓換成一鋸齒產生器，而掃描 VCO 頻率直到鎖住指示器顯示訊號已被找到，許多頻率掃描器使用這個步驟的自動版本。

　　為了解決沒有傳送領航諧波的 DSB 的同步偵測，柯斯達斯 (Costas) 發明了圖 7.3-4 所示的 PLL 系統，頻寬為 $2W$ 的 DSB 調變波形 $x(t) \cos \omega_c t$，被輸入至一對

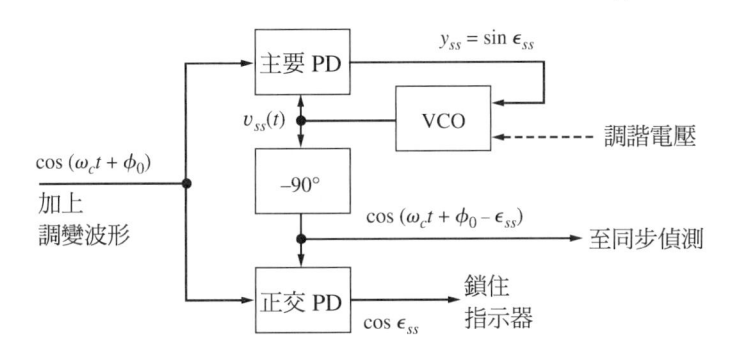

圖 7.3-3　含有兩個相位鑑別器 (PD) 的 PLL 領航濾波器。

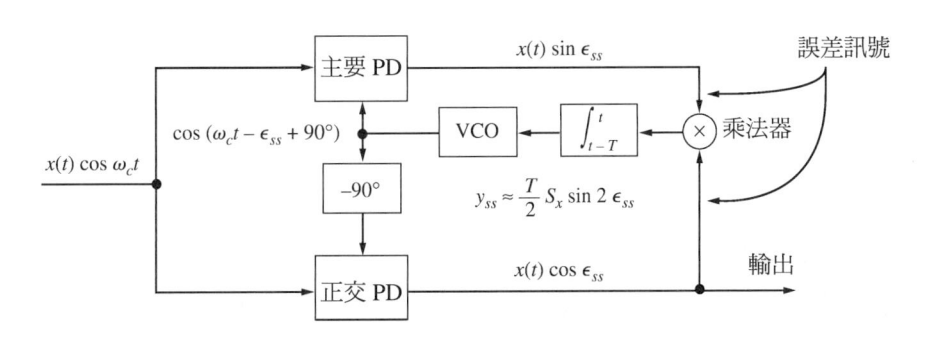

圖 7.3-4　同步偵測用的柯斯達斯 PLL 系統。

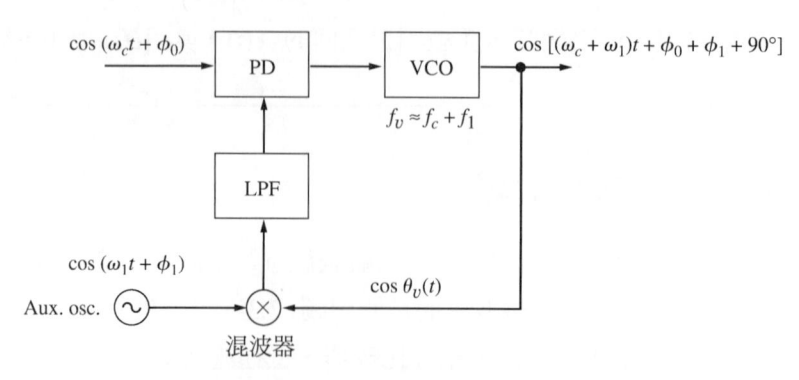

圖 7.3-5 頻率偏移迴路。

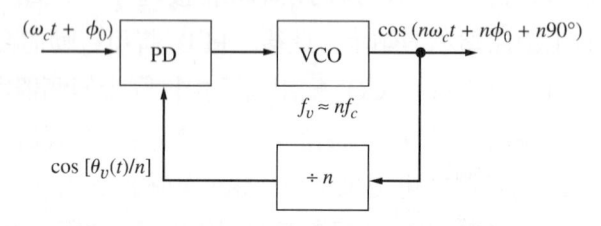

圖 7.3-6 PLL 頻率乘法器。

相位鑑別器中,其輸出將和 $x(t) \sin \epsilon_{ss}$ 及 $x(t) \cos \epsilon_{ss}$ 成正比,在 $T \gg 1/W$ 的時間內,乘法和積分將產生下列 VCO 控制電壓:

$$y_{ss} \approx T\langle x^2(t)\rangle \sin \epsilon_{ss} \cos \epsilon_{ss} = \frac{T}{2} S_x \sin 2\epsilon_{ss}$$

若 $\Delta f \approx 0$,則 PLL 將鎖定,其 $\epsilon_{ss} \approx 0$ 且正交鑑別器的輸出將和解調訊息 $x(t)$ 成正比,當然地,若在一延伸區間內,$x(t)=0$,則迴路將不會鎖定。

在圖 7.3-5 中的頻率偏移迴路將輸入頻率 (包含相位) 平移了輔助振盪器的頻率量,現在,延伸輸出頻率是 f_c+f_1,故 VCO 的自由頻率必定是:

$$f_v = (f_c + f_1) - \Delta f \approx f_c + f_1$$

振盪器和 VCO 的輸出將被混波和濾波而產生一差頻訊號 $\cos [\theta_v(t)-(\omega_1 t + \phi_1)]$,並輸入至相位鑑別器,在 $\epsilon_{ss} \approx 0$ 的鎖定條件下,在鑑別器輸入的瞬間角將有 90° 的不同,因此,$\theta_v(t)-(\omega_1 t+\phi_1)=\omega_c t+\phi_0+90°$,且 VCO 產生 $\cos [(\omega_c+\omega_1)t+\phi_0+\phi_1+90°]$。

經由計算瞬間角,你可證實圖 7.3-6 執行乘法功能,類似在 5.2 節所討論的頻率乘法器,輸入的瞬間角被乘上 n 倍,不過,這方法是使用頻率除法器來完成的,除法器很容易使用數位計數器 (digital counter) 來實現,商業上可用的除 n 計數器,其 n 的整數值可從 1 到 10 或更高,當這種計數器被收入 PLL 中,你將可得到一可調

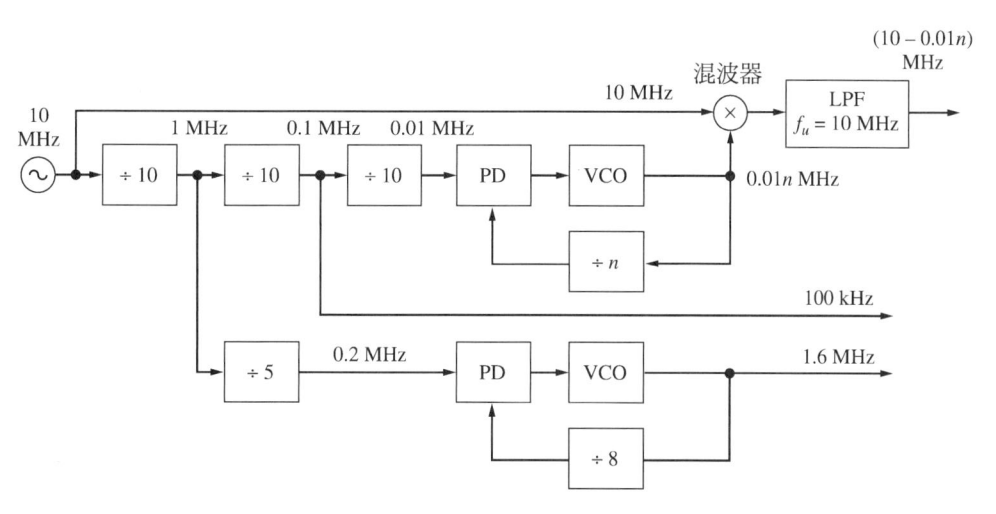

圖 7.3-7 使用固定和可調輸出的頻率合成器。

頻率乘法器。

頻率合成器 (frequency synthesizer) 從一晶體控制主振盪器開始，使用頻率除法、乘法和平移等組合來合成各種其他頻率，因此，所有的頻率將由主振盪器來穩定和同步，一般實驗室的合成器將併入額外的微調電路，而使得合成器變得很複雜，底下，我們將使用一範例來說明頻率合成的原理。

範例 7.3-1　使用頻率合成器的可調式本地振盪器

假如一雙轉換 SSB 接收機需要下列頻率：100 kHz 固定 LO 頻率 (為了同步偵測)，1.6 MHz 固定 LO 頻率 (為了第二混合器)，和一範圍從 9.90 到 9.99 MHz (以 0.01 MHz 的步階) 的可調 LO 頻率 (為了 RF 調諧)。圖 7.3-7 的商用合成器提供了所有需要的頻率，它是將 10 MHz 振盪器的輸出經由除法、乘法和混波來完成的，經由放除法器在每一個 PLL 的頻率乘法方塊中，你可很快地檢視這系統。

由於所有輸出頻率均小於主振盪器頻率，這裡可觀察到，所有的輸出頻率皆是小於主振盪器頻率。這確保任何絕對頻率偏移會被合成運算抑制而不是被增加。但是比例性的偏移仍然相同。故保證合成的操作只會降低頻率漂移，而不會增加。

練習題 7.3-2

請畫出一 PLL 系統的方塊圖，使得它可從主振盪器頻率 f_c 合成出輸出頻率 nf_c/m；並使用迴路增益 K 和 VCO 自由頻率 f_v 來描述鎖定操作的條件。

線性化 PLL 模型和 FM 偵測

假設 PLL 已被調諧到鎖定輸入頻率 f_c，故 $\Delta f=0$。再者，假設 PLL 有足夠的迴路增益去追蹤輸入相位 $\phi(t)$，故誤差 $\epsilon(t)$ 將很小，所以 $\sin \epsilon(t) \approx \epsilon(t) = \phi(t) - \phi_v(t)$，這兩個假設是線性化 PLL 模型的基礎，如圖 7.3-8a 所示；在這個圖中，LPF 已被脈衝響應 $h(t)$ 所表示。

因為我們只想探討相位變化，故 $\phi(t)$ 可視為輸入"訊號"，它和回授"訊號"

$$\phi_v(t) = 2\pi K_v \int^t y(\lambda)\, d\lambda$$

相比較而產生輸出 $y(t)$，為了強調這個觀點，線性模型被重畫成圖 7.3-8b 的負回授系統，注意 VCO 已變成一個增益為 $2\pi K_v$ 的積分器，相位比較器變成減法。

最後使用傅氏轉換，我們可得到圖 7.3-8c 的頻域模型，此處 $\Phi(f) = \mathscr{F}(\phi(t))$，$H(f) = \mathscr{F}[h(t)]$，故整個分析變成：

$$Y(f) = \frac{K_a H(f)}{1 + K_a H(f)(K_v/jf)} \Phi(f) = \frac{1}{K_v} \frac{jf K H(f)}{jf + K H(f)} \Phi(f) \tag{10}$$

這個式子表示輸入相位和輸出電壓的頻域關係。

現在，讓 $x_c(t)$ 是 FM 波，其 $\dot\phi(t) = 2\pi f_\Delta x(t)$，於是：

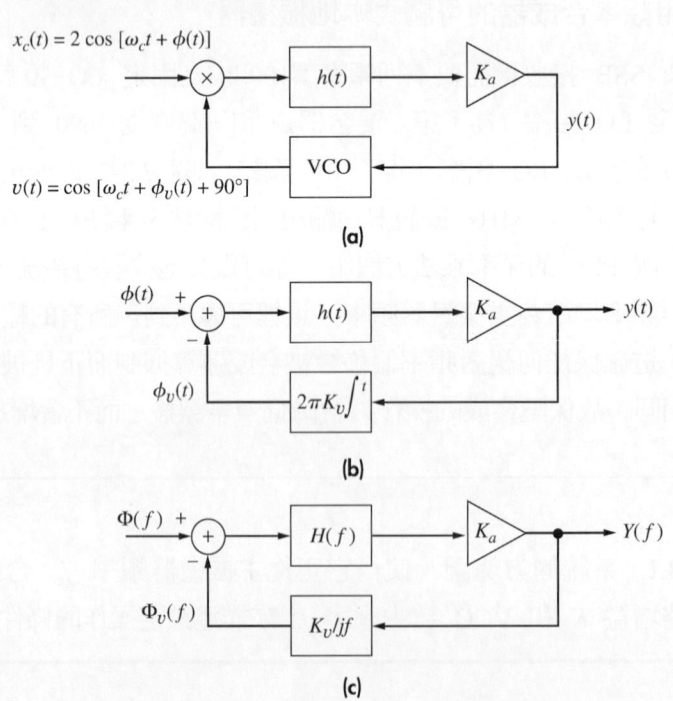

圖 7.3-8 線性化 PLL 模型：(a) 時域；(b) 相位；(c) 頻域。

$$\Phi(f) = 2\pi f_\Delta X(f)/(j2\pi f) = (f_\Delta/jf)X(f)$$

將此式代入式 (10)，得：

$$Y(f) = \frac{f_\Delta}{K_v} H_L(f) X(f) \tag{11a}$$

此處

$$H_L(f) = \frac{H(f)}{H(f) + j(f/K)} \tag{11b}$$

這個式子可解釋為迴路轉換函數，若 $X(f)$ 的訊息頻寬為 W 且

$$H(f) = 1 \qquad |f| \leq W \tag{12a}$$

哪麼 $H_L(f)$ 是一階低通濾波器的形式，其 3 dB 頻寬為 K，即

$$H_L(f) = \frac{1}{1 + j(f/K)} \qquad |f| \leq W \tag{12b}$$

因此，當 $K \geq W$，$Y(f) \approx (f_\Delta/K_v) X(f)$，故

$$y(t) \approx \frac{f_\Delta}{K_v} x(t) \tag{13}$$

在這些條件下，PLL 從 $x_c(t)$ 回復訊息 $x(t)$，故是充當一個 FM 偵測器。

$H(f)=1$ 的一階 PLL 的缺點是迴路增益 K 決定了 $H_L(f)$ 的頻寬和鎖定頻率範圍，為了追蹤瞬間輸入頻率 $f(t)=f_c+f_\Delta x(t)$，我們必須讓 $K \geq f_\Delta$，$H_L(f)$ 的大頻寬會在解調輸出中導致額外的干擾和雜訊，為此理由和其他的考慮，在實用的 PLL 頻率偵測器中，$H_L(f)$ 經常是一個較複雜的二階 (second order) 函數。

7.4 電視系統

電視所傳送的訊息是一兩維的移動影像，因此它是兩個空間變數和時間的函數，這節將介紹使用電訊號來傳送影像的理論和實務。我們將先討論單色 (黑與白) 視訊訊號及其頻寬的需求，並應用至只傳輸靜態圖片的傳真機系統，其次，我們將用方塊圖來描述 TV 發射機，並擴展至彩色電視機。

有許多不同形式的電視系統在不同的國家中使用，我們將只討論 NTSC 系統 (用在北美、南美和日本)，及其數位的取代系統 HDTV，有關 HDTV 的細節可參考 Whitaker (1999) 和 ATSC (1995) 的著作。

視訊訊號、解析度和頻寬

從最簡單的情形談起，考慮一個不移動的單色強度圖型 $I(h, v)$，此處 h 和 v 是水平和垂直座標，使用不連續的映射過程，$I(h, v)$ 可被轉成一維訊號 $x(t)$，一典型的方法是圖 7.4-1 所示的交替掃描法 (scanning raster)，掃描元件將產生一和強度成正比的電壓或電流。從 A 點開始，沿著距徑 AB 做等速率移動 (水平和垂直方向的速率將不同)，若 s_h 和 s_v 是水平和垂直的掃描速率，則掃描器的輸出是視訊訊號 (video signal)

$$x(t) = I(s_h t, s_v t) \tag{1}$$

上式中，我們已令 $h=s_h t$ 且 $v=s_v t$，一旦到達 B 點，掃描點快速地回到 C 點重新不斷地做水平掃描，而到達 D 點，若是傳真機，則掃描將結束。

不過，在 TV 中影像是移動的，故掃描點垂直地回到 E 點，掃出一交互的圖型，而停在 F 點，然後回到 A 點重複整個過程，這兩組掃描線稱為第一和第二場 (field)；兩者合成一個完整的圖像或畫框 (frame)，畫框率須足夠快速 (每秒 25 至 30 張) 去產生一個連續移動的畫面，不過，場率 (兩倍的畫框率) 將產生人眼無法感知的閃爍，因此，在無法感知閃爍的情況下，交互掃描允許最低可能的畫面重複率。

掃描之後，視訊訊號會做下列兩個修正：第一，在重新掃描的區間內，為了遮蔽畫面上的重新掃描線，遮蔽脈波必須加入；第二，為了同步水平和垂直的掃描電路，同步脈波必加在遮蔽脈波的上面。圖 7.4-2 畫出了完整掃描線的波形，振幅大小和區間均對應到 NTSC 標準，其他的參數如表 7.4-1 所列，為了比較，歐洲的 CCIR 系統和高清晰度 HDTV 系統亦被列入表內。

在沒有移動的情形下，透過圖 7.4-3 的幫助，分析視訊訊號的頻譜是很簡單的；不使用重新掃描的想法，而將影像在水平和垂直方向上週期複製，等效或掃描是沒有

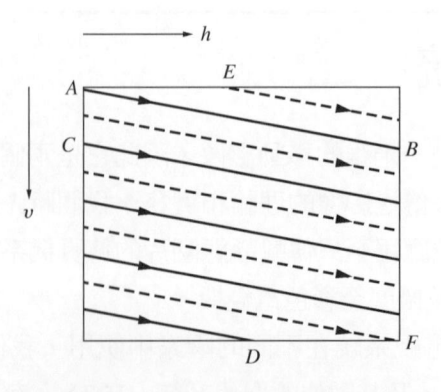

圖 7.4-1 含有兩個場的交替掃描 (線距有點誇大)。

水平同步脈波

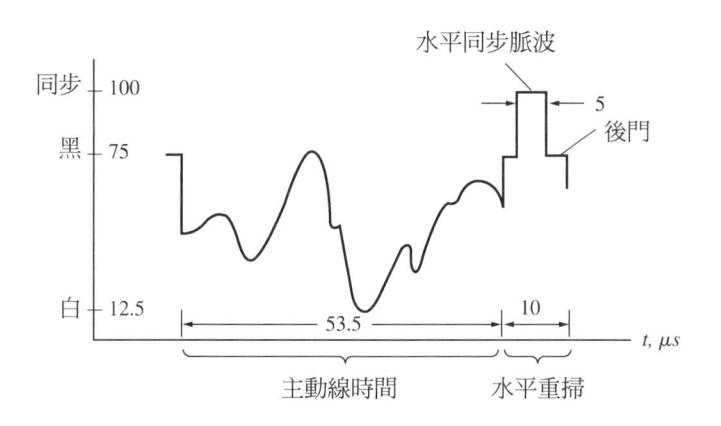

圖 7.4-2 完整掃描線的視訊波形 (NTSC 標準)。

表 7.4-1 電視系統參數

	NTSC	CCIR	HDTV/USA
寬高比，水平／垂直	4/3	4/3	16/9
每個畫框的總掃描線數	525	625	1125
場頻率，Hz	60	50	60
線頻率，kHz	15.75	15.625	33.75
線時間，μs	63.5	64	29.63
視訊頻寬，MHz	4.2	5.0	24.9
最佳視距	7H	7H	3H
聲音	單音／立體輸出	單音／立體輸出	6 通道杜比數位環場
水平重掃描時間，μs	10		3.7
垂直重掃描，線／場	21		45

斷裂的，使用二維傅氏級數 (可直接從一維級數擴展而得)，任何雙變數的週期函數可擴展成級數，讓 H 和 V 是水平和垂直週期，則影像強度可表示成：

$$I(h,v) = \sum_{m=-\infty}^{\infty} \sum_{n=-\infty}^{\infty} c_{mn} \exp\left[j2\pi\left(\frac{mh}{H} + \frac{nv}{V}\right)\right] \quad (2)$$

此處

$$c_{mn} = \frac{1}{HV} \int_0^H \int_0^V I(h,v) \exp\left[-j2\pi\left(\frac{mh}{H} + \frac{nv}{V}\right)\right] dh\, dv \quad (3)$$

因此，讓

$$f_h = \frac{s_h}{H} \qquad f_v = \frac{s_v}{V}$$

且使用式 (1) 和 (2)，可得

$$x(t) = \sum_{m=-\infty}^{\infty} \sum_{n=-\infty}^{\infty} c_{mn} e^{j2\pi(mf_h + nf_v)t} \quad (4)$$

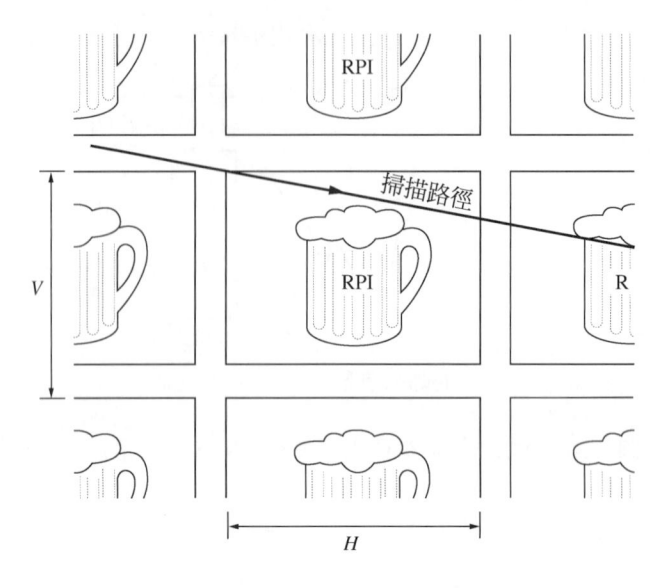

圖 7.4-3 沒有斷裂掃描路徑的週期性重複影像。

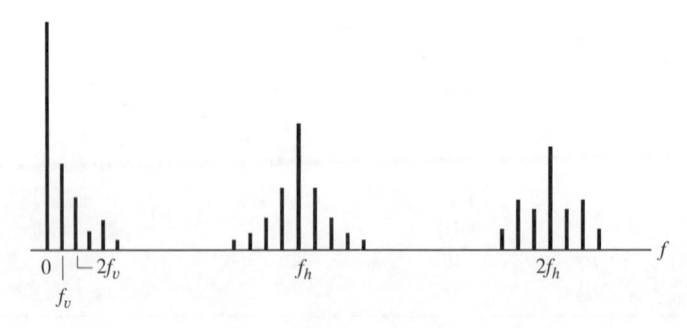

圖 7.4-4 靜態影像的視訊頻譜。

這個表示式說明了雙週期訊號含有所有線頻為 f_h 和場頻為 f_v 的諧波，包含它們的"和"及"差"。因為 $f_h \gg f_v$ 且當乘積 mn 增加時，$|c_{mn}|$ 遞減，故頻譜的大小如圖 7.4-4 所示，明顯地，頻譜線群聚在 f_h 的諧波上，且每個群聚有很大的間距。

式 (4) 和圖 7.4-4 對靜態影像而言是完全正確的，如傳真機系統。當影像有移動時，在 f_h 的諧波附近，頻譜線合併成連續叢，即使如此，頻譜大部份仍是"空的"，這個性質有益於後面彩色 TV 的發展。不管圖 7.4-4 中的縫隙，視訊的頻譜理論上會擴展到無限大（類似於 FM 的線頻譜）。因此，決定視訊訊號的頻寬將需要額外的考慮。

在重建完美的影像，有兩個事實須注意：(1) 由於掃描線的數目是有限的，故限制了垂直方向的解析度或影像清晰度；(2) 視訊訊號必須使用有限頻寬來傳送，故限制了水平解析度。定量上，我們將使用離散影像的水平和垂直的最大掃描線數來度量解析度，以符號 n_h 和 n_v 來表示；換句話說，使用 n_h 行和 n_v 列的棋盤圖型來解析影像的大部份細節,通常我們以每單位距離有幾條掃描線來衡量解析度,而且希望水平和垂直的解析度一樣,故 $n_h/H = n_v/V$ 且

$$\frac{n_h}{n_v} = \frac{H}{V} \tag{5}$$

稱為寬高比 (aspect ratio)。

明顯地,垂直解析度和總掃描線數 N 有關,假如在影像格式中的所有掃描線均動作,則 n_v 等於 N (傳真機的情形,而非 TV),此時掃描線和影像的列一致,不過,實驗的研究顯示任何的掃描安排將降低有效的解析度大約 70%,這稱為柯爾因子 (Kerr factor),故

$$n_v = 0.7(N - N_{vr}) \tag{6}$$

此處 N_{vr} 是垂直重掃描時所遺失的掃描線數。

水平解析度是由傳送視訊訊號的基頻頻寬 B 所決定,若視訊訊號是一頻率為 $f_{max} = B$ 的弦波,結果的圖像將是一黑白點交替的序列,其點距是在水平方向的半週期,因此可得

$$n_h = 2B(T_{line} - T_{hr}) \tag{7}$$

此處 T_{line} 是一條線的總時距,T_{hr} 是水平重掃時間,從式 (7) 解得 B 且使用式 (5) 和 (6) 來產生

$$B = \frac{(H/V)n_v}{2(T_{line} - T_{hr})} = 0.35(H/V)\frac{N - N_{vr}}{T_{line} - T_{hr}} \tag{8}$$

此外,將式 (8) 的兩邊乘上畫框時間 $T_{frame} = NT_{line}$,可得一更廣泛的頻寬表示式,且可用來明確顯示想要的解析度,因為 $N = n_v/0.7(1 - N_{vr}/N)$,故可得

$$BT_{frame} = \frac{0.714 n_p}{\left(1 - \dfrac{N_{vr}}{N}\right)\left(1 - \dfrac{T_{hr}}{T_{line}}\right)} \tag{9a}$$

此處

$$n_p = \frac{H}{V} n_v^2 = n_h n_v \tag{9b}$$

參數 n_p 表示圖像元素 [像素 (pixel)] 的數目,式 (9) 說明了下列事實:頻寬和像素的數目 (或垂直解析度的平方) 成正比。

範例 7.4-1 視訊頻寬

NTSC 系統的 $N=525$ 且 $N_{vr}=2\times 21=42$，故有 483 條動作線；每條線的時間為 $T_{\text{line}}=1/f_h=63.5\ \mu s$ 且 $T_{vr}=10\ \mu s$，故動作線的時間為 53.5 μs，因此，使用式 (8) 和 $H/V=4/3$，可得頻寬為

$$B = 0.35 \times \frac{4}{3} \times \frac{483}{53.5 \times 10^{-6}} \approx 4.2\ \text{MHz}$$

這個頻寬大到可以重新產生 5-μs 的同步脈波和合理的方形角落。

練習題 7.4-1

傳真機系統不須垂直重掃，且水平重掃時間是可忽略的，若用傳真機傳送一 37 乘 59 公分的報紙，請計算所需的時間 T_{frame}，注意解析度是 40 線／公分，且使用 $B \approx 3.2\ \text{kHz}$ 的語音電話通道。

■ 黑白發射機和接收機

在美國，選用 VSB＋C (如 4.4 節所描述) 來做 TV 廣播的原因如下：視訊訊號的大頻寬和低頻內容，以及波封偵測的簡單性。不過，在功率準位很小的接收機中，精確殘邊帶整形較容易執行，故確實的調變訊號頻譜如圖 7.4-5a 所示。上頻帶的半功率頻率約比載波頻譜 f_{cv} 高出 4.2 MHz，而下頻帶的頻寬為 1 MHz，圖 7.4-5b 顯

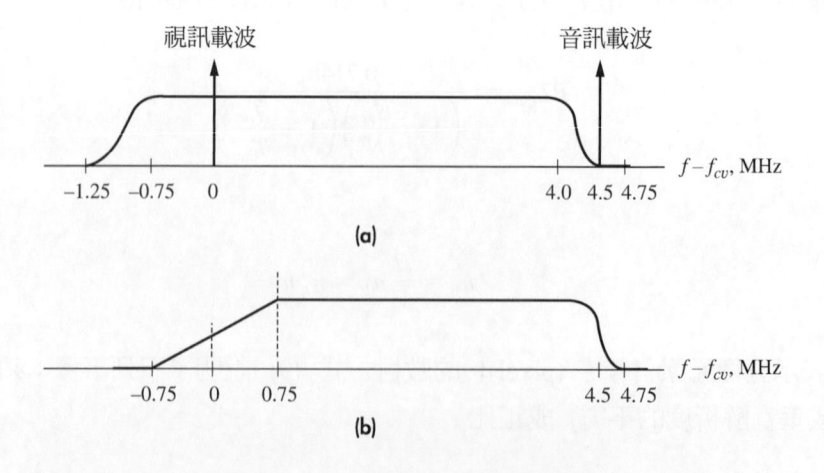

圖 7.4-5 (a) 傳送的 TV 頻譜；(b) 在接收機的 VSB 整形。

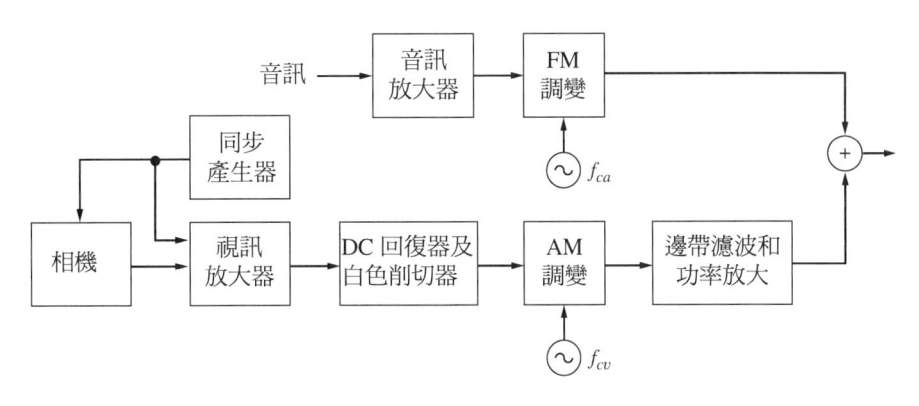

圖 7.4-6 黑白 TV 發射機。

示了在接收機中的頻率整形。

音訊訊號則頻率調變在個別的載波 $f_{ca}=f_{cv}+f_a$ 上，此處 $f_a=4.5$ MHz 且頻率偏移 $f_\Delta=25$ kHz，因此，假設音訊的頻寬是 10 kHz，$D=2.5$，則調變後的音訊大約佔據 80 kHz 的頻寬，TV 通道以 6 MHz 來區隔，且有 250 kHz 的護衛頻帶，載波頻率被指定在 VHF 範圍 54 到 72、76 到 88、174 到 216 MHz 中；和在 UHF 範圍 470 到 806 MHz 中。

TV 發射機的方塊圖的基本部份如圖 7.4-6 所示，同步產生器控制了掃描器和提供視訊訊號所需的遮蔽和同步脈波，一起工作的 DC 回復器和削切器保證放大的視訊訊號準位是成正比的。視訊調變器是 $\mu=0.875$ 的高準位 AM 形式，且功率放大器將挪除下頻帶較低的部份。

發送天線是一平衡橋的架構，使得音訊和視訊發射機的輸出由同一天線所輻射出去，而不干擾在一起，所發射的音訊功率大約是視訊功率的 10% 到 20% 之間。

如圖 7.4-7 所示，TV 接收機是一超外差形式，主要的 IF 放大器其頻率 f_{IF} 落在 41 到 46 MHz 的範圍內，提供圖 7.4-5b 中的殘邊整形。注意，調變的音訊訊號亦通過這個放大器，但增益較小，因此，從 4.4 節的式 (11) 可得到波封偵測器的輸

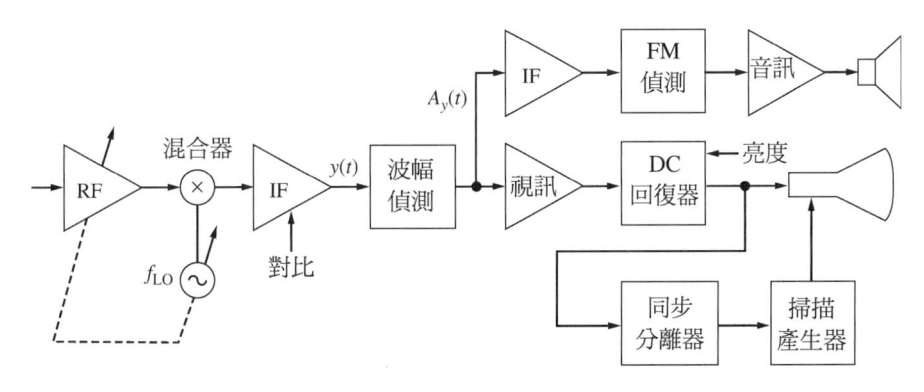

圖 7.4-7 黑白 TV 接收機。

入為

$$y(t) = A_{cv}[1 + \mu x(t)] \cos \omega_{cv}t - A_{cv}\mu x_q(t) \sin \omega_{cv}t \\ + A_{ca} \cos[(\omega_{cv} + \omega_a)t + \phi(t)]$$ (10)

此處 $x(t)$ 是視訊訊號，$\phi(t)$ 是 FM 音訊，且 $\omega_a = 2\pi f_a$。因為 $|\mu x_q(t)| \ll 1$ 且 $A_{ca} \ll A_{cv}$，結果的波封大約為

$$A_y(t) = A_{cv}[1 + \mu x(t)] + A_{ca} \cos[\omega_a t + \phi(t)]$$ (11)

這是波封偵測器的輸出訊號。

　　視訊放大器有一低通濾波器來從 $A_y(t)$ 中挪除音訊分量，亦有一 DC 回復器來束住遮蔽脈波和回復正確的 DC 準位至視訊訊號中；放大和 DC 回復的視訊訊號然後進入映像管和同步脈波分離器 (作為掃描產生器同步用) 中，"亮度" 控制是用來手作為調 DC 準位，而對比控制是用來調整 IF 放大器的增益。

　　方程式 (11) 顯示了波封偵測器的輸出亦包含有調變音訊，將另一個 IF 放大器調諧到 4.5 MHz，這個分量將可被取出和放大，然後 FM 偵測和放大將產生音訊訊號。

　　雖然傳送的複合音訊和視訊訊號是分頻多工的形式，但是對音訊來說卻不用執行頻率分離，這是因為視訊載波在波封偵測的過程中表現得像是區域振盪器，這種安排稱為交互載波聲音系統 (intercarrier-sound system)，它有音訊和視訊一起調諧的好處，這個操作的成功是基於下列事實，"在波封偵測器的輸入，視訊遠比音訊大"，使用發射機中的白色削切器 (預防調變後的視訊訊號變得太小) 和接收機中的 IF 響應衰減將可完成這個事實。

　　許多沒有畫在發射機和接收機方塊圖中的特色和垂直重掃區間 (vertical retrace interval) 有關，NTSC 系統每個場分配 21 線給垂直重掃，大約每 1/60 秒有 1.3 ms，前 9 條線攜帶控制脈波，但剩下的 12 條線當重掃進行時用來作為其他用途，這些用途包括：為了檢視傳輸品質的垂直區間測試訊號，為了接收機服務且 (或) 自動調整的垂直區間參考；為了察覺損害所產生的數位訊號 (封閉標題字元)。

練習題 7.4-2

　　使用相位圖去推導式 (11) 和式 (10)。

■ 彩色電視

　　任何顏色均可使用相加性的三原色 (紅、綠、藍) 來加以合成，因此，一種彩色

TV 的方法便是直接傳送三個視訊訊號 $x_R(t)$、$x_G(t)$ 和 $x_B(t)$ (每個訊號對到一種基本顏色)。但是,由於頻寬需求的增加,這種方法並不能和黑白系統相容,在 1954 年,一個和黑白系統相容的彩色 TV 被發展出來,它有用到人類色彩感知的一些特性,這系統的特色將在下面介紹。

首先,三原色訊號可使用其他三個訊號 (它們是 $x_R(t)$、$x_G(t)$、$x_B(t)$ 的線性組合) 來唯一表示,適當地選取線性組合係數,可得到黑白 TV 的強度 (luminance) 訊號如下:

$$x_Y(t) = 0.30x_R(t) + 0.59x_G(t) + 0.11x_B(t) \tag{12a}$$

$x_Y(t)$ 和之前的視訊訊號 $x(t)$ 是相同的,剩下的兩個彩度 (chrominance) 訊號為

$$x_I(t) = 0.60x_R(t) - 0.28x_G(t) - 0.32x_B(t) \tag{12b}$$

$$x_Q(t) = 0.21x_R(t) - 0.52x_G(t) + 0.31x_B(t) \tag{12c}$$

此處,彩色訊號均有正規化,因此 $0 \le x_R(t) \le 1$ 等,故亮度訊號不會變成負的,不過,彩度訊號是有正負的。

引進彩色向量 (color vector)

$$x_C(t) = x_I(t) + jx_Q(t) \tag{13}$$

將有助於對彩色訊號的了解,大小 $|x_C(t)|$ 是彩色強度或飽和度 (saturation),角度 $\arg x_C(t)$ 是色調 (hue),圖 7.4-8 顯示了飽和三原色在 IQ 平面的位置;一部份飽和的藍綠色 ($x_R=0$ 及 $x_B=x_G=0.5$),其 $x_C=-0.300-j0.105$、$|x_C|=0.318$ 且 $\arg x_C = -160°$,因為 IQ 平面的原點表示缺乏顏色,故亮度訊號可視為垂直平面的向量。

因為 $x_Y(t)$ 是對應到黑白訊號,故它須分配 4.2 MHz 的基頻頻寬去提供適當的水平解析度,結果,似乎沒有空間給彩度訊號,不過,$x_Y(t)$ 的頻譜在線頻 f_h 諧波間有

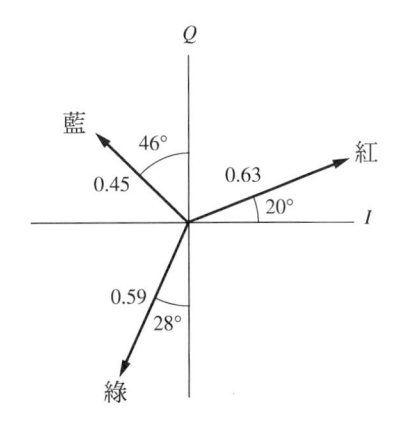

圖 7.4-8 在 IQ 平面中的飽和三原色向量。

週期的縫隙，對彩度訊號亦然。再者，主觀的測試顯示人的眼睛對彩度的解析度低於對亮度的解析度，所以，當 $x_I(t)$ 和 $x_Q(t)$ 的頻寬設為 1.5 MHz 和 0.5 MHz 時，彩色圖片將沒有視覺上的失真。組合這些原因使得在亮度訊號的基頻頻譜上使用交互的形式來多工彩度訊號是可能的。

彩度訊號被多工在彩色副載波 (color subcarrier) 上，副載波的頻率落在諧波 227 f_h 和 228 f_h 的中間，即

$$f_{cc} = \frac{455}{2} f_h \approx 3.58 \text{ MHz} \tag{14}$$

因此，延伸圖 7.4-3，亮度和彩度頻率成份可被交互在一起，如圖 7.4-9a 所示，f_{cc} 和基頻通道的上端有一 0.6 MHz 的差距，在探討頻率交互和相容性之後，副載波調變將被描述。

當彩色訊號被輸入黑白電視中，會有什麼事情發生呢？驚訝地，除正常的黑白圖像外，什麼也看不到，事實上，彩色副載波和它的旁波將在亮度訊號的上端產生弦波變化，但是因為所有這些弦波均在一半線頻率的奇數倍上，所以從線到線和從場到場，它們在相位上是反相的，如圖 7.4-9b 所示，這將在小區域上產生閃爍，不過在時間和空間上，這些閃爍將會被平均掉，而產生正確的亮度值，且視者看不到閃爍。

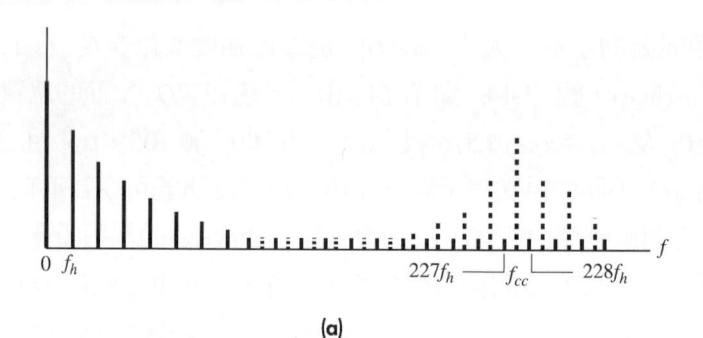

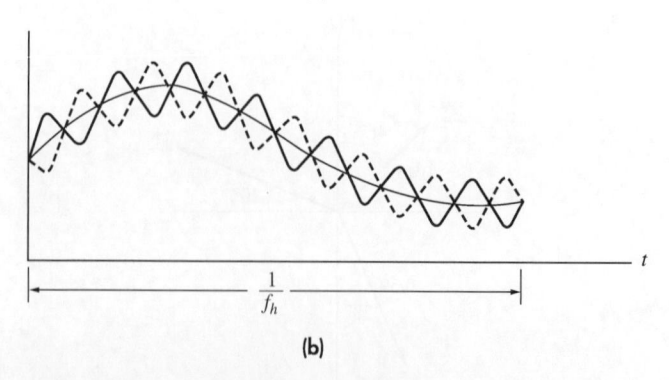

圖 7.4-9 (a) 彩度光譜線（虛線）交互在亮度線中；
(b) 在亮度上，彩度變化將有線到線的相位反相。

使用這種平均的效應,頻率交互使得彩色訊號可和未修正的黑白接收機相容,而且簡化彩色接收機的設計,因為亮度訊號在視覺上並未干擾到彩度訊號。不過,音訊和彩色副載波的差頻 $f_a - f_{cc}$ 將造成一小的干擾問題,稍微改變線頻率為 $f_h = f_d/286 = 15.73426$ kHz,這個問題可被解決,此時 $f_a - f_{cc} = 4,500 - 3,579.545 = 920.455$ kHz $= (107/2) f_h$,是一"看不見"的頻率。(這個改變,將使場速率變成 59.94 Hz,而不是 60 Hz!)

一正交載波多工的修正版將兩個彩度訊號放在彩色副載波上,圖 7.4-10 說明了在彩色發射機中,亮度和彩度訊號如何組合成基頻訊號 $x_b(t)$,為了補償彩色映像管的亮度失真所引進的相機輸出伽碼校正 (gamma correction),並未畫在圖中。

使用式 (12),伽碼校正後的彩色訊號,首先被矩陣計算成 $x_Y(t)$、$x_I(t)$ 和 $x_Q(t)$,其次,彩度訊號被低通濾波 (使用不同的頻寬) 並輸入副載波調變器,緊接的帶通濾波將產生傳統的 DSB 調變給 Q 通道以及修正的 VSB (以 $x_I(t)$ 為例,低於 0.5 MHz 的頻率用 DSB,$0.5 < |f| < 1.5$ MHz 的頻率用 LSSB) 給 I 通道,後者將使得調變後的彩度訊號在基頻頻譜上盡可能地高,讓閃爍集中在小的區域內,而且有足夠的頻寬使得 $x_I(t)$ 有好的解析度,由於 $x_I(t)$ 和 $x_Q(t)$ 有極低頻的內容,故總旁波壓制是不能使用的。

包含 $x_Y(t)$,完整的基頻訊號變成

$$x_b(t) = x_Y(t) + x_Q(t) \sin \omega_{cc} t + x_I(t) \cos \omega_{cc} t + \hat{x}_{IH}(t) \sin \omega_{cc} t \tag{15}$$

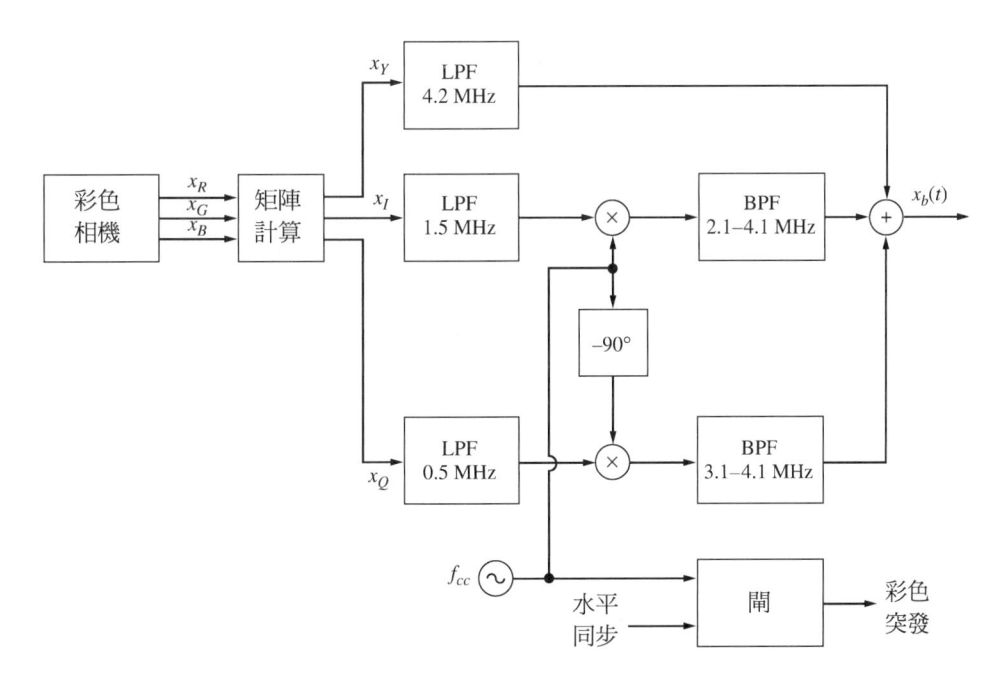

圖 7.4-10 彩色副載波調變系統。

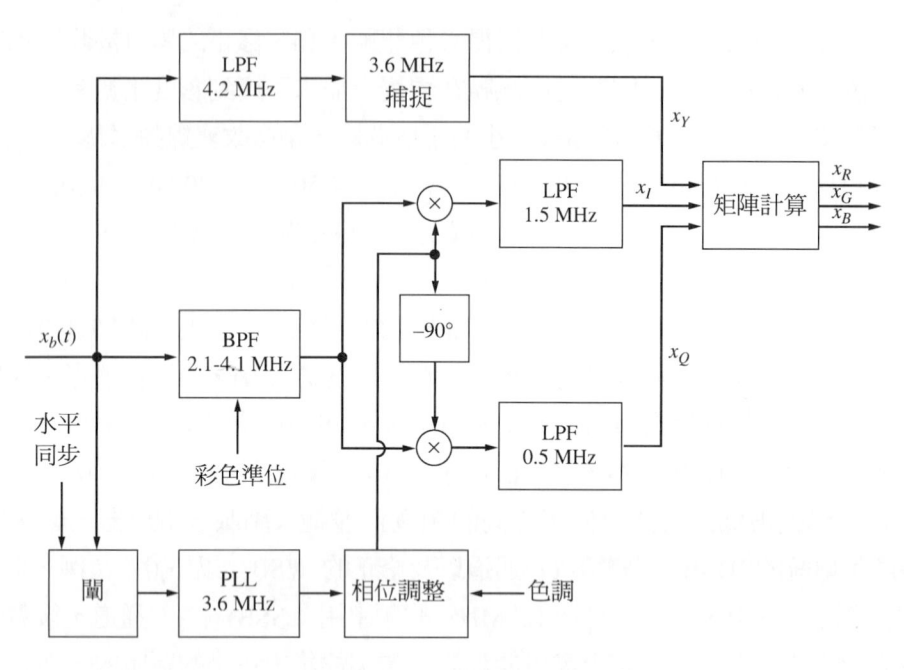

圖 7.4-11 彩色解調系統。

此處，$\hat{x}_{IH}(t)$ 是 $x_I(t)$ 高頻部份的希爾伯特轉換，它是非對稱旁波的起因，這個基頻訊號被放入圖 7.4-6 中的黑白視訊訊號的位置，此外，為了同步，一個彩色突發 (color burst，它是彩色副載波的 8-週期部份) 被加在遮蔽脈波的尾端或"後門"(back porch)。

如圖 7.4-11 所示，在波封檢測之後，彩色 TV 接收機的解多工被完成，由於亮度訊號在基頻處，故它不需進一步做放大處理，而且 3.58 MHz 的捕捉或消除濾波器將用來挪除主要的閃爍分量；由於頻率交互，彩度旁波不須被移除。彩度訊號通過帶通放大器，然後輸入一對同步偵測器，這個偵測器的本地振盪器是 PLL 內的 VCO，PLL 的相位比較是和接收的彩色突發來完成的。手調控制部份以"彩色準位"(即飽和度) 和"色調"來標示，它們用來調整彩度放大器的增益和 VCO 的相位；且效果可由圖 7.4-8 和色彩向量來解釋。

假設好的同步被做到，從式 (15) 可得到偵測但未濾波的 I 和 Q 通道訊號如下：

$$v_I(t) = x_I(t) + 2x_{YH}(t) \cos \omega_{cc}t + x_I(t) \cos 2\omega_{cc}t \\ + [x_Q(t) + \hat{x}_{IH}(t)] \sin 2\omega_{cc}t \tag{16a}$$

$$v_Q(t) = x_Q(t) + \hat{x}_{IH}(t) + 2x_{YH}(t) \sin \omega_{cc}t + x_I(t) \sin 2\omega_{cc}t \\ - [x_Q(t) + \hat{x}_{IH}(t)] \cos 2\omega_{cc}t \tag{16b}$$

此處 $x_{YH}(t)$ 表示在範圍 2.1 至 4.1 MHz 的亮度頻率成份，明顯地，低通濾波將挪除倍頻項，不過，牽涉到 $x_{YH}(t)$ 項是 "看不見" 的頻率。再者，式 (16b) 中的 $\hat{x}_{IH}(t)$ 將沒有低於 0.5 MHz 的分量，所以它可被 Q 通道中的 LPF 消除 (不完美的濾波將產生串色效應)。因此，忽略看不見的頻率項，$x_I(t)$ 和 $x_Q(t)$ 已經被回復，而且可和 $x_Y(t)$ 進行矩陣計算而產生彩色訊號，特別地，式 (12) 的反方程式如下：

$$x_R(t) = x_Y(t) + 0.95x_I(t) + 0.62x_Q(t)$$
$$x_G(t) = x_Y(t) - 0.28x_I(t) - 0.64x_Q(t)$$
$$x_B(t) = x_Y(t) - 1.10x_I(t) + 1.70x_Q(t)$$

(17)

假如接收訊號發生在黑白電視，則三個彩色訊號將相等，而且重新產生的畫像是黑白的，這種現象叫做逆向相容 (reverse compatibility)。

這裡所描述的 NTSC 彩色系統是一項很高的工程成就，它同時解決下列三個問題，直接的色彩重建、逆相黑白相容性和侷限在 6 MHz 的通道分配內。

■ HDTV[†]

由於數位技術的進展，消費者對高畫質和高音質的需求，和電腦的相容性，已使得電視製造者去發展新的 US 彩色 TV——高解析度電視 (HDTV)，數位標準提供了多媒體附屬功能 (如特效和編輯等) 和較佳的電腦界面，HDTV 標準提供了至少 18 種格式，這對 TV 品質來說，遠比 NTSC 好，一種 HDTV 標準如表 7.4-1 所列，首先，和 NTSC 系統比較，垂直和水平掃描線均加倍，故畫像解析度提高了四倍。第二，寬高比由 4/3 改成 16/9。第三，如圖 7.4-12 和 7.4-13 所示，HDTV 改善了景物擷取 (scene capture) 和視角 (viewing angle) 的功能，譬如說，H 是 TV 螢幕的高度，在 NTSC 系統中，在距離 10 英尺 (7 H) 的視角大約是 10 度，不過，在 HDTV 中，相同的 10 英尺 (3 H) 將產生大約 20 度的視角。

HDTV 採用 AC-3 環場音響 (surround sound) 系統，而不是用單音或立體音響，這系統有六個通道：右、右環場、左、左環場、中央和低頻效應 (low-frequency effect, LFE)，LFE 通道只有 120 Hz 的頻寬，故淨效果僅提供了 5.1 個通道。

使用比 NTSC-TV 少 12 dB 的輻射功率，HDTV 可獲得給定的訊雜比。因此，對相同的發射機功率，HDTV 的接收效果將比 NTSC 廣播大大提升。

雖然 HDTV 廣播訊號沒有要求須和目前的 NTSC TV 接收機相容，但 2009 年，FCC 要求只有數位訊號被廣播 (HDTV 只是其中一種)，到哪時，為了接收 TV 廣播，目前的電視機將必須被取代或加裝轉換器。

[†] João O. P. Pinto 撰寫本節。

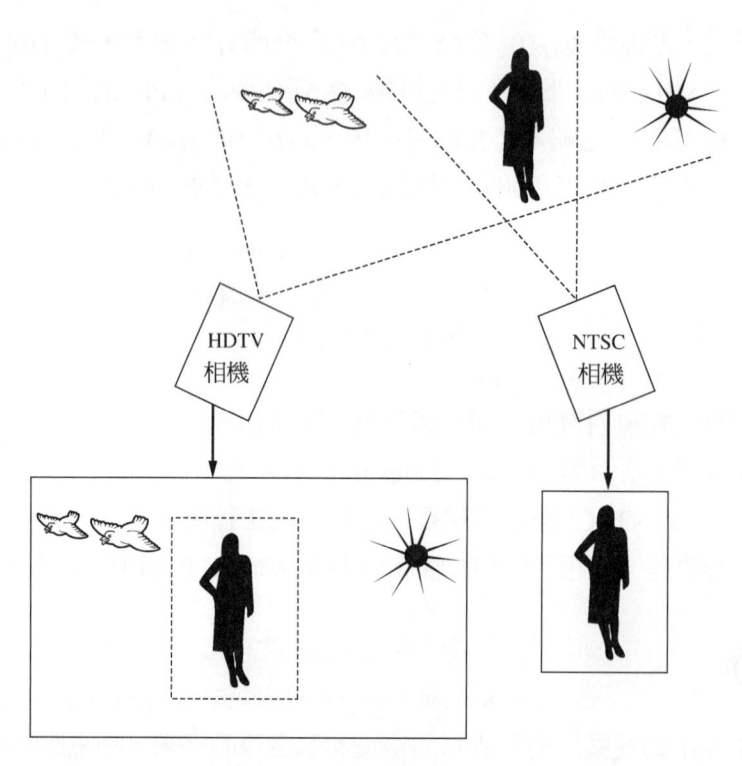

圖 7.4-12 傳統 NTSC 系統和 HDTV 的取景能力。

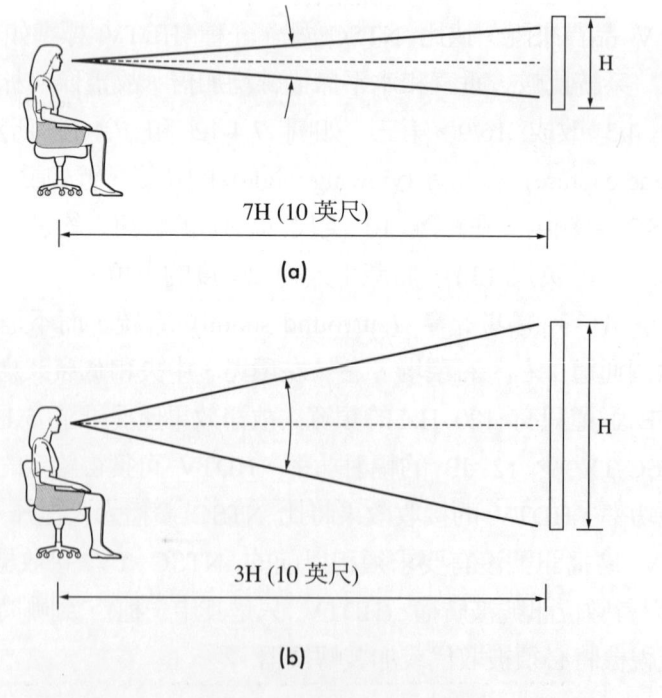

圖 7.4-13 視角是距離的函數。(a) 傳統 NTSC；(b) HDTV。

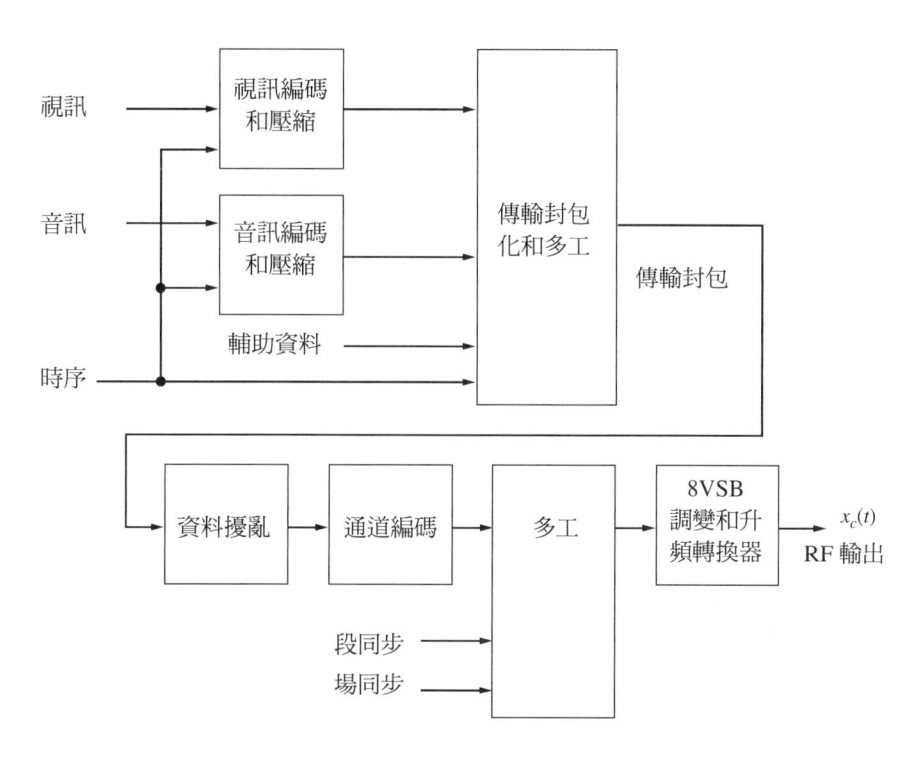

圖 7.4-14 HDTV 發射機方塊圖。

　　編碼和傳輸 HDTV 訊號的系統如圖 7.4-14 所示，發射機包含許多級。第一，24.9 MHz 視訊訊號和相關的音訊訊號被壓縮，使它們可以分配到一 6 MHz 的通道頻寬，壓縮後的音訊和視訊資料將使用多工器來和一些輔助資料 (包括控制資料和標題等) 組合在一起，形成一定格式的封包 (packet)。其次，封包資料被攪合去挪除不想要的頻率離散成份，然後送入通道編碼，在通道編碼中，資料是使用附有符號奇偶檢查的雷－所羅門碼 (Reed-Solomon coding) 來加以編碼，使得接收機可以改正錯誤。符號被交互在一起，為了最小化聚叢誤差 (burst-type errors) 的影響，這種誤差通常是由通道的雜訊干擾所造成的。最後，符號被格狀碼調變 (Trellis-Code Modulated, TCM)，TCM 將在第 14 章討論，它是將編碼和調變組合，使得可以在不增加錯誤率的情況下提高符號的傳輸速率，編碼後的資料和同步訊號組合；然後執行 8VSB 調變，8VSB 是 VSB 技術的一種，它將 8 個準位的基頻碼 VSB 調變至一給定的載波頻率。

　　HDTV 接收機如圖 7.4-15 所示，它執行上述工作的反相動作，當廣播者和觀眾從 NTSC-TV 過渡到 HDTV 時，它們將允許兩種訊號一起傳送，為了克服干擾問題，HDTV 接收機使用 *NTSC* 消除濾波器來挪除 NTSC 訊號。通道等化器／鬼影消除器 (並未畫出) 可用來消除鬼影和等化通道。相位追蹤器是用來最小化系統的 PLL 所造成的相位雜訊效應。

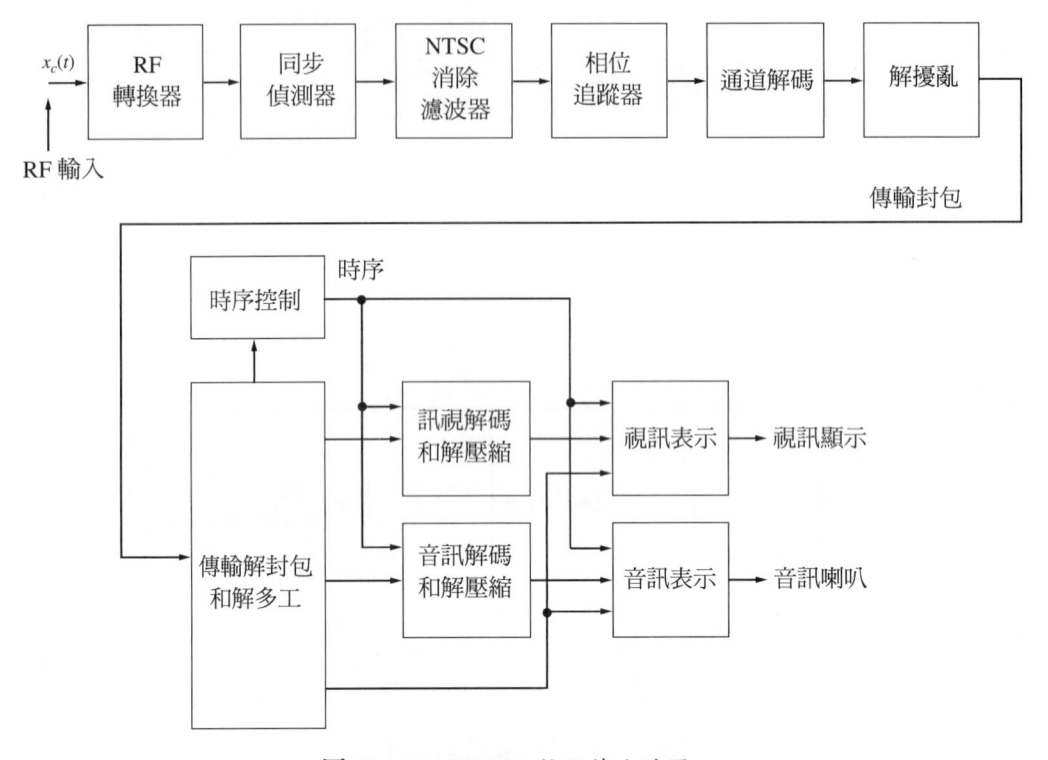

```
 x_c(t) → RF轉換器 → 同步偵測器 → NTSC消除濾波器 → 相位追蹤器 → 通道解碼 → 解擾亂
         ↑
       RF 輸入                                                            傳輸封包
```

圖 7.4-15 HDTV 接收機方塊圖。

　　當數位化之後，24.9 MHz 的視訊訊號其位元率是 1 Gbps，然而 6 MHz 電視通道只能容納 20 Mbps。因此，一超過 50：1 的壓縮比是需要的，在掃描所得的原始資料中，含有顯著的時間和空間的冗餘，這些冗餘可用來壓縮資料，在傳輸每個畫面時，只有移動的改變量被確實傳送，這個特別的壓縮過程叫 *MPEG-2* (Motion Picture Expert Group-2)，它使用離散餘弦轉換 (Discrete Cosine Transform, DCT)，DCT 的進一步資料可參考 Gonzalez 和 Woods (1992) 的書；MPEG-2 訊號亦使用在電腦內部的多媒體資料。

7.5 問答題與習題

問答題

1. 為什麼一個 FM 無線廣播的 IF 是 10.7 MHz 而不是 10.0 MHz？
2. 在不用進去屋內的情況，你如何判定你的鄰居正在收聽哪一家 FM 無線廣播電台？

3. 在沒有發射機必須傳送引導載波，或是沒有接收機必須使用鎖相迴路方法的情況下，說明同步你的接收機的本地振盪器的各種方法。
4. 為什麼 AM 無線電機組有相當低的 IF？說明理由。
5. 說明為什麼數位電視比標準電視有較小的頻寬。
6. 對一個 FM 偵測器，為什麼使用 PLL 要比使用鑑別器還容易實現，而且不需要複雜的測試設備。
7. 一個頻譜分析儀正在顯示一個餘弦波形，然而所呈現的不是一個脈衝而是一個 sinc 形狀，其原因為何？
8. 說明一個方法可以傳送訊息到你的鄰居的無線電或是 TV 上，而且不論他們選擇哪一家電台，都會收聽到你的訊息。
9. 列出我們能擁有一個可變頻率振盪器的各種方法，並且說明每一個方法的優點與缺點。
10. 在偵測一個 AM 或是 DSB 訊號時，我們如何能夠減低載波頻率偏移的影響。
11. 為什麼一個無線的超外差有 $f_{LO} > f_c$？
12. 倍數轉換超外差的潛在問題是什麼？
13. 列出與說明至少兩個接收機影像的不利影響。
14. 我們應該如何規劃與設計一個超外差，使得它對影像的響應為最小？
15. 和超外差比起來，DC 接收機的缺點是什麼？
16. 為什麼 DSB/SSB 訊號所用的 AGC 和 AM 訊號所用的不同？
17. 一個軟體無線電系統的哪兩個部份會影響 DR？
18. 列出增加接收機系統 (類比或數位) DR 的方法。
19. 什麼型態的濾波器設計／元件可以提供良好的選擇性？
20. 為什麼 AM 廣播接收機 (或是其他相同功能的接收機) 的設計是超外差對調諧 RF。
21. 一個超外差無線接收機正受到干擾，不管刻度設定在什麼位置，此干擾一直持續存在。經過一番探究後，我們發現，此干擾源只會在被分配的頻率上傳送，而不會在其他的接收機上出現而造成問題。引起這個問題的原因可能是什麼？
22. 電視的接收可能會因為多重路徑的影響而造成鬼影。說明一個消除或是抑制多重路徑分量的方法。
23. 為什麼一個靠近發射天線的通道，它的 TV 接收會失真？
24. 掃描頻譜分析儀至少有一個優點優於新的 FFT 頻譜分析儀，是什麼？
25. 利用一個方塊圖來說明一個系統，讓你能夠很快地用一個頻譜分析儀來獲得一個網路的頻率響應。

26. HDTV 相對傳統 TV 的一個優點是當發射機與接收機距離增加時，HDTV 僅會造成解析度的降低，致使影像品質會適度地下降。另一方面，對類比 TV 而言影像會變成雪花狀。為什麼會這樣？

27. 說明兩種方法可以讓兩個使用者共用一個通道，即每個使用者可以確實地在相同時間與相同頻率下傳送訊號。若用展頻，可以使用相同的展頻碼嗎？

28. 在對 FM 訊號的偵測方面，PLL 克服了怎樣的實際執行的問題？

29. 考慮兩個廣播器在相近的 99.1 與 99.3 MHz 下操作。此 99.1 MHz 有 $S_T = 1$ kW。一個在 99.1 MHz 的聽眾有一個接收機具有帶狀 IF 中頻，能夠拒絕 -30 dB 的相鄰通道。對 99.3 MHz 廣播器而言，要很明顯地干擾 99.1 MHz 廣播器，需要多少功率？

30. 什麼因素會影響 TDM 容量的上限？如何才能降低它？

31. 列出並說明一些實用濾波器的實現情形。

習 題

7.1-1* 假如一商用 AM 超外差接收機被設計成假像頻率落在廣播頻帶的上端，請找出 f_{IF} 的最小值、相關的 f_{LO} 範圍和 B_{RF} 的限制。

7.1-2 假如一商用 FM 超外差接收機被設計成假像頻率落在廣播頻帶的下端，請找出 f_{IF} 的最小值、相關的 f_{LO} 範圍和 B_{RF} 的限制。

7.1-3* 假如一商用 AM 超外差接收機有 $f_{IF} = 455$ kHz，$f_{LO} = 1/2\pi\sqrt{LC}$，此處 $L = 1\ \mu H$ 且 C 是可變電容，當 $f_{LO} = f_c + f_{IF}$ 和當 $f_{LO} = f_c - f_{IF}$ 時，請找出 C 的範圍。

7.1-4 假如一商用 AM 超外差接收機的 RF 級是如圖 4.1-8 所示的調諧電路，其 $L = 1\ \mu H$ 且 C 是可調的，請找出 C 的範圍和相關 R 的限制。

7.1-5 設計一個系統讓你的鄰居不論他如何調整他的 FM 收音機到哪一家電台，他 (或她) 都會收聽到你的廣播。

7.1-6 考慮一為 USSB 調變所設計的超外差接收機，其 $W = 4$ kHz，且 $f_c = 3.57$ 至 3.63 MHz，取 $f_{LO} = f_c + f_{IF}$ 且選擇接收機參數使得所有的帶通級有 $B/f_0 \approx 0.02$，請畫出 $|H_{RF}(f)|$ 來說明 RF 級是固定可調諧的，亦請畫出 $|H_{IF}(f)|$，並解釋旁波反轉。

7.1-7 若是 LSSB 調變，請重做習題 7.1-6，參數 $W = 6$ kHz，且 $f_c = 7.14$ 至 7.26 MHz。

7.1-8 當 $f_{LO} = f_c + f_{IF}$，請畫出 $x_c(t) \times \cos 2\pi f_{LO} t$ 的頻譜，並說明 SSB 超外差接收機中的旁波反轉效應。

7.1-9 為了在 FM 超外差接收機的自動頻率控制 (AFC)，LO 被 VCO 所取代，VCO 產生弦波 $A_{LO} \cos \theta(t)$，此處 $\dot{\theta}(t) = 2\pi[f_c - f_{IF} + K_v(t) + \epsilon(t)]$，其中 $\epsilon(t)$ 是一慢的隨機頻率漂移，經由輸入解調訊號至 LPF ($B \ll W$) 中，控制電壓 $v(t)$ 可被推導。解調訊號 $y_D(t) = K_D \hat{\phi}_{IF}(t)/2\pi$，此處 $\phi_{IF}(t)$ 是 IF 輸出的瞬間相位，請根據 $x(t)$ 和 $\epsilon(t)$ 找出 $y_D(t)$，並分析這個 AFC 系統。

7.1-10* 考慮一接收範圍 50 至 54 MHz 訊號的超外差接收機，其 $f_{LO} = f_c + f_{IF}$，假設在混波器之前，有一小的濾波，若 f_{IF} 是：(a) 455 kHz；(b) 7 MHz，則什麼範圍內的輸入訊號將被接收？

7.1-11 設計一接收範圍在 50 至 54 MHz 的 USSB 訊號的接收機，此處 $f_{IF} = 100$ MHz，且不存在旁波反轉，假設在混波器之前有一小的濾波，請找出 f_{LO} (乘積偵測器振盪頻率)、IF 帶通濾波器的中心頻率和可接收到的假像頻率。

7.1-12 考慮一 $f_{LO} = f_c + f_{IF}$、$f_{IF} = 455$ kHz 和 $f_c = 2$ MHz 的超外差接收機，RF 放大器之前有一階 RLC 帶通濾波器，其 $f_0 = 2$ MHz 且 $B = 0.5$ MHz，假設 IF-BPF 幾近理想，且混波器有單一增益，請找出最小的冗餘頻率輸入消除比例 (以 dB 表示)。

7.1-13* 假如習題 7.1-12 的接收機有一含有第二諧波的 LO，它的電壓準位是基頻分量的一半，請問：(a) 哪些輸入頻率將被接受，和正確的輸入比較，功率準位是多少 (以 dB 表示)。(b) 討論所有去最小化干擾輸入的方法。

7.1-14 考慮一可以接收範圍 7.0 至 8.0 MHz 訊號的超外差接收機，其 $f_{LO} = f_c + f_{IF}$，且 $f_{IF} = 455$ kHz，接收機的 RF 放大器有 2 MHz 的通帶，它的 IF-BPF 幾近理想且有 3 kHz 的頻寬，設計一含有固定 LO 頻率的頻率轉換器，使得可接收 50.0 至 51.0 MHz 的訊號，假設轉換器的 RF 放大器是相當寬頻：(a) 若輸入頻率 $f_c = 50$ MHz，則接收機可響應的其他冗餘頻率為何？(b) 請指定如何去最小化這些冗餘響應。

7.1-15 對一個 825 至 850 MHz 行動電話接收機其 f_{IF} 的最小值應為何，使得從其他的行動電話訊號傳來的影像不會有問題，而且，是否因此在前端就不再需要一個可變的 BPF？

7.1-16 對 1,850 至 1,990 MHz 的行動電話接收機，重做習題 7.1-15。

7.1-17 請描述單一轉換超外差接收機的假像消除性能？假如它可接收範圍 50 至 54 MHz 的訊號，$f_{LO} > f_c$，RF 放大器是一固定頻率的 RLC-BPF，其 $B = 4$ MHz，且：(a) $f_{IF} = 20$ MHz；(b) $f_{IF} = 100$ MHz。

7.1-18 為雙頻蜂巢大哥大系統設計一超外差接收機，使得它可接收 850 MHz 的類比蜂巢訊號或 1,900 MHz 的數位個人通訊系統 (PCS) 訊號，請標定 F_{LO}、

F_{IF} 和假像頻率。

7.1-19 請找出 $IR = 60$ dB 的雙轉換接收機的適當參數，並拓展至 $W = 10$ kHz，$f_c = 4$ MHz 的 DSB 調變。

7.1-20 一雙轉換接收機被設計成 $f_c = 300$ MHz，$f_{IF-1} = 30$ MHz，$f_{IF-2} = 3$ MHz，且每一 LO 頻率設定比兩個可能值還高，RF 和第一 IF 級的不充份濾波將導致三個假像頻率的干擾，請問它們是什麼？

7.1-21 當 LO 頻率被設定成比兩個可能值還低，請重做習題 7.1-20。

7.1-22* 對圖 1.4-2 的軟體無線電系統而言，為了要讓前端去處理從 1 微伏特到 1 微微伏特的準位，需要用多少位元？

7.1-23 對一個 12 位元的軟體無線電系統而言，其動態範圍為何？

7.1-24 在一個最高頻率為 100 MHz 的 FFT 頻譜分析儀上，要得到 100 Hz 的解析度，則取樣速率和 FFT 的數目需要多少？

7.1-25 標定掃描頻譜分析儀，使它可在 50 ms 週期內顯示訊號的頻譜至第 10 個諧波。

7.1-26 標定掃描頻譜分析儀，使它可顯示 $f_c = 100$ kHz、$f_m = 1$ kHz 且 $\beta = 5$ 的諧波-調變 FM 訊號的頻譜。

7.1-27‡ 將能量訊號 $v(t)$ 乘上掃描頻率波 $\cos(\omega_c t - \alpha t^2)$，並將此乘積輸入 $h_{bp}(t) = \cos(\omega_c t + \alpha t^2)$ 的帶通濾波器，則其頻譜大小將可被顯示，使用等效的低通時域分析去證明 $h_{\ell p}(t) = 1/2\ e^{j\alpha t^2}$ 且帶通輸出的波封和 $|V(f)|$ 成正比，其 $f = \alpha t/\pi$。

7.2-1 使用 1 kHz 護衛頻寬將四個訊號 (每一個的頻寬為 $W = 3$ kHz) 多工起來，除了最低通道是未調變外，副載波調變是 USSB，主載波調變是 AM，請畫出傳輸訊號的基頻頻譜，並計算傳輸頻寬。

7.2-2 使用 AM 副載波調變，重做習題 7.2-1。

7.2-3 讓 f_i 是 FDM 訊號中的任意載波，若副載波調變是 DSB 且偵測器含有 LPF，則請用頻率平移畫圖法證明圖 7.2-2 中的 BPF 是不需要的，再者，若副載波調變是 SSB，則請證明 BPF 是需要的。

7.2-4* 使用 SSB 副載波調變和 B_g 的護衛頻寬，將 10 個頻寬為 W 的訊號多工在一起。若接收機中的 BPF 為 $|H(f)| = \exp\{-[1.2\ (f-f_0)/W]^2\}$，此處 f_0 是等於每個副載波訊號的中心頻率。則請找出讓鄰近通道響應滿足 $|H(f)| \leq 0.1$ 的 B_g，且計算此 FDM 訊號的傳輸頻寬。

7.2-5 設計一個 FDMA 系統以便在 $W = 3$ kHz 以及串音小於 30 dB 的 25 MHz 通道上容納最大的使用者數目。這裡假設使用的是二階巴特沃斯

(Butterworth) 低通濾波器。

7.2-6 在接收機中，使用 $|H(f)|=\{1+(2(f-f_0)/B]^{2n}\}^{-1/2}$ 的 BPF 將 $B_g=1$ kHz 的語音通道訊號分離開來，請利用基頻語音訊號在 $200<|f|<3{,}200$ Hz 外有可忽略的內容的特性，小心畫出頻譜中的三個鄰近通道，為了在想要通帶之外，$|H(f)|\leq 0.1$，請根據所畫的圖形決定出 B、f_0 和 n。

7.2-7 FDM 遙測系統將許多不同頻寬的訊號多工在一起來，這個系統使用正比頻寬 FM 副載波調變，所有副載波訊號有相同的偏移比例，但第 i 個副載波頻率和訊息頻寬的關係為 $f_i=W_i/\alpha$，此處 α 是常數：(a) 證明副載波訊號頻寬 B_i 和 f_i 成正比，使用 f_i 來表示 f_{i+1}，並提供護衛頻寬 B_g。(b) 若 $f_1=2$ kHz，$B_1=800$ Hz，$B_g=400$ Hz，請計算接連的三個副載波頻率。

7.2-8 當接收機振盪器有相位誤差 ϕ'，請找出圖 7.2-6 中的正交載波系統的輸出訊號。

7.2-9 在所提的 FM 正交語音多工系統中，圖 7.2-4 的基頻訊號被修正如下：未調變訊號 $x_0(t)=L_F+L_R+R_F+R_R$（為了單音相容性），用調變訊號 $x_1(t)$ 和 $x_2(t)$ 來構建正交載波多工的 38-kHz 副載波，使用 $x_3(t)=L_F-L_R+R_F-R_R$ 的 DSB 調變的 76-kHz 副載波取代 SCA 訊號；為了立體音相容性，分量 $x_1(t)$ 應為何？考慮 $x_0(t)\pm x_1(t)\pm x_3(t)$ 去決定分量 $x_2(t)$，畫出相關發射機和正交語音接收機的方塊圖。

7.2-10‡ 若在圖 7.2-6 中的傳輸通道有線性失真，且表示成轉換函數 $H_C(f)$，請找出較低輸出的頻譜，並證明沒有串音的條件為 $H_C(f-f_c)=H_C(f+f_c)$，由於 $|f|\leq W$。若條件成立，如何回復 $x_1(t)$？

7.2-11* 使用記號脈波做訊框同步來多工 PAM，以致於可傳送 24 個語音訊號，取樣頻率是 8 kHz，且 TDM 訊號有 50% 的責任週期，請計算訊號速率、脈波區間和最小傳輸頻寬。

7.2-12* 若取樣頻率為 6-kHz，責任週期為 30%，請重做習題 7.2-11。

7.2-13 20 個訊號（每個的 $W=4$ kHz）被取樣，使得它們有 2 kHz 的護衛頻帶可做為重建濾波。多工樣本用 CW 載波來傳送，請計算所需的傳輸頻寬，當調變方式是：(a) 25% 責任週期的 PAM/AM；(b) 使用基頻濾波的 PAM/SSB。

7.2-14* 10 個訊號（每個的 $W=2$ kHz）被取樣，使得它們有 1 kHz 的護衛頻帶可做為重建濾波，多工樣本用 CW 載波來傳送，請計算所需的傳輸頻寬，當調變方式是：(a) 20% 責任週期的 PPM/AM；(b) 使用基頻濾波且 $f_\Delta=75$ kHz 的 PAM/FM。

7.2-15 給定一 6 通道的主多工器，其 $f_s=8$ kHz，推導一類似圖 7.2-11 （含記號）的遙測系統來組合六個頻寬為 8.0、3.5、2.0、1.8、1.5 和 1.2 kHz 的輸入訊號，請確定每個輸入的連續樣本在時間上是等距的，請計算結果的基頻頻寬，並和最小傳輸頻寬的 FDM-SSB 系統比較。

7.2-16 若有 7 個輸入訊號，且頻寬為 12.0、4.0、1.0、0.9、0.8、0.5 和 0.3 kHz，請重做習題 7.2-15。

7.2-17 若有 8 個輸入訊號，且頻寬為 12.0、3.5、2.0、0.5、0.4、0.3、0.2 和 0.1 kHz，請重做習題 7.2-15。

7.2-18 當 25 個語音訊號使用 PPM-TDM（$f_s=8$ kHz 且 $t_0=\tau=0.2$ (T_s/M)）來傳送，請計算所需的頻寬，使得串音不超過 -40 dB。

7.2-19* 當通道的 $B=500$ kHz 且串音保持在 -30 dB 以下，請計算使用 TDM-PPM [$f_s=8$ kHz 且 $t_0=\tau=0.25$ (T_s/M)] 來傳送的最大語音訊號數目。

7.2-20 當傳輸系統有不適當的低頻響應時（通常由變壓器耦合或區塊電容所造成的），串音亦可能會發生，請經由畫出步階響應為 $g(t)=\exp(-2\pi f_\ell t)u(t)$ 的高通濾波器的脈波響應來示範這個效應。考慮極端的情形：$f_\ell \tau \ll 1$ 和 $f_\ell \tau \gg 1$。

7.3-1 對於數位相位比較器的實現，圖 7.3-1b 中的交換電路有一設置−重置的正反器，其輸出變化如下，在 $x_c(t)$ 的正走向零越點之後，$s(t)=+A$，在 $v(t)$ 的正走向零越點之後，$s(t)=-A$。(a) 取 $x_c(t)=\cos \omega_c t$ 和 $v(t)=\cos(\omega_c t - \phi_v)$，請畫出一個週期的 $s(t)$，當 $\phi_v=45$、135、180、225 和 315°；(b) 假設 $y(t)=\langle s(t) \rangle$，畫出 y 對 $\epsilon=\phi_v-180°$。注意，當 $y=0$，這個實現需要 $\pm 180°$ 的相位差。

7.3-2 若數位相位比較器的開關是由 $v(t)$ 所控制，以致於當 $v(t) > 0$ 時，輸出 $s(t)=A \text{ sgn } x_c(t)$，當 $v(t) < 0$ 時，輸出 $s(t)=0$，請重做習題 7.3-1 的 (a) 部份，假設 $y(t)=\langle s(t) \rangle$，畫出 y 對 $\epsilon=\phi_v-90°$。

7.3-3 考慮一在穩態的 PLL（$\epsilon_{ss} \ll 1$）對 $t<0$，若輸入頻率在 $t=0$ 時有一步驟改變，故 $\phi(t)=2\pi f_1 t$ 對 $t>0$，假設 $K \gg |\Delta f+f_1|$，解式 (5) 去找出和畫出 $\epsilon(t)$。

7.3-4 解釋為何圖 7.3-4 中的柯斯達斯 PLL 系統不能做為 SSB 或 VSB 的同步偵測用。

7.3-5* 考慮一在穩態鎖住狀態中的 PLL，若外界輸入是 $x_c(t)=A_c \cos(\omega_c t+\phi_0)$，則進入相位比較器的回授訊號必定和 $\cos(\omega_c t+\phi_0+90°-\epsilon_{ss})$ 成正比，當 $\epsilon_{ss} \neq 0$ 時，請使用這個性質去找出圖 7.3-5 中的 VCO 輸出。

7.3-6　當 $\epsilon_{ss} \neq 0$ 時，請使用習題 7.3-5 中所敘述的性質去找出圖 7.3-6 中的 VCO 輸出。

7.3-7　修正圖 7.2-5 中的 FM 立體接收機去併入 $f_v \approx 38$ kHz 的 PLL（對於副載波），而且包含一 DC 立體指示器。

7.3-8*　給定一 100 kHz 的主振盪器和兩個可調的除 n 計數器（$n=1$ 到 10），推導一系統，使它可合成 1 到 99 kHz 的頻率（間隔為 1 kHz），請標定每一個 VCO 的自由-動作頻率。

7.3-9　參考表 7.1-1，為 FM 廣播推導一頻率合成器去產生 $f_{LO}=f_c+f_{IF}$，假設你有一 120.0 MHz 的主振盪器和可調的除 n 計數器（$n=1$ 到 1,000）。

7.3-10　參考表 7.1-1，為 AM 廣播推導一頻率合成器去產生 $f_{LO}=f_c+f_{IF}$，假設你有一 2,105 kHz 的主振盪器和可調的除 n 計數器（$n=1$ 到 1,000）。

7.3-11　在圖 7.3-8 中的線性化 PLL 將變成一相位解調器，假如我們增加一理想的積分器去得到：

$$z(t) = \int^t y(\lambda)\, d\lambda$$

當輸入是一 PM 訊號，請找出 $Z(f)/X(f)$，並和式 (11) 比較。

7.3-12*　考慮圖 7.3-8c 中的 PLL 模型，此處 $E(f)=\Phi(f)-\Phi_v(f)$。(a) 找出 $E(f)/\Phi(f)$，並推導式 (10)；(b) 若輸入是一 FM 訊號，則請證明 $E(f) = (f_\Delta/K) H\epsilon(f) X(f)$，其中 $H\epsilon(f)=1/[H(f)+j(f/K)]$。

7.3-13*　假如 FM 偵測器是一 $H(f)=1$ 的線性化一階 PLL，讓將被解調的輸入訊號 $x(t)=A_m \cos 2\pi f_m t$，此處 $A_m \leq 1$ 且 $0 \leq f_m \leq W$。(a) 使用習題 7.3-12b 中的關係來找出 $\epsilon(t)$ 的穩態振幅；(b) 因為線性操作需要 $|\epsilon(t)| \leq 0.5$ 強度，故 $\sin \epsilon \approx \epsilon$，請證明最小迴路增益 $K=2f_\Delta$。

7.3-14‡　假如 FM 偵測器是一迴路增益 K 且 $H(f)=1+K/j2f$ 的二階 PLL，讓將被解調的輸入訊號 $x(t)=A_m \cos 2\pi f_m t$，此處 $A_m \leq 1$ 且 $0 \leq f_m \leq W$。(a) 使用習題 7.3-12b 中的關係來證明 $\epsilon(t)$ 的最大穩態振幅發生在 $f_m=K/\sqrt{2}$，若 $K/\sqrt{2} \leq W$；(b) 假設 $K/\sqrt{2} > W$ 且 $f_\Delta > W$，因為線性操作需要 $|\epsilon(t)| < 0.5$ 強度，故 $\sin \epsilon \approx \epsilon$，則請證明最小迴路增益是 $K \approx 2\sqrt{f_\Delta W}$。

7.3-15‡　考慮在習題 7.3-14 中的二階 PLL。(a) 證明 $H_L(f)$ 變成是一個二階 LPF，$|H_L|$ 的最大值發生在 $f \approx 0.556K$，且 3 dB 頻寬 $B \approx 1.14K$；(b) 使用習題 7.3-13 和 7.3-14 中的迴路增益條件去比較一階和二階 PLL FM 偵測器的最小 3 dB 頻寬，當 $f_\Delta/W=2$、5 和 10。

7.4-1　解釋下列描述：(a) 一個 TV 畫框應該有奇數條掃描線；(b) 從掃描路徑所

導出的波形應是鋸齒波，而不是弦波或三角波。

7.4-2 考慮一非常小斜率和重追蹤時間的掃描線，當影響是：(a) 黑白交替的垂直條狀圖，其寬度為 $H/4$；(b) 黑白交替的水平條狀圖，其高度為 $V/4$ 時，請不使用式 (4)，畫出視訊訊號和它的頻譜。

7.4-3 考慮一全黑 ($I=0$)，但中間是白色 ($I=1.0$) 長方形的影像，長方形的寬為 αH，高度為 βV。(a) 請證明 $|c_{mn}|=\alpha\beta\,|\text{sinc}\,\alpha m\;\text{sinc}\,\beta n|$；(b) 當 $\alpha=1/2$，$\beta=1/4$，且 $f_v=f_h/100$ 時，請畫出結果的線頻譜。

7.4-4* 對一低解析度的 TV 系統，它有方形影像，230 條主動線，100 μs 主動線時間，請計算像素的數目和所需的視訊頻寬。

7.4-5 若表 7.4-1 的 HDTV 系統，其 $N_{vr}\ll N$ 且 $T_{hr}=0.2T_{\text{line}}$，則請計算像素的數目和所需的視訊頻寬。

7.4-6* 若表 7.4-1 的 CCIR 系統，其 $N_{vr}=48$ 且 $T_{hr}=10\,\mu s$，則請計算像素的數目和所需的視訊頻寬。

7.4-7 當 TV 相機的掃描過程產生下列輸出：

$$\tilde{x}(t) = \int_{t-\tau}^{t} x(\lambda)\,d\lambda$$

時，水平孔徑效應發生，此處 $x(t)$ 是想要的視訊訊號且 $\tau \ll T_{\text{line}}$。(a) 描述結果的 TV 畫像；(b) 找出一可改善畫質的等化器。

7.4-8 請描述彩色 TV 畫面將會發生什麼事：當 (a) 彩度放大器的增益太高或太低；(b) 彩色副載波的相位調整有 ± 90 或 $180°$ 的誤差。

7.4-9 請描述推導式 (15) 至 (16) 的細節。

7.4-10 當所有在 x_Q 通道 (在發射機和接收機) 的濾波器和 x_I 通道相同，請推導等效於式 (15) 和 (16) 的表示式，並討論你的結果。

10

CS *Communication Systems* chapter

有雜訊的類比調變系統

I. 摘 要

10.1 帶通雜訊　Bandpass Noise
- 系統模式 (System Models)
- 正交分量 (Quadrature Components)
- 波封及相位 (Envelope and Phase)
- 相關函數 (Correlation Functions)

10.2 有雜訊的線性連續波 (CW) 調變　Linear CW Modulation with Noise
- 同步檢波 (Synchronous Detection)
- 波封檢波及臨界值效應 (Envelope Detection and Threshold Effect)

10.3 有雜訊的角度連續波 (CW) 調變　Angle CW Modulation with Noise
- 後端檢波雜訊 (Postdetection Noise)
- 輸出端訊雜比 (Destination S/N)
- FM 臨界效應 (FM Threshold Effect)
- 以 FM 回授做為臨界值的延續應用 (Threshold Extension by FM Feedback)

10.4 連續波 (CW) 調變系統的比較　Comparison of CW Modulation Systems
10.5 鎖相迴路 (PLL) 的雜訊效能　Phase-Locked Loop Noise Performance
10.6 有雜訊的類比脈波調變　Analog Pulse Modulation with Noise
- 訊雜比 (Signal-to-Noise Ratios)
- 假像−脈波臨界值效應 (False-Pulse Threshold Effect)

本章主要討論將雜訊加入到類比調變系統的效能，系統中，首先討論連續波 (CW) 調變系統，其次再討論類比脈波調變。

接著在連續波調變系統中於帶通雜訊之後的特性關係，假設帶通濾波雜訊為靜態高斯過程的白雜訊，針對加成雜訊在線性及角度調變系統中加以數學式的描述。我們主要目標是做數個種類的連續波調變系統的比較。然後，再討論加成雜訊在鎖相迴路及類比脈波調變的效能。

最後，在第 16 章以資訊理論來討論，比較連續波及脈波調變的效能。

■ 本章目標

經研讀本章及做完練習之後，您應該會得到如下的收穫：

1. 當輸入為一個連續波調變器時，可描繪雜訊功率頻譜。(10.1 節)
2. 帶通雜訊中可寫出正交、波封及相位表示法，與有關的功率頻譜。(10.1 節)
3. 於加入白雜訊的連續波調變系統裡，可找出前端及後端的訊雜比。(10.2 及 10.3 節)
4. 可算出及描繪加了帶通雜訊的連續波調變系統中輸出的雜訊功率頻譜。(10.2 及 10.3 節)
5. 了解臨界效應的意義及平均值，解強調 (deemphasis) 改善、寬頻帶雜訊的簡化。(10.3 節)
6. 在 CW 調變系統中，如給予一些固定參數時，可解出 $(S/N)_D$ 及臨界值。(10.2 及 10.3 節)
7. 由已知所需的系統效能，可找出適合自己所要的連續波調變系統。(10.4 節)
8. 可知加成雜訊在鎖相迴路的效能影響。(10.5 節)
9. 給部份參數值後，可找出脈波振幅調變 (PAM)、脈波廣度調變 (PDM)、脈波移位調變 (PPM) 等系統的 $(S/N)_D$ 值。(10.6 節)
10. 在 PDM 或 PPM 系統中，可解釋平均值數及假像脈波的臨界效應。(10.6 節)

10.1 帶通雜訊

一般在類比通訊系統中，對雜訊的影響，應個別把它衰減。在所有類比連續波的通訊系統裡均有帶通雜訊及響應。本節主要針對在附加白高斯雜訊 (AWGN) 雜訊程序的系統模組及帶通雜訊響應加以討論。因此，可解出帶通雜訊時的統計正交、波封及相位特性,並且可討論它的相關函數特性。

■ 系統模式

如圖 10.1-1 所示為通用的 CW 通訊系統。系統中的訊號 $x(t)$ 是來自頻寬 W 的耳高迪程序的低通訊號,可寫為:

$$|x(t)| \leq 1 \qquad S_x = \overline{x^2} = <x^2(t)> \leq 1$$

其中用所有訊號均採統計形式的整體訊號平均。

波道的傳輸損失為 L,但是均假設無失真的傳輸且時間延遲則可忽略。(如失真波道時它的解調為非線性,須由等化器來補償,如必要時須裝在檢波器前端的帶通裝置。) 為簡化記號變化起見,以 $x_c(t)$ 表示振幅 A_c 在波道輸出的調變訊號,則**接收訊號功率** (received signal power) 可表為:

$$S_R = \frac{S_T}{L} = \overline{x_c^2} \tag{1}$$

其相對的發射波形可用 $\sqrt{L}x_c(t)$ 表示之。則前述的 S_T 表示式仍可用,其中 A_c 則以 $\sqrt{L}A_c$ 來代替。

我們將整個接收機的前置檢波部份,當做一個在整體傳輸頻寬 B_T 內,且為單位增益的帶通濾波器 $H_R(f)$ 來摸擬。譬如,超外差式接收機 $H_R(f)$,其中頻放大器載波頻率響應 $f_{IF}=f_c$,我們可忽略任何預置檢波頻率轉移,因為它在訊號與雜訊上有相同的效應。

依此條件,外加雜訊之後,接收機輸入檢波總訊雜比可寫為:

$$v(t) = x_c(t) + n(t) \tag{2}$$

其中 $n(t)$ 表為**前置檢波雜訊** (predetection noise)。則 $v(t)$ 的波封、相位或正交載波可表為:

$$v(t) = A_v(t) \cos[\omega_c t + \phi_v(t)] = v_i(t) \cos \omega_c t - v_q(t) \sin \omega_c t$$

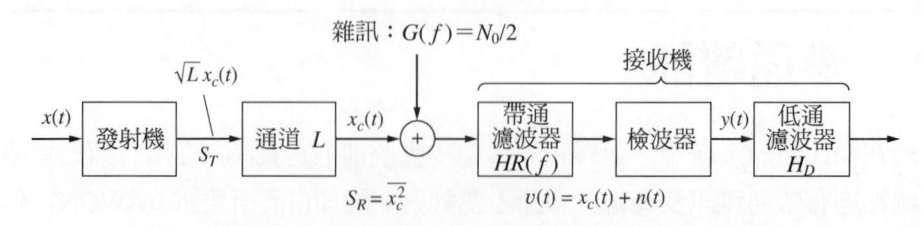

圖 10.1-1 加雜訊的連續波 (CW) 通訊系統模式。

接著,解調分析可得輸出端訊號,以 $y(t)$ 表示。訊號經過低通濾波器 $H_D(f)$ 之後,輸出端以 $y_D(t)$ 表示。後端檢波濾波器包括解強調或是其他過程的處理。

依式 (2) 為外加雜訊系統,式中訊號與雜訊互為統計式獨立,可寫為:

$$\overline{v^2} = \overline{x_c^2} + \overline{n^2} = S_R + N_R \tag{3}$$

其中 $N_R = \overline{n^2}$,為**前置檢波雜訊功率** (predetection noise power)。依以前所討論的訊雜比,可將所有訊號關閉後 N_R 通過的狀況下,得到結果。

如圖 10.1-2a 中隔離了系統中與 N_R 有關的部份。此時,我們把頻道雜訊及任何在接收機前置檢波部份的雜訊當作白雜訊。因此,濾波器輸出 $n(t)$ 的頻譜密度為:

$$G_n(f) = \frac{N_0}{2}|H_R(f)|^2$$

如圖 10.1-2b 所繪的圖,當中 N_0 常表示接收機輸入訊號中所有的雜訊。所以我們可以說:

> 當白雜訊通過一個帶通濾波器的響應,稱為帶通雜訊。

如圖 10.1-2b 為前置檢波濾波器,它近似方波頻率響應為基礎而繪出的,當雜訊頻寬為 B_T 時可寫為:

$$N_R = \int_{-\infty}^{\infty} G_n(f)df = N_0 B_T \tag{4}$$

其中選擇差的濾波器,當然通過雜訊功率會高。

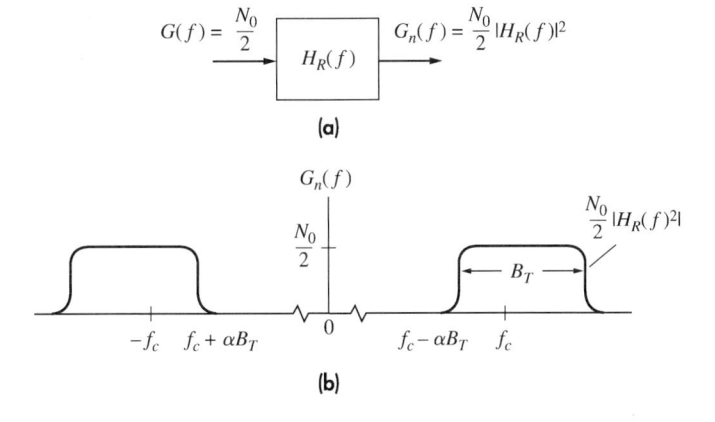

圖 10.1-2 加白雜訊帶通濾波:(a) 方塊圖;(b) 功率頻譜。

如圖 10.1-2b 可知，載波頻率 f_c 不一定在帶通中央。因此，我們可寫出低頻截止頻率為 $f_c - \alpha B_T$，當 $\alpha = 1/2$ 的對稱旁波帶與 $\alpha = 0$ 或 1 的單旁波帶均能成立。此時，較少注意 B_T 與訊息頻寬 W，調變種類有關。

依式 (3) 及 (4)，我可定義**前置檢波訊雜比** (predetection signal-to-noise ratio) 為：

$$\left(\frac{S}{N}\right)_R \triangleq \frac{S_R}{N_R} = \frac{S_R}{N_0 B_T} \tag{5}$$

依前 9.4 節基頻發射系統可知，輸出端訊雜比 $S_R/N_0 W$；但是，$(S/N)_R$ 不應與 $S_R/N_0 W$ 有所區別。為了區別起見，我另定一此系統參數為：

$$\gamma \triangleq \frac{S_R}{N_0 W} \tag{6}$$

可得：

$$\left(\frac{S}{N}\right)_R = \frac{W}{B_T} \gamma \tag{7}$$

因此可得，當 $B_T \geq W$ 時 $(S/N)_R \leq \gamma$。在此應該讓 γ 等於基頻類比發射系統，最大輸出時 S/N 值，亦等於接收系統 S_R 與 N_0 值。由式 (5) 及 (7) 為 $(S/N)_R$ 最高邊限，在實際系統裡它並非完美的變化關係，訊雜比亦必然下降。

■ 正交分量

假設 $n(t)$ 的樣本函數為一個 AWGN 程序，則：

$$\bar{n} = 0 \qquad \overline{n^2} = \sigma_N^2 = N_R$$

其中 $G_n(f)$ 中出現直流成份，$G_n(f)$ 的波形如圖 10.1-2b 所示，則帶通的雜訊可表為：

$$n(t) = n_i(t) \cos \omega_c t - n_q(t) \sin \omega_c t \tag{8}$$

其中 $n_i(t)$ 表示同相部份，$n_q(t)$ 表為正交部份，他們為靜態及高斯相連特性，如 $n(t)$ 特性可表為：

$$\bar{n}_i = \bar{n}_q = 0 \qquad \overline{n_i(t) n_q(t)} = 0 \tag{9a}$$

及

$$\overline{n_i^2} = \overline{n_q^2} = \overline{n^2} = N_R \tag{9b}$$

上式 (9a) 中隨機變數 $n_i(t)$ 及 $n_q(t)$ 在任何 t 表為互為獨立關係，則相連式的概率密

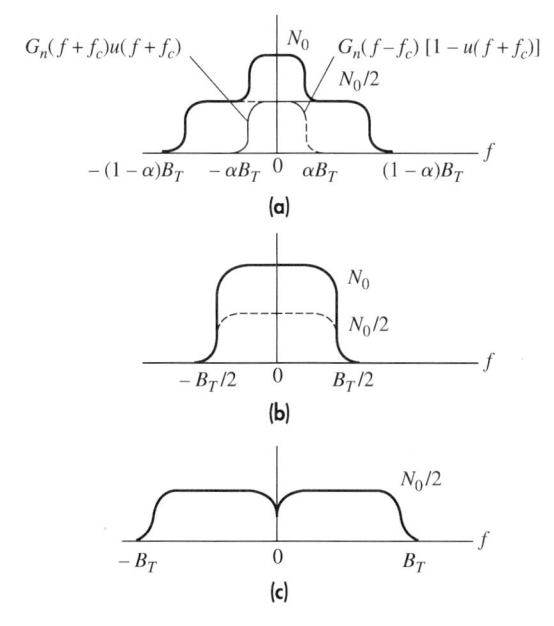

圖 10.1-3 帶通雜訊中正交分量的低通功率頻譜。
(a) 一般型；(b) 對稱型；(c) 單邊型。

度為相同的高斯 PDF 的積。

正交分量的**功率頻譜密度** (power spectral densities) 與 $G_n(f)$ 的低通函數 (同相部份) 為相同的，可表為：

$$G_{n_i}(f) = G_{n_q}(f) = G_n(f+f_c)u(f+f_c) + G_n(f-f_c)[1 - u(f-f_c)] \tag{10}$$

其中 $G_n(f+f_c)u(f+f_c)$ 表示 $G_n(f)$ 向下轉移的正頻率部份，$G_n(f-f_c)[1-u(f-f_c)]$ 表示 $G_n(f)$ 向上轉移負頻率。如圖 10.1-3a 表示它們重疊並相加的波封部份且 $|f| \leq \alpha B_T$。圖 10.1-3b 顯示為對稱旁波帶 ($\alpha=1/2$) 的完全重疊現象。圖 10.1-3c 顯示了抑制旁波帶 ($\alpha=0$ 或 1) 不重疊現象。當 $G_n(f)$ 有對於 $\pm f_c$ 的局部對稱時，即圖 10.1-3b 所示正交分量非相關程序。

練習題 10.1-1

當 $|H_R(f)|$，如圖 10.1-4 所示 VSB 波形，試描繪 $G_n(f)$ 及 $G_{n_i}(f)$。

■ 波封及相位

如式 (8)，帶通雜訊可表為：

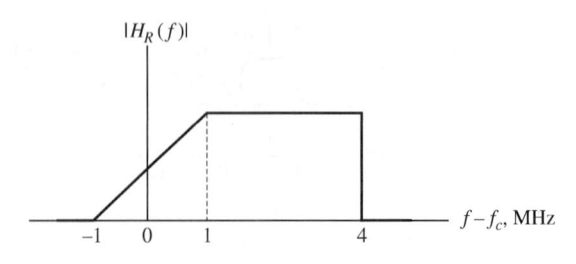

圖 10.1-4 VSB 形狀的帶通濾波器。

$$n(t) = A_n(t) \cos[\omega_c t + \phi_n(t)] \tag{11}$$

其中 $A_n(t)$ 為波封，$\phi_n(t)$ 為相位角，如圖 10.1-5 為標準相量圖，在 t 座標中可寫為：

$$A_n^2 = n_i^2 + n_q^2 \qquad \phi_n = \tan^{-1}\frac{n_q}{n_i} \tag{12a}$$

則可得到反轉式，可寫為：

$$n_i = A_n \cos\phi_n \qquad n_q = A_n \sin\phi_n \tag{12b}$$

式中即使已經得到 $G_{n_i}(f)$ 與 $G_{n_q}(f)$，如果想做非線性關係的 A_n 及 ϕ_n 頻譜分析，它不是一件容易的事。然而，低通頻譜的正交分量，在帶通頻譜顯示 $n(t)$ 裡的 $A_n(t)$ 與 $\phi_n(t)$ 相較 f_c 的變化為緩和。

而且，式 (12a) 為直角與極座標，互為獨立的高斯隨機變數且為一種瑞利 (Rayleigh) 分配，則可推論波封的 PDF 為一種瑞利函數，可寫為：

$$p_{A_n}(A_n) = \frac{A_n}{N_R} e^{-A_n^2/2N_R} u(A_n) \tag{13}$$

取平均與二階距量 (moment)，則：

$$\overline{A_n} = \sqrt{\pi N_R/2} \qquad \overline{A_n^2} = 2N_R$$

一般概率 $A_n > a$，a 為一正值時可寫為：

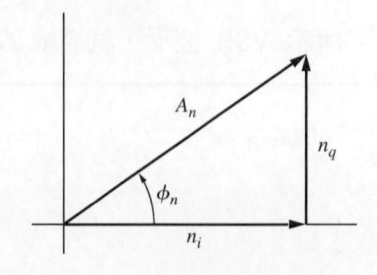

圖 10.1-5 帶通雜訊的相量圖。

$$P(A_n > a) = e^{-a^2/2N_R} \qquad (14)$$

式 (11) 至 (13) 於前 8.4 節已敘述。

相位角 ϕ_n 為 2π 間的均勻分配與 A_n 互為獨立,則:

$$\overline{n^2} = \overline{A_n^2 \cos^2(\omega_c t + \phi_n)} = \overline{A_n^2} \times \frac{1}{2} = N_R$$

如果取 2 時,$\overline{A_n^2} = 2N_R$。

練習題 10.1-2

當帶通雜訊在 $1\ \Omega$ 電阻中為 $N_R = 1\ \mu W$,試求波封電壓的平均值及有效值。並求 $P(A_n > 2\overline{A_n})$。

■ 相關函數

依前所述可知帶通雜訊正交分量的特性,是極為重要的基本定義,不用再重複敘述。現以相關函數來討論前面的結果的導函數。依前節是假設帶通雜訊的基本觀念並加以分析。

在此,我們從新定義一種低通等效 (lowpass equivalent) 雜訊波可寫為:

$$n_{\ell p}(t) \triangleq \tfrac{1}{2}[n(t) + j\hat{n}(t)]e^{-j\omega_c t}$$

其中 $\hat{n}(t)$ 表為帶通雜訊 $n(t)$ 的希伯索轉換,同時 $n_{\ell p}(t)$ 可用傅氏轉換來確認。有關 $n(t)$ 的正交分量可寫為:

$$\tfrac{1}{2}[n_i(t) + jn_q(t)] = n_{\ell p}(t)$$

則 $n_{\ell p}(t)$ 的實數與虛數分別可表為:

$$n_i(t) = n(t)\cos\omega_c t + \hat{n}(t)\sin\omega_c t \qquad (15a)$$

$$n_q(t) = \hat{n}(t)\cos\omega_c t - n(t)\sin\omega_c t \qquad (15b)$$

其中可明確知 $n(t)$ 與正交分量的關係。

其中有價值的訊息可分述如下:

1. $n(t)$ 依其物理意義可分為 $n_i(t)$ 與 $n_q(t)$,$\hat{n}(t)$ 為 $n(t)$ 經線性運算之後的表示式。
2. 當 $n(t)$ 為高斯時 $\hat{n}(t)$ 亦具高斯分佈,由式 (15a) 及 (15b) 可知,正交分量為高斯特性的線性組合,其結果亦必為高斯特性。
3. 式 (15) 及 (15b) 可作為相關函數分析的起始點。

4. 式 (15) 及 (15b) 可做為帶通雜訊研究中希伯索轉換的重要性。

如前述範例 9.2-3 為例，是種隨機訊號的希伯索轉換，其結果可表為：

$$G_{\hat{n}}(f) = G_n(f) \qquad R_{\hat{n}}(\tau) = R_n(\tau) \qquad \textbf{(16a)}$$

及

$$R_{\hat{n}n}(\tau) = \hat{R}_n(\tau) \qquad R_{n\hat{n}}(\tau) = -\hat{R}_n(\tau) \qquad \textbf{(16b)}$$

其中 $\hat{R}_n(\tau)$ 為 $R_n(\tau)$ 希伯索轉換，且 $\hat{R}_n(\tau) = h_Q(\tau) * R_n(\tau)$，其中 $h_Q(\tau) = 1/\pi\tau$。

有了一些基礎之後，我們可以處理有關 $n_i(t)$ 同相部份的自相關函數，可寫為：

$$R_{n_i}(t, t-\tau) = E[n_i(t)n_i(t-\tau)]$$

代入式 (15a)，可得：

$$\begin{aligned}R_{n_i}(t, t-\tau) = \tfrac{1}{2}\{&[R_n(\tau) + R_{\hat{n}}(\tau)]\cos\omega_c t + [R_{\hat{n}n}(\tau) - R_{n\hat{n}}(\tau)]\sin\omega_c t \\ &+ [R_n(\tau) - R_{\hat{n}}(\tau)]\cos\omega_c(2t-\tau) + [R_{\hat{n}n}(\tau) + R_{n\hat{n}}(\tau)]\sin\omega_c(2t-\tau)\}\end{aligned}$$

依式 (16)，則化簡為：

$$R_{n_i}(t, t-\tau) = R_n(\tau)\cos\omega_c\tau + \hat{R}_n(\tau)\sin\omega_c\tau$$

其中與 t 無關，$n_q(t)$ 亦可得相同的自相關函數結果，可寫為：

$$R_{n_i}(\tau) = R_{n_q}(\tau) = R_n(\tau)\cos\omega_c\tau + \hat{R}_n(\tau)\sin\omega_c\tau \qquad \textbf{(17)}$$

依此可知，正交分量具靜態特性，且有相同的自相關函數及頻譜密度函數。

經式 (17) 可依傅氏轉換可得功率頻譜密度，可表為：

$$\mathcal{F}_\tau[R_n(\tau)\cos\omega_c\tau] = \tfrac{1}{2}[G_n(f-f_c) + G_n(f+f_c)]$$

利用迴旋定理及調變定理，可得：

$$\mathcal{F}_\tau[\hat{R}_n(\tau)] = \mathcal{F}_\tau[h_Q(\tau)]\mathcal{F}_\tau[R_n(\tau)] = (-j\,\text{sgn}\,f)G_n(f)$$

且

$$\begin{aligned}\mathcal{F}_\tau[\hat{R}_n(\tau)\sin\omega_c t] &= \mathcal{F}_\tau[\hat{R}_n(\tau)\cos(\omega_c\tau - \pi/2)] \\ &= -\tfrac{j}{2}[-j\,\text{sgn}\,(f-f_c)G_n(f-f_c)] + \tfrac{j}{2}[-j\,\text{sgn}\,(f+f_c)G_n(f+f_c)]\end{aligned}$$

因此，

$$\begin{aligned}G_{n_i}(f) = G_{n_q}(f) = &\tfrac{1}{2}[1 + \text{sgn}\,(f+f_c)]G_n(f+f_c) \\ &+ \tfrac{1}{2}[1 - \text{sgn}\,(f-f_c)]G_n(f-f_c)\end{aligned}$$

當 $f < -f_c$,則第一項可消去;$f > f_c$,第二項可消去,則可化簡為式 (10)。

最後,正交分量的交叉相關函數,亦可寫為:

$$R_{n_i n_q}(\tau) = R_n(\tau) \sin \omega_c \tau - \hat{R}_n(\tau) \cos \omega_c \tau \tag{18}$$

及

$$\mathscr{F}_\tau[R_{n_i n_q}(\tau)] = j\{G_n(f+f_c)u(f+f_c) - G_n(f-f_c)[1 - u(f-f_c)]\} \tag{19}$$

若在 $f = \pm f_c$ 周圍 $G_n(f)$ 具有本地對稱性的話,式 (19) 的右手邊對所有的 f 都等於 0。這意思是說對所有 τ 中 $R_{n_i n_q}(\tau) = 0$,因此正交分量是無相關性的。如我們在第 9 章所說過的,無相關性的程序並不一定是獨立。但是 9.1 節又說明,如果這個程序是聯合高斯程序,那麼正交分量也是獨立的。

10.2 有雜訊的線性連續波 (CW) 調變

如圖 10.2-1 所示為一種常用的模式,$x_c(t)$ 為線性調變訊號。當 $x_c(t)$ 與 AWGN 雜訊輸入到接收機中,則前置檢波帶通濾波器訊號為 $v(t) = x_c(t) + n(t)$,且 $\overline{x_c^2} = S_R$ 及 $\overline{n^2} = N_R$。則訊雜比可寫為:

$$\left(\frac{S}{N}\right)_R = \frac{S_R}{N_R} = \frac{S_R}{N_0 B_T} = \frac{W}{B_T}\gamma$$

其中帶通雜訊可以用正交方式表為:

$$n(t) = n_i(t) \cos \omega_c t - n_q(t) \sin \omega_c t$$

其中 $\overline{n_i^2} = \overline{n_q^2} = N_R = N_0 B_T$。其解調可依如下理想數學模式表為:

$$y(t) = \begin{cases} v_i(t) & \text{同步檢波} \\ A_v(t) - \overline{A_v} & \text{波封檢波} \end{cases}$$

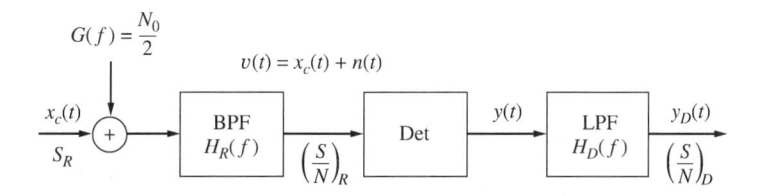

圖 10.2-1 外加雜訊 CW 調變的接收機模式。

此模式假設為完全同步,在此之前即有此考量 $\overline{A_v}=<A_v(t)>$ 在波封檢波時會出現直流值。此出現一常數值,一般而言,不具有任何意義。

最後的問題有:當 $x_c(t)$ 及檢波器為已知時,則我們需要找的是輸出端訊號加雜訊的 $y_D(t)$ 為何?另外,輸出端同時具有訊號與雜訊,則訊雜比 $(S/N)_D$ 為何?

■ 同步檢波

由理想同步檢波器很簡單可引出 $v(t)$ 的同相部份,假設雙旁波帶 (DSB) 調變,$x_c(t)=A_c x(t) \cos \omega_c t$,則:

$$v(t) = [A_c\, x(t) + n_i(t)] \cos \omega_c t - n_q(t) \sin \omega_c t \tag{1}$$

且 $y(t)=v_i(t)=A_c x(t)+n_i(t)$,則後端檢波為理想低通濾波器頻寬為 W,輸出可得:

$$y_D(t) = A_c x(t) + n_i(t) \tag{2}$$

則可知輸出訊號與雜訊,為相加關係,正交分量 $n_q(t)$ 會相消後即消失。

更進一步說,當頻寬為 $B_T=2W$,中心頻率為 f_c,前置檢波濾波器為一種平方響應,輸出雜訊波如圖 10.1-3b,輸出雜訊功率可表為:

$$G_{n_i}(f) \approx N_0 \Pi(f/2W) \tag{3}$$

上式與低通濾波白雜訊相似,在此條件下,我們不需要在 LPF 與檢波器之間放置後端檢波濾波器。

由式 (2) 中,可獲得後端檢波 S/N,並可取訊號與雜訊項的均方值。則 $N_D=\overline{n_i^2}$ 及 $S_D=A_c^2\overline{x^2}=A_c^2 S_x$,反之 $S_R=\overline{x_c^2}=A_c^2 S_x/2$,可得:

$$\left(\frac{S}{N}\right)_D = \frac{S_D}{N_D} = \frac{2S_R}{N_0 B_T} = 2\left(\frac{S}{N}\right)_R \tag{4a}$$

當 $B_T=2W$:

$$\left(\frac{S}{N}\right)_D = \frac{S_R}{N_0 W} = \gamma \quad \text{DSB} \tag{4b}$$

因此,在相關雜訊範圍內 DSB 系統中理想同步檢波與類比基頻發射系統具有相同效能。

我們可以感覺得到前置檢波雜訊功率 $N_R=N_0 B_T=2N_0 W$ 會有產生不同的結果。如訊號旁波帶加上同調型後轉到基頻時,就如同雜訊旁波帶加上不同調型一樣。在DSB 的同步檢波中旁波帶同調可抵消雙旁波帶裡前置檢波濾波器的雜訊功率。

接著以 AM 訊號 $x_c(t)=A_c[1+x(t)]\cos\omega_c t$ 為簡化，即 $\mu=1$ 來分析。假設採用含直流值的同步檢波器，可得如式 (2) 的 $y_D(t)$，所以 $S_D=A_c^2 S_x$ 及 $N_D=\overline{n_i^2}$，同時我們可算出非調變載波功率 $S_R=A_c^2(1+S_x)/2$，並求解 $S_D=2S_x S_R/(1+S_x)$，及

$$\left(\frac{S}{N}\right)_D = \frac{2S_x}{1+S_x}\left(\frac{S}{N}\right)_R = \frac{S_x}{1+S_x}\gamma \qquad \text{AM} \qquad (5)$$

其中範圍當 $S_x \leq 1$ 時 $(S/N)_D \leq \gamma/2$。

使用全負載單音調變時 $S_x=1/2$ 及 $(S/N)_D=\gamma/3$，此時在 DSB 系統中以相同參數時約下降 5 dB。更典型的特例，$S_x \approx 0.1$ 且 AM 系統比 DSB 系統更低 10 dB。於是在 AM 廣播系統中，經常以語音壓縮的方式或是調變訊號的峰值限定器來維持載波全部調變，來改善效能。事實上，這些技術均會產生失真 $x(t)$。

在單旁波 (SSB) 調變系統中 (或者含有一點殘餘的 VSB 而言)，當 $B_T=W$ 及 $S_R=A_c^2 S_x/4$，可得 $x_c(t)=(A_c/2)[x(t)\cos\omega_c t \pm \hat{x}(t)\sin\omega_c t]$。同步檢波的輸出可抵消訊號與雜訊的正交部份，則輸出可得：

$$y_D(t) = \tfrac{1}{2}A_c x(t) + n_i(t) \qquad (6)$$

式中 $S_D=A_c^2 S_x/4=S_R$。因 f_c 為另一理想前置檢波濾波器的載波，如圖 10.1-3c 的波形 $G_{n_i}(f)$ 可表為：

$$G_{n_i}(f) \approx \frac{N_0}{2}\Pi(f/2W) \qquad (7)$$

其中 $N_D=\overline{n_i^2}=N_0 W$，因此可得：

$$\left(\frac{S}{N}\right)_D = \left(\frac{S}{N}\right)_R = \gamma \qquad \text{SSB} \qquad (8)$$

由此可證得，SSB 產生的雜訊效能與類比基頻系統及 DSB 發射系統均相同。

最後，考慮 VSB 加載波的系統，假設此退化式寬帶 (vestigial band) 小於 W。其前置檢波與後端檢波雜訊，事實上與 SSB 都相等。事實上，訊號與 AM 系統相同，載送資料均在單邊旁波帶，可寫為：

$$\left(\frac{S}{N}\right)_D \approx \frac{S_x}{1+S_x}\left(\frac{S}{N}\right)_R \approx \frac{S_x}{1+S_x}\gamma \qquad \text{VSB + C} \qquad (9)$$

其中假設 $\mu \approx 1$ 及 $B_T \approx W$。

從式 (2) 至 (9) 可知，在外加雜訊且同步檢波線性調變中會得到如下基本特性：

1. 假如訊息與雜訊一齊加到檢波器的輸入，則輸出仍然是相加的特性。

2. 假設前置檢波雜訊頻率在整個發射頻寬內為平坦值時,最後輸出雜訊頻譜在資料頻帶中亦為一常數值。
3. 就 $(S/N)_D$ 而言,由於雙旁波補償會因為單邊旁波帶前置檢波雜訊功率下降而影響到同調特性。因此,抑制式旁波帶調變就不會比雙旁波帶調變更為有益。
4. 在非抑制式載波調變系統所公認"消耗的"功率來看,所有線性調變系統中均有相同效能。譬如,基頻發射系統中有固定雜訊密度與平均發射功率。

前面所述,均以理想系統且為定值的平均功率。

假設在平順的調變訊號時,就波封功率峰值而言,顯示出 SSB 可求得一個比 DSB 好約 3 dB,及比 AM 好約 9 dB 的後端檢波,S/N 值,但是,如果訊息有明顯的不連續會造成很大的波封突角時,則 SSB 比 DSB 為差。

練習題 10.2-1

假設有一含預置檢波濾波器的 USSB 系統,其工作頻率為 $f_c - W/4 \leq |f| \leq f_c + W$,使用圖 10.1-3a 描述後端檢波雜訊頻譜。試求如式 (8),$(S/N)_D$ 降 1 dB 時的預測值。

■ 波封檢波及臨界值效應

在一 AM 含波封檢波器的解調系統,當雜訊出現時,同步檢波輸出端找輸出訊號是件很困難的工作,假設檢波器輸入為:

$$v(t) = A_c[1 + x(t)] \cos \omega_c t + [n_i(t) \cos \omega_c t - n_q(t) \sin \omega_c t] \tag{10}$$

其中 $\mu=1$ 時的表示法,相量圖如 10.2-2 所示,其波封及相位可表為:

$$A_v(t) = \sqrt{\{A_c[1 + x(t)] + n_i(t)\}^2 + [n_q(t)]^2} \tag{11}$$

$$\phi_v(t) = \tan^{-1} \frac{n_q(t)}{A_c[1 + x(t)] + n_i(t)}$$

接著,一般均討論訊號比雜訊大,或比雜訊小的一些簡化狀況、效能。

以訊號為主要成份,假設 $A_c^2 \gg \overline{n_i^2}$,$A_c[1+x(t)]$ 遠大於 $n_i(t)$ 及 $n_q(t)$,至少在大部份的時間,其波封的近似值可表為:

$$A_v(t) \approx A_c[1 + x(t)] + n_i(t) \tag{12}$$

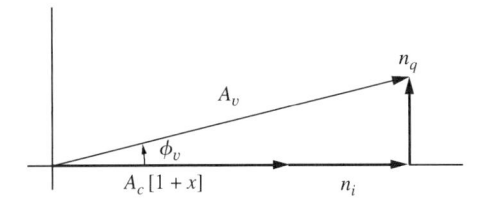

圖 10.2-2 當 $(S/N)_R \gg 1$ 時，外加雜訊 AM 系統相量圖。

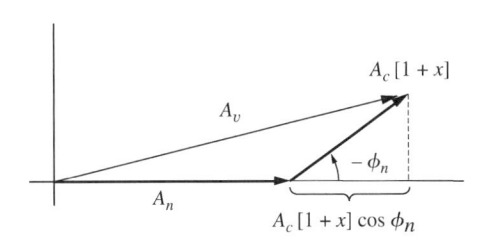

圖 10.2-3 當 $(S/N)_R \ll 1$ 時，外加雜訊 AM 的相量圖。

其中對雜訊的波封調變，與干擾調變方式相似。一個理想波封檢波器可用波封值減去它的直流值來表示，可寫為：

$$y_D(t) = A_v(t) - \overline{A_v} = A_c x(t) + n_i(t)$$

它與同步檢波器相同的表示法，後端檢波的 S/N 值可依式 (5) 表示。故式 (9) 的波封檢波在 VSB＋C 的系統仍然成立。

由上面推導中可知，當 $A_c^2 \gg \overline{n^2}$ 成立時，才能得到這些結果。因為 $A_c^2 / \overline{n^2}$ 與 $S_R/N_0 B_T$ 有關，以致 $(S/N)_R \gg 1$ 才能成立。(在同步檢波裡無法得到成立的條件。) 系統中前置檢波訊雜比要得到高值，波封解調與同步解調所出現的雜訊要等值，最後系統效能品質才會好。

另一方面，當 $(S/N)_R \ll 1$ 時，情況會完全不同。假設 $A_c^2 \ll \overline{n^2}$，雜訊就好比外界的強干擾的情況是一樣，則系統 $x_c(t)$ 與 $n(t)$ 所得到的正好相反的結果。首先，看 $n(t)$ 以波封及相位角來表示，則 $n(t)=A_n(t)\cos[\omega_c t+\phi_n(t)]$，如圖 10.2-3 相量圖所示。以 $n(t)$ 表示它的相量圖，其波封水平部份可表為：

$$A_v(t) \approx A_n(t) + A_c[1+x(t)]\cos\phi_n(t) \tag{13}$$

則

$$y(t) = A_n(t) + A_c x(t)\cos\phi_n(t) - \overline{A_n} \tag{14}$$

其中 $\overline{A_n} = \sqrt{\pi N_R/2}$。

式中 $A_n(t)$ 含雜訊波封。進一步可知，式 (14) 與 $x(t)$ 沒有任何項成正比關係。當輸入訊號與雜訊相加時，檢波輸出為雜訊與 $\cos \phi_n(t)$ 相乘，而 $\cos \phi_n(t)$ 為隨機訊號。因此，訊息即毫無希望地被毀損 (mutilated)，且資訊也因此遺漏。在此情況下，輸出的訊號對訊雜比很難加以定義。

依前所述，低的訊雜比或是資料部份毀損，均稱為**臨界效應** (threshold effect)。因此可說：

> 當有些 $(S/N)_R$ 值因相乘而消失，及因效能變壞而迅速下降稱之。

利用同步檢波，輸出訊號與雜訊總是相加。的確，如果 $(S/N)_R \ll 1$，則訊號隱藏於雜訊中，但 $x(t)$ 卻是被保護的。

一般而言，臨界值非一個定點值，而是當 $A_c \gg A_n$ 時所得到一個參數小值。因此，當 $A_c \geq A_n$，$(S/N)_R$ 的臨界值取 0.99 則可得：

$$\left(\frac{S}{N}\right)_{Rth} = 4 \ln 10 \approx 10 \tag{15a}$$

此時，$(S/N)_R = \gamma/2$：

$$\gamma_{th} = 8 \ln 10 \approx 20 \tag{15b}$$

假如 $(S/N)_R < (S/N)_{Rth}$ (或 $\gamma < \gamma_{th}$)，訊息因毀損，致使資料遺漏是必然的現象。

要得到 $(S/N)_{Rth}$ 值時，可得 $(S/N)_D < (S/N)_R$ 的重要結論：

> 臨界效應通常在 AM 廣播系統中非一種嚴重的限制。

在音頻系統中，後端檢波需要 30 dB 或以上的訊雜比，所以 $(S/N)_R$ 大於臨界值準位以上。因此可說，在相乘性雜訊毀損它之前，相加性的雜訊一直都遮蓋著訊號。另一方面，複雜的隨機過程技術，可使含外加雜訊的數位訊號復原。因此，AM 系統中採用數位發射方式，則同步檢波可省去一些臨界效應。

最後討論的是，波封檢波器中同步時為何需要很高 $(S/N)_R$ 值。假設輸入雜訊不計，二極體功能就像開關，當二極體導通時表示檢出波封峰值，之間有一定極性關係。因此，二極體開關可做很好的載波同步元件。但是，當系統外加雜訊時，二極體的受雜訊來控制，則會失去同步。所幸，同步檢波中，載波通常比雜訊大。

練習題 10.2-2

由 10.1 節式 (14)，試求式 (15a) 值，並證明，當 $S_x=1$，$P(A_c \geq A_n)=0.99$ 時，$(S/N)_R = 4 \ln 10 \approx 10$。

10.3 有雜訊的角度連續波 (CW) 調變

本節主要是將雜訊加入相位調變 (PM) 及頻率調變 (FM) 系統裡，解調可寫為

$$y(t) = \begin{cases} \phi_c(t) & \text{相位檢波} \\ \frac{1}{2\pi} \dot{\phi}_c(t) & \text{頻率檢波} \end{cases}$$

在第 5 章，討論固有非線性角度調變並加入雜訊的分析，它極為困難。因此，我們首先由 $(S/N)_R \gg 1$ 條件下，在 PM 及 FM 的系統裡求後端檢波雜訊特性及訊雜比。接著提供好的結果及好的寬頻帶雜訊換算特性，可用於檢波後端檢波 FM 解強調濾波器。

由於，寬頻帶雜訊消去被涵蓋在臨界值效應中，它不像 AM 系統裡會限制後端的效能。我們將討論臨界值附近的變化關係，並以 FM 回授接收機為例，作為臨界值擴展的技術之用。

■ 後端檢波雜訊

如圖 10.2-1 所示為一種角度調變接收機的前置檢波部份，其接收訊號為：

$$x_c(t) = A_c \cos[\omega_c t + \phi(t)]$$

其中當 PM 波 $\phi(t) = \phi_\Delta x(t)$ 時，或是 FM 波 $\dot{\phi}(t) = 2\pi f_\Delta x(t)$ 時，在兩種情況中，載波振幅均為定律值，故：

$$S_R = \tfrac{1}{2} A_c^2 \qquad \left(\frac{S}{N}\right)_R = \frac{A_c^2}{2N_0 B_T} \tag{1}$$

且 $(S/N)_R$ 被稱為**載波雜訊比** (carrier-to-noise ratio, CNR)。前置檢波 BPF 通常假設在頻寬 B_T 及中心在 f_c 載頻裡的理想響應。

$$v(t) = x_c(t) + n(t) = A_v(t)\cos[\omega_c t + \phi_v(t)]$$

限制器 → 鑑別器 → BPF $H_D(f)$ → $y_D(t)$

$$\left(\frac{S}{N}\right)_R = \frac{A_c^2/2}{N_0 B_T}$$

$$y(t) = \begin{cases} \phi_v(t) & \text{PM} \\ \dfrac{1}{2\pi}\dot{\phi}_v(t) & \text{FM} \end{cases}$$

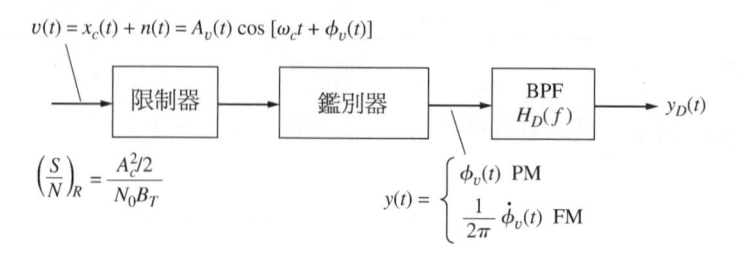

圖 10.3-1 外加雜訊角度調變檢波模式。

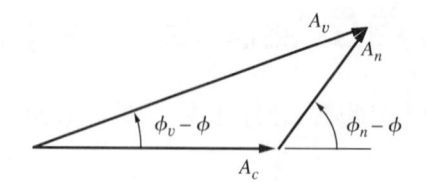

圖 10.3-2 外加雜訊角度調變相量圖。

如圖 10.3-1 所示為接收機其餘部份，檢波器輸入訊號 $v(t) = x_c(t) + n(t) = A_v(t)\cos[\omega_c t + \phi_v(t)]$，其中 $A_v(t)$ 由限制器控制振幅的變化產生，且由 $\phi_v(t)$ 間找出訊號與雜訊的關係。則 $n(t)$ 可以用波封及相位角形式表示，可寫為：

$$v(t) = A_c \cos[\omega_c t + \phi(t)] + A_n(t)\cos[\omega_c t + \phi_n(t)] \tag{2}$$

如圖 10.3-2 相量圖可寫為：

$$\phi_v(t) = \phi(t) + \tan^{-1}\frac{A_n(t)\sin[\phi_n(t) - \phi(t)]}{A_c + A_n(t)\cos[\phi_n(t) - \phi(t)]} \tag{3}$$

其中第一項表為 $\phi_v(t)$ 訊號的相位角，第二項則為訊號與雜訊的相位。此種表示法非常不清楚，不加以簡化則無法進一步分析。

可依大訊號條件 $(S/N)_R \gg 1$，做邏輯的簡化。故在大部份時間其 $A_c \gg A_n(t)$，且利用反三角函數中做小偏角的近似。一種較不明顯的化簡，暫時不管 $\phi(t)$，式 (3) 中由 $\phi_n(t)$ 取代 $\phi_n(t) - \phi(t)$。雜訊分析中，ϕ_n 為 2π 間的均勻分配。整個平均值來看，$\phi_n - \phi$ 與 ϕ_n 兩者不同，ϕ_n 會有一個平均值的位移，則式 (3) 簡化，可表為：

$$\phi_v(t) \approx \phi(t) + \psi(t) \tag{4}$$

其中

$$\psi(t) \triangleq \frac{A_n \sin\phi_n(t)}{A_c} = \frac{1}{\sqrt{2S_R}}n_q(t) \tag{5}$$

式中可用 $S_R = A_c^2/2$ 及 $n_q = A_n \sin\phi_n$ 取代。

由式 (4) 中可知，$\phi(t)$ 為訊號相位，$\psi(t)$ 為雜訊相角，兩者在大訊號的條件下是

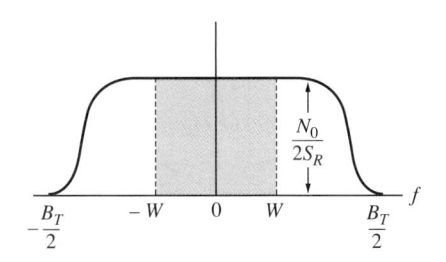

圖 10.3-3 PM 後端檢波雜訊頻譜。

取相加關係。由式 (5) 中可知，$\psi(t)$ 是 $n(t)$ 的正交部份會因訊號功率增加而下降。

當 $\phi(t)=0$ 時，$\psi(t)$ 為雜訊在相位檢波器輸出的結果。則 PM 系統在後端檢波雜訊功率頻譜以 $G_{n_q}(f)$ 形狀表示，如圖 10.1-3b 所示。因 $\overline{\psi^2}=\overline{n_q^2}/2S_R$ 中，$1/2S_R$ 為乘數因子，則：

$$G_\psi(f) \approx \frac{N_0}{2S_R} \Pi\left(\frac{f}{B_T}\right) \tag{6}$$

其中當 $|f| \le B_T/2$，如圖 10.3-3 所示，此範圍內實際上相當平緩。

當 $B_T/2$ 比資訊頻寬 W 為高時，可適用於特例窄頻相位調變 (NBPM)。此接收機必須包含後端檢波濾波器，它的轉移函數為 $H_D(f)$，以便移去帶外的雜訊。假如 $H_D(f)$ 為理想 LPF，單位增益及頻寬為 W 時，輸出端雜訊功率為：

$$N_D = \int_{-W}^{W} G_\psi(f) df = \frac{N_0 W}{S_R} \qquad \text{PM} \tag{7}$$

如圖 10.3-3 所示，陰影部份為 N_D。

接著考慮一個頻率檢波器，輸入為 $\phi_v(t)=\psi(t)$，則輸出端瞬時的頻率雜訊為：

$$\xi(t) \triangleq \frac{1}{2\pi}\dot\psi(t) = \frac{1}{2\pi\sqrt{2S_R}}\dot n_q(t) \tag{8}$$

依 9.2 節式 (21) 所述，可得 FM 後端檢波雜訊功率頻譜為：

$$G_\xi(f) = (2\pi f)^2 \frac{1}{8\pi^2 S_R} G_{n_q}(f) = \frac{N_0 f^2}{2S_R} \Pi\left(\frac{f}{B_T}\right) \tag{9}$$

其中，如圖 10.3-4 可知為拋物線函數，如 PM 一樣，$W < B_T/2$，隨 f^2 而增大。

假設取後端檢波濾波器為理想 LPF 時，如圖 10.3-4 所示，陰影部份為輸出雜訊功率，可表為：

$$N_D = \int_{-W}^{W} G_\xi(f) df = \frac{N_0 W^3}{3S_R} \qquad \text{FM} \tag{10}$$

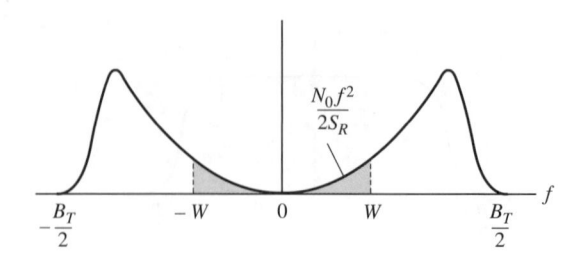

圖 10.3-4　FM 後端檢波雜訊頻譜。

在此，假設有共同解強調濾波器，$|H_D(f)| = |H_{de}(f)| \prod (f/2W)$，當 $|H_{de}(f)| = [1 + (f/B_{de})^2]^{-1/2}$，則可得：

$$N_D = \int_{-W}^{W} |H_{de}(f)|^2 G_\xi(f) df = \frac{N_0 B_{de}^3}{S_R}\left[\left(\frac{W}{B_{de}}\right) - \tan^{-1}\left(\frac{W}{B_{de}}\right)\right] \quad \textbf{(11a)}$$

其中 $W/B_{de} \gg 1$ 時式 (11a) 可化簡為：

$$N_D \approx N_0 B_{de}^2 W/S_R \quad\quad \text{解強調 FM} \quad \textbf{(11b)}$$

當 $\tan^{-1}(W/B_{de}) \approx \pi/2 \approx W/B_{de}$ 時上式可得到。

經此分析後，可得到一些結論摘要如下：

1. 在 PM 與 FM 系統中，後端檢波雜訊頻譜密度，可利用後端檢波濾波器排除。
2. 線性調變中可排除 PM 雜訊頻譜。
3. FM 雜訊頻譜會隨拋物線增加，在較高頻帶時，其雜訊應較低頻帶為多，在發射部份加一個預強調時解強調濾波器可彌補這些不良的影響。
4. 輸出端的雜訊功率 N_D，在 PM 與 FM 中，會隨 S_R 增加而減少，此現象稱為**雜訊靜音** (noise quieting)。當調諧選台時，可聽到 FM 收音機隨音量增加而靜音。

練習題 10.3-1

當一個低通載止頻率為 $|f| > W$，試求解強調頻譜 $|H_{de}(f)|^2 G_\xi(f)$。當 $B_T \gg W \gg B_{de}$ 時，N_D 值為何？試與式 (11b) 相比較。

■ 輸出端訊雜比

我們可計算出 PM、FM 及解強調 FM 的訊雜比，依大訊號的條件 $(S/N)_R \gg 1$，前節所求 N_D 均可成立。依式 (3) $\phi_n(t)$ 取代 $\phi_n(t) - \phi(t)$，此時訊號相位 $\phi(t)$ 是無法避免的結果。$\phi(t)$ 為相位雜訊，如果要得到完整分析時，則必須完整包含後端檢波雜訊頻譜中的被截止的資料，而此分量會落在訊息邊帶之外並為 $H_D(f)$ 所排斥。

在 PM 系統中，當 $\phi(t)=\phi_\Delta x(t)$ 時解調訊號附加雜訊，可得：

$$y(t) = \phi_v(t) = \phi_\Delta x(t) + \psi(t)$$

後端檢波濾波器的訊號項 $\phi_\Delta x(t)$，當 $S_D=\phi_\Delta^2 \overline{x^2}=\phi_\Delta^2 S_x$ 時由式 (7) 可求輸出雜訊功率 N_D，可表為：

$$\left(\frac{S}{N}\right)_D = \frac{\phi_\Delta^2 S_x}{(N_0W/S_R)} = \phi_\Delta^2 S_x \frac{S_R}{N_0W} = \phi_\Delta^2 S_x \gamma \qquad \text{PM} \tag{12}$$

式中 $\gamma=S/N$ 表示在類比基頻帶發射系統 (或抑制載波線性調變) 時的接收功率 S_R、頻寬 W 及雜訊密度 N_0，可以看得出 PM 系統可由基頻帶的 $\phi_\Delta^2 S_x$ 加以效能的改善。但從另一角度看 $\phi_\Delta \leq \pi$，而 PM 改善效能不可能大於 $\phi_\Delta^2 S_x|_{\max}=\pi^2$，或者 10 dB 以上。事實上，$\phi_\Delta^2 S_x < 1$，在相同發射頻寬 $B_T \geq 2W$ 時，PM 系統效能比基頻帶系統差。

在 FM 系統中，當 $\dot\phi(t)=2\pi f_\Delta x(t)$ 時，解調訊號附加雜訊可表為：

$$y(t) = \frac{1}{2\pi}\dot\phi_v(t) = f_\Delta x(t) + \xi(t)$$

式中 $f_\Delta x(t)$ 表示後端檢波濾波器的訊號，所以 $S_D=f_\Delta^2 S_x$ 時，由式 (10) 可得 N_D 項，因此：

$$\left(\frac{S}{N}\right)_D = \frac{f_\Delta^2 S_x}{(N_0W^3/3S_R)} = 3\left(\frac{f_\Delta}{W}\right)^2 S_x \frac{S_R}{N_0W}$$

令偏差比 $D=f_\Delta/W$，則可改寫為：

$$\left(\frac{S}{N}\right)_D = 3D^2 S_x \gamma \qquad \text{FM} \tag{13}$$

式中所顯現的是 $(S/N)_D$ 可以增加 D 而不增大訊號功率 S_R 的方式而達到任意的值——此為一種需要進一步評定的結論。

此時，傳輸所需頻寬 B_T 會隨著偏差比而增大。因此，式 (13) 表示**寬頻雜訊衰減** (wideband noise reduction)，或者稱為：

以頻寬增加來換取發射功率減低之條件，可讓 $(S/N)_D$ 保持定值。

在寬頻帶 FM 中，$D \gg 1$ 且 $B_T = 2f_\Delta \gg W$，則 $D = B_T/2W$，故式 (13) 可寫為：

$$\left(\frac{S}{N}\right)_D = \frac{3}{4}\left(\frac{B_T}{W}\right)^2 S_x \gamma \qquad \text{WBFM} \tag{14}$$

式中可知，$(S/N)_D$ 與 B_T/W 的平方有關。當偏差比 (D) 值小時，$3D^2 S_x = 1$ 或 $D = 1/\sqrt{3S_x} \geq 0.6$ 時，它的決勝分界點比基頻帶發射機系統容易發生。因此 NBFM 與 WBFM 的分別點，取 $D \approx 0.6$ 做為區別的指標。

最後，假設接收機包含解強調濾波器及 $B_{de} \ll W$，則輸出雜訊可依式 (11b) 化簡為：

$$\left(\frac{S}{N}\right)_D \approx \left(\frac{f_\Delta}{B_{de}}\right)^2 S_x \gamma \qquad \text{解強調 FM} \tag{15}$$

而且我們有一個約為 $(W/B_{de})^2/3$ 的解強調改善因數。這一項的改進需要發射機端有預強調濾波，而且也許會有一個隱藏的不良後果。因為若是訊息振幅頻譜無法像音訊訊號一樣以至少快到 $1/f$ 的速率衰降的話，那麼預強調需要增加偏移比與傳輸頻寬。近代經過精煉處理的廣播 FM 音訊無法以 $1/f$ 的速率衰降，因此需要盡量努力限制整個發射機頻率偏移在容許的準位內。實際的結果是聽眾會聽到多少有些失真的音訊。

範例 10.3-1

假設廣播 FM 系統中，$f_\Delta = 75$ kHz，$W = 15$ kHz 及 $D = 5$。試求寬頻帶雜訊消去的增益值。依式 (13)，取 $S_x = 1/2$，則：

$$(S/N)_D = (3 \times 5^2 \times 1/2)\gamma \approx 38\gamma$$

或者比類比基頻傳輸好 16 dB 左右。解強調 $B_{de} = 2.1$ kHz 增加 $(S/N)_D$ 至約 $640\,\gamma$。因此，如果其他因素都相等時，則 1 瓦的解強調 FM 系統可取代 640 瓦的基頻帶系統。此一傳輸功率減少即需增大頻寬，因為 $D = 5$ 的 FM 系統時 $B_T \approx 14W$。

在實用系統中，常會見到增加頻寬來降低發射機功率 S_T 的實例。在 FM 廣播中常採用高的 $(S/N)_D$ 小的 S_T 值。然而有些應用到小的 S_T，或者有些為了用小的值而導致一些有效功率被犧牲掉。在大訊號條件 $(S/N)_R \gg 1$，常採用限制器，故 FM 臨界值效應變成一種重要關切的問題。

練習題 10.3-2

由上例 10.3-1 中，PM 系統取代 1 瓦 FM 系統，$(S/N)_D$ 值相同情況下，試求所需的最少發射功率。

FM 臨界效應

於小訊號條件 $(S/N)_R \ll 1$，其相量圖如圖 10.3-2 訊號與雜訊相量圖互換即是。因為 $A_n(t) \gg A_c$，檢波器輸入相位角可表為：

$$\phi_v(t) \approx \phi_n(t) + \frac{A_c \sin[\phi(t) - \phi_n(t)]}{A_n(t)} \tag{16}$$

式中雜訊與訊號均含在 $\phi(t)$ 中，而 $\phi(t)$ 中的訊息已被毀損且無復原的希望。

事實上，當 $(S/N)_R \approx 1$ 及 $\overline{A_n} \approx A_c$，會發生重要毀損效果。可知，相量等長即表示當 $\rho = A_i/A_c \approx 1$ 的共同波道的干擾狀況，如 FM 解調輸出中小雜訊產生高的**突波** (spikes)。圖 10.3-5a 中取 $\phi(t) = 0$ 及 $\phi_n(t_1) \approx -\pi$，則 $\phi_v(t_1) \approx -\pi$，可知其相量的變化。假設 $A_n(t)$ 及 $\phi_n(t)$，取 t_1 與 t_2 間虛線部份，則 $\phi_v(t_2) \approx +\pi$，如圖 10.3-5b，可得到高為 2π，$y(t) = \dot{\phi}_v(t)/2\pi$ 單位突波面積，此突波在 FM 收音機中可聽到破裂的聲音或是敲打的聲音。

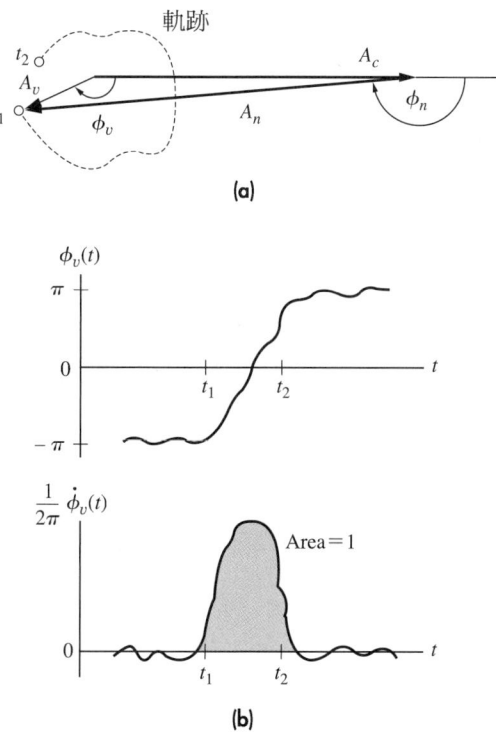

圖 10.3-5 FM 臨界值：(a) 相量圖；(b) 瞬時相位與頻率。

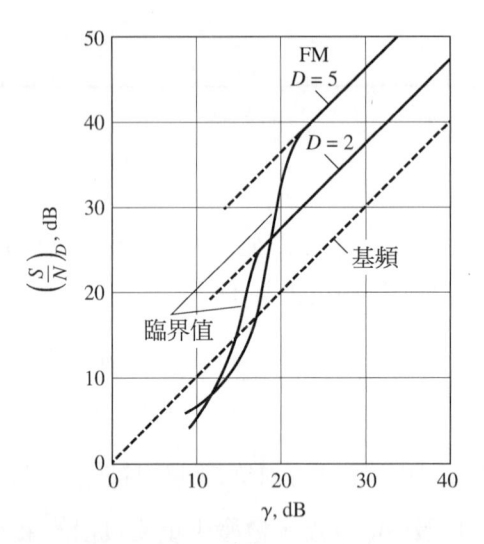

圖 10.3-6　FM 雜訊效能（無解強調）。

我們看到輸出雜訊頻譜已不是拋物線而是直流值，輸出突波上出現一種低頻變化。此種現象詳加分析討論，與萊斯 (Rice, 1948) 現象相似。經完整分析結果，此突波會因載波調變而改變，稱為調變抑制效應。經此調變之後，會產生新的訊號。此音頻調變之後，輸出雜訊可寫為：

$$N_D = \frac{N_0 W^3}{3S_R}\left[1 + \frac{12D}{\pi}\gamma e^{-(W/B_T)\gamma}\right]\tag{17}$$

其中第二項為突波產生的項，萊斯 (1948) 及史坦普 (Stumper, 1948) 所發現。

如圖 10.3-6 表示由 γ(dB) 及變化量 D 來表示 $(S/N)_D$ dB 的關係圖，由式 (17) 音頻調變找到 N_D 值。圖中突然下降值即為 FM 臨界效應，因此：

> 當系統工作在"膝部"位置時，接收機接收訊號功率做微量變化時輸出即有訊號，即表示前一瞬間存在，而下一瞬間即消失。

因此，以下討論的臨界值中，輸出端的雜訊就如共同波道受外部很強的干擾訊號的情況是一樣的。

在實驗裡的研究時，經常將毀損，$(S/N)_R \geq 10$ 的雜訊項給予忽略，因此，臨界點值可設為：

$$(S/N)_{Rth} = 10 \tag{18}$$

此時，令 $(S/N)_R = (W/B_T)\gamma$，則：

$$\gamma_{th} = 10\frac{B_T}{W} = 20M(D) \tag{19a}$$

$$\approx 20(D+2) \qquad D > 2 \tag{19b}$$

其中 FM 的頻寬 $B_T = 2M(D)W \approx 2(D+2)W$，當 D 用 ϕ_Δ 取代時，式 (18) 及 (19) 可用於 PM 系統中。

如圖 10.3-6 可知，FM 系統在臨界值之上時，效能很好，基頻發射時 $(S/N)_D = \gamma$ 亦佳。此系統中均無考慮解強調濾波改善的功能。相反地，我們可考慮成 $(S/N)_D$ 隨偏差比 D 而增加，γ 為固定的狀態（設 $\gamma = 20$ dB）。故取 $D = 2$ ($B_T \approx 7W$)，正好可得 $(S/N)_D \approx 28$ dB。取 $D = 5$ ($B_T \approx 14W$) 此時在臨界值之下，受乘式影響輸出訊號很少使用到。因此，我們不能為訊雜比無限制交換頻寬，致使系統效能因變化量增加而變壞了。

用頻寬來降低訊號的功率，應有些限制才可以。譬如，假設一個 30 dB 訊雜比，所需發射功率很小，故 $B_T = 14W$ 有點不合理（因 B_T 太大）。又如，FM 中 $D = 5$，$\gamma = 14$ dB 比基頻發射系統少 16 dB，有臨界效應嗎？故臨界點值便取 $D = 5$，$\gamma_{th} \approx 22$ dB。之後 $(S/N)_D \approx 37$ dB 屬合理應用範圍。因此，

> 設計指標，臨界點值應比實際需要訊雜比高。

所以，相對的功率的值，變得不是很重要。

就臨界值的點，$(S/N)_D$ 的計算值很有參考價值。如果省略解強調，將式 (19) 代入式 (13) 中，則可得：

$$\left(\frac{S}{N}\right)_{Dth} = 3D^2 S_x \gamma_{th} \tag{20a}$$

$$\approx 60D^2(D+2)S_x \qquad D > 2 \tag{20b}$$

式中為 D 的函數，且 $(S/N)_D$ 為最小值。式中並無頻寬項，依式 (20)，在訊號功率產生最高效能的 D 值即可求出 $(S/N)_D$。當然有關訊號衰減的問題，不在臨界值的安全範圍之內，是不可能派用上場。

範例 10.3-2 最小功率與臨界值

試求 FM 最小功率。設為 $(S/N)_D \approx 50$ dB，而 $S_x = 1/2$，$W = 10$ kHz，$N_0 = 10^{-8}$ W/Hz 為已知，且 B_T 不考慮。則依式 (13)，可得 $10^5 = 1.5D^2\gamma$，當 $D = 15$ 時 $\gamma \approx$

296,此時臨界值暫不考慮。接著,考慮臨界值時 $D > 2$,依式 (20),$105 \approx 60D^2(D+2)/2$,可解出 $D \approx 15$,$B_T \approx 2(D+2)W = 340$ kHz。若依式 (19a),$S_R/N_0W \geq \gamma_{th} = 10 \times 34 = 340$,則 $S_R \geq 340\, N_0W = 34$ mW。

練習題 10.3-3

解強調 FM 系統中,試求 $(S/N)_D$ 的最小功率值?設 $B_T = 5W$,$f_\Delta = 10B_{de}$,$S_x = 1/2$ 為已知。

以 FM 回授作為臨界值的延續應用

臨界值的極限即表示類比 FM 系統設計的最小功率值,故臨界值的延續技術應用更值得討論。柴啡 (Chaffee, 1939) 提出一種有效的 FM 臨界值的延續技術,指在接收機中使用頻率相隨或是頻率壓縮回授迴路稱為調頻回授 (FMFB) 接收機。

如圖 10.3-7 表示 FMFB 接收機,它是鎖相迴路超外差的架構。LO 用 VCO 替代,工作頻率為 $f_c - f_{IF}$。VCO 的控制電壓由解調 $y_D(t)$ 提供。若迴路增益為 K 及 $(S/N)_D$ 夠高時,VCO 瞬間追鎖 $x_c(t)$ 的相位。追鎖動作會降低頻率。由 f_Δ 到 $f_\Delta/(1+K)$ 的變化量,此種動作即表示頻率轉到中頻帶。若 K 是在 $f_\Delta/(1+K)W < 1$ 時,中頻帶表示 FM 訊號的窄頻帶,則中頻帶的頻寬不需要高的 $B_{IF} \approx 2W$ 值。

VCO 追鎖過程,就好像降低雜訊頻率的變化量。接收機中,$(S/N)_D$ 考慮與 $(S/N)_R$ 相同也需要 $(S/N)_R \ll 1$,但值得注意的是:IF 輸出需要一個高的前置檢波訊雜比值,$(S/N)_{IF} \approx S_R/N_0 B_{IF} \approx (B_T/2W)(S/N)_R$。因臨界值效應與 $(S/N)_{IF}$ 有關,所以臨界的延續值會降到較低的值。經實驗證實,FMFB 接收機臨界的延續值降到 5 至 7 dB,它是一種低功率設計。採用 PLL 解調電路的接收機,有臨界值的延續性且簡化設計電路的優點。

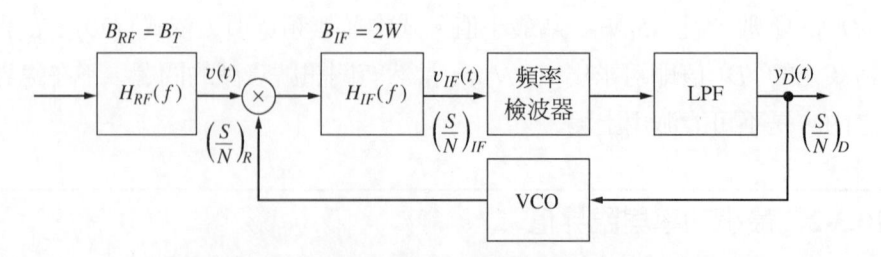

圖 10.3-7 以 FMFB 接收機做臨界值擴展之用。

10.4 連續波 (CW) 調變系統的比較

在各種不同 CW 調變系統，去比較得到你所要的系統，如表 10.4-1 所歸納各點：它是依單位化的頻寬 $b=B_T/W$，經 γ 正規化的 $(S/N)_D$、臨界值 (若存在時)、直流響應 (低頻) 及電路複雜度，可做摘要整理及比較。表中以基頻發射系統當參考標準。其他參數如前所述，S_R 為接收機訊號功率，$\gamma=S_R/N_0W$，W 為訊息頻寬，$N_0=k\mathcal{T}_N$ 為接收機輸入的雜訊密度。當 $x(t)$ 為訊息時 $S_x=\overline{x^2}=<x^2(t)>$。在理想系統中均假設 $(S/N)_D$ 為上限值。

在幾種線性調變系統中，至少有兩種評量可知抑制載波法是優於傳統的 AM：即訊雜比值較佳且無臨界效應。當**頻寬不變** (bandwidth conservation) 成為重要考慮因素時，單旁波帶及殘邊帶 (VSB) 就特別引人注意。但是，天下沒有平白無故得到好處的，有效線性調變的代價即是增加電路的複雜度。尤其在接收機上，不管用什麼方式，同步檢波的電路就是比波封檢波器更為複雜多樣化。**對點對點通訊** (point-to-point communication，一個發射機，一個接收機) 而言，這個代價也許是值得的，但是對**廣播式的通訊** (broadcast communication，一個發射機，許多個接收機) 來說，經濟上的

表 10.4-1 CW 調變系統比較

種類	$b=B_T/W$	$(S/N)_D \div \gamma$	γ_{th}	直流值	複雜度	備 註
基頻	1	1	...	No[1]	低	無調變
AM	2	$\dfrac{\mu^2 S_x}{1+\mu^2 S_x}$	20	No	低	波封檢波 $\mu \leq 1$
DSB	2	1	...	Yes	高	同步檢波
SSB	1	1	...	No	中	同步檢波
VSB	1+	1	...	Yes	高	同步檢波
VSB + C	1+	$\dfrac{\mu^2 S_x}{1+\mu^2 S_x}$	20	Yes[2]	中	波封檢波 $\mu < 1$
PM[3]	$2M(\phi_\Delta)$	$\phi_\Delta^2 S_x$	$10b$	Yes	中	相位檢波 定值振幅 $\phi_\Delta \leq \pi$
FM[3,4]	$2M(D)$	$3D^2 S_x$	$10b$	Yes	中	頻率偵測 定值振幅

1 除直接耦合外。
2 用電子直流回後。
3 $b \geq 2$。
4 解強調不包括在內。

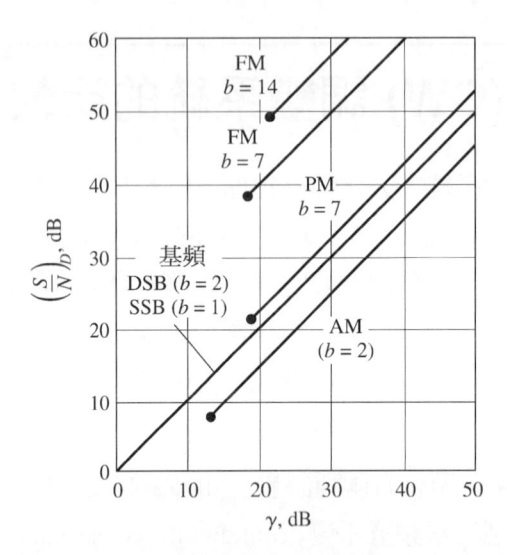

圖 10.4-1 CW 調變系統的效能，包括 12 dB 解強調的 FM 改善系統。

考量讓這個平衡傾向最簡單的接收機——就是波封檢波。然而近年來積體電路 (IC) 已經大大地降低較為複雜接收機電路成本上的缺點，同樣地，軟體無線電技術將會影響調變系統的選擇。

由電路設備觀點來看，AM 算是複雜度最低的一種線性調變系統，而抑制式載波的殘邊帶，需要旁波帶濾波器及同步電路，故為最複雜。DSB 與 SSB 同步電路的困難度較低，所以整體電路困難度較低。電路中旁波帶濾波器能改善濾波技術會更為有用；如 VSB+C 系統中，不管殘餘濾波電路，其波封檢波簡單，已足夠複雜。

與基頻帶或線性調變比較，角度調變能真正提高 $(S/N)_D$ 的值；對於 FM 而言用解強調，電路複雜算是中等，也都能接受的範圍，如圖 10.4-1 所示，與圖 10.3-6 相似 ($S_x = 1/2$)，除了用一個 12 dB 解強調當改善用之外，對於 FM 曲線，在臨界值之下全部省略，所有曲線均以頻寬比 b 來標示。

都採用 b 等值，就雜訊效能觀點 FM 比 PM 為優。系統在臨界值之上，可由增加 b 而將改善程度增至任意大，此時 FM 則限制在 $b \leq 10$，因其 $\phi_\Delta \leq \pi$。因此，寬頻帶角度調變則可得很好的輸出訊號，頻寬為第二個考量因素。在微波頻率中，雜訊抑制與定值振幅算是優點，故微波電路均具角度載波調變。

關於具有效低頻成份之調變訊號的傳輸，我們討論過 DSB 及 VSB 的優點，且說明了資料傳輸的用途。對傳真及電視視訊而言，電子直流支援使得波封檢波的 VSB，有所需求。(AM 亦可使用此種方式，但受限於頻寬。抑制載波單旁波確已超出此問題。) 如前面所述，平衡鑑別器已具越低頻響應，而 FM 的低頻性能與

DSB 或 VSB 相當，且不需要麻煩的同步工作。同樣理由，高品質的磁帶錄音機都備有 FM 的模式，以便將輸入當做頻率調變波來錄製。

表中所列相關系統效能尚須考慮的有時變傳輸特性，如頻率選擇衰減、多路徑傳送等問題。對於不穩定的傳輸媒體及由波封檢波產生錯誤的倍增效應，對波封檢波而言是一種災害。(深夜聽眾對遠距的 AM 電台，有混淆不清的結果。) 同樣地，傳輸上不穩定會妨礙寬頻調變。

故想要簡短的摘要有關通訊的問題，是件困難的事。由於它們之間均無法全部兼顧得到，導致通訊工程師須留意所有可用的資訊，去嘗試解決，選擇可用的通訊方式。

10.5 鎖相迴路 (PLL) 的雜訊效能

於第 7 章中，假設 PLL 的輸入為雜訊，事實上，並不是如此。通常以加成白雜訊為 PLL 輸入，再考慮 PLL 的效能。

如圖 7.3-8b 與圖 7.3-8c 線性調變系統，以及如圖 10.5-1 所示的雜訊源。第二個加法器的輸出即為相位誤差 $e(t)$。由於是線性系統，我們將訊號與雜訊分別輸入；當輸入為雜訊時，VCO 輸出相位的功率頻譜密度 (PSD) 可表為：

$$G_{\phi_v}(f) = |H_L(f)|^2 G_n(f) \tag{1}$$

其中 $G_n(f)$ 為雜訊的 PSD，且 $H_L(f)$ 為 PLL 閉迴路轉移函數，於前 7.3 節所述。若雜訊源為白雜訊，$G_n(f) = N_0/2$，則 VCO 輸出變異數可寫為：

$$\sigma_{\phi_v}^2 = N_0 \int_0^\infty |H_L(f)|^2 \, df \tag{2}$$

如果假設輸入 $\phi(t) = 0$ 時，相位誤差可得 $\sigma_e^2 = \sigma_{\phi_v}^2$，則雜訊等效頻寬為：

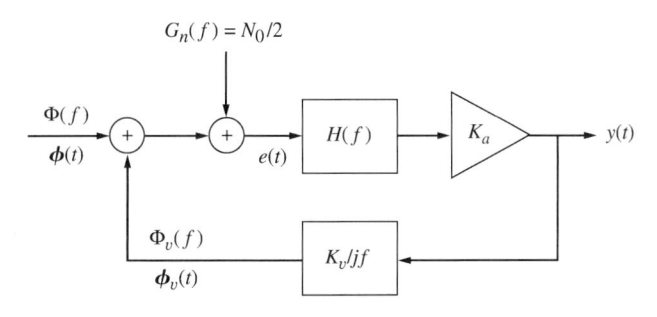

圖 10.5-1　外加雜訊的線性 PLL 模式。

$$B_N = \frac{1}{g}\int_0^\infty |H_L(f)|^2\,df \tag{3}$$

令 $g=1$，則雜訊相位誤差可寫為：

$$\sigma_e^2 = N_0 B_N \tag{4}$$

此時相位雜訊為變異數，或為敏感器 (jitter)，均含於 VCO 輸出中，稱此為**相位敏感器** (phasejitter)。

由式 (3) 及 (4) 可知，相位敏感器可由窄頻迴路頻帶給予降低或消除。因此，迴路中的頻寬與相位敏感器須擇一而行。降低迴路頻寬同時也降低相位敏感器，相反來說，追鎖輸入訊號的相位變化，會影響系統的效能。

假設輸入訊號為 A_c 振幅的弦波，則迴路的訊雜比可寫為：

$$\gamma = \frac{A_c^2}{\sigma_e^2} \tag{5}$$

由式 (4) 及 (5) 可知在線性 PLL 模式中，可得到高的訊雜比。假如不是如此時，相位敏感器在一階 PLL 電路中，可依維特比 (Vitterbi, 1966) 表為：

$$\sigma_e^2 = \int_{-\pi}^{\pi} \phi^2 \frac{\exp(\gamma\cos\phi)}{2\pi J_0(\gamma)}\,d\phi \tag{6}$$

其中 $J_0(\gamma)$ 為第零階修飾第一類貝代 (Bessel) 函數表示法。

10.6 有雜訊的類比脈波調變

最後，討論有關加雜訊類比脈波調變，為方便計，將脈波調變訊號加入基頻的系統。故此電路中無 CW 調變，亦無帶通雜訊，只有前端檢波雜訊通過低通頻譜。

■ 訊雜比

在接收機中，脈波調變波形的解調，總之是自抽樣值的訊息再形成。因此，解調器應包含一個脈波轉換器，而此轉換器可將脈波調變訊號變換為一串加權脈波，此脈波可依理想的 LPF 將訊息再形成。如圖 10.6-1 所示，它包含外加雜訊的解調模式。

有一脈波訊號 $x_p(t)$ 及外加低通雜訊 $n(t)$，兩種訊號一齊通過雜訊限制濾波器，則 $v(t)=x_p(t)+n(t)$。接著，脈波轉換器將測試振幅、週期或是 $v(t)$ 的位置，則可表

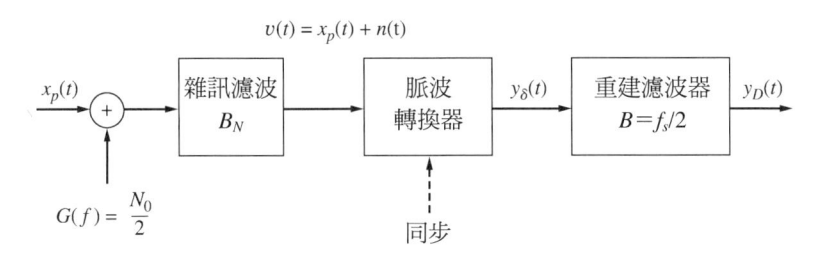

圖 10·6-1 外加雜訊的類比脈波調變中解調的模式。

為：

$$y_\delta(t) = \sum_k [\mu_p x(kT_s) + \epsilon_k]\delta(t - kT_s) \quad (1)$$

其中 μ_p 為調變常數與 $x(kT_S)$，可表為 $x_p(t)$ 的訊號，ϵ_k 為雜訊的測試誤差。有關最後級的資訊再生的再生濾波器，它為零時間延遲，增益 $K = T_s = 1/2B$ 及頻寬 $B = f_s/2$。因此可將脈波串列的訊號 $y_\delta(t)$，可寫為：

$$y_D(t) = \sum_k [\mu_p x(kT_s) + \epsilon_k]\,\mathrm{sinc}\,(f_s t - k) = \mu_p x(t) + n_D(t) \quad (2a)$$

及

$$n_D(t) = \sum_k \epsilon_k \,\mathrm{sinc}\,(f_s t - k) \quad (2b)$$

其中表示輸出端的雜訊。

ϵ_k 的誤差值與以 T_s 為間隔的低通雜訊 $n(t)$ 抽樣值成比例，雜訊限制濾波器頻寬為 $B_N > 1/T_s$，所以 ϵ_k 值實際上是無相關且零平均數。則最後輸出雜訊功率可以用 $N_D = \overline{n_D^2} = \overline{\epsilon_k^2} = \sigma^2$ 表示，及訊號功率可用 $S_D = \mu_p^2 \overline{x^2} = \mu_p^2 S_x$ 表示之。則可得：

$$\left(\frac{S}{N}\right)_D = \frac{S_D}{N_D} = \frac{\mu_p^2}{\sigma^2} S_x \quad (3)$$

其中以再生後雜訊來表示誤差變異數 σ^2，可用來表示最後輸出的訊雜比。接著，要從類比脈波調變的種類個別找出 μ_p^2 及 σ^2。

PAM 的訊號可為調變脈波振幅 $A_0[1 + \mu x(kT_s)]$ 包含的訊息抽樣，其調變常數 $\mu_p = A_0\mu \le A_0$，如 9.5 節所述。振幅誤差變異數為 $\sigma^2 = \sigma_A^2 = N_0 B_N$。取 $\mu = 1$ 的最大調變條件及最小雜訊頻寬 $(B_N \approx 1/2\tau)$，可求得：

$$\left(\frac{S}{N}\right)_D = \frac{2A_0^2 \tau}{N_0} S_x$$

其中 τ 為脈波週期。

當 $\mu=1$ 時 $x(t)$ 無直流成份，則每個調變脈波的平均能量為：

$$A_0^2\overline{[1+x(kT_S)]^2}\tau=A_0^2(1+S_x)\tau$$

其中脈波率 f_s 乘此平均功率，則接收的訊號功率 $S_R=f_sA_0^2(1+S_x)\tau$。最後可得：

$$\left(\frac{S}{N}\right)_D = \frac{S_x}{1+S_x}\frac{2S_R}{N_0f_s} = \frac{S_x}{1+S_x}\left(\frac{2W}{f_s}\right)\gamma \quad \text{PAM} \tag{4}$$

結果可知，當 $(S/N)_D \leq \gamma/2$，則 PAM 效能將低於無調變基頻發射 3 dB，此時正好等於 AM CW 調變。其中最大值為特例很少被採用，以後也不會用。由此可知，PAM 的優點是簡化乘法器，而不是雜訊效能。

脈波相信調變 (PPM) 及脈波廣度調變 (PDM) 具有寬頻帶雜訊衰減的優點。若 $B_N \approx B_T$，時間位置誤差變異數為 $\sigma^2=\sigma_t^2=N_0/(4B_TA^2)$。當脈波振幅為定數 A，接收功率可寫為 $S_R=f_sA^2\tau_0$，其中 τ_0 為 PDM 的平均週期或 PPM 的固定週期。則式 (3) 可寫為：

$$\left(\frac{S}{N}\right)_D = \frac{4\mu_p^2B_TA^2}{N_0}S_x = 4\mu_p^2B_T\frac{S_R}{N_0f_s\tau_0}S_x \tag{5}$$

$$= 4\mu_p^2B_T\left(\frac{W}{f_s\tau_0}\right)S_x\gamma \quad \text{PDM} \quad \text{PPM}$$

式中表示 B_T 增加時 $(S/N)_D$ 會提高。如圖 9.5-2，當 $t_r \approx 1/2B_T$，即可知其實際原因將會很明顯。

PPM 調變常數是 $\mu_p=t_0$，也就是最高脈波位移。參數 t_0 及 τ_0 受下式限制可為：

$$t_0 \leq \frac{T_s}{2} \quad \tau_0 = \tau \geq 2t_r \approx \frac{1}{B_T}$$

式中 $f_s=1/T_s \geq 2W$。則可知雜訊減低的最佳值，可求得上邊限：

$$\left(\frac{S}{N}\right)_D \leq \frac{1}{8}\left(\frac{B_T}{W}\right)^2 S_x\gamma \quad \text{PPM} \tag{6}$$

因此，PPM 效能改善可依 (B_T/W) 的平方而為。當 $\mu_p=\mu\tau_0 \leq \tau_0$ 之 PDM 而言，其類似最佳化程序可導出令人印象不深的結果：

$$\left(\frac{S}{N}\right)_D \leq \frac{1}{2}\frac{B_T}{W}S_x\gamma \quad \text{PDM} \tag{7}$$

式中為近似高邊限值，PDM 必須採用 50% 工作週期，即 $\tau_0 \approx T_s/2$。

PPM 與 PDM 系統實用電路時可能比預計最大值少約 10 dB 以上。因此，雜訊減低不能量測到寬頻帶 FM 值。但要記住的是，平均功率來至短期間高功率的脈波，而非像 CW 調變時連續發送。

練習題 10.6-1

試解釋單波道 PDM 系統須用 $\mu\tau_0 \leq 1/4W$。當 $\mu_p = \mu\tau_0$ 時用式 (5) 求出式 (7)。

假像－脈波臨界值效應

在 PDM 或 PPM 系統中如想 $(S/N)_D$ 提高時，B_T 需很高的值。則 $\overline{n^2}$ 亦隨 B_T 而增加，因此雜訊在 $v(t) = x_p(t) + n(t)$ 中變異數會造成錯誤。如果這些假像脈波 (false pulses) 發生，則再形成波形將與 $x(t)$ 毫無關係，且訊息完全漏失。因此，脈時調變包含了假像脈波之臨界效應，此類似寬頻 FM 中之臨界效應。此效應在有同步化的 PAM 系統中並不存在。因為當量測振幅即可知真假。

要找臨界值，是依當 $P(n \geq A) \leq 0.01$ 時產生假像的脈波。當高斯雜訊時 $\sigma_N^2 = \overline{n^2} = N_0 B_T$，其臨界條件近似 $A \geq 2\sigma_N$；故脈波訊號必須高於雜訊兩倍的有效值，足以消除雜訊，[稱此為**切線靈敏度** (tangential sensitivity)]。當 $A^2 = S_R/\tau_0 f_s$，$S_R/\tau_0 f_s \geq 4N_0 BT$，或

$$\gamma_{th} = \left(\frac{S_R}{N_0 W}\right)_{min} = 4\tau_0 f_s \frac{B_T}{W} \geq 8 \tag{8}$$

此臨界值比 FM 值小，故此 FM 臨界值低的時候採用 PPM 較為有利。

10.7 問答題與習題

問答題

1. 波封檢測器優於同步偵測器的優點是什麼？
2. 你會選擇什麼型態的偵測器來接收很弱的 AM 訊號？理由是什麼？
3. 在不增加 S_T 或是不違反訊息振幅或調變角度的最大限制下，說明增加 AM 的 $(S/D)_D$ 的方法。

4. 為什麼早期太空人必須精通摩斯碼以方便用開關鍵控方式通訊？
5. 使用 FM 時在哪一點是不再可能增進 $(S/N)_D$？
6. 說明為什麼在超過收聽範圍時，FM 廣播的接收會有一個很明顯的中斷情形？
7. 執照上的什麼地方隱涵了對本地 FM 訊號廣播的 FM 臨界效應以及 FCC 最大 75 nW/MHz 輻射功率限制的忽略？
8. 為什麼 PM 對在目的端增加 SNR 有功能上的限制？
9. 為什麼 FM 廣播訊號比 AM 訊號有較少的雜音？
11. 和 AM 廣播訊號比較，為什麼 FM 對訊號接收有很明顯的臨界值？
12. 什麼參數限制了 FM 增加 $(S/N)_D$ 的功能？
13. 列出以及簡要地說明在通道上傳送相同的資訊會增加 $(S/N)_D$ 的方法。
14. AM 優於其他調變方式的優點是什麼？
15. 儘管 $B_{T_{DSB}} = 2B_{T_{DSB}}$，為什麼 DSB 和 SSB 有相同的 $(S/N)_D$？
16. 如果你必須保留頻寬，但要有最高的 S/N 值，你會選擇哪一種型態的調變？
17. 如果你必須傳送具有很大的 DC 或是低頻率內容的訊息，你會選擇哪一種型態的調變？
18. 至少列出兩個理由說明為什麼 PLL 不能鎖住以及提供參考訊號來偵測 AM 或 DSB 訊號。

習題

10.1-1 將 $N_0 = 10$ 的白雜訊加到 BPF 的 $|H_R(f)|^2$ 如圖 P10.1-1 所示，試繪出 $f_c = f_1$ 時 $G_{n_i}(f)$，並證 $\overline{n_i^2} = \overline{n^2}$。

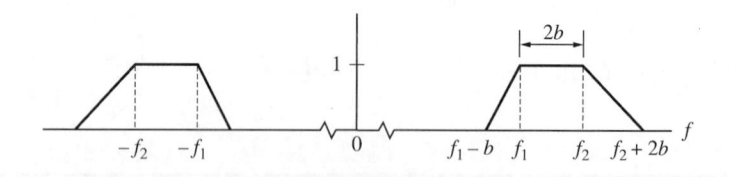

圖 P10.1-1

10.1-2 當 $f_c = f_2$，重做習題 10.1-1。

10.1-3* 當白雜訊加到調諧電路上，其轉移函數為：

$$H(f) = \left[1 + j\frac{4}{3}\left(\frac{f}{f_c} - \frac{f_c}{f}\right)\right]^{-1}$$

時，試求 $G_n(f) \div N_0$，在 $f/f_c = 0$、± 0.5、± 1、± 1.5 及 ± 2，並分別繪製

$G_{n_i}(f)$ 圖形。

10.1-4 如圖 10.1-2 所示，**對稱** (local symmetry) $\pm f_c$ 之低通等效函數 $H_{\ell p}(f) \triangleq H_R(f+f_c)u(f+f_c)$，具有對偶性 $|H_{\ell p}(-f)| = |H_{\ell p}(f)|$。

(a) 令 $G_{\ell p}(f) \triangleq (N_0/2)|H_{\ell p}(f)|^2$ 試證：

$$G_n(f) = G_{\ell p}(f - f_c) + G_{\ell p}(f + f_c) = \begin{cases} G_{\ell p}(f - f_c) & f > 0 \\ G_{\ell p}(f + f_c) & f < 0 \end{cases}$$

(b) 由上結果試證 $G_{n_i}(f) = 2G_{\ell p}(f)$。

10.1-5 調諧電路 $Q = f_c/B_T \gg 1$，如習題 10.1-4 中具有對偶性，$H_R(f) \approx 1/[1+j2(f-f_c)/B_T]$，$f > 0$。(a) 試求 $G_{\ell p}(f)$；(b) 試求 $\overline{n_i^2}$，並評估 $\overline{n^2}$。

10.1-6 令 $n(t)$ 為帶通雜訊其中心頻率為 f_c，$y(t) = 2n(t)\cos(\omega_c t + \theta)$，試求 $y(t)$ 中，低通的部份及帶通的部份，並求 $n(t)$ 中每部份的平均數及變異數。

10.1-7* 當 $\sigma_N = 2$ 帶通高斯雜訊，加到直流值及理想波封檢波器，試求 $y(t)$ 的輸出 PDF 及 σ_Y 值。

10.1-8 帶通高斯雜訊 σ_N^2，使用到理想平方律的元件，則 $y(t) = A_n^2(t)$，試求 $\overline{y}$、$\overline{y^2}$ 及 $y(t)$ 的 PDF。

10.1-9 令 $v_{\ell p}(t) = 1/2 [v(t) + j\hat{v}(t)]e^{-j\omega_c t}$，假設 $v(t)$ 為可傅氏轉換，試證 $V_{\ell p}(f) = \mathcal{F}[v_{\ell p}(t)] = V(f+f_c)u(f+f_c)$，並繪 $V_{\ell p}(f)$，及當 $f_c = f_1 + b$，如圖 P10.1-1 所示之 $V(f)$ 圖。

10.1-10* $H_R(f)$ 如圖 10.1-2 所示，為單位增益，令 $\alpha = 1/2$、f_c 為中心頻率的理想 BPF，由反傅氏轉換 $G_n(f)$ 及 $(-j\,\text{sgn}\,f)G_n(f)$，試求 $R_n(\tau)$ 及 $\hat{R}_n(\tau)$。再依式 (17) 得 $R_{n_i}(\tau)$，並求反傅氏轉換 $G_{n_i}(f)$。

10.1-11 $\alpha = 0$，f_c 為低截止頻率，試重做習題 10.1-10。

10.1-12 設 $G_n(f)$ 中 $\pm f_c$ 之局部對稱性，如 10.1-4 題所述，試寫出 $G_{n_i}(f)$ 及 $G_n(f)$，並證 $R_n(\tau) = R_{n_i}(\tau)\cos\omega_c\tau$ 及如式 (17)，$\hat{R}_n(\tau) = R_{n_i}(\tau)\sin\omega_c\tau$。

10.1-13 由 $E[n_q(t)n_q(t-\tau)]$ 試證式 (17)。

10.1-14 由 $E[n_q(t)n_q(t-\tau)]$ 試證式 (18)。

10.1-15 令 $G_n(f)$ 在 $\pm f_c$ 間為局部對稱性，試證 $R_{n_i n_q}(\tau) = 0$ 時：(a) 如習題 10.1-12 的相關性關係；(b) 如習題 10.1-4 的頻譜關係。

10.1-16* $H_R(f)$，如圖 10.1-2 所示，$\alpha = 0$，f_c 在低截止頻率的單位增益理想 BPF，依式 (19) 試求 $R_{n_i n_q}(\tau)$。

10.1-17 $\alpha = 1/4$，低截止頻率 $f_c - B_T/4$，重做習題 10.1-16。

10.1-18 如果輸入是一個帶通高斯雜訊，則同步偵測器的輸出表示式為何？

10.2-1* 外加雜訊 DSB 訊號，以同步檢波做解調，當 $S_R=20$ nW、$W=5$ MHz 及 $\mathcal{T}_N=10\,\mathcal{T}_0$，試求 $(S/N)_D$。

10.2-2 外加雜訊 AM 訊號，以同步檢波做解調，以 dB 來表示當 $S_x=0.4$、$S_R=20$ nW、$W=5$ MHz、$\mu=1$ 及 $\mathcal{T}_N=10\,\mathcal{T}_0$，試求 $(S/N)_D$。

10.2-3 外加雜訊 DSB 訊號。被解調會產生相位誤差 ϕ' 的檢波器及本地振盪訊號為 $2\cos(\omega_c t+\phi')$，試證 $(S/N)_D=\gamma\cos^2\phi'$。

10.2-4 設 S_p 為 DSB 或 AM 訊號的波封功率峰值，則以 $\gamma_p=S_p/N_0W$，重證式 (4b) 及 (5)。

10.2-5* $x_c(t)$ 為正交乘法器特性，其中 $x_1(t)$ 及 $x_2(t)$ 互為獨立訊號及 $\overline{x_1^2}=\overline{x_2^2}$。假設外加 AWGN 的理想接收機及用兩個同步檢波器，試求每個通道輸出訊號外加雜訊，並以 γ 來表示 $(S/N)_D$。

10.2-6 試說明為何 SSB 接收機需要頻寬 $B_T=W$ 的方形 BPF，DSB 中則不需要前置檢波濾波器。

10.2-7 $|H_R(f)|^2$ 如圖 P10.1-1 所示，$f_2=f_c$ 及 $2b=W$，則 LSSB 中試化簡式 (8)。

10.2-8 某些接收機具有相加性之 "f 分之一" 雜訊，當功率頻譜密度 $G(f)=N_0 f_c/2|f|$，$f>0$，在 USSB 及 DSB 調變中試求以 γ 與 W/f_c 來表示 $(S/N)_D$。當 $W/f_c=1/5$ 及 $1/50$，試比較其結果。

10.2-9‡ 有一解調訊號，內含相乘特性的雜訊 (multiplicative noise)，它需要很明確的後端檢波 S/N 值。另有一效能測試，稱為**常態均方誤差** (normalized mean-square error)，$\epsilon^2 \triangleq E\{[x(t)-Ky_D(t)]^2\}/S_x$，其中 K 為 $Ky_D(t)=x(t)$ 不具相乘特性，求出 $y_D(t)$ 且證明其當乘法檢波器解調有 AWGN 之 USSB 訊號時 $\epsilon^2=2[1-\overline{\cos\phi}]+1/\gamma$。乘法檢波器之局部振盪訊號為 $2\cos[\omega_c t+\phi(t)]$，其中 $\phi(t)$ 為一個緩慢漂移之隨機相角。(提示：$\overline{\hat{x}^2}=\overline{x^2}$，$\overline{x\hat{x}}=-\hat{R}_x(0)=0$，$\hat{R}_x(\tau)$ 為奇函數。)

10.2-10 試說明為何 AM 接收機在波封檢波端需要頻寬 $B_T=2W$ 的矩形 BPF。而在同步檢波中不需要前置檢波濾波器。

10.2-11* 有一 AM 系統用波封檢波且工作在臨界值，試求採用全負載單音調變，$(S/N)_D=40$ dB 時發射機須多少功率增益 (以 dB 表示)。

10.2-12 在滿載單音調變下，波封檢波在考慮 AM 系統有 $(S/N)_D=30$ dB，且頻寬 $W=8$ kHz。如果適當增加頻寬，而其他參數不變，則 W 最大值為何？

10.2-13‡ 考慮 AM 系統，波封檢波工作在臨界值之下，試求 ϵ^2 值，如習題 10.2-9 定義，$y_D(t)=y(t)$，$\overline{x^2}=1$ 及 $\bar{x}=0$，將所求以 γ 展開。

10.2-14 已知一個 DSB 系統有 $S_T=100$ W、$S_x=0.9$ 以及 $(S/N)_D=30$ dB。對具有 μ

=0.95 的等效 AM，其 S_T 為何？

10.2-15 證明式 (2) 和 (12)。

10.2-16 一個具有同步偵測器的接收機收到一個 $(S/N)_D = 4$ dB 幾乎無法辨別的訊息。已知 $S_T = 100$ W、$\mu = 0.9$ 及 $S_X = 0.5$。如果採用波封檢測，那麼最小的 S_T 值應為多少？

10.2-17 一個 $S_T = 100$ 的 DSB 產生一個幾乎無法辨別的訊號，使得 $(S/N)_D = 4$ dB。對一個具有 $\mu = 0.9$，以及 $S_X = 0.5$ 的 AM 發射機，其必要的功率是多少？

10.3-1* 外加雜訊角度調變訊號，$S_R = 10$ nW、$W = 500$ kHz 及 $\mathcal{T}_N = 10\,\mathcal{T}_0$，試分別在 PM 檢波、FM 檢波及 FM 解強調檢波中，且 $B_{de} = 5$ kHz，試求 N_D 值。

10.3-2 假設有一 n 階巴特沃斯 LPF，在 FM 接收機裡採用後端檢波濾波器，當 $n \gg 1$ 簡化時，N_D 的上限值為何？

10.3-3 一個 FM 接收機前置檢波 BPF $H_R(f)$ 如習題 10.1-5 所示，試繪 $G_\xi(f)$ 圖形，並計算 N_D 且就 $B_T \gg W$ 情況而簡化之。

10.3-4 外加雜訊 FM 訊號，$S_R = 1$ nW、$W = 500$ kHz、$S_x = 0.1$、$f_\Delta = 2$ MHz 及 $\mathcal{T}_N = 10\,\mathcal{T}_0$，在 FM 檢波及 FM 解強調檢波中且 $B_{de} = 5$ kHz，試求 $(S/N)_D$ 值。

10.3-5 試就有解強調濾波的 PM 系統，試求 $(S/N)_D$ 表示式。若 $B_{de} \gg W$ 時並簡化之。

10.3-6* 將訊號 $x(t) = \cos 2\pi 200 t$，經由無預強調濾波之 FM 送出。當 $f_\Delta = 1$ kHz，$S_R = 500\,N_0$，且後端檢波濾波器為通過 $100 \leq |f| \leq 300$ Hz 的理想 BPF，試計算 $(S/N)_D$。

10.3-7 若 FM 中有 $|H_{de}(f)|^2 = e^{-(f/B_{de})^2}$ 之高斯解強調濾波器時，試求 $(S/N)_D$ 表示式。當 $B_{de} = W/7$，求最後解強調改善因素。

10.3-8 某一 PM 系統中 $(S/N)_D = 30$ dB，當調變改變為有預強調且 $B_{de} = W/10$ 之 FM 時，而 B_T 及其他參數不變，試求 $(S/N)_D$ 值。

10.3-9 修飾式 (20) 以使其包括有解強調濾波，並重做練習題 10.3-2。

10.3-10* 就 PM 中求出如式 (20) 之表示式，並決定臨界值上 $(S/N)_D$ 之上限。

10.3-11 考慮如圖 10.3-7 中的 FMFB 接收機。設 $v(t)$ 為一無雜訊的 FM 訊號，且偏差比為 D，若取 VCO 輸出為 $2\cos[(\omega_c - \omega_{IF})t + K\phi_D(t)]$，其中 $\dot{\phi}_D(t) = 2\pi y_D(t)$。試證 IF 訊號偏差比 $D_{IF} = D/(1+K)$。

10.3-12 假設你能夠保持低於周遭輻射準位 75 nW/MHz，而且你不需有執照來進行廣播。在一般收聽區域已經測量過，對平常的 DSB 傳送，可收到的是 $(S/N)_R = 30$ dB、$W = 3$ kHz 且 $S_R = 1$ μW。設計一個 FM 系統，使得它可以對 $W = 3$ kHz 的訊息進行不需有執照的廣播。

10.3-13 對一個 FM 蜂巢式電話，我們有 $S_T \leq 3$ W，$f_\Delta = 12$ kHz，$W = 3$ kHz，$S_x = 0.5$，$f = 850$ MHz，以及細胞到發射塔的距離是 1.6 kM，那麼 N_0 的最大值是多少？

10.4-1* 有一類比通訊系統，具有 $\overline{x^2} = 1/2$，$W = 10$ kHz，$N_0 = 10^{-15}$ W/Hz，且傳輸損失 $L = 100$ dB。試求當調變為：(a) SSB；(b) AM 且 $\mu = 1$ 及 $\mu = 0.5$；(c) $\phi_\Delta = \pi$ 之 PM；(d) $D = 1$、5 及 10 之 FM，使 $(S/N)_D = 40$ dB 時所需 S_T 值。可省略 FM 情況下之解強調，但須檢視其臨界極限。

10.4-2 若 $\overline{x^2} = 1$ 且 $W = 20$ kHz，重做習題 10.4-1。

10.4-3 有一通信系統 $\overline{x^2} = 1/2$，$W = 10$ kHz，$S_T = 10$ W 且 $N_0 = 10^{-13}$ W/Hz。當調變為：(a) SSB；(b) AM 中 $\mu = 1$；(c) FM 中 $D = 2$ 及 8 時，試計算 $(S/N)_D = 40$ dB，而傳輸電纜損失 $\alpha = 1$ dB/km，所需之線路長度。

10.4-4 在 $f_c = 300$ MHz 之無線傳輸上，若發射與接收之天線增益均為 26 dB 時，重做習題 10.4-3。

10.4-5* 有一訊號之 $\overline{x^2} = 1/2$，若經由 $\mu = 1$ 及 $(S/N)_D = 13$ dB 之 AM 發射時，如調變改為 FM（無解強調）且頻寬增加但其他參數不變時，其最大可用偏差比 D 及 $(S/N)_D$ 之最後值為何？

10.4-6‡ FDM 系統中有 USSB 副載波調變及 FM 載波調變（但不附預強調）。設有 K 個獨立輸入訊號，每一訊號之頻寬為 W_0，且副載波頻率為 $f_k = (k-1)W_0$，$k = 1, 2, \ldots, K$。在 FM 調變上之基頻帶訊號為 $x_b(t) = \sum \alpha_k x_k(t)$，其中 α_k 為常數，而 $x_k(t)$ 為第 k 個副載波訊號。每一個副載波 $\overline{x_k^2} = 1$。在接收機上鑑別器是接在 BPF 及同步檢波之後。利用 SSB 之前置檢波及後端檢波之 S/N 相等特性，證明第 k 頻道之輸出有 $(S/N)_k = f_\Delta^2 \alpha_k^2 / N_k$，其中 $N_k = (3k^2 - 3k + 1)N_0 W_0^3 / 3 S_R$。

10.4-7‡ 在習題 10.4-6 中，選擇 α_k 使其 $\overline{x_b^2} = 1$ 且所有頻道均有相同輸出 S/N。試求在此條件下，α_k 及 $(S/N)_k$ 之表示式。

10.4-8‡ 考慮有一 FM 立體多工系統，為了分析方便，預強調濾波可能在列陣之後做，而解強調則在列陣之前做。假設預強調輸入訊號為 $x_1(t) = x_L(t) + x_R(t)$ 及 $x_2(t) = x_L(t) - x_R(t)$，而列陣之前解強調輸出為 $y_1(t) = f_\Delta x_1(t) + n_1(t)$ 及 $y_2(t) = f_\Delta x_2(t) + n_2(t)$，其最後輸出為 $y_1(t) \pm y_2(t)$。(a) 試證當 $W = 15$ kHz，$B_{de} =$

2.1 kHz 時，$n_2(t)$ 之功率頻譜密度為 $|H_{de}(f)|^2(N_0/S_R)(f^2+f_0^2)\prod(f/2W)$，其中 $f_0=38$ kHz 且 $\overline{n_2^2} \gg \overline{n_1^2}$；(b) 若取 $\overline{x_L x_R}=0$ 及 $\overline{x_L^2}=\overline{x_R^2}\approx 1/3$——若引示訊號很小時，其 $\overline{x_b^2}\approx 1$——證明立體傳輸中，每個頻道之 $(S/N)_D$ 大約比單音傳輸之 $(S/N)_D$ 少 20 dB。

10.4-9* 已知一個語音 DSB 訊號有 $S_T=100$ W，使得 $(S/N)_D=30$ dB。對一個作為備援，使用具有 $W=100$ Hz、$(S/N)_D=15$ dB 的二元開關鍵移系統，其所需的輸出功率為何？

10.4-10 最早的高等電話系統 (AMPS) 使用 $f_\Delta=12$ kHz 以及 $S_T \leq 3$ W 的 FM。假設 $(S/N)_D \geq 30$ dB、$W=3$ kHz 且 $S_x=1$，對等效的 DSB 系統，其 S_T 值應為多少？

10.4-11 對具有 $\mu=0.90$ 的 AM，重做習題 10.4-10。

10.4-12 證明為什麼 AM 和 SSB 不適合傳送具有 DC 或是低頻內容的訊息。

10.6-1* 單一通道外加雜訊 PPM 訊號，$S_x=0.4$、$S_R=10$ nW、$W=500$ kHz、$f_s=1.2$ MHz、$t_0=\tau_0=0.1T_s$、$B_T=10$ MHz 及 $\mathcal{T}_N=10\,\mathcal{T}_0$。試求 $(S/N)_D$ 值 (以 dB 表示)。

10.6-2 單一通道外加雜訊 PDM 訊號，$S_x=0.1$、$W=100$ Hz、$f_s=250$ Hz、$\mu=0.2$、$\tau_0=T_s/50$、$B_T=3$ kHz 及 $\mathcal{T}_N=50\,\mathcal{T}_0$。試求當 $(S/N)_D \geq 40$ dB 時 S_R 值。

10.6-3 PPM 基頻傳輸 $B_T=20W$ 試求 $(S/N)_D$ 高邊限值。並與 $t_0=0.3T_s$、$\tau=0.2T_s$ 及 $f_s=2.5W$ 做比較。

10.6-4 如果以多工波形中之平均功率來重寫 A^2 時，則在一個 PPM-TDM 系統的每一輸出仍可保持式 (5)。使用此種方法求出當 $S_x=1$，$W=3.2$ kHz，$f_s=8$ kHz，$\tau=T_s/50$，$B_T=400$ kHz 及標記期間 3τ 時 $(S/N)_D$ 之值。以 $\gamma/9$ 表示你的結果，因它有九個發射訊號。

10.6-5 考慮 M-通道，每個均為 TDM-PPM 系統，保護時間 $T_g=\tau \geq 1/B_T$ 及無同步標記，則 $S_R=Mf_sA^2\tau$。以式 (5) 試證 $(S/N)_D < (1/8)(B_T/MW)^2 S_x(\gamma/M)$。

11

基頻帶數位傳輸

摘 要

11.1 數位訊號與系統 Digital Signals and Systems
- 數位 PAM 訊號 (Digital PAM Signals)
- 傳輸極限 (Transmission Limitations)
- 數位 PAM 的功率頻譜 (Power Spectra of Digital PAM)
- 預碼的頻譜整形 (Spectral Shaping by Precoding)

11.2 雜訊與誤差 Noise and Errors
- 二進位誤差概率 (Binary Error Probabilities)
- 再生中繼器 (Regenerative Repeaters)
- 匹配濾波器 (Matched Filtering)
- 相關性偵測器 (Correlation Detection)
- M-次元誤差概率 (M-ary Error Probabilities)

11.3 帶寬限制的數位 PAM 系統 Bandlimited Digital PAM Systems
- 奈奎斯脈波整形 (Nyquist Pulse Shaping)
- 最佳終端濾波器 (Optimum Terminal Filters)

- 等化器 (Equalization)
- 相關性的編碼 (Correlative Coding)

11.4 同步技術　Synchronization Techniques
- 位元同步 (Bit Synchronization)
- 亂碼器與 PN 碼產生器 (Scramblers and PN Sequence Generators)
- 碼框同步 (Frame Synchronization)

本章旨在討論數位通訊系統，首先談到數位通訊優於類比通訊，數位通訊中首重基頻傳輸，強調觀念與數位通訊的問題，是否有載波，與類比通訊差別點。接著討論數位訊號與系統，外加雜訊與傳輸頻寬。最後，在實用設計上的需要考慮，如再生式轉播器、等代器及同步等問題。

從上面所述，我們一定要問，數位系統比類比系統好些什麼？一般而言，在類比系統中只要一些元件即可組合而成，而數位系統需要更多的硬體配件。諸如，類比的 LPF，只需用一個電阻及電容即可。而數位則需要類比轉數位轉換器 (ADC)、數位訊號處理器 (DSP)、數位對類比轉換器 (DAC) 及 LPF 等。儘管，在數位方面增加複雜度，還是可歸納如下優點：

1. **穩定度** 數位系統是一種非時變系統。而系統的一些參數均固定存在演算法中，如需要改變或者想要得一些比較準確的值時，系統必須重新設定。系統的類比硬體、訊號的一些參數會因為外界溫度及環境因素而改變。
2. **具彈性度** 數位的硬體易於更改，可因系統改變而更換，數位訊號的處理與語法比較有效率，如：(a) 訊號衰減改善；(b) 錯誤校正及偵測，使資料更為準確；(c) 易於加密及安全工作；(d) 易於壓縮及移除多餘的部份；(e) 易處理多工技術，如語音、圖像、視訊、文字等方面。更進一步可說，易處理及易更改為其重要特點。
3. **具可靠再生** 類比訊息經通道之後，即產生衰減、失真及雜訊等問題。如放大器，經放大器工作之後，訊號與雜訊一齊放大，致使失真加大。失真漸增加，有如影印後再影印的現象，失真會加劇。在數位系統中有再生式中繼器，讓資料回復原貌，可讓訊號再生，哪怕是經過通道之後，可靠度仍然很高。

在此可說，我們可以將數位系統中恰當的 ADC 及 DAC 步驟則可當做一個類比通訊系統使用，且保證它仍然具有數位系統諸多優點。

■ 本章目標

經研讀本章及做完練習之後，您應該會得到如下的收穫：

1. 數位通訊優於類比通訊的方法。
2. 數位 PAM 波時計算振幅數列的平均數及變異數。(11.1 節)
3. 可找出及描繪非相關性訊息符號數位波形的功率頻譜。(11.1 節)
4. 描繪一個數位再生器的條件 PDF，由一雜訊 PDF 來表示誤差概率密度。(11.2 節)
5. 當一個無失真通道及白雜訊的 M-次元系統中，可算出其位元誤差密度。(11.2 節)

6. 以奈奎脈波形在 M-次元系統討論相關的傳輸頻寬、訊號速率及位元速率。(11.3 節)
7. 決定一數位基頻系統在規格工作下的參數。(11.2 及 11.3 節)
8. 了解數位亂碼及同步，並可完成。(11.4 節)
9. 利用回授法及 n-位元的暫存器，可完成最長數列碼產生器及特性討論。(11.4 節)
10. 找出上項的輸出碼的做法及初始條件。(11.4 節)

11.1 數位訊號與系統

基礎上，數位訊息不只是一個離散資訊源產生**階次符號數列** (ordered sequence of symbols) 而已。此訊號源可用 $M \geq 2$ 的不同符號**字母** (alphabet) 表示，且可由一些平均**速率** (rate) r 上產生輸出符號。如典型的計算機終端機有一個 $M \approx 90$ 個符號字母，就其移位鍵而言，正好等於文字鍵乘二的數目。當你以最快的可能速率操作終端機時，你可成為一個以每秒約 $r \approx 5$ 個符號之速率產生數位訊息的離散訊息。而計算機則以恰好為 $M=2$ 的符號工作，正好以高或低來表示。我們通常以二進位 (binary digits) 0 或 1 來表示，即是以位元 (bit) 表現之。計算機內部資料轉換率可能超過 $r = 10^8$。

數位通訊系統的主要目標就是數位訊息從發訊源轉到受訊端。但是，有限頻寬中有傳輸符號率的上限值，且由雜訊造成的誤差會出現在輸出訊息上。因此，在數位通訊中的**訊號率** (signaling) 及**誤差概率** (error probability) 與類比通訊中的頻寬及訊雜比均具有同等重要的地位。在準備分析訊號率及誤差概率時，必須先描述系統概況及數位訊號的特性。

數位 PAM 訊號

在基頻帶中，通常取**振幅脈波調變串列** (amplitude-modulated pulse train)，可表為：

$$x(t) = \sum_k a_k p(t - kD) \tag{1}$$

其中，a_k 表示振幅，在訊息序列中第 k 個符號，所以，振幅是一組 M 個的離散組合。若無其他敘述，則指數 k 的範圍 $-\infty$ 至 $+\infty$。式 (1) 所定義的數位 PAM 訊號，是依數位通訊中以脈波週期調變及脈波位置調變的傳輸速率來決定。

未調變波 $p(t)$ 可能為矩形或其他的形狀,其條件為:

$$p(t) = \begin{cases} 1 & t = 0 \\ 0 & t = \pm D, \pm 2D, \ldots \end{cases} \qquad \text{(2)}$$

此一條件確定可以於 $t=KD$,$K=0$,± 1,± 2,……,週期性地取樣 $x(t)$,將訊息恢復,因為:

$$x(KD) = \sum_k a_k p(KD - kD) = a_K$$

如果 $\tau \leq D$,則矩形脈波 $p(t) = \prod(t/\tau)$,可滿足式 (2);就像 $|t| \geq D/2$ 時,$p(t)=0$ 的任何時限脈波一樣。

注意 D 不需要等於脈波期間,但是要略等於脈波與脈波的間隙,或是分配至一個符號的時間。因此,訊號率為:

$$r \triangleq 1/D \qquad \text{(3a)}$$

式中之單位為每秒幾個符號數或為**鮑率** (baud),特別重要的是二元訊號 ($M=2$),我將位元期間寫成 $D=T_b$,且位元率為[†]:

$$r_b = 1/T_b \qquad \text{(3b)}$$

單位可寫為每秒位元數,簡寫為 bps 或 b/s。其中 T_b 及 r_b 只用於二進位訊號時可確認其結果。

如圖 11.1-1 所示為二進位訊息 10110100 的各種 PAM **格式** (formats),它是取矩形脈波。a 部份表示簡單**斷續** (on-off) 波形以"斷"(off) 脈波 ($a_k=0$) 代表為 0,且由一個振幅 $a_k=A$ 及期間為 $T_b/2$ 之後又再回到零位準"續"(on) 脈波來代表為 1。因此,我們稱之為**歸零** (return-to-zero, RZ) 格式。**非歸零** (nonreturn-to-zero, NRZ) 格式在全部位元期間 T_b 內有"續"脈波,如圖虛線所示。通常計算機內部的波形就是此種形式。NRZ 格式可將更多的能量置入每一個脈波中,但是在接收機中必須同步,因為在相鄰的脈波間並無間隔。

斷續訊號之單極性質導致直流分量不帶任何訊息,且會消耗功率。b 部份中的**極性** (polar) 訊號,不論是 RZ 或 NRZ 皆有相反極性的脈波,所以訊息中 0 與 1 數相等時,其直流成份為零。此一特性在 c 部份**雙極性訊號** (bipolar) 亦同,其中連續的 1 以交變極性的脈波來表示,此種雙極性格式稱為**假像三進位** (pseudo-trinary) 或是**交換標記轉換** (alternate mark inversion, AMI),可以省略由於傳輸符號轉換造成不明確狀況──如電話交換鏈路的問題特徵。

[†] 位元率較為通用的符號 R 會有和自相關函數以及 16 章所定義的資訊率混淆的風險。

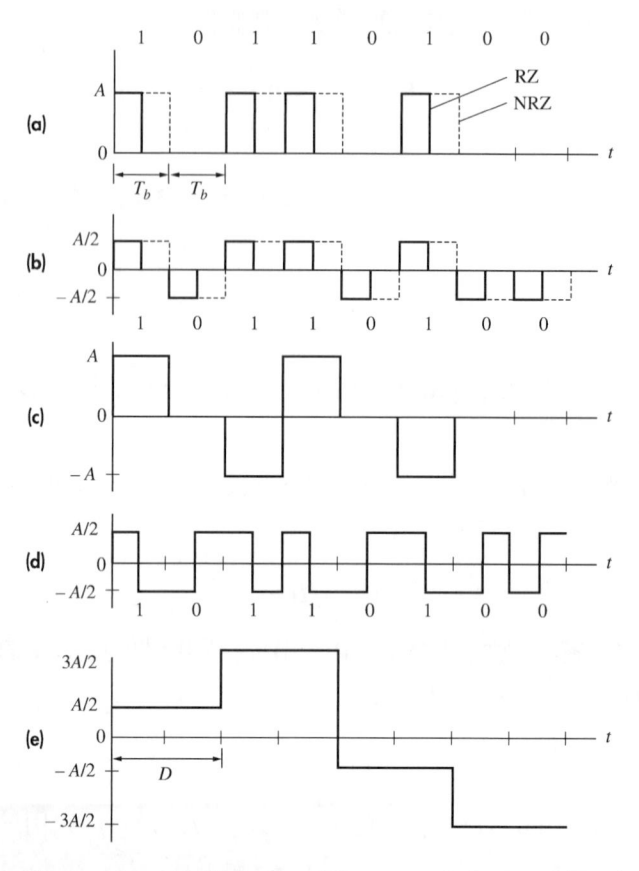

圖 11.1-1 矩形脈波的二進位 PAM 格式：(a) 單極 RZ 及 NRZ；(b) 極性 RZ 及 NRZ；(c) 雙極性 NRZ；(d) 分相曼徹斯特；(e) 極性四分式 NRZ。

　　d 部份為**分相曼徹斯特** (split-phase manchester) 格式，以負半間隔脈波隨附於正半間隔脈波之後的代表 1，而以相反的情形代表 0，此種格式亦稱為**雙二進位** (twinned binary)。它可確保直流分量為 0 與訊息序列無關。此時，接收機必須保持極性絕對的意義。

　　最後，如圖 11.1-1 e 為一種將訊息分為兩個區段，並用四個振幅準位代表四個可能的組合 00、01、10 及 11 的**四分式** (quaternary) 訊號。當 $D=2T_b$ 且 $r=r_b/2$。不同的分配規格或碼，可使 a_k 與聚集的訊息位元產生一定的關係。如表 11.1-1 中所示兩種碼。格雷碼就雜訊感應產生誤差而言較具優點，因為準位對準位改變每次只差 1 個位元。

　　四分式碼可轉為 **M-次元碼** (M-ary)，其中 n 訊息位元區段以 M 準位波形替代，可寫為：

$$M = 2^n \tag{4a}$$

表 11.1-1

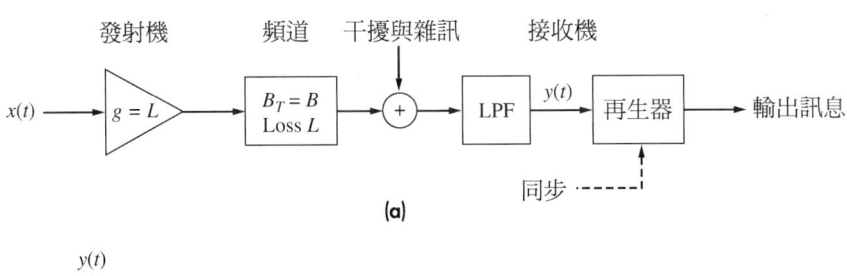

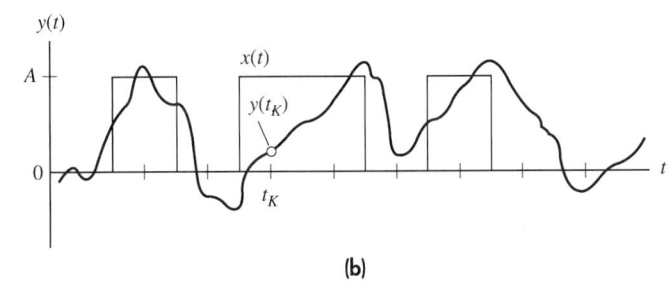

a_k	自然碼	格雷碼
$3A/2$	11	10
$A/2$	10	11
$-A/2$	01	01
$-3A/2$	00	00

圖 11.1-2　(a) 基頻帶傳輸系統；(b) 訊號加雜訊波形。

因為每一脈波對應 $n=\log_2 M$ 位元，故 M-次元訊號率可被減為：

$$r = \frac{r_b}{\log_2 M} \tag{4b}$$

其中增加訊號功率將必須要求振幅準位來保持相同的間隔。

▓ 傳輸極限

如圖 11.1-2a 中所示為線性基頻帶傳輸系統。為方便起見，假定發射機放大器可補償傳輸損失，並把所有干擾加到雜訊上。低通濾波可移除一些帶外的訊號，則訊號加雜訊的波可寫為：

$$y(t) = \sum_k a_k \tilde{p}(t - t_d - kD) + n(t)$$

其中 t_d 為傳輸延遲及 $\tilde{p}(t)$ 表示有傳輸損失的脈波形狀。如圖 11.1-2b 表示 $x(t)$ 如圖 11.1-1a 的單極 NRZ 訊號，$y(t)$ 被看出的波形。

$y(t)$ 能恢復成原來訊息，得靠**再生器** (regenerator)，輔助同步訊號經由再生過程確認最佳取樣時間：

$$t_K = KD + t_d$$

假設 $\tilde{p}(0)=1$，則：

$$y(t_K) = a_K + \sum_{k \neq K} a_k \tilde{p}(KD - kD) + n(t_K) \tag{5}$$

其中第一項為想要的訊息資料，(5) 式中的最後一項是在 t_K 時的雜訊汙染，而中間項代表的是來自其他訊號所造成的串音或是外溢效果——這種現象稱之為**符號間的干擾** (inter-symbol interference, ISI)。說得明白一點，ISI 是當通道的頻寬遠小於訊號的頻寬時所造成的。換個另外方式來說，通道脈波響應函數的持續時間要遠比訊號的脈波寬度來得長。雜訊與 ISI 的組合效應會造成再生訊息的錯誤。例如，在圖 11.1-2b 中所示的取樣時間 t_K，儘管 $a_K=A$，$y(t_K)$ 的值近似於 0。

我們知道，如果 $n(t)$ 來自白雜訊源，其可以減少 LPF 頻寬的方式來降低均方值。我們也知道低通濾波會造成脈波的擴展，會增加 ISI 的影響。因此可知，數位傳輸基本限制是 ISI、頻寬及訊號率間的關係。

此種問題早在電報時代，Harry Nyquist (1924, 1928a) 第一次說明如下：

> 就一個頻寬為 B 的理想低通頻道，它可能以 $r \leq 2B$ 鮑之速率發射獨立符號而無內部符號干擾，不可能以 $r > 2B$ 鮑之速度，發射獨立符號。

如果要求 $p(t)$ 的期間 $\tau \leq D=1/r$ 時，條件 $r \leq 2B$ 與 3.4 節中的脈波解規則 $B \geq 1/2\ \tau_{min}$ 相同。

奈奎斯第二部份說明即假設 $r=2(B+\epsilon) > 2B$。現在假設訊息序列正好由交替的符號形成，如 101010……。因此，最後的波形 $x(t)$ 為週期等於 $2D=2/r$ 及包含基本頻率 $f_0=B+\epsilon$ 及諧波。因為沒有比 B 更高的頻率通過頻道，其輸出訊號為零——除了一個可能毫無作用的直流分量。

以最大訊號速率 $r=2B$ 發出訊號，並要求特別的脈波形狀，則弦脈波可表為：

$$p(t) = \text{sinc } rt = \text{sinc } t/D \tag{6a}$$

則頻帶限制頻譜：

$$P(f) = \mathcal{F}[p(t)] = \frac{1}{r} \Pi\left(\frac{f}{r}\right) \tag{6b}$$

由於 $|f| > r/2$ 時 $P(f)=0$，所以此脈波並不會受 $B \geq r/2$ 的理想低通頻率響應所

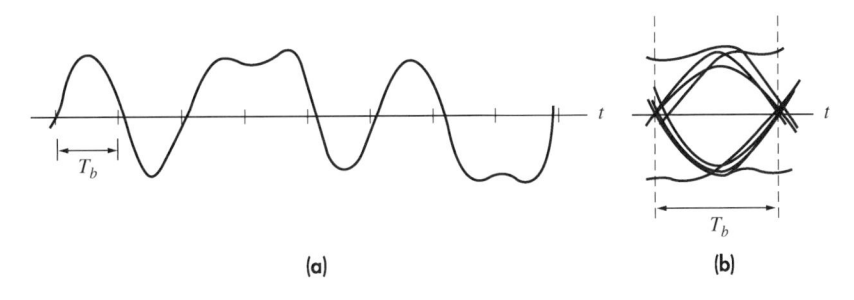

圖 11.1-3 (a) 失真的極性二進位訊號；(b) 眼譜。

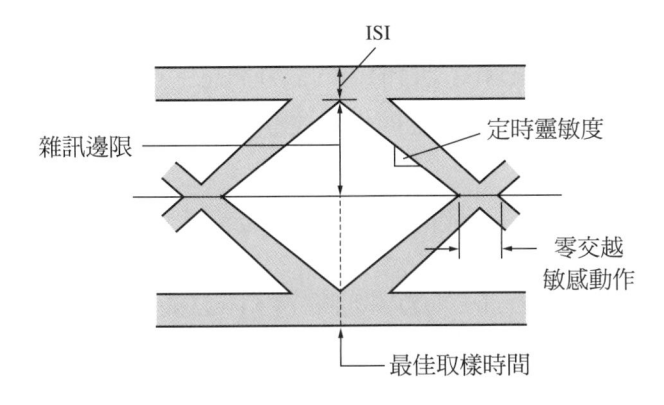

圖 11.1-4 一般化的二進位眼譜。

引起的失真，且我們可取 $r=2B$。雖然，$p(t)$ 並非時限，在 $t=\pm D, \pm 2D, \cdots$，時具有週期性的零交越 (periodic zero crossings)，且能滿足式 (2) (如圖 6.1-6 特性說明)。奈奎斯以間隔為 $D > 1/2B$，即 $r < 2B$ 的週期性零交越推導出其他頻帶限制脈波，在 11.3 節再加以討論，並在 11.2 節中先行討論有關雜訊及誤差。

在真實使用上時，都須將頻道等化以近似理想的頻率響應。此類等化器須現場調整，因為無法預測頻道的特性，故須如此。一種很重要的試驗顯示稱為**眼譜** (eye pattern)，它可使數位傳輸限制更加清楚。

如圖 11.1-3a 可知，考慮失真但無雜訊的極式二進位訊號。當它顯示在連續性較長的示波器上，且調以最適當的同步及掃描時間時，可得到如圖 11.1-3b 所示的連續符號區間的重疊。此種重疊式形狀即稱為"眼譜"。由失真的 M-次元訊號造成 $M-1$ 個垂直推疊而成"眼"譜。

如圖 11.1-4 表示一個標有確認有效特徵的一般化二進位眼譜，在最佳取樣時間，可以相對應眼睛最開的時候。如 ISI 在最閉的眼譜中，即表示雜訊大，亦即**雜訊邊限** (noise margin) 下降。如果自零交越中推導到同步，則零交越失真將產生**敏感動作** (jitter)，同時造成非最佳取樣時間。在零交越之眼譜斜率，表示對定時誤差的靈敏度。最後，對於非線性傳輸失真會顯現出非對稱或"斜視"的眼譜。

練習題 11.1-1

當 $p(t)=\text{sinc}^2 at$ 時,試求 r 與 B 的關係。

■ 數位 PAM 的功率頻譜

脈波頻譜 $P(f)=\mathcal{F}[p(t)]$ 可提供一些提示關於數位 PAM 訊號 $x(t)$ 之功率頻譜。假設 $p(t)=\text{sinc}\, rt$ 為例,則式 (6b) $P(f)$ 可含有當 $|f|>r/2$ 時 $G_x(f)=0$。故對 $G_x(f)$ 詳加了解,可提供與數位傳輸有關及有價值的額外訊息。

在第 9 章中,令 $p(t)=\prod(t/D)$ 之簡化隨機數位波形,其條件可為:

$$E[a_k a_i] = \begin{cases} \sigma_a^2 & i=k \\ 0 & i \neq k \end{cases}$$

其中,我們發現 $G_x(f)=\sigma_a^2 D\, \text{sinc}^2 fD$。則將 $P(f)=D\,\text{sinc}\, fD$ 代入,可寫為:

$$G_x(f) = \frac{\sigma_a^2}{D}|P(f)|^2 \tag{7}$$

當 a_k 為非相關特性且零平均值,此公式對任何有脈波頻譜 $P(f)$ 的數位 PAM 訊號均成立。

在一般情況下,單極訊號格式中 $\overline{a_k} \neq 0$,我們無法不確立其訊息源,能產生非相關特性的符號。因此,更實際取近似模式以離散式靜態隨機過程,取 a_k 的整體平均,則自相關函數可表為:

$$R_a(n) = E[a_k a_{k-n}] \tag{8}$$

上式靜態隨機訊號 $v(t)$ 的類比式可寫為 $R_v(\tau)=E[v(t)v(t-\tau)]$,式中反應出數位序列中離散時間的特性且 n 及 k 均為整數。

數位 PAM 的訊號 $x(t)$,具脈波頻譜 $P(f)$ 及振幅自相關特性 $R_a(n)$,其功率頻譜可寫為:

$$G_x(f) = \frac{1}{D}|P(f)|^2 \sum_{n=-\infty}^{\infty} R_a(n) e^{-j2\pi nfD} \tag{9}$$

式中看似繁雜,當 $R_a(0)=\sigma_a^2$ 及 $R_a(n)=0$ 且 $n \neq 0$ 時,式 (9) 可簡化成式 (7)。在無相關特性訊息符號情況下,$\overline{a_k}=m_a \neq 0$ 時,可改寫為:

$$R_a(n) = \begin{cases} \sigma_a^2 + m_a^2 & n=0 \\ m_a^2 & n \neq 0 \end{cases} \tag{10}$$

而且

$$\sum_{n=-\infty}^{\infty} R_a(n)e^{-j2\pi nfD} = \sigma_a^2 + m_a^2 \sum_{n=-\infty}^{\infty} e^{-j2\pi nfD}$$

取卜瓦松 (Poisson) 的總和公式：

$$\sum_{n=-\infty}^{\infty} e^{-j2\pi nfD} = \frac{1}{D}\sum_{n=-\infty}^{\infty} \delta\left(f - \frac{n}{D}\right)$$

且因此

$$G_x(f) = \sigma_a^2 r|P(f)|^2 + (m_a r)^2 \sum_{n=-\infty}^{\infty} |P(nr)|^2 \delta(f - nr) \tag{11}$$

當 $r=1/D$ 代入，且可利用脈波乘式的取樣性質。

由式 (11) 重要的結果顯示，除非 $m_a=0$，或是 $f=nr$ 時 $P(f)=0$，否則 $x(t)$ 的功率頻譜必包括訊號率 r 的諧波上各脈波。因此，$x(t)$ 須加至一些諧波之一的窄頻 BPF (或 PLL 濾波器)，可求得一同步訊號，在 $G_x(f)$ 中求得總平均功率 $\overline{x^2}$，可寫為：

$$\overline{x^2} = \sigma_a^2 r E_p + (m_a r)^2 \sum_{n=-\infty}^{\infty} |P(nr)|^2 \tag{12}$$

其中 E_p 為 $p(t)$ 的能量。以式 (12) 及以後各式，除相反資訊外，均符合式 (10) 的狀況。

由 9.2 節式 (7)，功率頻譜定義可推出式 (9)，可寫為：

$$G_x(f) \triangleq \lim_{T\to\infty} \frac{1}{T} E[|X_T(f)|^2]$$

式中 $X_T(t)=x(t)$ 為斜截取樣函數，若 $|t|<T/2$，取傅氏轉換。其次設 $T=(2K+1)D$，$K\to\infty$ 時 $T\to\infty$。若 $K\gg 1$，則：

$$x_T(t) = \sum_{k=-K}^{K} a_k p(t - kD)$$

$$X_T(f) = \sum_{k=-K}^{K} a_k P(f) e^{-j\omega kD}$$

及

$$|X_T(f)|^2 = |P(f)|^2 \left(\sum_{k=-K}^{K} a_k e^{-j\omega kD}\right)\left(\sum_{i=-K}^{K} a_i e^{+j\omega iD}\right)$$

交換期望值與總和之後，可得：

$$E[|X_T(f)|^2] = |P(f)|^2 \rho_K(f)$$

其中

$$\rho_K(f) = \sum_{k=-K}^{K} \sum_{i=-K}^{K} E[a_k a_i] e^{-j\omega(k-i)D}$$

式中 $E[a_k a_i] = R_a(k-i)$。

由雙重 $\sum$ 中可化簡為單一 $\sum$，$\rho_K(f)$ 可寫為：

$$\rho_K(f) = (2K+1) \sum_{n=-2K}^{2K} \left(1 - \frac{|n|}{2K+1}\right) R_a(n) e^{-j\omega nD}$$

代入到 $G_x(f)$ 定義內，可得：

$$G_x(f) = \lim_{K \to \infty} \frac{1}{(2K+1)D} |P(f)|^2 \rho_K(f)$$
$$= \frac{1}{D} |P(f)|^2 \sum_{n=-\infty}^{\infty} R_a(n) e^{-j\omega nD}$$

如式 (9) 所述。

範例 11.1-1　單極 RZ 訊號的功率頻譜

試求功率頻譜，如圖 11.1-1a 所示，為單極二進位 RZ 訊號，$p(t) = \prod(2r_b t)$ 可寫為：

$$P(f) = \frac{1}{2r_b} \operatorname{sinc} \frac{f}{2r_b}$$

如果訊號源位元出現率相等，且為統計獨立，則 $\overline{a_k} = A/2$，$\overline{a_k^2} = A^2/2$，則式 (10) 可寫為：

$$m_a^2 = \sigma_a^2 = \frac{A^2}{4}$$

利用式 (11)，可求出功率頻譜為：

$$G_x(f) = \frac{A^2}{16 r_b} \operatorname{sinc}^2 \frac{f}{2r_b} + \frac{A^2}{16} \sum_{n=-\infty}^{\infty} \left(\operatorname{sinc}^2 \frac{n}{2}\right) \delta(f - n r_b)$$

式中 $f \geq 0$，可繪成圖 11.1-5，偶諧波無脈波，因 $n = \pm 2, \pm 4, \cdots\cdots$ 時，$P(nr_b) = 0$。

理論上，用式 (12) 可解 $\overline{x^2}$。由於 0 及 1 出現機率均等，故 $\overline{x^2} = A^2/4$ 之波形

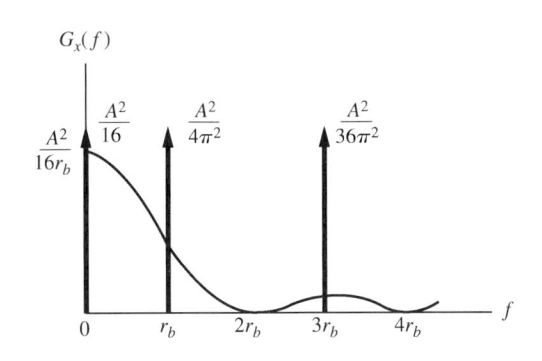

圖 11.1-5 單極 RZ 之功率頻譜。

可解。

練習題 11.1-2

就 $p(t)=\prod(r_b t)$，修正範例 11.1-1，為 NRZ 之波形，試證當 $f=0$，$G_x(f)$ 為唯一脈波。

■ 預碼的頻譜整形

振幅序列的統計量 a_k 與訊息序列的不同運算為**預碼** (precoding)。通常，預碼的目的經由 $R_a(n)$ 將功率頻譜加以整形，與 $P(f)$ 有所區別。為了實現統計式頻譜整形的能力，由式 (9) 重寫可得：

$$G_x(f) = r|P(f)|^2\left[R_a(0) + 2\sum_{n=1}^{\infty} R_a(n)\cos(2\pi nf/r)\right] \tag{13}$$

其中應用 $R_a(-n)=R_a(n)$ 的特性。

一般 $x(t)$ 發射到頻道時，對於低頻響應較差——有可能為語音頻道。此時加以預碼，我們可以得到式 (13) 等於零，當 $f=0$，其中消去了 $G_x(f)$ 中的直流成份而不考慮 $P(f)$ 的脈波頻譜。如圖 11.1-1c 中可知，它是為雙極訊號格式，亦即表示為除去直流成份的預碼技術。

雙極訊號有三個振幅值，$a_k=+A$、0、$-A$，假設訊息中 0 與 1 極為相似時，則振幅概率可表為 $P(a_k=0)=1/2$ 及 $P(a_k=+A)=P(a_k=-A)=1/4$，因此，振幅統計量與訊息統計量是不同的。更進一步說，假設訊息位元的非相關性可得振幅相關性，可表為：

$$G_x(f)$$

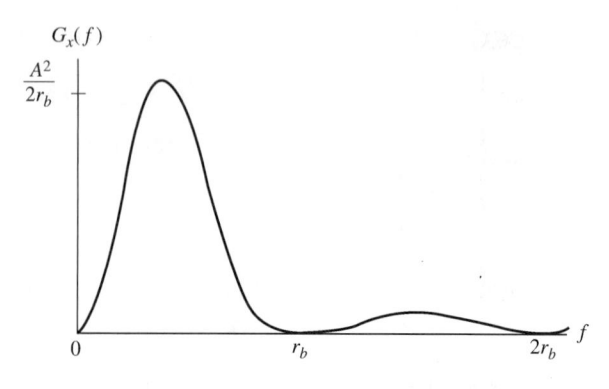

圖 11.1-6　雙極訊息的功率頻譜。

$$R_a(n) = \begin{cases} A^2/2 & n = 0 \\ -A^2/4 & n = 1 \\ 0 & n \geq 2 \end{cases} \tag{14a}$$

因此：

$$G_x(f) = r_b|P(f)|^2 \frac{A^2}{2}(1 - \cos 2\pi f/r_b) \tag{14b}$$

$$= r_b|P(f)|^2 A^2 \sin^2 \pi f/r_b$$

其中 $p(t) = \prod(r_b t)$，如圖 11.1-6 所示。

可移除直流成份另外兩種預碼技術為分相曼徹斯特格式 (如圖 11.1-1d) 及 HDBn 為一種高密度雙極性碼 (high-density bipolar codes)。此種 HDBn 的方法是無論何時訊息源產生連續 n 個 0 時，可用一個特別脈波序列來取代，並消除長的訊號 "間隙" 的雙極碼。

練習題 11.1-3

若 $p(t) = \text{sinc } r_b t$，試繪出雙極訊號 $G_x(f)$，並證明 $\overline{x^2} = A^2/2$。

11.2　雜訊與誤差

本節要討論基頻帶數位傳輸中的雜訊、誤差及誤差概率，以二進位先行討論後推到 M-次元的訊號。

首先，我們先假設頻道為無損失的頻道，所以接收的訊號不受 ISI 的影響。其次

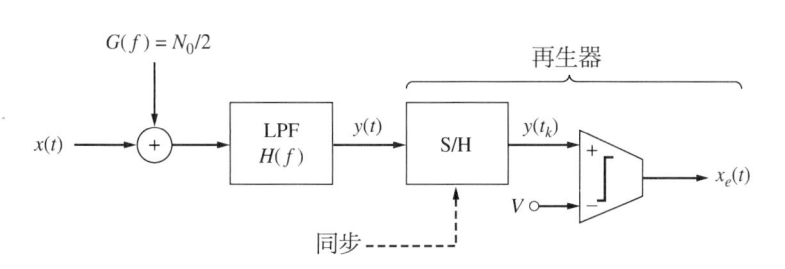

圖 11.2-1 基頻帶二進位接收機。

我們亦假設外加雜訊為零平均值加成白雜訊，及與訊號無關。(有些條件之下的限制，下一節再討論。)

二進位誤差概率

如圖 11.2-1 所示為基頻帶二進位接收機的操作圖。所接收到訊號及外加雜訊的訊號一齊被加到低通濾波器中，此濾波器轉移函數會移去其他雜訊，不致產生 ISI 的影響，並設計最佳取樣時間去觸發取樣–保持 (sample-and-hold, S/H) 裝置，則 $y(t)$ 可表為：

$$y(t_k) = a_k + n(t_k)$$

以一固定臨界值準位 V 與 $y(t_k)$ 的連續值做比較，而完成再生過程。假設 $y(t_k) > V$，則比較器為高值，以指示為 1；如果 $y(t_k) < V$ 時，比較器為低值指示為 0。再生器像一個類比對數位轉換器，它可把外加雜訊的類比波形 $y(t)$ 轉成為無雜訊的數位訊號 $x_e(t)$，而 $x_e(t)$ 具有偶然性的誤差。

開始以 $x(t)$ 為單極訊號來分析；而此單極訊號中，$a_k = A$ 代表訊號位元 1，而 $a_k = 0$ 則代表訊息位元為 0。直覺上，臨界值應設在中間準位，亦即 $0 < V < A$。如圖 11.2-2 所示，圖中波形可以說明訊號的再生過程。當 $a_k = 0$ 時，由於正雜訊的衝擊而造成 $y(t_k) > V$；當 $a_k = A$ 時，由於負雜訊的衝擊而造成 $y(t_k) < V$，此時即可表示誤差的產生。

為說明誤差概率，設隨機變數 Y 表示取樣時間 $y(t_k)$ 且 n 表示 $n(t_k)$ 時之隨機變數。Y 的概率密度函數很明顯是含雜訊 PDF，但它是依訊號脈波存在與否而定。因此，我們必須依條件概率來處理。在特別的情況下，若 H_0 為表示 $a_k = 0$ 及 $Y = n$ 的假設時，我們可寫出其條件 PDF，可寫為：

$$p_Y(y|H_0) = p_N(y) \qquad \textbf{(1a)}$$

其中 $p_N(n)$ 為雜訊 PDF。同理，H_1 表示 $a_k = A$ 及 $Y = A + n$ 的假設時：

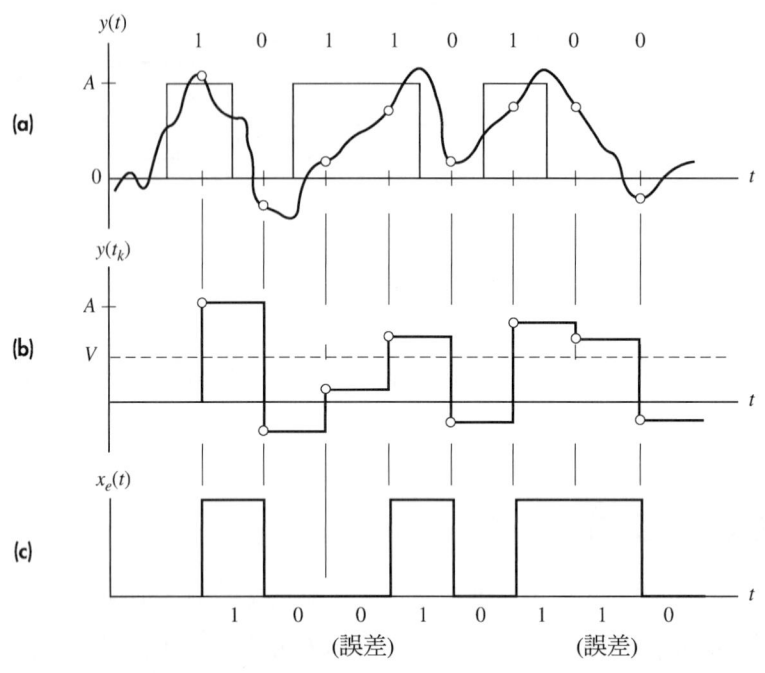

圖 11.2-2 單極訊號之再生：(a) 訊號加雜訊；(b) S/H 輸出；(c) 比較器輸出。

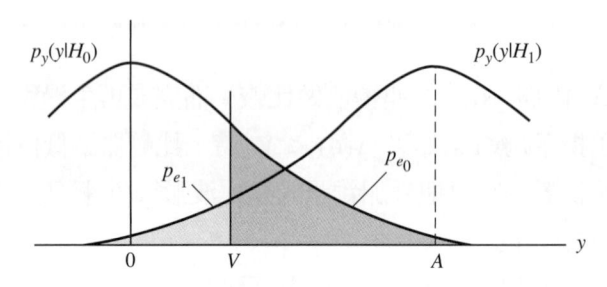

圖 11.2-3 決定臨界值及誤差概率的條件 PDF。

$$p_Y(y|H_1) = p_N(y - A) \tag{1b}$$

式中令 $n = y - A$ 時由 $p_N(n)$ 線性轉換求得。

如圖 11.2-3 所示為典型 $p_Y(y|H_0)$ 及 $p_Y(y|H_1)$ 在臨界 V 時的曲線。比較器執行下述的判定規則 (decision rule)：

若 $Y < V$ 時，選擇前提 $H_0(a_k = 0)$。
若 $Y > V$ 時，選擇前提 $H_1(a_k = A)$。

(我們將邊界情況 $Y=V$ 給予忽略,因發生的概率極低。) 則相對應再生誤差概率可寫為:

$$P_{e0} \triangleq P(Y > V|H_0) = \int_V^\infty p_Y(y|H_0)\, dy \tag{2a}$$

$$P_{e1} \triangleq P(Y < V|H_1) = \int_{-\infty}^V p_Y(y|H_1)\, dy \tag{2b}$$

相對應再生誤差概率既等於如圖 11.2-3 陰影面積。當所有因數都固定時,則此陰影面積表示其臨界值準位的意義。很清楚可知,降低臨界值則 P_{e1} 降低,而 P_{e0} 會增加。提高臨界準位時,則會得到相反效應。

不管其種類為何,數位傳輸中的誤差即表示一種誤差。因此,臨界準位應調整到**平均誤差概率** (average error probability) 到最小值時為參考點,即可表為:

$$P_e = P_0 P_{e0} + P_1 P_{e1} \tag{3a}$$

其中

$$P_0 = P(H_0) \qquad P_1 = P(H_1) \tag{3b}$$

上式表示訊息源的數位概率 (source digit probabilities)。因此最佳臨界準位 V_{opt} 必須滿足 $dP_e/dV=0$;對式 (2) 的積分式微分後依 Leibniz 的規則,可得:

$$P_0 p_Y(V_{\text{opt}}|H_0) = P_1 p_Y(V_{\text{opt}}|H_1) \tag{4}$$

其中,一般我們均假設一長串的訊息位元中,出現 1 及 0 的相等概率,所以可寫為:

$$P_0 = P_1 = \tfrac{1}{2} \qquad P_e = \tfrac{1}{2}(P_{e0} + P_{e1}) \tag{5a}$$

及

$$p_Y(V_{\text{opt}}|H_0) = p_Y(V_{\text{opt}}|H_1) \tag{5b}$$

往後,如無其他說明時均以相等概率的條件處理。

由式 (5b) 更進一步試驗,V_{opt} 的對應點為條件 PDF 曲線的交叉點。由圖 11.2-4 顯示並直接確認它,圖中標記有四個從 α_1 到 α_4 的相關面積。最佳臨界值產

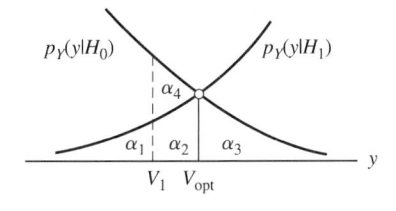

圖 11.2-4 V_{opt} 之最佳值。

生 $P_{e1}=\alpha_1+\alpha_2$、$P_{e0}=\alpha_3$ 及 $P_{e_{\min}}=1/2\ (\alpha_1+\alpha_2+\alpha_3)$。非最佳臨界值,如 $V<V_{\text{opt}}$ 產生 $P_{e1}=\alpha_1$ 及 $P_{e0}=\alpha_2+\alpha_3+\alpha_4$;於是,$P_e=1/2\ (\alpha_1+\alpha_2+\alpha_3+\alpha_4)=P_{e_{\min}}+1/2\ \alpha_4>P_{e_{\min}}$。

接著,我們做一般的假設,如雜訊為高斯且為零平均值及變異數(方差)為 σ^2,則:

$$p_N(n) = \frac{1}{\sqrt{2\pi\sigma^2}} e^{-n^2/2\sigma^2}$$

將高斯函數代入式 (1) 及 (2),可得:

$$P_{e0} = \int_V^\infty p_N(y)dy = Q\left(\frac{V}{\sigma}\right) \tag{6a}$$

$$P_{e1} = \int_{-\infty}^V p_N(y-A)dy = Q\left(\frac{A-V}{\sigma}\right) \tag{6b}$$

其中 Q 表示如前面圖 8.4-2 所定義高斯尾部之下的面積。由於 $p_N(n)$ 為偶對稱,則條件 PDF $p_Y(y|H_0)$ 及 $p_Y(y|H_1)$ 在中點時交錯,且當 $P_0=P_1=1/2$ 時,其值 $V_{\text{opt}}=A/2$。而且,式 (6) 中之 $V=V_{\text{opt}}$,$P_{e0}=P_{e1}=Q(A/2\sigma)$,則最佳臨界值所求得相等數位誤差概率即是最小淨誤差概率 (net error probability),則 $P_e=1/2\ (P_{e0}+P_{e1})=P_{e0}=P_{e1}$,及

$$P_e = Q\left(\frac{A}{2\sigma}\right) \tag{7}$$

式中表示高斯雜訊中二進位訊號最小淨誤差概率,此時訊息源與符號概率相等。

依式 (7),表 T.6 中 Q 函數之圖形可以說明 P_e 對 $A/2\sigma$ 之圖形。此圖顯示 $A/2\sigma$ 增加時 P_e 會衰減。如,在 $A/2\sigma=2.0$ 時,$P_e\approx 2\times 10^{-2}$,反之,在 $A/2\sigma=6.0$ 時 $P_e\approx 10^{-9}$。

雖然我們以單極訊號來推導式 (7),但是,如果 $a_k=\pm A/2$ 時,它在極式中仍然成立,所以其準位間隔保持不變。在接收機中唯一的差異為 $V_{\text{opt}}=0$,此正好為兩個準位中間。但是,對發射機則需要較少的訊號功率,以極式訊號中尋得特別準位間隔。

現以接收機的平均訊號功率 S_R 來表示 A,以便導出極式訊號的優點。如果我們假設有相等位元的概率及全間隔的矩形脈波,期間為 T_b,則單極訊號時 $S_R=A^2/2$,極式訊號為 $S_R=A^2/4$(由圖 11.1-1 可知)。則可知:

$$A = \begin{cases} \sqrt{2S_R} & \text{單極} \\ \sqrt{4S_R} & \text{極式} \end{cases} \tag{8}$$

其中 $\sqrt{2}$ 的因數，讓 P_e 值有相當的差異。

由於雜訊零平均數，其變異數 σ^2 等於在濾波器輸出的雜訊功率 N_R。因此，訊雜比為 $(S/N)_R = S_R/N_R$，可寫為：

$$\left(\frac{A}{2\sigma}\right)^2 = \frac{A^2}{4N_R} = \begin{cases} \frac{1}{2}(S/N)_R & \text{單極} \\ (S/N)_R & \text{極式} \end{cases} \tag{9}$$

式中除去訊息率 r_b 的影響因素，為了通過期間 $T_b = 1/r_b$ 的脈波，雜訊限制濾波器必須 $B_N \geq r_b/2$，所以：

$$N_R = N_0 B_N \geq N_0 r_b/2 \tag{10}$$

因此，快速的訊號要求更高的訊號功率，以維持一定誤差概率 P_e。

範例 11.2-1　位元錯誤率與訊號-雜訊功率比

假設計算機以速率 $r_b = 10^6$ bps = 1 Mbps 傳輸，來產生單極脈波，並把它經由 $N_0 = 4 \times 10^{-20}$ W/Hz 具有雜訊的系統傳送。誤差率規定為小於 1 位元/小時，或是 $P_e \leq 1/3600 r_b \approx 3 \times 10^{-10}$。由表 T.6 需要 $A/2\sigma \geq 6.2$，依式 (9) 及 (10)，可求出訊號功率：

$$S_R = 2\left(\frac{A}{2\sigma}\right)^2 N_R \geq 1.5 \times 10^{-12} = 1.5 \quad \text{pW}$$

很明顯地，任何適當的訊號功率在相關的外加雜訊範圍內幾乎無誤差傳輸。硬體上的問題及其他效應成為系統傳輸的限制因素。

練習題 11.2-1

考慮位元率幾乎相等且 $(S/N)_R = 50$ 的單極系統。當臨界值在非最佳 $V = 0.4 \ A$，試求 P_{e_0}、P_{e_1} 及 P_e，並以式 (7) 所得最小值做比較。

■ 再生中繼器

在長距離傳輸中需要中繼器 (repeater)，類比通訊或數位通訊都是如此。但是，類比訊息是中繼器，數位訊息的中繼器為再生式。如果每個中繼器的誤差概率低且其中繼區距 (hop) m 數目相當大，則再生器再生的優點就變得很可觀。此種可以在極式二進位傳輸得到證明。

類比中繼器，如 9.4 節式 (11)，可得訊雜比 $(S/N)_R=(1/m)(S/N)_1$，且可寫為：

$$P_e = Q\left[\sqrt{\frac{1}{m}\left(\frac{S}{N}\right)_1}\right] \tag{11}$$

式中 $(S/N)_1$ 表示一個中繼區距之後的訊雜比。因此，每個中繼器的發射功率必隨 m 線性增加且為偶數，此為不得加以忽略的因素。如，100 個或更多的中繼器可通過整個大陸。則式 (11) 中 $1/m$ 項可阻止汙染性的雜訊，由一個轉到另一個中繼器。

相對地，再生中繼器包含一個背對背的接收機與發射機中。接收部份將收到的訊號轉成訊息數位，過程中可能會有少許誤差；訊息數位即傳送給發射機，而發射部份依序產生新的訊號給下一個電台。再生訊號完全除去隨機雜訊，但仍包含了一些誤差。

要分析效能，設 α 為每一個中繼器上的誤差概率，可表為：

$$\alpha = Q\left[\sqrt{\left(\frac{S}{N}\right)_1}\right]$$

式中假設每個均相同單位。若已知位元由一站到另一站時，可能會遭遇到累積性的誤差。如果轉換數目為偶數，則誤差可能互消，可將正確的位元傳送到目的地 (此時只有二進位成立)。二項式概率可為 i 個誤差 m 個繼續轉換的概率，可寫為：

$$P_I(i) = \binom{m}{i}\alpha^i(1-\alpha)^{m-i}$$

因為只有當 i 為奇數時，始有受訊端誤差。

$$P_e = \sum_{i\text{ odd}} P_I(i) = \binom{m}{1}\alpha(1-\alpha)^{m-1} + \binom{m}{3}\alpha^3(1-\alpha)^{m-3} + \cdots \approx m\alpha$$

式中應用 $\alpha \ll 1$ 之近似情形，而 m 不能太大。因此可得：

$$P_e \approx mQ\left[\sqrt{\left(\frac{S}{N}\right)_1}\right] \tag{12}$$

其中 P_e 隨 m 線性增加，通常會要求以小的功率增加以中和式 (11)。

如圖 11.2-5 所示，說明由 m 函數再生所提供的功率節省情況，其誤差概率固定在 $P_e=10^{-5}$ 中的關係圖。如 10 個非再生式的基頻帶系統要比再生式約高 8.5 dB 的發射功率。

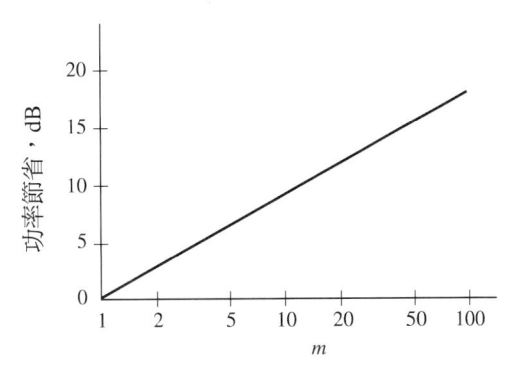

圖 11.2-5 當 $P_e = 10^{-5}$ 時 m 個再生中繼器的功率節省圖。

匹配濾波器

每一基頻帶數位接收機──無論是受訊端或是再生中繼器──均需有一個很好低通濾波器移去不必要的雜訊,以防 ISI 的影響。但是,達到此目標的濾波器最佳設計是什麼?在白雜訊中時限脈波下,就是**匹配濾波器** (matched filter)。我們主要找一個含白雜訊的二進位訊號的最小誤差概率。

假設有一單一時限脈波期間 τ,且 $t = kD$,的接收機訊號,可寫為:

$$x(t) = a_k p(t - kD)$$

其中 $p(0) = 1$,$p(t) = 0$,當 $|t| > \tau/2$ 且 $\tau \leq D$。若時間 $t_k = kD + t_d$ 時,輸出比 $(a_k/\sigma)^2$ 最大時,將會有最小的誤差概率。就前面 9.5 節所述,此最大化的程序需要一個匹配濾波器,它的脈波響應與 $p(t_d - t)$ 成正比,特別的,可得:

$$h(t) = \frac{1}{\tau_{eq}} p(t_d - t) \tag{13a}$$

且

$$\tau_{eq} = \int_{-\infty}^{\infty} p^2(t) dt \qquad t_d = \tau/2 \tag{13b}$$

其中延遲時間 $t_d = \tau/2$ 為因果性脈波響應的最小值;且其比例常數為 $1/\tau_{eq}$ 時峰值輸出振幅可等於 a_k。由 $a_k^2 \tau_{eq}$ 等於脈波 $x(t)$ 的能量,可用來說明參數 τ_{eq} 的特性。

當雜訊不存在時,輸出 $y(t) = h(t) * x(t)$,且峰值 $y(t_k) = a_k$。此峰值產生在 $x(t)$ 的峰值之後 $\tau/2$ 秒。因此,匹配濾波器會產生延遲是件不可避免的事。但是,在相鄰脈波的取樣時間內不會產生 ISI,此因為 $t_k \pm \tau$ 之外時 $y(t) = 0$。如圖 11.2-6 所示 $p(t)$ 為矩形脈波,當 $\tau_{eq} = \tau$ 且 $y(t)$ 為三角形波的外形。

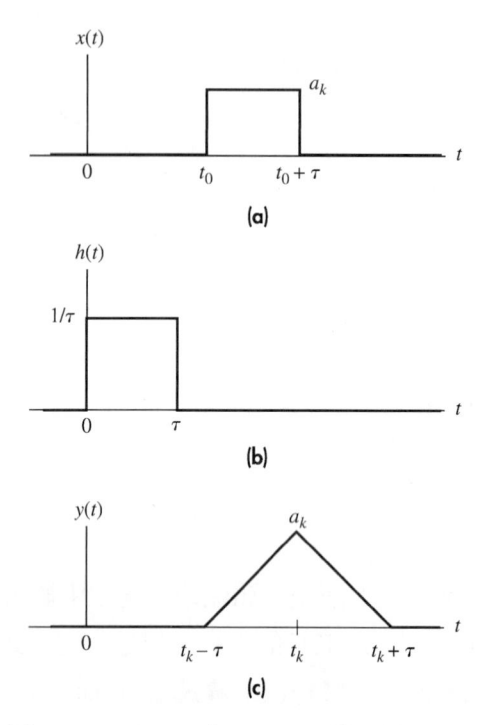

圖 11.2-6　矩形脈波的匹配濾波器：(a) 接收脈波；(b) 脈波響應；(c) 輸出脈波。

當 $x(t)$ 為白雜訊，則匹配濾波器輸出雜訊功率可表為：

$$N_R = \sigma^2 = \frac{N_0}{2}\int_{-\infty}^{\infty}|H(f)|^2\,df$$

$$= \frac{N_0}{2}\int_{-\infty}^{\infty}|h(t)|^2\,dt = \frac{N_0}{2\tau_{eq}} \tag{14}$$

式中與式 (10) 中下邊限相同，因為二進位訊號的 $\tau_{eq} \leq T_b = 1/r_b$。當外加雜訊為高斯分佈白雜訊，接收機中有最佳匹配之濾波器時，$(A/2\sigma)^2$ 取最大值，則相對應有最小誤差概率產生。

考慮速率 r_b，平均接收功率為 S_R 及雜訊密度 N_0 的二進位傳輸系統。我們用兩個新參數 E_b 及 γ_b 來顯示系統的特色，可寫為：

$$E_b \triangleq S_R/r_b \tag{15a}$$

$$\gamma_b \triangleq S_R/N_0 r_b = E_b/N_0 \tag{15b}$$

式中 E_b 表示為每位元的能量密度，γ_b 則代表位元能量對雜訊密度的比。若訊號包含有振幅序列 a_k 的時限脈波 $p(t)$ 時，則：

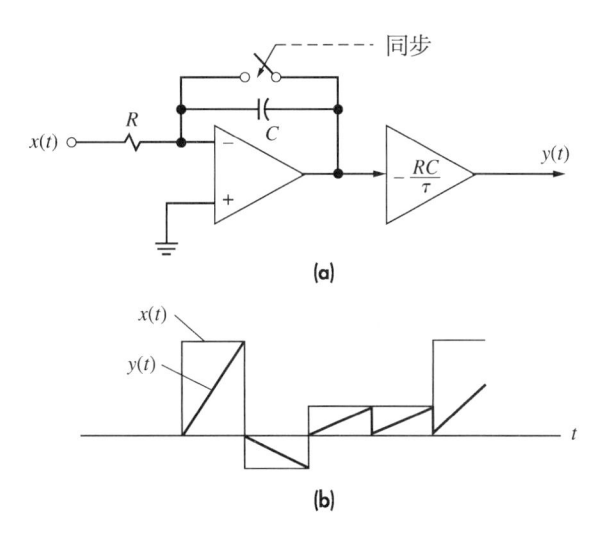

圖 11.2-7 積分傾卸濾波器：(a) 運算放大器；
(b) 極式 M-次元波形。

$$E_b = \overline{a_k^2} \int_{-\infty}^{\infty} p^2(t)\,dt = \overline{a_k^2}\,\tau_{\text{eq}}$$

式中的 $\overline{a_k^2}$ 在單極訊號時 $\overline{a_k^2}=A^2/2$，極式訊號時 $\overline{a_k^2}=A^2/4$。則自匹配濾波器所得輸出雜訊功率為 $\sigma^2 = N_0/2\tau_{\text{eq}}$，所以可得：

$$(A/2\sigma)^2 = \begin{cases} E_b/N_0 = \gamma_b & \text{單極} \\ 2E_b/N_0 = 2\gamma_b & \text{極式} \end{cases}$$

由式 (7) 可寫為：

$$P_e = \begin{cases} Q(\sqrt{\gamma_b}) & \text{單極} \\ Q(\sqrt{2\gamma_b}) & \text{極式} \end{cases} \tag{16}$$

此最小的誤差概率，只有匹配濾波器始可達成。

最後，我們對於式 (13) 所述的匹配濾波器加以實現。對任意脈波響應 $p(t)$ 能被動元件來近似，但必須擴展至 $t > \tau$ 時 $h(t) \approx 0$。否則濾波器會產生 ISI 的效應。對一矩形脈波而言，可利用圖 11.2-7a 所示的主動電路，此種電路稱為**積分傾卸** (integrate-and-dump) 濾波器。運算放大器的積分器對每個輸入脈波做積分，以致於脈波終止時，$y(t_k) = a_k$，等到傾卸開關重置之後，才可使積分器歸零──因此，可確認無 ISI 的影響。積分傾卸濾波器或許是匹配濾波器的最好組合，如圖 11.2-7b 為極式 M-次元波形。

練習題 11.2-2

設 $x(t)$ 為圖 11.1-1a 中單極 RZ 訊號。(a) 試繪出自匹配濾波器及積分傾卸濾波器的輸出波形；(b) 確認使 $\sigma^2 = N_0 r_b$ 時，匹配濾波器產生 $(A/2\sigma)^2 = \gamma_b$，所以 $N_R > N_0 r_b / 2$。

■ 相關性偵測器

對二源訊號偵測，除了匹配濾波器外的另一種等效的選擇是圖 11.2-8 所示的相關性偵測器。這裡，我們將圖 11.2-1 中的 LPF 或是匹配濾波器用一個乘法器、一個積分器來取代，其功用是將接收到的訊號與無雜訊訊號波形之一關聯起來，因此稱之為**相關性偵測器** (correlation detector)。讀者可以注意到，匹配濾波器與相關性濾波器有類似的數學執行方式，這兩者都有輸入訊號與它自己的複製版的積分。這種特別的實現非常適合**反極性** (antipodal) 訊號的偵測。如果 $x_0(t) = -x_1(t)$ 那麼 $x_1(t)$ 和 $x_0(t)$ 稱之為反極性。因此輸入 $x_1(t)$ 和 $x_0(t)$ 會產生彼此互為反極性的積分器輸出 (即 ±1)，如圖 11.2-9b 與 c 所示。另一方面，如果輸入訊號 $x_1(t)$ 和 $x_0(t)$ 是正交的，那麼積分器的輸出將會是有訊號或是沒有訊號輸出 (即 1 或 0)。以輸入 $x(t)$ 為圖 11.2-9a 之反極性訊號與 $Ks_1(t-kT_b) = \sqrt{\dfrac{2}{T_b}}\,[u(t)-u(t-kT_b)]$，我們得到相關性偵測器的不同階段輸出，如圖 11.2-9b 與 c 所示。

第 14 章會討論如何用匹配濾波器與相關性偵測器來偵測二元調變訊號。

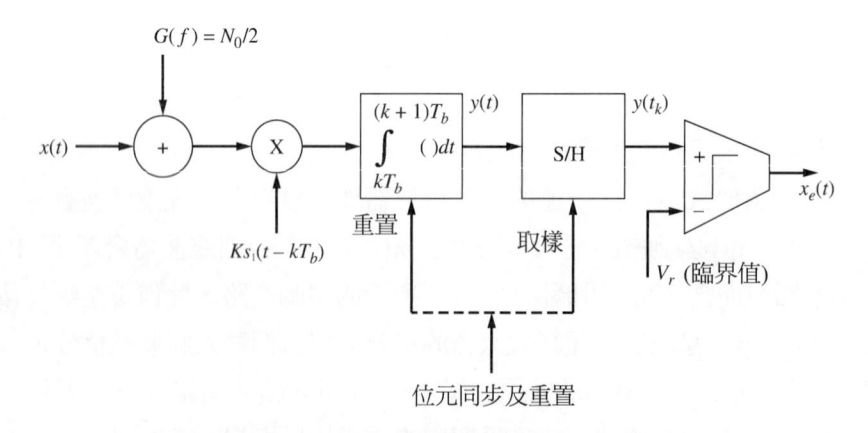

圖 11.2-8 反極性二元訊號的相關性偵測器。

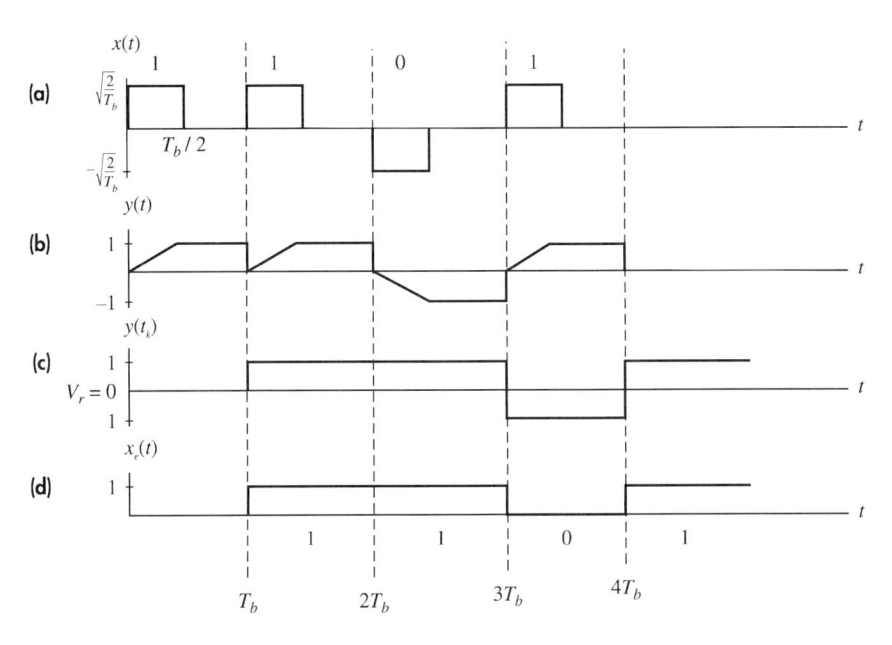

圖 11.2-9 極性輸入訊息 1101 的相關性偵測器波形：(a) 輸入訊息；(b) 積分器輸出；(c) S/H 輸出；(d) 比較器輸出。

M-次元誤差概率

二進位訊號可以在固定 S/N 條件下提供最大雜訊免疫力，因它只有兩種振幅準位，而且你無法以少於兩個準位方式送出資訊。多準位的 M-次元訊號需要較多的訊號功率，但它只需要較小的傳輸頻寬，由於訊號速遠比等效二進位訊號位元率更小所致。結果，M-次元訊號適合像語言頻道上的數位傳輸應用，此種語音頻道有效頻寬是有限制的，且其訊雜比相對比較高。

在此，我們將計算零平均數高斯雜訊的 M-次元誤差概率。取常用極式訊號的偶數等距間隔準位。可表為：

$$a_k = \pm A/2, \pm 3A/2, \ldots \pm (M-1)A/2 \tag{17}$$

我們亦假設 M-次元符號之概率相等，故可寫為：

$$P_e = \frac{1}{M}(P_{e_0} + P_{e_1} + \cdots + P_{e_{M-1}}) \tag{18}$$

式中 M-次元如式 (5a) 的情況。

如圖 11.2-10 所示，為外加高斯雜訊的四分式極式訊號 (M=4) 之條件 PDF。其再生的決定法則包括三個臨界值準位，如圖示 $y = -A$、0、$+A$。當中使 P_e 最小化的最佳臨界值，但是，它並不對所有符號均相等的誤差概率。對於兩個極端準位 $a_k =$

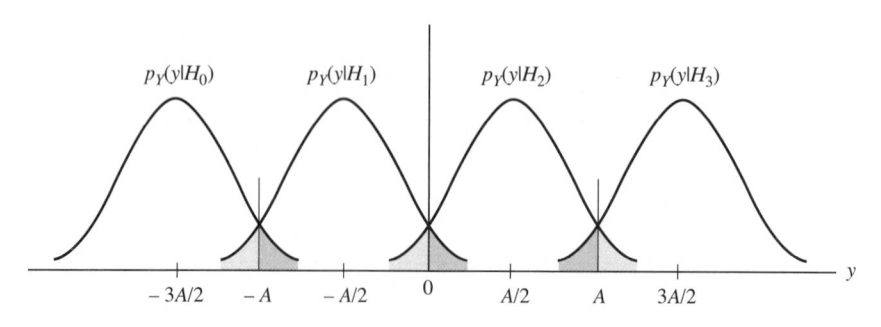

圖 11.2-10　四分式極式訊號且有高斯雜訊的條件 PDF。

±3A/2，可得：

$$P_{e_0} = P_{e_3} = Q\left(\frac{A}{2\sigma}\right)$$

然而

$$P_{e_1} = P_{e_2} = 2Q\left(\frac{A}{2\sigma}\right)$$

因為正、負雜訊的衝擊均在。$a_k = \pm A/2$ 中產生內部準位誤差，最後平均誤差概率為：

$$P_e = \frac{1}{4} \times 6Q\left(\frac{A}{2\sigma}\right) - \frac{3}{2}Q\left(\frac{A}{2\sigma}\right)$$

式中比具有相等準位間隔的二進位訊號大 50% 以上。

依據前面分析，很容易推廣至任何偶數值 M 的一般情形，其中 $M-1$ 個決定的臨界值點在：

$$y = 0, \pm A, \pm 2A, \ldots, \pm \frac{M-2}{2}A \tag{19}$$

其中 $P_{e_0} = P_{e_{M-1}} = Q(A/2\sigma)$，而 $M-2$ 個內部準位皆有雙重的誤差概率，故平均誤差概率為

$$P_e = \frac{1}{M}\left[2 \times Q\left(\frac{A}{2\sigma}\right) + (M-2) \times 2Q\left(\frac{A}{2\sigma}\right)\right] \tag{20}$$

$$= \frac{2M-2}{M}Q\left(\frac{A}{2\sigma}\right) = 2\left(1 - \frac{1}{M}\right)Q\left(\frac{A}{2\sigma}\right)$$

當 $M=2$ 時，式 (20) 可化簡為式 (7)，同時當 $M \gg 2$ 時，其 $Pe \approx 2Q(A/2\sigma)$。

接著，有關 $A/2\sigma$ 與訊號功率及雜訊密度的關係，假定有個時限脈波 $p(t)$，故其每個 M-次元的數位平均能量為 $E_M = \overline{a_k^2}\tau_{eq}$，則：

$$\tau_{eq} = \int_{-\infty}^{\infty} p^2(t)\, dt$$

與前述相同，若 M 個振幅準位幾乎相等，且如式 (17) 所示，則：

$$\overline{a_k^2} = 2 \times \frac{1}{M} \sum_{i=1}^{M/2} (2i-1)^2 \left(\frac{A}{2}\right)^2 = \frac{M^2-1}{12} A^2 \tag{21}$$

因此，由於 $S_R = rE_M$，故：

$$\left(\frac{A}{2\sigma}\right)^2 = \frac{3}{M^2-1} \frac{E_M}{\tau_{eq}\sigma^2} \tag{22}$$

$$= \frac{3}{M^2-1} \frac{1}{r\tau_{eq}} \frac{S_R}{N_R} \leq \frac{6}{M^2-1} \frac{S_R}{N_0 r}$$

其中上邊限對應於匹配濾波器而求得 $N_R = N_0/2\tau_{eq}$。依式 (20) 及 (22) 可求得具高斯白雜訊的極式 M-次元系統的誤差概率，可得最後結果。

通常，可使用 M-次元來發送二進位訊息，且由系統工程師選擇最適合有效頻道 M 值。故我們必須考慮研究設計選擇 M 值，特別在誤差概率衝擊下。基於下述的兩個理由，式 (20) 及 (22) 未能說明整個過程；第一，M-次元訊號速率與位元速率 r_b；第二，M-次元誤差概率與位元誤差概率不同。

當訊號位元被編碼成為 $\log_2 M$ 的區塊時，我們很容易說明訊號速率的差異。因此，r_b 與 r 的關係可表為：

$$r_b = r \log_2 M \tag{23}$$

式中可由 11.1 節式 (4b) 求得。為了說明 M-次元符號誤差概率 P_e 與每個位元所產生的誤差概率之間係，我們假設一格雷碼 (Gray code)，它具有很高的訊雜比。在此種條件下，雜訊衝擊下很難超過 M-次元波形中的一個振幅準位，而對應此波形 $\log_2 M$ 位元方塊中正好只有一個誤差位元。故：

$$P_{be} \approx P_e / \log_2 M \tag{24}$$

其中 P_{be} 表示等效位元誤差概率 (bit error probability)，亦稱為位元誤差率 (BER)。

由式 (23) 及 (24)，與前述的 M-次元結合，最後可得：

$$P_{be} \approx 2 \frac{M-1}{M \log_2 M} Q\left(\frac{A}{2\sigma}\right) \tag{25a}$$

其中

表 11.2-1　當 $r=3$ kbps 及 $(S/N)_R=400$ M-次元訊號

M	r_b (kbps)	$A/2\sigma$	P_{be}
2	3	20.0	3×10^{-89}
4	6	8.9	1×10^{-19}
8	9	4.4	4×10^{-6}
16	12	2.2	7×10^{-3}
32	15	1.1	6×10^{-2}

表 11.2-2　當 $r_b=9$ kbps 及 $P_{be}=4\times 10^{-6}$ M-次元訊號

M	r (k 鮑)	γ_b
2	9.00	10
4	4.50	24
8	3.00	67
16	2.25	200
32	1.80	620

$$\left(\frac{A}{2\sigma}\right)^2 \leq \frac{6}{M^2-1}\frac{S_R}{N_0 r} = \frac{6\log_2 M}{M^2-1}\gamma_b \tag{25b}$$

注意，其匹配濾波器上邊限可寫為 $\gamma_b = S_R/N_0 r_b = S_R/(N_0 r \log_2 M)$。則此有助於 M-次元訊號當做每位元訊息的能量函數之研究。

範例 11.2-2　二進位與 M-次元訊號比較

設有一頻道，固定的訊號速率 $r=3,000$ 鮑及固定訊雜比 $(S/N)_R=400 \approx 26$ dB。(所列的值為語音電話的特定值。) 我們假定 NRZ 矩形脈波為匹配濾波器，所以 $r\tau_{eq}=1$，及

$$\left(\frac{A}{2\sigma}\right)^2 = \frac{3}{M^2-1}(S/N)_R = \frac{6\log_2 M}{M^2-1}\gamma_b$$

可依式 (22) 及 (25b) 得之。

當 $(S/N)_R=400$ 時二進位訊號中誤差概率值很小，但是它的速率很慢 $r_b=r=3$ kbps。M-次元訊號增加了位元率時，它的誤差概率會隨之增加，由於訊號功率保持固定增加 M 值時，振幅準位的間隔變小了。如表 11.2-1 中為頻道的位元速率與誤差概率供選擇之用。

如表 11.2-2 提供另外一種選擇，其中位元速率及誤差概率均保持固定。當 M 增加以求得更低訊號速率 r──即表小的傳輸頻寬需求。但是，每一位元能量必須增加以保持其誤差概率不改變。由此可得，M 由 2 到 32，則 r 減少 1/5，但是 γ_b 會超

過 60。這種折衷式的選擇，可以用更廣泛的訊息觀點來討論。

練習題 11.2-3

如圖 11.1-1c 表示三種準位的雙極式二進位格式，振幅概率 $P(a_k=0)=1/2$ 及 $P(a_k=+A)=P(a_k=-A)=1/4$。試繪如圖 11.2-10 之圖形及找出在決定臨界值 $y=\pm A/2$ 中以 A 及 σ 來表示 P_e 值。並求如式 (16) 表示 P_e 及 S_R 值。

11.3 帶寬限制的數位 PAM 系統

本節主要在傳輸頻寬有頻寬受限之下來設計發展出基頻帶數位通訊系統。亦即表示可用的傳輸頻寬與所需的訊號速率相比較並不大，因此，矩形訊號脈波將有些失真。相反的，我們必須以帶寬限制來避免 ISI 的發生。

依此，我們以帶寬限制的奈奎斯法則開始。然後我們所需的最佳終端濾波器必須為最小誤差概率。接著，我們需要假設雜訊為高斯分配及零平均，同時我們亦允許有任意的雜訊功率頻譜。線性系統傳輸中亦會有失真產生，因此，系統上需要有等化來解決。本節最後以帶寬限制的頻道下來增加訊號速率，討論碼的相關特性技術。

■ 奈奎斯脈波整形

一般討論以 $M \geq 2$ 及訊號間隔 $D=1/r$ 的 M-次元訊號來描述奈奎斯脈波整形的意義。為了接收機上的 ISI 的問題，我們設在接收機濾波器的輸出訊號以脈波 $p(t)$ 表示。其次假設發射增益可補足傳輸的損失，則無雜訊的輸出波形可寫為：

$$y(t) = \sum_k a_k p(t - t_d - kD)$$

其中 $p(t)$ 可寫為：

$$p(t) = \begin{cases} 1 & t = 0 \\ 0 & t = \pm D, \pm 2D, \ldots \end{cases} \quad \textbf{(1a)}$$

上式可消除 ISI 的響應。現在我們另外的需求是脈波頻譜的頻帶限制，即為：

$$P(f) = 0 \qquad |f| \geq B \quad \textbf{(1b)}$$

其中

$$B = \frac{r}{2} + \beta \qquad 0 \leq \beta \leq \frac{r}{2}$$

此一頻譜要求訊號速率為：

$$r = 2(B - \beta) \qquad B \leq r \leq 2B \tag{2}$$

其中 B 為要求最少的傳輸頻寬，則 $B_T \geq B$。

依奈奎斯殘餘對稱定理 (vestigial-symmetry theorem)，若 $p(t)$ 有如所述，則可滿足式 (1)。

$$p(t) = p_\beta(t) \operatorname{sinc} rt \tag{3a}$$

其中

$$\mathcal{F}[p_\beta(t)] = P_\beta(f) = 0 \qquad |f| > \beta \tag{3b}$$

$$p_\beta(0) = \int_{-\infty}^{\infty} P_\beta(f)\, df = 1$$

其中式 (1a) 為 $p(t)$ 在時域的特性。式 (1b) 表示在頻域下的特性，可寫為：

$$P(f) = P_\beta(f) * [(1/r)\Pi(f/r)]$$

其中兩個帶寬限制頻譜乘積的迴積分可得到另一個新的頻帶寬限制頻譜，此為兩個頻帶寬的和，表為 $B = \beta + r/2$。通常 $p_\beta(t)$ 採偶函數，則 $P_\beta(f)$ 為實數及偶函數；因此 $P(f)$ 圍繞在 $f = \pm r/2$ 的殘餘對稱，有如殘餘邊帶濾波器一樣。

有無限多個函數可滿足奈奎斯條件，如 11.1 節中提到，當 $p_\beta(t) = 1$ 則 $\beta = 0$ 及 $p(t) = \operatorname{sinc} rt$，式 (6) 均是。我們知道，當速率 $r = 2B$ 時為脈波整形被允許的頻寬限制的最高訊號速率。但是，同步在 $|t| \to \infty$ 時其脈波形狀的下降離率沒有 $1/|t|$ 快，故變得很困難。因此，有一微小時間誤差 ϵ 的取樣值可表為：

$$y(t_K) = a_K \operatorname{sinc} r\epsilon + \sum_{k \neq K} a_k \operatorname{sinc}(KD - kD + r\epsilon)$$

其中第二項 ISI 可能相當大。

當使訊號速率下降及使用餘弦衰降 (cosine rolloff) 頻譜可讓同步問題簡單化。假設：

$$P_\beta(f) = \frac{\pi}{4\beta} \cos \frac{\pi f}{2\beta} \Pi\left(\frac{f}{2\beta}\right) \tag{4a}$$

則

$$P(f) = \begin{cases} \dfrac{1}{r} & |f| < \dfrac{r}{2} - \beta \\ \dfrac{1}{r} \cos^2 \dfrac{\pi}{4\beta}(|f| - \dfrac{r}{2} + \beta) & \dfrac{r}{2} - \beta < |f| < \dfrac{r}{2} + \beta \\ 0 & |f| > \dfrac{r}{2} + \beta \end{cases} \tag{4b}$$

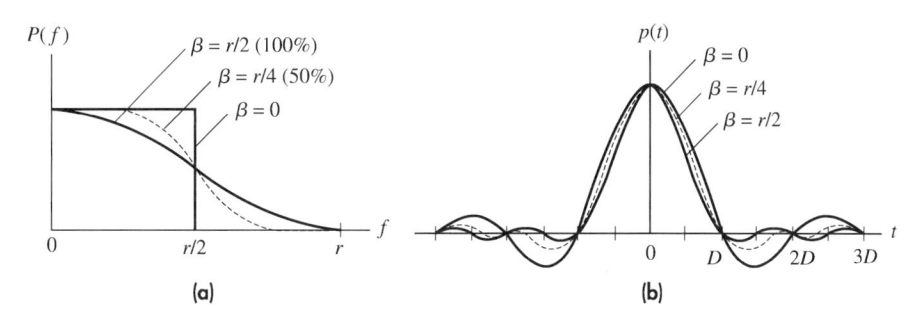

圖 11.3-1 奈奎斯脈波整形：(a)頻譜；(b)波形。

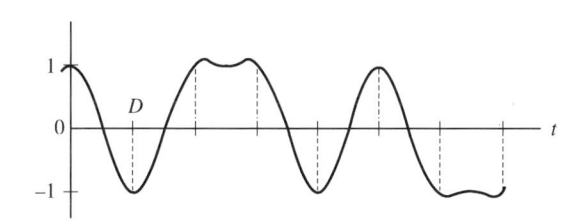

圖 11.3-2 基頻帶波形 10110100 為利用 $\beta = r/2$ 之奈奎斯脈波。

其對應脈波整形為：

$$p(t) = \frac{\cos 2\pi\beta t}{1 - (4\beta t)^2} \operatorname{sinc} rt \tag{5}$$

如圖 11.3-1 表示 $P(f)$ 及 $p(t)$ 之圖形，其中 $\beta=0$ 及其他兩個 β 值，當 $\beta > 0$ 時頻譜有緩慢衰降的趨勢，$p(t)$ 的前緣與後緣的振盪衰減比 $\operatorname{sinc} rt$ 為快。

更進一步地考慮式 (4) 及 (5)，在特別情況下 $p(t)$ 的另兩種其他用途的特性，當 $\beta = r/2$ 時有 100% 衰降率。則上升的餘弦整形可表為：

$$P(f) = \frac{1}{r}\cos^2\frac{\pi f}{2r} = \frac{1}{2r}\left[1 + \cos\left(\frac{\pi f}{r}\right)\right] \qquad |f| \leq r \tag{6a}$$

及

$$p(t) = \frac{\operatorname{sinc} 2rt}{1 - (2rt)^2} \tag{6b}$$

其中可知脈波振幅之半寬等於訊號期間 D，即可得 $p(\pm 0.5D) = 1/2$，且在 $t = \pm 1.5D$、$\pm 2.5D$、……，有其他零交越點。由此脈波形的極式訊號正好在脈波中心間的中點上有零交越。如圖 11.3-2 所示為二進位訊息表為 10110100。零交越點正好在接收機取樣同步訊號的程序變得簡單。但是，當 $r=B$ 比 $r=2B$ 的訊號速率降低 50%。由式 (6a) 及 (6b) 可知，奈奎斯證明所定義的脈波形是唯一完全保有之前討論的特性。

練習題 11.3-1

繪出 $P(f)$ 及並求出由 $P_\beta(f)=(2/r)\Lambda(2f/r)$ 而產生奈奎斯脈波 $p(t)$。可得結果與式 (6) 做比較。

■ 最佳終端濾波器

除了矩形脈波之外，傳統匹配濾波器亦放棄，因此，我們要重新設計最小誤差概率的最佳接收機濾波器。故我們依下述的條件去找出所要的濾波器。

1. 訊號格式為極式的，且振幅 a_k 為非相關性，同時各種條件概率相同。
2. 傳輸波道是線性，但不必為非失真。
3. 濾波的輸出 $p(t)$ 必須為奈奎斯形狀。
4. 雜訊為外加，且為零平均數高斯分配，但不必為白雜訊功率頻譜。

為容許可能波道失真或為非白雜訊，故我們在發射機和接收機中需有個最佳濾波器。意外可知，訊號源波形 $x(t)$ 多少可為任意脈波形 $p_x(t)$。

如圖 11.3-3 系統圖可知，$H_T(f)$ 為發射機濾波器函數、$H_C(f)$ 為波道函數及 $H_R(f)$ 為接收機濾波器函數，則輸入訊號可以表為：

$$x(t) = \sum_k a_k p_x(t-kD) \tag{7a}$$

則功率頻譜為：

$$G_x(f) = \sigma_a^2 r |P_x(f)|^2 \tag{7b}$$

其中 $P_x(f)=\mathcal{F}[p_x(t)]$，則

$$\sigma_a^2 = \overline{a_k^2} = \frac{M^2-1}{12}A^2 \tag{7c}$$

其中 a_k 可依 11.1 節式 (12) 及 11.2 節式 (21) 所用的條件。則發射訊號功率可表

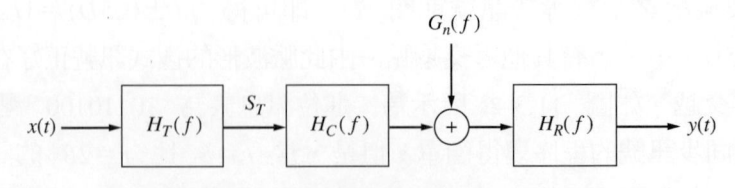

圖 11.3-3 發射機－通道－接收機系統。

為：

$$S_T = \int_{-\infty}^{\infty} |H_T(f)|^2 G_x(f)\, df = \frac{M^2-1}{12} A^2 r \int_{-\infty}^{\infty} |H_T(f) P_x(f)|^2\, df \tag{8}$$

上式即是我們所需的結果。

在接收濾波器輸出中，我們要輸入脈波 $p_x(t)$ 產生奈奎斯脈波 $p(t-t_d)$，其中 t_d 表示傳輸延遲。依圖 11.3-3 轉移函數圖可得：

$$P_x(f) H_T(f) H_C(f) H_R(f) = P(f) e^{-j\omega t_d} \tag{9}$$

所以終端的濾波器有助於 $p(t)$。但是只有接收的濾波器控制其輸出雜訊功率可寫為：

$$N_R = \sigma^2 = \int_{-\infty}^{\infty} |H_R(f)|^2 G_n(f)\, df \tag{10}$$

其中 $G_n(f)$ 為輸入到接收機上的雜訊功率頻譜。

由式 (7) 到 (10) 提供有關設計問題的資訊。特別地是，當 $A/2\sigma$ 增加時，其誤差概率會降低；所以尋找使 $(A/2\sigma)^2$ 最大值的終端濾波器會有兩種限制：(1) 發射功率必須維持固定在某一特定值 S_T 上；(2) 濾波器轉移函數必須滿足式 (9)。

依式 (9) 結合，而暫時把 $H_T(f)$ 消去，可寫為：

$$|H_T(f)| = \frac{|P(f)|}{|P_x(f) H_C(f) H_R(f)|} \tag{11}$$

利用式 (8) 及 (10) 來表示 $(A/2\sigma)^2$，則：

$$\left(\frac{A}{2\sigma}\right)^2 = \frac{3 S_T}{(M^2-1)r} \frac{1}{I_{HR}} \tag{12a}$$

其中

$$I_{HR} = \int_{-\infty}^{\infty} |H_R(f)|^2 G_n(f)\, df \int_{-\infty}^{\infty} \frac{|P(f)|^2}{|H_C(f) H_R(f)|^2}\, df \tag{12b}$$

故可知，$(A/2\sigma)^2$ 最大值會使積分 I_{HR} 最小化；而其中 $H_R(f)$ 為唯一可控函數。

由式 (12b) 可發現其具有 3.6 節式 (17) 所述 Schwarz 的不等式右邊之形式。因此，當兩個積分成正比時，其 I_{HR} 的最小值會產生。結果可得最佳濾波器，可表為：

$$|H_R(f)|^2 = \frac{g|P(f)|}{\sqrt{G_n(f)} |H_C(f)|} \tag{13a}$$

其中 g 為任意增益常數。式 (11) 可表為最佳發射濾波器特性,可寫為:

$$|H_T(f)|^2 = \frac{|P(f)|\sqrt{G_n(f)}}{g|P_x(f)|^2|H_C(f)|} \tag{13b}$$

這些公式規定終端濾波器的最佳振幅比。其中接收機濾波器可能解強調其 $G_n(f)$ 很大的頻率分量,且發射機相對提供了預強調。有關相位移為任意值,但須滿足式 (9)。

將式 (13) 代入式 (12),則可產生我們所需最後結果為:

$$\left(\frac{A}{2\sigma}\right)^2_{\max} = \frac{3S_T}{(M^2-1)r}\left[\int_{-\infty}^{\infty} \frac{|P(f)|\sqrt{G_n(f)}}{|H_C(f)|} df\right]^{-2} \tag{14}$$

其中利用 11.2 節式 (20) 可算出誤差概率密度。由式 (14) 中可知,$G_n(f)=N_0/2$ 為白雜訊及傳輸損失 L 的無失真波道,取 $|H_C(f)|^2=1/L$;則:

$$\left(\frac{A}{2\sigma}\right)^2_{\max} = \frac{6S_T/L}{(M^2-1)rN_0}\left[\int_{-\infty}^{\infty} |P(f)| df\right]^{-2}$$

式中 $S_T/L=S_R$ 及奈奎斯脈波為:

$$\int_{-\infty}^{\infty} |P(f)| df = 1$$

則可得

$$\left(\frac{A}{2\sigma}\right)^2_{\max} = \frac{6}{M^2-1}\frac{S_R}{N_0 r} = \frac{6\log_2 M}{M^2-1}\gamma_b$$

上式可導出最佳終端濾波器與匹配濾波器產生相同的邊限——如 11.2 節式 (22) 及 (25)。

範例 11.3-1　最佳終端濾波器

考慮有一白雜訊,傳輸損失為 L 及在 $|f| \le B_T$ 範圍內為無失真波道的系統,其中 $B_T \ge r$。傳輸頻寬允許使用式 (6) 的脈波形,且可簡化同步程序。為了簡化,建議使用矩形脈波 $p_x(t)=\prod(t/\tau)$ 且 $\tau \le 1/r$,所以 $P_x(f)=\tau\,\text{sinc}\,f\tau$。依式 (13),$g$ 為增益常數,$|H_R(0)|=1$,因此可求得:

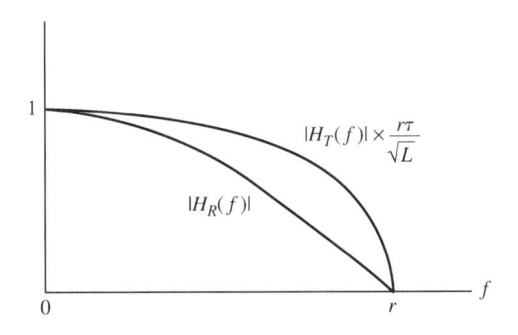

圖 11.3-4 範例 11.3-1 的最佳濾波器振幅比。

$$|H_R(f)| = \cos\frac{\pi f}{2r} \qquad |H_T(f)| = \sqrt{L}\,\frac{\cos(\pi f/2r)}{r\tau\,\text{sinc}\,f\tau} \qquad |f| \le r$$

如圖 11.3-4 所繪。注意，$|H_T(f)|$ 較 $|H_R(f)|$ 在高頻部份上升。假設輸入脈波有小的期間 $\tau \ll 1/r$，則此種上升可忽略，可得 $|H_T(f)| \approx |H_R(f)|$，故一種電路設計可適用兩種濾波器。

練習題 11.3-2

由式 (12) 詳細推導式 (13) 及式 (14)。

■ 等化器

不管選用何種特別的脈波，一些剩餘 ISI 的量會被留在輸出訊號中，這將無法避免的事，此為不完全的濾波器所造成的，或是對波道特性的不完全了解所致。因此，在接收濾波器與再生器之間加一個可調整等化濾波器。此種等化器通常具有如 3.2 節所討論，相對於類比訊號線性失真的橫向濾波器。但是，數位抹平 (mop-up) 等化包含有不同設計方法。

如圖 11.3-5 顯示有 $2N+1$ 個接頭橫向等化器及所有延遲為 $2ND$。假定失真脈波形 $\tilde{p}(t)$ 在等化器的輸入端，於 $t=0$ 時有峰值，以及兩側皆有 ISI，則等化器輸出為：

$$p_{\text{eq}}(t) = \sum_{n=-N}^{N} c_n \tilde{p}(t - nD - ND)$$

及取樣點在 $t_k = kD + ND$ 時：

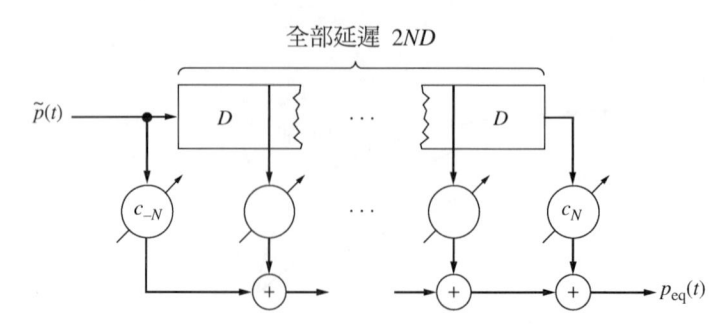

$$p_{eq}(t_k) = \sum_{n=-N}^{N} c_n \tilde{p}(kD - nD) = \sum_{n=-N}^{N} c_n \tilde{p}_{k-n} \tag{15}$$

其中引用簡化符號 $\tilde{p}_{k-n}=\tilde{p}[(k-n)D]$。則式 (15) 為採用離散迴積分形式。

理想上，等化器可完全消除 ISI，則可表為：

$$p_{eq}(t_k) = \begin{cases} 1 & k = 0 \\ 0 & k \neq 0 \end{cases}$$

但是，通常都不能完全如願，一般而言，因為 $2N+1$ 個接頭增益是我處理過程中僅有的變數而已。我們可以用處理來代替接頭增益的選擇，所以：

$$p_{eq}(t_k) = \begin{cases} 1 & k = 0 \\ 0 & k = \pm 1, \pm 2, \ldots, \pm N \end{cases} \tag{16}$$

因此，可用 N 零值在 $p_{eq}(t)$ 峰值的每一側。相對應接頭增益值可由式 (15) 及 (16) 組合而成矩陣中求解。矩陣可寫為：

$$\begin{bmatrix} \tilde{p}_0 & \cdots & \tilde{p}_{-2N} \\ \vdots & & \vdots \\ \tilde{p}_{N-1} & \cdots & \tilde{p}_{-N-1} \\ \tilde{p}_N & \cdots & \tilde{p}_{-N} \\ \tilde{p}_{N+1} & \cdots & \tilde{p}_{-N+1} \\ \vdots & & \vdots \\ \tilde{p}_{2N} & \cdots & \tilde{p}_0 \end{bmatrix} \begin{bmatrix} c_{-N} \\ \vdots \\ c_{-1} \\ c_0 \\ c_1 \\ \vdots \\ c_N \end{bmatrix} = \begin{bmatrix} 0 \\ \vdots \\ 0 \\ 1 \\ 0 \\ \vdots \\ 0 \end{bmatrix} \tag{17}$$

如式 (17) 為**零集中等化器** (zero-forcing equalizer)。在最小化峰值符號間干擾的意義上，這個等化策略是最佳的，而且它還有簡單的優點。

範例 11.3-2 三接頭零強制等化器

假設有三個接頭零強制等化器，如圖 11.3-6a 所繪的失真脈波，當 $N=1$ 時，將 $\tilde{p}_k$ 加入如式 (17)，可求得：

$$\begin{bmatrix} 1.0 & 0.1 & 0.0 \\ -0.2 & 1.0 & 0.1 \\ 0.1 & -0.2 & 1.0 \end{bmatrix} \begin{bmatrix} c_{-1} \\ c_0 \\ c_1 \end{bmatrix} = \begin{bmatrix} 0 \\ 1 \\ 0 \end{bmatrix}$$

因此，

$$c_{-1} = -0.096 \quad c_0 = 0.96 \quad c_1 = 0.2$$

以及所有相對應 $p_{eq}(t)$ 的取樣值是繪在具有內插曲線的圖 11.3-6b 中。就如我們所預期的一樣，峰值的兩側各有一個零點。然而零強制會在無等化脈波原來為零值的地方產生小小的 ISI。但是，就整體的 ISI 情形而言，很顯然地是改善了。

從 3.2 節我們知道如果 $H_C(f)$ 代表的是通道響應，那麼我們可以根據倒數方法設計等化器：

$$H_{eq}(f) = \frac{Ke^{-j\omega t_d}}{H_C(f)} \tag{18}$$

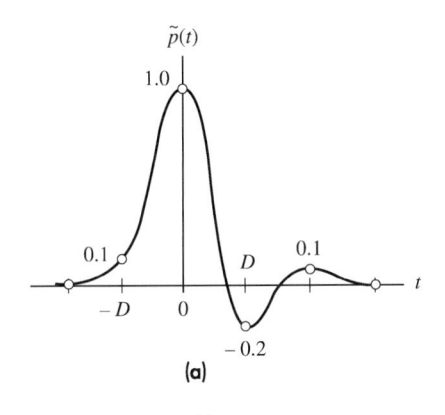

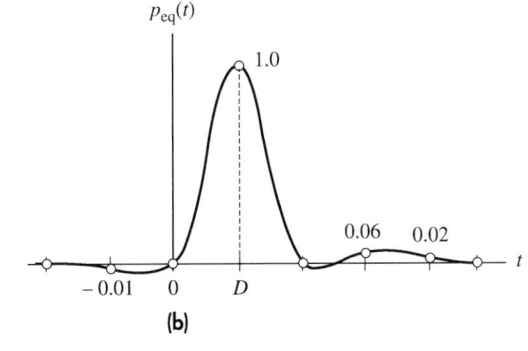

圖 11.3-6 (a) 失真的脈波；(b) 等化的脈波。

但是當通道帶有雜訊時，它的輸出傅立葉轉換將會是 $\widetilde{P}'(f) = \widetilde{P}(f) + N(f)$，這裡 $N(f)$ 代表雜訊頻譜。若 $\widetilde{P}'(f)$ 被輸入到這個等化器中，那麼等化器的輸出會是理想的脈波加上一個修正雜訊項，或是：

$$P_{eq}(f) = \frac{\widetilde{P}(f)}{H_C(f)} + \frac{N(f)}{H_C(f)} = P(f) + \frac{N(f)}{H_C(f)} \tag{19}$$

這裡 $P_{eq}(f)$ 是等化器輸出的傅立葉轉換。觀察式 (19) 可知可能會有頻率 f_j 使得 $N(f_j) \neq 0$ 而 $H_C(f_j) \cong 0$，造成幾乎除以 0 的情形。因此倒數濾波器會增強雜訊的效應。

要抑制雜訊的作用，**最小均方誤差** (minimum mean squared-error, MMSE) 等化器在設定圖 11.3-5 中的橫向濾波器的接頭增益時會將雜訊考量進去。與其調整接頭係數以獲得 $H_C(f)$ 的真正倒數，或是在 $k=0$ 時迫使 $p_{eq}(t_k)=1$，與 $k \neq 0$ 時迫使 $p_{eq}(t_k)=0$，我們改成調整係數以獲得實際的等化器輸出與理想的輸出之間的 MMSE ε^2。這裡推導 MMSE 與預設接頭係數的方法和 Gibson (1993) 與 Schwartz (2005) 所用的方法相同。令 $p(t_k)$ 是經由訓練或是參考序列所獲得想要的輸出。前面已經知道，$p_{eq}(t_k)$ 是實際的輸出，我們選擇濾波器接頭係數 c_n 以最小化下式：

$$\varepsilon^2 = \sum_{k=-K}^{K} \varepsilon_k^2 = \sum_{k=-K}^{K} [p(t_k) - p_{eq}(t_k)]^2$$

$$= \sum_{k=-K}^{K} \left[p(t_k) - \sum_{n=-N}^{N} c_n \widetilde{p}_{k-n} \right]^2 \tag{20}$$

這裡 c_m 是我們要計算的特別係數。要得到 MMSE，我們將式 (20) 對 c_m 求偏導數並設結果為 0，那麼我們可得到：

$$\frac{\partial \varepsilon^2}{\partial c_m} = 0 = -2 \sum_{k=-K}^{K} \left[p(t_k) - \sum_{n=-N}^{N} c_n \widetilde{p}_{k-n} \right] \widetilde{p}_{k-m} \tag{21}$$

注意，在對 c_m 取導數時，c_m 是 $\widetilde{p}_{k-m}$ 的係數。重新排列各項，式 (21) 變成：

$$\sum_{k=-K}^{K} \sum_{n=-N}^{N} c_n \widetilde{p}_{k-n} \widetilde{p}_{k-m} = \sum_{k=-K}^{K} p(t_k) \widetilde{p}_{k-m}$$

那麼

$$\sum_{n=-N}^{N} c_n \sum_{k=-K}^{K} \widetilde{p}_{k-n} \widetilde{p}_{k-m} = \sum_{k=-K}^{K} p(t_k) \widetilde{p}_{k-m} \tag{22}$$

要實現式 (22)，我們將用式 (17) 的輸出 [0, 0, ⋯, 1, 0, 0, ⋯, 0] 來得到 $p(t_k)$。未經等化的訊號取樣 $\tilde{p}_{k-n}$ 是由量測濾波器的輸出來獲得。如讀者在做習題 11.3-20 與 11.3-21 時就會看到，用式 (17) 來得到式 (22) 的 $p(t_k)$ 和前面所討論的零強制演算法並不相同。以 $2N+1$ 個方程式與 $2N+1$ 個未知數，我們可以求得 $2N+1$ 個接頭係數。此外，當設定式 (22) 的項次，$2N+1$ 個方程式的每一式對應到一個固定的 m 值。例如，假設我們要執行範例 11.3-2 的 3 接頭等化濾波器，建立式 (22) 如下 (Gibson, 1993)：

$$m = -1$$
$$c_{-1}\sum_k \tilde{p}_{k+1}^2 + c_0\sum_k \tilde{p}_k\tilde{p}_{k+1} + c_1\sum_k \tilde{p}_{k-1}\tilde{p}_{k+1} = \sum_k p(t_k)\tilde{p}_{k+1}$$

$$m = 0$$
$$c_{-1}\sum_k \tilde{p}_{k+1}\tilde{p}_k + c_0\sum_k \tilde{p}_k^2 + c_1\sum_k \tilde{p}_{k-1}\tilde{p}_k = \sum_k p(t_k)\tilde{p}_k$$

$$m = 1$$
$$c_{-1}\sum_k \tilde{p}_{k+1}\tilde{p}_{k-1} + c_0\sum_k \tilde{p}_k\tilde{p}_{k-1} + c_1\sum_k \tilde{p}_{k-1}^2 = \sum_k p(t_k)\tilde{p}_{k-1}$$

用 $\tilde{p}_k$、$\tilde{p}_{k\pm1}$ 與 $p(t_k)$ 的已知值來解以上的方程式就可以獲得 c_i 係數。文獻中另有 MMSE 的其他方法，所利用的是訊號的自相關與交互相關統計值。

在傳送期間，通道的特性也許會改變。因此，我們想要讓濾波器可以追蹤這些改變以更新係數，因而建立了**可適性濾波器** (adaptive equalizer)。如果通道是一個電話交換鏈路或是某些具有變化很慢特性的路徑，這個方法非常有效。參考訊號 $p(t_k)$ 仍能夠由附在傳送中的資料來提供。另外我們能夠根據目前等化器的輸出與再生器輸出之間的差值來獲得與更新 $p(t_k)$ 的估測值，然後利用這些資訊來更新接頭的係數。讓這個方法有效的假設是：原始等化器的輸出是精確的，而且系統僅做微量的更新。這種係數調整的方法稱之為**決策導向** (decision-directed) 等化，如圖 11.3-7 所示。

當第 k 個訊息收到時，此接頭係數被更新如下：

$$c_n^{k+1} = c_n^k + \Delta\varepsilon_k\tilde{p}_n \tag{23a}$$

以及

$$\varepsilon_k = \hat{m}(t_k) - p_{eq}(t_k) \tag{23b}$$

這裡 c_n^{k+1} 是第 n 個接頭係數的第 $(k+1)$ 個估測值，$\tilde{p}_n$ 是橫向濾波器第 n 個延遲元件的輸出，Δ 是步階大小常數，而 $\hat{m}_k$ 是再生產生器輸出的第 k 個訊息。常數 Δ 值是由實驗決定。使用式 (23) 更新係數時，有時候我們想要用已知的訊息符號 m_k。

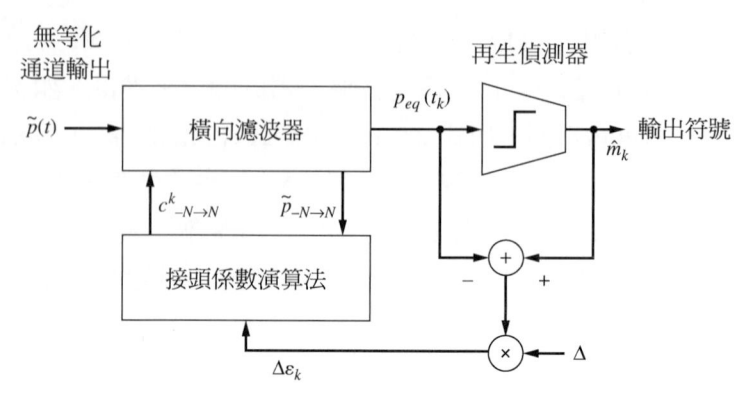

圖11.3-7 決策導向可適性等化器。

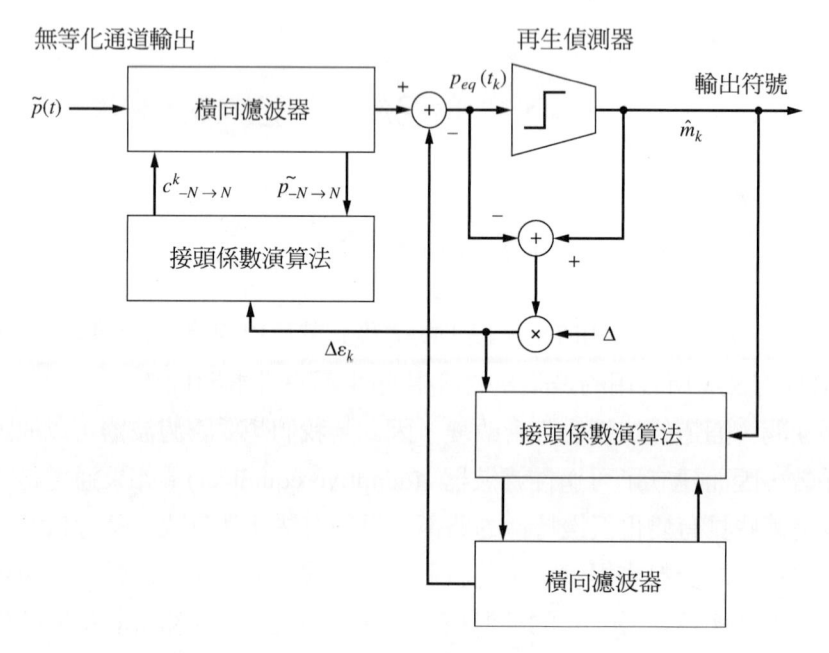

圖11.3-8 決策回授等化器。

　　更進一步增強決策導向等化器的**決策回授等化器** (decision feedback equalizer, DFE)，如圖 11.3-8 所示。這裡，我們輸出符號並將它通過一個獨立的橫向濾波器，它的輸出再和下一個等化器的輸出相減，因此，下一個訊號的過去訊號失真那一部份會被移除。所以說，這是一種非線性濾波器。這種回授濾波器加權係數的設定類似於與決策導向橫向濾波器的前向濾波器一樣。要知道更多的資訊，請參閱 Lucky、Salz 與 Weldon (1986)、Sklar (2001) 及 Proakis 與 Saleihi (2005) 的著作。

相關性的編碼

相關性的編碼 (correlative coding) 亦稱為**部份響應訊號** (partial-response signaling)，它是一種在 $r=2B$ 的頻寬限制傳輸的方法，主要在避免與 $p(t)=\text{sinc } rt$ 相關的問題。

此包含兩個關鍵性的運作，即相關性的濾波器及數位預碼處理。相關性的濾波器為控制 ISI 的干擾，造成增加振幅準位的脈波串列及相關性的振幅序列。奈奎斯的訊號速率限制不再被引用，由於相關性的符號不互為獨立及有可能具更高訊號速率。波形產生之前訊息序列之數位預碼，從相關性的濾波串列脈波中有助於訊息的回復。

如圖 11.3-9a 所示，一般相關性的編碼傳輸系統模式其中省去雜訊。數位預碼取訊息符號序列 m_k 及產生一個序列碼 m'_k 加入到脈波產生器 (此脈波將以具極短期間 $\tau \ll D$ 的矩形脈波所取代) 則輸入訊號的脈波串列可表為：

$$x(t) = \sum_k a_k \delta(t - kD)$$

其中加權數 a_k 取代 m'_k。則終端濾波器及通道轉移函數 $H(f)$，則輸出波形可寫為：

$$y(t) = \sum_k a_k h(t - kD) \tag{24}$$

其中 $h(t) = \mathcal{F}^{-1}[H(f)]$。

雖然，相關性的濾波器尚未在圖 11.3-9a 方塊圖中出現，則 $H(f)$ 的轉移函數如圖 11.3-9b 所示為橫向濾波器與理想濾波器 LPF 的組合。此橫向濾波器所有延遲為 ND 及 $N+1$ 接頭增益。因為 LPF 脈波響應為 $\text{sinc } rt$ 及 $r=1/D$，則串級組合脈波

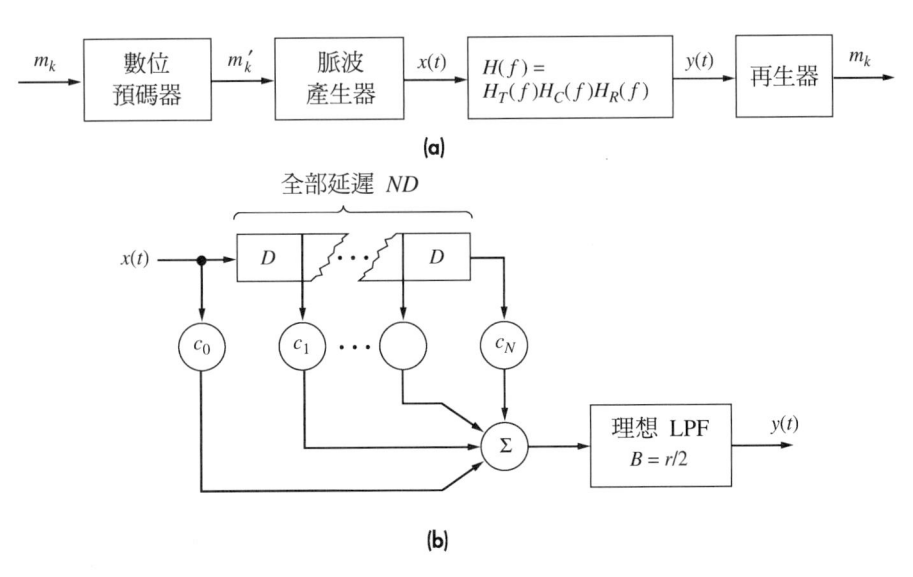

圖 11.3-9 (a) 具相關性編碼的傳輸系統；(b) 等效相關性濾波器。

響應為：

$$h(t) = \sum_{n=0}^{N} c_n \operatorname{sinc}(rt - n) \tag{25}$$

因此，式 (24) 可為：

$$y(t) = \sum_{k} a_k \left[\sum_{n=0}^{N} c_n \operatorname{sinc}(rt - n - k) \right] \tag{26a}$$

其中

$$= \sum_{k} a'_k \operatorname{sinc}(rt - k)$$

$$a'_k \triangleq c_0 a_k + c_1 a_{k-1} + \cdots + c_N a_{k-N} = \sum_{n=0}^{N} c_n a_{k-n} \tag{26b}$$

其中訊息再生必須以取樣值 $y(t_k) = a'_k$ 當做基礎。

由式 (26) 可知，其相關性濾波器將振幅 a_k 改為 a'_k 的事實。我們稱此序列為一組 N 個符號的**相關性跨距** (correlation span)，因為 a'_k 是依 a_k 前面的 N 值而變化。更進一步說，當 a_k 序列有 M 個準位，則 a'_k 序列中 $M' > M$ 準位。為了了解相關性濾波器在 $r = 2B$ 時引導實用帶寬限制傳輸之特性，我們必須注意其特例。

雙二進位訊號 (duobinary signaling)，為最簡單的相關性編碼，且其 $M=2$、$N=1$ 及 $c_0 = c_1 = 1$。如圖 11.3-10 中所示為等效相關性濾波器，其脈波響應為：

$$h(t) = \operatorname{sinc} r_b t + \operatorname{sinc}(r_b t - 1) \tag{27a}$$

其轉移函數大小為：

$$H(f) = \frac{2}{r_b} \cos \frac{\pi f}{r_b} e^{-j\pi f/r_b} \qquad |f| \leq r_b/2 \tag{27b}$$

$H(f)$ 為緩和衰減，類似奈奎斯脈波頻譜及合成之後可為一個好的近似值。但是，與奈奎斯脈波形不同，雙二進位訊號的衰減而不會造成頻寬增加而超出 $B = r_b/2$。在與訊號速率交換的優點下，雙二進位的波形必然會有 ISI 及 $M' = 3$ 的準位，此仍因 $t = 0$ 及 $t = T_b$ 時 $h(t) = 1$ 脈波響應特性。

要看 ISI 的效應，假設振幅序列 a_k 與預編碼的二進位訊息序列 m'_k 的關係，如下表示：

$$a_k = (m'_k - 1/2)A = \begin{cases} +A/2 & m'_k = 1 \\ -A/2 & m'_k = 0 \end{cases} \tag{28}$$

其中等效於準位間隔 A 為極式二進位。依式 (26) 則相對輸出準位為：

$$y(t_k) = a'_k = a_k + a_{k-1} = (m'_k + m'_{k-1} - 1)A \tag{29a}$$

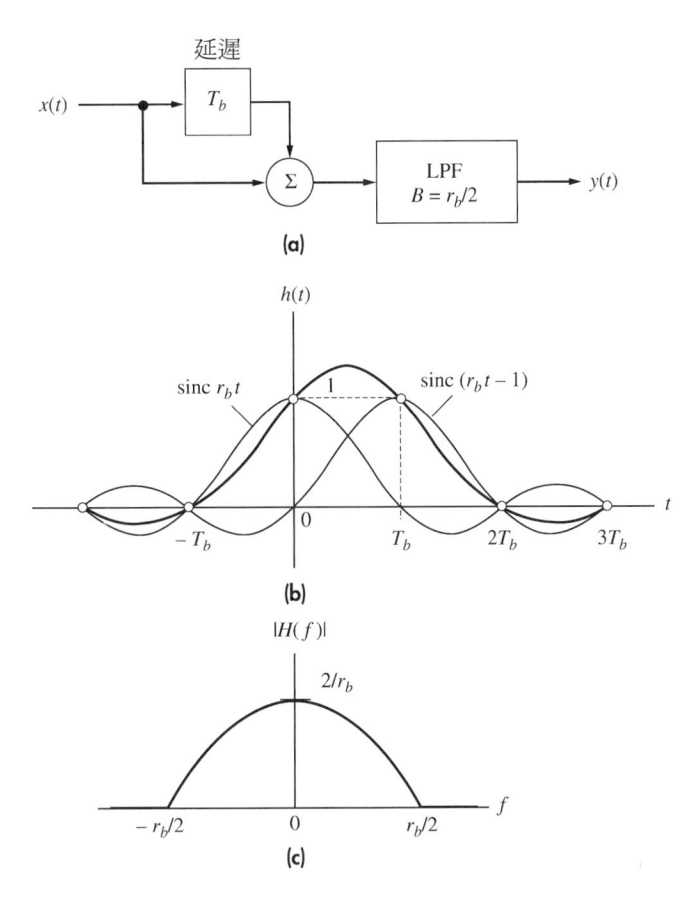

圖 11.3-10 雙二進位訊號：(a) 等效相關性濾波器；
(b) 脈波響應；(c) 振幅比。

$$= \begin{cases} +A & m'_k = m'_{k-1} = 1 \\ 0 & m'_k \neq m'_{k-1} \\ -A & m'_k = m'_{k-1} = 0 \end{cases} \tag{29b}$$

理論上，假設你預先回復 m'_{k-1}，則式 (29b) $y(t_k)$ 中可恢復 m'_k。但是，當雜訊引起 m'_{k-1} 的誤差時，所有分訊息位元將全在誤差中，一直到下一個雜訊感應誤差為止，稱為**誤差傳播** (error propagation)。

如圖 11.3-11a 中為雙二進訊號的數位預碼，它可能阻止誤差傳播及從 $y(t_k)$ 中去回復此輸入訊息序列 m_k。預碼由互斥 OR 閘，D 正反器回授組合而成，如圖 11.3-11b 為真值表，為 $m'_k + m'_{k-1}$，可將式 (29a) 取代，可表為：

$$y(t_k) = \begin{cases} \pm A & m_k = 0 \\ 0 & m_k = 1 \end{cases} \tag{30}$$

其中並不包含回到預碼 m_{k-1}。當 $y(t)$ 中含有相加性的白色雜訊，訊息再生的判別法

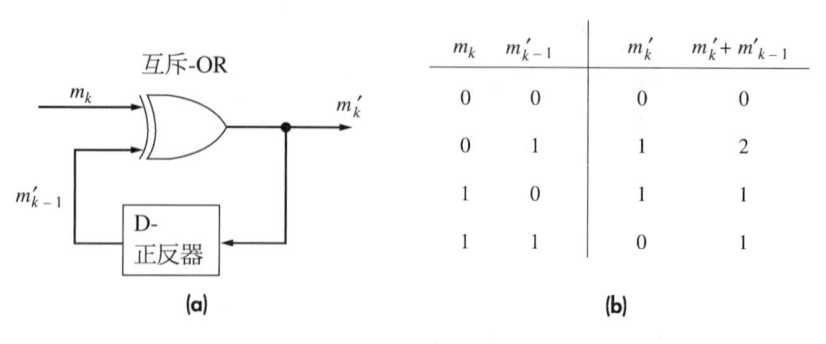

圖 11.3-11 (a) 二進位訊號數位預碼；(b) 真值表。

則可表示如下：

> 如果 $|y| > A/2$ 則選擇 $m_k=0$。
> 如果 $|y| < A/2$ 則選擇 $m_k=1$。

這法則可由二極體來實現及設定在 $A/2$ 的單一決定的臨界值。則最佳終端濾波器設計所需最小誤差概率可表為：

$$P_e = \frac{3}{2} Q\left(\frac{\pi}{4}\sqrt{2\gamma_b}\right) \tag{31}$$

其中比極式二進位系統稍高些。

當傳輸頻道的直流響應不夠時，**修正雙二進位訊號** (modified duobinary signaling) 可補充不足的地方。相關性的濾波器的 $N=2$、$c_0=1$、$c_1=0$ 及 $c_2=-1$，可表為：

$$H(f) = \frac{2j}{r_b} \sin \frac{2\pi f}{r_b} e^{-j2\pi f/r_b} \qquad |f| \leq r_b/2 \tag{32}$$

如圖 11.3-12 所示為相關性濾波器的 $|H(f)|$ 及方塊圖。有關預碼器的架構如圖 11.3-11 所示，由兩個正反器串接後回饋 m'_{k-2}。假設脈波產生器如式 (28)，則可寫為：

$$y(t_k) = a_k - a_{k-2} = (m'_k - m'_{k-2})A \tag{33}$$

$$= \begin{cases} 0 & m_k = 0 \\ \pm A & m_k = 1 \end{cases}$$

上式可與式 (29) 及 (30) 比較。

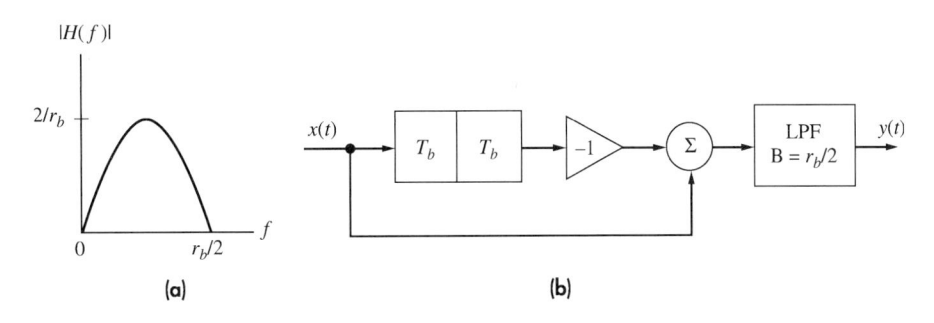

圖 11.3-12 修正雙二進位訊號相關性濾波器：(a) 振幅比；(b) 方塊圖。

範例 11.3-3　具有預碼的雙二進位系統

由一個雙二進位系統如圖 11.3-11 及二進位訊息 $m_k=000010011000$。如果給一個初始條件，則 m'_{k-1} 為 a_{k-1} 到 0 及 $-A$，如表 11.3-1 表示輸入訊息 m_k；預碼輸出為 m'_k；則相關性濾波器的輸入 a_k 且 $A=2$ 及最後產生相關性濾波器的輸出 $y(t_k)$。如利用式 (30)，可回復到原始訊息由 $y(t_k) \to \hat{m}_k$。現以修正雙二進位系統如圖 11.3-12 所示，包括預碼且有兩個正反器。其初始值為 m'_{k-2} 為 a_{k-2}、0 及 $-A$。結果如表 11.3-2 所示。

表 11.3-1　雙二進位訊號的預碼例

m_k	0	0	0	0	1	0	0	1	1	0	0	0
m'_{k-1}	0	0	0	0	0	1	1	1	0	1	1	1
m'_k	0	0	0	0	1	1	1	0	1	1	1	1
a_k	-1	-1	-1	-1	1	1	1	-1	1	1	1	1
a_{k-1}	-1	-1	-1	-1	-1	1	1	1	-1	1	1	1
$y(t_k)$	-2	-2	-2	-2	0	2	2	0	0	2	2	2
$\hat{m}_k$	0	0	0	0	1	0	0	1	1	0	0	0

表 11.3-2　修正雙二進位訊號預碼例

m_k	0	0	0	0	1	0	0	1	1	0	0	0
m'_{k-2}	0	0	0	0	0	0	1	0	1	1	0	1
m'_k	0	0	0	0	1	0	1	1	0	1	0	1
a_k	-1	-1	-1	-1	1	-1	1	1	-1	1	-1	1
a_{k-2}	-1	-1	-1	-1	-1	-1	1	-1	1	1	1	1
$y(t_k)$	-2	-2	-2	-2	0	-2	2	0	0	2	-2	2
$\hat{m}_k$	0	0	0	0	1	0	0	1	1	0	0	0

練習題 11.3-3

就修正雙二進位系統系統的情形建立一個像圖 11.3-11b 的真值表,並用它來推導式 (27)。

11.4 同步技術

同步就是使時鐘敲打聲一致的技術,在數位通訊系統中的時鐘就是在接收機及發射機的部份,且它們之間傳輸時間延遲必須一致。除了符號同步之外,大部份也需碼框的同步,去確認開始的訊息或訊息序列內的各區訊息。另外,載波同步對同調機的數位通訊是必備的——此為第 14 章討論的主題。

本節在基頻帶二進位系統中同時考慮符號與碼框同步。我們主要以接收機本身取出的同步化訊號,非由外面提供的補助同步訊號。如圖 11.4-1 為位元同步器 (bit synchronizer) 的位置與時鐘及再生器的關係。**碼框同步器** (frame synchronizer),表示碼框的訊息來自再生器訊息與時鐘的關係。我們同時注意到特別的同步技術,即有訊息亂碼的移位暫存器及為求碼框的假像雜訊序列。

我們的同步技術,主要是敘述及說明,詳細處理有關外加雜訊的數位同步,可參考 Mengali 及 D'Andrea (1997) 的著作。

■ 位元同步

如圖 11.1-5 所示,當 $y(t)$ 具極式 RZ 格式,位元同步變得非常普通,其功率頻譜 $G_y(f)$ 包含了 $\delta(f \pm r_b)$。一個 PLL 電路及在 $f=r_b$ 的窄頻 BPF 即可取出與 $\cos(2\pi r_b t + \phi)$ 的比例弦波及相位調整,做為同步訊號。假如 $y(t)$ 首先經由平方關係的電路處理如圖 11.4-2a,則相同技術亦可用到極式格式。則產生如圖 11.4-2b 單極式波形 $y^2(t)$,在 $f=r_b$ 時它具有弦波的分量。其他 $y(t)$ 的非線性極式對單極式轉換操作

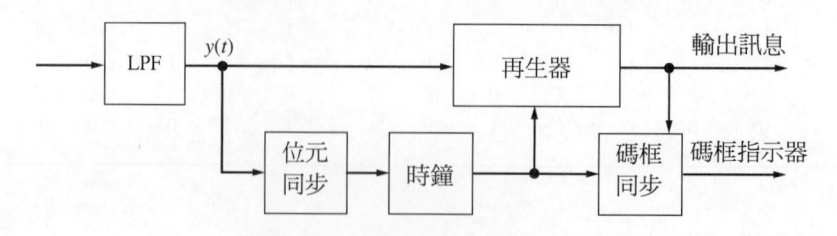

圖 11.4-1 位元接收機的同步。

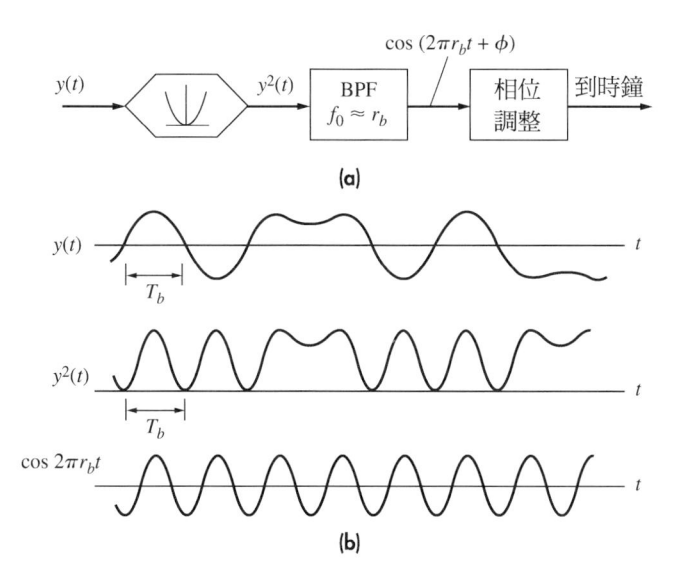

圖 11.4-2 極式對單極式互換的位元同步：(a) 方塊圖；(b) 波形。

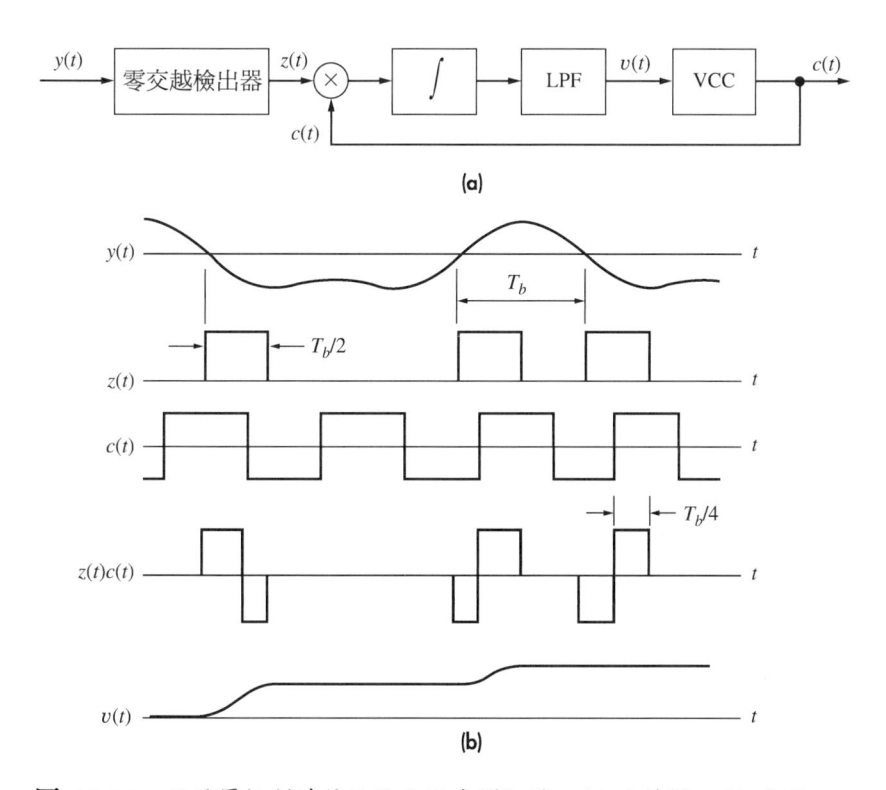

圖 11.4-3 用電壓控制時鐘的位元同步閉迴路：(a) 方塊圖；(b) 波形。

亦可像開環位元同步器來完成。

如結合閉回授迴路的時鐘的閉迴路結構，可提供更可靠的同步作用。如圖 11.4-3 所示為閉迴路位元同步器的波形及方塊圖。在此零交越檢波器在 $y(t)$ 中每個零交越產

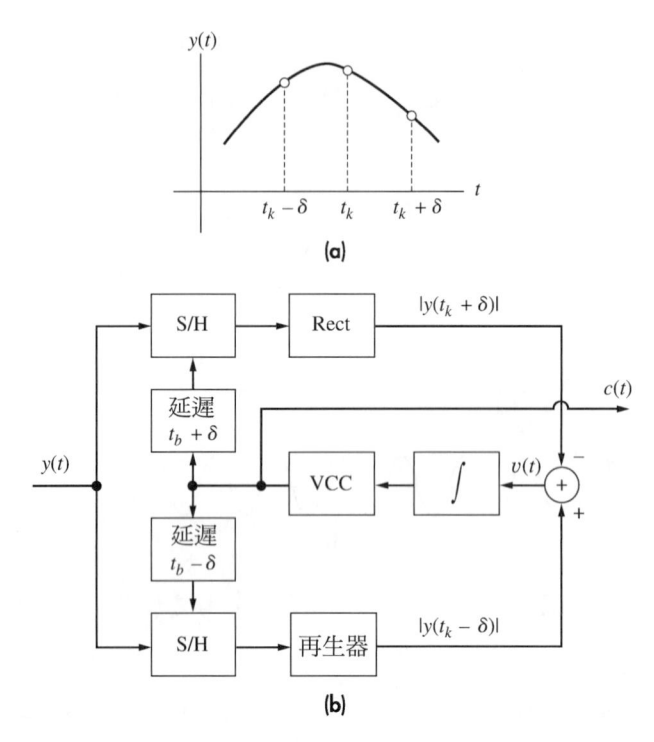

圖 11.4-4 先到−遲到位元同步：(a) 波形；(b) 方塊圖。

生半個位元期間為 $T_b/2$ 的矩形脈波。此脈波 $z(t)$ 與方波脈波 $c(t)$ 相乘即形成一種電壓控制時鐘 (voltage controlled clock, VCC)。控制電壓 $v(t)$ 積分後再經低通濾波器，此時 $v(t) = z(t)c(t)$。當 $c(t)$ 與 $z(t)$ 邊緣達到同步且偏移 $T_b/4$ 時，此時可說系統已達穩定狀態，所以其乘積為零面積且 $v(t)$ 為定值。此系統實際執行情形通常可由數位部份來取代類比積分器及乘法器。

依前節所學最佳的工作條件為，當 $y(t)$ 是零交越，以期間 T_b 整數倍時為最佳。否則，同步會受計時感應器的影響。如果訊息包括一串很長的 1 及 0 時會產生其他問題，以致 $y(t)$ 為無零交越點，且無法同步。有關訊息亂碼器可解決此問題。

另一種不同的同步方法，無零交越點，是依據：它是數位訊號濾波依最佳取樣時間中有峰值存在，且兩側具有相對的特性。假設 t_k 同步且 $\delta < T_b/2$，則：

$$|y(t_k - \delta)| \approx |y(t_k + \delta)| < |y(t_k)|$$

但是，延遲的同步訊號，產生的情況可依圖 11.4-4a 來完成，其中 $|y(t_k - \delta)| > |y(t_k + \delta)|$，先到的同步訊號亦會有 $|y(t_k - \delta)| < |y(t_k + \delta)|$ 的結果。如圖 11.4-4b 為**先到−遲到同步器** (early-late synchronizer)，它是由回授方式在 VCC 中產生一控制電壓。在遲到同步訊號會產生 $v(t) = |y(t_k - \delta)| - |y(t_k + \delta)| > 0$，此時會使時鐘加速，於先到的同步訊息則是相反工作。

n-階移位暫存器

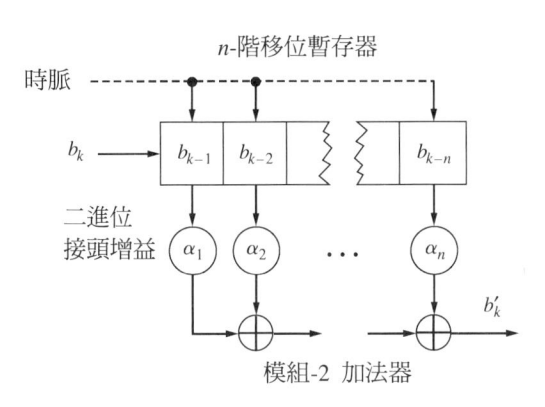

圖 11.4-5 接頭移位暫存器。

亂碼器及 PN 碼產生器

亂碼 (scrambling) 作用是一種編碼動作,應用於發射機上的訊息,位元串列可"隨機化",將可消除因長串相似碼而減弱接收機的同步功能。亂碼器可消除大部份週期性位元圖型,因為這類圖型會產生在功率頻譜上不需要的離散式頻率分量 (包括 DC)。當然,亂碼器後的串列必須由接收機解亂碼器解出,如此才能保留位元序列的透通性 (bit sequence transparency)。

如圖 11.4-5 所示為簡易而有效的亂碼器及由接頭或移位暫存器所構成解亂碼器,一般而言,接頭式的延遲線即為數位計數的部份。當來自二進位序列 b_k 連續性位元進入到暫存器,且依每個時鐘做一級到下一級轉移。則輸出 b'_k 是經過一組接頭增益及模組-2 (mod-2) 加法器後的位元而產生,可表為:

$$b'_k = \alpha_1 b_{k-1} \oplus \alpha_2 b_{k-2} \oplus \cdots \oplus \alpha_n b_{k-n} \tag{1}$$

其中接頭增益為二進位數位,$\alpha_1=1$ 表示直接連接,$\alpha_1=0$ 則表示不連接。$\oplus$ 的符號表示模組-2 的加法器,其特性可表為:

$$b_1 \oplus b_2 = \begin{cases} 0 & b_1 = b_2 \\ 1 & b_1 \neq b_2 \end{cases} \tag{2a}$$

且

$$b_1 \oplus b_2 \oplus b_3 = (b_1 \oplus b_2) \oplus b_3 = b_1 \oplus (b_2 \oplus b_3) \tag{2b}$$

其中 b_1、b_2 及 b_3 為任意二進位系統,模組-2 可由互斥-OR 來完成,除了 $1 \oplus 1=0$ 外,其與一般加法相同。

如圖 11.4-6 所示為一種簡明的亂碼器及解亂碼器,各以四個移位暫存器及接頭增益為 $\alpha_1=\alpha_2=0$ 及 $\alpha_3=\alpha_4=1$ 來完成。(為簡化起見,省略了時鐘線,以後均省略。) 以二進位訊息序列 m_k 為輸入到亂碼器上,依模組-2 加法器到暫存器輸出 m'_k

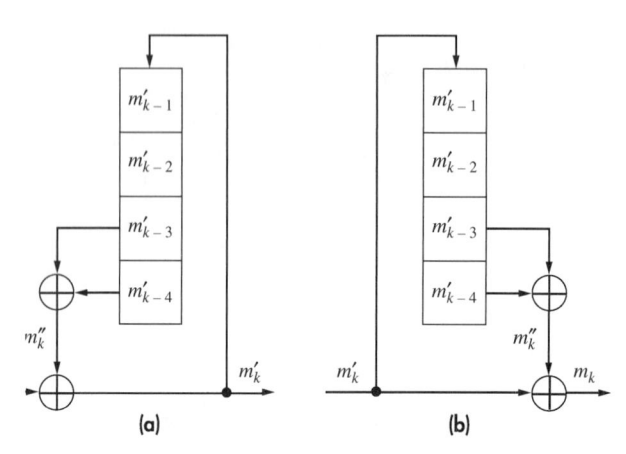

圖 11.4-6 (a) 二進位亂碼器；(b) 解亂碼器。

表 11.4-1 圖 11.4-6 之暫存器內容，亂碼器/解亂碼器/輸入與輸出

暫存器內容														
	m'_{k-1}	0	1	0	1	0	1	1	1	1	0	0	0	1	0
	m'_{k-2}	0	0	1	0	1	0	1	1	1	1	0	0	0	1
	m'_{k-3}	0	0	0	1	0	1	0	1	1	1	1	0	0	0
	m'_{k-4}	0	0	0	0	1	0	1	0	1	1	1	1	0	0
暫存器輸出	m''_k	0	0	0	1	1	1	1	1	0	0	0	1	0	0
輸入序列	m_k	1	0	1	1	0	0	0	0	0	0	0	0	0	1
輸出序列	m'_k	1	0	1	0	1	1	1	1	0	0	0	1	0	1

回授到輸入端。因此，$m''_k = m'_{k-3} \oplus m'_{k-4}$，且

$$m'_k = m_k \oplus m''_k \tag{3a}$$

解亂碼器原是亂碼器的相反結構，且可再產生原來的訊息，故可寫為：

$$m'_k \oplus m''_k = (m_k \oplus m''_k) \oplus m''_k \tag{3b}$$
$$= m_k \oplus (m''_k \oplus m''_k) = m_k \oplus 0 = m_k$$

式 (3a) 及 (3b) 要成立，則亂碼器及解亂碼器的移位暫存器均為相同的移位暫存器。

　　當亂碼作用是依移位暫存器的結構而進行。如表 11.4-1 所示為暫存器的最初狀態全為 0 時，亂碼的情況。注意的是，m_k 的長串的 9 個 0 被 m'_k 取消。仍然可能有一些在 m'_k 中產生一長串像 m'_k 的位元。更重要的是，亂碼器的誤差傳播，因為 m'_k 中有個位元錯誤，則會造成幾個輸出位元的誤差。當解亂碼器全部為正確位元時，誤差傳播才會停止。

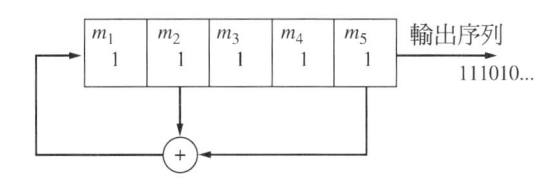

圖 **11.4-7** 移位暫存器序列，在 [5, 2] 的組態。

接著，為碼框同步作準備，我們考慮移位暫存器的序列產生。當移位暫存器為非 0 初始狀態及輸出回授到輸入，此單體的動作就如週期序列產生器。如圖 11.4-7 所示的情形，圖中有 5 級暫存器，第 2 個及第 5 個接頭及模組-2 相加後回授到第一個暫存器，則可表為：

$$m_1 = m_2 \oplus m_5 \tag{4}$$

及序列輸出 m_5。如以簡單表示法，則可用 [5, 2] 來表示結構。假設初始值為 11111，則會產生 31 位元序列，可寫為 1111100110100100001010111011000，其中之後會重複週期產生，可表為：

$$N = 2^n - 1 \tag{5}$$

假設為回授接頭的組合，則 n-位元能產生**最大長度** (maximal-length) 序列如式 (5) 所示 (圖 11.4-7 中 $n=5$，$N=31$ 的序列產生器)，序列應具備如下特性：

1. **平衡** (balance) 產生 1 的數目應比產生 0 為多。
2. **轉** (run) 一個轉表示單一個數位種類的序列，單一 ML 序列表示長度 1 的 1/2 的轉，長度 2 為 1/4 的轉，長度 3 為 1/8 的轉，依此類推。
3. **自相關性** (autocorrelation) 它表示隨機雜訊的相關特性，具有一個自相關性的峰值。
4. 一個 ML 序列與原來序列作移位結果後作模組-2 相加。
5. 除了初始值為 0 之外，在期間內產生所有 2^n 的可能序列。

所有可能最長序列被稱為假像 (pseudonoise, PN) 序列。假像係依 PN 序列的相關性的性質而來。要說明此點，假設用 PN 序列 s_k 所形成的二進位極式 NRZ 訊號，可寫為：

$$s(t) = \sum_k (2s_k - 1)p(t - kT_c) \tag{6}$$

其中 $p(t)$ 為矩形脈波及第 k 脈波的振幅為：

$$c(t) = 2s_k - 1 = \begin{cases} +1 & s_k = 1 \\ -1 & s_k = 0 \end{cases} \tag{7}$$

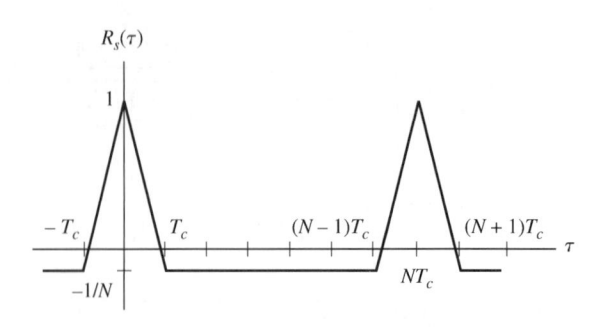

圖 11.4-8 PN 序列的自己相關性。

訊號 $s(t)$ 為定型的及週期的，其週期為 NT_c。則訊號的自相關性函數可表為：

$$R_c(\tau) = [(N+1)\Lambda(\tau/T_c) - 1]/N \qquad |\tau| \leq NT_c/2 \tag{8}$$

如圖 11.4-8 為其圖形。假設 N 很大時，T_c 變得很小，則：

$$R_s(\tau) \approx T_c\delta(\tau) - 1/N \qquad |\tau| \leq NT_c/2 \tag{9}$$

所以 PN 訊號其實就像小的直流成份的白雜訊。此種類似雜訊的相關特性，可引用到測試儀器、雷達測距、展頻通訊（在第 15 章中討論）及數位碼框的實際應用上。當我們使用 PN 碼產生器產生一串資訊串列時應避免 PN 碼中有直流成份，資訊的損失應保持最小及使用時 $c(t)$ 取代亂碼的 s_k。

範例 11.4-1　一個 [3, 1] 位移暫存器的自相關函數

有一 3 個位元，[3, 1] 移位暫存器結構，初始值為 111 則產生 $N=7$ 的 1110100 的序列。由 Dixon (1994) 去計算自相關性函數值，以 $c(t)$ 與 s_k 序列每次 1 位元做 $N-1$ 移位 ($\tau=0$ 到 $6T_c$) 做比較後得之。如 11.4-2 表中 $v(\tau)$ 表示匹配與非匹配的差值及 $R_{[3,\ 1]}(\tau) = v(\tau)/N$ 的相關值，如表 11.4-2 所示。

如圖 11.4-8 以 $N=7$ 及 $T_c=1$，所繪出自相關函數。於此可觀察 [3, 1] 為組態移位的架構序列。

練習題 11.4-1

以 [5, 4, 3, 2] 為組態架構的 5 階序列，試求初始值為 11111 時 $N=31$ 的序列為 1111100100110000101101010001110 序列。

表 11.4-2

τ	移位值	$v(\tau)$	$R_{[3,1]}(\tau) = v(\tau)/N$
0	1110100 1110100	7.00	1.00
1	1110100 0111010	-1.00	-0.14
2	1110100 0011101	-1.00	-0.14
3	1110100 1001110	-1.00	-0.14
4	1110100 0100111	-1.00	-0.14
5	1110100 1010011	-1.00	-0.14
6	1110100 1101001	-1.00	-0.14
0	1110100 1110100	7.00	1.00

■ 碼框同步

數位接收機中需要知道訊號何時存在，否則輸出端會因為隨機雜訊的干擾而誤認訊息。因此，確認訊息是碼框同步的重要工作。另一方面則是確認訊息內的副區分及碼框。為簡化碼框同步，二進位傳輸常包含有如圖 11.4-9 所示的 N-位元同步字 (sync words)。同步字的碼框，首先為包含數種重複的**字首** (prefix)，這些字標示了傳輸的開始及取得位元同步的容許時間。字首通常是由標示有訊息開始的文字隨之於後，而碼框同步是由同步字元週期性的插入位元串列標示。

如圖 11.4-10 為碼框同步器，它是設計檢出同步字 $s_1 s_2 \cdots s_n$，無論何時，主要出現於再生序列 m_k 即可檢出，輸出位元以極式格式表示：

$$a_k = 2m_k - 1 = \pm 1$$

而被載入到 N 階極式移位暫存器，而極式接頭增益可表為：

$$c_i = 2s_{N+1-i} - 1 \tag{10}$$

此式簡單可將增益等於極式形式中同位字的位元，且相反順序，如，$c_1 = 2s_N - 1$，而

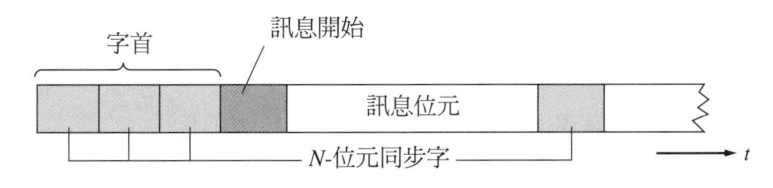

圖 11.4-9 N 位元同步字的傳輸碼框。

图 11.4-10 码框同步器。

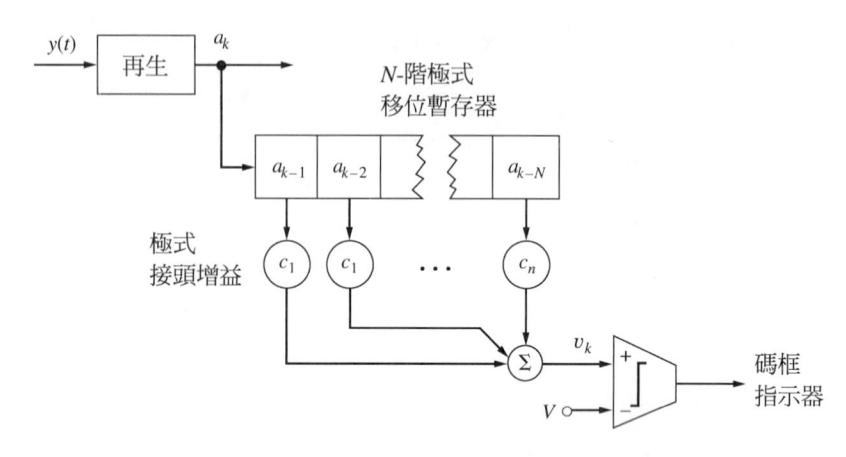

$c_N = 2s_1 - 1$。將接頭增益總和用代數式可寫為：

$$v_k = \sum_{i=1}^{N} c_i a_{k-i} \tag{11}$$

將此式得到電壓與臨界值電壓 V 值相比較，若 $v_k > V$ 時，碼框同步指示器為高值。

假設暫存器字元等於同步字時，則 $a_{k-i}=c_i$，所以 $c_i a_{k-i}=c_i^2=1$ 及 $v_k=N$。如果暫存器字元正好與同步字元差一個位時，$v_k=N-2$（為何？）。若將臨界電壓 V 稍低 $N-2$，則允許誤差字元比同步字元，差一個位元的誤差即可。有兩個或更多誤差時則同步器不會檢出，它會由 P_e 值表現出來。假像 (false) 碼框有指示出現時，一般表示 N 或 $N-1$ 位元與同步字元相匹配成功的狀況。則此事件概率可寫為：

$$P_{ff} = \left(\frac{1}{2}\right)^N + \left(\frac{1}{2}\right)^{N-1} = 3 \times 2^{-N} \tag{12}$$

式中表示 1 或 0 位元串列概率相等。

更進一步看式 (10) 及 (11)，碼框同步可用交叉相關函數來運算，它表示通過暫存器與同步字元之間相關性。此時 PN 碼 (序列) 依相關的性質，在同步字元中均假設理想值。為特別需求，一般字首均須重複幾個 PN 碼的週期。當字首通過碼框同步暫存器時，v_k 值會出現如圖 11.4-8 中 $R_s(\tau)$ 的外形，且當初始位元 s_1 到達最後一個暫存器時，會出現 $v_k=N$ 值。另一個優點是，發射機上 PN 碼的產生很容易，是 N 值可取很高的值。如式 (12)，$P_{ff} < 10^{-4}$ 且 $N > 14.8$ 時，PN 碼可由 4 階的 PN 產生器來完成。

11.5 問答題與習題

問答題

1. 為什麼非對稱方波很少直接傳送到通道上？
2. 為什麼二元脈波要設計成讓 DC 的內含為 0。
3. 如何能夠以一個已知訊號的眼睛圖來幫助我們決定錯誤機率？
4. 雜訊免疫力的意思是什麼？舉例說明。
5. 預先編碼的優點是什麼？
6. 為什麼再生方法比起只是在訊號中加上放大器更為有效？
7. 得到極高的自相關函數值的訊號編碼方式為什麼是必要的？
8. 什麼通道參數會影響訊符號間交互干擾 (ISI)？
9. 為什麼相關器偵測器對藏在雜訊中的訊號偵測是最佳的？請提供一個性質上的回答。
10. 圖 11.2-7 中電容放電開關的目的是什麼？什麼是這種開關的替代品？
11. 為什麼解調基頻帶訊號是必要的？
12. 如 11.2 節所描述，儘管其訊號振幅間距相同，為什麼極性訊號在 P_e 上優於單極性訊號。
13. 一個有限頻寬通道對數位訊號的傳送，其影響為何？
14. 為什麼匹配濾波器比傳統的 LPF 更適於用在數位訊號的處理？
15. M-次元 PAM 對二元 PAM 的優點與缺點是什麼？
16. 為什麼要用奈奎斯脈波整形？
17. 為什麼通道等化是必要的？
18. 零強制等化與 MMSE 等化的基本差別在哪裡？
19. 為什麼式 (17) 對 MMSE 等化和零強制等化是不相同的？
20. 雙二元編碼達成了什麼樣的成果？
21. 說明不使用移位暫存器來達成混攪訊號的方法。

習題

11.1-1 當訊號為單極格式，且脈波為單極 $p(t)=\cos^2(\pi t/2T_b)\prod(t/2T_b)$ 時，試就資訊序列為 1011100010 的二進位 PAM，試繪 $x(t)$ 及所對應的眼譜 (設無傳輸失真)。

11.1-2 設 $p(t)=\cos(\pi t/2T_b)\prod(t/2T_b)$，重做習題 11.1-1。

11.1-3 設極式 $p(t)=\cos(\pi \pi t/2T_b)\prod(t/2T_b)$，重做習題 11.1-1。

11.1-4 設雙極式 $p(t)=\Lambda(t/T_b)$，重做習題 11.1-1。

11.1-5 用一雙極式，重做習題 11.1-1。

11.1-6 若訊號為八進位 ($M=8$)，試修正表 11.1-1。

11.1-7* 計算機每秒可產生 20,000 個二進位 16 位元的速率。(a) 試求輸出為二進位 PAM 訊號傳送時所需之頻寬；(b) 當輸出可以為 M 次元訊號 $B=60$ kHz 的頻寬，試求 M 值。

11.1-8 某數位磁帶閱讀機每秒能產生 3,000 個符號且有 128 個不同變化符號。(a) 試求輸出為二進位 PAM 訊號的頻寬；(b) 當輸出可以為 M 次元訊號頻寬為 $B=3$ kHz 的頻寬，試求 M 值。

11.1-9 有一資訊為單極訊號，當 $A=1$ 及 $p(t)=u(t+T_b)-u(t)$。而傳輸系統為 $g(t)=K_0(1-e^{-bt})u(t)$ 的步階響應，其中 $b=2/T_b$。(a) 試繪 $\tilde{p}(t)$ 圖及找出 $\tilde{p}(0)=1$ 時，求 K_0 值；(b) 當資訊為 10110 時求 $y(t)$ 及評估 $y(t)$ 與 ISI 試繪最佳取樣時間。

11.1-10 當極式訊號 $A/2=1$ 及傳輸系統 $b=1/T_b$，重做習題 11.1-9。

11.1-11* $p(t)=\exp[-\pi(bt)^2]$ 之數位傳輸，而且無時間邊限及無頻帶邊限，亦無週期的零交越。設 $k \neq 0$ 時，$p(kD) \leq 0.01$ 而限制 ISI，且設頻寬為 B 使 $|f|>B$ 時 $P(f) \leq 0.01 P(0)$，求 r 與 B 的關係。

11.1-12* 已知一極性 RZ 訊號，其訊號位元是統計獨立、不相關、零平均值且以 1 Mbps 的速率傳送。讓輸出功率準位低於最大準位 -40 dB 的 W 值為何？

11.1-13 用單極性訊號重做習題 11.1-12。對習題 11.1-12 和 11.1-13 的解答，我們可以做什麼觀察？

11.1-14 假設為獨立且為等概率的訊息位元，試繪出極式 RZ 格式及矩形脈波之二進位 PAM 設號功率頻譜。並證明時域與頻域時 $\overline{x^2}$ 計算值相等。

11.1-15 考慮單極二進位 PAM 訊號，其脈波形如範例 2.5-2 的上升餘弦函數，且總時間期為 $2\tau=T_b$。(a) 當資訊為 10110100 時試繪 $x(t)$。並求功率頻譜，假設資訊位元概率相等且獨立；(b) 當 $2\tau=2T_b$，重做 (a)。

11.1-16 當訊位元為獨立但有不相等之機率，即 α 及 $1-\alpha$ 時，試繪出 $p(t)=\text{sinc } r_b t$ 之極式二進位 PAM 訊號的功率頻譜。利用所求之圖證明 $\overline{x^2}$ 與 α 無關。

11.1-17 試求出並繪出如圖 11.1-1c 的分相曼徹斯特格式之二進位訊號的功率頻譜。假定為獨立及等概率之訊息位元，並與圖 11.1-6 比較之結果。

11.1-18 由表列可能序列 $a_{k-n}a_k$ 及其 $n=0$、$n=1$ 及 $n \geq 2$ 之概率表，證明式

(14a) 雙極式預碼的性質。並假設訊息位元為等概率且獨立。

11.1-19‡ 設 $g(n)$ 為 n 的離散變數,試證:

$$\sum_{k=-K}^{K}\sum_{i=-K}^{K}g(k-i) = (2K+1)\sum_{n=-2K}^{2K}(1-\frac{|n|}{2K+1})g(n)$$

並利用此結果,自 $E[|X_T(f)|^2]$ 去求 $G_x(f)$,並求 $\rho_K(f)$ 之和。

11.1-20‡ 考慮使用不同脈波 $p_1(t)$ 及 $p_0(t)$ 表示 1 與 0。可構成二進位訊號。可寫為:

$$x(t) = \sum_k [a_k p_1(t-kT_b) + b_k p_0(t-kT_b)]$$

其中 a_k 等於第 k 位元,而 $b_k = 1-a_k$。

(a) 假設具有等概率且為獨立之位元,試求 $\overline{a_k} = \overline{b_k} = \overline{a_k^2} = \overline{b_k^2} = 1/2$,且 $i \neq k$,另求 $\overline{a_k a_i} = \overline{b_k b_i} = \overline{a_k b_i} = 1/4$。

(b) 當 $T=(2K+1)T_b \gg T_b$ 時斜截訊號 $x_T(t)$,試證:

$$E[|X_T(f)|^2] = \frac{2K+1}{4}|P_1(f)-P_0(f)|^2$$
$$+ \frac{1}{4}|P_1(f)+P_0(f)|^2 \sum_{k=-K}^{K}\sum_{i=-K}^{K}e^{-j\omega(k-i)T_b}$$

其中 $P_1(f)=\mathcal{F}[p_1(t)]$ 及 $P_0(f)=\mathcal{F}[p_0(t)]$。

(c) 最後利用習題 11.1-19 之關係及卜瓦松總和的公式求出:

$$G_x(f) = \frac{r_b}{4}|P_1(f)-P_0(f)|$$
$$+ \frac{r_b^2}{4}\sum_{n=-\infty}^{\infty}|P_1(nr_b)-P_0(nr_b)|^2\delta(f-nr_b)$$

11.2-1* 單極二進位系統之 AWGN,其中有 $P_e=0.001$ 的 $(S/N)_R$。與極式系統具相同 $(S/N)_R$ 的誤差概率為多少?

11.2-2 當雙極式系統之 AWGN,$N_0=10^{-8}/r_b$,試求 $P_e \leq 10^{-6}$ 時,極式及單極式的 S_R 值為何?

11.2-3 有些交換電路可產生脈波雜訊,可以定為白雜訊,它的平均功率 σ^2 及 PDF 為:

$$p_n(n) = \frac{1}{\sqrt{2\sigma^2}}e^{-\sqrt{2}|n|/\sigma}$$

(a) 試求以受脈波雜訊所汙染的極式二進位訊號的 P_e，並以 A 及 σ 表示。
(b) 試比較脈波雜訊的效應與當 $P_e \leq 0.001$ 的高斯雜訊之效應。

11.2-4* 有 ISI 及 AWGN 的極式二進位系統，其 $y(t_k) = a_k + \epsilon_k + n(t_k)$，其中 ISI ϵ_k 幾近等於 $+\alpha$ 或 $-\alpha$。(a) 試求 P_e，並以 A、α 及 σ 表示；(b) 當 $A = 8\sigma$ 及 $\sigma = 0.1\,A$ 時 P_e 值如何？並比較無 ISI 時如何？

11.2-5 當 $\epsilon_k = +\alpha$、0 及 $-\alpha$ 時，且其概率分別為 0.25、0.5 及 0.25，重做習題 11.2-4。

11.2-6 在一極式二進位系統裡，外加 AWGN 且 $P_0 \neq P_1$，試依式 (4) 求最佳臨界值。

11.2-7 利用 Leibniz 法則，推導式 (4)，並敘述：

$$\frac{d}{dz}\int_{a(z)}^{b(z)} g(z,\lambda)\,d\lambda = g[z, b(z)]\frac{db(z)}{dz}$$

$$- g[z, a(z)]\frac{da(z)}{dz} + \int_{a(z)}^{b(z)} \frac{\partial}{\partial z}[g(z,\lambda)]\,d\lambda$$

其中 z 為獨立變數及 $a(z)$、$b(z)$ 及 $g(z,\lambda)$ 為任意函數。

11.2-8* 極式二進位系統有 20 個中繼器，每個 $(S/N)_1 = 20$ dB。試求當中繼器為再生式或非再生式，各別求 P_e 值。

11.2-9 有一極式二進位系統有 50 個中繼器，$P_e = 10^{-4}$。當中繼器為再生式或非再生式，試分別求 $(S/N)_1$ 的 dB 值。

11.2-10 用 $P_{be} \leq 10^{-9}$ 重做習題 11.2-9。

11.2-11 如圖 11.1-1d 中，為分相曼徹斯特格式，其中：

$$p(t) = \begin{cases} 1 & -T_b/2 < t < 0 \\ -1 & 0 < t < T_b/2 \end{cases}$$

試繪出匹配濾波器的脈波響應，並重疊畫出 $a_k p(t-t_0) * h(t)$ 的脈波響應及再與圖 11.2-6c 做比較。

11.2-12 考慮一個單極式 RZ 二進位系統，其 $p(t) = u(t) - u(t-T_b/2)$。不使用匹配濾波器，改用脈波響應 $h(t) = K_0 e^{-bt} u(t)$ 一階 LPF，其中 $K_0 = b/(1-e^{-bT_b/2})$。

(a) 試求並畫出 $Ap(t) * h(t)$，且求出 b 的條件，使其任何取樣時間上 ISI 為不超過 $0.1\,A$。

(b) 試證 $(A/2\sigma)^2 = (4br_b/K_0^2)\gamma_b \leq 0.812\,\gamma_b$，其中自 ISI 得到上邊限值的條件。

11.2-13 二進位傳輸系統，$r_b = 500$ kbps 及 $P_{be} \leq 10^{-4}$。其雜訊為白雜訊，$N_0 = 10^{-17}$ W/Hz。當：(a) $M=2$；(b) $M=8$ 的格雷碼，試求 S_R 的最小值。

11.2-14* 習題 1.2-13 頻寬為 $B = 80$ kHz。試求當它為格雷碼，試最小 M 的容許值及最小 S_R 的對應值。

11.2-15 當外加 AWGN 的二進位資訊傳輸系統、$\gamma_b = 100$ 及格雷碼，$P_{be} \leq 10^{-5}$ 時 M 最大值為何？

11.2-16 試推導式 (21)。

11.2-17 已知圖 P11.2-17 中的波形為 "1" $\leftrightarrow x_1(t)$ 以及 "0" $\leftrightarrow x_0(t)$，並且是用匹配濾波或是相關偵測來偵測訊號。哪一訊號對是正交、反極，或是兩者都不是？證明你的回答。

11.2-18 已知圖 11.2-8 的相關接收機系統以及圖 11.2-9a 之輸入波形，一個二元訊

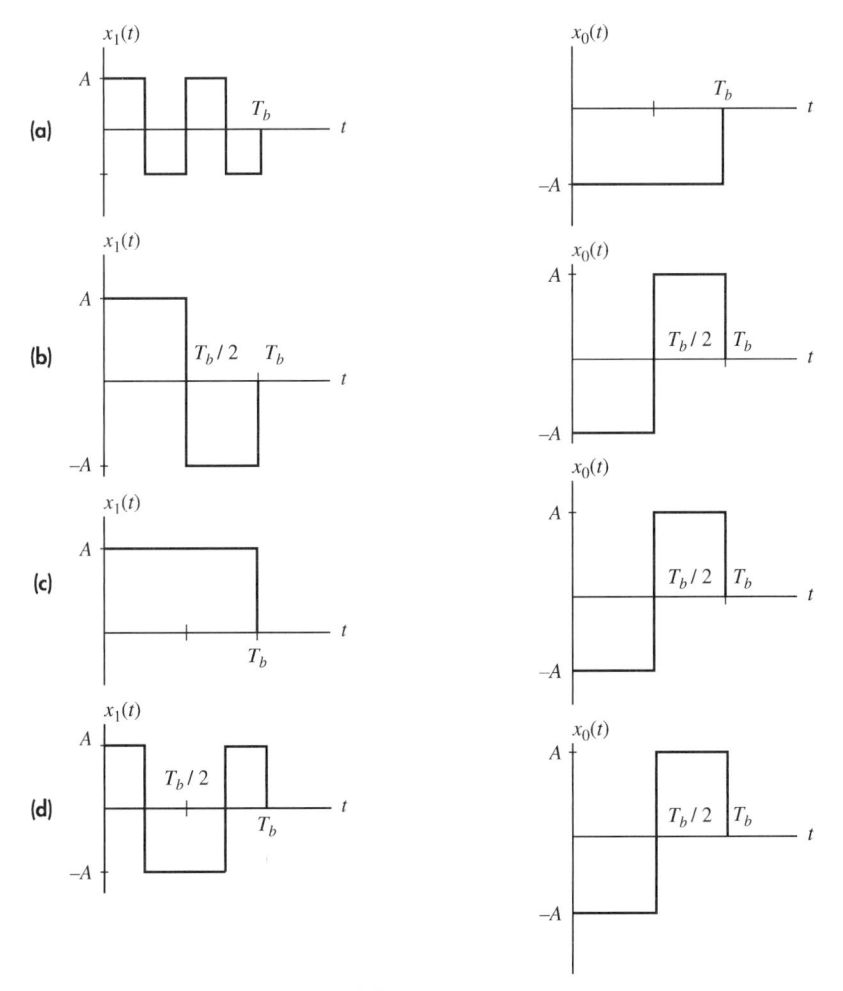

圖 **P11.2-17**

號有送 0 機率為 $P_0=0.1$ $r_b=1$ Mbps。如果輸入訊號有值 $\pm\sqrt{\frac{A}{T_b}}$ 且 $N_0=10^{-4}$。要確保 $P_{be}<10^{-8}$，那麼 V_T 值以及 A 的最小值為何？

11.2-19* 已知一單極性 NRZ 二元系統，以 $r_b=100$ kbps 速率在平均值為零、$N_0=10^5$ 的高斯雜訊通道中傳送 $+5$ V 的脈波。此訊息有 $P_0=0.5$。如果接收機是最佳的，那麼：(a) V_T 值；(b) P_{be}；(c) E_b 值為何？

11.2-20 對一個極性 NRZ 系統，具有 ± 10 伏的脈波振幅，$P_0=P_1$、$N_0=10^{-8}$ 且 $P_{be}\leq 10^{-6}$ 的最佳接收機，其最大位元速率是多少？

11.2-21 用 $P_{be}\leq 10^{-9}$ 重做習題 11.2-20。

11.2-22 根據圖 11.2-8 的系統，具體說明一個偵測正交二元訊號的接收機方塊圖。

11.2-23 假定經由表 11.1-1 中的格雷碼將二進位資料轉變為 $M=4$ 之位準。使用圖 11.2-8 推導出以 $k=A/2\sigma$ 表示之 P_{be} 公式。假設 $k>1$ 簡化出的結果。

11.2-24 如表 11.1-1 自然碼時，重做習題 11.2-23。

11.3-1 當 $P_\beta(f)=(1/2\beta)\prod(f/2\beta)$ 且 $\beta=r/4$，依式 (3a) 試求並繪出 $p(t)$ 及 $P(f)$。

11.3-2 當 $P_\beta(f)=(1/2\beta)\prod(f/2\beta)$ 且 $\beta=r/3$ 時，依式 (3a) 試求並繪出 $p(t)$ 及 $P(f)$。

11.3-3* $B=3$ kHz。使用脈波為餘弦衰減頻譜。當衰減率：(a) 100%；(b) 50%；(c) 25%，分別求最大衰減率。

11.3-4 已知二進位資訊為 10110100。試繪出基頻帶波形，當衰減 50% 的上升餘弦脈波。並與圖 11.3-2 做比較。

11.3-5 我們需要發射一個二進位資訊，當脈波為餘弦衰減頻譜且 56 kbps，分別求衰減：(a) 100%；(b) 50%；(c) 25% 的 B 值為何？

11.3-6 當 $\beta=r/2$ 由式 (5) 導出式 (6b)，並試證 $p(\pm D/2)=1/2$。

11.3-7 由式 (4a) 詳細推導式 (4b) 與 (5)。

11.3-8 更普遍的奈奎斯訊號定理為：若 $P(f)=\mathcal{F}[p(t)]$ 及

$$\sum_{n=-\infty}^{\infty} P(f-nr) = 1/r \qquad -\infty < f < \infty$$

其中 $p(t)$ 特性如式 (1a) 且 $D=1/r$。(a) 取下式傅氏轉換：

$$p(t)\sum_{k=-\infty}^{\infty}\delta(t-kD) = \sum_{k=-\infty}^{\infty}p(kD)\delta(t-kD)$$

並取 Poisson 總和公式可證得此定理。

(b) 並給出 $P(f)$，並以式 (4b) 中 $P(f)$ 滿足前述條件。

11.3-9 當 $|f|\geq B$ 時，$P(f)=0$ 任意頻帶限制脈波，試以 (a) $r/2<B<r$；(b) $B=r/2$；(c) $B<r/2$，簡單圖形分別滿足習題 11.3-5 中所述奈奎斯訊號定理

中的附加要求。

11.3-10 有二進位資料系統設計為 $r_b=600$ kbps 及 $P_{be} \le 10^{-5}$。其波形 $M=2^n$，格雷碼及奈奎斯脈波波形。雜訊為 $N_0=1$ pW/Hz 的白高斯雜訊。設傳輸頻道損失 $L=50$ dB 及無損失頻道寬 $B=200$ kHz，試求最小傳輸功率（選 M 值），並求 r、β 及 S_T 之值。

11.3-11 當 $B=120$ kHz，重做習題 11.3-10。

11.3-12 當 $B=80$ kHz，重做習題 11.3-10。

11.3-13 考慮數據傳輸系統：$M=2$，$r=20,000$，$p_x(t)=\prod(2rt)$，$|H_C(f)|=0.01$，$G_n(f)=10^{-10}(1+3\times 10^{-4}|f|)^2$，且 $p(t)$ 依式 (6b) 傳輸則：
(a) 試求並繪出最佳終端濾波器振幅比。
(b) 當 $P_e=10^{-6}$ 時，試求 S_T 值，並假設為高斯雜訊。

13.3-14 考慮一個數據傳輸系統：$M=4$，$r=100$，$p_x(t)=\prod(10rt)$，$G_n(f)=10^{-10}$，$|H_C(f)|^2=10^{-6}/(1+32\times 10^{-4}f^2)$ 及 $p(t)=\text{sinc } rt$。
(a) 試求並繪出最佳終端濾波器振幅比。
(b) 當 $P_e=10^{-6}$ 時試求 S_T 值，並假設為高斯雜訊。

11.3-15‡ 如圖 11.3-3 之極式系統形式且有 $G_n(f)=N_0/2$ 及時限輸入脈波 $p_x(t)$。設 $H_T(f)=K$ 及 $H_R(f)=[P_x(f)H_c(f)]^* e^{-j\omega t_d}$。故接收機濾波器與接收的脈波形狀匹配。因此，這方法不能使輸出脈波 $p(t-t_d)$ 具零 ISI 的波形，所以當 $P_x(t)$ 的期間比 $1/r$ 小時，才能使用。(a) 試求 $p(0)=1$ 之 K 表示式，然後推導 S_T 及 σ^2 的公式，以證明 $(A/2\sigma)^2$ 是由式 (12) 及下式求得的。

$$I_{\text{HR}} = \frac{N_0 \int_{-\infty}^{\infty} |P_x(f)|^2 \, df}{2 \int_{-\infty}^{\infty} |P_x(f)H_C(f)|^2 \, df}$$

(b) 證明此結果等效最大值 $(A/2\sigma)^2 = 6S_R/(M^2-1)N_0r$。

11.3-16‡ 有一系統以奈奎斯脈波所設計之最佳終端濾波器，假設為白雜訊及有 L 損失且為無失真頻道。但是，其頻道卻有線性失真，所以，加上 $H_{eq}(f)=[\sqrt{L}H_C(f)]^{-1}$ 的等化器於輸出端。由於終端濾波器無法克服頻道失真，故系統並非最佳效能。(a) 求出 S_T 及 σ^2，並證明：

$$\left(\frac{A}{2\sigma}\right)^2 = \frac{6S_T/L}{K(M^2-1)N_0r} \quad \text{其中} \quad K = \frac{1}{L}\int_{-\infty}^{\infty} \frac{|P(f)|}{|H_C(f)|^2} df$$

(b) 當 $P(f)$ 由式 (6a) 及 $H_C(f)=\{\sqrt{L}[1+j2(f/r)]\}^{-1}$ 表示時，試求 K 值

(用 dB 表示)。

11.3-17 當 $\tilde{p}_{-1}=0.4$、$\tilde{p}_0=1.0$、$\tilde{p}_1=0.2$ 及 $\tilde{p}_k=0$ 且 $|k|>1$ 時，試求三接頭、零外力等化器的接頭增益，並給出 $p_{eq}(t_k)$。

11.3-18 當 $\tilde{p}_{-1}=\epsilon$、$\tilde{p}_0=1$、$\tilde{p}_1=\delta$ 及 $\tilde{p}_k=0$ 且 $|k|>1$ 時，試求三接頭、零外力等化器的接頭增益。

11.3-19‡ 試求如圖 11.3-6a 所示 $\tilde{p}(t)$ 的五接頭，無外力等化器之接頭增益 (可利用聯立方程式解)，並求 $p_{eq}(t_k)$ 與圖 11.3-6b 比較。

11.3-20* 對 MMSE 等化器重做習題 11.3-17。對兩種等化器的實現計算其均方誤差值，並比較其結果。

11.3-21 使用 MMSE 重做範例 11.3-2。對兩種等化器的實現計算其均方誤差值，並比較其結果。

11.3-22 已知一個具有 $H_C(f)$ 響應的雜訊通道，被用來傳送某些任意波形的二元訊號。使用一些實際的測試例子證明，使用簡單的等化技術 $H_{eq}(f)=1/H_C(f)$ 會得到一些意想不到的結果。你可以考慮使用電腦模擬。

11.3-23 當 $N=2$、$c_0=1$、$c_1=2$ 及 $c_2=1$ 之二進位相關性編碼方式。

(a) 試求並繪 $h(t)$ 及 $|H(f)|$。

(b) 使用式 (26b) 及 (28) 推導像式 (29b) 的 $y(t_k)$。

11.3-24 以 $N=4$、$c_0=1$、$c_1=0$、$c_2=-2$、$c_3=0$ 及 $c_4=1$ 重做習題 11.3-23。

11.3-25‡ 考慮由式 (27b) $p_x(t)=\delta(t)$、$H_C(f)=1/\sqrt{L}$ 及高斯白雜訊的雙極系統，以 $H(f)$ 表示。求出 $(A/2\sigma)^2$ 並應用 Schwarz 的不等式以證明最佳濾波器 $|H_T(f)|^2=gL|H(f)|$ 及 $|H_R(f)|^2=|H(f)|/g$。然後導出式 (31)。

11.3-26 考慮雙極二進位系統輸入為 101011101 及 $A=2$。

(a) 試求輸出碼，並確認接收機為正確輸出。

(b) 計算編碼輸出的直流成份。

(c) 假設第三位元為 0 時，接收機的輸出為何？

11.3-27 設用一預碼器時，重做習題 11.3-26。

11.3-28 當使用修正式雙極二進位訊號及預碼器，重做習題 11.3-26。

11.4-1* 已知用五階移位暫存器的亂碼器/解亂碼器系統，以 $m''_k=m'_{k-1}\oplus m'_{k-4}\oplus m'_{k-2}$ 及 0 初始值，如有一 $m_k=011111101110111$ 輸入，試求亂碼器及解亂碼器為何？直流準位如何？

11.4-2 假設有五階移位暫存器的序列產生器 [5，4，3，2] 組態完成，初始值為 1，試求輸出序列、長度及繪出對應自相關函數圖。並問輸出為最大序列嗎？

11.4-3 當以 [4, 2] 組態,重做習題 11.4-2。

11.4-4 會產生 ML 序列的所有三位元移位暫存器的組態是什麼?

11.4-5 對四位元移位暫存器,重做習題 11.4-4。

14

CS Communication Systems chapter

帶通數位傳訊

摘 要

14.1 數位連續波調變 Digital CW Modulation
- 帶通數位訊號的頻譜分析 (Spectral Analysis of Bandpass Digital Signals)
- 振幅調變方法 (Amplitude Modulation Methods)
- 相位調變方法 (Phase Modulation Methods)
- 頻率調變方法 (Frequency Modulation Methods)
- 最小鍵移及高斯濾波 MSK (Minimum-Shift Keying and Gaussian-Filtered MSK)

14.2 同調二元系統 Coherent Binary Systems
- 最佳二元偵測 (Optimum Binary Detection)
- 同調 OOK、BPSK 及 FSK (Coherent OOK, BPSK, and FSK)
- 時序與同步 (Timing and Synchronization)
- 干擾 (Interference)

14.3 非同調二元系統 Noncoherent Binary Systems
- 正弦波加上帶通雜訊的波封 (Envelope of a Sinusoid Plus Bandpass Noise)

14-1

- 非同調 OOK (Noncoherent OOK)
- 非同調 FSK (Noncoherent FSK)
- 微差同調 PSK (Differentially Coherent PSK)

14.4 正交-載波與 M-次元系統　Quadrature-Carrier and M-ary Systems
- 正交-載波系統 (Quadrature-Carrier Systems)
- M-次元 PSK 系統 (M-ary PSK Systems)
- M-次元 QAM 系統 (M-ary QAM Systems)
- M-次元 FSK 系統 (M-ary FSK Systems)
- 數位調變系統的比較 (Comparison of Digital Modulation Systems)

14.5 正交分頻多工　Orthogonal Frequency Division Multiplexing, OFDM
- 使用反離散傅立葉轉換產生 OFDM (Generating OFDM Using the Inverse Discrete Fourier Transform)
- 通道響應與循環延伸 (Channel Response and Cyclic Extensions)

14.6 格狀碼調變　Trellis-Coded Modulation
- TCM 基礎 (TCM Basics)
- 硬式與軟式決策 (Hard Versus Soft Decisions)
- 數據機 (Modems)

第 14 章 帶通數位傳訊 **14-3**

長距離數位傳輸通常須以連續波調變來產生一帶通訊號配合傳輸媒介——傳輸媒介可以是無線電、電纜、電話線 (供個人電腦網際網路連接) 或其他任何介質。如同類比訊號有許多的調變方法，亦有許多將數位資訊加在載波上的方法。本章將基頻數位傳輸及連續波調變的概念應用到帶通數位傳輸的研讀。

我們由二元及 *M*-次元調變訊號之數位連續波調變的波形及頻譜分析。然後我們將焦點放在雜訊中二元訊號的解調，藉以帶出同調 (同步) 偵測及非同調 (波封) 偵測之間的差別。接著我們討論正交載波 *M*-次元系統，導致以頻譜效應、硬體複雜度及系統效能來比較各調變方法。最後我們以結合迴旋碼及 *M*-次元數位調變之格狀編碼調變 (TCM) 的描述來做結論。

■ 本章目標

經研讀本章及做完練習之後，您應該會得到如下的收穫：

1. 確認具基頻脈波波形之二元 ASK、FSK、PSK 及 DSB 的格式。(14.1 節)
2. 說明 ASK、FSK、PSK 方法之間的差異。(14.1 節)
3. 計算二元及 *M*-次元調變系統的錯誤機率。或是對於一特定錯誤機率及雜訊準位，詳細說明其傳輸及接收之功率。(14.2、14.3、14.4 節)
4. 詳述相關接收機之作用。(14.2 節)
5. 已知條件 PDF，求錯誤機率。(14.2 節)
6. 詳述每一二元及 *M*-次元調變系統的合適檢測器。(14.2、14.3、14.4 節)
7. 說明 OFDM 系統的運作。(14.5 節)
8. 說明格狀編碼調變並預測在傳統的數位調變方式上所對應編碼增益。(14.6 節)

14.1 數位連續波調變

數位訊號能應用弦載波的振幅、頻率、相位做調變。如果調變波是由不歸零 (NRZ) 矩形脈波組成，那麼調變參數將會從一離散值轉換或鍵到另一離散值。圖 14.1-1 描述二元**振幅鍵移** (amplitude-shift keying, ASK)、**頻率鍵移** (frequency-shift keying, FSK)、**相位鍵移** (phase-shift keying, PSK)。也描述基頻帶奈奎斯脈波 DSB 調變。其他調變技術是由有或無基頻帶脈波、振幅及相位調變所組成。

此節，我們將由數學式和 (或) 傳送端的圖來定義數位調變的型態。我們也探討在一數位訊號率下其功率頻譜與估測所需的傳輸頻寬。首先我們將詳盡闡述帶通數位

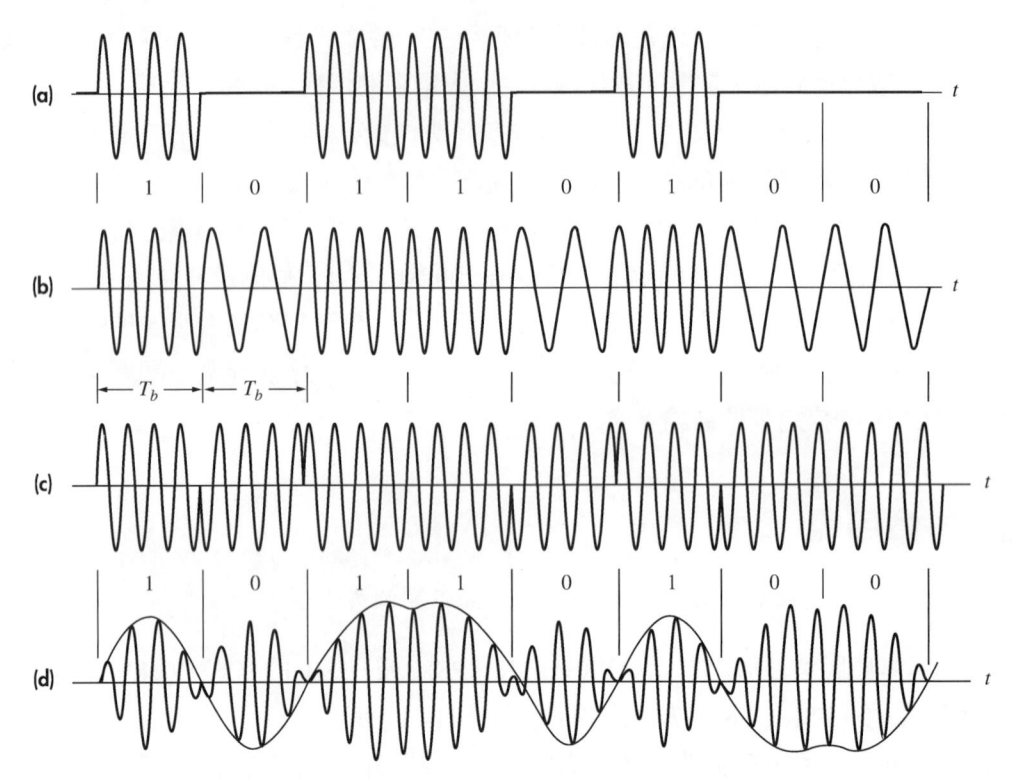

圖 14.1-1 二元調變波：(a) 振幅鍵移 (ASK)；(b) 頻率鍵移 (FSK)；(c) 相位鍵移 (PSK)；(d) 基頻帶脈波 DSB。

訊號的頻譜分析。

■ 帶通數位訊號的頻譜分析

任何帶通調變訊號都可用正交載波形式表示

$$x_c(t) = A_c[x_i(t)\cos(\omega_c t + \theta) - x_q(t)\sin(\omega_c t + \theta)] \tag{1}$$

載波頻率 f_c、振幅 A_c、相位 θ 為常數，因此訊息包含在時變 i (同相) 和 q (正交) 成份。當 $x_c(t)$ 的 i 和 q 成份是統計獨立訊號與至少有一其平均值為零時，$x_c(t)$ 的頻譜分析是很容易的。從 9.2 節中重疊與調變的關係，$x_c(t)$ 的功率頻譜可表示成：

$$G_c(f) = \frac{A_c^2}{4}[G_i(f-f_c) + G_i(f+f_c) + G_q(f-f_c) + G_q(f+f_c)]$$

$G_i(f)$ 與 $G_q(f)$ 為功率頻譜的 i 和 q 成份。我們定義等效低通頻譜為：

$$G_{\ell p}(f) \triangleq G_i(f) + G_q(f) \tag{2}$$

所以

$$G_c(f) = \frac{A_c^2}{4}[G_{\ell p}(f - f_c) + G_{\ell p}(f + f_c)] \tag{3}$$

如此,將等效低通頻譜做頻率轉移可得帶通頻譜。

現在假設 i 成份是一 M-次元數位訊號:

$$x_i(t) = \sum_k a_k p(t - kD) \tag{4a}$$

a_k 為數位訊號源序列其速率 $r = 1/D$。我們假定數位訊號源為或然率相同的、統計獨立和非相關性。因此,運用 11.1 節式 (11):

$$G_i(f) = \sigma_a^2 r|P(f)|^2 + (m_a r)^2 \sum_{n=-\infty}^{\infty} |P(nr)|^2 \delta(f - nr) \tag{4b}$$

當 q 成份為另一數位波其也是類似的式子表示。

式 (4a) 脈波 $p(t)$ 依賴著基頻帶濾波與調變型態。調變鍵為不歸零 (NRZ) 矩形脈波,我們將發現脈波工作起始於 $t = kD$,而不是像第 11 章在 $t = kD$ 中央。於是:

$$p_D(t) \triangleq u(t) - u(t - D) = \begin{cases} 1 & 0 < t < D \\ 0 & \text{其他} \end{cases} \tag{5a}$$

它的傅氏轉換為:

$$|P_D(f)|^2 = D^2 \operatorname{sinc}^2 fD = \frac{1}{r^2} \operatorname{sinc}^2 \frac{f}{r} \tag{5b}$$

如果式 (4a) 中 $p(t) = p_D(t)$,那式 (4b) 中的連續頻譜項目將正比於 $|P_D(f)|^2$。因 $\operatorname{sinc}^2(f/r)$ 不是有限頻寬,我們從式 (2)、(3) 可知要產生一帶通訊號其調變鍵 f_c 必須大於 r ($f_c \gg r$)。在我們結束這一節之前,從 11.1 節式 (3) 可得知,對二元訊號 $D = T_b$。

■ 振幅調變方法

圖 14.1-1a 描述二元振幅鍵移 (ASK) 可以由打開載波與關掉載波產生,此方法描述為開-關鍵 (on-off keying, OOK)。通常,M-次元 ASK 波形在打開載波時有 $M-1$ 種離散振幅及一關掉的狀態。由於沒有相位轉變或其他變動,我們可以設 $x_c(t)$ 的 q 成份為零且 i 成份為單極性 NRZ 訊號,即:

$$x_i(t) = \sum_k a_k p_D(t - kD) \qquad a_k = 0, 1, \ldots, M-1 \tag{6a}$$

其數位序列的平均值與方差為:

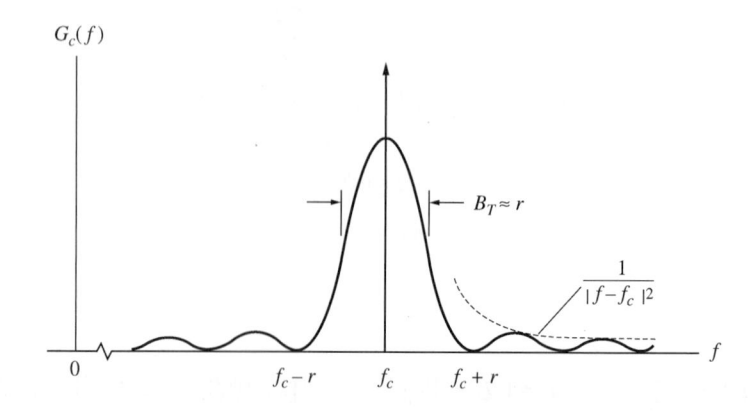

圖 14.1-2 ASK 功率頻譜。

$$m_a = \overline{a_k} = \frac{M-1}{2} \qquad \sigma_a^2 = \overline{a_k^2} - m_a^2 = \frac{M^2-1}{12} \tag{6b}$$

因此，從式 (2)、(4b)、(5b) 可知等效低通頻譜為：

$$G_{\ell p}(f) = G_i(f) = \frac{M^2-1}{12\,r}\,\text{sinc}^2\frac{f}{r} + \frac{(M-1)^2}{4}\delta(f) \tag{7}$$

圖 14.1-2 描述當 $f > 0$ 的 $G_c(f)$ 帶通頻譜。訊號人部份的功率範圍在 $f_c \pm r/2$，且頻譜有一個以載波頻率為中心依 $|f-f_c|^{-2}$ 成比例的二階平緩下降。因此估量傳輸頻寬 $B_T \approx r$。如果 M-次元 ASK 訊號表示為二元資料率 $r_b = r \log_2 M$，那時 $B_T \approx r_b/\log_2 M$ 或

$$r_b/B_T \approx \log_2 M \qquad \text{bps/Hz} \tag{8}$$

位元率與傳輸頻寬的比率使我們可估量調變「速度」或頻譜效應。當 $M=2$ 時 $r_b/B_T \approx 1$，其二元開－關鍵的頻譜效應最小。

正交載波多工原理，**正交載波** (quadrature-carrier) 振幅調變 (QAM) 變速率達到為二元 ASK 的兩倍。圖 14.1-3a 描述二元 QAM 傳送端的方塊圖其為比率 r_b 的極性二元輸入。串列轉並列的轉換使得輸入變為兩路徑而每條路徑位元率 $r = r_b/2$。因此，i 和 q 調變訊號表示成：

$$x_i(t) = \sum_k a_{2k}\,p_D(t-kD) \qquad x_q(t) = \sum_k a_{2k+1}\,p_D(t-kD)$$

其中 $D = 1/r = 2T_b$ 及 $a_k = \pm 1$。在任意的 $kD < t < (k+1)D$ 區間其調變峰值為 $x_i = x_q = \pm 1$。圖 14.1-3b 表達二維訊號空間圖 (signal constellation) 的資訊。四訊號點相對應到來源位元兩路徑的標記，其稱為**雙重位元** (dibits)。

最後把調變載波相加以產生類似式 (1) 形式的 QAM 訊號。i 和 q 成份是互相

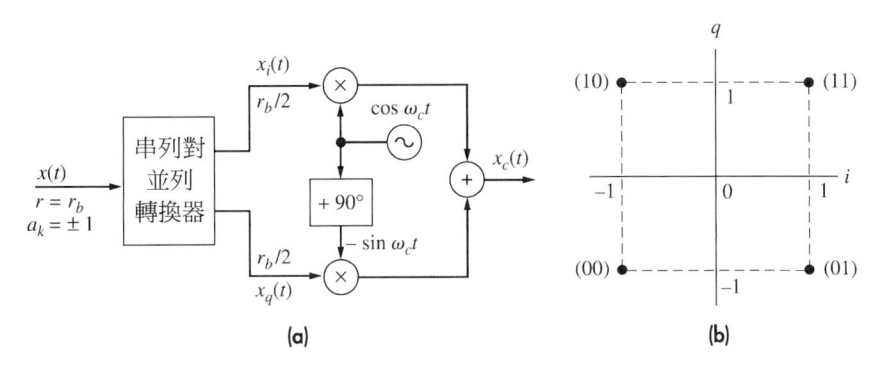

圖 14.1-3　二元 QAM：(a) 傳送端；(b) 訊號空間圖。

獨立的，並有相同的脈波外型及同樣的統計值，即 $m_a=0$ 和 $\sigma_a^2=1$，因此：

$$G_{\ell p}(f) = 2 \times r|P_D(f)|^2 = \frac{4}{r_b}\operatorname{sinc}^2 \frac{2f}{r_b} \tag{9}$$

這裡我們已利用式 (4b) 及式 (5b) 其中 $r=r_b/2$，二元 QAM 可達到 $r_b/B_T \approx 2$ bps/Hz，因為雙重位元率等於輸入位元率的一半，使得傳輸頻寬 $B_T \approx r_b/2$。

記住，無論如何，ASK 和 QAM 真正的頻譜都比估計所需的頻寬還要長遠。而這些「超出」B_T 範圍的頻譜對於無線傳輸和頻率多樣性多工的系統是非常重要的，它會造成與其他訊號通道互相干擾。在調變器的輸出加上帶通濾波器來控制超出 B_T 的範圍，但遲緩的濾波器還是會引進調變訊號產生 ISI 干擾而這是必須避免的。

沒有超出 B_T 範圍的頻譜效率可由如圖 14.1-4a 的**殘邊帶** (vestigial-sideband) 調變器來實現。這種殘邊帶調變 (VSB) 方法是應用將極性輸入訊號經奈奎斯脈波外型，運用 11.3 節，產生一頻寬為 $B=(r/2)+\beta_N$ 的調變訊號。經 VSB 濾波器，單邊帶還是會殘餘 β_V 的寬度，所以如圖 14.1-4b，$G_c(f)$ 的有限頻寬譜為 $B_T=(r/2)+\beta_N+\beta_V$。如果 $r=r_b/\log_2 M$，那麼：

$$r_b/B_T \leq 2\log_2 M \tag{10}$$

而且在 $\beta_N \ll r$ 和 $\beta_V \ll r$ 時其上限成立。

練習題 14.1-1

傳送二元資料其載波為 1 MHz。超出 B_T 範圍的頻譜並不考慮，但頻寬 B_T 必須符合 $B_T/f_c \leq 0.1$。估測在 $M=8$，調變技術為：(a) OOK；(b) 二元 QAM；(c) 殘邊帶 (VSB) 可能最大的位元率 r_b。

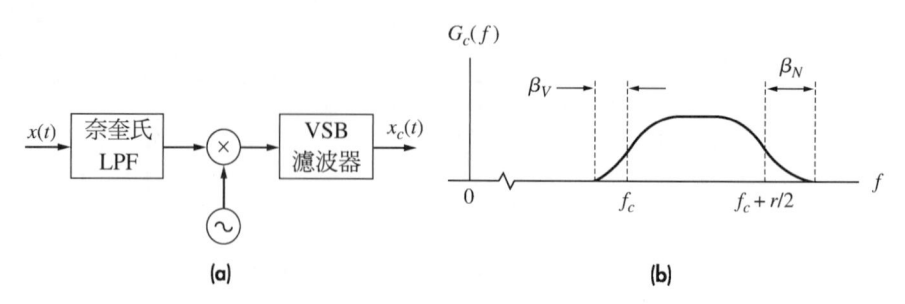

圖 14.1-4 數位殘邊帶：(a) 傳送器；(b) 功率頻譜。

■ 相位調變方法

圖 14.1-1c 說明相位位移為 $\pm \pi$ 的二元 PSK 波形通常稱為**二元相位鍵移** (binary phase-shift keying, BPSK) 或**相位翻轉鍵移** (phase-reversal keying, PRK)。在 $kD < t < (k+1)D$ 的區間，M-次元 PSK 訊號其相位移為 ϕ_k，可表示為：

$$x_c(t) = A_c \sum_k \cos(\omega_c t + \theta + \phi_k) p_D(t - kD) \tag{11}$$

利用餘弦函數的三角展開式，可以得到我們想要的正交載波形式：

$$x_i(t) = \sum_k I_k p_D(t - kD) \qquad x_q(t) = \sum_k Q_k p_D(t - kD) \tag{12a}$$

其中

$$I_k = \cos \phi_k \qquad Q_k = \sin \phi_k \tag{12b}$$

對給定的 M 值，要確保最大可能的相位調變，我們將取 ϕ_k 與 a_k 之間的關係為：

$$\phi_k = \pi(2a_k + N)/M \qquad a_k = 0, 1, \ldots, M - 1 \tag{13}$$

N 為整數，通常為 0 或 1。

圖 14.1-5 描述 PSK 訊號空間圖，其對應到格雷碼的二元字組。相鄰的二元字組訊號點都只相差一個位元。圖 14.1-5a 為 $M=4$ 及 $N=0$ 的 PSK 訊號，稱為**四分相位平移鍵** (quaternary PSK, QPSK)。當 $N=1$ 的 QPSK，訊號點將會和圖 14.1-3b 所示二元 QAM 的訊號點完全相同。你可以想像二元 QAM 就像兩個 BPSK 訊號其載波互為正交。當然，由於一個理想 PSK 的波形總是保持固定的波封，M-次元 PSK 與 M-次元 ASK 是不相同的。

從式 (12b)、(13) 之後你會注意到 PSK 頻譜分析變成一個例行性的工作：

$$\overline{I_k} = \overline{Q_k} = 0 \qquad \overline{I_k^2} = \overline{Q_k^2} = 1/2 \qquad \overline{I_k Q_j} = 0$$

因此，i 和 q 成份為統計獨立：

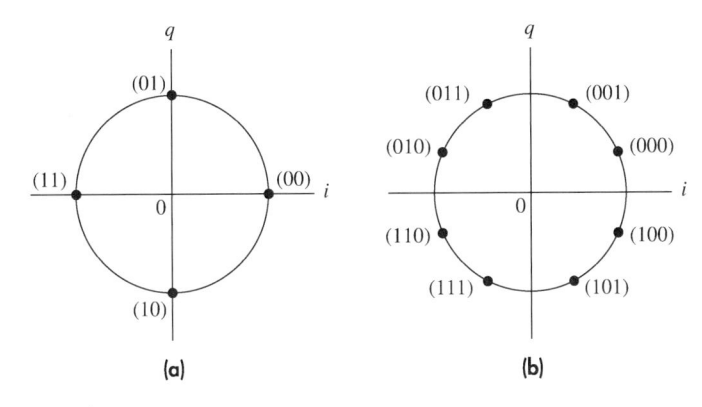

圖 14.1-5 PSK 訊號空間圖：(a) $M=4$；(b) $M=8$。

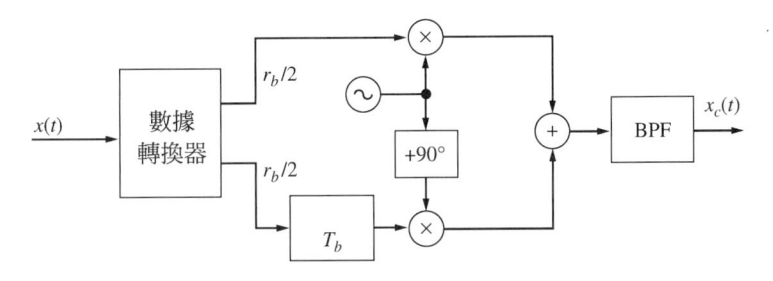

圖 14.1-6 偏移量鍵移 QPSK 發射機。

$$G_{\ell p}(f) = 2 \times \frac{r}{2}|P_D(f)|^2 = \frac{1}{r}\text{sinc}^2\frac{f}{r} \tag{14}$$

與式 (7) 比較，顯示出 $G_c(f)$ 將與圖 14.1-2 的 ASK 頻譜外型相同，但沒有載波頻率脈衝。由此可知 PSK 的功率效率比 ASK 的好，但 PSK 與 ASK 的頻譜效率還是一樣。

某些 PSK 發射機會包括一個帶通濾波器以控制頻譜溢出，然而帶通濾波會產生如 5.2 節所討論的由 FM 至 AM 轉換效應所造成的波封變動。(要記得，一個步階的相位移是等效於一個 FM 脈衝。) 此一典型用在微波載波頻率的非線性放大器，將會壓平這些波封的變化而且回復頻譜溢出。主要是取消帶通濾波的功能，一種稱之為**擺動** (staggered) 或是**偏移量鍵移** (offset-keyed) QPSK (OQPSK) 的特殊形式 QPSK 已經被設計出來對付此種問題。如圖 14.1-6 OQPSK 的傳送器，正交部份的訊號每延遲 $D/2=T_b$ 秒就產生調變相位位移，但改變量從不超過 $\pm\pi/2$ 的範圍。經帶通濾波器後，砍掉最大相位位移的一半會得到較小的波封變化量。

當波封變化量為可允許的，結合**振幅－相位鍵** (amplitude-phase keying, APK) 是一引人注目的調變方法。APK 和 PSK 的頻譜效率一樣，但在有雜訊與錯誤情況時 APK 的效能會比 PSK 好。更進一步地探討會在 14.4 節談論。

練習題 14.1-2

畫出 $\phi_k = \pi(2a_k - 1)/4$ 與 $a_k = 0$、1 的二元 PSK 訊號空間圖，然後定義其等效低通頻譜與 $G_c(f)$。

■ 頻率調變方法

有兩種基本數位頻率調變方法。圖 14.1-7a 為**頻率鍵移** (frequency-shift keying, FSK)，其數位訊號 $x(t)$ 經選擇器選擇由 M 個振盪器產生的調變頻率。這調變訊號在每個交換頻率的瞬間 $t = kD$ 是不連續的。除非每個振盪器的振幅、頻率及相位都小心的調整，否則輸出的頻譜將相對應會有很大的旁波，如此會多載上一些沒有用的資訊而浪費頻寬。避免不連續的方法如圖 14.1-7b **連續相位** (continuous-phase) **FSK** (CPFSK)，其 $x(t)$ 所需的調變頻率只由一個振盪器產生。這兩種數位頻率調變的頻譜分析都並不容易，所以我們只考慮選擇一些實例來討論。

首先，考慮 M-次元 FSK。我們令圖 14.1-7a 所有的振盪器有相同振幅 A_c、相位 θ，且讓它們的頻率與 a_k 的關係為：

$$f_k = f_c + f_d a_k \qquad a_k = \pm 1, \pm 3, \ldots, \pm(M-1) \tag{15a}$$

假設 M 為偶數，那麼

$$x_c(t) = A_c \sum_k \cos(\omega_c t + \theta + \omega_d a_k t) p_D(t - kD) \tag{15b}$$

其中 $\omega_d = 2\pi f_d$。當 $a_k = \pm 1$ 時，參數 f_d 等於偏移 f_c 的頻率偏移量，且相鄰的兩頻率的空間為 $2f_d$。如果 $2\omega_d D = 2\pi N$ 而 N 為整數，在 $t = kD$ 時的 $x_c(t)$ 保證為連續性。

我們將分析二元 FSK 的變化形式稱為 **Sunde** 的 (Sunde's) (1959) FSK，其定義為在 $M = 2$，$D = T_b = 1/r_b$，$N = 1$ 的情況。然後 $p_D(t) = u(t) - u(t - kT_b)$ 與

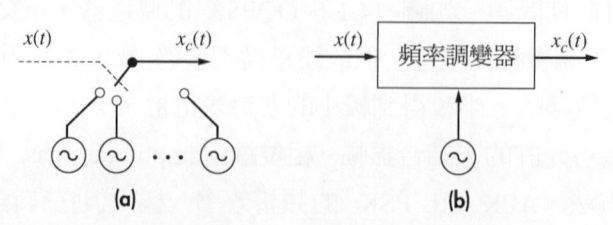

圖 14.1-7 數位頻率調變：(a) FSK；(b) 連續相位 FSK。

$$f_d = r_b/2 \tag{16}$$

利用三角函數等式運算 $x_c(t)$ 後，我們依 $a_k = \pm 1$ 可寫出：

$$\cos \omega_d a_k t = \cos \omega_d t \qquad \sin \omega_d a_k t = a_k \sin \omega_d t$$

i 成份因此化簡為：

$$x_i(t) = \cos \pi r_b t \tag{17a}$$

此與 a_k 無關，q 的成份包含 a_k，可表示為：

$$x_q(t) = \sum_k a_k \sin(\pi r_b t)[u(t - kT_b) - u(t - kT_b - T_b)] \tag{17b}$$

$$= \sum_k Q_k p(t - kT_b) \qquad Q_k = (-1)^k a_k$$

這裡

$$p(t) = \sin(\pi r_b t)[u(t) - u(t - T_b)] \tag{17c}$$

這些插入運算留給你們做為啟發性的練習。

再一次，我們使 i 和 q 成份互為獨立。i 成份為正弦曲線，因此在等效低通頻譜僅為在 $\pm r_b/2$ 的地方有頻譜脈衝。當 $\overline{Q_k} = 0$，$\overline{Q_k^2} = \overline{a_k^2} = 1$，$q$ 成份的功率頻譜並無脈衝。因此，

$$G_{\ell p}(f) = \frac{1}{4}\left[\delta\left(f - \frac{r_b}{2}\right) + \delta\left(f + \frac{r_b}{2}\right)\right] + r_b|P(f)|^2 \tag{18a}$$

其

$$|P(f)|^2 = \frac{1}{4\,r_b^2}\left[\operatorname{sinc}\frac{f - (r_b/2)}{r_b} + \operatorname{sinc}\frac{f + (r_b/2)}{r_b}\right]^2 \tag{18b}$$

$$= \frac{4}{\pi^2 r_b^2}\left[\frac{\cos(\pi f/r_b)}{(2f/r_b)^2 - 1}\right]^2$$

圖 14.1-8 為帶通頻譜。

在 $f_c \pm f_d = f_c \pm r_b/2$ 有脈衝的響應，而頻譜有四階平緩下降。這個快速的平緩下降意味著 Sunde 的 FSK 在 $|f - f_c| > r_b$ 的頻譜量非常的小。我們採用 $B_T \approx r_b$，即使 $G_c(f)$ 的中央波瓣比二元 ASK 或 PSK 頻譜的中央波瓣寬了 50%。

另一個特例為 **M-次元正交** (M-ary orthogonal) FSK，M 頻率鍵有相等空間其為 $2f_d = 1/2D = r/2$。不用頻譜分析，我們也可以推測出 $B_T \geq M \times 2f_d = Mr/2 = Mr_b/(2\log_2 M)^{\dagger}$。因此，

---

† 見 Ziemer, R. 與 R. Peterson (2000) 之書第 282 頁，描述一個 CPFSK 訊號功率譜的方程式。

$$G_c(f)$$

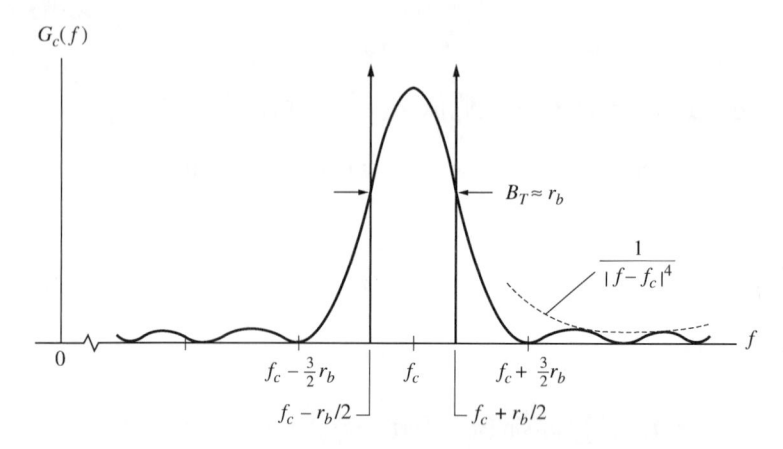

圖 14.1-8 $f_d = r_b/2$ 的二元 FSK 功率頻譜。

$$r_b/B_T \leq (2 \log_2 M)/M \tag{19}$$

在 $M \geq 4$ 的情況下，其調變速度會小於 M-次元 ASK 或 PSK。從另一個角度來看，正交 FSK 為寬頻調變的方法。

CPFSK 可以為寬頻或窄頻，就看它的頻率變動量為何而決定。讓圖 14.1-7b 的 $x(t)$ 從 $t=0$ 開始，所以：

$$x(t) = \sum_{k=0}^{\infty} a_k p_D(t - kD) \qquad a_k = \pm 1, \pm 2, \ldots, \pm(M-1)$$

在經頻率調變產生出 CPFSK 的訊號：

$$x_c(t) = A_c \cos\left[\omega_c t + \theta + \omega_d \int_0^t x(\lambda)\, d\lambda\right] \qquad t \geq 0$$

說明 CPFSK 與 FSK 的差別，先考慮下列積分式子：

$$\int_0^t x(\lambda)\, d\lambda = \sum_{k=0}^{\infty} a_k \int_0^t p_D(\lambda - kD)\, d\lambda$$

除在 $kD < \lambda < (k+1)D$ 區間內當 $p_D(\lambda - kD) = 1$，其他區間 $p_D(\lambda - kD) = 0$。整合結果：

$$\begin{aligned}
\int_0^t x(\lambda)\, d\lambda &= a_0 t & 0 < t < D \\
&= a_0 D + a_1(t - D) & D < t < 2D \\
&= \left(\sum_{j=0}^{k-1} a_j\right) D + a_k(t - kD) & kD < t < (k+1)D
\end{aligned}$$

現在我們可以用總和形式來表示出 $x_c(t)$ 的式子：

$$x_c(t) = A_c \sum_{k=0}^{\infty} \cos\left[\omega_c t + \theta + \phi_k + \omega_d a_k(t-kD)\right] p_D(t-kD) \tag{20a}$$

其 $t \geq 0$ 和

$$\phi_k \triangleq \omega_d D \sum_{j=0}^{k-1} a_j \tag{20b}$$

當 $k=0$ 時 $\phi_k=0$。

式 (20) 顯示在 $kD < t < (k+1)D$ 區間內 CFPSK 有頻率位移 $f_d a_k$，就像 FSK。但是它也有一個與先前數位有關的相位位移 ϕ_k。此相位位移是起因於頻率調變所產生，且保證在所有時間 t 都為相位連續。遺憾地，因要考慮 ϕ_k 所以導致於 CPFSK 的頻譜分析非常複雜。Proakis (2001，第 4 章) 有更詳細的介紹與有繪出在 $M=2$、4、8，變動量 f_d 的 $G_c(f)$ 頻譜。此節的最後，我們將介紹二元 CPFSK 我們稱為**最小鍵移** (minimum-shift keying, MSK)。

練習題 14.1-3

詳細完成式 (17a) 至 (17c) 忽略不做的部份。提示：證明 $\sin \omega_d t = \sin[\omega_d(t-kT_b) + k\pi] = \cos(k\pi) \times \sin[\omega_d(t-kT_b)]$。

■ 最小鍵移與高斯濾波 MSK

最小鍵移 (MSK)，也稱為快速 (fast) FSK，是二元 CPFSK，其

$$f_d = \frac{r_b}{4} \qquad a_k = \pm 1 \qquad \phi_k = \frac{\pi}{2} \sum_{j=0}^{k-1} a_j \tag{21}$$

MSK 的頻率空間 $2f_d = r_b/2$ 為 Sunde 的 FSK 的一半。加上有連續相位的特性，導致逾期頻譜更為緊密而且沒有脈衝的產生。接下來我們的分析將證明 $G_i(f) = G_q(f)$，且

$$\begin{aligned} G_{\ell p}(f) &= \frac{1}{r_b}\left[\operatorname{sinc}\frac{f-(r_b/4)}{(r_b/2)} + \operatorname{sinc}\frac{f+(r_b/4)}{(r_b/2)}\right]^2 \\ &= \frac{16}{\pi^2 r_b}\left[\frac{\cos(2\pi f/r_b)}{(4f/r_b)^2 - 1}\right]^2 \end{aligned} \tag{22}$$

圖 14.1-9 為 $G_c(f)$ 頻譜，除了中央波瓣 $3r_b/2$ 寬度之外的頻譜量非常的微小。由於

$$G_c(f)$$ 圖中 $B_T \approx r_b/2$

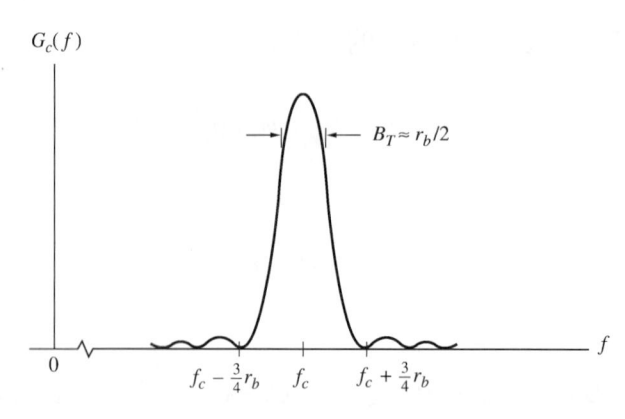

圖 14.1-9 MSK 功率頻譜。

快速的平緩下降使得 $B_T \approx r_b/2$，所以：

$$r_b/B_T \approx 2 \text{ bps/Hz}$$

其調變速度為 Sunde 的 FSK 的兩倍，所以稱為 "快速" FSK。

我們對 MSK 的探討開始用一般的三角展開式讓 $x_c(t)$ 呈現正交載波的形式，並具有：

$$x_i(t) = \sum_{k=0}^{\infty} \cos(\phi_k + a_k c_k) p_{T_b}(t - kT_b)$$

$$x_q(t) = \sum_{k=0}^{\infty} \sin(\phi_k + a_k c_k) p_{T_b}(t - kT_b)$$

其

$$c_k \triangleq \frac{\pi r_b}{2}(t - kT_b) \qquad p_{T_b}(t) = u(t) - u(t - kT_b)$$

圖 14.1-10 為在格狀結構型態下 ϕ_k 與 k 的關係圖。當 k 為偶數 $\phi_k = 0$，$\pm \pi$，$\pm 2\pi$，……。當 k 為奇數 $\phi_k = \pm \pi/2$，$\pm 3\pi/2$，……。

舉一特定的例子，令輸入訊號序列為 100010111。圖 14.1-11a 為相位路徑 ϕ_k，當輸入位元為 0 時令 $a_k = -1$ 與當輸入位元為 1 時令 $a_k = +1$。由前面的等式計算出來所對應的 i 與 q 波形是繪在圖 14.1-11b 內。我們可觀查出兩波形都是每隔 $2T_b$ 就有零點，但是當 $x_i(t)$ 為零點時 $x_q(t)$ 就為峰點，反之當 $x_q(t)$ 為零點時 $x_i(t)$ 就為峰點。這些我們所觀察到的特性將會是往後我們討論工作的導引。

考慮 i 成份相鄰兩個零點的任一時間區間：

$$(k-1)T_b < t < (k+1)T_b$$

其 k 為偶數。在這區間內，

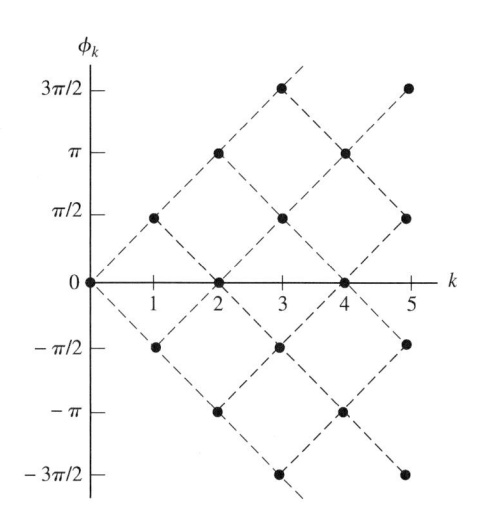

圖 14.1-10 MSK 相位格狀。

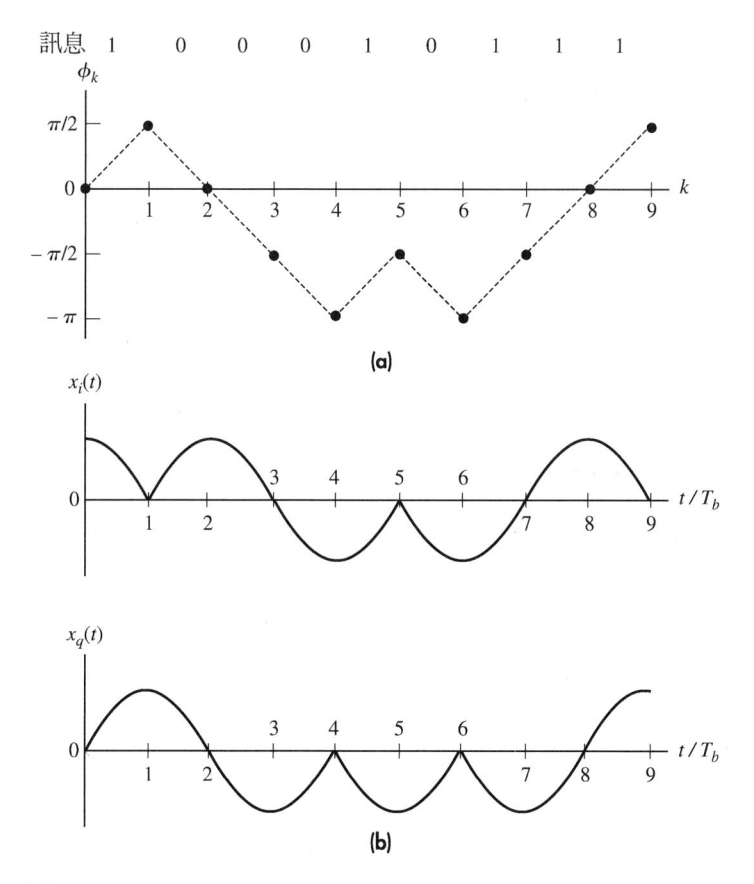

圖 14.1-11 MSK 的圖解：(a) 相位路徑；(b) i 與 q 的波形。

$$x_i(t) = \cos(\phi_{k-1} + a_{k-1}c_{k-1})p_{T_b}[t - (k-1)T_b]$$
$$+ \cos(\phi_k + a_kc_k)p_{T_b}(t - kT_b)$$

這裡我們尋求去組合成一個單項，因為 k 是偶數，所以 $\sin \phi_k = 0$，經由例行的三角運算可得到：

$$\cos(\phi_k + a_kc_k) = \cos \phi_k \cos(a_kc_k) = \cos \phi_k \cos c_k$$

同樣地，使用

$$\cos \phi_{k-1} = 0 \qquad \phi_{k-1} = \phi_k - a_{k-1}\pi/2 \qquad c_{k-1} = c_k + \pi/2$$

我們得到

$$\cos(\phi_{k-1} + a_{k-1}c_{k-1}) = -\sin \phi_{k-1} \sin(a_{k-1}c_{k-1})$$
$$= a_{k-1}^2 \cos \phi_k \cos c_k = \cos \phi_k \cos c_k$$

因此，在此區間的分析，

$$x_i(t) = \cos \phi_k \cos c_k \{p_{T_b}[t - (k-1)T_b] + p_{T_b}(t - kT_b)\}$$
$$= \cos \phi_k \cos[(\pi r_b/2)(t - kT_b)][u(t - kT_b + T_b) - u(t - kT_b - T_b)]$$

把所有 $t \geq 0$ 的區間相加，最後得到：

$$x_i(t) = \sum_{k \text{ even}} I_k p(t - kT_b) \qquad I_k = \cos \phi_k \tag{23}$$

其

$$p(t) = \cos(\pi r_b t/2)[u(t + T_b) - u(t - T_b)] \tag{24}$$

當 k 為偶數，$I_k = \cos \phi_k = \pm 1$，這個結果可由圖 14.1-11b 的波形做比較。

現在，對於 q 成份，我們考慮 k 是屬於奇數的區間 $(k-1)T_b < t < (k+1)T_b$。相同的做法就像之前所導出的

$$x_q(t) = \sin \phi_k \cos c_k \{p_{T_b}[t - (k-1)T_b] + p_{T_b}(t - kT_b)\}$$

因此，對於所有 $t \geq 0$，

$$x_q(t) = \sum_{k \text{ odd}} Q_k p(t - kT_b) \qquad Q_k = \sin \phi_k \tag{25}$$

式 (25) 也符合圖 14.1-11b。式 (22) 是由式 (23) 至 (25) 在於 i 和 q 成份相互獨立且 $\overline{I_k} = \overline{Q_k} = 0$ 和 $\overline{I_k^2} = \overline{Q_k^2} = 1$ 的條件下所產生。

讓 MSK 進一步變化以得到更陡峭衰落的旁波柱就是**高斯濾波 MSK** (gaussian-filtered MSK)。較早在這一節中，我們提到矩形形狀資料脈波 $p_{T_b}(t)$ 有很大的頻譜旁波柱。要抑制這些旁波柱以降低 B_T，我們用下列高斯 LPF 的功能預先對基頻帶二元脈波進行濾波：

$$H(f) = e^{-[\ln(\sqrt{2})(f/B)^2]} \tag{26}$$

如同第 3 章的 LPF 一樣，B 是指定為 LPF 半功頻率（即 −3 dB）的值。將函數 $p_{T_b}(t)$ 用在式 (24) 與 (25) 的推導中可得到 (Murota & Hirade 1981; Ziemer & Peterson, 2001)：

$$p_{T_b}(t) = 2Q\left[-\sqrt{2}\,\frac{1}{\ln\sqrt{2}}\,\pi BT_b\left(\frac{1}{T_b}-\frac{1}{2}\right)\right] + 2Q\left[\sqrt{2}\,\frac{1}{\ln\sqrt{2}}\,\pi BT_b\left(\frac{1}{T_b}+\frac{1}{2}\right)\right] \tag{27}$$

GMSK 的一個重要設計參數是 BT_b。Murota 與 Hirade (1981) 已對不同的 BT_b 值鑑定 GMSK 功率頻譜密度的特性。這些是展示在表 14.1-1 中。

表 14.1-1 包含一固定百分比功率的 GMSK 所佔的頻寬

BT_b %(功率)	90	99	99.9	99.99
0.20	0.52	0.79	0.99	1.22
0.25	0.57	0.86	1.09	1.37
0.5	0.69	1.04	1.33	2.08
∞ (MSK)	0.78	1.20	2.76	6.00

資料來源：Murota 與 Hirade (1981)。

範例 14.1-1　GMSK 頻寬

考量 $BT_b=0.5$ 以及 $r_b=100$ kbps 的 GMSK 情況，由此 $T_b=1/r_b=10$ μsec。高斯濾波器的半功率頻寬是 $B=0.5/10\times10^{-6}=50$ kHz。要含有訊號能量的 99% 所需要的頻寬是 $B_{T99\%}=1.04\times r_b=1.04\times100$ kHz$=104$ kHz，而含有 90% 訊號能量的頻寬是 $B_{T99\%}=0.69\times100$ kHz$=69$ kHz。和 MSK 比較，GMSK 的頻寬效率是它被選為 GSM 無線電話調變標準的理由之一。

14.2　同調二元系統

同調帶通數位系統使用在於資訊是有關於載波頻率和相位在接收器偵測訊息——

像是同步類比偵測器。**非同調 (noncoherent)** 系統不需要載波相位同步，但是它們藉著同調偵測可能缺乏最佳效能。

這個章節詳查了同調二元傳輸，從存在著白色高斯雜訊 (AWGN) 的最佳二元偵測的一般處理開始。隨後，這個結果被用來評估特定的二元調變系統的性能。從頭到尾我們將專注在鍵移調變 (OOK、PRK 及 FSK)，不考慮會在調變訊號中引起 ISI 的基頻帶濾波或是傳輸失真。

最佳二元偵測

任何有鍵移調變的帶通二元訊號可以被一般的九十度相位差載波形式表示：

$$x_c(t) = A_c \left\{ \left[\sum_k I_k p_i(t - kT_b) \right] \cos(\omega_c t + \theta) - \left[\sum_k Q_k p_q(t - kT_b) \right] \sin(\omega_c t + \theta) \right\}$$

對於實用的同調系統，載波應該和數位調變被同步。因此，我們令 $\theta = 0$ 和以下狀況：

$$f_c = N_c/T_b = N_c r_b \tag{1}$$

此處，N_c 是一整數——通常是一個非常大的整數。則：

$$x_c(t) = A_c \sum_k [I_k p_i(t - kT_b) \cos \omega_c(t - kT_b) - Q_k p_q(t - kT_b) \sin \omega_c(t - kT_b)]$$

且我們可以集中在單一位元區間，藉著下式

$$x_c(t) = s_m(t - kT_b) \qquad kT_b < t < (k+1)T_b \tag{2}$$

與

$$s_m(t) \triangleq A_c [I_k p_i(t) \cos \omega_c t - Q_k p_q(t) \sin \omega_c t]$$

這裡，$s_m(t)$ 表示著兩個訊號波形的其中一個，$s_0(t)$ 和 $s_1(t)$，代表訊息位元 $m=0$ 和 $m=1$。

現在考慮接收到受白色高斯雜訊影響的訊號 $x_c(t)$，我們已在 11.2 節中呈現一個最佳基頻接收器最小的誤差機率有著匹配濾波器去補救基頻訊號脈衝形式。但是二元 CW 調變解決了兩個不同訊號波形，就像式 (2)，如此，一個脈衝形式有著兩個不同的振幅。因而，我們必須再重做之前的分析在 $s_1(t)$ 和 $s_0(t)$ 項上。

圖 14.2-1 呈現了一個接收器結構有著有意義訊號和在考慮區間裡的雜訊。這個帶通接收器正好像是一個基頻接收器有著 BPF 替代 LPF。這個濾波器訊號脈衝雜訊 $y(t)$ 是一個在 $t_k = (k+1)T_b$ 的樣本，位元區間的末端，和與一個臨界值準位到再生最

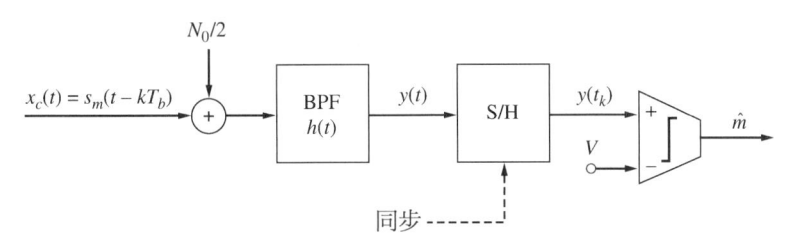

圖 14.2-1 二元帶通接收器。

相似訊息位元 $\hat{m}$ 做比較。對於最佳二元偵測器我們朝向 BPF 脈衝響應 $h(t)$ 和臨界值準位 V 來決定在最小的平均再生誤差機率。

如同 11.2 節讓 H_1 和 H_0 各自地表示著前提為 $m=0$ 和 $m=1$。接收器在 H_1 和 H_0 中決定取決於隨機變數所取到的值：

$$Y = y(t_k) = z_m + n$$

其

$$\begin{aligned} z_m &\triangleq z_m(t_k) = \left[s_m(t - kT_b) * h(t) \right]\Big|_{t=t_k} \\ &= \int_{kT_b}^{(k+1)T_b} s_m(\lambda - kT_b) h(t_k - \lambda)\, d\lambda \\ &= \int_0^{T_b} s_m(\lambda) h(T_b - \lambda)\, d\lambda \end{aligned} \tag{3}$$

雜訊樣本 $n = n(t_k)$ 是一個高斯 RV 有著零平均值與變異數 σ^2，因此在固定 H_1 或 H_0 下的 Y 之條件 PDF 將是中心位於 z_1 或 z_0 的高斯曲線，在圖 14.2-2 描繪其結果。一般公平的假設像 0 和 1，最佳的臨界值是在交叉點上，即：

$$V_{\text{opt}} = \frac{1}{2}(z_1 + z_0)$$

然後，從 PDF 的對稱性，$P_{e_1} = P_{e_0}$ 和

$$P_e = Q(|z_1 - z_0|/2\sigma)$$

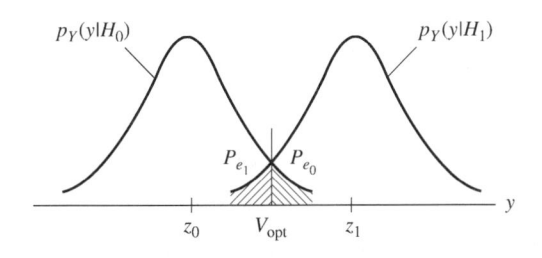

圖 14.2-2 條件式 PDF。

在其中，絕對值標記為 $|z_1-z_0|$ 包含了 $z_1 < z_0$。

但 BPF 脈衝響應 $h(t)$ 最大比率 $|z_1-z_0|/2\sigma$，或者相同地，$|z_1-z_0|^2/4\sigma^2$？回答這個問題，我們從式 (3) 得到：

$$|z_1 - z_0|^2 = \left| \int_{-\infty}^{\infty} [s_1(\lambda) - s_0(\lambda)] h(T_b - \lambda)\, d\lambda \right|^2 \tag{4a}$$

此處無限的極限值被允許使 $s_m(t)=0$ 在 $0<t<T_b$ 以外。我們也注意到：

$$\sigma^2 = \frac{N_0}{2}\int_{-\infty}^{\infty}|h(t)|^2\, dt = \frac{N_0}{2}\int_{-\infty}^{\infty}|h(T_b-\lambda)|^2\, d\lambda \tag{4b}$$

史瓦茲不等式應用現在產生了

$$\frac{|z_1-z_0|^2}{4\sigma^2} \leq \frac{1}{2N_0}\int_{-\infty}^{\infty}[s_1(t)-s_0(t)]^2\, dt \tag{5}$$

而比率是最大的，假如 $h(T_b-t)=K[s_1(t)-s_0(t)]$。因此，

$$h_{\text{opt}}(t) = K[s_1(T_b-t) - s_0(T_b-t)] \tag{6}$$

上式有任意的常數 K。

式 (6) 說明了：

> 濾波器對於最佳二元偵測器而言，應該是被匹配到兩個訊號波形間的差值。

二擇一地，你可以使用兩個匹配濾波器有 $h_1(t)=Ks_1(T_b-t)$ 和 $h_0(t)=Ks_0(T_b-t)$ 來平行佈置如圖 14.2-3a 所示；從相同的最佳響應，上面支路減去下面支路的輸出。再其中的一案例中，在每一個樣本的瞬間，濾波器中任何儲存的能量必須被釋放掉，以防止 ISI 在隨後的位元區間出現。

另一種選擇是，有著嵌入的釋放裝置，是以從圖 14.2-3a 上面支路得到的樣本訊號值為基礎。圖 14.2-3a 是：

$$\begin{aligned} z_{m1}(t_k) &= \int_0^{T_b} s_m(\lambda) h_1(T_b - \lambda)\, d\lambda \\ &= \int_{kT_b}^{(k+1)T_b} s_m(t-kT_b) K s_1(t-kT_b)\, dt \end{aligned}$$

且 $z_{m0}(t_k)$ 也是同樣地。因此，藉著圖 14.2-3b 的系統方塊圖最佳濾波可以被實現，

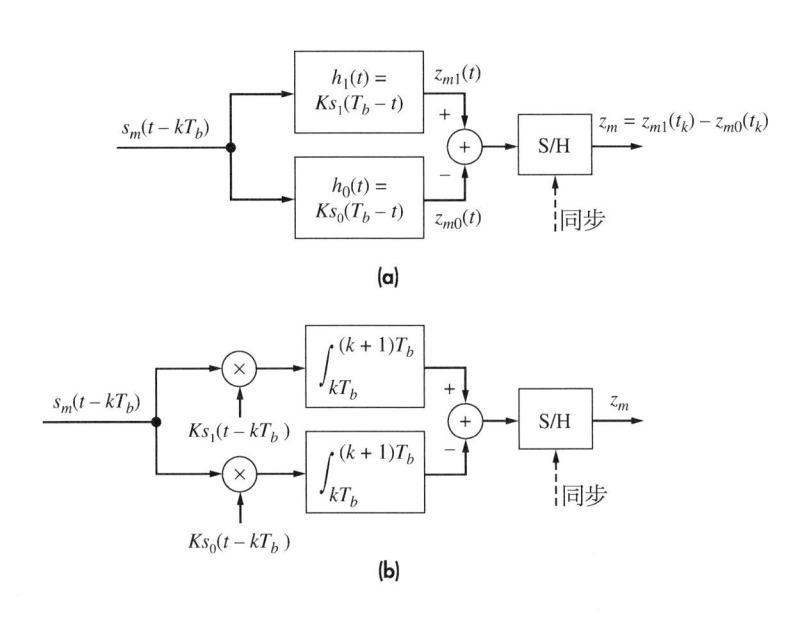

圖 14.2-3 最佳二元偵測：(a) 平行匹配濾波器；(b) 相關性偵測器。

圖中需要兩個多工器、兩個積分器及 $s_1(t)$ 與 $s_0(t)$ 的儲存部份。

這個系統被稱為**相關性偵測器** (correlation detector)，因為使接收訊號的外加雜訊與訊號波形的雜訊免疫部份相互關聯。注意到相關接收器是一種稱為積分與儲能的綜合技術用於匹配濾波器。也應該要注意到的是匹配濾波器和相關性偵測器在相同的樣本時間 t_k 下是相等的。

不拘於特別的實現方法，最佳二元偵測器的錯誤機率依賴式 (5) 中的比率最大值。這個比率，依次取決於每個位元之訊號能量及訊號波形之相似度。為求此點，考慮其展開

$$\int_0^{T_b} [s_1(t) - s_0(t)]^2 \, dt = E_1 + E_0 - 2E_{10}$$

其

$$E_1 \triangleq \int_0^{T_b} s_1^2(t) \, dt \qquad E_0 \triangleq \int_0^{T_b} s_0^2(t) \, dt \tag{7}$$

$$E_{10} \triangleq \int_0^{T_b} s_1(t) s_0(t) \, dt$$

我們確定 E_1 及 E_0 分別為 $s_1(t)$ 及 $s_0(t)$ 的能量，當 E_{10} 與它們的相關係數成正比。我們定義此相關係數為：

$$\rho \triangleq \frac{1}{\sqrt{E_1 E_0}} \int_0^{T_b} s_1(t) s_0(t) \, dt \tag{8}$$

由於 0 與 1 有相同的可能性，故每一位元之平均訊號能量為：

$$E_b = \frac{1}{2}(E_1 + E_0)$$

因此，

$$\left(\frac{z_1 - z_0}{2\sigma}\right)^2_{\max} = \frac{E_1 + E_0 - 2E_{10}}{2N_0} = \frac{E_b - E_{10}}{N_0} \tag{9a}$$

且

$$P_e = Q\left[\sqrt{(E_b - E_{10})/N_0}\right] \tag{9b}$$

或者，等於訊號能量：

$$P_e = Q\left[\sqrt{E_b(1 - \rho)/N_0}\right] \tag{9c}$$

當 E_b 與 N_0 為固定且系統的效能是依據這兩個訊號的相關係數而變動，式 (9) 就帶出了 E_{10} 相對於系統效能的重要性。

最後，將式 (6) 代入式 (3) 得到 $z_1 = K(E_1 - E_{10})$ 與 $z_0 = K(E_{10} - E_0)$，因此

$$V_{\text{opt}} = \frac{1}{2}(z_1 + z_0) = \frac{K}{2}(E_1 - E_0) \tag{10}$$

注意最佳的臨界值並不包含 E_{10}。

練習題 14.2-1

由式 (4a) 及 (4b) 導出式 (5) 與 (6)。以 3.6 節的式 (17)，寫出此形式

$$\frac{\left|\int_{-\infty}^{\infty} V(\lambda)W^*(\lambda)\, d\lambda\right|^2}{\int_{-\infty}^{\infty} |W(\lambda)|^2\, d\lambda} \leq \int_{-\infty}^{\infty} |V(\lambda)|^2\, d\lambda$$

並回想此等式成立在 $V(\lambda)$ 及 $W(\lambda)$ 為成比例之函數。

■ 同調 OOK、BPSK 及 FSK

雖然 ASK 之自然性質難以發展精密的系統設計，概略的看同調開－關鍵 (OOK) 移有助於清楚最佳偵測之概念。此 OOK 訊號之波形為：

$$s_1(t) = A_c\, p_{T_b}(t)\cos \omega_c t \qquad s_0(t) = 0 \tag{11}$$

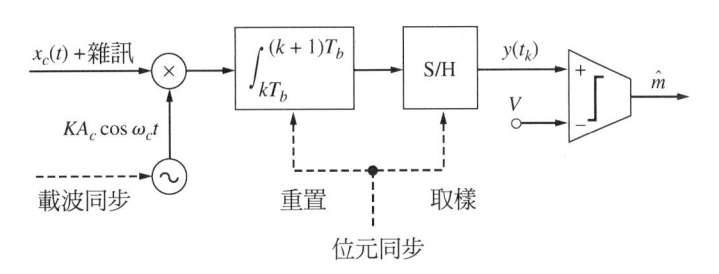

圖 14.2-4 OOK 或 BPSK 相關性接收器。

我們的載波-頻率條件 $f_c=N_c/T_b$ 意味 $s_1(t-kT_b)=A_c \cos \omega_c t$ 對任何位元區間，當然 $s_0(t-kT_b)=0$。如此，一具有相關性偵測之接收器可化簡成圖 14.2-4 的形式，在此與載波同步的本地震盪器提供 $s_1(t)$ 之儲存複製。位元同步訊號啟動取樣保持電路單元且重置積分器。兩同步訊號皆可由同一訊號源取得，歸功於 f_c 及 r_b 之間的諧波關係。

現在，我們利用式 (7) 與 (11) 來得到 $E_0=E_{10}=0$ 及

$$E_1 = A_c^2 \int_0^{T_b} \cos^2 \omega_c t \, dt = \frac{A_c^2 T_b}{2}\left[1 + \text{sinc}\frac{4f_c}{r_b}\right] = \frac{A_c^2 T_b}{2}$$

因此 $E_b=E_1/2=A_c^2 T_b/4$。設定臨介值在 $V=K(E_1-E_0)/2=KE_b$ 得到式 (9) 中的最小平均錯誤率，及

$$P_e = Q\left(\sqrt{E_b/N_0}\right) = Q\left(\sqrt{\gamma_b}\right) \tag{12}$$

同調 OOK 的效能就和單極基頻傳輸一樣。

要得到更好的效能可用同調相位逆轉鍵。令兩個相位移為 0 與 π，所以：

$$s_1(t) = A_c p_{T_b}(t) \cos \omega_c t \qquad s_0(t) = -s_1(t) \tag{13}$$

$s_0(t)=-s_1(t)$ 的關係定義為正相反訊號，類似雙極基頻傳輸。很快地如下：

$$E_b = E_1 = E_0 = A_c^2 T_b/2 \qquad E_{10} = -E_b$$

所以 $E_b-E_{10}=2E_b$，且

$$P_e = Q\left(\sqrt{2E_b/N_0}\right) = Q\left(\sqrt{2\gamma_b}\right) \tag{14}$$

在其他的因素相同下，BPSK 就可以比 OOK 的訊號能量少 3 dB。

因 $s_0(t)=-s_1(t)$，同調 BPSK 接收機只需要一個匹配濾波器或關聯器，就像 OOK。但是因 $E_1=E_0$ 所以 $V=0$，所以若接收的訊號遭受衰減，BPSK 的臨界值準位並不需重新調整。而且 BPSK 的固定波封使其不受到非線性失真的影響。BPSK

在好幾個部份優於 OOK，且有相同的頻譜效率。我們將會在後續看到 BPSK 也優於二元 FSK。

考慮有頻率偏移為 $\pm f_d$ 的二元 FSK，其訊號波形為：

$$s_1(t) = A_c p_{T_b}(t) \cos 2\pi(f_c + f_d)t \tag{15}$$
$$s_0(t) = A_c p_{T_b}(t) \cos 2\pi(f_c - f_d)t$$

當 $f_c \pm f_d \gg r_b$，$E_b \approx A_c^2 T_b/2$，而

$$E_{10} = E_b \operatorname{sinc}(4f_d/r_b) \tag{16}$$

這與頻率偏移有關。若 $f_d = r_b/2$，根據 Sunde 的 FSK，則 $E_{10} = 0$ 且錯誤機率與 OOK 相同。

當 $x_c(t)$ 允許相位不連續就有可能有些改良，但對於 f_d 的任何選擇，$E_b - E_{10} \leq 1.22 E_b$。因此，二元 FSK 並不會有任何明顯的減低寬頻雜訊，且 BPSK 至少有優於 $10 \log(2/1.22) \approx 2$ dB 的能量。另外，最佳化的 FSK 接收機比圖 14.2-4 更複雜。

在 $f_d = r_b/4$ 的 MSK 情況，其錯誤機率等同於 BPSK，即 $P_{be} = Q(\sqrt{2\gamma_b})$。Murota 與 Hirade (1981) 已實驗得到 GMSK 的錯誤機率為：

$$P_{be} = Q(\sqrt{2\alpha E_b/N_0}) \quad \text{這裡 } \alpha = \begin{cases} 0.68 & \text{對 } B_T T_b = 0.25 \\ 0.85 & \text{對簡單的 MSK } (B_T T_b \to \infty) \end{cases} \tag{17}$$

請注意，他們對簡單的 MSK 實驗結果與理論上所得到並不一樣。

練習題 14.2-2

假設 Sunde 的 FSK 的最佳化接收機用圖 14.2-3a 的形式來實現，請找出並畫出兩個濾波器的振幅響應。

■ 時序與同步

最後，我們必須提及與最佳化同調偵測相關的一些時序和同步上的問題。為此，考慮帶通訊號波形和匹配濾波器：

$$s(t) = A_c p_{T_b}(t) \cos \omega_c t \qquad f_c T_b = N_c \gg 1$$
$$h(t) = Ks(T_b - t) = KA_c p_{T_b}(t) \cos \omega_c t$$

當 $s(t)$ 被輸入到匹配濾波器，結果的響應為：

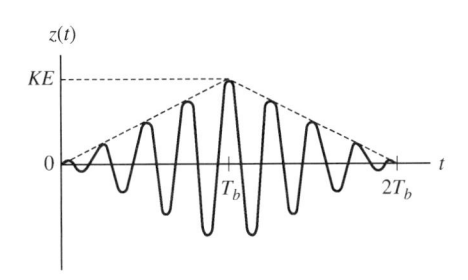

圖 14.2-5 帶通匹配濾波器的響應。

$$z(t) = s(t)*h(t) \approx KE\Lambda\left(\frac{t - T_b}{T_b}\right) \cos \omega_c t \tag{18}$$

這裡的 $E=A_c^2T_b/2$。圖 14.2-5 中的 $z(t)$ 顯示期望的最大值為 $z(T_b)=KE$，而在取樣瞬間後，對 $t > T_b$ 的響應會被濾波器的放電所消除。注意，表示 $z(t)$ 波封的虛線就是相關性接收機的積分器輸出。這個會明確地展示在下一組練習題 14.2-3 與 14.2-4 之中。圖 14.2-5 也證實了我們前面所強調的：匹配器與相關器的積分器輸出僅會在 $t=kT_b$ 時相同。

假設有小的時序誤差，使得實際的取樣發生在 $t_k=T_b(1\pm\epsilon)$。則：

$$z(t_k) \approx KE \cos \theta_\epsilon \qquad \theta_\epsilon = \omega_c T_b \epsilon = 2\pi N_c \epsilon$$

所以時序誤差使有效訊號準位減少為原來的 $\cos \theta_\epsilon$ 倍。因 $|z_1-z_0|^2$ 被減少為 $\cos^2 \theta_\epsilon$ 倍，而 σ^2 保持不變，所以錯誤機率變為：

$$P_e = Q\left(\sqrt{\frac{E_b - E_{10}}{N_0} \cos^2\theta_\epsilon}\right) \tag{19}$$

這是根據式 (9) 而來。如以這個問題的大小為範例，取具有 $\gamma_b=8$、$r_b=2$ kbps 且 $f_c=100$ kHz 的 BPSK；完美的時序下 $P_e=Q(\sqrt{16}) \approx 3\times 10^{-5}$，然而只有位元區間 0.3% 的時序誤差就造成了 $\theta_\epsilon=2\pi(100/2)\times 0.003=54°$ 與 $P_e=Q(\sqrt{16\cos^2 54°}) \approx 10^{-2}$ 的結果。這個數字解釋了為何帶通匹配濾波器對於同調偵測並不是實際的方法。

如圖 14.2-4 的關聯偵測器對時序錯誤較不敏感，因為積分輸出不會在載波頻率振盪。關聯偵測就被用在大部份的同調二元系統中。無論如何，本地振盪器必須正確地與載波同步，且相位同步誤差 θ_ϵ 再次使有效訊號準位減少為 $\cos \theta_\epsilon$ 倍。

在 BPSK 的情況，載波同步訊號可以用如圖 7.3-4 的 Costas PLL 系統的 $x_c(t)$ 來導出。另一種方法為相位比較偵測，將在下一節與 OOK 和 FSK 的非同調偵測一起討論。

練習題 14.2-3

一個 1011 序列受到平均值為 0，$\sigma=1$ 的高斯雜訊破壞，用 MATLAB 展示匹配濾波器的積分器輸出。此 OOK 訊號有下列參數：$f_c=1$ Hz、$T_b=150$ secs 以及取樣週期是 $T_s=1/f_s=1/50$ secs。此外，也展示對一個無雜訊 OOK 輸入，它的匹配濾波器輸出。將積分器的輸出與圖 14.2-5 的輸出做比較，並且注意匹配濾波器拒斥相加性雜訊的能力。

練習題 14.2-4

用相關性偵測器重做練習題 14.2-3。

■ 干 擾

在 5.4 節中我們看到了窄頻帶干擾在線性與指數調變系統中的效應，以及在 7.2 節中不適當的護衛時間與護衛頻帶的效果。現在，讓我們延伸我們的討論到：具有同調偵測數位調變系統中，訊號所受到的多重接取干擾 (MAI)。MAI 可能由多重路徑、鄰近通道干擾、非理想多工等所引起。在相同的時間區間內，使得偵測器的輸入端收到兩個或多個碰撞在一起的訊號。訊號的碰撞會破壞想要的訊號，且會造成錯誤。這種特別會與無線通訊系統的擴增有關，因為它們的訊號分享相同的頻率與時間槽。就像 SNR 一樣，MAI 可用訊號對干擾比 (signal-to-interference ratio, SIR) 來量化。

考量在時間區間 $kT_b \to (k+1)T_b$ 內，一個帶有干擾與雜訊的二元 1 訊號被圖 14.2-3b 相關性偵測器的輸入端接收，因此，輸入到相關器上端分支的是：

$$v_1(t-kT_b) = s_{i1}(t-kT_b) + \sum_{j\neq i}^{N} s_{j0,1}(t-kT_b) + n(t+kT_b) \tag{20}$$

這裡 $s_{i1}(t-T_b)$ 是第 i 個想要的二元 1 訊號，$\sum_{j\neq i}^{N} s_{j0,1}(t-T_b)$ 是 $(N-1)$ 個干擾訊號之和，$n(t-kT_b)=$ 雜訊。由於我們想要傳送 0 或 1，我們可以說 $s_{i1}(t-kT_b)$ 與 $s_{i0}(t-kT_b)$ 是互斥的，因此 $s_{i0}(t-kT_b)$ 不會在這個分支上被收到。

積分器的輸出將是：

$$z_{m1}(t-kT_b) = \int_{kT_b}^{(k+1)T_b} \left[s_{i1}(t-kT_b) + \sum_{j \neq i}^{N} s_{j0,1}(t-kT_b) + n(t-kT_b) \right] s_{i1}(t-kT_b) dt \quad \text{(21a)}$$

$$= \underbrace{\int_{kT}^{(k+1)T_b} s_{i1}^2(t-kT_b) dt}_{\text{二元 1 訊息能量}} + \underbrace{\int_{kT_b}^{(k+1)T_b} \sum_{j \neq i}^{N} s_{j0,1}(t-kT_b) s_{i1}(t-kT_b) dt}_{MAI}$$

$$+ \underbrace{\int_{kT_b}^{(k+1)T_b} n(t-kT_b) s_{i1}(t-kT_b) dt}_{\text{雜訊}} \quad \text{(21b)}$$

對所有 $j \neq i$ 如果 $s_{j0,1}(t-kT_b)$ 與 $s_{i1}(t-kT_b)$ 是正交的話,那麼 MAI 為最小。但是基於以下幾個理由這是不太可能的,包括:多重路徑以及其他使用者也許也用到類似的波形,使得設計正交訊號基本上是不太可能。事實上,MAI 可能常常會超過隨機雜訊。在 15.1 與 15.2 節中我們發展了 CDMA 系統的 MAI 表示式。類似地,如果訊號與訊號是相互正交,式 (21b) 的第 3 項會是最小。5.4 節有一些章後的習題是和多重路徑干擾損失有關的。最後當我們談到阿羅哈與 CSMA 系統時,我們試著不但是要能容忍干擾,而且也要在預期干擾的情形下執行系統的工作。

14.3 非同調二元系統

若在訊號夠強,對較不精密的接收機能夠提供相當的可靠度的情況下,最佳化同調偵測是不一定需要的。此情況最好的範例就是一透過語音電話通道,比類比效能標準有較高的訊號雜訊比的數位傳輸。也有應用是較難和較昂貴去實行同調偵測。例如,某些無線電通道的傳遞延遲變化很快,接收機很難正確地追蹤載波的相位,所以非同步或非同調偵測變成唯一可實行的方法。

在此我們會探討利用波封偵測來避開同調偵測的同步問題的非同調 OOK 和 FSK 系統的次最佳化效能。我們也將會看用相位比較偵測的微差同調 PSK 系統。對這三種情況我們必須先分析弦波加上帶通雜訊的波封。

正弦波加上帶通雜訊的波封

考慮一正弦波 $A_c \cos(\omega_c t + \theta)$,加上一平均值為 0 和變異數為 σ^2 的高斯帶通雜訊 $n(t)$。使用正交載波表示法:

$$n(t) = n_i(t)\cos(\omega_c t + \theta) - n_q(t)\sin(\omega_c t + \theta)$$

我們把總和寫成:

$$A_c \cos(\omega_c t + \theta) + n(t) = A(t)\cos[\omega_c t + \theta + \phi(t)]$$

這裡,在任何時間 t,

$$A = \sqrt{(A_c + n_i)^2 + n_q^2} \qquad \phi = \arctan\frac{n_q}{A_c + n_i} \tag{1}$$

我們回想在 10.1 節中,i 和 q 雜訊成份是與 $n(t)$ 有相同分佈的獨立隨機變數。現在我們來找波封 A 的 PDF。

在分析之前,先推測 A 在極端的條件下的特性。若 $A_c = 0$,則 A 簡化為雷萊分佈的雜訊波封 A_n

$$p_{A_n}(A_n) = \frac{A_n}{\sigma^2} e^{-A_n^2/2\sigma^2} \qquad A_n \geq 0 \tag{2}$$

在其他的極端下,若 $A_c \gg \sigma$,則大部份的時間 A_c 會比雜訊成份大,所以:

$$A = A_c\sqrt{1 + (2n_i/A_c) + (n_i^2 + n_q^2)/A_c^2} \approx A_c + n_i$$

這暗示 A 將會趨近高斯。

對於 A_c 的任意值,我們必須用導出 8.4 節的式 (10) 的程序來做直角對極座標轉換。A 和 ϕ 的聯集 PDF 則變成:

$$p_{A\phi}(A, \phi) = \frac{A}{2\pi\sigma^2}\exp\left(-\frac{A^2 - 2A_c A\cos\phi + A_c^2}{2\sigma^2}\right) \tag{3}$$

對 $A \geq 0$ 和 $|\phi| \leq \pi$。指數項中 $A\cos\phi$ 防止我們將式 (3) 因式分解成 $p_A(A)p_\phi(\phi)$,這表示 A 和 ϕ 並不是統計上獨立的。波封的 PDF 必須將聯集 PDF 對 ϕ 的範圍做積分來求出,所以:

$$p_A(A) = \frac{A}{2\pi\sigma^2}\exp\left(-\frac{A^2 + A_c^2}{2\sigma^2}\right)\int_{-\pi}^{\pi}\exp\left(\frac{A_c A\cos\phi}{\sigma^2}\right)d\phi$$

現在我們要介紹第一性質和零階的修改型 Bessel 函數,定義為:

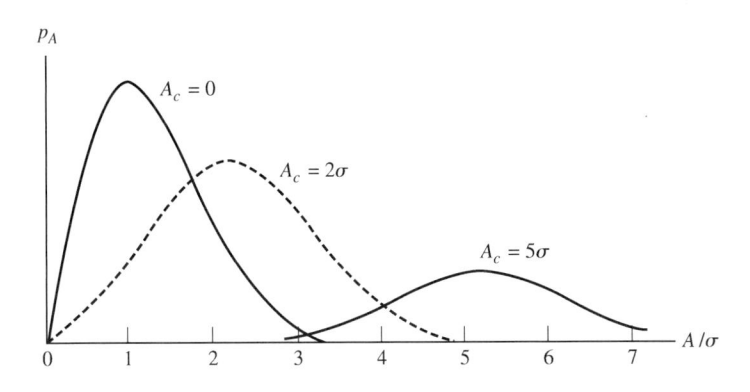

圖 14.3-1 弦波加帶通雜訊的波封的 PDF。

$$I_0(v) \triangleq \frac{1}{2\pi}\int_{-\pi}^{\pi} \exp\left(v\cos\phi\right) d\phi \tag{4a}$$

其特性為：

$$I_0(v) \approx \begin{cases} e^{v^2/4} & v \ll 1 \\ \dfrac{e^v}{\sqrt{2\pi v}} & v \gg 1 \end{cases} \tag{4b}$$

我們就可得到：

$$p_A(A) = \frac{A}{\sigma^2} e^{-(A^2+A_c^2)/2\sigma^2} I_0\left(\frac{A_c A}{\sigma^2}\right) \qquad A \geq 0 \tag{5}$$

這就稱為**萊斯分佈** (Rician distribution)。

儘管式 (5) 很難解，它在大訊號的條件下可以簡化為：

$$p_A(A) \approx \sqrt{\frac{A}{2\pi A_c \sigma^2}} e^{-(A-A_c)^2/2\sigma^2} \qquad A_c \gg \sigma \tag{6}$$

從式 (4b) 中的大 v 趨近求得。因為在式 (6) 的指數項為主導，我們已經確認波封的 PDF 是中心為 $\overline{A} \approx A_c$ 和變動量為 σ^2 的高斯曲線。圖 14.3-1 說明了當 A_c 變化比 σ 大時，波封的 PDF 從雷萊曲線到高斯曲線的轉換。

■ 非同調 OOK

非同調開關鍵是一簡單的系統。通常載波與資料是非同步的，所以對任意的位元區間 $kT_b < t < (k+1)T_b$，我們寫成：

$$x_c(t) = A_c a_k p_{T_b}(t - kT_b) \cos\left(\omega_c t + \theta\right) \qquad a_k = 0, 1 \tag{7}$$

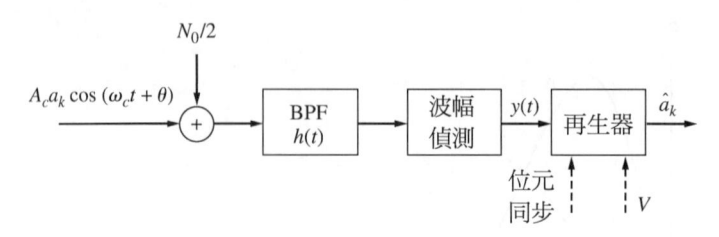

圖 14.3-2 非同調 OOK 接收機。

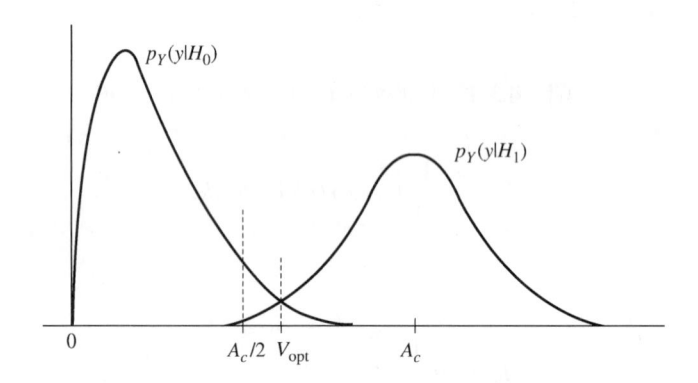

圖 14.3-3 非同調 OOK 的條件式 PDF。

訊號能量為 $E_0 = 0$ 及

$$E_1 = \frac{A_c^2 T_b}{2}\left[1 + \frac{\sin(2\omega_c T_b + 2\theta) - \sin 2\theta}{2\omega_c T_b}\right] \approx \frac{A_c^2 T_b}{2}$$

這裡我們已假設 $f_c \gg r_b$。因我們會一直假設 1 和 0 同樣相等的，則每位元的平均能量 $E_b = E_1/2 \approx A_c^2 T_b/4$。

圖 14.3-2 中的 OOK 接收機由 BPF 串接波封偵測器和重新產生器所組成。BPF 為一匹配濾波器，其

$$h(t) = KA_c p_{T_b}(t)\cos\omega_c t \tag{8}$$

這裡忽略載波相位 θ。波封偵測器用追蹤出圖 14.2-5 的虛線來消除和 θ 的相關性。當 $a_k = 1$，波封 $y(t)$ 的峰值訊號成份為 $A_1 = KE_1$。為了方便，取 $K = A_c/E_1$，所以 $A_1 = A_c$，則：

$$A_c^2/\sigma^2 = 4E_b/N_0 = 4\gamma_b \tag{9}$$

這裡 σ^2 是波封偵測器輸入端的帶通雜訊的變動量，從 14.2 節中式 (4b) 的 $h(t)$ 計算出來的。

現在考慮一隨機變數 $Y = y(t_k)$ 的條件式 PDF。當 $a_k = 0$，我們只有單獨雜訊波封

的取樣值；因此，$p_Y(y|H_0)$ 是一雷萊函數 $p_{A_n}(y)$。當 $a_k=1$，我們有正弦波加雜訊波封的取樣值；因此，$p_Y(y|H_1)$ 是一萊新函數 $p_A(y)$。圖 14.3-3 顯示 $\gamma_b \gg 1$ 情況下的兩個曲線，所以萊新 PDF 近似高斯曲線的形狀。交越點定義為最佳臨界值，結果證明：

$$V_{\mathrm{opt}} \approx \frac{A_c}{2}\sqrt{1+\frac{2}{\gamma_b}} \approx \frac{A_c}{2} \qquad \gamma_b \gg 1$$

但我們不再有對臨界值的對稱性，當 p_e 是最小時 $p_{e_1} \neq p_{e_0}$。

要有合理的效能，非同調 OOK 系統須 $\gamma_b \gg 1$，且臨界值是正常地設在 $A_c/2$。結果的錯誤機率為：

$$P_{e_0} = \int_{A_c/2}^{\infty} p_{A_n}(y)\,dy = e^{-A_c^2/8\sigma^2} = e^{-\gamma_b/2} \tag{10a}$$

$$P_{e_1} = \int_0^{A_c/2} p_A(y)\,dy \approx Q\left(\frac{A_c}{2\sigma}\right) = Q(\sqrt{\gamma_b})$$

$$\approx \frac{1}{\sqrt{2\pi\gamma_b}} e^{-\gamma_b/2} \quad \gamma_b \gg 1 \tag{10b}$$

這裡我們已經介紹過對 $Q(\sqrt{\gamma_b})$ 的漸進線趨近法，來帶出當 $\gamma_b \gg 1$ 時，$p_{e_1} \ll p_{e_0}$ 的事實。最後

$$P_e = \tfrac{1}{2}(P_{e_0}+P_{e_1}) = \tfrac{1}{2}\left[e^{-\gamma_b/2}+Q(\sqrt{\gamma_b})\right] \tag{11}$$
$$\approx \tfrac{1}{2}e^{-\gamma_b/2} \quad \gamma_b \gg 1$$

圖 14.3-4 中對其他的二元系統畫出隨 γ_b 變化的曲線。

練習題 14.3-1

考慮當 $x_c(t)=A_c p_{T_b}(t)\cos(\omega_c t+\theta)$ 時 BPF 的輸出 $z(t)=x_c(t)*h(t)$，且 $K=2/A_c T_b$。證明，當 $0<t<T_b$

$$z(t) = \frac{A_c t}{T_b}\left[\cos\theta\cos\omega_c t - \left(\sin\theta - \frac{\cos\theta}{\omega_c t}\right)\sin\omega_c t\right]$$

然後找出並畫出當假設 $f_c \gg r_b$ 下的 $z(t)$ 的波封。

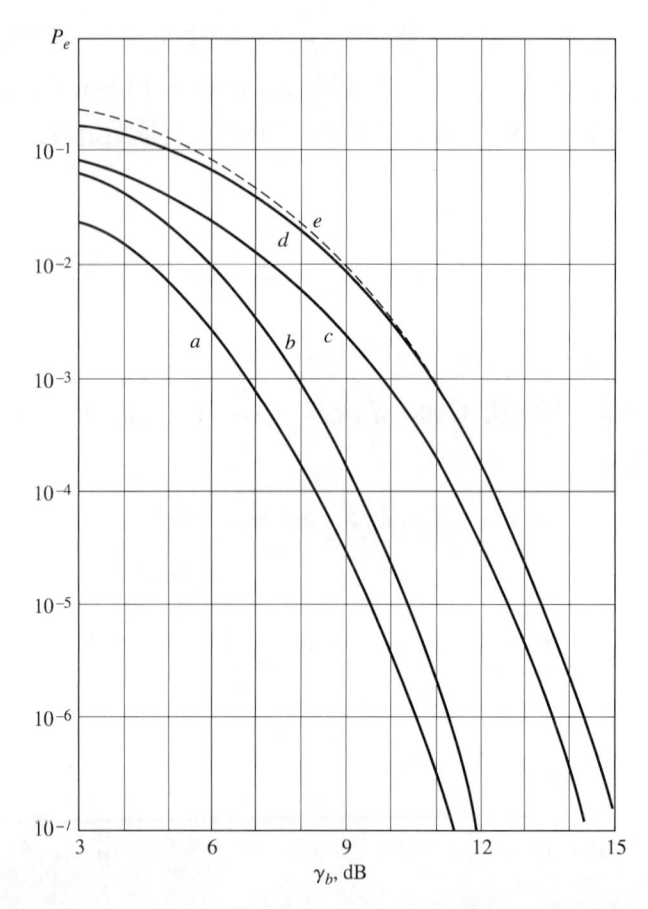

圖 14.3-4　二元錯誤機率曲線：(a) 同調 BPSK；(b) DPSK；(c) 同調 OOK 或 FSK；(d) 非同調 FSK；(e) 非同調 OOK。

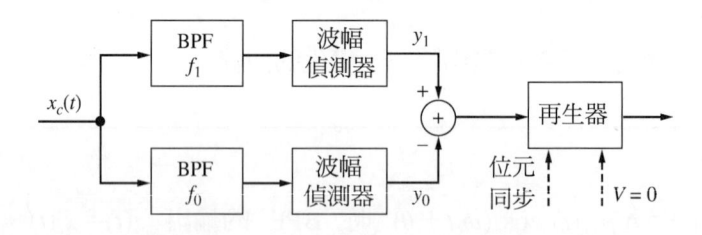

圖 14.3-5　二元 FSK 的非同調偵測。

■ 非同調 FSK

儘管波封偵測看起來不可能用在 FSK，再看圖 14.1-1b 的波形，顯示出二元 FSK 是由有相同振幅 A_c，但不同頻率 $f_1=f_c+f_d$ 和 $f_0=f_c-f_d$ 的兩個交錯的 OOK 訊號所組成。於是，非同調偵測可用一對帶通濾波器和波封偵測器來實現，如圖 14.3-5，這裡：

$$h_1(t) = KA_c p_{T_b}(t) \cos \omega_1 t \qquad h_0(t) = KA_c p_{T_b}(t) \cos \omega_0 t \tag{12}$$

我們將取 $K=A_c/E_b$，注意 $E_b=E_1=E_0 \approx A_c^2 T_b/2$，然後：

$$A_c^2/\sigma^2 = 2E_b/N_0 = 2\gamma_b \tag{13}$$

這裡 σ^2 是任一濾波器輸出端的雜訊變動量。

我們也將取頻率間隔 $f_1-f_0=2f_d$ 為 r_b 的整數倍，如 Sunde 的 FSK。這條件可確保 BPF 能有效地分開兩個頻率，且兩個帶通雜訊波形在取樣瞬間是不相關的。當 $a_k=1$，在上支路的取樣輸出 $y_1(t_k)$ 有訊號成份 $A_1=KE_1=A_c$ 和萊新分佈。另外當 $a_k=0$，在下支路的 $y_0(t_k)$ 有雷萊分佈。

重新產生是基於波封差 $Y_1-Y_0=y_1(t_k)-y_0(t_k)$。不用藉由條件式 PDF，我們從接收機的對稱性推斷出無論 A_c 為多少，臨界值應設在 $V=0$。跟著 $p_{e_1}=P(Y_1-Y_0<0|H_1)$ 和 $p_{e_0}=p_{e_1}=P_e$。因此，

$$\begin{aligned} P_e &= P(Y_0 > Y_1|H_1) \\ &= \int_0^\infty p_{Y_1}(y_1|H_1) \left[\int_{y_1}^\infty p_{Y_0}(y_0|H_1)\,dy_0 \right] dy_1 \end{aligned}$$

上式中內部的積分是 y_1 為固定值時，事件 $Y_0>Y_1$ 的機率。代入 PDF $p_{Y_0}(y_0|H_1)=p_{A_n}(y_0)$ 和 $p_{Y_1}(y_1|H_1)=p_A(y_1)$，並做內部積分，可得：

$$P_e = \int_0^\infty \frac{y_1}{\sigma^2} e^{-(2y_1^2+A_c^2)/2\sigma^2} I_0\left(\frac{A_c y_1}{\sigma^2}\right) dy_1$$

上式的積分可再用 $\lambda=\sqrt{2}\,y_1$ 和 $\alpha=A_c/\sqrt{2}$ 的近似式來計算，所以：

$$P_e = \frac{1}{2} e^{-A_c^2/4\sigma^2} \int_0^\infty \frac{\lambda}{\sigma^2} e^{-(\lambda^2+\alpha^2)/2\sigma^2} I_0\left(\frac{\alpha\lambda}{\sigma^2}\right) d\lambda$$

此積分函數就完全與式 (5) 的 Rician PDF 相同，其整個面積為一。因此，我們最後用式 (13) 簡化成：

$$P_e = \frac{1}{2} e^{-A_c^2/4\sigma^2} = \frac{1}{2} e^{-\gamma_b/2} \tag{14}$$

非同調 FSK 和 OOK 之效能曲線的比較在圖 14.3-4，可看到除了在 γ_b 的值小時，兩曲線的差異並不大。無論如何，FSK 有三個優於 OOK 之處：固定的調變訊號波封、相等的數位錯誤機率和固定的臨界值準位 $V=0$。這些優點通常證明 FSK 接收機需要額外訊號的硬體。

微差同調 PSK

因為二元 PSK 的訊息是放在相位，所以不可能用非同調偵測。取而代之，有一較好的技術稱為**相位比較偵測** (phase-comparison detection)，可避免同調 BPSK 的相位同步問題，且可提供比非同調 OOK 或 FSK 更好的效能。圖 14.3-6 的相位比較偵測器，除了本地振盪器訊號被 T_b 延遲後 BPSK 自己的訊號取代外，其他看起來像關聯偵測器。前端的 BPF 可防止過多的雜訊影響偵測器。

要成功的運作，則需 f_c 是 r_b 的整數倍，就像同調 BPSK。我們可寫成：

$$x_c(t) = A_c p_{T_b}(t - kT_b) \cos(\omega_c t + \theta + a_k \pi) \tag{15}$$
$$a_k = 0, 1 \quad kT_b < t < (k+1)T_b$$

若沒有雜訊，第 k 位元區間的相位比較乘積為：

$$\begin{aligned}
x_c(t) \times 2\, x_c(t - T_b) &= 2A_c^2 \cos(\omega_c t + \theta + a_k \pi) \\
&\quad \times \cos[\omega_c(t - T_b) + \theta + a_{k-1}\pi] \\
&= A_c^2\{\cos[(a_k - a_{k-1})\pi] \\
&\quad + \cos[2\omega_c t + 2\theta + (a_k + a_{k-1})\pi]\}
\end{aligned}$$

上式我們用 $\omega_c T_b = 2\pi N_c$ 的事實。經低通濾波後產生：

$$z(t_k) = \begin{cases} +A_c^2 & a_k = a_{k-1} \\ -A_c^2 & a_k \neq a_{k-1} \end{cases} \tag{16}$$

所以我們有雙極對稱性且臨界值應設在 $V=0$。

因為 $z(t_k)$ 只告訴你 a_k 和 a_{k-1} 不同，有相位比較偵測的 BPSK 系統稱為**微差同調** (differentially coherent) PSK (DPSK)。這系統一般在發射機包含微差編碼，使其可能直接從 $z(t_k)$ 來重新產生訊息位元。微差編碼從任意初始位元開始，即 $a_0 = 1$。後續的位元由訊息序列 m_k 根據以下的規則決定：若 $m_k = 1$ 則 $a_k = a_{k-1}$，若 $m_k = 0$ 則 $a_k \neq a_{k-1}$。因此，$z(t_k) = +A_c^2$ 表示 $m_k = 1$，而 $z(t_k) = -A_c^2$ 表示 $m_k = 0$。圖 14.3-7 為微差編碼的邏輯電路，此電路由以下邏輯方程式來實現：

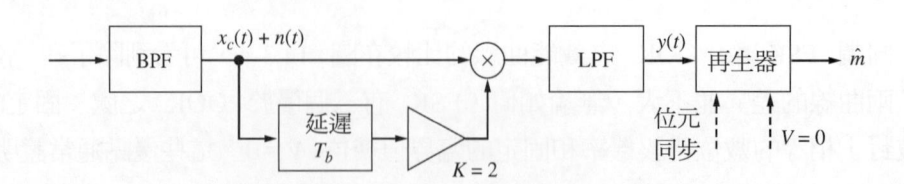

圖 14.3-6 二元 PSK 的微差同調偵測器。

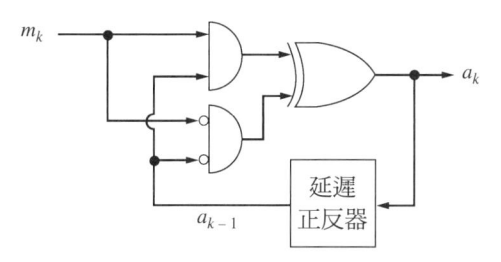

圖 14.3-7 微差編碼的邏輯電路。

表 14.3-1 微差編碼與相位比較範例

輸入訊息	1 0 1 1 0 1 0 0
編碼訊息	1 1 0 0 0 1 1 0 1
傳輸相位	π π 0 0 0 π π 0 π
相位比較符號	+ − + + − + + −
再生訊息	1 0 1 1 0 1 0 0

$$a_k = a_{k-1} m_k \oplus \bar{a}_{k-1} \bar{m}_k \tag{17}$$

這裡式子上的橫條代表邏輯反轉。微差編碼和相位比較偵測（沒有雜訊）的範例在表 14.3-1 內。

要分析有雜訊的 DSPK 效能，我們將假設 BPF 做了大部份的雜訊濾波，就像 FSK 接收機的 BPF。因此，載波振幅和 BPF 輸出的雜訊變動量之關係為：

$$A_c^2/\sigma^2 = 2E_b/N_0 = 2\gamma_b$$

我們也將利用對稱性並注意在 $a_k = a_{k-1} = 0$ 的情況，所以若 $y(t_k) < 0$ 則錯誤發生。

現在令延遲 i 和 q 的雜訊成份註記為 $n_i'(t) = n_i(t-T_b)$ 和 $n_q'(t) = n_q(t-T_b)$。在第 k 個位元區間期間的乘法器輸入為：

$$x_c(t) + n(t) = [A_c + n_i(t)] \cos(\omega_c t + \theta) - n_q(t) \sin(\omega_c t + \theta)$$

和

$$2[x_c(t-T_b) + n(t-T_b)] = 2[A_c + n_i'(t)] \cos(\omega_c t + \theta) - 2n_q'(t) \sin(\omega_c t + \theta)$$

然後 LPF 把乘積中的高頻項移除，留下：

$$Y = y(t_k) = (A_c + n_i)(A_c + n_i') + n_q n_q' \tag{18}$$

上式中的四個雜訊成份都是平均值為零和變動量為 σ^2 的獨立高斯隨機變數。

式 (18) 有九十度相差的形式，可用對角化程序來化簡，結果為：

$$Y = \alpha^2 - \beta^2 \tag{19a}$$

其

$$\alpha^2 = (A_c + \alpha_i)^2 + \alpha_q^2 \qquad \beta^2 = \beta_i^2 + \beta_q^2 \tag{19b}$$

及

$$\alpha_i \triangleq \frac{1}{2}(n_i + n_i') \qquad \beta_i \triangleq \frac{1}{2}(n_i - n_i')$$

$$\alpha_q \triangleq \frac{1}{2}(n_q + n_q') \qquad \beta_q \triangleq \frac{1}{2}(n_q - n_q') \tag{19c}$$

注意是平均值為零的高斯隨機變數，其變動量為 $\overline{\alpha_i^2} = (\overline{n_i^2} + \overline{n_i'^2})/4 = 2\sigma^2/4 = \sigma^2/2$；其他 α 和 β 的 i 和 q 成份也是相同的結論。所以，α 有式 (5) 將 $\sigma^2/2$ 替換為 σ^2 的瑞利 PDF，而 β 有式 (2) 將 $\sigma^2/2$ 替換為 σ^2 的瑞利 PDF。

最後，因為 α 和 β 是非負值，我們可把平均錯誤機率寫成：

$$P_e = P(Y < 0 | a_k = a_{k-1}) = P(\alpha^2 < \beta^2) = P(\beta > \alpha)$$

我們已經完成與之前所解的非同調 FSK 的表示式相等。將式 (14) 的 σ^2 替換為 $\sigma^2/2$，使 DPSK 結果為：

$$P_e = \frac{1}{2} e^{-A_c^2/2\sigma^2} = \frac{1}{2} e^{-\gamma_b} \tag{20}$$

圖 14.3-4 中的效能曲線顯示 DPSK 有超過非同調二元系統 3 dB 的能量，且跟同調 BPSK 在 $P_e \leq 10^{-4}$ 來比較，不利的結果少於 1 dB。

DPSK 不需同調 PSK 必要的相位同步，但需要比非同調 OOK 或 FSK 多一點的硬體——包括微差編碼和在發射機有 r_b 的載波頻率同步。而 DPSK 較小的困擾是錯誤發生傾向於兩個為一組。(為什麼？)

範例 14.3-1　不同調變／偵測方法的傳送功率比較

二元資料以 $r_b = 100$ kbps 的速率傳送超過有 60 dB 傳輸損失和雜訊密度 $N_0 = 10^{-12}$ W/Hz 的通道到接收機。對各種形式的調變與偵測，要多少的傳輸功率 S_T 才能得到 $P_e = 10^{-3}$？

要解此問題，我們先寫出接收的訊號功率為 $S_R = E_b r_b = N_0 \gamma_b r_b = S_T/L$，$L = 10^6$。所以：

$$S_T = L N_0 \gamma_b r_b = 0.1 \gamma_b$$

接下來，用圖 14.3-4 的曲線或之前 P_e 的公式，我們可以找到對應錯誤機率的 γ_b 值，並計算出 S_T。

表 14.3-2 做了總結，這裡列出的系統以實現的困難度遞增排列，說明了訊號功

表 14.3-2　對 $P_e = 10^{-3}$ 功率對調變／偵測系統的歸納總結

系　統	S_T, W
非同調 OOK 或 FSK	1.26
微差同調 PSK	0.62
同調 BPSK	0.48

率與硬體複雜度之間的取捨。

練習題 14.3-2

假設前一範例中的系統有峰值波封功率的限制，如在發射機 $LA_c^2 \leq 2$ 瓦特。請找出非同調 OOK 和 FSK 和 DPSK 的最小錯誤機率。

14.4　正交-載波與 M-次元系統

　　這節要討論 M-次元調變系統的同調偵測與相位比較偵測的效能，這些一般是用在正交載波組態之中。這裡主要的方法是由 QAM 提供的增加調變速度與相關的正交-載波方法，與 M-次元 PSK 和 M-次元 QAM 調變。這些調變型態是最適合用在電話線和其他頻寬限制通道上的數位傳輸。

　　在前一節，我們一直假設符號為獨立且相同機率和 AWGN 的影響。我們也假設 M 為二的次方，以符合二元到 M-次元的資料轉換。這假設允許二元系統與 M-次元系統做實際的比較。

■ 正交-載波系統

　　我們指出 14.1 節中的九十度相位 PSK 和雙極鍵 QAM 是等效於在正交-載波上的兩個 BPSK 訊號的總和。我們將採取分析 QPSK/QAM 同調偵測之效能的觀點。令來源資訊被群組成由 $I_k Q_k$ 表示的二倍數位元。每個二倍數位元對應到四相 ($M=4$) 來源的一個符號或二元來源的連續兩個位元。第二個情況在實際上較常發生，二倍數位元速率為 $r = r_b/2$ 與 $D = 1/r = 2T_b$。

　　同調正交-載波偵測需要同步調變，如 14.2 節所討論的。因此，對於第 k 個二倍數位元區間 $kD < t < (k+1)D$，我們寫成：

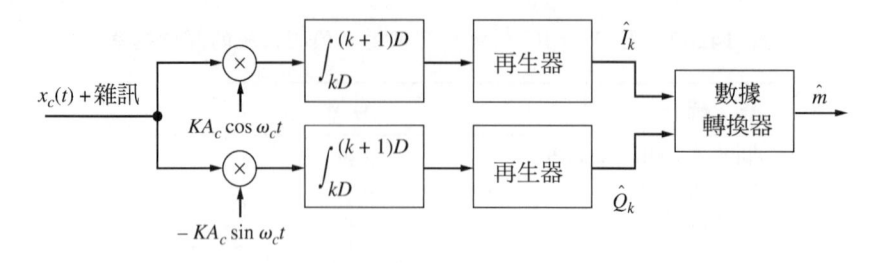

圖 14.4-1 關聯偵測器的正交−載波接收機。

$$x_c(t) = s_i(t - kD) - s_q(t - kD) \tag{1a}$$

其

$$\begin{aligned} s_i(t) &= A_c I_k p_D(t) \cos \omega_c t & I_k &= \pm 1 \\ s_q(t) &= A_c Q_k p_D(t) \sin \omega_c t & Q_k &= \pm 1 \end{aligned} \tag{1b}$$

因為 f_c 必須和 $r = 1/D$ 諧振，訊號能量為：

$$\int_{kD}^{(k+1)D} x_c^2(t)\, dt = \frac{1}{2} A_c^2 (I_k^2 + Q_k^2) D = A_c^2 D$$

且我們得到：

$$E = 2E_b \qquad E_b = A_c^2 D/2 \tag{2}$$

上式 E 是每二倍數位元或四相符號的能量。

從式 (1) 和我們之前所讀到的同調 BPSK，最佳正交−載波接收機可用兩個關聯偵測器來實現，如圖 14.4-1。每個關聯器執行同調二元偵測，並互相獨立。因此每個位元的平均錯誤機率為：

$$P_{be} = Q(\sqrt{2E_b/N_0}) = Q(\sqrt{2\gamma_b}) \tag{3}$$

上式的函數 $Q(\sqrt{2\gamma_b})$ 定義為高斯曲線尾端的面積，別與正交調變的 Q 符號混淆了。

我們從式 (3) 看到同調 QPSK/QAM 達到與同調 BPSK 相同的位元錯誤率。但回想 QPSK/QAM 的傳輸頻寬為：

$$B_T \approx r_b/2$$

而 BPSK 需要 $B_T \approx r_b$。這表示額外的正交−載波硬體允許在給定的位元率下將傳輸頻寬分成兩半，或在給定的傳輸頻寬下將位元率變為兩倍。任一情況的錯誤機率都維持不變。

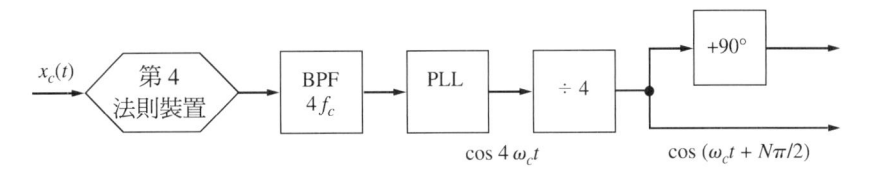

圖 14.4-2 用來做正交−載波接收機的載波同步的 PLL 系統。

對於最小移鍵，式 (3) 與頻寬／硬體的取捨也保留。其在圖 14.1-11b 說明的 i 和 q 成份暗示了正交−載波偵測。MSK 接收機有像圖 14.4-1 的架構，只是修改了脈波成形和將 i 與 q 成份交錯。MSK 和 QPSK 只有兩個較明顯的差異：(1) 在相同的位元率下，MSK 頻譜的主波帶比 QPSK 的主波帶寬，而旁波帶比 QPSK 的旁波帶小；(2) MSK 的本質是二元頻率調變，而 QPSK 可看成是二元或四相的相位調變都行。

QPSK/QAM 被用來傳送四相資料。圖 14.4-1 的輸出轉換器由重新產生的二倍數位元來重建四相符號。因位元錯誤是獨立的，所以得到正確符號的機率為：

$$P_c = (1 - P_{be})^2$$

因此每個符號的平均錯誤機率變成：

$$P_e = 1 - P_c = 2Q(\sqrt{E/N_0}) - Q^2(\sqrt{E/N_0})$$
$$\approx 2Q(\sqrt{E/N_0}) \qquad E/N_0 \gg 1 \tag{4}$$

上式 $E = 2E_b$ 代表平均符號能量。

用來產生正交−載波接收機同調偵測的載波同步訊號的各種方法已經被想出來。圖 14.4-2 顯示一簡單 PLL 系統是基於 $x_c(t)$ 的四次方在 $4f_c$ 含有離散頻率成份。無論如何，因為 $\cos 4\omega_c t = \cos(4\omega_c t + 2\pi N)$，四倍頻率分割產生 $\cos(\omega_c t + N\pi/2)$，所以輸出有固定 $N\pi/2$ 的相位誤差，N 是依靠著鎖定暫態的一個整數。一已知的前序資料可以在訊息開始時傳輸，來做相位調整，或微差編碼可以用來使相位誤差的效應無效。另外的載波同步系統將會與 M-次元 PSK 一起介紹；額外的方法包含在 Lindsey (1972)。

相位比較偵測也有可能用在有微差編碼的正交−載波系統。從我們在 14.3 節讀到的 DPSK，你可以正確地推斷微差同調 QPSK (DQPSK) 需要比 QPSK 多一點的訊號能量，來得到指定的錯誤機率。結果證明差了將近 2.3 dB。

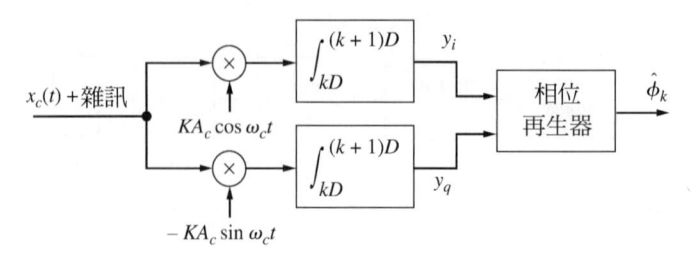

圖 14.4-3 同調 M-次元 PSK 接收機。

練習題 14.4-1

考慮一 QPSK 訊號，如式 (1) 寫成 $x_c(t) = A_c \cos(\omega_c t + \phi_k)$，其 $\phi_k = \pi/4$、$3\pi/4$、$5\pi/4$、$7\pi/4$。證明 $x_c^4(t)$ 在 $4f_c$ 包含未調變的成份。

■ M-次元 PSK 系統

現在將我們同調正交−載波偵測的研究擴展到包含 M-次元 PSK。載波仍然與調變同步，且 f_c 和符號速率 r 諧振。我們把給定符號區間的調變訊號寫成：

$$x_c(t) = s_i(t - kD) - s_q(t - kD) \tag{5a}$$

其

$$s_i(t) = A_c \cos \phi_k p_D(t) \cos \omega_c t \tag{5b}$$
$$s_q(t) = A_c \sin \phi_k p_D(t) \sin \omega_c t$$

這裡

$$\phi_k = 2\pi a_k/M \qquad a_k = 0, 1, \ldots, M-1$$

從 14.1 節的式 (13)，取 $N=0$。然後每個符號的訊號能量變成：

$$E = \frac{1}{2} A_c^2 (\cos^2 \phi_k + \sin^2 \phi_k) D = \frac{1}{2} A_c^2 D \tag{6}$$

若每個符號代表 $\log_2 M$ 的二元數位，則等效於 $E_b = E/\log_2 M$。我們在 14.1 節的頻譜分析，得知需要的傳輸頻寬為 $B_T \approx r = r_b/\log_2 M$。

M-次元 PSK 的最佳接收機可被建為如圖 14.4-3 的模型。我們將令 $K = A_c/E$，所以在沒有雜訊下，正交的關聯器會產生 $z_i(t_k) = A_c \cos \phi_k$ 和 $z_q(t_k) = A_c \sin \phi_k$ 的形式，其 $\phi_k = \arctan z_q/z_i$。

當 $x_c(t)$ 受雜訊影響，訊息符號的重新產生是基於有雜訊的取樣點：

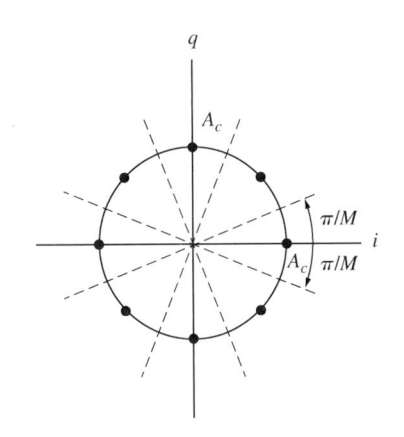

$$y_i = A_c \cos \phi_k + n_i \qquad y_q = A_c \sin \phi_k + n_q$$

在此 i 和 q 雜訊成份為零平均值的獨立高斯隨機變數，其變異數為：

$$\sigma^2 = K^2 E N_0/2 = A_c^2 N_0/2E = N_0 r \qquad (7)$$

產生器有 M 個角度臨界值，以 $2\pi/M$ 等距分隔，如圖 14.4-4 所示，並從訊號空間圖中選擇角度最接近 $\arctan y_q/y_i$ 的一點。

圖 14.4-4 的環狀對稱，與雜訊 PDF 的對稱，表示全部的相位角有相同的錯誤機率。然後我們將注意 $\phi_k=0$ 的情況，所以：

$$\arctan \frac{y_q}{y_i} = \arctan \frac{n_q}{A_c + n_i} = \phi$$

且我們把 ϕ 識別成正弦波加帶通雜訊的相位。因為若 $|\phi| < \pi/M$，則沒有錯誤，符號錯誤機率可用下式來計算：

$$P_e = P(|\phi| > \pi/M) = 1 - \int_{-\pi/M}^{\pi/M} p_\phi(\phi)\, d\phi \qquad (8)$$

在上式中我們需要相位 ϕ 的 PDF。

14.3 節的式 (3) 給定了正弦波加帶通雜訊的波封與相位的聯集 PDF。相位的 PDF 可以對聯集 PDF 做 $0 \le A < \infty$ 範圍的積分來求出。用一些技巧可以導出令人敬佩的表示式：

$$p_\phi(\phi) = \frac{1}{2\pi} e^{-A_c^2/2\sigma^2} + \frac{A_c \cos \phi}{\sqrt{2\pi\sigma^2}} \exp\left(-\frac{A_c^2 \sin^2 \phi}{2\sigma^2}\right)\left[1 - Q\left(\frac{A_c \cos \phi}{\sigma}\right)\right] \qquad (9)$$

範圍為 $-\pi < \phi < \pi$。在大訊號 $A_c \gg \sigma$ 的條件下，式 (9) 化簡為：

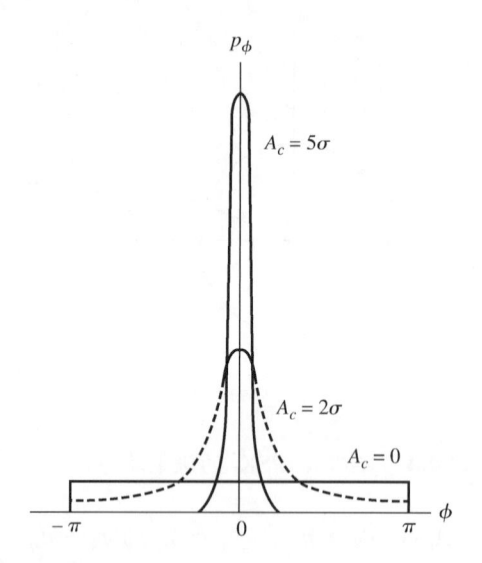

圖 14.4-5 正弦波加帶通雜訊的相位之 PDF。

$$p_\phi(\phi) \approx \frac{A_c \cos \phi}{\sqrt{2\pi\sigma^2}} e^{-(A_c \sin \phi)^2/2\sigma^2} \qquad |\phi| < \frac{\pi}{2} \tag{10}$$

當 ϕ 值很小，可趨近為 $\overline{\phi}=0$ 和 $\overline{\phi^2}=\sigma^2/A_c^2$ 的高斯。對 $|\phi| > \pi/2$，式 (10) 是無效的，但是若 $A_c \gg \sigma$，此事件的機率很小。圖 14.4-5 描述當 $A_c=0$ 到 A_c 遠大於 σ，$p_\phi(\phi)$ 由平均分佈到高斯曲線的轉換。(看圖 14.3-1 中波封 PDF 的對應轉換。)

我們將假設 $A_c \gg \sigma$，所以我們可以用式 (10) 來得到 $M > 4$ 的同調 M-次元 PSK 的錯誤機率。(我們已經有 $M=2$ 和 4 的結果。) 將式 (10) 以 $A_c^2/\sigma^2 = 2E/N_0$ 代入式 (8)，得到：

$$P_e \approx 1 - \frac{1}{\sqrt{2\pi}} \int_{-\pi/M}^{\pi/M} \sqrt{\frac{2E}{N_0}} \cos \phi \, e^{-(2E/N_0)(\sin \phi)^2/2} \, d\phi \tag{11}$$

$$\approx 1 - \frac{2}{\sqrt{2\pi}} \int_0^L e^{-\lambda^2/2} \, d\lambda$$

上式我們已經注意到偶對稱並且做了變數代換 $\lambda = \sqrt{2E/N_0} \sin \phi$，所以 $L = \sqrt{2E/N_0} \sin(\pi/M)$。但式 (11) 中的積分是一高斯函數，所以 $P_e \approx 1-[1-2Q(L)]=2Q(L)$。因此，

$$P_e \approx 2Q\left(\sqrt{\frac{2E}{N_0} \sin^2 \frac{\pi}{M}}\right) \tag{12}$$

這是我們 $M > 4$ 的符號錯誤機率的最後結果。在這章最後會討論我們比較的等效位元錯誤機率。

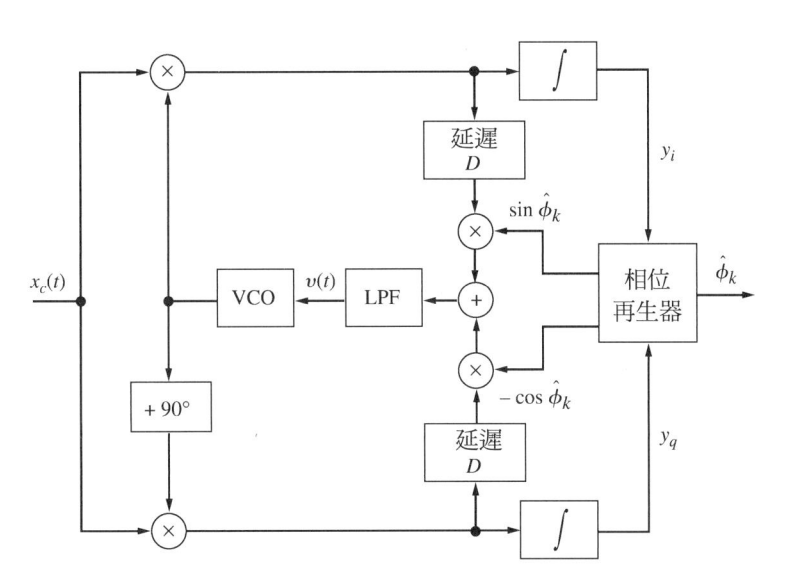

圖 14.4-6 以決策－回授系統做載波同步的 M-次元 PSK 接收機。

回到圖 14.4-3 的接收機，載波同步訊號可以由使用圖 14.4-2 修改版本的 $x_c(t)$ 第 M 次方來導出。圖 14.4-6 中較精密的決策－回授 PLL 系統使用偵測到的相位 $\hat{\phi}_k$ 來產生控制訊號 $v(t)$，可以更正任何 VCO 相位誤差。這裡的兩個延遲器簡單地說明了 $\hat{\phi}_k$ 是在第 k 個符號區間結尾得到的。

若正確的載波同步證明是不切實際的，則可用微差同調偵測來替代。雜訊分析是相當複雜的，但 Lindsey 與 Simon (1973) 已經得到簡單的趨近式：

$$P_e \approx 2Q\left(\sqrt{\frac{4E}{N_0}\sin^2\frac{\pi}{2M}}\right) \tag{13}$$

上式在 $M \geq 4$ 與 $E/N_0 \gg 1$ 時成立。當能量以係數增加時，我們從式 (12) 和 (13) 看到 M-次元 DPSK 達到和同調 PSK 相同的錯誤機率。

$$\Gamma = \frac{\sin^2(\pi/M)}{2\sin^2(\pi/2M)}$$

此係數等於 DQPSK ($M=4$) 的 2.3 dB，如之前聲稱的一樣，且對 $M \gg 1$，其將接近 3 dB。

練習題 14.4-2

利用如圖 14.2-3 的等效 BPF 取代圖 14.4-3 的其中一個關聯偵測器，藉此導出式 (7)。

M-次元 QAM 系統

我們可以結合振幅與相位調變，來代表來源符號，稱為 M-次元 QAM (M-eay QAM)。M-次元 QAM 也稱為振幅－相位鍵 (APK)。它對於有限頻寬的通道是有幫助的，且運作在相同符號速率的鍵調變下，提供比其他 M-次元系統還要低的錯誤率。在初步討論抑制載波 M-次元 ASK 之後，我們將會讀到定義在方形訊號星座圖的 M-次元 QAM 系統。

考慮一有同步調變與抑制載波的 M-次元 ASK。載波－抑制明顯地用極性調變訊號來達成。因此，對第 k 個符號區間，我們寫成：

$$x_c(t) = A_c I_k p_D(t - kD) \cos \omega_c t \tag{14a}$$

這裡

$$I_k = \pm 1, \pm 3, \ldots, \pm(M - 1) \tag{14b}$$

傳輸頻寬為 $B_T \approx r$ 和 M-次元 PSK 一樣。

最佳同調接收機只由一個關聯偵測器組成，因為其沒有正交的成份，且重新產生是基於受雜訊的取樣點：

$$y_i = A_c I_k + n_i$$

雜訊成份為零平均值與變動量 $\sigma^2 = N_0 r$ 的高斯隨機變數，如式 (7)。圖 14.4-7 顯示當 $M=4$ 時的一維訊號空間圖與對應的 $M-1$ 等份臨界值。對任何偶數 M 的符號錯誤機率為：

$$P_e = 2\left(1 - \frac{1}{M}\right) Q\left(\frac{A_c}{\sqrt{N_0 r}}\right) \tag{15}$$

由用在 11.2 節中分析極性 M-次元基頻傳輸相同的方法求得。

假設這些 ASK 訊號的其中兩個經由正交－載波多工在同一通道上傳送，這並不需要比送一個訊號還要多的頻寬。令資訊從 M-次元源來，其 $M = \mu^2$，所以訊息可以被轉換成兩個 μ-次元的數字串，每個有相同的速率 r。M-次元 QAM 的效能基本上

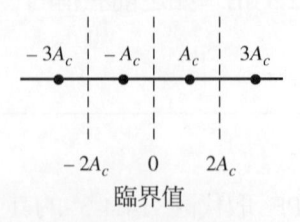

$$\begin{array}{c|c|c|c}-3A_c & -A_c & A_c & 3A_c \\ \bullet & \bullet & \bullet & \bullet \\ -2A_c & 0 & 2A_c & \end{array}$$

臨界值

圖 14.4-7 $M=4$ 的 ASK 之決策臨界值。

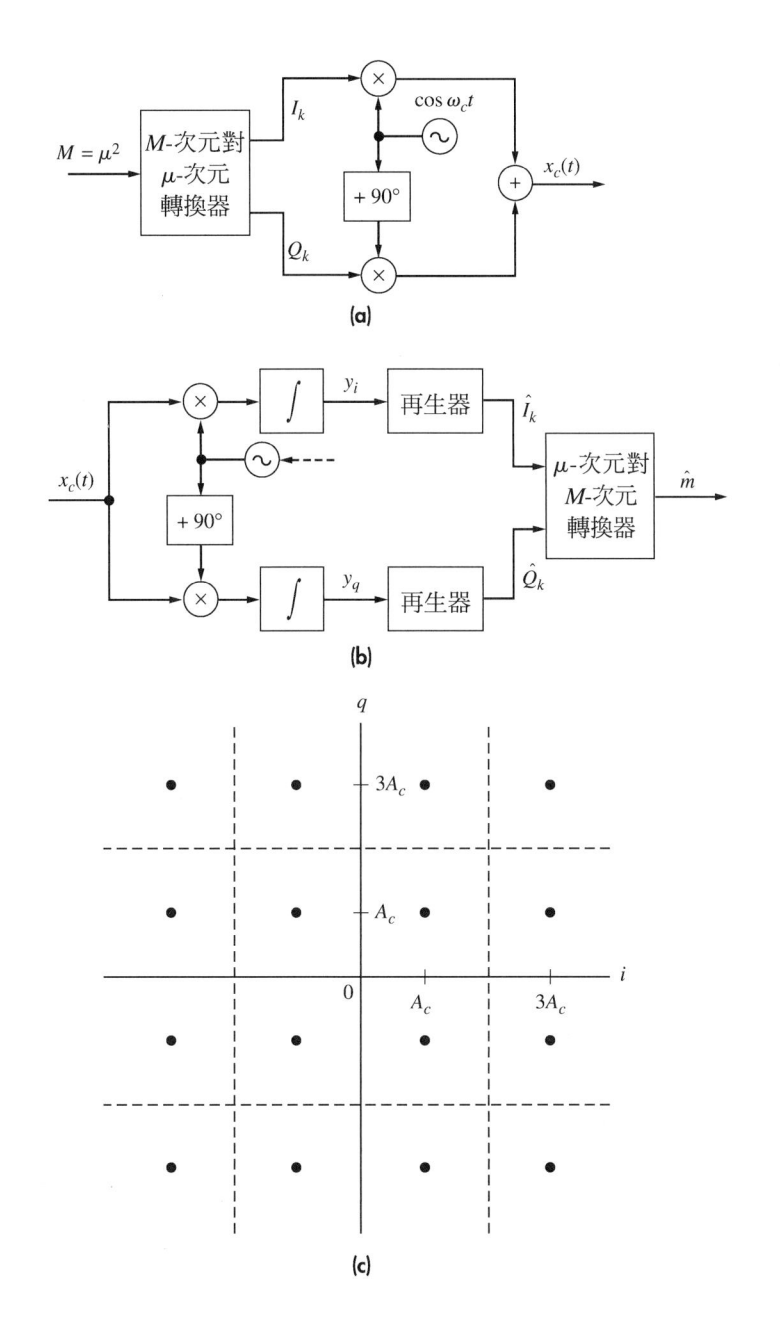

圖 14.4-8 M-次元 QAM 系統：(a) 發射機；(b) 接收機；(c) $M=16$ 的方形訊號空間圖與臨界值。

是由 μ-次元的錯誤率來決定，因此，將是優於 $M > \mu$ 的直接 M-次元調變。

圖 14.4-8a 畫出 M-次元 QAM 發射機的架構。第 k 個符號區間的輸出訊號為：

$$x_c(t) = s_i(t - kD) - s_q(t - kD) \tag{16a}$$

其

$$s_i(t) = A_c I_k p_D(t) \cos \omega_c t \qquad I_k = \pm 1, \pm 3, \ldots, \pm(\mu - 1)$$
$$s_q(t) = A_c Q_k p_D(t) \sin \omega_c t \qquad Q_k = \pm 1, \pm 3, \ldots, \pm(\mu - 1)$$
(16b)

每個 M-次元符號的平均能量為：

$$E = \frac{1}{2} A_c^2 (\overline{I_k^2} + \overline{Q_k^2}) D = \frac{1}{3} A_c^2 (\mu^2 - 1) D \tag{17}$$

因為 $\overline{I_k^2} = \overline{Q_k^2} = (\mu^2 - 1)/3$。

圖 14.4-8b 為接收機做同調 QAM 偵測，其正交關聯器產生取樣值：

$$y_i = A_c I_k + n_i \qquad y_q = A_c Q_k + n_q$$

然後我們有了方形訊號空間圖與臨界值圖樣，圖 14.4-8c 說明了取 $M = 4^2 = 16$ 的情況。現在令 P 定義為 I_k 或 Q_k 的錯誤機率，如同將式 (15) $\mu = \sqrt{M}$ 來取代 M。每個 M-次元符號的錯誤機率為 $P_e = 1 - (1 - P)^2$，且當 $P \ll 1$ 時 $P_e \approx 2P$。因此：

$$P_e \approx 4\left(1 - \frac{1}{\sqrt{M}}\right) Q\left[\sqrt{\frac{3E}{(M-1)N_0}}\right] \tag{18}$$

在此式中我們已插入由式 (17) 所得到的平均符號能量。

使用這樣的結果計算證明較高的 M-次元 QAM 的效能。利用例子的方法，如果 $M = 16$，$E/N_0 = 100$，則 $P_e \approx 4 \times 3/4 \times Q(\sqrt{20}) = 1.2 \times 10^{-5}$，然而一個等效的 PSK 系統在 $M = 16$ 時，$P_e \approx 2Q(\sqrt{7.6}) = 6 \times 10^{-3}$。

■ M-次元 FSK 系統

我們前面談過，我們也能夠用 M 個等距離為 $2f_d = 1/2 = r/2$ 的鍵頻來調變載波以表示 M 個資訊源。依據 Ziemer 與 Peterson (2001) 的著作，符號錯誤機率的上限是

$$P_e \leq \begin{cases} (M-1) Q(\sqrt{\gamma_b \log_2 M}) & \text{同調偵測} \\ \dfrac{M-1}{2} e^{-\frac{1}{2} \gamma_b \log_2 M} & \text{非同調 (波封) 偵測} \end{cases} \tag{19}$$

M-次元 FSK 同調與非同調接收機分別展示在圖 14.4-9 與圖 14.4-10 中。讀者也許已預期到，要從 M 個載波頻率中偵測個符號，要比圖 14.2-3 與 14.3-5 的二元系統更複雜 M 倍。但是圖 14.4-3 與 14.4-8 的 M-次元 PSK 與 M-次元 QAM 接收機其複雜度則和它們的二元系統差不多。

M-次元正交 FSK 常常用在正交分頻多工 (OFDM) 中，這一部份在下一節中討論。

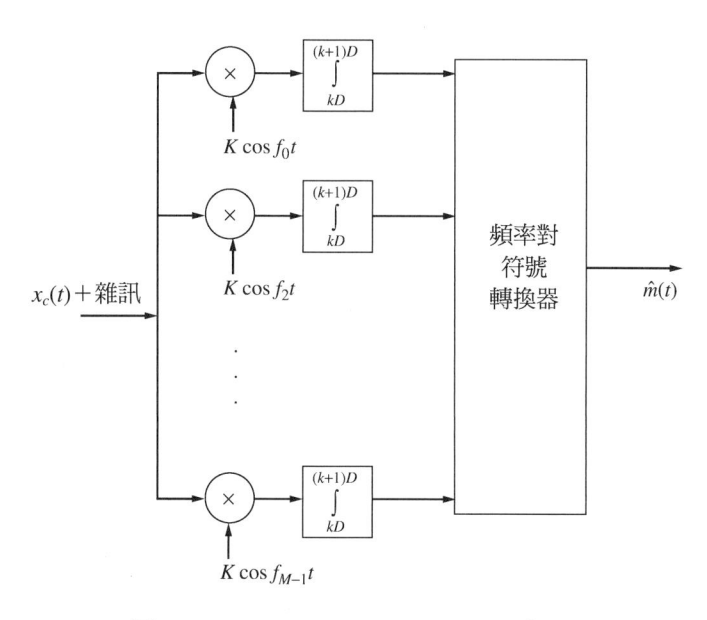

圖 14.4-9 同調 M-次元 FSK 接收機。

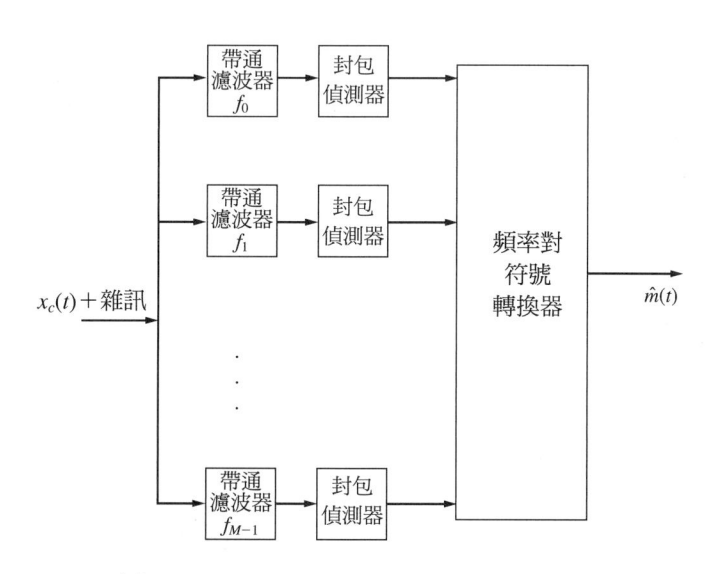

圖 14.4-10 非同調 M-次元 FSK 接收機。

數位調變系統的比較

一個數位調變系統的效能比較應該要包含幾個因子，包含了：錯誤機率、傳輸頻寬、溢出的頻段、硬體需求以及二元和 M-次元之間的差異。為了建立一個均等的比較基準，我們假設一個位元率 r_b 的二元訊號，如此一來我們可以調變速率 r_b/B_T 跟能量雜訊比 γ_b 來比較系統所對應的位元錯誤機率。

我們之前所得到二元調變系統的結果可以用來直接比較，特別是在圖 14.3-4 的

表 14.4-1 二元調變系統的總結

調　變	偵　測	r_b/B_T	P_{be}
OOK 或 FSK ($f_d = r_b/2$)	波封	1	$\frac{1}{2}e^{-\gamma_b/2}$
DPSK	相位比較	1	$\frac{1}{2}e^{-\gamma_b}$
BPSK	同調	1	$Q(\sqrt{2\gamma_b})$
MSK、4-QAM 或 QPSK	同調正交	2	$Q(\sqrt{2\gamma_b})$

表 14.4-2 M-次元調變系統在 $r_b/B_T = K = \log_2 M$ 時的總結

調　變	偵　測	P_{be}
DPSK ($M \geq 4$)	相位比較正變	$\frac{2}{K} Q\left(\sqrt{4K\gamma_b \sin^2 \frac{\pi}{2M}}\right)$
PSK ($M \geq 8$)	同調正交	$\frac{2}{K} Q\left(\sqrt{2K\gamma_b \sin^2 \frac{\pi}{M}}\right)$
QAM (K，偶數)	同調正交	$\frac{4}{K}\left(1 - \frac{1}{\sqrt{M}}\right) Q\left(\sqrt{\frac{3K}{M-1}\gamma_b}\right)$

錯誤機率曲線。表 14.4-1 提供一個較小型的總結，當 γ_b 足夠大證明近似值可用。(因此，在非同調開關鍵移中，幾乎所有的錯誤都發生在關的狀態。) 這個表省略了同調 OOK 與 FSK，因為它們沒有實用的價值，然而它卻包含了 QAM 與 QPSK，只是是以二元調變而不是以四元調變來看，這個表強調這個事實即：加倍調變速度是聯合同調正交載波偵測一起進行的，同時也回憶一下：要最小化頻譜的溢出需用到擺動鍵移調變 (MSK 或是 OQPSK) 或是額外的脈波整型。

現在考慮一個 M-次元符號率 r 及每個符號能量 E 的傳輸，令 $M = 2^K$ 且資料轉換因子

$$K = \log_2 M$$

等於每個 M-次元符號的位元數。等效的位元率與能量為 $r_b = Kr$ 以及 $E_b = E/K$，所以：

$$\gamma_b = E/KN_0$$

M 次元 PSK 或是 M 次元 QAM 的調變速率是

$$r_b/B_T \approx K \tag{20}$$

這是因為 $B_T \approx r = r_b/K$。單位位元的錯誤率可以由以下說明求得。

回溯到 11.2 節，式 (24)：當資料轉換器採用格雷碼 (Gray code)，那麼有 $P_{be} \approx P_e/K$。對 M 次元 PSK 或是 M 次元 QAM，我們可以在訊號星座圖上使用格雷碼，

這樣錯誤機率最可能是每單位符元只有一個錯誤。這是因為訊號星座圖的排列讓混淆鄰接訊號點的機率遠大於非鄰接訊號點，同時若錯誤機率是非常小的話，那麼就可合理的假定每單位符元的最大位元錯誤是 1。因此，對具有格雷碼的 M 次元 PSK 或是 M 次元 QAM，其單位位元的錯誤率是

$$P_{be} \approx \frac{P_e}{K} \tag{21}$$

另一方面，對 M 次元 FSK，經由頻率對符元邏輯的固有本質，使用格雷碼並無任何優點，這是因為所有的符元錯誤都是相同機率的。因此，對 M 次元 FSK，可以證明 (Ziemer 與 Peterson，2001)：

$$P_{be} = \frac{P_e M}{2(M-1)} \tag{22}$$

將這些調整併入到我們前面的表示式中，我們就得到表 14.4-2 中所列出的比較結果。這裡的量值 r_b/B_T 作為**頻寬效率** (bandwidth efficiency) 常常會被提到。

所有的正交–載波和 M-次元系統在耗損錯誤機率或訊號能量時，增加調變速率。舉例來說，假設想要保持錯誤機率在 $P_{be} \approx 10^{-4}$ (常態的比較標準)。γ_b 的值對於不同的調變系統有不一樣的調變速率，圖 14.4-11 用 dB 值繪出 r_b/B_T 對 γ_b 之圖來敘述此一結果，同時圖中的每一點均標示所對應的 M 值。很清楚的，用同調偵測

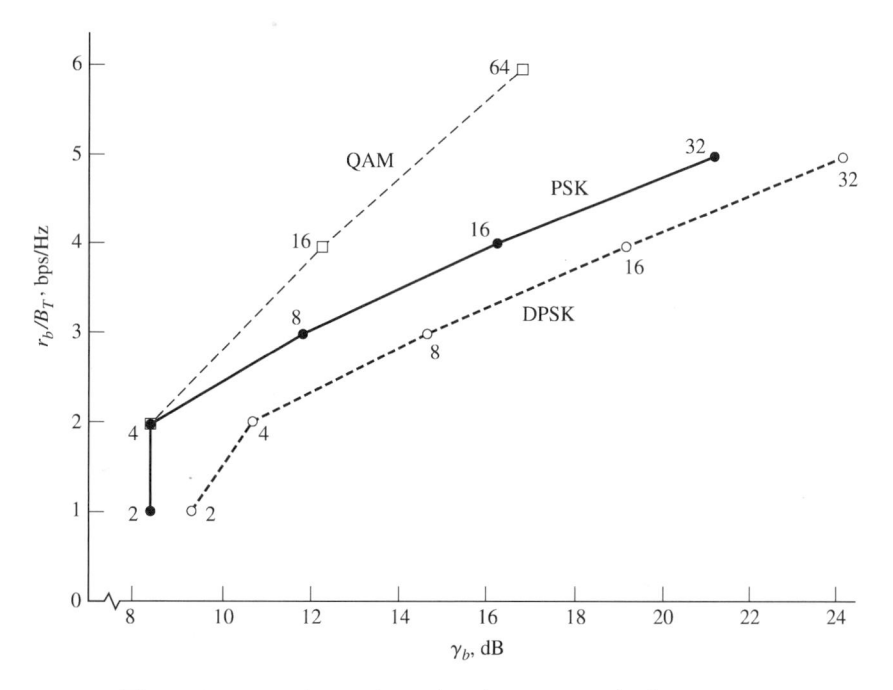

圖 14.4-11 M-次元的調變系統在 $P_{be}=10^{-4}$ 時效能比較。

表 14.4-3　數位調變系統在 $P_{be}=10^{-4}$ 時效能比較

調　變	偵　測	r_b/B_T	$\gamma_b,$ dB
OOK 或 FSK ($f_d = r_b/2$)	波封	1	12.3
DPSK ($M = 2$)	相位比較	1	9.3
DQPSK	相位比較正交	2	10.7
BPSK	同調	1	8.4
MSK、QAM 或 QPSK	或同調正交	2	8.4
DPSK ($M = 8$)	相位比較正交	3	14.6
PSK ($M = 8$)	同調正交	3	11.8
FSK ($M = 16$)	同調	0.5	6.6
PSK ($M = 16$)	同調正交	4	16.2
QAM ($M = 16$)	同調正交	4	12.2

時你可以選擇正交振幅調變更勝於相位鍵移在 $r_b/B_T \geq 4$ 時，M-次元的差分相位鍵移 (DPSK) 消除同調偵側的載波同步問題，但它在 $r_b/B_T \geq 4$ 時需要比正交振幅調變多 7 dB 甚至更多的能量。

在我們最後的比較，表 14.4-3 包括圖 14.4-11 的 M-次元資料以及二元系統相同錯誤機率的計算值。所列不同的系統在增加複雜度時必須要跟調變速率、訊號能量以及硬體消耗做匹配。

當你查閱此表時你必須要注意到兩個地方。首先，數值分析的值都是對應理想系統，真正的調變速率為理論值的 80%，而且所需的能量至少要高 1 至 2 dB。其次，所對應的傳輸通道應該要加入其他的考慮。尤其是在當傳輸非線性主宰對抗著 OOK 與 M-次元 QAM 的波封直流解調調變時，迅速改變的傳輸延遲會阻礙同調偵測。

談到一個實際的項目就是硬體的實現。GMSK 以及其他的 FSK 方法有固定的振幅輸出，而且因為放大器的線性不是問題，高效率的 C 類放大器可以用來當作發射機的最後放大器。用在 GSM 無線電話的情況，這代表的是有更長的電池壽命。

其他的因素並沒有包括在這裡，包含像干擾、衰減跟延遲失真。這些將在 Oetting (1979) 的文章中將有討論，其他的參考也包含在其中。

14.5　正交分頻多工

在 7.2 節中，我們記得 FDM 的例子，每個使用者分配一個指定的頻率槽，這樣 W Hz 的通道頻寬就可以提供 K 個使用者，每個佔 Δf Hz。要注意的是，這會有非理想濾波器所引起的串音問題，以及類比式 FDM 用今日的數位技術來執行並不是很適當。現在我們想要考量 FDM 的一種變形，稱之為**正交分頻多工** (orthogonal frequency division multiplexing, OFDM)。OFDM 也是一種**多載波調變** (multicarrier modulation, MC) 的實現。FDM 和 OFDM 的主要差別在：OFDM 使用彼此相互正交的多重載波；OFDM 包括了相位領域與頻率領域的多工。一開始，我們將展示 OFDM 是一種將單一使用者的訊息分割，並在一組正交頻率上傳送的方法。然後我們說明 OFDM 在多重接取上的使用。OFDM 目前已用在數位用戶迴路 (DSL)、無線網路、Wi-Fi (IEEE 802.11) 與 WiMax (IEEE 802.16) 之中。更多的 Wi-Fi 與 WiMax 標準的資訊請參考 Andrews、Ghosh 與 Muhamed (2007) 的著作以及網站 http://www.ieee.802.org。

由於正交性，OFDM 的次載波彼此之間並不互相干擾，每個單調頻譜可以重疊，因此所需要的頻譜比傳統 FDM 要來的少。OFDM 和 PSK 或是 QAM 調變技術的結合克服了前面所提到 OFDM 的限制。特別的是 OFDM 不像傳統 FDM 系統那樣要使用昂貴的帶通濾波器。但是要注意的是 OFDM 需要極精確的頻率同步。

假設整個通道頻寬 W 被分成 K 個頻率槽，每個有一個次載波 f_k，相鄰距離為：

$$\Delta f = f_{k+1} - f_k$$

那麼

$$f_k = k\left(\frac{W}{K}\right)$$

而且我們選符號速率為：

$$r = 1/T = \Delta f$$

這裡 $T=$ 讓被調變載波可以相互正交的符號期間，或是：

$$\int_0^T \cos(2\pi f_k t)(\cos 2\pi f_{j \neq k} t)dt = 0 \text{ 對所有 } j, k, j \neq k \tag{1}$$

因此，利用正交分頻多工 (OFDM) 我們擁有同時送 K 個符號而沒有干擾。換句話說，取一個已知的訊息，此訊息包含一組訊框，每個訊框包含 K 個符號，我們不將整個訊框次速率 $r_s = 1/T_s = K/T = W$ 放在一個通道頻寬上傳送，取而代之，我們將每個符號放在個別載波 f_k 上傳送，因此 K 個符號是平行地以較慢的速率 $r = r_s/K$ Hz 在通道上傳送，所以符號期間變成 $T = KT_s$。這種較低速率所獲得的重要結果是 ISI 與多重路徑效應的降減。

要最小化 ISI 與最小化多重路徑所造成的錯誤，我們選擇 K 和 T，使得 T 遠大於通道脈衝響應函數以及大於延展展開時間。

考量一個訊息框架被分成 K 組符號，每個符號用 QAM 來調變。此次載波函數是：

$$v_k(t) = I_k p_D(t) \cos(2\pi f_k t) - Q_k p_D(t) \sin(2\pi f_k t) \quad k = 0, 1, \ldots K-1 \tag{2}$$

這裡 I_k 和 Q_k 定義了第 k 個符號的星座點，而 $p_D(t) = u(t) - u(t-D)$。為了簡化符號表示，我們假設星座點包括了脈波整形，因此 $I_k p_D(t)$ 與 $Q_k p_D(t)$ 分別地變成 $I_k(t)$ 與 $Q_k(t)$。所以星座點變成：

$$X_k(t) = I_k(t) + jQ_k(t) \quad \text{且} \quad X_k(t) = |X_k(t)| e^{j\phi_k(t)} \tag{3}$$

我們可以證明：

$$v_k(t) = \text{Re}[X_k(t) e^{j2\pi f_k t}] \tag{4}$$

注意：以載波訊號是實數訊號，輸出是次載波的加總來組成，即：

$$x_c(t) = \sum_{k=0}^{K-1} v_k(t) = \text{Re}[\sum_{k=0}^{K-1} X_k(t) e^{j2\pi f_k t}] \tag{5}$$

而且可以如圖 14.5-1 所示來實現。

■ 使用反離散傅立葉轉換產生 OFDM

我們現在談論更優美以及一般執行 OFDM 的方法：利用反離散傅立葉轉換 (IDFT)。

假設我們修正式 (5) 以包括實部與虛部分量而獲得：

$$w(t) = \sum_{k=0}^{K-1} X_k(t) e^{j2\pi f_k t} \tag{6}$$

我們接著對 $w(t)$ 取樣 $w(t) \rightarrow w(nT_s) \rightarrow w(n)$ 而得到：

$$w(t) \rightarrow w(nT_s) = \sum_{k=0}^{K-1} X_k(n) e^{j2\pi f_k nT_s} \quad n = 0, 1, \ldots K-1 \tag{7a}$$

用 $f_k = k\left(\dfrac{W}{K}\right)$ 以及 $W = 1/T_s$，我們得到：

$$w(nT_s) = \sum_{k=1}^{K-1} X_k e^{j2\pi k(W/K)nT_s} \Rightarrow w(n) = \sum_{k=0}^{K-1} X_k e^{j2\pi kn/K} \quad n = 0,1\ldots K-1 \tag{7b}$$

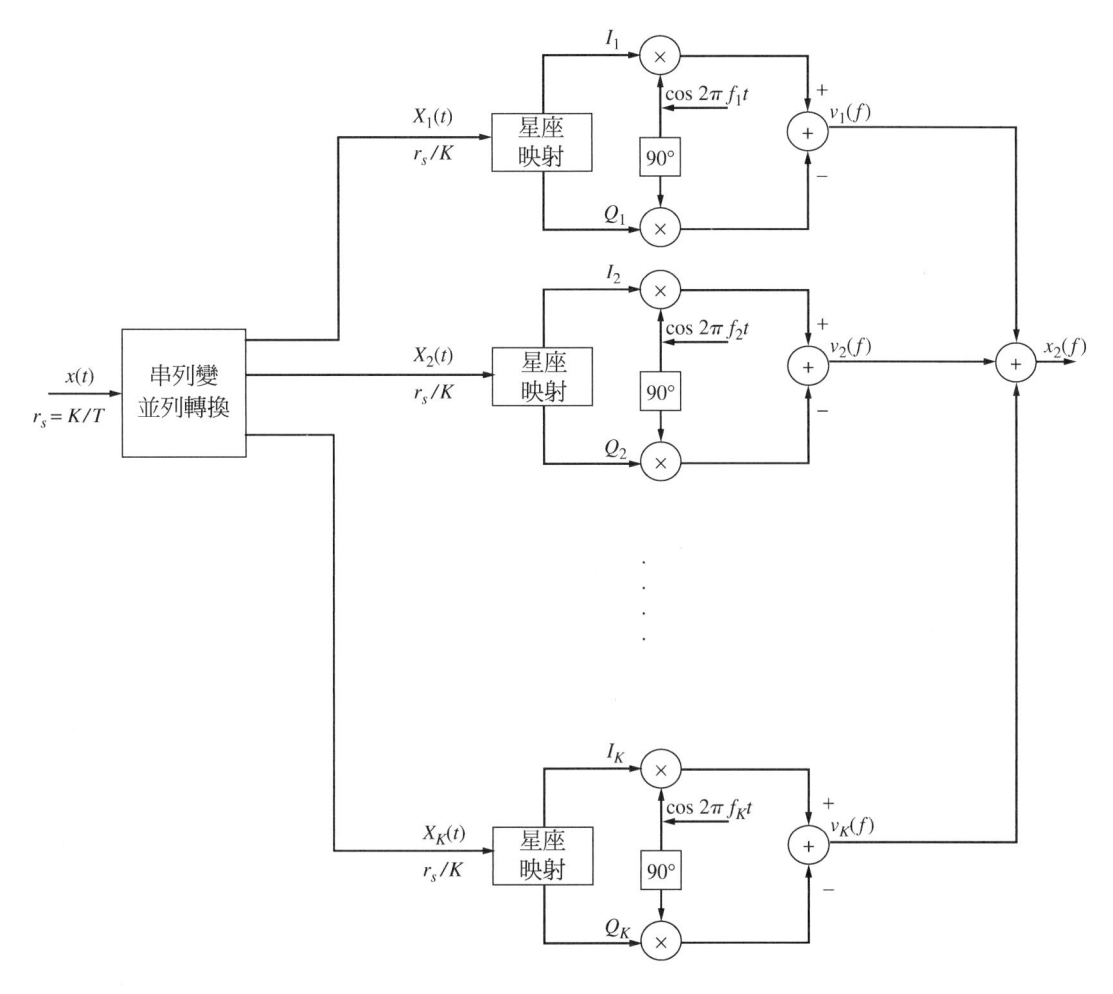

圖 14.5-1 OFDM 轉換。

根據 2.6 節中的式 (2)，我們觀察到式 (7b) 視為的 IDFT，或[a]

$$w(n) = IDFT[X_k(n)]$$

因此 OFDM 可以如圖 14.5-2 所示來實現。我們可以看到，由 IDFT 區塊輸出的實部與虛部訊號以速率 $1/T$ 匯入一組數位-類比轉換器 (DACs)。此 DAC 輸出 $w_i(t)$ 與 $w_q(t)$ 分別構成了同相位與垂直分量，同時是 QAM 所產生的最後 OFDM 訊號

$$x_c(t) = w_i(t) \cos 2\pi f_c t - w_q(t) \sin 2\pi f_c t \tag{8}$$

經由 QAM 調變，它們確實讓 $x_c(t)$ 為一實數函數。

到這裡我們已經發展了用 IDFT 架構來執行的數位頻率多工系統。如果我們願

---

a 因為 $w(n)$ 是 IDFT 的輸入，在這個情形我們取代 k 改用 n 當作 $w(n)$ 的獨立變數。

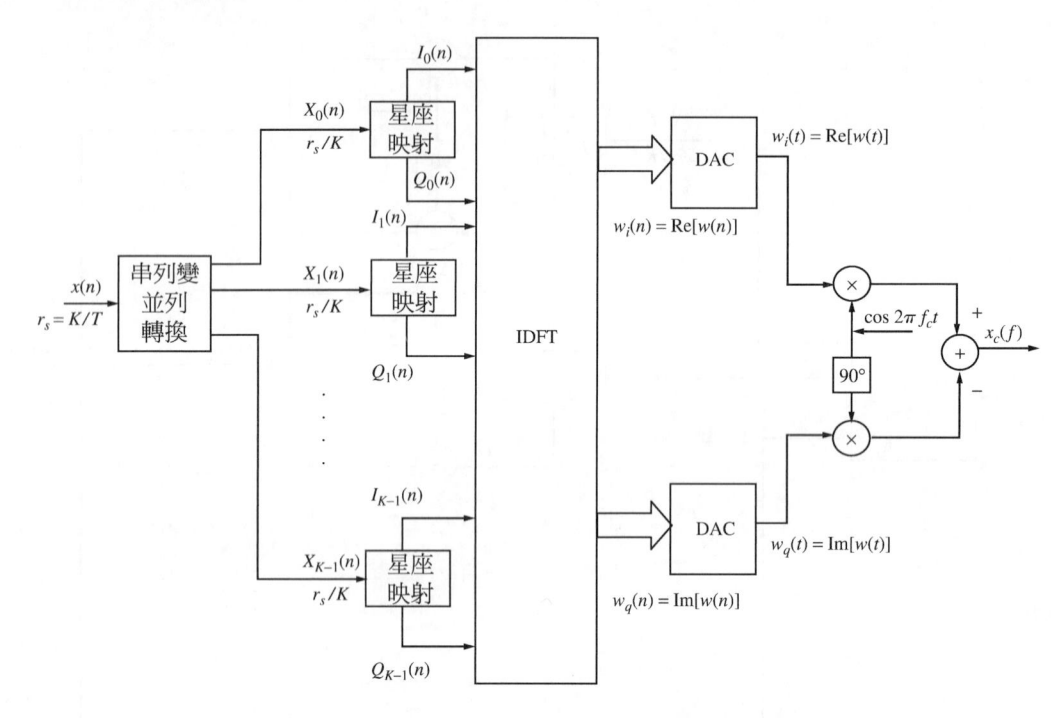

圖 14.5-2 使用 IDFT 實現的 OFDM 發射機。

意限制 K 的值為 2 的冪次方，那麼 IDFT 可以更有效以及更經濟地用現有的 IDFT 技術來實現。但是我們仍然需要額外的類比硬體來執行 QAM 運算以確保 $x_c(t)$ 是實數函數。此外，也有一些應用，像是在電話銅線線路上的資料傳輸 (即 DSLs) 並不一定要調變訊號到較高的載波頻率上。因此，我們想要和類比調變硬體配置在一起。一個 N 點 IDFT 的對稱性質談到：如果輸入的後面 $N/2$ 個符號是前面 $N/2$ 個符號的複數共軛，那麼 IDFT 的輸出只包含實數值，其虛部分量為 0。這個很容易利用 K 個額外的符號，並讓它們是前面 K 個符號的複數共軛值，再將兩者串接起來實現。因此 IDFT的 輸入是：

$$X'_k(n) = \begin{cases} X_k(n) & k = 1, 2, \ldots, K-1 \\ X_k^*(n) & k = 2K-1, 2K-2, \ldots, K+1 \end{cases} \tag{9}$$

要更進一步滿足 IDFT 的性質，$X'_0(n)$ 與 $X'_K(n)$ 必須是實數，因此它們是 0 值。我們令 $X'_0(n) = \text{Re}[X_0(n)]$ 以及 $X'_{N/2} = \text{Im}[X_0(n)]$。此新的 IDFT 架構因此將有 $N=2K$ 個輸入與 $N=2K$ 個輸出，而且式 (7) 變成 $w(n) = \sum_{k=0}^{2K-1} X'_K e^{j2\pi nk/N}$。此新的星座圖將是：

$$X'_k(n) = I'_k(n) + jQ'_k(n) \quad k = 0, 1, \ldots, N-1 \tag{10}$$

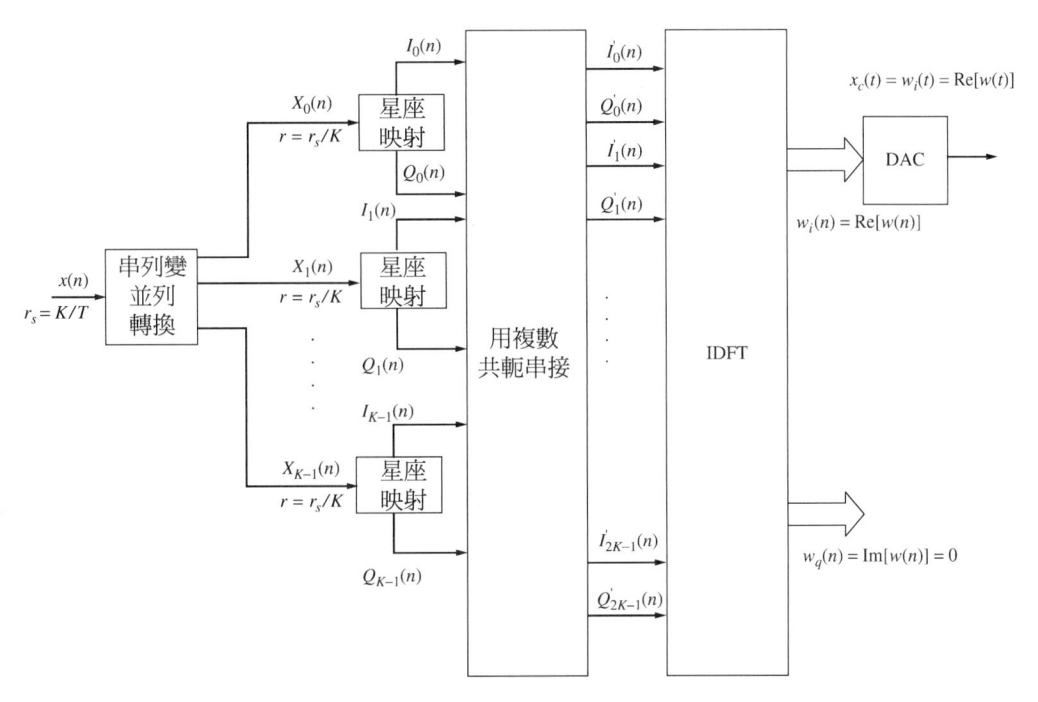

圖 14.5-3 OFDM 基頻帶發射機。

接著我們就可以將此實數向量匯入 DAC 中以產生 OFDM 調變訊號,它的速率是 $2K\Delta f$,如圖 14.5-3 所示。此 IDFT 輸出的虛部分量是 0,且式 (8) 變成:

$$x_c(t) = w_i(t) \tag{11}$$

通道響應與循環延伸

在 3.2 節中我們談到整個通道經常沒有固定或是平坦的頻率響應,因此我們的訊號會受到頻譜震幅的失真。在 11.3 節中我們討論到利用通道等化以最小化此問題。現在讓我們考量一般通道頻譜,如圖 14.5-4 所示。我們想要觀察個別子通道頻率響應的變化使得:

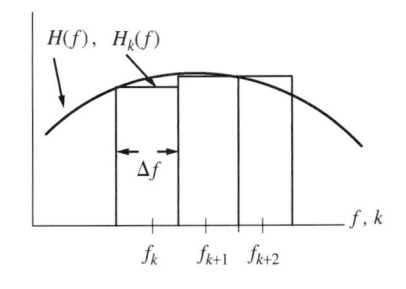

圖 14.5-4 通道的一個部份的頻率響應。

$$H_k(f) \neq H_{j \neq k}(f)$$

然而如果 Δf 夠小的話，我們就可以合理地假設每個子通道有相當固定的響應，或是：

$$H_k(f) \cong A \quad 對 \quad f - f_k/2 \leq f \leq f + f_k/2 \tag{12}$$

因此使用 OFDM 可簡化通道等化。

由於資料是在多個次載波上傳送，OFDM 本質上是一種頻率分集。它可以降低窄頻帶衰減以及頻率選擇多重路徑失真的問題。資料分佈在數個通道上可以讓我們如同 13.1 節利用時間資料進行交錯分置一樣，以同樣的方式在不同的頻率上將資料交錯分置。我們記得時間資料的交錯安置可以讓我們更有效地利用錯誤控制位元的優點來減低一連串錯誤的效應。以同樣的方式，頻率交錯安置可以讓我們降低頻率選擇通道衰減的反效果。

由於 K 個次載波的窄頻率區間以及符號期間比通道改變的時間特性要長得多，OFDM 受到多重路徑所造成的符號間交換干擾 (ISI) 較小。經由在 OFDM 符號之間插入護衛區間，且讓護衛區間期間比通道延遲延展來得長，就可以降低 ISI 的影響。延遲延展的討論可以回到 3.2 節回顧。護衛區間的明顯缺點是經常的耗費，它會引起頻寬效率的降低。讓我們更詳細地討論。注意：我們將雜訊忽略，如同已經說過的我們假設第 k 個子通道的頻率響應為：

$$H_k(f) = A\text{Rect}[f_k/\Delta f] \tag{13a}$$

其對應的時間響應為：

$$h_k(t) = 2A\Delta f \, \text{sinc}(\Delta f t) \tag{13b}$$

因此，子通道的輸出為：

$$y_k(t) = h_k(t) * x_k(t) \tag{14a}$$

且以序列領域表示為：

$$y_k(n) = h_k(n) * x_k(n) \tag{14b}$$

這裡 * 代表線性迴旋積，而 $x_k(t)$ 及它的對應離散值 $x_k(n)$ 是通道輸入訊號。$h_k(t)$ 和 $x_k(n)$ 線性迴旋積的效果會引起 ISI。考量序列 $x_k(n)$ 和 $h_k(n)$ 的長度分別是 N 和 M，M 是子通道記憶體的長度。如果我們現在對 $x_k(n)$ 補零使得它的長度和 $h_k(n)$ 的響應長度相同，同時子通道也允許有護衛時間以配合 M 個額外的符號，那麼我們能夠用循環迴旋積執行式 (13b) 如下：

$$y_k(n) = h_k(n) \otimes x_k(n) = DFT[H_k(j)] \times DFT[X_k(j)] \tag{15}$$

且沒有 ISI。我們稱此護衛時間為**字首 (或字尾) 循環延伸** [prefix and postfix (or suffix) cyclic extensions]。隨著序列適當的移動，只需要有一個字首延伸。在偵測時，M 個符號被拿掉 (stripped off) 只留下原來的 N 個符號。M 的最小值要大於通道的延遲延展值。

OFDM 和分頻多重接取 (FDMA) 協定的結合形成了**正交分頻多重接取**(orthogonal frequency-division multiple-access, OFDMA)。僅允許佔有符號所有次載波的使用者傳送。然而 OFDMA 允許相同符號佔有不同次載波的不同使用者傳送。要達到這項功能，我們修正圖 14.5-3 的架構，讓 K' 個使用者使用，每個使用者佔 K 個子通道。例如，我們有 $K'=4$ 使用者，每個皆為 OFDM 佔有 $K=32$ 子通道。因此使用者 1 佔頻率通道 1 至 32，使用者 2 佔 33 至 64 等等總共 128 個通道。我們也可以利用準隨機跳頻機制讓每一個使用者對每個框架佔不同頻率群。

範例 14.5-1　延遲延展與護衛符號

考量一個 WiMax OFDM 系統有 $W=20$ MHz、$K=2,048$ 子通道，以及一個延遲延展 $4\ \mu\text{sec} \Rightarrow 250$ kHz$=0.250$ MHz。2,048 個子通道每個有頻寬 $\Delta f=20$ MHz/2,048 $=9,765$ Hz/子通道。如果通道的符號速率是 20 MHz，且延遲延展是 4μ sec，那麼有關此護衛符號的耗費是 20×10^6 符號/秒$\times 4\times 10^{-6}$ 秒/護衛符號$=80$ 護衛符號。對應子通道，80 護衛符號/2,048 子通道$=0.039$ 護衛符號/子通道。WiMax 標準訂定護衛時間對通道時間的比值是 1/4、1/8、1/16 及 1/32。因此 80 護衛符號/512 子通道 < 1/4 是可接受的。我們可以降低子通道數目至 512 而仍然在 1/4 WiMax 最小範圍內。更多的資訊請參考 Andrew 等人 (2007) 的著作。

OFDM 訊號包含了個別的載波頻率全都經由一個單一功率放大器輸出。因為常常會有這些訊號同調相加的情況，此時放大器的輸出會得到一個很大的**峰對平均功率比值** (peak-to-average power ratio, PAR)。例如：對個同相位訊號，可能就有值得 PAR。另一方面 PSK 訊號的 PAR 值為 1。相對大 PAR 值的大動態範圍增加 DAC 喊 ADC 的複雜度。高 PAR 值需要發射機的功率放大器有相當大的線性動態範圍。幾種降低 PAR 需求的方法如下：(a) 訊號失真技巧，這裡峰值大小經由載波或其他非線方法減低；(b) 編碼方法以改變傳送符號使 PAR 為最小；(c) 混攪 OFDM 符號始 PAR 為最小。更多的資訊在 OFDM 以及降低 PAR 的方法請參考 Andrew 等人，(2007) 及 Bahai 與 SaHzberg (1999) 的著作。

練習題 14.5-1

假設離開發射機的次載波訊號皆為互相正交,要如何接收訊號才可能不會互相正交?

練習題 14.5-2

證明式 (4)。

14.6 格狀碼調變

考慮一個頻寬為 3.2 kHz 的語音電話線、訊雜比為 35 dB,使用在數據機來傳輸數位訊息。根據 Hartley-Shannon 法則,這條線的容量或訊息率應該為 $C=37.2$ kbps。然而,對於固定的 P_{be},實際上數據機使用傳統數位調變技術像 M-次元 PSK 或 QAM 最高只能達到 9.6 kbps——遠低於 Hartley-Shannon 的限制。傳送率可藉由簡單的在訊號空間增加更多點來增加而不會用到更多的頻寬。但是當這些點的幾何距離減少時,P_{be} 增加。使用傳統的錯誤更正碼,但是增加冗餘會減少整體的訊息率。新發展的渦輪碼 (turbo code) 也能夠逼近 Hartley-Shannon 的限制,但是由於訊息自然互動使的訊息有相當長的潛伏時間 (latency time) 而無法接受。

為了在帶限通道像電話線、有線電視線上達到訊息率靠近 Hartley-Shannon 的限制,我們現在考慮在 1980 年代初由 IBM Zurich 研究實驗室的 Gottfried Ungerboeck 所發展的**格狀碼調變** (trellis-coded modulation, TCM)。

> 格狀碼調變是一種包括迴旋編碼跟調變的機制。

格狀碼調變提供了至少 7 dB 的編碼增益,而不需增加頻寬使得數據機有較高的鮑率,如此的改進只要些許增加篇碼器的複雜度就可以了。

■ TCM 基礎

我們首先考慮一個 M-次元的 PSK 系統,它的訊號空間圖如圖 14.6-1 所示,錯

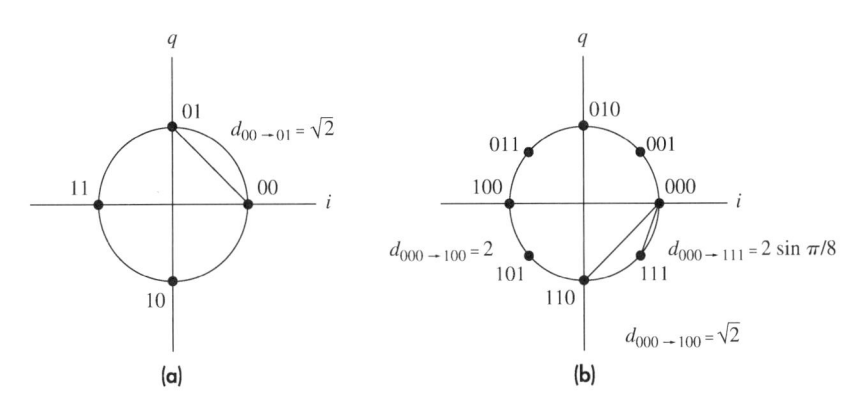

圖 14.6-1 PSK 訊號空間圖：(a) $M=4$；(b) $M=8$。

誤機率為：

$$P_{be} = \frac{2}{K} Q\left(\sqrt{\frac{2E}{N_0} \sin^2 \frac{\pi}{M}}\right) \tag{1}$$

錯誤最有可能發生在鄰近點發生混淆時，因此：

> 最小化錯誤機率就相當於最大化鄰近點的幾何距離。

在這個例子中，鄰近點距離的平方為：

$$d_{\min}^2 = 4 \sin^2 \frac{\pi}{M} \tag{2}$$

因此，我們可以將式 (1) 表示成：

$$P_{be} = \frac{2}{K} Q\left(\sqrt{\frac{E}{2N_0} d_{\min}^2}\right) \tag{3}$$

為了解釋 TCM，我們首先考慮一個四相位鍵移 (QPSK) 系統以及其訊號空間圖，如圖 14.6-1a 所示。$x_1 x_2 = 01$ 映射到半徑 $\pi/2$，$x_1 x_2 = 10$ 映射到半徑 $3\pi/2$，以此類推。如同圖 14.6-1 跟式 (2) 所示，在映射到訊號空間之後，鄰近訊號最小距離的平方為 $d_{\min}^2 = d_{00 \to 01}^2 = 2$，我們用此當做 M-次元相位鍵移格狀碼調變系統的參考。

如圖 14.6-2 的一般 TCM 系統，展開 m 訊息輸入 $x_1, x_2, \ldots, x_m$ 產生 $m+1$ 的訊號輸出 $y_1, y_2, \ldots, y_{m+1}$ 有 $M = 2^{m+1}$ 通道符號，然後映射到 M-次元的訊號空間，整體的編碼率 $R = m/(m+1)$。TCM 架構包括使用一個編碼率為 $\tilde{m}/(\tilde{m}+1)$ 的迴旋編碼器，其中 $\tilde{m}$ 等於編碼訊息的位元數且 $\tilde{m} \leq m$。編碼器展開 $\tilde{m}$ 訊息位元數到 $\tilde{m}+1$ 個訊號輸出。

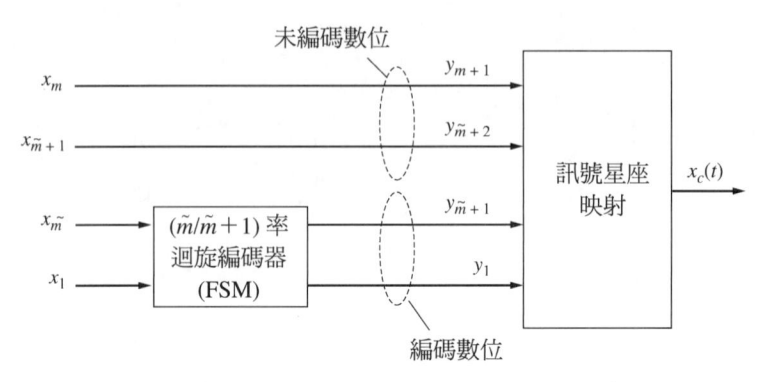

圖 14.6-2 供 TCM 用的一般 $m/(m+1)$ 編碼調變器。

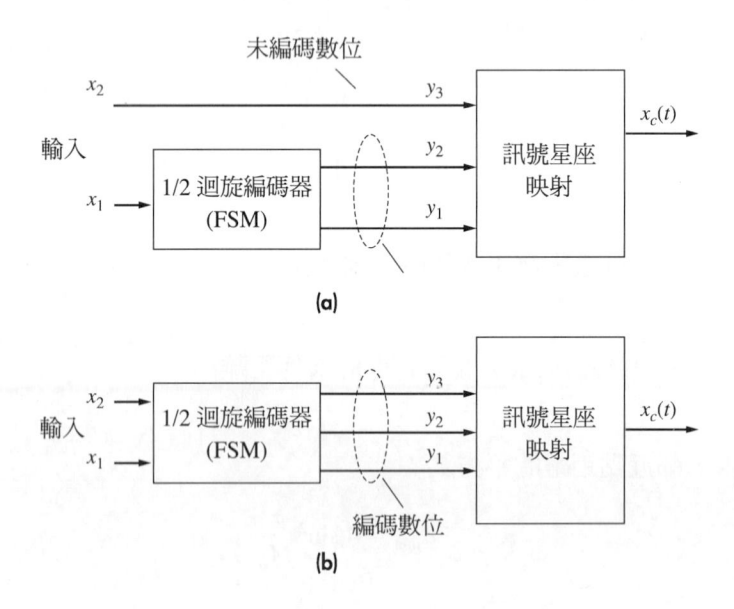

圖 14.6-3 供 TCM 用的 8-次元 PSK 編碼器：(a) 4-狀態，$m=2$，$\tilde{m}=1$ 迴旋編碼器；(b) 8 狀態，$m=2$，$\tilde{m}=2$ 迴旋編碼器。

圖 14.6-3a 的系統，使用 $\tilde{m}/(\tilde{m}+1)=1/2$，四個狀態的迴旋編碼器將訊息 x_1 編碼成兩個位元 y_1、y_2，圖 14.6-3b 的系統，使用 $\tilde{m}/(\tilde{m}+1)=2/3$，八個狀態的迴旋編碼器將兩個訊息位元 x_1、x_2 編碼成三個位元 y_1、y_2、y_3。在所有系統，位元 y_1、y_2、y_3 映射到 8-次元相位鍵移的訊號空間圖，如圖 14.6-1b 所示。$y_3y_2y_1=001$ 映射到半徑 $\pi/4$、$y_3y_2y_1=010$ 映射到半徑 $\pi/2$ 以此類推。

格狀碼調變的基本觀念就是使用集合分割來最大化兩個最有可能混淆的訊息的幾何距離，此舉將增加最大化兩個不同訊息序列的自由距離。

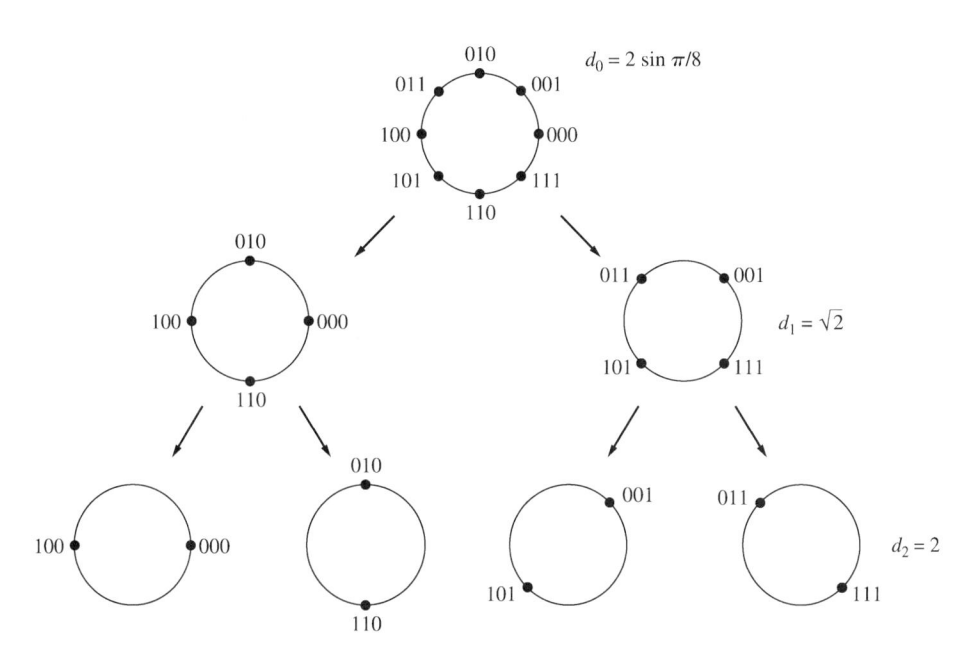

圖 14.6-4 8-PSK 信號集合的分割。
資料來源：Ungerbroeck (1982)。

這是和傳統錯誤控制碼機制尋求最大的漢明距離有所不同。圖 14.6-4 表示出一個 8-相位鍵移的分割過程。

考慮圖 14.6-3a 的系統跟它對應的圖 14.6-5 的格狀圖。從每一個節點來看，我們有 M 個分支對應到 M 個輸出，特別注意到，平行的轉移是由未編碼訊息所造成。讓我們假設訊息是一連續序列 $x_2x_1=00$ 的輸入，其對應的輸出是一連續序列的 $y_3y_2y_1=000$，如圖 14.6-6 之虛線所示。在目的地，訊號使用類似的格狀結構與維特比演算法來解碼，以決定出與接收到序列最可能相關的格狀路徑。因此要最小化錯誤，我們要最大化不同序列之間的自由距離。

我們說因為雜訊，而發生錯誤是因為在解碼時接收序列從正確路徑發散。然而，在原有的 TCM 設計只有部份的誤差可允許；因此它需要幾個傳輸區間直到訊號路徑最後合併到正確的節點，如此可以增加正確路徑與其他路徑的自由距離。

兩個不同的錯誤事件表示於圖 14.6-6 中，可以藉由量測它們到訊號空間圖上 000 的幾何距離，來求得與正確路徑的差異值。較短錯誤路徑的距離平方為 $d_1^2 = d_{000 \to 100}^2 = 4$。另一個可能錯誤路徑距離的平方為 $d_1^2 = d_{000 \to 010}^2 + d_{000 \to 001}^2 + d_{000 \to 010}^2 = 2 + 4\sin^2 \pi/8 + 2 = 4.586$。因此當錯誤事件發生，它的距離至少為 $d_{\min}^2 = 4$。若存在另一個錯誤路徑，它的距離會等於或大於這個值。因此，可得 $d_{\min}^2 = d_{\text{free}}^2 = \min(d_1^2, d_2^2, \cdots)$。

對於 TCM 來說，我們定義它的編碼增益為：

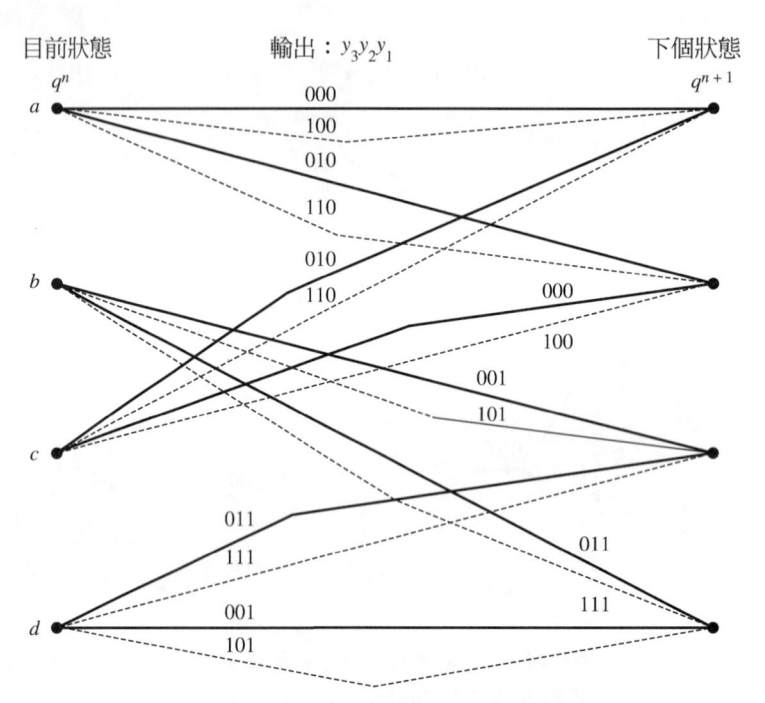

圖 14.6-5 14.6-3a 的編碼器的格狀圖。
資料來源：Ungerbroeck (1982)。

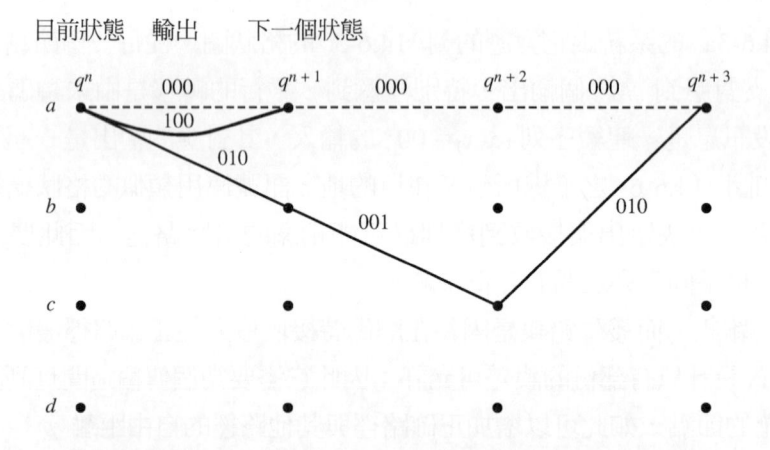

圖 14.6-6 14.6-3a 編碼器的兩個可能錯誤事件，虛線為傳輸序列；實線為另一個接收序列，粗線為最有可能的錯誤。

$$g \triangleq \frac{(d_{\min}^2/E')_{\text{coded}}}{(d_{\min}^2/E)_{\text{uncoded}}} \tag{4}$$

其中 E' 為沒有編碼訊號的能量，E 為編碼訊號的能量，如果編碼跟沒編碼的訊號具有相同的正規化能量準位則：

狀態　輸出符號*　　　　輸出：$y_3y_2y_1$

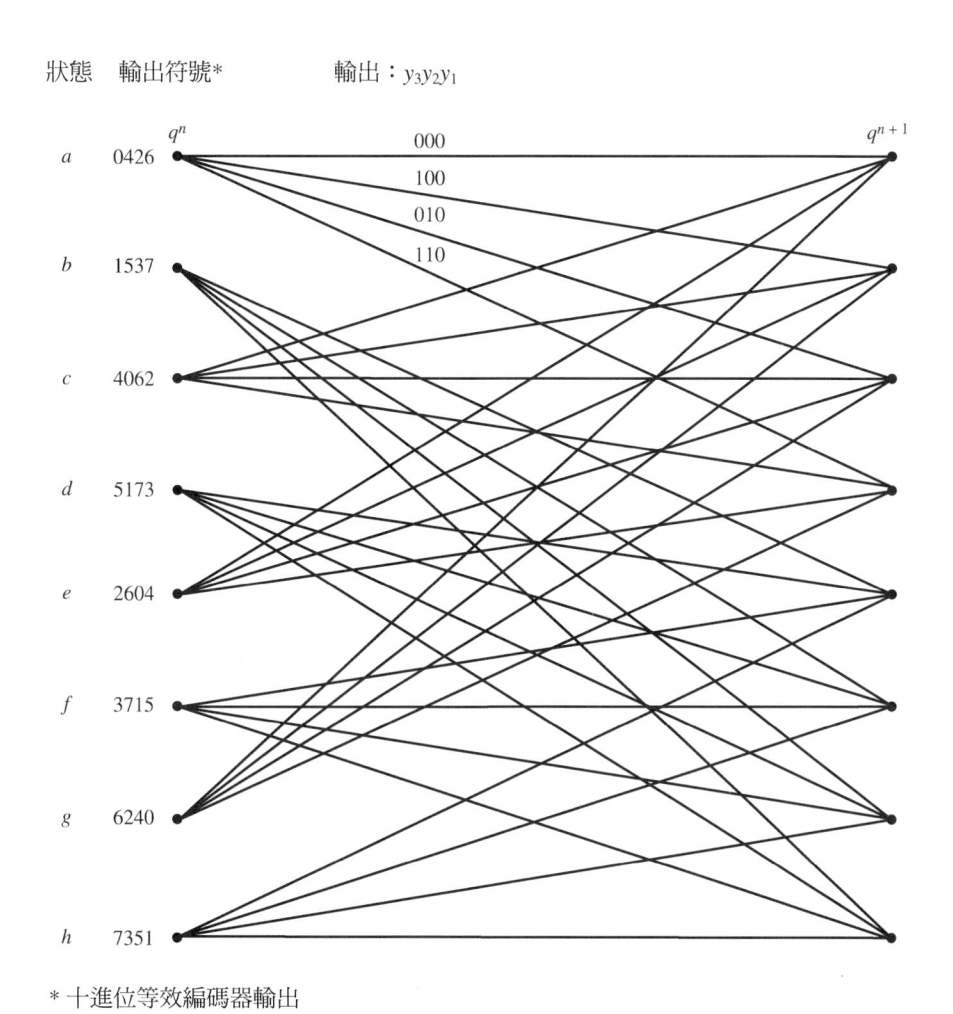

```
         q^n                              q^(n+1)
a   0426  •———————000———————•
                  100
b   1537  •       010       •
                  110
c   4062  •                 •

d   5173  •                 •

e   2604  •                 •

f   3715  •                 •

g   6240  •                 •

h   7351  •                 •
```

* 十進位等效編碼器輸出

圖 14.6-7 圖 14.5-3b 的編碼格狀圖。
資料來源：Ungerbroeck (1982)。

$$g = \frac{(d_{\min}^2)_{\text{coded}}}{(d_{\min}^2)_{\text{uncoded}}} \tag{5}$$

編碼增益就相當於距離增益的平方。以沒有編碼的四相位鍵移 (QPSK) 作為我們的參考，圖 14.6-3a 系統的編碼增益是 $g=4/2=2$ 或 3 dB。

為了增加編碼增益，我們考慮圖 14.6-3b 的 8 狀態、$\tilde{m}=2$ 的 TCM 系統，所對應的格狀圖如圖 14.6-7 所示。因為所有的訊息位元都有編碼，所以沒有平行轉移到下一個狀態。如同前面一樣，我們假設正確訊號序列為 $y_3y_2y_1=000$，如圖 14.6-8 的虛線所示，實線為錯誤事件的最小距離。當錯誤發生造成訊號從正確路徑偏移，因為只有些許轉變可允許，所以訊號要做些許轉變回到正確的節點。如同我們之前所說的，可能存在其他的錯誤路徑至多大於等於這個距離。從圖 14.6-1b 的訊號空間我們

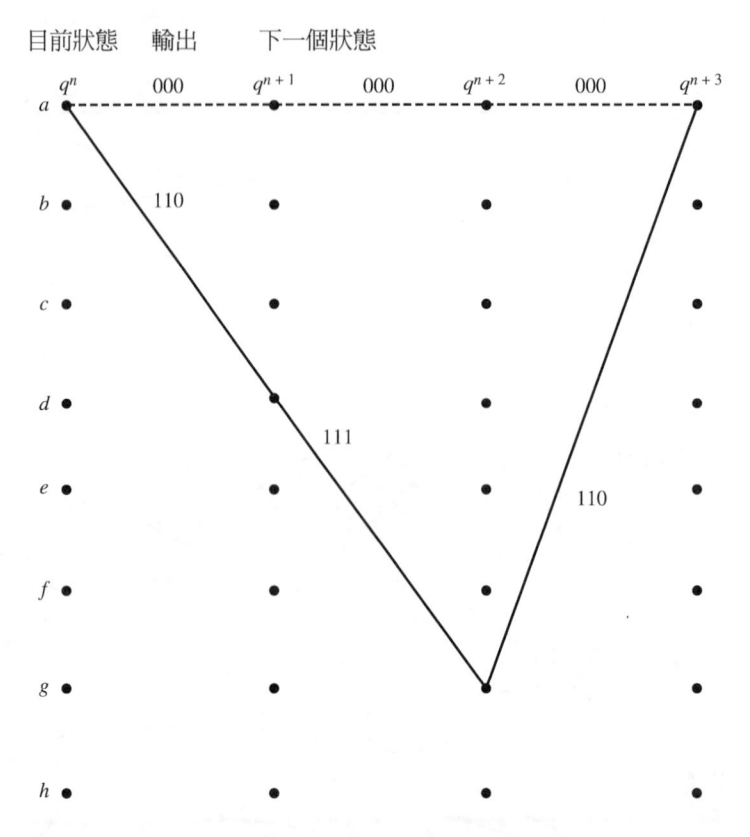

```
目前狀態    輸出    下一個狀態
  qⁿ      000    qⁿ⁺¹    000    qⁿ⁺²    000    qⁿ⁺³
a ●------------●------------●------------●
         \
b ●    110 \   ●            ●            ●
            \
c ●          \ ●            ●            ●
              \
d ●            ●\           ●            ●
               111\
e ●            ●    \       ●   110      ●
                     \         /
f ●            ●      \    ●/             ●
                       \  /
g ●            ●        \●               ●
                        
h ●            ●         ●               ●
```

圖 14.6-8 14.6-3b 的錯誤事件，虛線為傳輸路徑，實線為接收的序列。

可以得到：

$$d_{\min}^2 = (d_{000\to110}^2 + d_{000\to111}^2 + d_{000\to110}^2) = 2 + 4\sin^2\frac{\pi}{8} + 2 = 4.586$$

編碼增益為 $g = 4.586/2 = 2.293$ 或 3.6 dB。

　　如同我們之前所提的，我們最大化兩不同序列的自由距離來最大化編碼增益。可藉由小心地在格狀圖上編碼跟定義可允許的轉變來達成，Ungerbroeck (1982) 敘述下列訊號最佳化的法則：

1. 所有的訊號的發生頻率要相等。

2. 所有格狀圖的平行轉移要結合訊號有最大的幾何距離。(這就是為何在圖 14.6-3a 跟圖 14.6-5 的格狀碼調變系統轉變發生結合訊號像 $y_3y_2y_1 = 000$ 跟 $y_3y_2y_1 = 100$ 幾何距離為 $d_{000\to100} = 2$，而不是 $y_3y_2y_1 = 000$ 跟 $y_3y_2y_1 = 001$ 距離只有 $d_{000\to001} = 2\sin\pi/8 = 1.414$。)

3. 所有其他進入或離開給定的狀態應該有下一個最大可能的幾何距離。

表 14.6-1　相位鍵移格狀碼調變系統的編碼增益

狀　態	$\tilde{m}$	$g_{8-PSK/QPSK}$, dB $m=2$	$N_{\min}(m \to \infty)$
4	1	3.01	1.0
8	2	3.60	2.0
16	2	4.13	≈ 2.3
32	2	4.59	4.0
64	2	5.01	≈ 5.3
128	2	5.10	≈ 0.5
256	2	5.75	≈ 1.5

資料來源：Ungerbroeck (1987)。

表 14.6-2　垂相振幅調變狀碼調變系統的編碼增益

狀　態	$\tilde{m}$	$g_{16-QAM/8-PSK}$, dB $m=3$	[1]$g_{32-QAM/16-QAM}$, dB $m=4$	$N_{\min}(m \to \infty)$
4	1	4.36	3.01	4
8	2	5.33	3.98	16
16	2	6.12	4.77	56
32	2	6.12	4.77	16
64	2	6.79	5.44	56
128	2	7.37	6.02	344
256	2	7.37	6.02	44
512	2	7.37	6.02	4

資料來源：Ungerbroeck (1987)。
注意：[1] 32-QAM 有一個"十字"形的訊號空間圖式樣，Ungerbroeck 將之稱為 32CR。

表 14.6-1 跟表 14.6-2 告訴我們編碼增益正比於狀態的數目，假設在我們可以最佳化編碼跟分割訊號集合。

TCM 系統可以實現在 M-次元 QAM，表 14.6-2 比較了 16-QAM、32-QAM 的正比編碼增益跟未編碼的 8-PSK、16-QAM。

範例 14.6-1　未編碼的四相位鍵移跟 8-PSK TCM 的錯誤機率

對於高的訊號雜訊比跟單一的訊號能量，每 M-次元符號錯誤機率的下限近似表示式為 (Ungerbroeck, 1982)：

$$P_e \approx N_{\min} Q\left(\sqrt{d_{\min}^2/2N_0}\right) \tag{6}$$

$N_{\min}$ 是與正確序列距離為 $d_{\min}$ 的序列的平均數。在式 (6) 中 $N_{\min}$ 的因子假設只有可能錯誤的路徑會深遠影響 P_e，它不累計其他較長的序列。對未編碼的四相鍵移來說，從圖 14.6-1a 來看，每一個訊號點有兩個鄰近的點空間為 $d_{\min}=\sqrt{2}$，因此 $N_{\min}$

$=2$。當 $E_b/N_0=9$ dB$=7.94$ 錯誤機率為：

$$P_e = 2Q\left(\sqrt{\frac{2}{2/7.94}}\right) = 5 \times 10^{-3}$$

之前的式子被用來求 4-狀態及 8-相位鍵移的格狀編碼調變的錯誤機率，$d_{min}=2$ 對應的格狀圖如圖 14.6-6 所示。在任何給定的狀態，對序列 $y_3y_2y_1=000$ 的集合來說，它只有唯一的一條路徑距離為 d_{min} 就是與正確序列的差異值，因此，$N_{min}=1$ 我們可以得到：

$$P_e = Q\left(\sqrt{\frac{4}{2/7.94}}\right) = 3 \times 10^{-5}$$

我們說 N_{min} 是一個平均數，這是因為在某些訊號空間圖中，對一個給定點它的最近鄰點的數目與它的位置有關。舉例來說，在方形的訊號空間圖中，內部點比外部點有較多的鄰近點。

■ 硬式與軟式決策

如同之前所提，TCM 的編碼增益來自增加系統的複雜度。在傳統的二元系統像圖 14.2-1，解調器輸出不是 $\hat{m}=0$ 就是 $\hat{m}=1$，因為解調器根據 $\hat{m}$ 的兩個可能的值做**硬式決策** (hard decision)。因此，一個明顯資訊的總計會在解碼之前遺失。另一方面，TCM 的解調器傳統輸出值 $\hat{m}$ 在長度上為 3 個位元；因此 TCM 的解碼器在 $\hat{m}$ 的 $2^3=8$ 準位上做**軟式決策** (soft decision)，這些額外的準位較 $\hat{m}$ 可能僅有兩個準位的情況提供解碼器更多有關訊號的資訊。軟式決策系統、TCM 或其他的，當解調器輸出 8 個量化準位會比硬式決策系統好 2 dB。延伸這個結果到具有無限量化準位的類比系統增益只有 2.2 dB。

> 這是軟式決策在超過 3 位元的小優點。

更多關於 TCM 可以參考 Ungerbroeck (1982)、Biglieri 等人 (1991) 及 Schlegal (1997) 的著作。

■ 數據機

帶通數位調變的普遍應用就是語音電話**數據機** (modem)，這個裝置將電腦或傳真

表 14.6-3　電話線資料數據機

模式	位元率	調變	發射頻率
Bell 103A[2]	300 bps	FSK	(1,070–1,270)/(2,025–2,225)
Bell 212A[3]	300/1200 bps	DPSK	1200/2400[1]
V.32	9600 bps	16-QAM 或 32-QAM 具有 TCM	1800
V.32bis	14.4 kbps	128-QAM 具有 TCM	1800
V.34	28.8 kbps	960-QAM 具有 TCM	1800
V.34.bis[4]	33.6 kbps	1664-QAM 具有 TCM	1800
V.90	56/33.6 kbps[5]	PCM	—

資料來源：Lewart (1998)；Forney 等人 (1996)。
注意：[1] 起源／回答。[2] 類似於 V.21。[3] 類似於 V.22。[4] 類似於 V.34-1996 或 V.34+。
[5] 56 kbps 下傳 (服務使用者)，33.6 kbps 上傳；需要調節線。

機的基頻帶數位訊號調變，然後放到語音電話線上，而其解調器則進行相反的動作。如同我們在 12.2 節所討論的，數據機是數位用戶迴路的另一種選擇，表 14.6-3 列出一些貝爾跟國際電信聯盟 (International Telecommunication Union, ITU) 的數據機標準，包含它們所對應的速率跟調變方法。如同我們之前所提的，Shannon 限制對標準電話線為 37 kbps。在調變跟編碼上做改進可以使得傳輸速率靠近這個限制，商業上的數據機具有這樣的功能，所以在初始連接甚至在回談期間數據機會測試電話線的訊號雜訊比來設定或調整數據機的速率。因此在 V.34 的數據機中，如果訊號雜訊比有些許的降低，則 28.8 kbps 的速率會降到 14.4 或 9.6 kbps。

作為電腦通訊用的其他形式數據機，包括經由有線電視網路傳輸的電纜數據機、LAN 數據機、無線數據機及行動電話數據機。頻寬 300 MHz 的有線電視系統具資料速率可達 Gbps。

14.7　問答題與習題

問答題

1. CPFSK 對一般的 FSK 的優點是什麼？
2. GMSK 為獲得較窄的頻譜，所造成的不良結果是什麼？
3. 說明 GMSK 用在 GSM 電話的理由。
4. 為什麼 GMSK 比一般的 MSK 佔用較少的頻譜？
5. 在什麼時候相關偵測器的輸出和匹配濾波器一樣？

6. 利用訊號和雜訊的基本假設，以及機率和統計的定義，為什麼你會預期到在有雜訊情況，相關偵測器會有很好的訊號還原？
7. 非同調 FSK 比其他非同調數位調變方法的優點是什麼？
8. 利用第 10 章的觀念說明：除了相等以外，為什麼同調系統的錯誤機率低於非同調系統？
9. 8-次元 PSK 對 BPSK 的優點是什麼？
10. 為什麼質量指數 E_b/N_0 對數位傳輸通訊而言是等於 SNR 對類比通訊？
11. 從 BPSK 到 8-次元 PSK，為什麼字元的錯誤增加？
12. 多載波調變能夠怎樣減低？換句話說，將你的訊息分割並用不同的頻率傳送的優點是什麼？
13. 已知次元正交 FSK 比對應的次元 PSK 有更寬的頻帶，它比其他次元系統的優點是什麼？
14. 為什麼次元 FSK 頻寬效率是根據零點對零點頻寬？
15. OFDM 如何能夠消去通道等化的需求？
16. 使用 IDFT 執行 OFDM 的優點是什麼？
17. 在 OFDM 系統中使用比最小的數目還多的子通道數目的優點是什麼？
18. 歐幾里得距離與漢明距離的差別在那裡？
19. 在第 14 章中有關次元調變機制的歐幾里得距離描述和第 13 章中歐幾里得距離的初始定義有什麼不同？
20. TCM 編碼和迴旋編碼之間的兩個主要差別是什麼？
21. TCM 的編碼是系統性的還是非系統性的？
22. 對相同準位的發射機功率，為什麼 M-次元 QAM 比 M-次元 PSK 有較低的 P_{be}？
23. 對相同準位的發射機功率，為什麼 M-次元 FSK 比 M-次元 QAM 有較低的 P_{be}？

習 題

14.1-1* 從式 (7) 中求得 M-次元振幅移鍵的平均功率 $\overline{x_c^2}$ 跟載波頻率功率 P_c，然後算出 $P_c/\overline{x_c^2}$ 以及簡化到 $M=2$ 跟 $M \gg 1$。

14.1-2 假設一個二元的振幅移鍵使用回覆至零 (RZ) 的脈波，區間為 $T_b/2$、$r_b = 1/T_b \ll f_c$。
 (a) 求等效低通頻譜，畫出並標記 $G_c(f)$ 由於 $f > 0$；(b) 畫出序列 010110，並求出載波頻率功率 P_c 跟平均功率 $\overline{x_c^2}$ 的比值。

14.1-3 考慮一個二元的振幅移鍵有上升餘弦波型，從例子 2.5-2 中：

$$p(t) = \frac{1}{2}\left[1 + \cos\left(\frac{\pi t}{\tau}\right)\right]\Pi\left(\frac{t}{2\tau}\right) \qquad P(f) = \frac{\tau \operatorname{sinc} 2f\tau}{1 - (2f\tau)^2}$$

(a) 畫出訊號序列 010110、$\tau = T_b/2$，求等效低通頻譜，畫出並標記 $G_c(f)$、$f > 0$；(b) 重複 (a)，當 $\tau = T_b$。

14.1-4 垂相振幅調變訊號的封值與相位變動為：

$$A(t) = A_c[x_i^2(t) + x_q^2(t)]^{1/2} \qquad \phi(t) = \arctan[x_q(t)/x_i(t)]$$

(a) 考慮訊號區間為 $kD < t < (k+1)D$，根據 $A(t)$ 跟 $\phi(t)$ 來表示規則脈波波型 $p_D(t)$。

(b) 重複 (a) 來表示區間不超過 D 任意脈波波型 $p(t)$。

14.1-5 令極性 M-次元殘邊帶訊號具有奈奎斯脈波波型從 11.3 節式 (6) 求等效低通頻譜在殘邊帶訊號濾波之前，畫出並標記 $G_c(f)$、$f > 0$，當 $\beta V \ll r$。

14.1-6 在帶通濾波之前，位移四相位鍵移訊號的 i 跟 q 部份的產生如圖 14.1-6，可以改寫成：

$$x_i(t) = \sum_k a_{2k} p(t - 2kT_b) \qquad x_q(t) = \sum_k a_{2k+1} p(t - 2kT_b - T_b)$$

其中 $a_k = (2A_k - 1)$ 為訊息位元序列 A_k 所對應的極性序列，$p(t) = \Pi(t/2T_b)$ 為不回覆至零規則脈波波型。

(a) 畫出序列 10011100 的 $x_i(t)$ 跟 $x_q(t)$，用你的圖來畫出訊號空間，並證明相位 $\phi(t) = \arctan[x_q(t)/x_i(t)]$ 從未改變超過 $\pm \pi/2$ 率。

(b) 求等效低通頻譜。

14.1-7‡ 令 $A_k B_k C_k$ 定為格雷碼的二元字元，考慮圖 14.1-5b 的 8 相移鍵的訊號空間，建立一個 $A_k B_k C_k$ 的表跟所對應的 I_k 跟 Q_k，以 $\alpha = \cos \pi/8$ 跟 $\beta = \sin \pi/8$ 表示，然後寫出 I_k 跟 Q_k 的代數表示式作為 A_k、B_k、C_k、α 跟 β 的函數，從表示式中設計垂相載波發射機的圖示來產生相移鍵訊號，利用一個串變並轉換器將二元字元轉換成反極性形式 $a_k = 1 - 2A_k$。

14.1-8 假設一個二元的頻率鍵移具有不連續的相位，由兩個振盪器交錯產生，輸出為 $A_c \cos(2\pi f_0 t + \theta_0)$ 跟 $A_c \cos(2\pi f_1 t + \theta_1)$。當振盪器沒有同步，頻率鍵移訊號可以看成兩個獨立振幅鍵移的交錯和。利用這個方法求出畫出並標記 $G_c(f)$、$f > 0$，當 $f_0 = f_c - r_b/2$、$f_0 = f_c + r_b/2$ 且 $f_c \gg r_b$。估測 B_T 跟圖 14.1-2、14.1-8 做比較。

14.1-9 利用式 (17c) 的 $p(t)$，求出 $|P(f)|^2$ 如同式 (18b) 所給的。

14.1-10‡ 考慮如式 (15) 所定義的二元頻率鍵移訊號，其中 $M=2$，$D=T_b$，$\omega_d = N/T_d$，且 N 為整數。修正在例子 14.1-3 中求出 $x_i(t)$、$x_q(t)$ 的程序，證明：

$$G_i(f) = \frac{1}{4}\left[\delta\left(f - \frac{Nr_b}{2}\right) + \delta\left(f + \frac{Nr_b}{2}\right)\right]$$

$$G_q(f) = \frac{1}{4r_b}\left[j^{N-1}\operatorname{sinc}\frac{f - Nr_b/2}{r_b} + (-j)^{N-1}\operatorname{sinc}\frac{f + Nr_b/2}{r_b}\right]^2$$

簡化到 Sunde 的頻率鍵移，當 $N=1$ 時。

14.1-11 證明式 (26) 中的 B 是半功頻率。

14.1-12 使用習題 14.1-10 的頻率鍵移頻譜表示式，畫出 $G_c(f)$、$f>0$，在 $N=2$、$N=3$ 時，並與圖 14.1-8 做比較。

14.1-13 一個具有提升餘弦波型的位移四相鍵移訊號類似於最小鍵移訊號。在實際上，令 i 跟 q 部份如習題 14.1-6 所給但 $p(t) = \cos(\pi r_b t/2)\pi(t/2T_b)$。

(a) 畫出位元序列 100010111 的 $x_i(t)$、$x_q(t)$，用你的圖畫出訊號空間圖，求出相位 $\phi(t) = \arctan[x_q(t)/x_i(t)]$，在 $t = kT_b$，$0 \leq k \leq 7$，與圖 14.1-11 做比較。

(b) 考慮任意區間 $2kT_b < t < (2k+1)T_b$，證明 $A(t) = A_c(x_q^2(t) + x_i^2(t))^{1/2}$ 在所有時間 t 均為常數。

(c) 證明 $G_{lp}(f)$ 與最小鍵移 MSK 頻譜相同。

14.1-14 求出式 (25) 中最小鍵移訊號的 q 部份。

14.1-15 考慮二元相位鍵移系統，頻寬為 $B_T = 3000$ Hz，頻譜峰值至少在通道外最大值以下 30 dB，則最大資料傳輸速率 r_b 為多少。

14.1-16 重做習題 14.1-15：(a) 頻率鍵移；(b) 最小鍵移。

14.1-17 一個 5 MHz 的頻率配額由多重 GMSK 使用者分享。每一個使用者有 $BT_b = 0.25$ 以及 $r_b = 270$ kbps。(a) 如果每一個使用者功率 90% 必須限制在它們的子通道內，多少個使用者能分享此 5 MHz 的配額？(b) 高斯濾波器的半功頻寬是多少？將你的結果和表 15.1-1 中的 GSM 蜂巢式電話標準相互比較。

14.1-18 已知習題 14.1-13 中的系統，求 3 dB 的頻寬：(a) GMSK；(b) BPSK系統。

14.2-1 畫出並標記具有匹配濾波器的最佳同調二元相移鍵系統的區塊圖。

14.2-2 假設開關鍵訊號具有上升餘弦脈波波型：

$$s_1(t) = A_c \sin^2(\pi t/T_b) p_{T_b}(t) \cos \omega_c t$$

畫出並標記最佳同調接收機的圖,使用:(a) 匹配濾波器;(b) 相關性偵測。

14.2-3 求出二元頻率鍵移訊號的正確表示式,其中 $f_c = N_c r_b$,f_d 為任意值,在 $N_c - f_d T_b \gg 1$ 時簡化你的結果。

14.2-4* 利用表 T.4,證明當取 $f_d \approx 0.35 r_b$ 時,二元頻率鍵移在遭受可加性白色高斯雜訊干擾時具有最小的錯誤機率,將所對應的 P_e 以 γ_b 來表示。

14.2-5 展示並簡要地說明使用一個 PLL 來偵測二元 FSK 或 PSK 的系統方塊圖。

14.2-6‡ 畫出 Sunde 的頻率鍵移最佳接收機的完整區塊圖,使用相關性偵測且只有一個本地振盪器頻率為 r_b。假設位元同步訊號已從 $x_c(t)$ 中減去,且 N_c 為已知。

14.2-7* 在完全同步的情況下,某些二元相位鍵移系統錯誤機率為 $P_e = 10^{-5}$,利用式 (19) 求出在 $P_e < 10^{-4}$ 時的條件 θ_ϵ。

14.2-8 考慮圖 14.2-4 形式的二元相位鍵移接收機,本地振盪器的輸出為 $KA_c \cos(\omega_c t + \theta_\epsilon)$,其中 θ_ϵ 為同步誤差。證明 $y(T_b)$ 的訊號部份會減少 $\cos\theta_\epsilon$。

14.2-9 求出式 (17) 中 $z(t)$ 的正確表示式。然後取 $N_c \gg 1$ 獲得給定的近似值。

14.2-10 考慮二元相位鍵移,加入領航載波達到同步的目的,導致:

$$s_1(t) = [A_c \cos \omega_c t + \alpha A_c \cos(\omega_c t + \theta)] p_{T_b}(t)$$
$$s_0(t) = [-A_c \cos \omega_c t + \alpha A_c \cos(\omega_c t + \theta)] p_{T_b}(t)$$

取 $\theta = 0$,證明在遭受可加性白色高斯雜訊干擾時,最佳同調機接收機的錯誤機率為 $P_e = Q[\sqrt{2\gamma_b/(1+\alpha^2)}]$。

14.2-11 重做習題 14.2-10,取 $\theta = -\pi/2$。

14.2-12‡ 當在同調二元系統的雜訊為高斯,但功率頻譜 $G_n(f)$ 為非白色時,我們可在接收機前端加入一個轉換函數為 $H_w(f)$ 對雜訊白色化使得 $|H_w(f)|^2 G_n(f) = N_0/2$,接收機剩下的部份必須匹配白色化濾波器輸出失真訊號的波型 $\tilde{s}_1(t)$、$\tilde{s}_0(t)$。此外,未濾波波型 $s_1(t)$、$s_0(t)$ 的區間必須要減少確保白色化濾波器不會引進可觀的符號干擾,利用這些條件從式 (9a) 證明:

$$\left(\frac{z_1 - z_0}{2\sigma}\right)^2_{\max} = \int_{-\infty}^{\infty} \frac{|S_1(f) - S_0(f)|^2}{4 G_n(f)} df$$

這裡 $S_1(f) = \mathcal{F}[s_1(t)]$ 等。提示:如果 $v(t)$ 跟 $w(t)$ 為實數,則:

$$\int_{-\infty}^{\infty} v(t) w(t) \, dt = \int_{-\infty}^{\infty} V(f) W^*(f) \, df = \int_{-\infty}^{\infty} V^*(f) W(f) \, df$$

14.2-13 對於同調二元頻率鍵移,證明 $\rho = \text{sinc}(4f_d/r_b)$。

14.2-14 求出 ρ 使得同調二元頻率鍵移有最小的錯誤機率 P_e。

14.2-15* 求出二元同調相位鍵移的 A_c 使得錯誤機率為 $P_e = 10^{-5}$,通道的 $N_0 = 10^{-11}$ 在:(a) $r_b = 9.6$ kbps;(b) $r_b = 28.8$ kbps。

14.2-16 重做習題 14.2-15 在同調頻率鍵移。

14.3-1* 一個非同調的開關鍵移系統欲有 $P_e < 10^{-3}$,求出所對應的邊界的 γ_b 跟 P_{e_1}。

14.3-2 重做習題 14.3-1 在錯誤機率小於 10^{-5}。

14.3-3 重做習題 14.2-16 非同調頻率鍵移。

14.3-4* 求出 Sunde 的頻率鍵移的錯誤機率在訊雜比 = 12 dB,$r_b = 14.4$ kbps,使用:(a) 同調偵測;(b) 非同調偵測。

14.3-5 從式 (8) 求出式 (9),其中 $K = A_c/E_1$。

14.3-6 假設如圖 14.3-2 的開關鍵移接收機具有一簡單的帶通濾波器頻寬為 $H(f) = [1 + j2(f - f_c)/B]^{-1}$ 對 $f > 0$,其中 $2r_b \leq B \ll f_c$。假設 $f_c \gg r_b$、$\gamma_b \gg 1$。證明使用具有匹配濾波器的非同調接收機達到相同的錯誤機率訊號至少要增加 5 dB。

14.3-7 證明:如果使用平方封包檢波器,則圖 14.3-5 的機制仍然成立。

14.3-8 考慮一個非同調的三位元振幅鍵移系統,如式 (7),其中 $a_k = 0$、1、2。E 為每一個符號的平均能量,求出類似式 (11) 得錯誤機率表示式。

14.3-9* 一個二元傳輸系統 $S_T = 200$ mW,$L = 90$ dB,$N_0 = 10^{-15}$ W/Hz,$P_e \leq 10^{-4}$,求出可允許的最大位元率:(a) 非同調頻率鍵移;(b) 差分相位鍵移;(c) 同調二元相位鍵移。

14.3-10 重做習題 14.3-9;$P_e \leq 10^{-5}$。

14.3-11 一個二元相位調變傳輸系統 $P_e \leq 10^{-4}$,利用 14.2 節的式 (19),求出同步誤差 θ_ϵ 的條件,使得二元相位鍵移比差分相位鍵移需要較少的訊號能量。

14.3-12 重做習題 14.3-11;$P_e \leq 10^{-6}$。

14.3-13 將非同調 OOK 與同調 OOK 比較,要獲得 $P_{be} \leq 10^{-6}$,還需要增加多少功率?

14.3-14 求出式 (3) 的機率密度函數,利用規則到極性轉換由 $x = A_c + n_i$,$y = n_4$。

14.4-1* 二元資料在頻寬為 400 kHz 的無線通道上傳輸,位元率為 500 kbps。

(a) 求出哪一種調變方式能最小化訊號能量,要達到 $P_{be} \leq 10^{-6}$ 所需的 γ_b 為多少。

(b) 對問題中所採用的通道,以同調偵測是不實際的做為附加的限制,重做 a 部份問題。

14.4-2 重做習題 14.4-1；位元率為 1 Mbps。

14.4-3* 二元資料在頻寬為 250 kHz 的無線通道上傳輸，位元率為 800 kbps。
(a) 求出哪一種調變方式能最小化訊號能量，要達到 $P_{be} \leq 10^{-6}$ 所需的 γ_b 為多少。
(b) 重複 (a) 加上額外的限制為對常數峰值訊號的通道非線性特性。

14.4-4 重做習題 14.4-3；位元率為 1.2 Mbps。

14.4-5 令在圖 14.4-6 的壓控振盪器輸出為 $2\cos(\omega_c t + \theta_\epsilon)$，在沒有雜訊的情況下證明控制電壓 $v(t)$ 正比於 $\sin\theta_\epsilon$。

14.4-6* 假設一個 M-次元的正交振幅調變 $M=16$ 轉換到差分相位鍵移使用相位比較偵測，使用什麼樣的因子使得符號能量增加來保持錯誤機率不變。

14.4-7 假設一個相位鍵移系統 $M \gg 1$ 轉換到 M-次元的正交振幅調變。使用什麼樣的因子使得符號能量減少來保持錯誤機率不變。

14-4-8‡ 從 14.3 節式 (3) 中的結合機率密度函數求出式 (9) 中的相位機率密度函數。提示：利用變數變換 $\lambda=(A-A_c\cos\phi)/\sigma$。

14.4-9 利用圖 14.4-2 的技巧設計一個系統可以提供 M-次元相位鍵移接收機所需要的參考載波。

14.4-10 歸納圖 14.4-2 的設計，使得 M-次元相位鍵移接收機可以產生 M 個參考訊號。

14.4-11* $\gamma_b=13$ dB，求出錯誤機率在：(a) 非同調頻率鍵移；(b) 二元相位鍵移；(c) 64-相位鍵移；(d) 64-正交振幅調變。

14.4-12 對 $\gamma_b=10$ dB 計算下列之：(a) 非同調 FSK ($f_d=\gamma_b/2$)；(b) 同調 FSK ($f_d=\gamma_b/2$)；(c) 16 PSK；(d) 16 QAM；(e) 16 FSK (同調)。

14.5-1 一個 OFDM 訊號的頻寬與低通頻譜的表示式為何？

14.5-2* 一個訊號用 3 Mbps 的訊符速率在頻寬 3 MHz，以及延遲擴展 1 μ 秒的通道用 BPSK 與具有 IDFT 硬體的 OFDM 訊號來傳送。要讓延遲擴展不超過訊號區間 10% 的最小 K 與 T 值是多少？

14.5-3 對一個具有 3 μ 秒期間的脈波響應函數通道，一個 BPSK 所傳送的最大資料速率與頻寬是多少？

14.5-4 用一個具有 1,024 個子通道的 OFDM 系統重做習題 14.5-3。你的系統經常耗費的符號是什麼？

14.5-5 設計一個系統可以讓 16 個語音訊號經由一個 K-點 IFFT 與 BPSK 的 OFDM 在通道上傳送。量測已經顯示通道的脈衝響應期間是 5 μ 秒，而且每個使用者的訊符速率是 8 KHz。

14.5-6 證明圖 14.5-3 的系統可以確保 $x_c = \text{Re}[w(t)]$ 且 $x_q(t) = 0$。

14.6-1* 一個四相位鍵移系統的錯誤機率為 $P_e = 10^{-5}$。當我們加入格狀碼調變 $m = \tilde{m} = 2$、8 個狀態，錯誤機率為多少？在加入格狀碼調變後輸出的符號率是否改變？

14.6-2 已知一個具有 $P_e = 10^{-3}$ 的無編碼 8-PSK 系統，如果我們改成一個具有 128 個狀態 16-QAM 系統，則新 P_e 的值是多少？

14.6-3 用類似圖 14.6-4 最大化 8-相位鍵移訊號空間訊號點距離的方法來分割 16-正交振幅調變的訊號空間。如果原來鄰近點的最小距離為 1，如果我們可以成功的分割求出新的最小距離。

14.6-4* 給定圖 14.6-3b 跟 14.6-7 系統的初始狀態 a，對於輸入序列 $x_2x_1 = 00\ 01\ 10\ 01\ 11\ 00$ 求出輸出序列 $y_3y_2y_1$。

14.6-5 用輸入序列 $x_2x_1 = 00\ 10\ 10\ 01\ 11\ 01\ 00$ 重做習題 14.6-4。

14.6-6 對圖 14.6-3b 與圖 14.6-7b 的系統重做習題 14.6-4。

14.6-7 對於圖 14.6-7 的系統，路徑 (0, 2, 4, 2) 跟 (6, 1, 3, 0) 的距離為多少？

14.6-8 Ungerbroeck (1982) 利用增加新的狀態跟所對應的輸出符號 (i：4062、j：5173、k：0426、l：1537、m：6240、n：7351、o：2604、p：3715) 來增加圖 14.6-7 的 8 相位鍵移格狀碼調變 $m = \tilde{m} = 2$ 的編碼增益。接著圖 14.6-7 的樣式，建立一個新的格狀圖並且證明 $g_{\text{8-PSK/QPSK}} = 4.13$ dB。

14.6-9 推導圖 14.6-5b TCM 系統的電路。注意：這也許需要用到一些順序邏輯合成的知識。

15 chapter
CS Communication Systems

展頻系統

摘 要

15.1 直接序列展頻　Direct-Sequence Spread-Spectrum, DSSS
- DSSS 訊號 (DSSS Signals)
- 具有干擾的 DSSS 效能 (DSSS Performance in the Presence of Interference)
- 多重接取 (Multiple Access)
- 多重路徑與耙式接收機 (Multipath and the Rake Receiver)

15.2 跳頻展頻　Frequency-Hopping Spread-Spectrum, FHSS
- FHSS 訊號 (FHSS Signals)
- 干擾出現時 FHSS 的效能 (FHSS Performance in the Presence of Interference)
- 其他的 SS 系統 (Other SS Systems)

15.3 編碼　Coding

15.4 同步　Synchronization
- 探測 (Acquisition)

- 追蹤 (Tracking)

15.5 無線系統　Wireless Systems
- 電話系統 (Telephone Systems)
- 無線網路 (Wireless Networks)

15.6 超寬頻帶系統　Ultra-Wideband Systems, UWB
- UWB 訊號 (UWB Signals)
- 編碼技術 (Coding Techniques)
- 傳送−參考系統 (Transmit-Reference System)
- 多重接取 (Multiple Access)
- 和直接序列展頻的比較 (Comparison with Direct-Sequence Spread-Spectrum)

次世界大戰前,一位來自奧地利的政治難民與著名演員海蒂拉瑪 (Hedy Lamarr) 在一次與音樂作曲家喬治安瑟爾 (George Antheil) 的偶然談話中觸發她設計一套能夠控制長距離武裝魚雷的機制。這項技術能夠避免敵軍的干擾與偵測。捨棄傳統上容易受到偵測與干擾的單頻率訊號導引方式,他們所設計的系統中的訊號會以準隨機 (pseudorandom) 方式從一個頻率跳到另一個頻率,而這個準隨機方式只有經授權的接收機 (即魚雷) 才會知道。這方法會將所傳送訊號的頻譜延展至大於訊息頻寬的範圍。因此,跳頻展頻 (FHSS) 技術誕生了,最後成為拉瑪與安瑟爾的專利。

展頻 (SS) 是類似於相角調變中以特別技術將所傳送訊號的頻譜延展至遠大於訊息頻寬的範圍。這樣的延展能夠對抗很強的干擾與防止未經授權接收機的隨意截聽。除了 FHSS 外另有一種根據直接展開技術所發展出來的直接序列展頻 (DSSS),它是藉由將訊號乘上一組寬頻準隨機 (PN) 序列來展開訊息頻譜。

我們由定義直接序列與跳頻系統開始進行展頻系統的研究,接著研究它們在寬頻雜訊、單音與多音調干擾,以及其他 SS 訊號出現時的特性。接下來我們研究如何產生具有同碼間高自相關係值 (這樣,經過授權的使用者能夠容易地進行通訊) 與異碼間低交相關係值 (這樣可使外來者的干擾降到最低) 的 PN 碼。接著我們研究分碼多重存取 (code division-multiple-access, CDMA) 的方法,這個系統中各個使用者具有不同的 PN 碼,但是共用一個單一射頻 (RF) 的通道。我們接著討論同步與無線系統。最後,我們以討論超寬頻帶系統結束這一章。

■ 本章目標

經研讀本章及做完練習之後,您應該會得到如下的收穫:

1. 描述 DSSS 與 FHSS 系統的運作。(15.1 及 15.2 節)
2. 計算 DSSS 系統在單音干擾、寬頻帶雜訊以及多使用者狀況下的錯誤機率。(15.1 節)
3. 計算 FHSS 系統在單音與多音調干擾、窄頻帶與寬頻帶雜訊狀況下,以及多使用者狀況下的錯誤機率。(15.2 節)
4. 設計與分析可以產生具有高自相關係值與低交相關係值的展頻碼產生器。(15.3 節)
5. 描述如何使用 SS 進行距離量測。(15.3 節)
6. 描述 SS 接收機同步以及計算達到同步所需要的時間。(15.4 節)
7. 描述行動電話系統如何運轉以及不同多重存取技術的差異,包括它們的優點與缺點。(15.5 節)

8. 解釋 Wi-Fi 與 WiMAX 無線網路系統的觀念。(15.5 節)
9. 描述超寬頻帶 (UWB) 系統的運轉，包括 TR 系統以及 UWB 與展頻的差別。(15.6 節)

15.1 直接序列展頻

　　DSSS 是類似於頻率調變 (FM)，其中調變機制會使所傳送訊息的頻率內容大大地延展至整個頻譜範圍。這基本差別是：FM 是由訊息引起頻譜延展，而 DSSS 是由準隨機數字產生器引起頻譜延展。

■ DSSS 訊號

　　一個 DSSS 系統和它的相關頻譜展示在圖 15.1-1 中，其中訊息 $x(t)$ 在調變之前乘上一個寬頻 PN 波形 $c(t)$ 而形成：

$$\tilde{x}(t) = x(t)c(t) \tag{1}$$

乘上 $c(t)$ 能夠有效地將訊息遮罩，並延展調變訊號的頻譜。展頻訊號 $\tilde{x}(t)$ 接著由一個平衡調變器 (或是一個乘法器) 來調變產生一個 DSB 訊號。若 $x(t)$ 用 ±1 來表示一個數位訊息，由 DSB 調變器的輸出將會是一個 BPSK (PRK) 訊號。

　　讓我們更進一步地來看這一點，此 PN 產生器產生一個準隨機二元波形 $c(t)$，即是稱之為小片 (chips) 方波所組成之波形。圖 15.1-2 顯示了詳細情形，每個小片長度

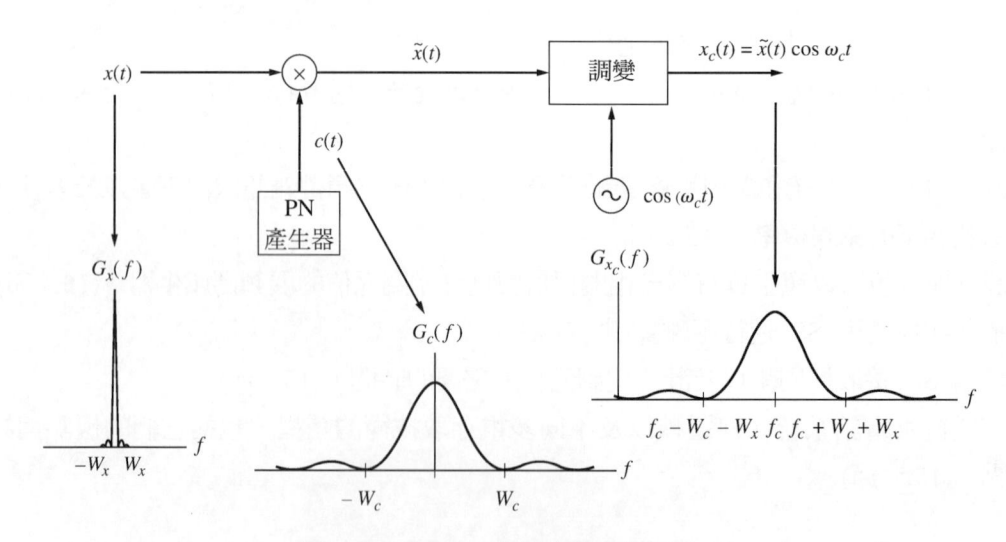

圖 15.1-1 DSS 發射機系統與頻譜。

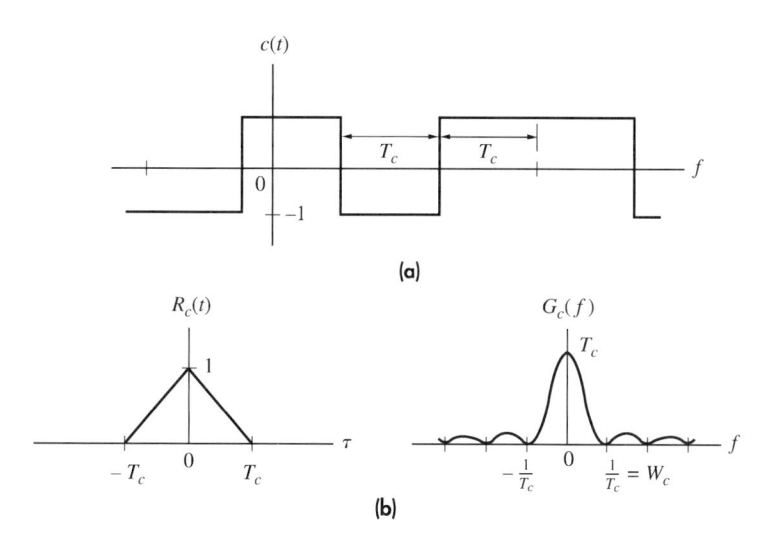

圖 15.1-2 隨機二元波：(a) 波形；(b) 自相關係函數與頻譜。

為 T_c 且波幅為 ± 1，因此 $c^2(t)=1$——此為讓訊息還原的重要條件。為方便分析，我們將假設 $c(t)$ 在 $D=T_c$，$a_k=\pm 1$，且 $\sigma^2=\overline{c^2}=1$ 時與範例 9.1-3 的隨機數位波形有相同的性質。因此，從我們前面所學的可得到：

$$R_c(\tau) = \Lambda(t/T_c) \quad \text{及} \quad G_c(f) = T_c \operatorname{sinc}^2 \frac{f}{W_c} \tag{2}$$

這些均繪製在圖 15.1-2 中。在這裡，參數

$$W_c \triangleq \frac{1}{T_c}$$

是用來作為此 PN 頻寬的量測值。接著考慮小片訊息 $\tilde{x}(t)=x(t)\,c(t)$，將 $x(t)$ 視為和 $c(t)$ 無關的全態資訊程序的輸出，我們可得到：

$$\overline{\tilde{x}^2} = E[x^2(t)c^2(t)] = \overline{x^2} = S_x$$

再說，我們已知道獨立隨機訊號相乘對應到自相關係函數相乘以及在頻譜上的迴旋運算。為了清楚起見，我們標示訊息頻寬為 W_x，使得對 $|f|>W_x$，有 $G_x(f)\approx 0$，以及

$$G_{\tilde{x}}(f) = G_x(f)*G_c(f) = \int_{-W_x}^{W_x} G_x(\lambda) G_c(f-\lambda)\,d\lambda$$

然而，有效的頻譜延展具有 $W_c \gg W_x$，對此情形，在 $|\lambda|\le W_x$ 會有 $G_c(f-\lambda)\approx G_c(f)$，因此：

15-6 通訊系統

圖中標示：
$x_c(t) = \tilde{x}(t) \cos w_c t$
$S_R = \frac{1}{2} S_x$
$z(t)$
BPF
解調變
$y(t) = \tilde{x}(t) + z_i(t)$
$\tilde{y}(t) = x(t) + \tilde{z}_i(t)$
PN 產生器
LPF
$x(t) + z_D(t)$
$S_D = S_x = 2S_R$
$G_{x_c}(f)$
$G_{z_i}(f)$
$f_c - W_c - W_x \quad f_c \quad f_c + W_c + W_x$
$G_x(f)$
$G_x(f)$
$Z_D = J/W_c$
$-W_x \quad W_x$
$G_{\tilde{z}_i}(f)$

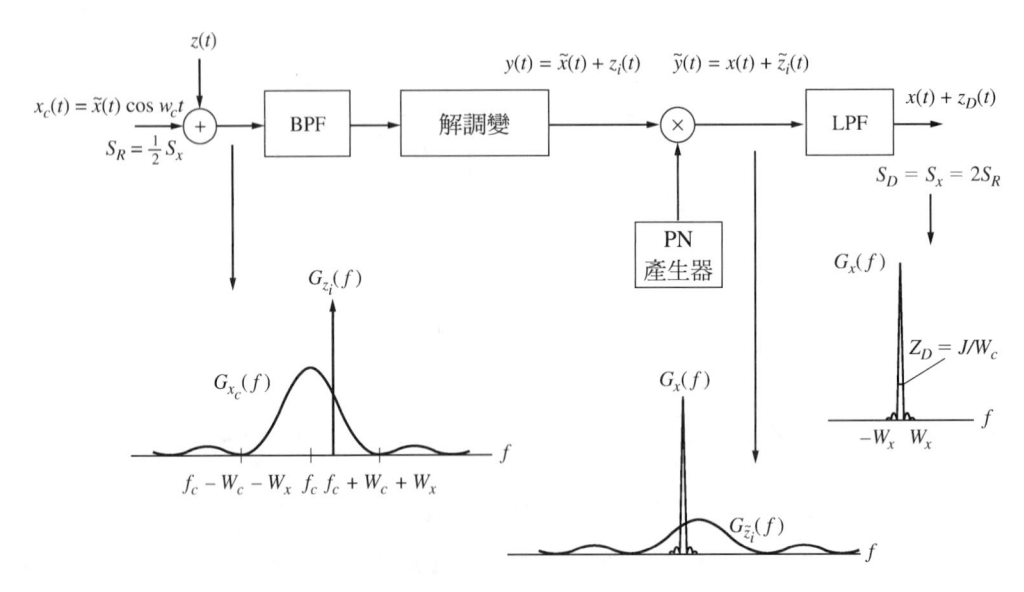

圖 15.1-3 DSS 接收機系統以及單音干擾的影響。

$$G_{\tilde{x}}(f) \approx \left[\int_{-W_x}^{W_x} G_x(\lambda)\, d\lambda\right] G_c(f) = S_x G_c(f) \tag{3}$$

而且由式 (3) 與圖 15.1-1，我們得的結論是：$x(t)$ 有個展開頻譜，其頻寬基本上是等於 PN 頻寬。在實際系統，這個**頻寬延展因子** (bandwidth expansion factor) W_c / W_x 的範圍可從 10 至 10,000 (10 至 40 dB)。稍後將證明，這個比值愈高，系統對干擾的抵抗力就愈好。

DSB 或 BPSK 調變產生了一個需要頻寬 $B_T \gg W_x$，並與成比例的傳送訊號。

> 對一個非授權接收機而言，這個像雜訊似的寬頻訊號是很難與背景雜訊區別出來。因此我們說，展頻傳輸有很低的截聽機率。但是用圖 15.1-3 架構所展示的授權接收機是可以還原訊息，雖然會增加頻寬，但是不會增加輸出雜訊。甚至這種接收機架構還可以抑制雜電的干擾或是敵意的干擾。

在接收機端取單位振幅載波，我們將分析系統的效能。因此我們有 $S_R = 1/2\,\overline{\tilde{x}^2} = 1/2\, S_x$，且令 $z(t)$ 代表相加性雜訊或是具有同相位分量 $z_i(t)$ 的干擾。訊號經過帶通濾波後，同步偵測產生了 $y(t) = \tilde{x}(t) + z_i(t)$，將它與本地產生的 PN 訊號相乘後，可得到：

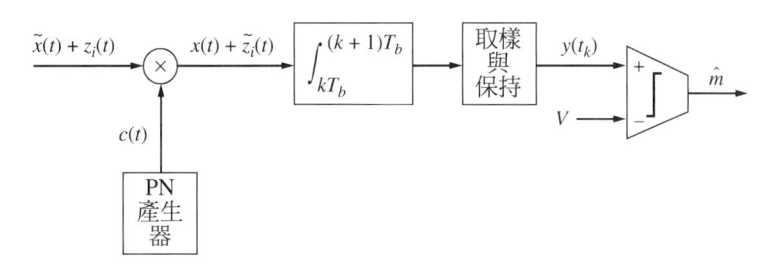

圖 15.1-4　DSSS BPSK 相關器接收機。

$$\tilde{y}(t) = [\tilde{x}(t) + z_i(t)]c(t) \tag{4}$$
$$= x(t)c^2(t) + z_i(t)c(t) = x(t) + \tilde{z}_i(t)$$

假設本地 PN 產生器有幾乎完美的同步條件下，可以看到這個相乘運算會將 $z_i(t)$ 頻譜展開，而且將 $\tilde{x}(t)$ 解展頻而還原成 $x(t)$。最後，低通濾波移除在頻帶外面的分量，在輸出功率為 $S_D = S_x = 2S_R$ 下得到 $y_D(t) = x(t) + z_D(t)$。接下來的步驟就是在輸出端找出受汙染的功率 $\overline{z_D^2}$。

當 $z(t)$ 代表白雜訊 $n(t)$ 時，它的同相位分量 $n_i(t)$ 具有如圖 10.1-3 所示的低通功率頻譜，且

$$R_{n_i}(\tau) = \mathcal{F}[G_{n_i}(f)] \approx N_0 B_T \text{ sinc}(B_T \tau)$$

小片低通雜訊 $\tilde{n}_i(t)$ 的自相關係函數等於乘積 $R_{n_i}(\tau)R_c(\tau)$。因為 $R_{n_i}(\tau)$ 在 $|\tau| \geq 1/B_T \ll 1/W_c$ 時變的很小，且對 $|\tau| \ll T_c = 1/W_c$，$R_c(\tau) \approx 1$，因此：

$$G_{\tilde{n}_i}(f) \approx G_{n_i}(f) \approx N_0 \Pi(f/B_T)$$

那麼從低通濾波器輸出雜訊功率是 $N_D = 2N_0 W_x$，因此：

$$(S/N)_D = 2S_R/2N_0 W_x = S_R/N_0 W_x \tag{5}$$

將此結果和 10.2 節式 (4b) 比較，我們可以確認：理論上，具有同步偵測的展頻它的雜訊效能和傳統的 DSB 系統相同。

同樣地，如果我們的訊息是數位的，並經由 BPSK 傳送，我們就能利用圖 15.1-4 之相關偵測器。因此，在出現白雜訊情況下的錯誤機率是：

$$P_e = Q(\sqrt{2E_b/N_0}) \tag{6}$$

具有干擾的 DSSS 效能

圖 15.1-3 也展示了一個單調干擾對 DSSS 系統影響。令 $z(t)$ 代表一個干擾的弦波或是 CW 干擾訊號，即：

$$z(t) = \sqrt{2J} \cos\left[(\omega_c + \omega_z)t + \theta\right]$$

於頻率 f_c+f_z 有平均功率 $\overline{z^2}=J$。因此，同相位分量是 $z(t)=\sqrt{2J}\cos(\omega_z t+\theta)$，使得：

$$G_{z_i}(f) = \frac{J}{2}[\delta(f-f_z) + \delta(f+f_z)] \tag{7}$$

乘上 $c(t)$ 以展開頻譜，使得 $G_{\tilde{z}_i}(f)=G_{z_i}(f)*G_c(f)$。這是具有脈衝的一般迴旋運算。由於 $c(t)$ 是相當寬頻的，$\tilde{z}_i(t)$ 代表小片雜訊或是干擾，而且近似於另一個具有功率頻譜密度為 J/W_c 的寬頻雜訊源。若 $|f_z| \ll W_c$，那麼輸出干擾功率的對應上限是：

$$\overline{z_D^2} = \int_{-W_x}^{W_x} G_{\tilde{z}_i}(f)\,df \le 2W_x \frac{J}{W_c} \tag{8a}$$

且訊號－干擾比變成：

$$\left(\frac{S}{J}\right)_D \ge \frac{W_c}{W_x} \frac{S_R}{J} \tag{8b}$$

這個單調干擾的頻譜已被展開，此外和輸出訊號功率比較看來，它被降低了一個 $W_x/W_c \ll 1$ 的倍數。這個降低的情形展示在圖 15.1-3 的輸出頻譜中。頻寬擴展比 W_c/W_x 又稱為**過程增益** (process gain, Pg)，或是

$$Pg = W_c/W_x \tag{9}$$

它是系統對抗干擾的免疫力測度。我們應該可以觀察到：Pg 愈大，系統對抗干擾的免疫力就愈好。

我們因此可以將干擾視為另一種雜訊源，在經由 BPSK 傳送數位資訊情況下，錯誤機率將是：

$$P_e = Q\left(\sqrt{2E_b/N_J}\right) \tag{10}$$

這裡 $N_J=J/W_c$。如果通道是被寬頻白雜訊與 CW 干擾這兩者破壞，那麼：

$$P_e = Q\left[\sqrt{2E_b/(N_0+N_J)}\right] \tag{11}$$

如果我們代入接收功率 $S_R=E_b r_b$ 與干擾功率 $N_J=J/W_c$ 到式 (10) 中，我們得到：

$$P_e = Q\left(\sqrt{\frac{2W_c/r_b}{J/S_R}}\right) \quad \textbf{(12)}$$

將 $r_b = W_x$ 代入式 (9) 中,式 (12) 變成:

$$P_e = Q\left(\sqrt{\frac{2\,Pg}{J/S_R}}\right) \quad \textbf{(13)}$$

現在讓我們對式 (10) 指定一最小 P_e 值,將它與式 (13) 組合並轉換成 dB 值,我們得到:

$$10 \log (J/S_R) = 10 \log (Pg) - 10 \log (E_b/N_J) \quad \textbf{(14)}$$

$10 \log (J/S_R)$ 這一項稱之為**干擾餘裕** (jamming margin),是來用作為系統在干擾出現時運作能力的一種量測。在一個已知系統中,如果我們指定一個最小的 P_e 值或是最小的 E_b/N_J 比值與一個相當大的 Pg 值,那麼此系統就會展現它能夠抵抗干擾。

範例 15.1-1　干擾出現時 DSSS 的效能

一個 DSSS-BPSK 系統有 $r_b = 3$ kbps,$N_0 = 10^{-12}$,而且有 $P_e = 10^{-9}$ 的接收錯誤機率。讓我們計算當出現單調干擾,它的功率是 10 倍大於正確的訊號時,系統要達到 $P_e = 10^{-8}$ 所需要的 Pg 值。

使用附錄中的表 T.6 與式 (6),我們獲得 $2E_b/N_0 = 36$ 或是 $E_b = 1.8 \times 10^{-11}$。因為 $S_R = E_b r_b = 5.4 \times 10^{-8}$,所以 $J = 10 S_R = 5.4 \times 10^{-7}$ W。在干擾出現時,如果 $P_{e_{\min}} = 10^{-8}$,使用式 (11) 與附錄中的表 T.6,則 $N_J = 1.48 \times 10^{-13}$,而且 $N_J = J/W_c$,$W_c = 3.6 \times 10^6$。若 $W_x = r_b$,那麼 $Pg = W_c/W_x = 1,200$。

練習題 15.1-1

使用上述問題的規格,若 $Pg = 10,000$ 時,干擾餘裕是多少?

■ 多重接取

最後,如果我們正和 $M-1$ 個其他展頻使用者分享共同通道,就像使用分碼多重接取 (CDMA) 情況,每一個使用者在接收機端有他們自己唯一的展開碼與抵達時間,因此干擾項就變成:

$$z(t) = \sum_{m=1}^{M-1} A_m x_m(t - t_m) c_m(t - t_m) \cos \theta_m \quad \textbf{(15)}$$

這裡 A_m、$c_m(t)$、t_m 與 θ_m 分別代表第 n 個使用者的訊號振幅、展開碼、時間延展與相位。因此：

$$y(t) = \tilde{x}(t) + \sum_{m=1}^{M-1} A_m x_m(t-t_m) c_m(t-t_m) \cos\theta_m \tag{16}$$

為了簡單起見，如果我們假設其他的使用者，都有相同的單位訊號強度，那麼，在解展頻之後式 (16) 變成：

$$\tilde{y}(t) = x(t) + \left[\sum_{m=1}^{M-1} x_m(t-t_m) c_m(t-t_m) \cos\theta_m\right] c(t) \tag{17}$$

在 BPSK 情況，相關接收機的輸出將是

$$x(t_k) + \sum_{m=1}^{M-1}\left[\cos\theta_m \int_{kT_b}^{(k+1)T_b} x_m(t-t_m) c_m(t-t_m) c(t)\, dt\right] \tag{18a}$$

$$= x(t_k) + z(t_k) \tag{18b}$$

這裡的 $z(t_k)$ 是另外 $M-1$ 個 CDMA 使用者的累積干擾。也要特別注意的是，如果 T_c 是小於直接分量與多重路徑分量之間的延遲，那麼這個多重路徑分量就會被視為其他接收機的輸入。因為 $x_m(t) = \pm 1$，式 (18a) 中的積分項變成欲求項和干擾項 PN 碼之間的交互相關關係。因此將展開碼間的交互相關關係最小化即是將 CDMA 使用者之間的干擾最小化。理想情況是，選擇每個彼此互為正交的 PN 碼，這會使得 $z(t_k) = 0$。不幸的是，對實際的系統，這不是全然可能的，稍後會我們會展示說明。

波士理 (Pursley, 1977) 與拉西 (Lathi, 1998) 對一個受到白雜訊干擾的 M 個使用者 CDMA 通道推導出位元錯誤率的分析表示式。他們證明出：若 M 個使用者每一個的訊號強度皆相同，那麼：

$$P_e = Q\left(1/\sqrt{(M-1)/(3Pg) + N_0/2E_b}\right) \tag{19}$$

要注意的是，如果通道僅有一個使用者，(即 $M=1$)，式 (19) 就簡化成式 (6)。反之，若通道是無雜訊但是有其他使用者，那麼錯誤率將是：

$$P_e = Q\left(\sqrt{3Pg/(M-1)}\right) \tag{20}$$

因此，儘管通道是無雜訊，如果它有其他使用者，錯誤機率仍然不會是 0。

如式 (6)、(10) 與 (19) 所示,出現在系統的所有干擾訊號皆為寬頻雜訊,因此,不同於像 TDMA 和 FDMA 那樣其他的使用者呈現它們被視為串音,每個 CDMA 的使用者只會增加周圍雜訊的層級。

這個具有規格的意義。在過去,FCC 規範中有關最大功率準位,在傳統上是從串音的考量來支配。在今日 SS-CDMA 的世界,增加的使用者只會降低他人的訊號-雜訊比。

練習題 15.1-2

一個單一使用者 DSSS-BPSK 系統有 $P_e = 10^{-7}$ 以及 $Pg = 30$ dB。如果我們允許 $P_e \leq 10^{-5}$,這個系統能提供多少個增加的使用者?

■ 多重路徑與耙式接收機

式 (16) 說明了 $M-1$ 個使用者分享同一通道。但是某些項也許是我們欲求得訊號的延遲或是多重路徑版本。讓我們再敘述式 (16) 以明確地說明 l 個多重路徑項,再用一個方法結構性地加入這些訊號。

$$y(t) = \underbrace{\sum_{i=1}^{l} A_i x(t-t_i) c(t-t_i)}_{\text{想要的訊號加上它的多重路徑部份}} + \underbrace{\sum_{m=1}^{M-1} A_m x_m(t-t_m) c_m(t-t_m)}_{\text{其他 } M-1 \text{ 使用者}} + n(t) \quad \textbf{(21)}$$

如果省略雜訊與其他的干擾,式 (21) 簡化成:

$$y(t) = \sum_{i=1}^{l} A_i x(t-t_i) c(t-t_i) \quad \textbf{(22)}$$

圖 15.1-5 展示的是一個通道模型,其中傳送訊號在 $l=3$ 個不同路徑上傳播。每一個路徑導入一個延遲 t_i 以及衰減因數 A_i。要簡化分析,我們起初假定這些變數相對於時間是常數,但是,一般而言,它們不是非時變的,特別是對行動系統其中它的接收機正在移動時。我們也假定多重路徑延遲是大於小片時間,或是 $t_i > T_c$。

要克服訊號的多重版本彼此互相干擾的效果,並且要取路徑分集的優點以增進 SNR 與 SIR,我們提出每個訊號路徑都有個別接收機的機制,接著對每個接收機加

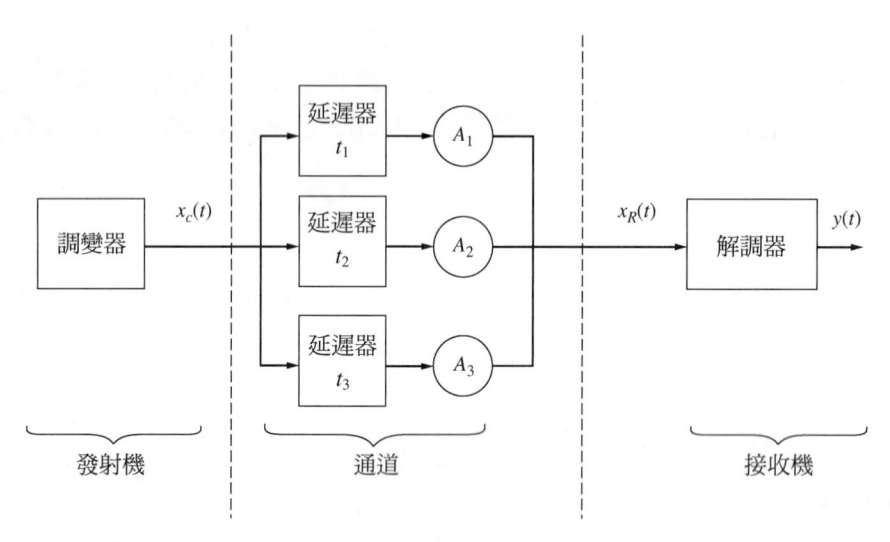

圖 15.1-5 多重路徑模型，這裡傳送訊號經過三條不同的路徑。

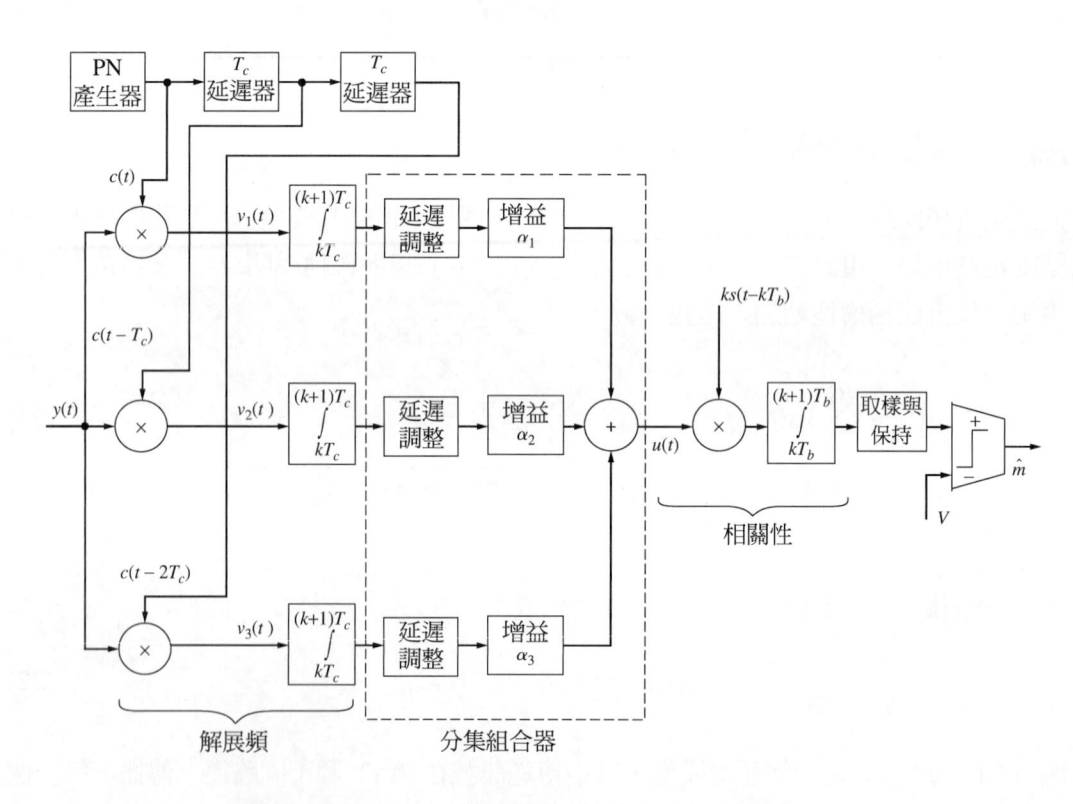

圖 15.1-6 訊號經過三條多重路徑的耙式接收機。

入延遲與增益調整，讓多重訊號版本可以建構式地相加起來。因此，我們在圖 15.1-6 展示一個三指狀的**耙式** (Rake) 接收機。之所以如此命名是因為它類似於花園耙子的叉狀物。這個可以推廣到 l 個指狀以對應到 l 個訊號路徑。輸入 $y(t)$ 被送到解展開乘法器，每一個都有一個 PN 訊號源與其中一個路徑分量同相位。因此，第 i 個解展開乘法器的輸出是：

$$v_i(t) = A_i c^2(t - t_i)x(t - t_i) + \sum_{j \neq i} A_j x(t - t_j) c(t - t_{j \neq i}) c(t - t_i) \quad i = 0, 1, 2 \tag{23a}$$

因為 $c^2(t-t_i)$，式 (23a) 的第一項變成 $A_i x(t-t_i)$，如果我們假設一個 PN 碼和具有不同相位自身之間的交相關係值很低，那麼式 (23a) 的第二項變成準雜訊，且因此有：

$$v_i(t) = A_i x(t - t_i) + \tilde{z}_i \qquad i = 0, 1, 2 \tag{23b}$$

其中 $\tilde{z}_i = \sum_{j \neq i} A_j x(t - t_j) c(t - t_{j \neq i}) c(t - t_i) \quad i = 0, 1, 2$

接著 i 個乘法器的每個輸出波形被送到由一組可調式延遲與增益所組成的分集結合器內，因為從每一個分支來的訊號都有相同的延遲，所以輸出可以建構式地加總起來。從每條路徑來的訊號皆依比例對高訊號雜訊比值的分支訊號增加其準位，以及對低訊號雜訊比的分支訊號降低其訊號準位。這樣自然地根據接收訊號的量值依比例來調整路徑。增益和大小可以依據路徑的情況動態地加以調整。此分集結合器的輸出是：

$$u(t) = \sum_{i=0}^{2} \alpha_i [A_i x(t - \Delta) + \tilde{z}'_i] \qquad i = 0, 1, 2 \tag{24}$$

在這個例子裡讓我們暫時假設我們只有兩條強訊號路徑、一條弱路徑以及三個分支，第 i 個分支的輸出主要是雜訊，所以其增益因數 α_i 和其他的 α_i 值比較起來是設定在相當小的值。最後，輸出到了相關器，其參考訊號和訊號 $s(t-T_b)$ 條件相匹配。注意，為了最佳還原，$s(t-T_b)$ 應該是原始訊號波形與通道失真的函數，而且能夠根據輸入訊號特性做調適性的變化。

有些項目我們要注意。首先，除非訊號源與目的地是在固定位置，通道參數一般是會隨著時間改變，因此接收機 PN 碼產生器相位也必須改變以維持同步。更進一步 PN 碼的同步是在 15.3 節中討論。分集結合器內的增益與延遲調變段也必須調整適應時變通道條件，尤其是在行動運作時。這個將許多廣泛地涵蓋在訊號處裡文獻內的個別課題放在一起。其次，分集結合器之後的單一相關器的使用是假設路徑上所行經的三個訊號有相同的失真。這種情況也許並不成立，所以我們可以修正設計使得每一個分支有它自己的相關器。因此訊號的干擾將會根據特別路徑的響應條件。這個展示

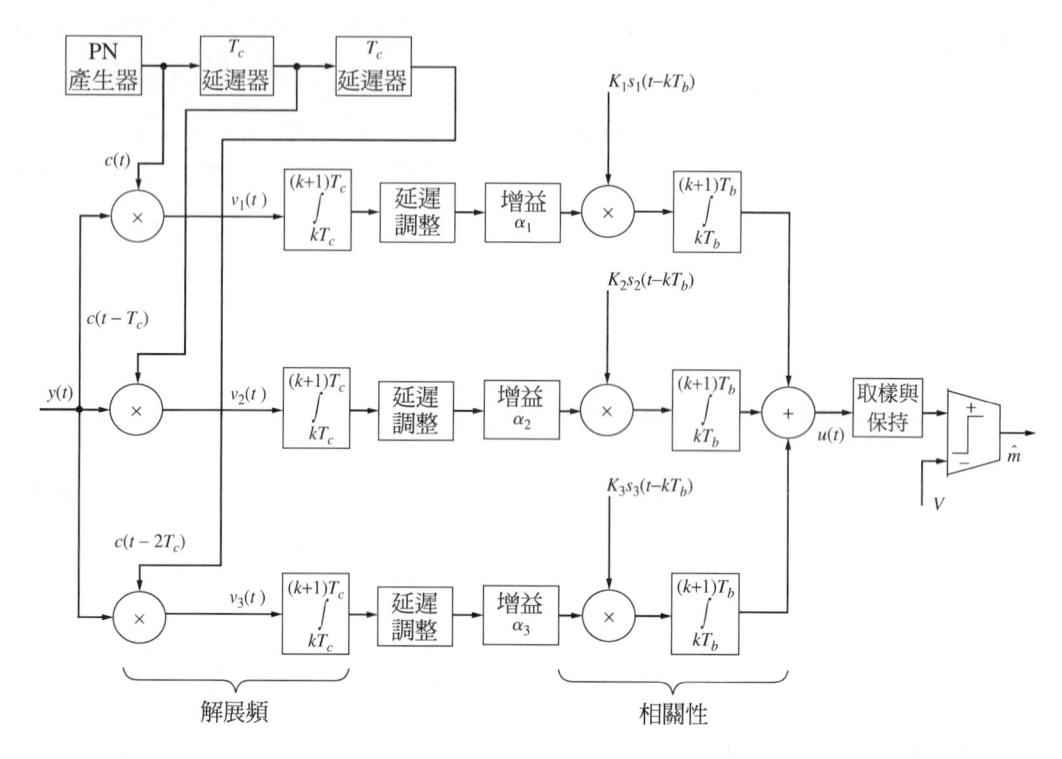

圖 15.1-7 三條支路耙式接收機，對每一個訊號路徑都有各別的相關器級。

在圖 15.1-7 中。最後，耙式的概念也可以用在其他的系統。耙式接收機利用可適性訊號處理來增加 SNR 與 SIR 值。可適性訊號處理也能用在回聲消除，60 Hz 噪音，以及其他型態的干擾。更多的資訊請參閱威德勒 (Widrow) 與史特恩思 (Stearns) 1985 年的可適性訊號處理。

範例 15.1-2　耙式接收機與路徑長度

為了要讓耙式接收機取得路徑分集的優點，路徑長度時間必須大於小片時間 T_c。IS-95 CDMA 行動電話的小片速率是 1.2288 Mcps，或是 $T_c = \dfrac{1}{1.2288 \times 10^6} = 0.813 \ \mu s$，最小路徑長度就是 $d = 3 \times 10^8 \times 0.8138 \times 10^{-6} = 244$ 公尺。

15.2　跳頻展頻

如前面所說，展頻頻寬愈寬，干擾需要增加更多的功率以保持效果。但是 PN 序列產生器硬體上的實際限制形成對頻寬展開以及處理增益加上了限制。要有更大的處

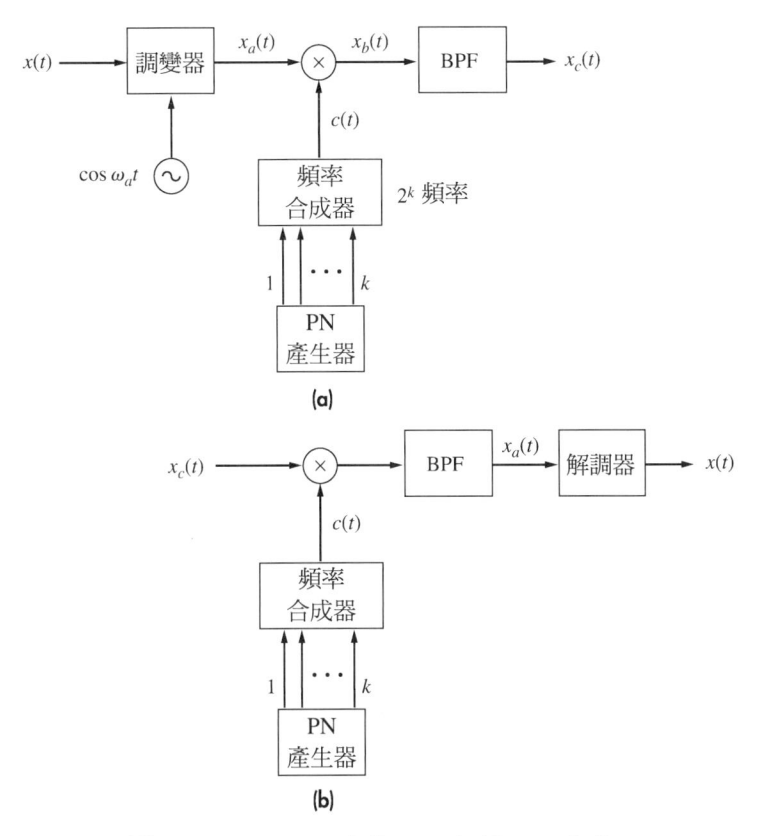

圖 15.2-1 FH-SS 系統：(a) 振幅；(b) 相位。

理增益，PN 產生器可以驅動一個頻率合成器以產生寬頻序列的頻率使得資料調變載波從一個頻率跳到另一個頻率。這個程序稱之為跳頻展頻 (frequency-hopping spread spectrum, FHSS)，因為訊息是散佈在許多的載波頻率上，干擾要特別地擊中任何一個的機率就會減低。否則干擾必須將功率展開到一個寬得多的頻率範圍上以保持效果。

■ FHSS 訊號

跳頻展頻展示如圖 15.2-1 所示，且工作如下：儘管某些系統使用 BPSK，訊息通常是 M-次元 FSK 調變至某個載波頻率 f_c 上。已調變的訊息接著和頻率合成器的輸出混合。頻率合成器的輸出是 $Y=2^k$ 值之一，這裡 k 是 PN 產生器輸出的數目。BPF 選擇混合器的加總項以供傳送到通道。圖 b 部份的接收機將這個程序倒過來。由於維持相位同調有實際上的困難，大多數系統使用非同調偵測，例如包絡偵測器。

有兩種型態的 FH-SS 系統，對**慢跳頻** (slow-hopping SS)，每個跳躍傳送一個或多個訊息符號。對**快跳頻** (fast-hopping SS)，每個訊息符號有兩個或多個頻率跳躍。對慢跳頻 SS，接收機解調訊號就像任一種 M-次元 FSK 訊號一樣。但是對快跳頻

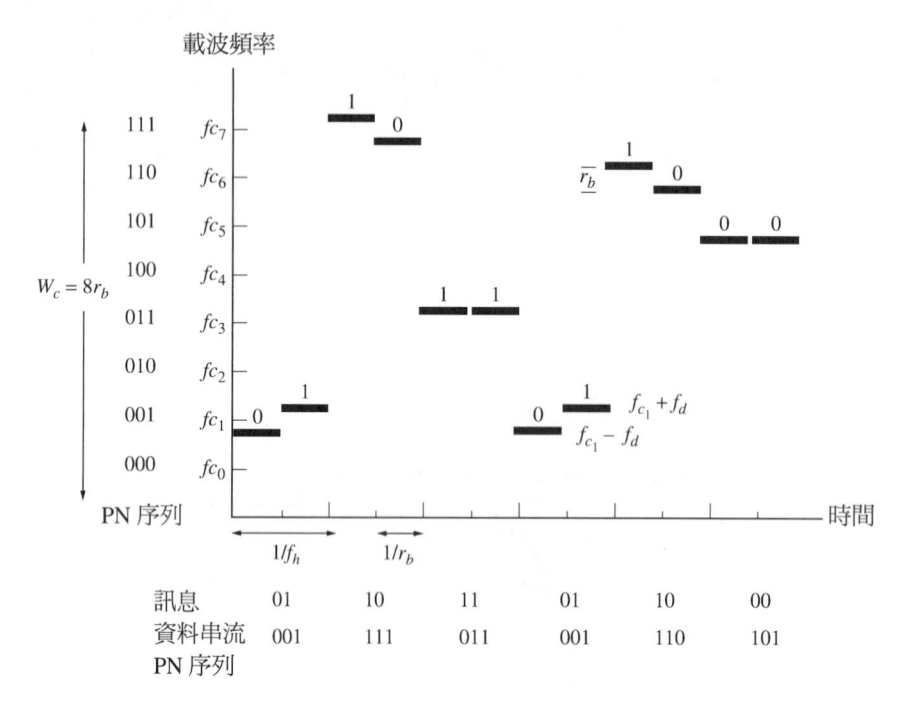

圖 15.2-2　慢跳躍 FHSS 系統之輸出頻率對輸入資料之關係。

SS，每個符號有數個跳躍，所以偵測器是根據多數票決或是某些決策法則，例如最大可能性，來決定其值。

範例 15.2-1　二元 FSK 慢跳頻 SS

考量一個二元 FSK 慢跳頻 SS 系統，其每個頻率跳躍傳送兩個符號且有一 $k=3$ 個輸出的 PN 產生器。對一個給定的二元訊息序列，其頻譜輸出如圖 15.2-2 所示。對 $k=3$，此系統能夠跳躍到 $Y=2^k=8$ 個不同的載波頻率。每次跳躍輸出頻率會移到某一特別的頻率。環繞每個 f_{c_i} 的頻率群數目等於每個跳躍的符號數目。如果位元率是 r_b，那麼從 14.1 節式 (16)，我們得到 $f_d=r_b/2$。因此以最大頻率 $f_{c_7}+f_d$ 以及最小頻率 $f_{c_0}-f_d$，展頻量或是傳輸頻寬是 $B_T=W_c=8r_b$。由 15.1 節我們定義程序增益為 $Pg=W_c/W_x$，如果 $W_x=r_b$ 那麼用 FH-SS 我們有：

$$Pg = 2^k \tag{1}$$

練習題 15.2-1

考慮一個二元 FSK 的快速跳頻 SS 系統，其每個符號有二次跳躍，以及一個 PN 產生器。它的輸出與範例 15.2-1 的二元訊息相同。訊息是用下列的 PN 序列來

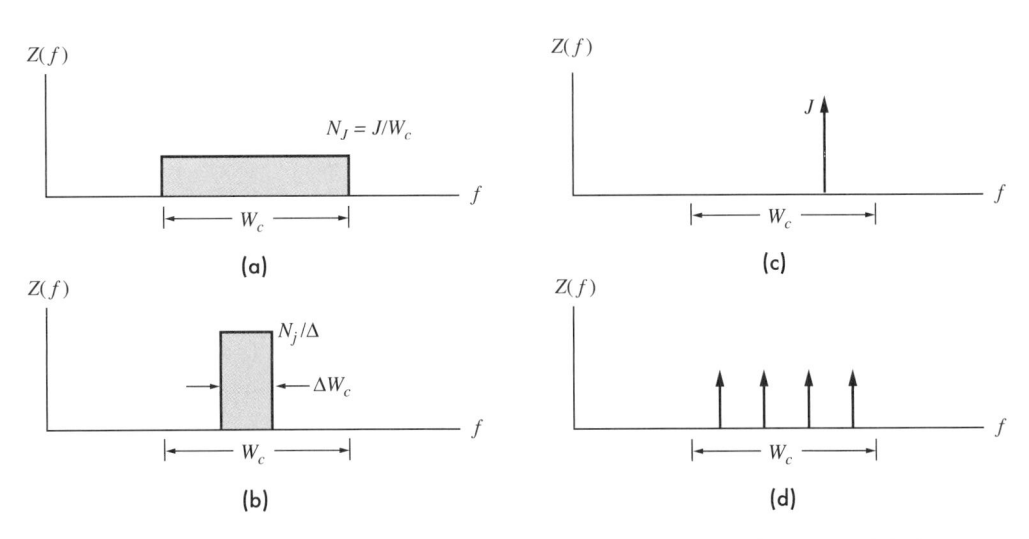

圖 15.2-3 FH-SS 系統的干擾型態：(a) 遮幕式；(b) 部分頻帶式；(c) 單音式；(d) 多音調式。

傳送：{010, 110, 101,100, 000,101, 011, 001, 001, 111, 011, 001, 110, 101, 101, 001, 110, 001, 011, 111, 100, 000, 110, 110}。對這個輸入訊息用類似於範例 15.2-1 所完成的格式來描繪輸出的頻率。

干擾出現時 FHSS 的效能

我們現在要考量 FHSS 系統的位元錯誤效能。有數種型態的干擾或雜訊要處理。彈幕干擾白雜訊、單調干擾、部份頻帶干擾，或是發生在 CDMA 系統上多重 FHSS 使用者在同一頻帶上所造成的干擾。這數種干擾是展示在圖 15.2-3 上。

慢跳躍 SS 最容易遭到干擾，這是因為一個或兩個符號在一個特定頻率上傳送。但是，若跳躍週期是短於干擾者與使用者之間的發射／接收機轉移時間，那麼在干擾者決定用哪個頻率干擾的時候，發射機已跳到另一個頻率。對二元 FSK 與非同調偵測，具有白雜訊的位元錯誤率是：

$$P_e = \tfrac{1}{2} e^{-E_b/2N_0} \tag{2}$$

如果干擾者具如有圖 15.2-3a 所示的功率頻譜密度，以 N_J 功率準位分佈在整個帶通系統，那麼干擾是以白雜訊方式呈現，且式 (2) 變成：

$$P_e = \tfrac{1}{2} e^{-E_b/[2(N_0+N_J)]} \tag{3}$$

這裡 $N_J = J/W_c$。

圖 15.2-3b 展示了部份頻帶干擾，其中 Δ 代表頻帶被干擾的分數。數量 N_J/Δ

等於干擾者的 PSD 而且有寬頻 ΔW_c。也等於被干擾的機率，而 $1-\Delta$ 則等於不被干擾的機率。使用連鎖法則可得到：

$$P_e = P(e|jammed^c)P(jammed^c) + P(e|jammed)P(jammed)$$

因此，FHSS 的部份頻帶干擾錯誤機率將是：

$$P_e = \frac{1-\Delta}{2}e^{-E_b/2N_0} + \frac{\Delta}{2}e^{-E_b/[2(N_0+N_J/\Delta)]} \tag{4}$$

系統中有相當大量的頻率槽供跳躍，且和干擾者距離和發射機－接收機的距離比起來要來得大，所以一個單調所引起錯誤機率是相當小的。

最後讓我們考量一個具有 M 個使用者與 $M-1$ 個潛伏的干擾的 CDMA 系統，如圖 15.2-3d 所示。假設使用相同的頻率槽 (因此會引起一個碰撞 c)，而且令一個使用者引起另一個使用者錯誤的機率是 1/2 或 $P(錯誤|碰撞\ c)=1/2$。那麼沒有碰撞的錯誤機率是與僅有雜訊的情形相同，其值為 $P(錯誤|沒有碰撞\ c^c)=1/2\ e^{-E_b/2N_0}$。如果在 CDMA 通道有 $Y=2^k$ 的頻率的話，那麼在一個給定槽內干擾的機率是 $1/Y$，或者是不在槽內的機率是 $(1-1/Y)$。因此，$M-1$ 個使用者不會干擾的機率是 $(1-1/Y)^{M-1}$。所以 $M-1$ 個使用者可能和第 M 個使用者碰撞的機率是 $P_c=1-(1-1/Y)^{M-1}\approx (M-1)/Y$。若 $M \ll Y$ 再用連鎖法則我們可得到 $P_e=P(e|碰撞\ c)P(碰撞\ c)+P(e|沒有碰撞\ c^c)P(沒有碰撞\ c^c)$。因此：

$$P_e \approx \frac{1}{2}\left(\frac{M-1}{Y}\right) + \frac{1}{2}e^{-E_b/2N_0}\left(1-\frac{M-1}{Y}\right) \tag{5}$$

範例 15.2-2　有干擾的慢跳頻 SS

讓我們對一個具有訊息速率 3 kbps，$S_R=5.4\times10^{-8}$ W 的慢跳頻 SS 系統計算其 B_T 與錯誤機率。假設 PN 產生器有 $k=10$ 個輸出，以及系統有 $\Delta=100\%$、$\Delta=10\%$ 與 $\Delta=0.1\%$ 的部份頻寬干擾。在接收端干擾者的功率是十倍於訊號功率而且隨機雜訊的 PSD 是 $N_0=10^{-12}$ W/Hz。若 $k=10$，那麼 $Pg=2^{10}=1,024=W_c/W_x$。若 $r_b=W_x=3,000$，那麼 $W_c=3.07\times10^6$。因為 $E_b=S_R/r_b$，所以 $E_b=5.4\times10^{-8}/3,000=1.80-10^{-11}$ 以及 $N_J=J/W_c=5.4\times10^{-7}/3.07\times10^6=1.76\times10^{-13}$。對 $\Delta=1$、0.1、0.001，將這些值代入到式 (4) 中，我們得到 P_e 的值分別是 2.37×10^{-4}、0.0020 及 5.36×10^{-4}。從這些值中我們注意到有一個最佳的值會使 P_e 值為最小。

練習題 15.2-2

一個單使用者、FHSS 的系統有 $P_e = 10^{-7}$。如同練習題 15.1-2 系統中的相同數目使用者，對 $P_e \leq 10^{-5}$ 的最小 Pg 值是多少？

快速跳頻展頻也可以讓我們利用頻率分集的優點來得到更可靠的通訊，特別是在多重路徑所引起的頻率選擇衰減時候。例如，我們可以利用一個 FHSS 系統它的每個符號有七個跳躍，而且偵測器是根據多數決來定出其值。因此，如果至少能夠有四個頻率以上收到正確的訊息，它即可被正確地解碼出來。此外，若處理增益夠大的話，我們就可以克服寬頻與窄頻衰減。

其他的 SS 系統

雖然 DSSS 和 FHSS 是最常用的 SS 系統，我們簡短地討論其他經過通道展開資料的方法。首先是時間的跳躍 (TH) 系統。它類似於跳頻系統，不是將資訊展開在數個頻率上，而是準隨機地展開在數個時間槽上，因而構成時間分集，這將會有效地造成資料的交插安排，類似於 13.1 節所描述的方法，如圖 13.1-3 所展示。資料的散開能夠改善抵抗一串錯誤的能力。

一種 FHSS 和 DSSS 的混合體是 DSSS 訊號的載波會根據某個準隨機序列在不同的值上跳躍。因此，FHSS-DSSS 混合體可能具有兩種技術的混合優點，即：較大的處理增益，兩種系統能夠提供的多重路徑干擾抵抗力，以及由 FHSS 的頻率分集所得到較大的抵抗頻率選擇衰減的能力。混合體系統的成本是大大地增加了系統的複雜度，特別是在時間同步部份。

15.3 編 碼

這裡用來產生 $c(t)$ 以展開訊號的 PN 產生器與 11.4 節所描述的有相同的型態與性質。如果有需要，讀者應該回頭參考 11.4 節有關 PN 產生器的討論。

> 為了讓接收機能夠適切地識別發射機的訊號並且避免錯誤的同步，很重要的條件是：PN 碼的自相關函數在 $\tau = 0$ 與 $\tau = \pm kT_c$ 要有最大可能的峰值，以及在其他地方有盡可能小的值。

如果 PN 產生器能夠產生一個最大長度 (ML) 序列,則這個目標可以達成。

要讓干擾與 (或) 刻意截聽為最小,PN 序列應該是盡可能地長,序列愈長,未經許可的偷聽者,需要花費更多的努力來決定 PN 序列。然而若採用線性碼的話,一個截聽者僅需要有 2^n 個小片資訊就可以決定位移暫存器的連接方式。藉著讓傳輸中的 PN 序列改變頻率或是在回授連接上使用某些非線性的機制都可以減低未經授權偷聽的脆弱性。一般是很難找得到同時具有安全以及擁有想要的相關特性的 PN 碼。因此,若目標是安全的通訊,那麼訊息應該分開來加密。

在 CDMA 系統中每個使用者都有一個唯一的 PN 碼,因此接收機能夠排拒其他干擾 SS 訊號以及 (或) 預防錯誤的關聯。如同 15.1 節式 (17) 與 (18) 的說明。

> 要使干擾為最小,不同 PN 碼之間的交相關係上限要愈小愈好。

讓我們討論兩個不同 ML 序列之間的交相關係。在範例 11.4-1 中,[3, 1] 位移暫存器組態所產生的自相關函數是繪在圖 15.3-1。注意到,單週期的相關峰值位於 $\tau = 0.7\ T_c$。我們很容易證明一個 [3, 2] 暫存器組態會產生一個 ML 序列 1110010 而且和 [3, 1] 暫存器有相同的自相關函數。如果現在我們用類似於範例 11.4-1 所用的捷徑來計算這兩個序列的交相關係,並且我們比較 [3, 1] 組態的輸出與 [3, 2] 組態的位移版,我們得到的結果是展示在表 15.3-1 與圖 15.3-1 中。如同範例 11.4-1,要記得這些計算是所根據的是這個 PN 序列是一個極性 NRZ 的訊號 (即值為 ±1)。注意的是:自相關值和交相關值之間幾乎沒有什麼差別,而且由於我們無法很容易地區別

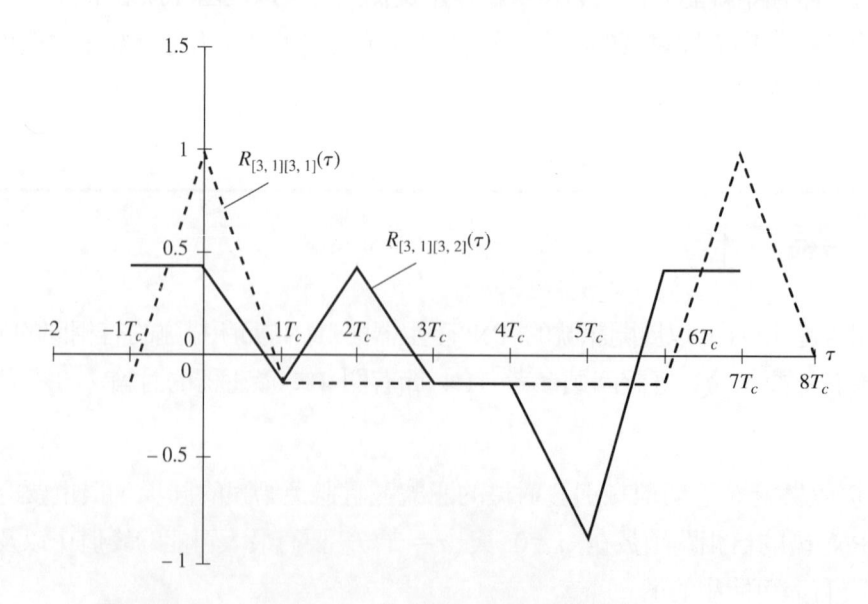

圖 15.3-1 [3, 1] 與 [3, 2] PN 序列的自相關性與交互相關性。

表 15.3-1　[3, 1] 與 [3, 2] PN 序列的交互相關性

τ	[3, 1]/[3, 2]	$v(\tau)$	$R_{[3,1][3,2]}(\tau) = v(\tau)/N$
0	1110100 1110010	$5 - 2 = 3$	$3/7 = 0.43$
1	1110100 0111001	-1	-0.14
2	1110100 1011100	3	0.43
3	1110100 0101110	-1	-0.14
4	1110100 0010111	-1	-0.14
5	1110100 1001011	-5	-0.71
6	1110100 1100101	3	0.43
7	1110100 1110010	3	0.43

表 15.3-2　各種不同 ML 序列的長度，回授連接點 (由單一位移暫存器產生) 的交互相關性比值

n	$N = 2^n - 1$	$\|R_{st}(\tau)\|_{max}/R_{ss}(0)$	回授接頭
3	7	0.71	[3, 1], [3, 2]
5	31	0.35	[5, 2], [5, 4, 3, 2], [5, 4, 2, 1]
8	255	0.37	[8, 5, 3, 1], [8, 6, 5, 1], [8, 7, 6, 1]
9	511	0.22	[9, 4], [9, 6, 4, 3], [9, 8, 6, 5], [9, 8, 7, 6, 5, 3]
12	4095	0.34	[12, 6, 4, 1], [12, 10, 9, 8, 6, 2], [12, 11, 10, 5, 2, 1]

資料來源：Dixon (1994)。

採用這些 PN 碼的訊號，這種位移暫存器組態是不適用於 CDMA 系統。

要給 CDMA 應用的 PN 序列應該有以下的特性：(a) $R_{ss}(0)_{max}$ 對 $R_{ss}(\tau \neq 0)$ 比值要盡可能地大；(b) 如果 s 和 t 代表不同的 PN 序列，那麼 $|R_{st}(\tau)|_{max}$ 對所有的 τ 值要盡可能地小；(c) 所以我們要讓 $|R_{st}(\tau)|_{max}/R_{ss}(0)$ 的比值為最小。表 15.3-2 展示不同暫存器長度的 $|R_{st}(\tau)|_{max}/R_{ss}(0)$ 最佳比值。這個表也提供了可以產生 ML 序列的可能回授連接的部份清單。

不幸的是，如我們在圖 15.3-1 所看到的圖形以及表 15.3-2 中的列值，由單一位移暫存器所產生的 ML 序列並沒有很好的交相關係性質，使得它們不適用在 CDMA 系統上。而且單一個位移暫存器產生不同的輸出序列需要改變回授連接點，因此，一個固定的位移暫存器長度只能提供我們一些唯一輸出序列。要克服這兩個限制，如圖 15.3-2 所示，可經由兩個以上暫存器輸出的模數-2 的組合來產生哥德碼。對 n

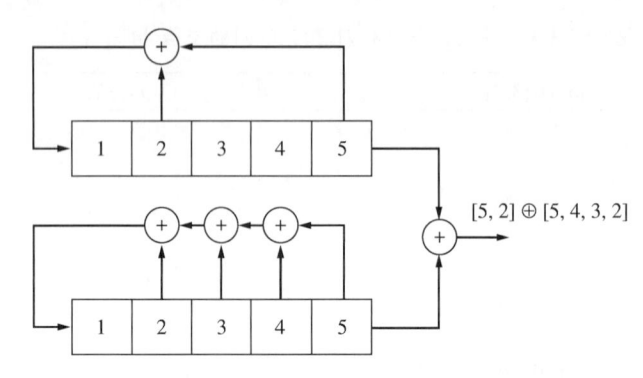

圖 15.3-2 黃金碼產生器。

表 15.3-3 一些常用的黃金碼對與自相關性／交互相關性比值

n	常用的碼對	$|R_{st}(\tau)|_{max}/R_{ss}(0)$
5	[5, 2] [5, 4, 3, 2]	0.290
7	[7, 3] [7, 3, 2, 1]	0.134
8	[8, 7, 6, 5, 2, 1] [8, 7, 6, 1]	0.129
10	[10, 8, 5, 1] [10, 7, 6, 4, 2, 1]	0.064
12	[12, 9, 8, 5, 4, 3] [12, 7, 6, 4]	0.031

位元暫存器與回授連接點的某種特定的組合我們稱之為**推薦對** (preferred pairs)。哥德 (Gold, 1967, 1968) 宣稱，$N=2^n-1$ 長度序列之間的交相關係最大值是限制於：

$$R_{st} = |\phi|/N \tag{1a}$$

這裡

$$\phi = \begin{cases} 2^{(n+1)/2} + 1 & n \text{ 為奇數} \\ 2^{(n+2)/2} + 1 & n \text{ 為偶數} \end{cases} \tag{1b}$$

或是在某些情形有：

$$R_{st} = -1/N \tag{1c}$$

表 15.3-3 列出某些會產生哥德碼的暫存器推薦對以及其相對的交相關係上限值。要看哥德碼對單一暫存器 ML 序列的優異交相關係性質，我們從表 15.3-2 看到一個 12 位元哥德碼所產生的序列有 $R_{st_{max}}=0.031$，而從表 15.3-2 一個單一 12 位移暫存器所產生之最佳序列有 $R_{st_{max}}=0.34$。

哥德碼序列的自相關函數有一個小峰自相關係值亦受限於式 (1) (Proakis, 2001)。因此，不同於單一暫存器所產生的 ML 序列是受限於 $-1/N$ 的小峰自相關係函數，自哥德碼序列所得到的小峰自相關係值能夠高達 $|\phi|/N$。因此，用哥德碼我們可得到一組下降很多的交相關係值，而其代價是稍微地增加了小峰自相關係值。

對暫存器 (或暫存器位移) 中的每一組初始條件，我們得到一個不同的週期輸出序列。因此,兩個 n 位元推薦暫存器對可提供我們 $N=2^n-1$ 唯一輸出序列。如果我們把兩個原始序列也算進去,那麼我們的暫存器對能夠產生總共 $N+2$ 個序列。這和較早所描述的大不相同,那時一個固定的單一暫存器僅能提供我們一個唯一的週期輸出序列。

迪克森 (Dixon, 1994) 提供了一個更廣泛的推薦對清單供產生哥德碼用,而且描述一個演算法以適當地選擇推薦對供產生哥德碼。

> 我們結論如下:哥德碼對 CDMA 的應用是極受注目的,因為對一個固定的暫存器組態我們能夠建立許多具有想要交相關性質的唯一碼序列。

範例 15.3-1　使用 DSSS 測距

一種很常見的 DSSS 應用就是距離量測,而且是根據發射機與接收機相關函數之間的相位差或是小片中的時間延遲來量測。例如,我們有一個發射機產生一個訊號 $v(t)$ 具有一個 PN 序列,其自相關係函數為 $R_{vv}(\tau)$,最大值是位在 $\tau=0$。這個傳輸訊號對某個距離 d 的目標反射回到發射機。令回到發射機端的反射訊號是 $w(t)=v(t-t_d)$,這裡 $t_d=2d/c$,c 是光速。如果我們將接收訊號與發射機 PN 序列相關起來,我們得到 $R_{vw}(\tau)=R_{vv}(\tau-\tau_d)$,這裡 τ_d 是 kT_c 小片。兩個峰值 (k 小片或是 $\tau_d=kT_c$ 秒)之間的相對相位差是發射與接收訊號之間的傳送時間,而且是距離的量測。例如,我們有一個 DSSS 發射機發送一個長度為 31 與時鐘週期為 10 奈秒的 PN ML 序列到目標。此序列返回被接收,使得相關峰值位置差值是 20 個小片。因此發射機與目標之間的距離將是:

$$d = kT_c c/2 \tag{2}$$
$$= 20 \text{ chips} \times (10 \times 10^{-9} \text{ seconds/chip}) \times (2.99 \times 10^8 \text{ m/s}) \times 1/2$$
$$= 29.90 \text{ meters}$$

因此,若 DSSS 用在距離的量測,以公尺表示的解析度是:

$$\Delta d = cT_c \tag{3}$$

一項 DSSS 訊號使用距離量測與三角量測性質的很重要應用是**全球性定位系統** (global positioning system, GPS)。GPS 可以用來決定時間,以及一個人在地球上的精確緯度、經度與高度。它由 24 顆衛星組成,因此,在任何時間從地球的任何位置至少可以看到四顆衛星。每一顆在地球上方 22,200 公里處,大約每 12 小時繞地球一周。

練習題 15.3-1

對任意非零初始條件，證明一個具有 [5, 2] 組態的 5-位元位移暫存器將只是產生一個唯一的 PN 序列。將你的結果延伸到任意單一 n 位元位移暫存器 PN 產生器上。

15.4 同　步

到目前為止，我們假設我們知道傳送的載波頻率與相位，而且發射與接收 PN 碼之間有完美的校準。不幸地是，要達到這些目標是不容易的，而且，事實上，這是展頻系統中最難解決的問題之一。初始的目標就是達成載波頻率與相位同步。如果我們採用非同調偵測，這會簡單一點。我們接著必須校準發射機與接收機的 PN 碼，並且藉由克服傳送載波內或是 PN 時鐘內的頻率位移來維持同步。由於發射機與接收機之間的相對運動所造成的都卜勒頻率位移[†]，使用行動或衛星 SS 系統時，載波頻率與碼時鐘相位可能會變動很大。

追蹤進來的載波頻率與相位雜訊的方式與其他數位或類比調變系統相同。7.3 與 14.4 節討論特別的技術。將接收機的 PN 碼與收到的 PN 碼同步或是校準要用兩個步驟來完成。第一步稱之為**探測** (acquisition)，其中有初始取得以及粗略校準到兩碼間的半小片之中。第二步是進行中的精細調準，稱之為**追蹤** (tracking)。探測與追蹤皆包含一個回授迴路，利用 PLL 技術來完成追蹤。

■ 探　測

圖 15.4-1 展示的是一個 DSSS 系統的序列搜尋探測系統方塊圖，而圖 15.4-2 所展示的是用在 FHSS 系統的方塊圖，這兩者的工作方式很相似。傳送的 PN 碼包含在 $y(t)$ 內，而接收機產生了一個複製碼，但可能偏移了一個相位差 N_c。N_c 值是幾個小片數，也是一個隨機變數，其最大值是 PN 小片週期數減一。其目標是這兩個 PN 碼必須校準到半小片之內。然後由追蹤相位工作接手。對初始探測，某些系統會

[†] 都卜勒頻率位移是經由發射機與接收機之間相對運動所造成的接收頻率的改變。都卜勒頻率位移等於 $\Delta f = \pm v f_0 / c$，這由 v 是發射機與接收機之間的相對速度，f_0 是名義上的頻率，而 c 是光的速率。

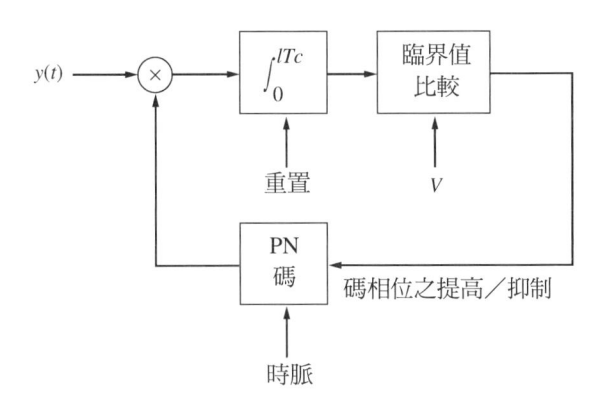

圖 15.4-1 DS 串聯式搜尋探測。

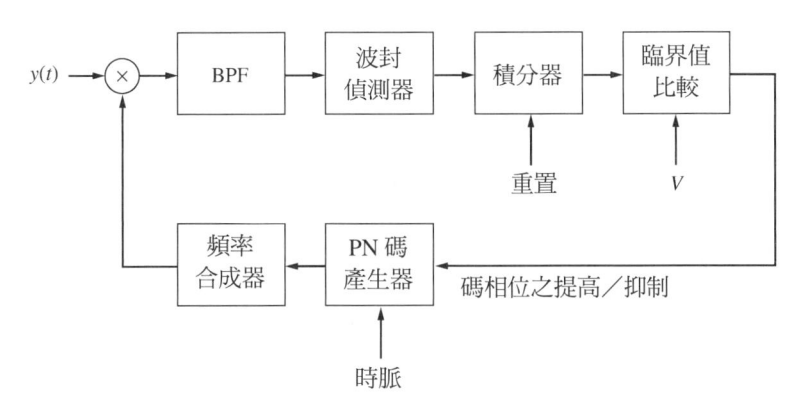

圖 15.4-2 跳頻－串聯式搜尋探測。

使用稱之為**前導序列** (preamble) 的 PN 碼簡化版。

探測工作如下：接收訊號 $y(t)$ 中含有 l 個 PN 小片。將它與含有相同數目小片的複製碼相乘。接著將其乘積由 0 積分到 lT_c 秒，這裡 T_c 是 PN 的時鐘週期。如果有校準，訊號就會被解展開，且積分器的輸出比較起來會遠超過臨界值 V，因此，PN 碼的相位不會被改變。如果沒有校準，臨界值電路會觸發 PN 碼產生器增加半個小片的相位，這樣整個程序就一直重複，直到達成校準。假設系統適切地辨別出正確的 PN 序列，探測的最大時間將是：

$$T_{acq} = 2N_c l T_c \tag{1}$$

這裡的因數 2 是因為我們相關了半個小片增量。在含有雜訊的系統中，可能會有不正確的同步。式 (1) 經修正以獲得平均探測時間為：

$$\overline{T_{acq}} = \frac{2 - P_D}{P_D}(1 + \alpha P_{FA})N_c l T_c \tag{2}$$

這裡的 P_D 是正確偵測的機率，P_{FA} 是錯誤同步的機率，而 α 是由於錯誤警報所反映出來的懲罰因數，$\alpha \gg 1$。探測時間的變異數是：

$$\sigma_{T_{acq}}^2 = (2N_c lT_c)^2(1 + \alpha P_{FA})^2\left(\frac{1}{12} + \frac{1}{P_D^2} - \frac{1}{P_D}\right) \tag{3}$$

式 (2) 與 (3) 是由賽門等人 (Simon dt al., 1994) 推導出來的。

要減少 DSSS 的探測時間，我們可以修正圖 15.4-1 中的系統，將等待整個 lT_c 序列的積分改採用**滑動相關器** (sliding-correlator) 來取代，這樣我們同時執行連續積分，並將結果送到比較器中。一旦輸出超過臨界值時，由於已經達成校準，所以我們就停止此一程序。或是，我們可以藉由平行架構與增加 $2(N_c-1)$ 個相關器到圖 15.4-1 的架構中以增加 $2N_c$ 倍數的處理速度。

■ 追　蹤

一旦我們已完成粗略同步程序，追蹤或是精細的同步接著開始執行。對一個 DSSS 訊號，我們可以採用如圖 15.4-3 所示的延遲鎖相迴路 (DLL)。其接收訊號被送到兩個乘法器中。$y(t)$ 都乘上 PN 碼產生器輸出的延遲或超前版，即 $c(t \pm \delta)$，這裡的 δ 是時鐘週期 T_c 的小分數。接著，每個乘法器的輸出通過帶通濾波以及波峰偵測，這兩個輸出被加總起來然後送到控制 VCO (電壓控制振盪器) 的迴路濾波器中。如果有同步誤差，其中一個波峰偵測器的值會大於另一個的值，這會讓加總器的輸出端產生一個跳變訊號，接著迫使 VCO 超前或延遲其輸出，藉此讓 $c(t)$ 跨立在 $c(t+\delta)$ 與 $c(t-\delta)$ 值之間。

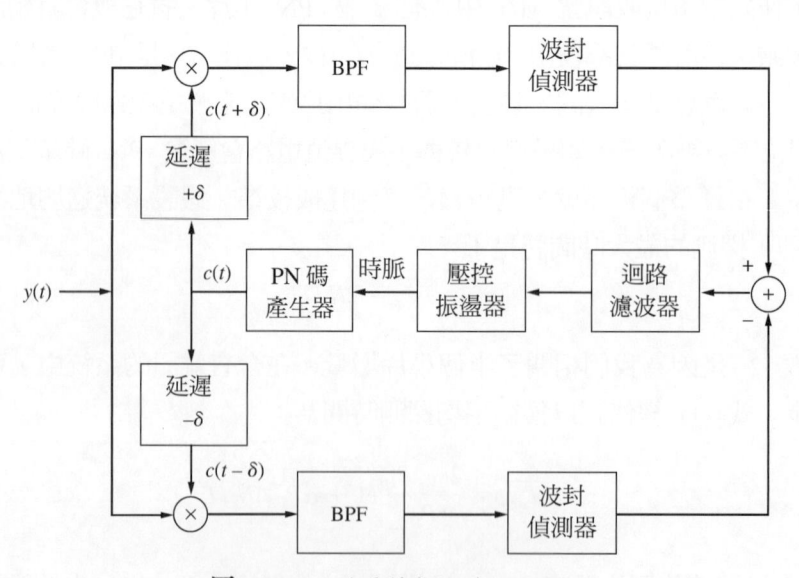

圖 15.4-3　延遲鎖相迴路 (DLL)。

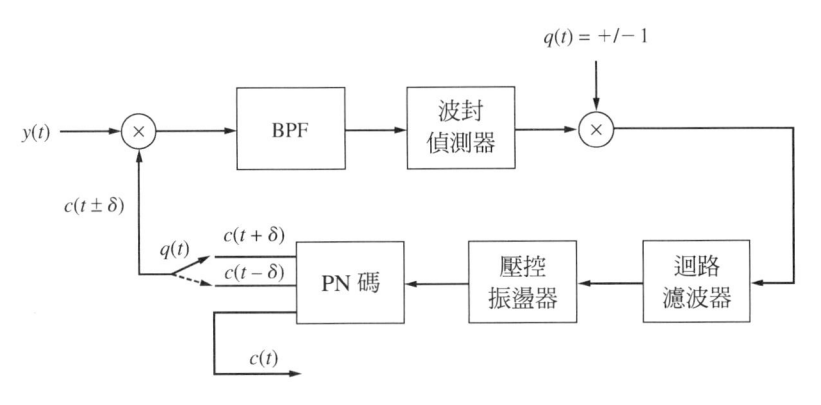

圖 15.4-4 T 型脈動迴路。

　　另一種比 DLL 簡單的方法是圖 15.4-4 的 T 形脈動迴路。這裡僅需要一個迴路，所以我們不必太擔心兩個迴路要有相同增益的問題。除了用一個迴路來共用超前與延遲的訊號外，它的運作方式和 DLL 很相似。當訊號 $q(t)$ 值為 $+1$ 時，輸入訊號 $y(t)$ 被乘上 $c(t+\delta)$。接著偵測其乘積，乘上 $q=1$ 以及送到迴路濾波器。下一週期 $q(t)=-1$，輸入訊號 $y(t)$ 被乘上 $c(t-\delta)$，再經過波峰偵測，乘上 -1，然後送到迴路濾波器。如果兩個訊號相同，VCO 輸出保持不變。但是，如同 DLL 一樣，如果其中一個訊號大於另一個，那麼 VCO 輸出改變，隨之造成 PN 碼產生器移位。

15.5　無線系統

　　過去數年來，隨著電信的解除限制，無線技術的進步，特別是在微波頻段，以及美國政府 (即聯邦通訊委員會，FCC) 開放在 UHF 以上的頻段，造成無線電話與電腦網路的大量擴增。此外，從類比到數位電視的轉換產生額外的頻段，或稱之為白點，提供了額外的無線服務使用。這些無線寬頻通道已經對傳統的銅線電話系統，DSL，甚至纜線數據系統在語音與數據傳輸上構成了重大的競爭者。我們現在簡要地討論兩種無線系統：蜂巢式電話與蜂巢式電腦網路。

電話系統

　　過去二十年來，無線電話系統已經從奢侈品變成幾乎是生活必需品。我們只要在大學校園裡、雜貨店或是在高速公路上開車，就會看到蜂巢式電話無所不在。除了語音服務外，無線電話現在還包括簡訊、網際網路連線、視訊服務等。而美國法律規定，如果蜂巢式電話使用者撥打 911 緊急電話，經由 GPS 定位，接電話的人能夠自

表 15.5-1　頻段在 800 至 900 MHz 的無線語音電話參數

規 格	系 統				
	AMPS	N-AMPS	GSM[a]	IS-95	IS-136[b]
導入年份	1983	1992	1990	1993	1991
使用地區	北美	北美	全世界	美國、亞洲	北美
接取方式	FDMA	FDMA	TDMA	CDMA	TDMA
調變	FM	FM	GMSK	QPSK	$\pi/4$ DQPSK
	$f_\Delta = 12$ kHz	$f_\Delta = 5$ kHz	270.833 kbps $BT_b = 0.3$	9.6 kbps	48.6 kbps
通道頻寬	30 kHz	10 kHz	200 kHz	1250 kHz	30 kHz
單位通道使用者數	1	1	8	35	3
雙工通道數	416	2496	125	20	832[c]
最大功率 (瓦特)	3	3	20	0.2	3
基地台至細胞頻率 (下鏈路)	869–894	869–894	935–960[a]	869–894	869–894
雙工方式	FDD	FDD	FDD	FDD	FDD
細胞至基地台頻率 (上鏈路)	824–849	824–849	890–915[a]	824–849	824–849

a GSM 用在歐洲與亞洲，且用在北美 1.8 GHz PCS 頻帶上。
b IS-136 替代 IS-54。
c 811 只用於語音。

動地找到行動電話發話者的位置。在這節裡我們將簡要地描述美國主要無線電話系統的基本運作，以及用在蜂巢式電話網路的各種技術。

第一代 (1G) 蜂巢式或是無線電話服務大約是在 1983 年導入，又稱之為**高等行動電話服務** (advance mobile phone service, AMPS)，原本是一個 FM-FDMA 系統。在美國，它的使用頻段是在 800 MHz、$W = 3$ kHz 以及 $B_T = 30$ kHz。接著**窄頻帶 AMPS** (narrowband AMPS, N-AMPS) 發展起來得到三倍 AMPS 系統的容量。這些系統的一些技術規格列在表 15.5-1 中。FCC 將以前用在地面廣播電視 70 至 83 頻道的 806 至 890 MHz 再分配，使得 AMPS 服務得以施行。1990 年代中期，美國政府將 1.8 GHz (歐洲是 1.9 MHz) 頻段開放以容納更多的電話與其他的數據服務，稱之為個人通訊服務 (PCS)，除了語音服務外，PCS 技術已擴充了許多手機的功能，包括：發送電子郵件的網際網路、連接全球資訊網、導航輔助、簡訊等。由 AT&T 貝爾實驗室 (Bell Labs) 為先驅，所發展出來整個蜂巢式電話系統的概念，是個非常聰明而且有成效的方法，說明如下。

將一個給定的服務區域分成許多細胞如圖 15.5-1 所示，每一個細胞有一個包含發射機、接收機及天線鐵塔的**行動電話交換辦公室** (mobile telephone switching office, MTSO) 基地台。MTSO 接著是連到電話網路。MTSO 和電話網路之間的連結稱之為

後置網路[†] (backhaul)。當一個電話打進來時，MTSO 會根據手機的序號以及它的電話號碼來確認電話的使用者。接著它指定一組可用的發射機與接收機頻率組合給這支蜂巢式電話。如果我們查看表 15.5-1，我們會看到使用者可分配到的發射機頻率範圍是在 824 至 849 MHz，而收到的頻率範圍是在 869 至 894 MHz。因此，就像地面有線服務一樣，我們有**全雙工服務** (full duplex)，意思是說我們可以同時說與聽。說與聽功能使用不同頻率的系統稱之為**分頻雙工** (frequency-division duplex, FDD)。其他系統有的用**分時雙工** (time-division duplex, TDD)，那種看起來好像是同時間在傳送與接收，但實際上是不同時間。不管是哪一種情形，通話期間 MTSO 監視著蜂巢式電話的訊號強度，因此，若使用者移動到另一細胞，MTSO 就會將使用者換到另一個細胞位置與切換另一組傳送與接收頻率。因此，訊號的強度與通話可以持續進行著，這個過程是無縫隙的。當然這要假設新細胞位置內有一組可用的頻率供使用者使用。如果沒有，電話就會中斷。一個固定區域內增加細胞塔台或是基地的密度，儘管在美觀上會令人不悅，但是卻可以用較低的傳輸功率上讓手機與 MTSO 發射機正常地運作。這是意味著，塔台到電話與電話到塔台的訊號傳播不會超過給定的細胞範圍許多，因此，可以其他鄰近細胞區域有更大的頻率再**使用率** (reuse) 而沒有干擾。低功率也意味著手機有較小的尺寸與較小的電池需求。就大部份而言，AMPS 與 N-AMPS 在數位技術已被視為過時。但是，將一個區域分成數個細胞的觀念仍然在使用，而且依照所使用的多重接取技術，仍然有頻率的配置、TDMA 一組時間的配置，或是 CDMA 一組碼的配置。

範例 15.5-1　蜂巢式電話系統

圖 15.5-1 是一個在某都會地區內蜂巢式系統的假設圖。在這個例子裡，我們總共有 24 個不同頻率，因此我們可以預期這個系統可以提供 12 個使用者。我們的使用者每個細胞有兩個使用者的硬限制。硬限制是根據細胞間干擾的最大準位，或是更明確地說是依據能夠容忍的串音。以這樣的方案，我們有頻率再使用半徑至少為兩個細胞。假設一個客戶在細胞 X1 撥打電話而且被分配到的頻率是 f_1/f_2。在某個點，這個打電話的人遊動並進入了細胞 X5。MTSO 會將頻率 f_1/f_2 的電話中斷，並指派電話使用 f_{17}/f_{18} 或是 f_{19}/f_{20} 頻率。如果這些都已經有使用者正在使用，那麼原來的電話會一起中斷。但要注意到頻率 f_1 與 f_2 是如何在細胞 X9 內再被使用，因為我們假設 X9 離 X1 相當地遠，因此 X1 在內的電話不會干擾到在 X9 內的通話。觀察這個圖可知，儘管總共只有 2 個頻率，藉由頻率的再使用，圖 15.5-1 的系統可以提供

[†] **後置網路** (backhaul) 定義是連接兩個地理位置分隔的網路節點的一種鏈路。例如：連接郊區電話網路至鄰近城市中央辦公室的纜線。

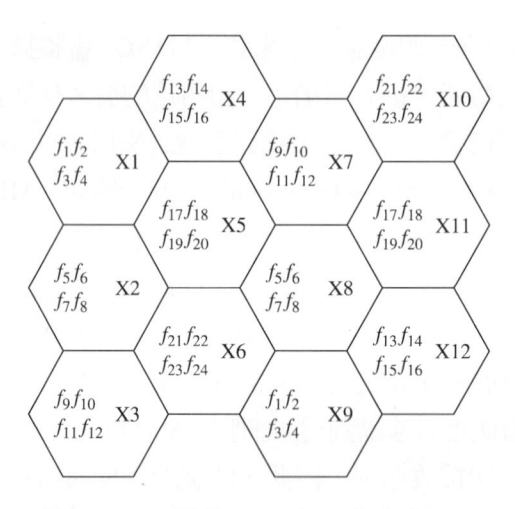

圖 15.5-1 簡易 AMPS 的頻率分配。

24 個使用者。又，在這個例子接取網路是經由配置頻率 (FDMA) 來完成；在其他的系統接取網路是經由配置時間 (TDMA) 或是配置碼序列 (CDMA) 來完成。

數位或是二代 (Second-generation, 2G) 系統的發展使得其服務品質較類比 (AMPS) 系統要好，而且有簡訊、視訊、叫人通話、來電顯示的特色。如 11.2 節與第 14 章所描述，在數位系統中的雜訊是從符號錯誤來表示。這些錯誤可以用錯誤更正技術使其為最小，而且，由於再生中繼器，這些錯誤不會和類比中繼器一樣有相同的錯誤率。這個意思就是說，如果編碼是在最小錯誤臨界值上面，那麼語音會談是沒有雜訊的。語音訊息本質上的冗餘性也讓我們能夠節省地利用數位壓縮技術，以及讓每個通道頻寬有更多的使用者。這是在類比系統不可能做到的。2G 系統有許多種，但是我們將談論的是很廣泛的**全球行動通訊** (Group Special Mobile, GSM) 以及**中期標準-95** (Interim Standard-95, IS-95) 系統。表 15.5-1 列出一些它們的規格。

如同 AMPS 一樣，GSM 以及 IS-95 的使用者會被分配到一個特別的頻率通道。除了頻率外，這些系統也分別地分配時間與展頻碼。GSM 有 125 個雙工通道，每個通道可以容納 8 個使用者使用 TDMA，IS-95 有 20 個雙工通道，每個通道約可容納 35 個使用者使用 CDMA。為了避免串音以及其他種類的干擾，GSM 以及其他的 TDMA 與 FDMA 系統有硬限制每個細胞使用者的數目。CDMA 的本質特性是，如果展頻碼是交互正交的，那麼實際上是不會有串音的。更多的使用者只會升高雜訊的底線，因此，我們有軟限制一個區域內使用者的數目。然而，如果 CDMA 通道加入太多的使用者，使得雜訊底線或是錯誤率變的無法容忍，或是上升準位持續超過某一段時間，那麼電話就會被中斷。但是 CDMA 系統在本質上就擁有電話會談的統計與瞬變性質的優點。例如，一個人在講電話中移動到另一個新細胞區域，他不必被立即中斷；所有在此這裡的細胞都可以容忍雜訊或錯誤率的暫時增加，因為共同使用這個通道的某個人也許很快地就會掛斷電話。我們更進一步切入要點：對 GSM，頻率再使用的安全距離是 7 個細胞以外，但是對 IS-95，甚至是臨接細胞都可以再使用相同的頻率。然而 GSM 已經在歐洲變成一種標準，並且由 AT&T 在美國普遍地使用。它的硬體可以再規劃以容納不同的技術標準。IS-95 是由高通公司 (Qualcomm) 在美國發展出來的，主要是由 Verizon 和其他的通信業者使用。由於大多數新的手機有三個頻段／模式，所以，過去在不同技術上的藩籬，現在正在變得模糊了。

如同原始 1G 系統 (即 AMPS)，2G 系統使用電路交換以提供語音通訊。你可以從 1.4 節圖 1.4-1a 回想一下：使用電路交換，訊號源與目的地之間會有直接的連接。要擁有像簡訊那樣的數據服務，加強式 2G，就是所知的 2.5G，已經將整體分封無線電系統 (GPRS) 當作與既有的電路交換 GSM 網路的介面。圖 14.1-b 展示了用分封交換傳遞數據的觀念。

1999 年，國際電信聯盟 (ITU) 建立了五個移動式蜂巢電話標準供 2G 轉移到 3G。這也是眾所周知的**國際行動通信-2000** (International Mobile Telecommunications-2000, IMT-2000)。從 ITU 的定義，3G 主要是一個以分封為基礎的系統，但也支援電路交換，使用 CDMA，而且打算允許全球漫遊。3G 的資料率正在發展從每秒數百個 KB 到每秒數個 MB。五個標準如下：(a) IMT-DS (直接序列)：寬頻帶 CDMA (WCDMA)，GSM 的接替系統會用在歐洲與美國；(b) IMT-MC (多重載波)：CDMA 2000 或 IS-2000，IS-95 的接替系統會用在美國與世界的許多區域；(c) IMT-TC：CDMA 分時雙工 (TDD) 或是 WCDMA-TDD，是一個微細胞或是奈細胞系統，主要是用在室內；(d) IMT-TC (單載波)：TDMA 單載波、UWC-135 (全球無線通信) 或是 EDGE (增加數據速率供 GSM 發展)；(e) IMT-FT：TDMA 多重載波或是 DECT (直接加強無線電通信)。

我們只討論 GSM 和 IS-95 的接替系統，分別是 WCDMA 與 CDMA 2000。WCDMA 不只是 CDMA 的寬頻版，而且也是 GSM 接替系統標準的技術名詞。WCDMA 也是所知的全球行動通信系統(UMTS)。WCDMA 使用 5 MHz 通道，並且有 3.6864 Mcps 的小片速率。發射機與接收機使用兩個不同的 5 MHz 通道。頻率再使用是以一個細胞為依據。CDMA 2000 的小片速率是 1.2288 Mcps，而傳送語音與數據是在 1.25、3.75、7.5、11.25、15 MHz 通道。和 WCDMA 比起來，它是一個典型的窄頻帶 CDMA，因為一個電話是展開在 1.25 MHz 的上，而 WCDMA 是在 5 MHz 通道。CDMA 2000 有兩個組態，一個是傳統的 DSSS，其資料是展開在一個 1.25 兆赫的通道上。第二種是多重載波 (MC)，用此種方法，資料是展開到 1.25 MHz 的整數倍上。要注意到它的相對應的小片速率也以是相同的整數倍增加。在 CDMA 2000 的族群中，有許多發展標準，如 EV-DV (發展、數據和語音)，1× 和 3× EV-DO (1× 和 3× 發展數據最佳化)。表 15.5-2 是兩個標準中的簡要歸納。更多的 3G

表 15.5-2　北美地區的 3G 無線參數

規　格	CDMA 2000	WCDMA
	系　統	
通道頻寬	1.25/3.75/7.5 MHz*	5 MHz
調變	QPSK	QPSK
小片速率**	1.2288/3.6864/6.1440 Mcps	3.84 Mcps
資料速率+	144/384/2048 kbps	144/384/2048 kbps
雙工方式	FDD	FDD or TDD
細胞至基地台頻率++	1850–1910 MHz	1920–1980 MHz (FDD)
		1900–1920 MHz (TDD)
基地台至細胞頻率++	1930–1990 MHz	2110–2170 MHz (FDD)
		2020–2025 MHz (TDD)

*　高於 1.25 MHz 的頻寬是用多載波且是 1.25 MHz 的整數倍。
**　小片速率是以 1.2288 Mcps 的整數倍對應到所用的頻寬。
+　系統預期會發展至更高的速率。
++　這些是既有的 800 MHz 之外的電話頻帶。

系統資訊請參閱 Karim 和 Sarraf 在 2002 年的著作。

　　和其他地面無線電系統相較，無線電話系統遭受更多的遠近問題。這發生在不相等訊號功率抵達接收機時，較強的訊號將較弱的訊號趕出去。要克服這個問題，我們需要有較寬大動態範圍的接收機放大器讓較強的訊號不會讓前端放大器過載。其他改善的方法包括可適性增益控制技術與發射機功率的可適性控制。更多無線系統的資訊，請參考 Rappaport 2002 年的著作。

■ 無線網路

　　美國政府在允許 ISM 頻段不需要執照的運轉以及拍賣出許多 UHF 與微波頻段後，已經造成無線寬頻服務爆炸性的成長。在這一節裡，我們要簡短地談論兩個系統：Wi-Fi (無線傳真度) 或是 IEEE-802.11，以及 WiMAX (全球互通微波接取) 或是 IEEE802.16。這兩種系統皆提供至網際網路的寬頻無線接取，而且是包括了 DSL、乙太網路、纜線數據機技術，甚至是行動手機電話等有線網路的另一種選擇。Wi-Fi 和 WiMAX 依照它們連接到網路常常分別地被稱之為 "最後一英尺" 以及 "最後一英里"。表 15.5-3 提供一些 Wi-Fi 和 WiMAX 標準的簡要列表。由於這些標準仍在繼續發展，要獲得更確切的資訊需要參考 IEEE 的文獻和標準。注意，無線電腦網路主要是使用 OFDMA，而 3G 電話用的是 CDMA。

　　Wi-Fi 已經讓筆記型電腦在咖啡店、旅館、住家與教室等寬頻上網的機會激增，也免除了區域網路如乙太網路的需求。Wi-Fi 使用微波頻段 (2.45 至 5.7 GHz) 的不需要執照部份，其距離一般是限制在幾百英尺內。一個很平常的 Wi-Fi 系統例子就是

表 15.5-3　Wi-Fi 與 WiMAX 標準一覽表*

規　格	系　統			
	Wi-Fi		WiMAX	
	802.11a	802.11g	802.16-2004	802.16e-2005
頻率	5 GHz	2.4 GHz	2-11 GHz	2-11 GHz (固定式) 2-6 GHz (行動式)
應用	無線網路	無線網路	固定式	固定式與行動式
調變	BPSK/QPSK 16/64 QAM	BPSK/QPSK 16/64 QAM	QPSK/16QAM/ 64-QAM	QPSK/16-QAM/ 64-QAM
傳輸技術	OFDM	OFDM	單載波/256 或 2,048 OFDM	單載波 128/512/ 1,024/2,048 OFDM
多工方式	CSMA	CSMA	TDMA/OFDMA	TDMA/OFDMA
頻寬	20 MHz	20 MHz	1.75–14 MHz	1.75–15 MHz
資料速率	20–25 Mbps	20–25 Mbps	1–75 Mbps	1–75 Mbps
雙工方式	TDD	TDD	TDD/FDD	TDD/FDD

＊ 資料來源：Andrews 等人 (2007)。

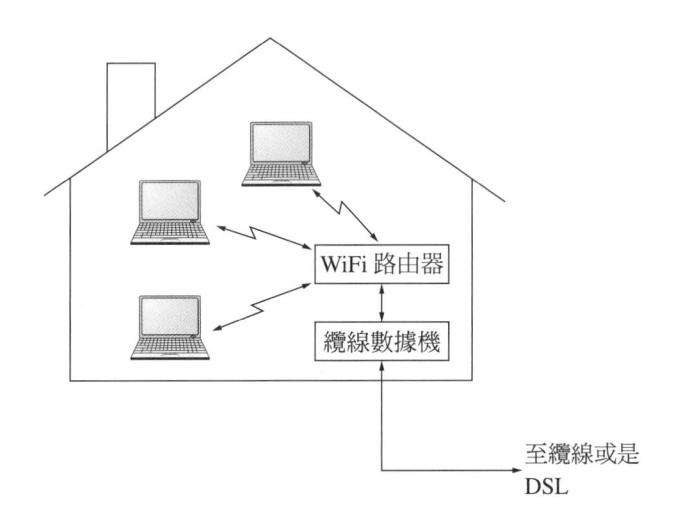

圖 15.5-2　家庭與西餐廳使用的Wi-Fi系統。

如圖 15.5-2 所示的使用在住家或是西餐廳中。其中無線路由器是經由纜線數據機連接到網路。住家的成員或是顧客可以用他們電腦上的 Wi-Fi 無線網路卡經由無線路由器接取上網。除非有接取限制，有無線網卡的鄰居也可以接取網路。雖然在這個例子中的路由器是直接連線到網路，它也可以使用 WiMAX 連接上網，如圖 15.5-3 所示。

大部份多重接取系統的使用者是被配到通道的某一部份 (TDMA、FDMA 等)，與他們不同的是，Wi-Fi 使用的是**載波感測多重接取** (carrier-sense-multiple access,

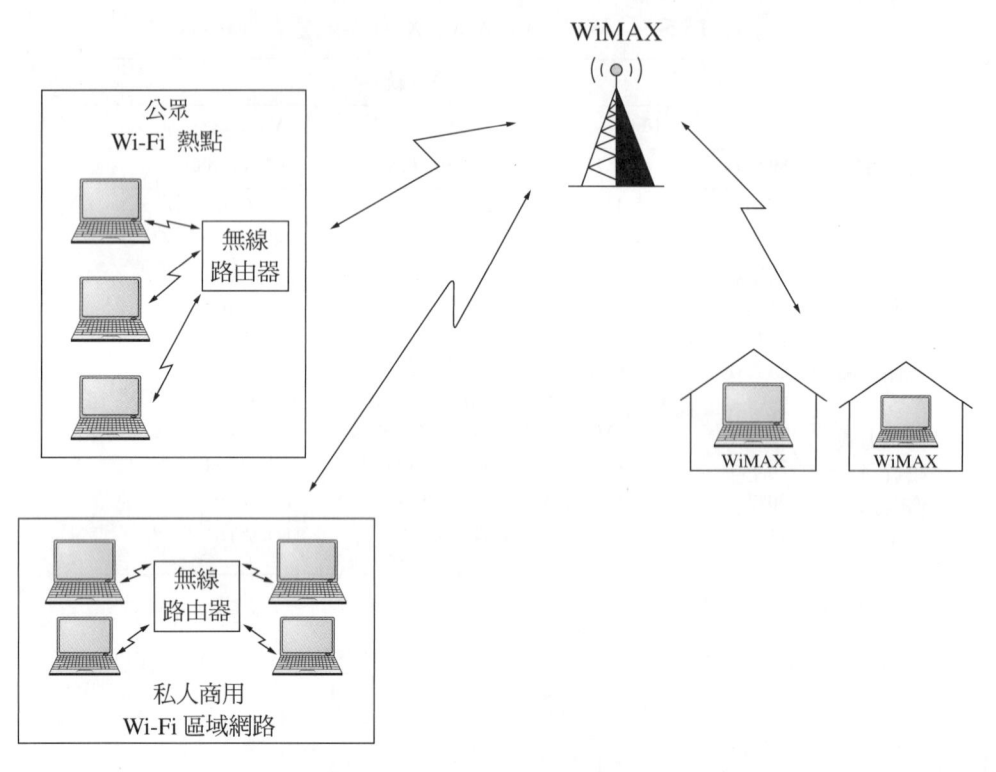

圖 15.5-3　WiMAX 的細胞概念。

CSMA)。CSMA 是 Aloha (見範例 9.4-1) 的增進版，它的使用者：(a) 首先傾聽通道，如果沒有被佔用就傳送封包；(b) 如果通道正被使用中，就根據某種隨機時間函數等待，接著再傾聽通道看看是否空了；(c) 如果是有空了，就傳送封包，否則就重複 (b) 的步驟。

　　WiMAX 是光纖、電纜甚至是蜂巢式電話系統寬頻接取的另一選擇。一個主要的應用是當做後置網路。WiMAX 經常利用現有蜂巢式電話塔台的基礎架構。它具有直視性，因此能夠有效運作達 30 英里。在郊區，私人或商場可以從屋頂上的天線收到 WiMAX 訊號，很類似於地面電視的接收，或是甚至經由 WiMAX 卡在電腦上直接接收。事實上某些電腦系統安裝有 Wi-Fi 和 WiMAX 介面卡，圖 15.5-3 展示的就是一個範例。這裡，WiMAX 將訊號直接經由它們的 WiMAX 卡送到電腦，或是送到在公眾西餐廳或是商場的 Wi-Fi 網路上。要獲得更多的 WiMAX 資訊，請參閱 Andrews 等人 2007 年的著作。

　　WiMAX 被寄望成為纜線和有線電話系統接取網際網路的重要競爭者。例如，一個社區或住家可以建立一個 WiMAX 系統以接取網際網路與電話網路，因此避開了現有的電話與纜線系統。這將可以施加壓力迫使改變現有的管制與特許的結構，有利於更多的競爭與解除管制。

雖然 WiMAX 實行的方式和 3G 手機不同，但是具有 VOIP 的行動 WiMAX 可能形成蜂巢式電話系統的重要競爭者。這是值得特別注意的，因為許多行動電話經營者都是當今電話公司的分公司或是子公司，而許多 WiMAX 的服務提供者是新公司或是獨立的電話公司。

15.6 超寬頻帶系統

傳統的調變通訊系統是讓訊息改變一個週期性載波弦波或是脈波序列的波形。這裡我們要介紹另外一種系統，稱之為**超寬頻帶** (ultra-wideband, UWB) 或是**脈波無線電** (impulse radio) 系統。首先，我們要描述 UWB 訊號，UWB 的實際執行，然後討論多重接取。由於 UWB 常常和 DSSS 混淆，我們也要將它和 DSSS 做一番比較。

從訊息改變一個固定頻率載波的意義上來看，UWB 並不是一個調變系統，雖然它的 RF 頻譜有中心頻率。反而，發射機的輸出是由脈波組成，其位置、期間、波幅或是相位等由訊息來改變。UWB 有下列性質：(a) 期間短 (即脈波寬度 < 0.5% 責任週期)；(b) 寬頻帶，使得其分數頻寬至少 20% (傳統的調變系統是 10% 或是更少)，這裡頻寬的定義是 PSD 在峰值 10% 內的頻率範圍；(c) 具有一個常常是低於現有 RF 干擾 (RFI) 周圍準位的 PSD，這裡的 RF 干擾是來自於電腦監視器，無線電接收器等非想要的輻射器所造成的。我們注意到 FCC 規定這些輻射源的發射量要低於 75 nw/MHz (Nekoogar, 2006)。實際的 UWB 系統的頻寬是超過 0.5 到 1 GHz。因此，與其他的無線電服務不同的是：理論上 UWB 發射機能夠在不需特定執照或是頻率分派位置上運轉，這是因為它們一般是在低於干擾底層下運作。UWB 訊號也可以重疊到現存的窄頻帶通訊通道上。一個值得注意的是：許多所謂的 UWB 系統事實上並不是真的脈波無線電，而是具有頻寬大於 500 MHz (每個 FCC 規定) 的寬頻帶通系統。

■ UWB 訊號

有許多種訊號型態被用做 UWB 訊號，包括高斯、高斯的 n-次導數、啁啾聲訊號、雷利或是正交小波。脈波形狀的選擇會影響系統的頻寬與錯誤效能。文獻上介紹了許多脈波形狀之間不同的效能比較。讓我們來討論延遲 t_d 的高斯脈波：

$$p^0(t - t_d) = \frac{1}{\sqrt{2\pi\sigma^2}} e^{-(t-t_d)^2/2\sigma^2} \tag{1a}$$

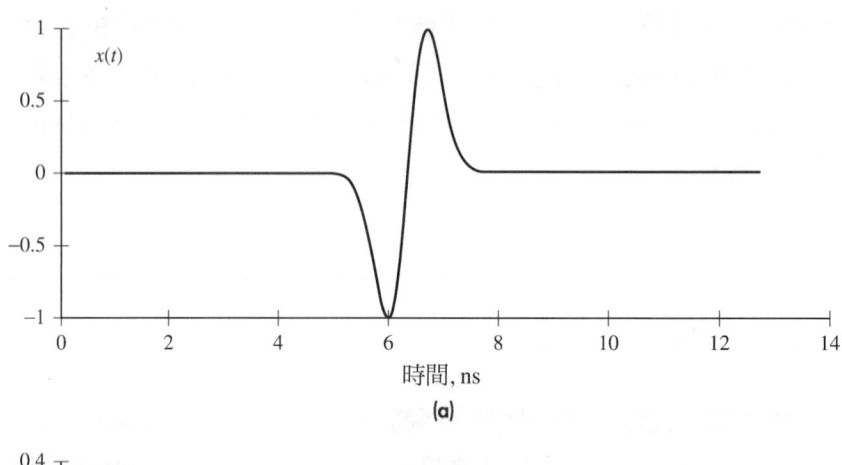

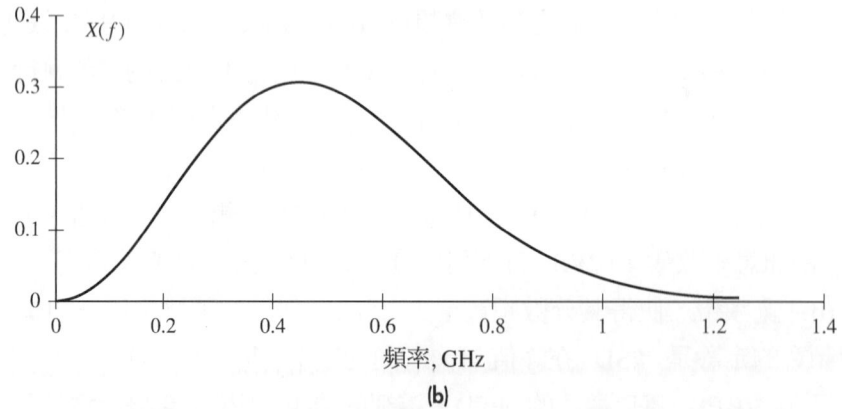

圖 15.6-1　一階 UWB 高斯單週波：(a) 時域；(b) 頻譜。

為了簡化，我們用 $2\sigma^2$ 取代 τ^2/π 而獲得：

$$p^0(t - t_d) = \frac{1}{\tau} e^{-\pi(t-t_d)^2/\tau^2} \tag{1b}$$

對時間取導數，我們得到 1 階高斯單週波 (gaussian monocycle)

$$p^1(t - t_d) = \frac{-2\pi(t - t_d)}{\tau^2} e^{-\pi(t-t_d)^2/\tau^2} \tag{2}$$

如圖 15.6-1a 所示，它所對應的傅立葉轉換表示在圖 15.6-1b 中。注意，此 1-奈秒高斯單週波佔據了數個 GHz 的頻寬。分派給每個資料位元的時間槽稱之為框架。

　　圖 15.6-2a 所展示的是 UWB 發射機，接收機是用反極性或是 OOK 訊號的相關偵測器來執行，如圖 15.6-2b 所示。和 7.1 節探討論的調變系統所使用的發射機與接收機比較，我們看到了這個系統的簡單性。特別注意的是 UWB 接收機的主要元件是相關偵測器，而圖 7.1-1 所示的更複雜超外差還需要一個混頻器、振盪器及 IF-BPF。顯然地，UWB 接收機的增益比傳統超外差裝置要低得很多。

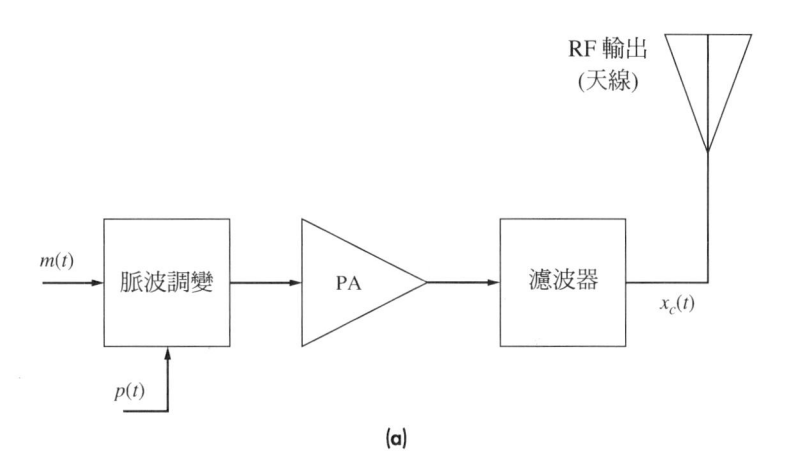

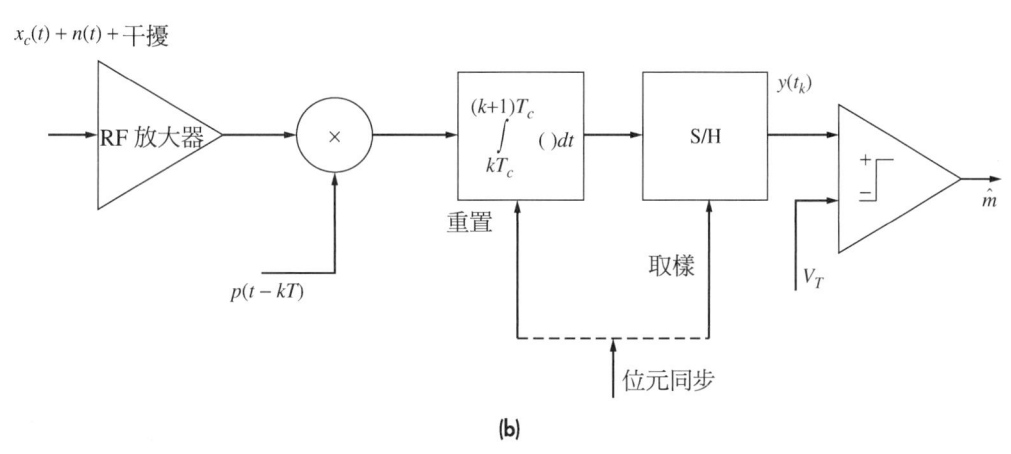

圖 15.6-2 UWB 系統：(a) 發射機；(b) 反極性或是 OOK 訊號相關器接收機。

編碼技術

如果訊息是二元形式，我們可以用一般所使用的 PPM、OOK 和 PAM 技術將 UWB 脈波編碼，如圖 15.6-3 所示。對 PPM UWB 訊號，它的表示式是：

$$x_{c_{ppm}}(t) = A_c \sum_{k=0}^{N} p(t - kT - d_k\Delta) \tag{3}$$

這裡 $p(t)$ 是 UWB 脈波波形，T 是框架期間，d_k 代表第 k 個訊息位元，因此對二元系統，$d_k = 0$、1 且 Δ 是 PPM 的時間位移。對 OOK 和 PAM，我們有：

$$x_{c_{\text{OOK or PAM}}}(t) = A_c \sum_{k=0}^{N} a_k p(t - kT) \tag{4}$$

這裡 a_k 代表第 k 個訊息振幅。在相反極性系統，$a_k = \pm 1$，而且常被稱之為 BPSK。OOK 是 PAM 的一個特例，較少使用，這是因為 0 脈波會很容易被雜訊或是干擾所

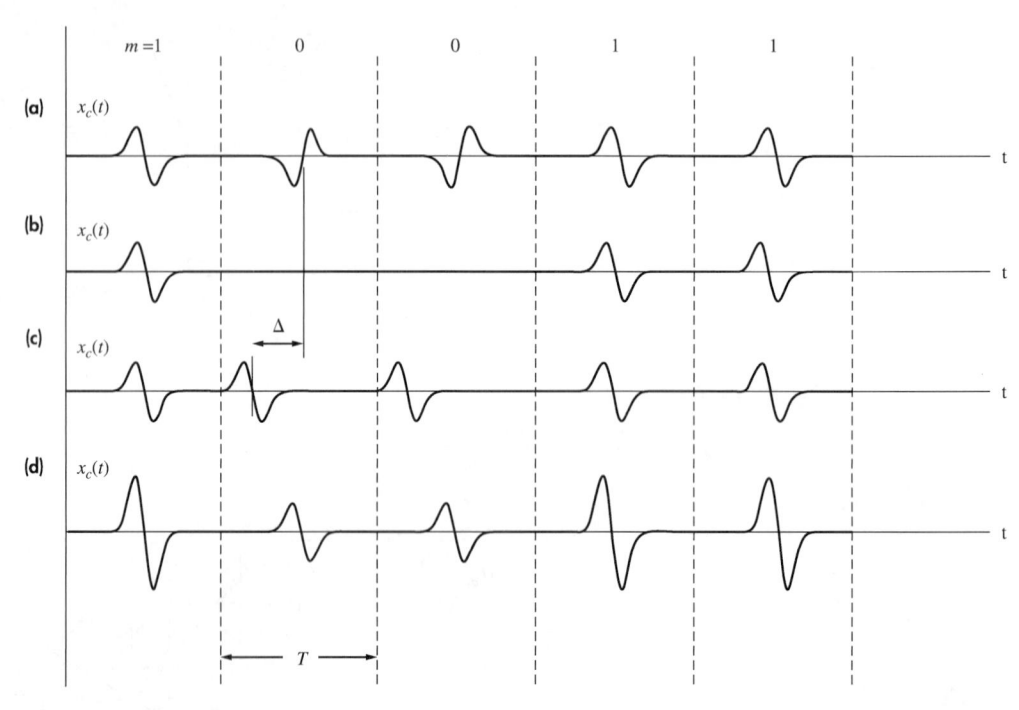

圖 15.6-3 序列 10011 的單週波 UWB 訊號：(a) 反極性；(b) OOK；(c) PPM；(d) PAM。

混淆。

　　為了將對其他無線服務的干擾降為最小或是降低截聽的機率，讓傳送的 UWB 訊號不會呈現週期性是很重要的，因為從 2.1 節我們記得，週期訊號會產生線狀頻譜。如同在 DSSS 情形一樣，脈波形狀應該設計成具有高度自相關性。要讓和其他的使用者的干擾為最小，雖然不可能，但是我們還是想要讓脈波和其他訊號有低度的交相關性，讓相關器可以拒絕訊號。

■ 傳送−參考系統

　　如果我們利用稱之為傳送−參考 (TR) 的系統作為自我同步的方法，那麼接收機的複雜度就可以大為降低。要說明這個觀念，我們由相反極性系統開始，其中每個框架包含一個參考訊號及隨後的資料位元，如圖 15.6-4a 所示。二元資料是這樣的：

$$m(t) \Rightarrow a_k = \begin{cases} +1 \rightarrow \text{邏輯 } 1 \\ -1 \rightarrow \text{邏輯 } 0 \end{cases}$$

因此，式 (4) 的發射機輸出就變成：

$$x_c(t) = \left[A_c \sum_{k=0}^{N} p(t-kT) + a_k p(t-kT-D) \right] \tag{5}$$

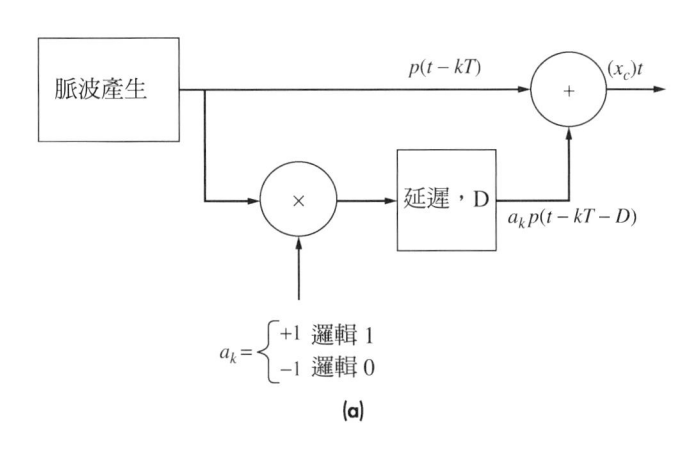

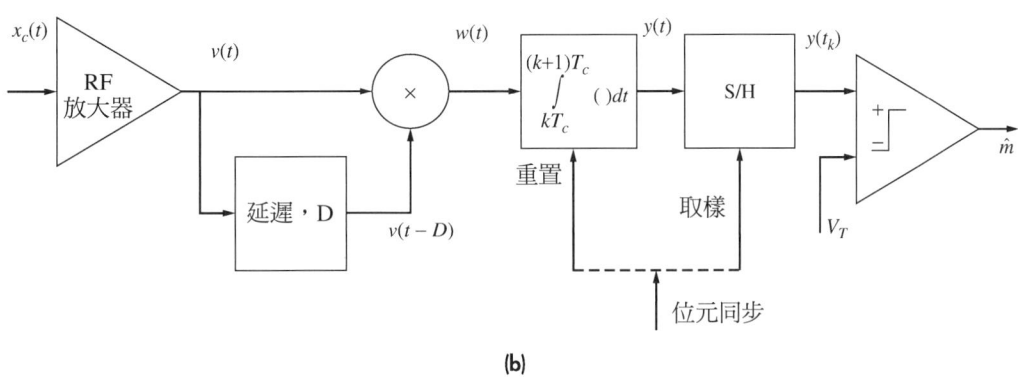

圖 15.6-4 反極性 TR 系統：(a) 發射機；(b) 接收機。

這裡有一個參考與資料訊號之間的額外延遲 D。圖 15.6-4b 中 TR 接收機的訊號展示在圖 15.6-5 中。

　　TR 是非同步的，因此不必用到特別的同步方法。因為這些會影響到參數與資料訊號，它也對通道失真有較大的免疫性。但是，TR 簡單性的代價是較大的資料負擔以及降低資料速率。其他將 UWB 系統的干擾，多重路徑等降為最小的文獻，請參閱 Zhou 與 Haimovich (2001)、Dowla、Nekoogar 與 Spiridan (2004)，以及 Dang 與 van der Veen (2007) 的著作。

> 我們要指明這是很重要的：在 UWB 訊號低於雜訊／干擾最底層的情況，要達成有效的通訊需要讓傳送訊號與接收機可收到的某些參考訊號同步。否則接收機是無法知道何時訊號正在傳送。

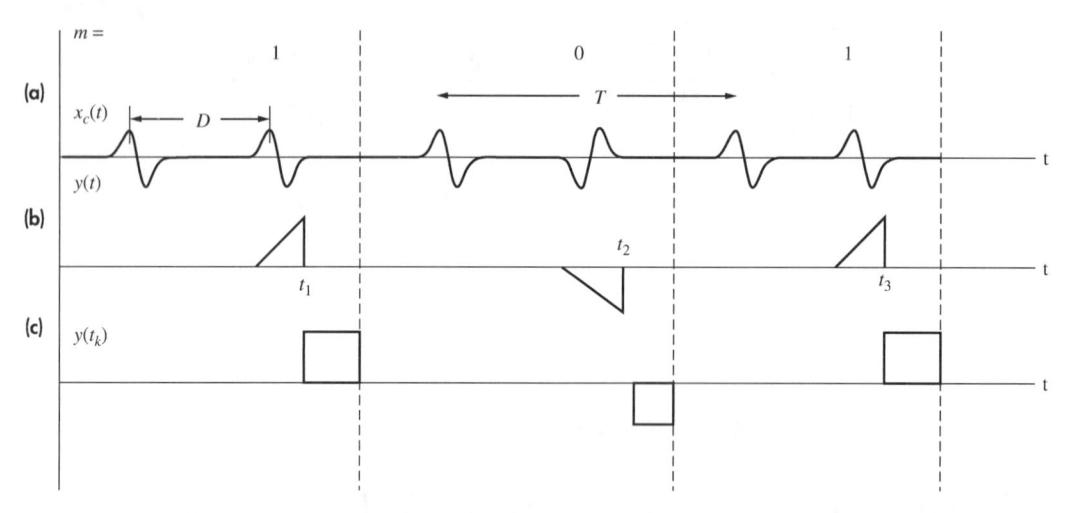

圖 15.6-5 訊息 101 以位元速率 1/T 傳送的 TR 接收訊號：(a) 接收機輸入；(b) 積分器輸出；(c) 取樣與保持輸出。

■ 多重接取

考量一個 UWB 系統並且不去考慮通道失真、訊號損失以及隨機雜訊的影響。在有 M 個干擾訊號情況下，由式 (3) 與 (4) 所描述的 N 個 PPM 或是 PAM 脈波在接收機偵測器的輸入端可表示為：

$$v_{\text{PPM}}(t) = \left[A_c \sum_{k=0}^{N} p(t-kT-d_k\Delta) \right] + \left[\sum_{j=1}^{M} \sum_{k=1}^{N} a_k^j p^j(t-kT-d_k^j\Delta) \right] \tag{6a}$$

或是

$$v_{\text{PAM}}(t) = \left[A_c \sum_{k=0}^{N} a_k p(t-kT) \right] + \left[\sum_{j=1}^{M} \sum_{k=1}^{N} a_k^j p^j(t-kT-d_k^j\Delta) \right] \tag{6b}$$

這裡式 (6a) 和 (6b) 中的第一個括號項分別是想要的 PPM 或是 PAM 訊號，而第二個括號項代表的是包括多重接取干擾 (MAI) 的所有 M 個干擾的總和。變數 a_k^j 和 d_k^j 是第 j 個干擾訊號的振幅與延遲準位，而 $p^j(\ )$ 是第 j 個干擾脈波。式 (6a) 和 (6b) 的干擾項已經被廣義地擴展到包括任何其他不想要的 PAM、PPM、多重路徑或是其他的訊號。我們也注意到式 (5) 中所描述的參考脈波並不包括在內。

考量圖 14.2-3 具有相關接收機的 PAM 範例，如果訊號樣本 $s_{i=0,1}(t-kT)$ 能匹配傳送脈波的話，在時間 t_k 時相關接收機的第 i 個積分輸出是

$$z_{m0,1}(t_k) = \int_{kT_b}^{(k+1)T_b} A_c a_k p(t-kT) s_i(t-kT_b) dt + \int_{k}^{(k+1)T} \sum_{j=1}^{M} a^j p^j(t-kT-d_k^j \Delta) s_i(t-kT_b) dt$$

$$= E_{1 \text{或} 0} + E_{\text{干擾}} \tag{7}$$

因此,接收機的輸出是:

$$z_{m1}(t_k) > z_{m0}(t_k) \Rightarrow \hat{m} = "1"$$
$$z_{m1}(t_k) \leq z_{m0}(t_k) \Rightarrow \hat{m} = "0" \tag{8}$$

如式 (7) 所示,愈多的使用者會增加 $E_{\text{干擾}}$ 的大小,造成的結果是:增加了錯誤。因此,如果我們想要容納多重 UWB 使用者,我們必須確保每個使用者的脈波波形是彼此正交的。有關選擇脈波波形讓干擾最小化的更多資訊,可參考 Wu 等人 (2006) 與 Sellathurai 和 Sablatash (2004) 等的著作。有關 PPM 系統多重接取的計算,請參閱 Yoon 和 Kohno (2002) 的著作,以及有關 UWB 在多重路徑下的效能,請參閱 Choi 和 Stark (2002) 的著作。

另外降低錯誤的方法首先就是要避免脈波的撞擊。這個可以使用時間跳躍 UWB (TH-UWB) 來達成。TH-UWB 是根據類似 THSS 的原理,不同的是,準隨機產生器輸出的序列控制了使用者發射機的輸出時間,使得每一個使用者有它們自己的序列。經由適當的設計,這個系統可以最小化資料的撞擊機率。更多的資訊請參閱 Hu 與 Beaulieu (2004) 以及 Nekoogar (2006) 的著作。其他的多重接取方法是 Aloha 或是 CSMA。

■ 和直接序列展頻的比較

我們很容易將 DSSS 和 UWB 系統混淆在一起,這是因為兩者都有相當大的處理增益,以及不易被截聽或干擾,而且非常適合用在多重接取。但是兩者之間是有很大的差別。首先,如前面所提到,UWB 從傳統意義上來看並不是一個調變系統,這是因為訊息改變的是脈波而不是傳統系統 (包括 DSSS) 中的弦波載波訊號。其次,使用 DSSS 處理增益 (PG) 是受限於 PN 產生器的速度,因此,傳輸頻寬是數個 MHz 的大小,而使用 UWB,它至少是 0.5 GHz。最後,就如我們前面所說的,DSSS 有一個幾乎 100% 的責任週期,而 UWB 的責任週期一般是低於 0.5%。

15.7 問答題與習題

問答題

1. 為什麼 DSSS 一般有低的截聽機率？
2. 對 CDMA 提供一個非無線電的類似的系統。
3. 為何 DSSS 有某種對抗多重路徑的免疫力？
4. 為何 DSSS 的展頻碼不適用於保密通訊？
5. 較大處理增益的優點是什麼？
6. DSSS 訊號對遮幕干擾相對於使用於單調干擾有任何的優點嗎？如果是，在什麼條件下？
7. 耙式接收機的優點是什麼？
8. 為什麼 FHSS 具有比 DSSS 更大的處理增益？
9. 為何 FHSS 有某種對抗多重路徑的免疫力？
10. 快跳躍 FHSS 有什麼優點是優於慢跳躍 FHSS 或是 DSSS？其理由為何？
11. 當使用 DSSS 或是 FHSS 時，有任何 SNR 或是錯誤效能的損失嗎？
12. 用什麼方法我們能夠讓 SS 在不需訊息加密情況下更保密？
13. 說明一種可以對 SS 訊號 (或是 PN 序列) 解碼的方法，該方法不需要接收者擁有 15.3 節中所描述的同步硬體設備。
14. 如果 DSSS 系統是用來定位或是追蹤一個建築物內的物體，什麼會是造成錯誤的原因？
15. 說明一種可以克服 DSSS 測距系統中的假象位置的方法。
16. 什麼是長展頻碼的缺點？
17. 為什麼原始 AMPS 系統用的是 FM？為何不用 SSB、DSB 或是 AM？
18. 為什麼一個手機接收機的 RF 放大器有很寬廣的動態範圍是很重要的？
19. 經由軟體無線電來執行無線電話會有什麼優點？
20. 為什麼一個 1900 MHz 的電話要比一個 850 MHz 的電話更簡潔？
21. 是那些理由讓原來的 AMPS 系統的寬頻是 30 kHz，而不是後來所使用的 10 kHz？
22. 為什麼搭機的乘客在飛行中仍然不允許使用行動電話？列出並說明至少三個理由。
23. 我們能夠用什麼樣的設計方法讓無線電話可以同時在 GSM 與 IS-95 的環境下

24. 在密集人口地區，為什麼 WCDMA 比 CDMA 2000 更具有優勢？
25. 說明 WiMAX 和 Wi-Fi 之間的區別。
26. 說明 CDMA 和 OFDM 系統如何克服多重路徑。
27. 說明為什麼無線電話使用 CDMA 而無線網路使用 OFDM，這之間的取捨等原因。
28. 為什麼 UWB 訊號不易受到干擾？
29. 在一個教室或是討論室的設置中，聽眾正透過無線電腦和演講者交談，假如使用者的數目超過了，有什麼不好的結果？解釋你的回答。
30. 除了已經說明的方法外，描述另外的 UWB 多重接取的方法。

習 題

15.1-1* 一個 DSSS-BPSK 系統有資訊率 3 kbps，而且是運作在一個環境，那裡，在接收端有一個五倍於接收訊號功率的單調干擾且 $N_0 = 10^{-21}$ W/Hz。沒有干擾時，$(S/N)_R = 60$ dB。如果需要 $P_e = 10^{-7}$，計算：(a) 小片速率；(b) B_T。

15.1-2 一個 DSSS-BPSK 系統有 $P_g = 30$ dB，且在干擾出現時，要達到 $P_e = 10^{-7}$。干擾餘裕是多少？

15.1-3 一個 DSSS-CDMA 系統以速率 6 kbps 來進行電話傳送資訊。此系統所使用的碼率是 10 MHz 並且 $(S/N)_R = 20$ dB。要達到 $P_e = 10^{-7}$ 而且每個訊號都以相同功率接收。(a) 多少個使用者能夠共用這個通道？(b) 如果每個使用者會降低 6 dB 的功率，多少個使用者能共用這個通道？

15.1-4 假如多重路徑長度訊號比直接訊號長 500 公尺，要克服這個多重路徑干擾所需要的最小小片速率是多少？

15.1-5* 10 個 DSSS-BPSK 使用者，每一個以速率 6 kbps 來傳送資訊，並經由 CDMA 來共用一個通道。假設相加性雜訊可忽略，為了要達成 $P_e = 10^{-7}$，什麼是最小的小片速率？

15.1-6 重做習題 15.1-5，假設通道受到白高斯雜訊的破壞，使得在單一使用者情況需要 $P_e = 10^{-9}$。

15.1-7 一個 DSSS 系統以 9 kbps 的速率在單調干擾功率大於想要訊號 30 dB 的情況下傳送資訊。為了要達到 $P_e < 10^{-7}$，所需要的處理增益是什麼？

15.1-8 如果每個人都在使用 DSSS-BPSK，而且處理增益是 30 dB 以及有 $P_e < 10^{-7}$，多少個等功率的客戶能夠分享這個 CDMA 系統？

15.1-9 一個 DSSS-BPSK 的使用者以 6 kbps 傳送資訊,其小片速率為 10×10^6 且接收訊號有 $P_e = 10^{-10}$。如果 P_e 的需求被降到 10^{-5} 而且每個使用者都降低它們的功率 3 dB,那麼有多少個使用者能共用這個通道?

15.1-10* 對一個 3 kHz 的語音通訊,如果目標是從距離 25 公尺,$f_c = 850$ MHz 的 1 W 手機而來,其輻射能量要低於周遭 RF 準位 75 nW/MHz,所需要的 P_g 和 B_T 是多少?

15.1-11 讓一個 3 kHz 語音訊號原為 1 W 在 3 kHz 通道上改變成為 75 nW/MHz。假設沒有損失,求最小的 P_g 和 B_T 值。這個系統可行嗎?

15.1-12 假如一個已知的細胞區域,其 $P_e = 10^{-5}$ 可容許 20 個使用者。再增加 1 個次方的錯誤機率可增加多少個使用者?你可以假設可忽略通道雜訊,並且所有的使用者都有相同的功率。

15.1-13 考慮一個單使用者 DSSS 系統,其 $P_g = 500$、$S_R = 1$ mW 以及 $r_b = 1,000$ Hz。沒有干擾時有 $P_e = 10^{-6}$。如果使用者訊號受到遮幕干擾,使得在接收機端上有 1 個 1 μW/Hz 的訊號在頻寬 3,000 Hz 上,那麼新的 P_e 值是多少?

15.2-1* 一個二元 FHSS 系統有 3 kbps 的資訊率,且在遮幕式干擾環境下運作,那裡整個通道受到五倍大於接收訊號功率準位的干擾。在沒有干擾情況下,$(S/N)_R = 60$ dB 且 $N_0 = 10^{-21}$ W/Hz。如果需要 $P_e = 10^{-7}$,決定最小的 P_g 以及對應的 B_T 值。

15.2-2 一個二元 FSK 系統有資訊率 3 kbps、10 個使用者以及 $P_e \leq 10^{-5}$。我們已知道對一個使用者 $P_e = 10^{-10}$,決定最小的 P_g 與對應的 B_T 值。

15.2-3 已知習題 15.2-1 的系統,對一個 DSSS 系統,若要有相同的 P_e 值,其 P_g 和 B_T 值會是多少?

15.2-4* 對一個出現部份頻帶干擾的 FHSS 系統,有 $\gamma = 10\%$,$J = 6$ mW,$E_b = 2 \times 10^{-11}$,$N_0 = 10^{-12}$,$r_b = 6$ kbps,以及 PN 產生器有 $k = 10$ 個輸出情況,其 P_e 值是多少?

15.2-5 對一個 FHSS 系統,要防止一個距離接收機 5 英里的干擾,計算其最小的跳躍率。

15.2-6 考慮一個具有 Sunde 的二元 FSK FHSS 系統,它有 3 跳躍/位元,從 $f_{c_0} = 200$ MHz 開始的 8 個載波頻率,$r_b = 2,000$ kbps,以及具有邏輯 $0 \rightarrow f_{c_i}$ 以及邏輯 $1 \rightarrow f_{c_i} + f_d$。如果訊息序列是 1011 而且跳躍序列是由一個初始條件為 [1 1 1] 的 [3,1] 位移暫存器輸出來控制,那麼輸出頻率序列是什麼?提示:對本題與下一個習題,請複習 11.4 和 15.3 節。

15.2-7 一個 FHSS 系統使用 $n=16$ 階位移暫存器，它的每一級被輸入到一個頻率合成器，而且有不重疊頻率，1 位元／跳躍，且 $r_b=6$ kbps，其頻寬為何？請說明所做的任何假設。

15.3-1 已知具有 [4, 1] 組態的 4 階位移暫存器，其初始狀態是 0100，而且由一個 10 MHz 的時鐘脈波來驅動。(a) 什麼是它的輸出序列？(b) PN 序列週期為何？繪出這個位移暫存器所產生的自相關函數。

15.3-2 對具有 [4, 2] 組態的 4 階位移暫存器重做習題 15.3-1。

15.3-3 證明 [4, 1] 位移暫存器的輸出序列擁有如同 11.4 節所描述的 ML 序列的性質。

15.3-4 對一個初值狀態為 11111 且具有 [5, 4] 回授連接點的 5 位元移位暫存器 PN 產生器，求輸出序列以及它的對應長度。它是一個 ML 序列嗎？

15.3-5* 已知一個由偏好對 [5, 2] 和 [5, 4] 所組成的哥德碼產生器。這兩個暫存器的初始值都是全為 1。(a) 其輸出序列是什麼？(b) 交相關係上限是多少？

15.3-6 一個 DSSS 距離量測系統要達到 0.01 英里解析度所需要的小片速率是多少？

15.3-7 一個 DSSS 系統具有一個 20 MHz 的碼時鐘速率，它的距離解析度是多少？

15.3-8 已知一個需要 $P_g \geq 30$ dB 且為多重接取的通道。對一個在房間周圍環境有個約 25 公尺遠障礙物的 DSSS 無線電話，要避免多重路徑干擾的最小，T_c 值與最小通道頻寬是多少？根據你的答案，P_g 值是多少？假設訊息頻寬是 3 kHz。

15.3-9 一個長度 50 公尺、寬度 20 公尺的房間，發射機和接收機的中心位置是在 20 公尺牆上，彼此相距 50 公尺。使用 DSSS 要讓多重路徑干擾為最小的最小小片率是多少？

15.4-1 一個 10 MHz 的碼產生器偏移了 5 Hz/小時，一天過後，它的小片不確定性是多少？

15.4-2 一個操作在具有 10 MHz 碼時鐘的 900 MHz 載波上的 DSSS 系統正以 500 英里／小時的速率向前移動。由於都卜勒效應，最大載波頻率偏移與小片不確定性是多少？

15.4-3* 一個 DSSS-BPSK 系統具有小片率 10 MHz，它使用一個 2,048 位元的前導序列做串列搜尋，而且有 $P_D=0.9$、$P_{FA}=0.01$ 以及 $\alpha=100$。什麼是它的平均探測時間以及它的標準偏移？假設輸入訊號的 PN 序列與接收機的 PN 產生器之間有最大的初始相位差。

15.4-4 一個 DSSS-BPSK 系統使用一個 50 MHz 的碼時鐘以及一個設定為最大長度的 12 階位移暫存器。假設接收訊號的 PN 序列和接收機的 PN 產生器之間的相位差是半個 PN 週期。如果使用 $P_D=0.9$、$P_{FA}=0.01$ 以及 $\alpha=10$ 以及來完成一個串列搜尋,計算平均探測時間以及它的標準偏移值。

15.5-1 假如可以容忍 $P_e=10^{-5}$,你能夠重疊多少個 WCDMA DSS 訊號在一個 5 MHz 的有線電視通道上?

15.5-2 對 CDMA 2000 以及 $W_c=1.2288$ Mcps,重做習題 15.5-1。

15.5-3 下列系統對多重路徑,障礙物的距離差值大約是多少才會發生問題?(a) WCDMA 與 (b) CDMA 2000。

索 引

一 劃

一階記憶　first-order memory　16-14
一維隨機散步　one-dimensional random walk　8-44

二 劃

二元字碼　binary codeword　1-12
二元相位鍵移　binary phase-shift keying, BPSK　14-8
二元對稱通道　binary symmetric channel, BSC　16-20
二進位　binary digits　11-4
二項式係數　binomial coefficient　8-31
二項式隨機變數　binomial random variable　8-30

三 劃

三角不等式　triangle inequality　16-40
三角函數　triangular function　2-37
三角函數傅氏級數　trigonometric Fourier series　2-11
三角調變　delta modulation, DM　12-19
三個或更多彼此互斥事件　three or more mutually exclusive events　8-7
三個基本的原則　three fundamental axioms　8-6
下旁波帶　lower sidebands　4-16
上升取樣　upsampling　6-15
上升時間　risetime　3-48
上旁波帶　upper sidebands　4-16
工作週期　duty cycle　2-13
干擾　interference　1-6
干擾餘裕　jamming margin　15-9

四 劃

不平衡　unbalanced　4-45
不同調　incoherent or noncoherent　9-19
不相關　uncorrelated　3-56
不相關雜訊　irrelevant noise　16-45
不連續　discontinuities　2-12
不穩定　unstable　3-7

中央極限定理　central limit theorem　8-38
中期標準-95　Interim Standard-95, IS-95　15-30
中頻分解　IF strip　7-4
中頻帶　intermediate-frequency, IF　7-4
中點　midpoint　2-16
中繼放大器　repeater amplifier　3-30
內部調變失真　intermodulation distortion　3-26
內插函數　interpolation function　6-9
內插濾波器　interpolation filter　6-9
分佈　distributions　2-44
分貝　decibels, dB　3-28
分封交換　packet switching　1-18, 12-43
分相曼徹斯特　split-phase manchester　11-6
分時多工　time-division multiplexing, TDM　1-11, 7-18
分時雙工　time-division duplex, TDD　15-29
分配律　distributive　2-40
分數頻寬　fractional bandwidth　4-12
分頻多工　frequency-division multiplexing, FDM　1-11, 7-13
分頻雙工　frequency-division duplex, FDD　15-29
切線靈敏度　tangential sensitivity　10-33
匹配　matched　9-26
匹配濾波器　matched filter　9-38, 11-21
匹配濾波器　matched filters　9-39
厄米特對稱性　hermitian symmetry　2-21
反向傅氏轉換　inverse Fourier transform　2-20

反極性　antipodal　11-24
反對數放大器　antilog amplifiers　4-22
反離散傅立葉轉換　inverse discrete Fourier transform, IDFT　2-57
天波傳播　skywave propagation　1-16
孔徑誤差　aperture error　6-11
方塊碼　block code　13-8
比例偵測器　ratio detector　5-36
比例頻寬　fractional bandwidth　1-11

五　劃

凹口　notch　3-39, 5-36
加入／刪除多工機　add/drop multiplexers, ADM　12-41
加成性白色高斯雜訊　additive white gaussian noise, AWGN　9-35
加權－電阻解碼器　weighted resistor decoder　12-7
功率增益　power gain　3-28
功率頻譜　power spectrum　3-63
功率頻譜密度　power spectral densities　10-7
功率頻譜密度　power spectral density　3-63
半功率　half-power　3-41
半雙工　half-duplex, HDX　1-6
卡爾遜規則　Carsons rule　5-20
可用頻譜密度　available spectral density　9-26
可交換的　commutative　2-40
可能性偵測法則　maximum-likelihood detection rule　16-46, 16-48
可理解　intelligible　5-42

可適性消除　adaptive cancellation　3-46
可適性濾波器　adaptive equalizer　11-39
可變互導乘法器　variable transconductance multiplier　4-22
可變電抗　variable-reactance　5-27
可觀測決策函數　decision function　16-48
史德林近似式　Stirlings approximation　16-25
四分式　quaternary　11-6
四分相位平移鍵　quaternany PSK, QPSK　14-8
外加　additive　9-33
外差　heterodyning　4-35
失真　distorted　3-12
失真　distortion　1-5
平方可積分的　square integrable　2-16
平方定律調變器　square-law modulator　4-23
平均功率　average power　2-9, 9-10
平均功率的疊加性　superposition of average power　2-18
平均共同資訊　average mutual information　16-18, 16-29
平均值　average value　2-9, 2-11
平均時間延遲　mean-time delay　3-32
平均誤差概率　average error probability　11-17
平均碼長　average code length　16-10
平均雜訊功率　average noise power　9-30
平衡　balance　11-51
平衡調變器　balanced modulator　4-24
平衡鑑別器　balanced discriminator　5-34
未經調變的載波功率　unmodulated carrier power　4-17
正　positive　2-6
正交　orthogonal　2-11, 7-17
正交分量　quadrature components　4-7
正交分頻多工　orthogonal frequency division multiplexing, OFDM　1-19, 14-51
正交分頻多重接取　orthogonal frequency-division multiple-access, OFDMA　14-57
正交訊號　orthogonal signals　16-40
正交偵測器　quadrature detector　5-35
正交基底函數　orthogonal basis functions　2-11
正交載波　quadrature-carrier　4-7, 14-6
正交濾波器　quadrature filter　3-50
正弦　sinusoidal　1-8
正弦脈波　sine pulse　2-62
正面承認　positive acknowledgment, ACK　13-11
正規化　normalized　3-29
正規基底函數　orthonormal basis function　16-41
正確率　accuracy　1-4
生成多項式　generator polynomial　13-23
生成函數　generating function　13-35
生成矩陣　generator matrix　13-16
白雜訊　white noise　9-27

六　劃

交叉頻譜密度　cross-spectral density　9-19
交互干擾　intersymbol interference, ISI　3-24

交互相關　cross-correlation　3-55
交互相關函數　cross-correlation function　9-5
交互乘積　cross-product　3-26
交換電容器　switched-capacitor　3-44
交換電路　switching-circuit　5-29
交換標記轉換　alternate mark inversion, AMI　11-5
交集事件　intersection event　8-5
交錯　interleaving　13-6
先到－遲到同步器　early-late synchronizer　11-48
全球行動通訊　Group Special Mobile, GSM　15-30
全球性定位系統　global positioning system, GPS　15-23
全部機率　total probability　8-9
全部瞬時相角　total instantaneous angle　5-4
全雙工服務　full duplex　15-29
共同的機率　joint probability　8-7
共同資訊　mutual information　16-18
共同熵值　joint entropy　16-59
共同機率密度　joint probability density　8-21
共同變異　covariance　8-37
共變異函數　covariance function　9-6
再生器　regenerator　11-8
吉伯斯現象　Gibbs phenomenon　2-16
同位　parity　13-5
同位檢查矩陣　parity-check matrix　13-19
同步　synchronization　4-38
同步　synchronous　4-36

同步光網路　Synchronous Optical Network, SONET　12-40
同步傳輸訊號　synchronous transport signal, STS-1　12-40
同步酬載封包　symchronous payload envelope, SPE　12-42
同步數位階層架構　Synchronous Digital Hierarchy, SDH　12-40
同步檢波器　synchronous detectors　4-35
同相　in-phase　4-7
同調檢波　coherent detection　4-36
同調檢波　homodyne detection　4-38
同質　homodyne　7-7
向量　vectors　13-7
因果　causal　2-23
因果能量　causal energy　2-24
回授　feedback　3-14
回溯 N　go-back-N　13-12
多工　multiplexing　4-11
多重存取　multiple access　3-36
多重存取　multiple access, MA　1-12
多載波　Multicarrier, MC　7-14
多載波調變　multicarrier modulation, MC　14-51
多餘的　redundant　16-14
字母　alphabet　11-4
字首　prefix　11-53
字首（或字尾）循環延伸　prefix and postfix (or suffix) cyclic extensions　14-57
字碼回傳的錯誤率　word retransmission probability　13-12
字碼錯誤　word error　13-4

收斂　converge　2-15
收斂於平均值　converges in the mean　2-16
有效孔徑面積　aperture area　3-35
有效等向輻射功率　effective isotropic radiated power, EIRP　3-35
有視線傳播　line-of-sight propagation　3-34
耳高迪　ergodic　9-8
自相關函數　autocorrelation function　9-5
自相關性　autocorrelation　11-51
自由空間損失　free-space loss　3-34
自由距離　free distance　13-34
自身訊息　self-information　16-5
自相關函數　autocorrelation function　3-56, 9-5
自動重複要求　automatic-repeat-request, ARQ　13-3
自動音量控制　automatic volume control, AVC　4-40, 7-6
自動增益控制　automatic gain control, AGC　7-6
自動頻率控制　automatic frequency control, AFC　7-7
行動電話交換辦公室　mobile telephone switching office, MTSO　15-28

七　劃

串音　crosstalk　3-27, 5-42
串訊　crosstalk　7-13
串聯　cascade　3-14
位元同步器　bit synchronizer　11-46
位元誤差概率　bit error probability　11-27

低通　lowpass　3-39, 4-7
低通至帶通的轉換　lowpass-to-bandpass transformation　4-8
低通等效　lowpass equivalent　10-9
低通等效訊號　lowpass equivalent signal　4-8
低通等效頻譜　lowpass equivalent spectrum　4-7
低通等效轉換函數　lowpass equivalent transfer function　4-9
低通濾波器　lowpass filter　3-12
克列夫特不等式　Kraft inequality　16-10
判定規則　decision rule　11-16
吸收　absorption　3-34
均勻 (週期性) 取樣　uniform (periodic) sampling　6-9
均勻地分佈　uniformly distributed　8-19
均方根　mean-square　8-24
均方根頻寬　RMS bandwidth　12-23
快閃編碼器　flash encoders　12-6
快速傅立葉轉換　fast Fourier transform, FFT　2-57
快跳頻　fast-hopping SS　15-15
技術問題　technological problem　1-6
投影　projection　16-41
抓取效應　capture effect　5-37
步階響應　step response　3-5
每一旁波帶的功率　power per sideband　4-17
決策回授等化器　decision feedback equalizer, DFE　11-40
決策區　decision regions　16-46
決策導向　decision-directed　11-39

沒有編碼　uncoded　13-5
災難性的錯誤傳輸　catastrophic error propagation　13-38
系統　systems　1-3
系統線性　systematic linear　13-15
角度　exponential　5-4
角度或指數型　angle or exponential　5-3
貝氏定理　Bayess theorem　8-9

八　劃

並連鎖碼　parallel concatenated codes, PCC　13-46
並聯　parallel　3-14
事件　event　8-4
使用率　reuse　15-29
取樣　sampling　1-9
取樣　up-sample　12-34
取樣平均　sample mean　8-28
取樣函數　sampling function　2-12
取樣和維持　sample-and-hold, S/H　6-21
取樣價值　sample variance　8-28
奇對稱性　odd-symmetry　2-8, 2-23
奇數　odd　2-22
奈奎斯特速率　Nyquist rate　6-5
延遲失真　delay distortion　3-19, 4-39
延遲延展　delay spread　3-24
延遲擴展　delay spread　3-32
弦式抽樣脈波　sinc pulse　2-28
往前的錯誤更正　forward error correction, FEC　13-4
彼此互斥的　mutually exclusive　8-5

拉布拉斯分佈　Laplace distribution　8-26
拉格朗吉不定乘數　Lagranges undetermined multipliers　16-28
拉普拉斯轉換　Laplace transform　2-23
抽樣　sampling　2-46
放大　amplification　1-5
波形編碼器　waveform encoders　12-30
波封　envelope　2-13, 4-6
波封失真　envelope distortion　4-15
波封再生　envelope reconstruction　4-40
波封延遲　envelope delay　4-11
波封與相位角　envelope-and-phase　4-7
波封檢波器　envelope detectors　4-15, 4-35
波幅偵測器　envelope detector　5-33
波跡　envelope　3-21
波德圖　Bode diagram　3-42
卜瓦松隨機變數　Poisson random variable　8-32
狀態圖　state diagram　13-31
狀態變數　state variable　13-35
直接數位合成器　Direct Digital Synthesis, DDS　12-7
直接轉換接收機　direct conversion receivers, DC　7-7
空集合　empty set　8-6
空轉時間　idle time　13-12
阿羅哈　Aloha　9-14
非同步傳輸模式　asynchronous transfer mode, ATM　12-43
非同調　noncoherent　14-18
非因果　noncausal　3-39
非時變　time-invariance　3-4

非能量　nonenergy　2-24
非週期性能量訊號　nonperiodic energy signal　2-19
非對稱數位用戶線　asymetric digital subscriber line, ADSL　12-39
非線性　nonlinear　4-21
非線性訊號壓縮　nonlinear signal compression　12-11
非歸零　nonreturn-to-zero, NRZ　11-5

九　劃

冠狀因數　crest factor　12-9
前向轉移機率　forward transition probabilities　16-18
前置檢波訊雜比　predetection signal-to-noise ratio　10-6
前置檢波雜訊　predetection noise　10-4
前置檢波雜訊功率　predetection noise power　10-5
前導分量　precursor　3-39
前導序列　preamble　15-25
哈特萊－雪農法則　Hartley-Shannon law　16-31
哈特雷－雪農法則　Hartley-Shannon law　1-7
封包　packets　12-43
後置網路　backhaul　15-29
指數傅立葉級數　exponential Fourier series　2-10
查表式解碼器　table-lookup decoder　13-20
相加性白高斯雜訊通道　additive white gaussian noise (AWGN), channel　16-30
相位　angle　5-4

相位　phase　4-6, 15-20
相位反轉　phase reversal　4-15, 4-18
相位比較偵測　phase-comparison detection　14-34
相位平移鑑別器　phase-shift discriminator　5-34
相位位移　phase shift　3-9
相位位移法　phase-shift method　4-30
相位延遲　phase delay　3-21
相位偏差量　phase deviation　5-4
相位敏感器　phasejitter　10-30
相位調變　phase modulation　5-4
相位調變　phase modulation, PM　5-3
相位調變索引　phase modulation index　5-4
相位頻譜　phase spectrum　2-10
相位鍵移　phase-shift keying, PSK　14-3
相位翻轉鍵移　phase-reversal keying, PRK　14-8
相角　angle　2-10
相乘特性的雜訊　multiplicative noise　10-36
相對的頻率　relative frequency of occurrence　8-4
相對增益　relative gain　3-29
相關函數　correlation functions　3-54
相關性的編碼　correlative coding　11-41
相關性偵測器　correlation detector　11-24, 14-21
相關性跨距　correlation span　11-42
相關偵測器　correlation detectors　16-48
相關資料向量　relevant data vector　16-46

突波　spikes　10-23
負面承認　negative acknowledgment, NAK
　　13-11
重建　reconstruct　1-9
重製　replication　2-46
重複頻率　cyclical frequency　2-4
重疊　superposition　9-19
音量控制　automatic volume control, AVC
　　7-7

十　劃

乘積調變器　product modulator　4-21
倒置伸展　reciprocal spreading　2-21
修正雙二進位訊號　modified duobinary
　　signaling　11-44
射頻調諧　tuned-RF, TRF　7-7
峰值波封功率　peak envelope power　4-18
差量 PCM　differential pulse-code
　　modulation, DPCM　12-19
座標　coordinates　16-42
徑度頻率　radian frequency　2-4
振幅　amplitude　2-4
振幅比　amplitude ratio　3-9
振幅－相位鍵　amplitude-phase keying,
　　APK　14-9
振幅脈波調變串列　amplitude-modulated
　　pulse train　11-4
振幅誤差　amplitude error　9-38
振幅頻譜　amplitude spectrum　2-10
振幅鍵移　amplitude-shift keying, ASK
　　14-3
振幅響應　amplitude response　3-9
旁波反轉　sideband reversal　7-6

時間位置誤差　time-position error　9-39
時間延遲　time-delayed　2-31
時槽阿羅哈　shotted Aloha　9-14
時變　time-verying　4-21
梳形濾波器　comb filter　3-65
柴比雪夫不等式　Chebyshevs inequality
　　8-25
格式　formats　11-5
格狀圖　code trellis　13-30
格蘭姆－史密特程序　the gram-schmidt
　　procedure　16-42
特徵函數　characteristic function　8-29
窄頻　narrowband　4-12
窄頻帶　narrowband　5-8, 5-9
窄頻帶 AMPS　narrowband AMPS, N-AMPS
　　15-28
純量乘積　scalar product　3-54
純量積　scalar product　16-40
耙式　Rake　15-13
耗損　loss　1-5
脈波位置調變　pulse-position modulation,
　　PPM　6-18
脈波延續　pulse-duration, PDM　6-18
脈波振幅調變　pulse-samplitude
　　modulation, PAM　6-15
脈波無線電　impulse radio　15-35
脈波寬度調變　pulse-width modulation,
　　PWM　6-18
脈波調變　pulse modulation　1-9
脈波雜訊　impulse noise　9-46
脈碼調變　pulse-code modulation, PCM
　　12-3
脈衝　impulses　2-44

脈衝響應　impulse response　3-5
能量頻譜密度　energy spectral density
　　2-26, 3-62
衰減　attenuation　1-5, 13-29
衰減係數　attenuation coefficient　3-30
記憶體　memory　13-30
訊息　message　1-3, 1-4
訊息交換　message switching　12-43
訊息頻寬 W　message bandwidth W　4-4
訊框傳送　frame relay　12-43
訊號　signal　1-4
訊號的傳輸　signal transmission　1-4
訊號空間　signal space　16-39
訊號空間圖　signal constellation　14-6
訊號能量　signal energy　2-18
訊號率　signaling　11-4
訊號源編碼　source-coding　1-13
訊號對干擾比　signal-to-interference ratio, SIR　14-26
訊號雜訊比　signal-to-noise power ratio　1-7
迴旋定理　convolution theorems　2-41
迴旋積分　convolution integral　2-38
追蹤　tracking　15-24
高位元率數位用戶線　high bit rate digital subscriber line, HDSL　12-39
高密度雙極性碼　high-density bipolar codes　11-14
高通　highpass　3-39
高斯的嘗試下之面積　area under the gaussian tail　8-33
高斯的隨機變數　gaussian RV　8-33
高斯單週波　gaussian monocycle　15-36

高斯程序　gaussian process　9-13
高斯濾波 MSK　gaussian-filtered MSK　14-17
高等行動電話服務　advance mobile phone service, AMPS　15-28

十一　劃

停止帶　stopband　3-39
停與等　stop-and-wait　13-12
假像三進位　pseudo-trinary　11-5
假像消除　image rejection　7-10
假像頻率　image frequency　7-5
偶對稱性　even symmetry　2-7, 2-23
偶數　even　2-22
偏移量鍵移　offset-keyed QPSK OQPSK　14-9
動態範圍　dynamic range, DR　7-9
唯一解釋　uniquely decipherable　16-9
國際行動通信-2000 (International Mobile Telecommunications-2000, IMT-2000)　15-31
基本的物理限制　fundamental physical limitations　1-6
基本頻率　fundamental frequency　2-11
基頻訊號　baseband bandwidth　7-14
基頻通訊　baseband communication　9-33
常態均方誤差　normalized mean-square error　10-36
常數相位位移　constant phase shift　3-19
常數值振幅　constant　2-52
常數時間延遲　constant time delay　3-19
常駐段　section overhead, SOH　12-42
常駐路徑　path overhead, POH　12-42

帶拒　band-rejection　3-39
帶拒濾波器　notch 或 band reject　3-45
帶通　bandpass　4-12
帶通訊號　bandpass signal　4-5
強制長度　constraint length　13-30
強度　strength　1-5
強迫響應　forced response　3-4
探測　acquisition　15-24
接收訊號功率　received signal power　10-4
接收機　receiver　1-5
接頭延遲線等化器　tapped-delay-line equalizer　3-22
推薦對　preferred pairs　15-22
敏感動作　jitter　11-9
斜率負載因子　slope loading factor　12-24
斜率偵測　slope detection　5-34
斜率過載　slope overload　12-22
斜率過載雜訊　slope-overload noise　12-25
條件的機率密度函數　conditional PDF　8-22
條件熵　equivocation　16-19
條件熵值　conditional entropy　16-14
條件機率　conditional probability　8-9
混波　mixing　4-35
混波器　mixers　4-35
淨面積　net area　2-20
率降減　rate reduction　16-15
理想的取樣函數　ideal sampling function　6-7
理想的取樣波形　ideal sample wave　6-7
理想的硬式限制器　ideal hard limiter　5-25
理想帶通濾波器　bandpass filter, BPF　3-38
異質接收機　heterodyne receiver　7-8
眼譜　eye pattern　11-9
第 n 個動差　n-th moment　8-24
第二中間動差　second central moment　8-25
第零層數位訊號　digital signal level zero, DS0　12-37
符號函數　signum function　2-50
符號間的干擾　inter-symbol interference, ISI　11-8
粒狀雜訊　granular noise　12-22
統計分時多工　statistical-time division multiplexing　12-43
統計的獨立　statistically independent　8-10
細包　cells　12-43
累積分佈函數　cumulation distribution, CDF　8-13
累積器　accumulator　12-20
責任週期　duty cycle　6-4
軟式決策　soft decision　14-66
軟決策解碼　soft-decision decoding　16-35
軟體定義無線電　software-defined radio, SDR　1-20
軟體無線電　software radio　1-20
通帶　passband　3-12, 3-39
通道容量　channel capacity　1-7, 16-21
通道傳輸頻寬　transmission bandwidth　1-6
通道編碼　channel coding　1-12

逗號碼　comma code　16-11
連續可變斜率三角調變　continuously variable slope delta modulation, CVSDM　12-26
連續波　continuous wave, CW　4-3
連續波　continuous-wave　1-8
連續的隨機變數　continuous RV　8-16
連續相位　continuous-phase　14-10
連續頻譜　continuous spectrum　2-20
速度　speed　1-6
速率　rate　11-1
速率失真理論　rate distortion theory　16-39
部份響應訊號　partial-response signaling　11-41
都卜勒偏移　Doppler shift　3-37

十二劃

傅氏積分定理　Fourier integral theorem　2-19
傅氏積分對　Fourier integrals　2-20
傅氏轉換　Fourier transform　2-20
最大可能性　maximum likelihood　16-45
最大可能性解碼法　maximum-likelihood decoding　13-20
最大平坦　maximally flat　3-42
最大長度　maximal-length　11-51
最大相位位移　maximum phase shift　5-4
最大相位偏移　maximum phase deviation　5-20
最大相位偏移變化量　maximum phase deviation　5-9
最大線性相位位移　maximally linear phase shift　3-43
最大觀測後　maximum a posteriori, MAP　16-45
最小加權非零路徑　minimum-weight nontrivial path　13-35
最小均方誤差　minimum mean squared-error, MMSE　11-38
最小距離　minimum distance　13-7
最小鍵移　minimum-shift keying, MSK　14-13
單工　simplex, SX　1-6
單元　transponder　4-36
單位步階函數　unit step function　2-49
單位面積　unit area　2-44
單位脈衝　unit impulse　2-5
單形集合　simplex set　16-54
單音　tone　4-4
單極的截波器　unipolar chopping　6-3
單調時限的　asymptotically timelimited　2-18
單邊　one-side　2-6
壹階維持　first-order hold (FOH)　6-11
循環位移　cyclic shift　13-23
循環重複碼　cyclic redundancy codes, CRCs　13-26
循環碼　cyclic codes　13-22
循環頻率　cyclical frequency　2-6
散射　scattering　3-34
期望值運算　expectation operation　8-23
殘餘　vestige　4-33
殘邊帶　vestigial-sideband　14-7
渦輪碼　turbo codes　13-46
無失真的傳輸　undistorted transmission

3-12
無法實現的 unrealizable 3-39
無效的 useless 16-59
無記憶性 memory less 5-24
發射功率 average transmitted power 4-17
發射機 transmitter 1-5
硬式決策 hard decision 14-66
等位漣波 equiripple 3-43
等位線積分 contour integrations 2-49
等能量正交訊號 equal-energy orthogonal signals 16-55
結合律 associative 2-40
絕對可積分的 absolutely integrable 2-6
絕對時限的 strictly timelimited 2-18
萊新分佈 Rician distribution 14-29
虛擬支流 virtual tributary, VT 12-40
虛擬電路 virtual circuit 12-43
超外差 superhet erodyne 7-3
超寬頻系統 ultra-wideband, UWB 1-20
超寬頻帶 ultra-wideband, UWB 15-35
週期 period 2-4
週期 periodic 2-9
週期 periodogram 9-16
量子準位值 quantum levels 12-5
量化誤差 quantization error 12-8
量化誤差值 quantization noise 12-8
量化器 quantizer 12-5
量測值 metric 13-40
等化器 equalizers 1-6
開關函數 switching function 6-3
開－關鍵 on-off keying, OOK 14-5
間插符號 interleaving symbols 12-35

階次符號數列 ordered sequence of symbols 11-4
集總參數 lumped-parameter 3-5
順序解碼法 sequential decoding 13-42

十三　劃

亂碼 scrambling 11-49
損失 loss 3-29
傳真度 fidelity 1-4
傳輸常駐位元組 transport overhead, TOH 12-42
傳輸通道 transmission channel 1-5
傳輸頻帶寬 transmission bandwidth 4-16
微分定理 differentiation theorem 2-36
微差同調 differentially coherent 14-34
極性 polar 11-5
極限條件下之轉換式 transforms in the limit 2-44
極高位元率數位用戶線 very high bit rate digital subscriber line, VDSL 12-39
毀損 mutilated 10-16
滑動相關器 sliding-correlator 15-26
瑞利分佈 Rayleigh distribution 8-35
瑞利衰減 Rayleigh fading 8-47
瑞利機率密度函數 Rayleigh PDF 8-35
多數的經驗法則 empirical law of large numbers 8-4
群 group 4-11
群延遲 group delay 3-21
補體 complement 8-7
解強調濾波 deemphasis filtering 5-37, 5-39

解碼 decoding 1-5, 1-12
解碼雜訊功率 decoding noise power 12-15
解調 demodulation 4-35
解調變 demodulation 1-5, 1-8
詳盡無疑的 exhaustive 8-5
資料壓縮 data compression 16-15
資訊 information 1-3
資訊率 information rate 16-7
資訊源編碼定理 source coding theorem 16-10
資訊轉移 information transfer 1-3
路徑 path 12-40
路徑終端組件 path-terminating element, PTE 12-40
載波 carrier wave 1-8
載波 carrier 3-21
載波延遲 carrier delay 4-11
載波感測多重接取 carrier-sense-multiple access, CSMA 15-33
載波雜訊比 carrier-to-noise ratio, CNR 10-17
過渡區域 transition regions 3-41
過程增益 process gain, Pg 15-8
過調變 overmodulation 4-15
電腦網路 computer networks 1-20
電路交換 circuit switching 1-18, 12-42
零越點偵測器 zero-crossing detector 5-36
零階維持 zero-order hold (ZOH) 6-11
零集中等化器 zero-forcing equalizer 11-36
預失真 predistorting 5-39

預強調 preemphasizing 5-39
預期性 anticipatory 3-39
預測 prediction 12-20
預測延續編碼 predictive run encoding 16-14
預測誤差 prediction error 12-20
預測增益 prediction gain 12-28
預碼 precoding 11-13

十四 劃

實數 real 2-11, 2-21, 2-22
實數對稱 real symmetrical 2-23
對偶定理 duality theorem 2-27
對稱 local symmetry 10-35
對稱旁波帶 symmetrical sidebands 4-16
對稱數位用戶線 symmetrical digital subscriber line, SDSL 12-39
對數放大器 log amplifiers 4-22
對數正常化 log-normal 8-46
對點對點通訊 point-to-point communication 10-27
慢跳頻 slow-hopping SS 15-15
截止頻率 cutoff frequency 3-38
截波器 clipper 5-25
漢明球 Hamming sphere 16-24
漢明距離 Hamming distance 13-7
漸弱 feding 4-39
網際網路語音通信協定 Voice-over-Internet Protocol, VoIP 1-18
維恩圖 Venn diagram 8-5
維特比演算法 Viterbi algorithm 13-40
維納金慶定理 Wiener-Kinchine theorem

9-15
語音合成　speech synthesis　12-20
誤差　error　1-7
誤差序列　error sequence　16-14
誤差傳播　error propagation　11-43
誤差概率　error probability　11-4
增益　gain　3-9
寬頻雜訊抑制　wideband noise reduction　1-11
寬頻雜訊衰減　wideband noise reduction　10-21

十五劃

廣義函數　generalized function　2-44
廣義靜態　wide-sense stationary　9-9
廣播式的通訊　broadcast communication　10-27
徵狀　syndrome　13-20
數位　digital　1-4
數位多工方式　digital multiplexing　12-3
數位或是二代　Second-generation, 2G　15-30
數位的　digital　1-3
數位訊號處理　digital singal processing　1-13
數據機　modem　14-66
樣本函數　sample function　9-4
樣本空間　sample space　8-5
樣本點　sample points　8-5
標準偏差　standard deviation　8-25
標準溫度　standard temperature　9-25
模　norm　16-39
歐拉定理　Eulers theorem　2-5

歐幾里得距離　Euclidean distance　13-8
熱雜訊　thermal noise　1-7
碼框同步器　frame synchronizer　11-46
編碼　encoding　1-12
編碼　coding　1-5, 1-9
編碼延遲　coding delay　16-32
編碼率　code rate　13-8
編碼增益　coding gain　13-38
編碼器　encoder　12-5
編碼樹　code tree　13-30
線性　linear　3-4, 4-3
線性估算　linear estimation　8-43
線性波封檢波　linear envelope detector　4-40
線性的轉換　linear trans for mation　8-20
線性空間　linear space　16-39
線性非時變　linear time-invariant　3-4
線性組合封閉性　closed under linear combination　16-39
線性預測編碼　linear predictive coding, LPC　12-29
線路長度　path length　3-30
線頻譜　line spectrum　2-5
複音　multitone　4-4
複數共軛對　complex-conjugate pairs　2-11
複數調變　complex medulation　2-34
調諧比例　tuning ratio　7-6
調變　modulation　1-5, 9-19
調變系統　modulation systems　4-3
調變角度　modulation index　5-9
調變定理　modulation theorem　2-34
調變指數　modulation index　4-15

調變訊號　modulating signal　1-8
適應等化器　adaptive equalizers　3-23
餘弦　cosine　2-6
餘弦脈波　cosine pulse　2-62
熵　entropy　16-7
熵函數　entropy function　16-26
導引載波　pilot carrier　4-38

十六　劃

整體　ensemble　9-4
整體平均值　ensemble average　9-5
整體數位網路　integrated services digital network, ISDN　12-39
橫向濾波器　transversal filter　3-22
樹狀碼　tree code　16-11
機率　probability　8-4
機率密度函數　probability density function, PDF　8-16
機率密度函數　uniform PDF　8-18
激勵與響應　excitation-and-response　3-4
積分定理　integration theorem　2-36, 2-51
積分傾卸　integrate-and-dump　11-23
積分器　integrator　12-21
輸入訊號 x(t)　input signal x(t)　3-4
輸入輸出方程式　input-ouput equation　13-36
輸出訊號 y(t)　output signal y(t)　3-4
選擇並反覆　selective-repeat　13-12
選擇能力　selectivity　7-9
錯誤向量　error vector　13-20
錯誤偵測同位檢查碼　error-detecting parity-check code　13-5

錯誤控制編碼　error-control coding　1-12
隨著時間變大　grows with time　3-8
隨機過程　random process　9-4
隨機變數　random variables　8-12
霍爾效應　Hall-effect　4-22
頻域　frequency domain　2-5
頻帶限制的　bandlimited　2-29
頻率失真　frequency distortion　3-18
頻率合成器　frequency synthesizer　7-8
頻率位移　frequency translation　1-9
頻率函數　frequency function　8-14
頻率乘法器　frequency multiplier　5-30
頻率調變　frequency modulation　2-48
頻率調變　frequency modulation, FM　5-3
頻率遷移　frequency translation　2-34
頻率鍵移　frequency-shift keying, FSK　14-3, 14-10
頻率轉換器　frequency converter　7-4
頻率響應　frequency response　3-9
頻率變化量　frequency deviation　5-5
頻率變換器　frequency converter　4-35
頻寬　bandwidth　1-6, 3-12, 3-39
頻寬不變　bandwidth conservation　10-27
頻寬延展因子　bandwidth expansion factor　15-6
頻寬效率　bandwidth efficiency　14-49
頻寬減少　bandwidth reduction　5-7
頻寬壓縮　bandwidth compression　16-33
頻寬擴展　bandwidth expansion　16-33
頻譜　spectrum　1-6, 2-20
頻譜交疊現象　aliasing　6-10, 6-11
頻譜密度函數　spectral density functions　3-54

頻譜頻率　spectral frequency　5-7
鮑率　baud　11-5

十七劃

儲存與向前交換　store-and-fornard switching　12-43
儲槽　tank　4-25
壓展作用　companding　3-27
環調變器　ring modulator　4-24
瞬時頻率　instantaneous frequency　5-5, 5-7
縫隙影響　aperture effect　6-17
總能量　total energy　3-58
聲音傳播機　vocoders　12-30
聲音壓縮碟　compact disc, CD　12-3
聯合上限　union bound　16-53
聯集事件　union event　8-5
臨界效應　threshold effect　10-16
叢發　burst　12-33
叢聚　bursts　13-6

十八劃

擴展編碼　extension coding　16-12
擺動　staggered　14-9
斷續　on-off　11-5
歸零　return-to-zero, RZ　11-5
覆衣　cladding　3-32
轉　run　11-51
轉移特性　transfer characteristic　3-25
轉換函數　transfer function　3-7
轉換器　transducer　1-4
鎖相迴路　phase-locked loops　4-38
離散時間　discrete-time　12-20

離散時間訊號　discrete-time signal　2-56
離散傅立葉轉換　Discrete Fourier transform, DFT　2-57
離散無記憶資訊源　discrete memoryless source　16-6
離散隨機變數　discrete RV　8-13
雜訊　noise　1-6
雜訊指數　noise figure　7-9
雜訊通道的雪農基本定理　shannon's fundamental theorem for a noisy channel　16-21
雜訊等效頻寬　noise equivalent bandwidth　9-30
雜訊溫度　noise temperature　9-28
雜訊熵值　noise entropy　16-20
雙二進位　twinned binary　11-6
雙二進位訊號　duobinary signaling　11-42
雙工　full-duplex, FDX　1-6
雙平衡式　double-balanced　4-25
雙重位元　dibits　14-6
雙重轉換接收機　double-conversion receiver　7-8
雙旁波帶　double-sideband　4-16
雙旁波帶抑制載波調變　double-sideband-suppressed-carrier modulation, DSB　4-17
雙極性訊號　bipolar　11-5
雙極性截波器　bipolar choppers　4-25
雙極截波器　bipolar chopper　6-6
雙邊　two-sided　2-7
雙變量高斯模型　bivariate gaussian model　8-37

十九劃以後

穩定截波放大器　chopper-stabilized amplifier　6-6
穩態相量響應　steady state phasor response　3-10
邊緣的機率密度函數　marginal PDF　8-22
鏈鎖規則　chain rule　8-41
類比　analog　1-3
類比的　analog　1-3
類比相位比較器　analog phase comparator　7-25
嚴格靜態　strictly stationary　9-9
護衛頻距　guard bands　7-14
疊加原理　principle of superposition　3-4
疊加積分　superposition integral　3-5
變異　variance　8-25
變換　conversion　4-35
靈敏度　sensitivity　7-9
觀測前機率　a priori probability　8-4
觀測後機率　a posteriori probability　8-4, 16-45

英文字起頭

8 位元組　octets　12-41
Bessel 函數　Bessel functions　5-10
Dirac delta 函數　Dirac delta function　2-44
Dirichlet 條件　Dirichlet conditions　2-16
Δ-調變　delta modulation, DM　12-3
FM 至 AM 的轉換　FM-to-AM conversion　5-22, 5-33
Foster-Seely 鑑別器　Foster-Seely discriminator　5-36
FSK　CPFSK　14-10
Hilbert 轉換　Hilbert transform　3-51
MAP 偵測法則　MAP detection rule　16-48
Markov 不等式　Markovs inequality　8-43
M-次元正交　M-ary orthogonal　14-11
M-次元碼　M-ary　11-6
n 的延續　a run of n　16-15
n 階的遞減　nth-order rolloff　2-54
OC-N　Optical Carrier level-N　12-41
Poisson 總和定理　Poisson's sum formula　6-28
Schwarz 不等式　Schwarz's inequality　3-54
sinc 函數　sinc function　2-12
Sunde 的　Sunde's　14-10
Z 通道　Z channel　16-60